高等院校小学教育专业教材

课程与教学论
教育研究方法基础
现代教育技术
基础心理学
儿童发展与教育心理学
学生心理辅导
少年儿童健康教育
小学语文教学与研究
小学数学教学与研究
小学英语教学与研究
小学美术教学与研究
思想品德修养与师德
教师口语
毛泽东思想概论
邓小平理论和“三个代表”重要思想概论
社会科学基础
法律基础
形势与政策
大学英语
大学语文
中国近现代史
中外文明简史
中外影视作品赏析
古典文学
写作
书写
音乐
体育
自然科学基础
大学数学概论
高等数学基础

高等院校小学教育专业教材

编写委员会

（按姓氏拼音排序）

本书编写人员

主　　编　苏凤霞

副 主 编　邢福弟

撰　　稿　（按姓氏拼音排序）

程小红　郭宗庆　洪小辉　林晓颖　苏凤霞

王建平　邢福弟　种国富　周根龙

高等院校小学教育专业教材

编审委员会

高等院校小学教育专业教材

大学数学概论

DAXUE SHUXUE GAILUN

主　编　苏凤霞
副主编　邢福弟

人民教育出版社
·北京·

图书在版编目（CIP）数据

大学数学概论/苏凤霞主编. --北京:人民教育出版社,2011
高等院校小学教育专业教材
ISBN 978-7-107-23667-9

Ⅰ.①大… Ⅱ.①苏… Ⅲ.①高等数学—高等学校—教材 Ⅳ.①O13

中国版本图书馆 CIP 数据核字(2011)第 193989 号

高等院校小学教育专业教材　大学数学概论

出版发行　人民教育出版社
　　　　　(北京市海淀区中关村南大街 17 号院 1 号楼　邮编:100081)
网　　址　http://www.pep.com.cn
经　　销　全国新华书店
印　　刷　北京人卫印刷厂
版　　次　2011 年 10 月第 1 版
印　　次　2017 年 7 月第 2 次印刷
开　　本　787 毫米×1 092 毫米　1/16
印　　张　33.75
字　　数　567 千字
印　　数　3 001～8 000 册
定　　价　36.20 元

高等院校小学教育专业教材

总　序

随着教育体制改革的不断深入，我国开放性的教师教育体系逐步建立起来。在高等教育大众化和基础教育新课程改革的大背景下，小学教师的培养融入高等教育体系的步伐大大加快，进一步深化小学教师教育课程教材改革势在必行。教育部师范教育司根据国际教师教育发展的趋势，结合我国新时期小学教师教育实际，提出了一整套高等院校小学教育专业课程建设的措施，为小学教师教育课程教材研究开发提供了重要依据。

为了进一步促进教师教育在新世纪的改革与发展，教育部课程教材研究所和人民教育出版社计划在“十一五”期间，组织全国各师范院校的专家、学者，共同研究、编写高等院校小学教育专业系列教材。为了加强对教材编写工作的管理、保证教材的质量和水平，特成立“高等院校小学教育专业教材编写委员会”，中国教育学会会长顾明远、教育部师范教育司原司长马立、中央教育科学研究所原所长朱小蔓为编写委员会顾问，中国教育学会副会长、人民教育出版社原社长韩绍祥，人民教育出版社社长李志军，人民教育出版社原总编辑、教育部课程教材研究所原所长魏国栋为编写委员会主任。编写委员会聘请了全国各师范院校具有丰富教学经验和较高学术水平的学科带头人分别担任各科教材的主编，全国各师范学院、初等教育学院（系、科）等直接从事小学教育专业教学的一线骨干教师共同参与编写，并聘请了知名专家对各科编写大纲和初稿进行审核。为了加强对这套教材编审工作的领导、协调和统筹，另成立“高等院校小学教育专业教材编审委员会”，教育部课程教材研究所原常务副所长吕达、人民教育出版社副总编辑魏运华为编审委员会主任。

本套教材的编写，力求以“面向现代化，面向世界，面向未来”为指导思想，反映当代社会经济、文化和科技发展的趋势，体现基础教育新课程改革的理念，紧密结合高等院校小学教育专业教学改革的发展趋势和实施素质教育的要求，注重提高小学教师的综合能力，努力构建科学的教材体系。本套教材的编写，以党和国家的教育方针以及小学教师的培养目标为依据，坚持以思想性、科学性、时代性和师范性为基本原则，努力实现基础性与时代性、国际化与本土化、逻辑性与专业性、规范性与灵活性、统一要求与各具特色五个结合，试图在内容及其呈现方式上进行大胆的创新，强调培养未来小学教师的创新精神和实践能力；注重把国内外最新研究成果与小学教育一线丰富的教学实践经验融为一体，紧密结合我国大多数地区小学教育的实际。本套教材可以作为全国高等院校小学教育专业的通用教材，也可供广大在职小学教师进修或自学使用。

本套教材的编写出版得到了教育部师范教育司、教育部高等教育司和教育部社会科学司等有关司局领导的多方指导，也得到了中国教育学会、中国高等教育学会、全国教师教育学会、北京师范大学、首都师范大学等学术团体及高校领导和专家的大力支持，谨在此一并致谢。本套教材的编写难免有不完善之处，敬请广大师生不吝指正，以使本套教材日臻完善。

高等院校小学教育专业教材编写委员会

2009 年 1 月

本书前言

《大学数学概论》是根据教育部师范教育司制订的《三年制小学教育专业课程方案（试行）》编写的通识类数学课程教材，主要供高等院校小学教育专业学生使用。为适应基础教育课程改革综合化的趋势，本教材努力贯彻使师范生文理兼通、学有所长、一专多能的精神，在处理好基础性、专业性、综合性以及在理论体系严谨、系统的前提下，力求突出师范性、实用性的原则，选择小学教育专业所必需的、对师范生将来的教学工作和可持续发展有重要作用的数学内容编写而成。

本教材共分三编、十二章。上编为微积分，由第一至第七章组成，内容是函数、极限与连续，导数与微分，导数的应用，不定积分，定积分，常微分方程简介，多元函数微积分。中编为线性代数，由第八至第九章组成，内容是行列式，矩阵。下编为概率统计，由第十至第十二章组成，内容是事件与概率，随机变量的概率分布及其数字特征，统计初步。为适应不同层次的学习需要，书中部分内容加了“*”号，此类内容供学有余力的师范生使用。使用本教材的教师可根据课时要求及学生的实际需要，在教学时对教材中的内容做适当的取舍。

本教材在每章内容前面都有学习要点，在每章内容之后有小结，指出本章的基本要求和学习中应注意的问题。在每节之后都配有一定数量的习题，便于学生练习巩固各节所学内容。在每章之后配有综合检测题，用来检查学生对本章基本内容掌握的程度。为了引导学生课外学习，在每章之后都配有拓展性阅读导航，结合本章学习要点，列出一些参考书目，以便对数学感兴趣的学生按图索骥、深入阅读。书后还附有参考答案。

本教材由教育部课程教材研究所、人民教育出版社组织编写。具体编写分工为：第一章由邢福弟编写；第二章由洪小辉编写；第三章由林晓颖编写；第四章由周根龙编写；第五章、第九章由苏凤霞编写；第六章、第十二章由郭宗庆编写；第七章由王建平编写；第八章由种国富编写；第十章、第十一章由程小红编写。苏凤霞承担了主编和全书统稿工作，邢福弟担任了副主编工作。数学教育专家、人民教育出版社资深编审田载今先生应邀担任了本书特约审稿的工作。

在本教材编写过程中，我们参考了许多教材资料，吸纳了部分专家的思想方法；人民教育出版社以及首都师范大学、海南师范大学、哈尔滨学院、河南焦作师专、湖南湘潭教育学院、江苏省如皋高等师范学校等单位给予了大力支持，在此一并表示感谢。

由于我们水平有限，错误之处在所难免，恳请各位专家、教师和同学提出批评和修改意见，以便进一步提高教材质量。

编　者

2011 年 9 月

目录

上编 微积分

下编　概率统计

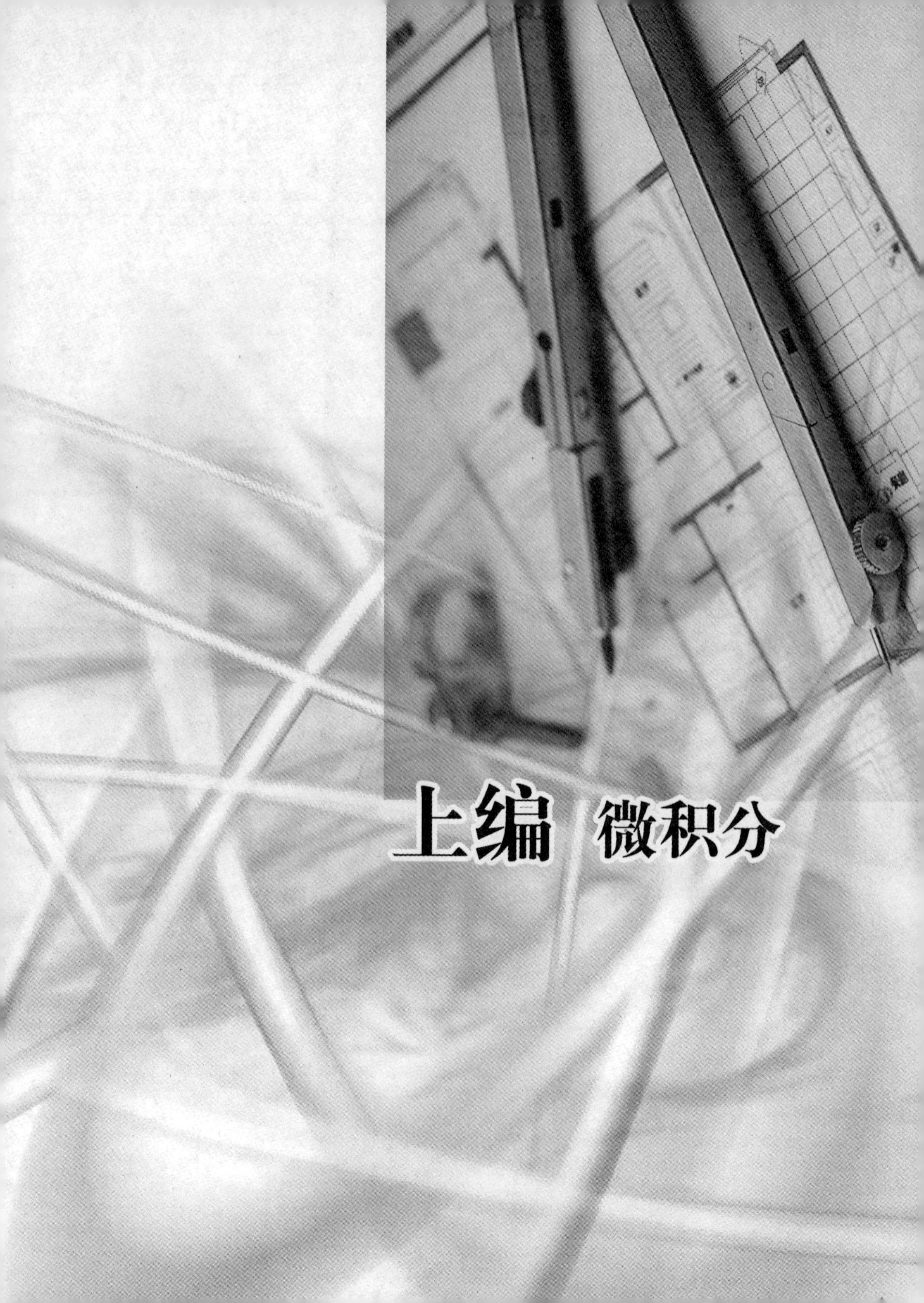

上编 微积分

上编

第一章 函数、极限与连续

17世纪下半叶，为适应自然科学与生产技术发展的需要，在总结前人大量研究成果的基础上，由牛顿（I. Newton，1642－1727）和莱布尼茨（W. Leibniz，1646—1716）奇迹般地在不同的国度却几乎在同一时间创立了微积分学，实现了数学史上的一次伟大革新和创造. 从此，微积分学不仅在生产实际中显示出了它的巨大功能，而且也为现代数学的发展奠定了重要的学科基础.

微积分是大学数学的主要内容，它包含微分学和积分学两个分支. 本书上编主要介绍函数的微积分学，具体内容包括函数的有关概念、极限的基本理论和方法、函数的连续性、导数与微分、偏导数与全微分、不定积分和定积分、重积分、空间解析几何初步与常微分方程初步等，重点是一元函数的微积分学. 理解和掌握这些内容，特别是领会其中的数学思想与方法，对于培育读者的数学思想品质和学习后继课程都具有重要的作用和意义.

本章学习要点

- 函数的概念及其性质
- 极限的基本理论和方法
- 无穷大与无穷小
- 两个重要极限
- 函数的连续性

第一节　函　数

函数是大学数学研究的主要对象，也是大学数学重要的基本概念之一. 本节介绍集合的概念及其基本关系和运算，在中学数学的基础上对函数的概念及其性质进行系统的整理，并给出基本初等函数和初等函数的概念.

1. 集合概念

(1) 集合概念

在日常生活中，我们经常要研究某些事物组成的集体. 例如一班学生、一批产品、全体正整数等. 这些其实就是我们数学中通常所指的集合. 一般地，我们把具有某种特定性质的事物所组成的总体称为一个**集合**（或简称**集**). 组成这个集合的事物称为这一集合的**元素**. 元素通常用小写字母 a，b，c 等表示，而集合用大写字母 A，B，C 等表示. 如果 a 是集合 A 的元素，就说 a 属于 A，记作 $a\in A$；如果 a 不是集合 A 的元素，就说 a 不属于 A，记作 $a\notin A$. 一个集合，若其元素的个数是有限的，则称作**有限集**，否则就称作**无限集**.

(2) 集合的表示法

集合通常用两种方法表示.

一种是**列举法**，即把这个集合的元素全部都列举出来，并用{ }括起来. 例如，

$$A=\{2, 4, 6, 8\}$$

表示集合 A 由 2，4，6，8 四个元素组成．又如，由方程 $x^2-5x+6=0$ 的根所构成的集合 B，可表示为

$$B=\{2, 3\}.$$

另一种是**描述法**，即用某一种性质 P，把集合的全体元素描述出来，记为

$$A=\{x \mid x \text{ 具有性质 } P\}.$$

例如

$$A=\{x \mid x^2-5x+6=0, x\in\mathbf{R}\},$$

$$B=\{p \mid p \text{ 是奇数}\},$$

等等.

由数组成的集合叫做**数集**．如上面的 A，B 都是数集．习惯上，全体实数的集合记作 $\mathbf{R}$；全体非负整数即自然数的集合记作 $\mathbf{N}$，即

$$\mathbf{N}=\{0, 1, 2, 3, \cdots, n, \cdots\};$$

全体整数的集合记作 $\mathbf{Z}$，即

$$\mathbf{Z}=\{0, 1, -1, 2, -2, \cdots, n, -n, \cdots\};$$

全体有理数的集合记作 $\mathbf{Q}$，即

$$\mathbf{Q}=\left\{\frac{p}{q} \mid p、q\in\mathbf{Z}, q\neq 0, \text{且 } p \text{ 与 } q \text{ 互质}\right\};$$

全体复数的集合记作 $\mathbf{C}$，即

$$\mathbf{C}=\{a+b\mathrm{i} \mid a, b\in\mathbf{R}, \mathrm{i}^2=-1\}.$$

以后如无特别说明，本书都是在实数集中讨论函数的性质.

(3) 集合的基本关系与运算

设有两个集合 A 与 B，如果 A 的每一个元素都是 B 的元素，则称 A 是 B 的**子集**，或者称 A 包含于 B，或 B 包含 A，记作 $A\subset B$，或 $B\supset A$．因此，$A\subset B$ 是指由任一 $a\in A$，可推知 $a\in B$.

例如，自然数集包含在整数集中，整数集包含在有理数集中.

不含任何元素的集合称为**空集**，记作 $\varnothing$．例如集合 $\{x \mid x^2+1=0, x\in\mathbf{R}\}$ 就是一个空集．我们规定空集是任何集合的子集.

如果集合 A 与集合 B 互为子集，即 $A\subset B$ 且 $B\subset A$，则称 A 与 B **相等**，记作 $A=B$ 或 $B=A$．两个集合相等是指它们的元素完全一样.

设 A 与 B 是两个集合．由所有属于 A 或者属于 B 的元素组成的集合称为 A 与 B 的**并集**，记作 $A\cup B$，即

$$A\cup B=\{x \mid x\in A \text{ 或 } x\in B\};$$

由所有既属于 A 又属于 B 的元素组成的集合称为 A 与 B 的**交集**，记作 $A\cap B$，即

$$A\cap B=\{x \mid x\in A \text{ 且 } x\in B\}.$$

并集和交集的概念可以推广到任意有限多个集合的情形. 由所有属于 A 而不属于 B 的元素组成的集合称为 A 与 B 的**差集**，记作 $A\setminus B$，即

$$A\setminus B=\{x \mid x\in A \text{ 且 } x\notin B\}.$$

为了研究问题方便，我们将所考察的对象的全体叫做**全集**，并用 I 表示，并把 $I\setminus A$ 特别称为 A 的**余集或补集**，记作 A^c 或 $\complement_I A$. 例如在实数集 $\mathbf{R}$ 中，集合

$$A=\{x \mid -1\leqslant x\leqslant 1\}$$

的余集

$$A^c=\{x \mid x<-1 \text{ 或 } x>1\}.$$

集合的并、交、余运算满足以下运算律：

交换律 $A\cup B=B\cup A$，　$A\cap B=B\cap A$；

结合律 $(A\cup B)\cup C=A\cup(B\cup C)$，$(A\cap B)\cap C=A\cap(B\cap C)$；

分配律 $A\cap(B\cup C)=(A\cap B)\cup(A\cap C)$，

$A\cup(B\cap C)=(A\cup B)\cap(A\cup C)$；

对偶律 $(A\cup B)^c=A^c\cap B^c$，$(A\cap B)^c=A^c\cup B^c$.

证明从略.

2. 绝对值与区间

(1) 绝对值及其性质

实数 a 的绝对值定义为

$$|a|=\begin{cases}a, & a\geqslant 0,\\ -a, & a<0.\end{cases}$$

在数轴上，数 a 的绝对值 $|a|$ 表示的意义就是点 a 到原点的距离.

实数的绝对值有以下基本性质：

① $|a|=|-a|\geqslant 0$，当且仅当 $a=0$ 时有 $|a|=0$；

② $-|a|\leqslant a\leqslant |a|$；

③ $|a|<h\Leftrightarrow -h<a<h$，$|a|\leqslant h\Leftrightarrow -h\leqslant a\leqslant h$ $(h>0)$；

④对于任何 a，$b\in\mathbf{R}$，有如下的三角不等式：

$$|a|-|b|\leqslant |a\pm b|\leqslant |a|+|b|;$$

⑤ $|ab|=|a||b|$；

⑥ $\left|\frac{a}{b}\right|=\frac{|a|}{|b|}$ $(b\neq0)$.

证明请读者自行完成.

（2）区间

区间是常见的实数集. 设 a，$b\in\mathbf{R}$，且 $a<b$，则称数集 $\{x \mid a<x<b\}$ 为**开区间**，记作 (a, b)，即

$$(a, b)=\{x \mid a<x<b\}.$$

a 和 b 称为区间的端点，它们均不属于 (a, b). 类似地可以定义以 a，b 为端点的**闭区间**、**半开区间**等，它们的定义和记号如下：

闭区间： $[a, b]=\{x \mid a\leqslant x\leqslant b\}$；

半开区间： $[a, b)=\{x \mid a\leqslant x<b\}$，$(a, b]=\{x \mid a<x\leqslant b\}$.

以上这些区间统称为有限区间，它们都可以用数轴上长度有限的线段来表示，如图 1-1（1），（2）分别表示闭区间 $[a, b]$ 和开区间 (a, b).

满足关系式 $x\geqslant a$ 的全体实数记作

$$[a, +\infty)=\{x \mid x\geqslant a\}.$$

其中符号∞读作"无穷大"，$+\infty$读作"正无穷大". 类似地可定义：

$$(-\infty, a]=\{x \mid x\leqslant a\},$$
$$(a, +\infty)=\{x \mid x>a\},$$
$$(-\infty, a)=\{x \mid x<a\},$$
$$(-\infty, +\infty)=\{x \mid -\infty<x<+\infty\}=\mathbf{R}.$$

其中$-\infty$读作"负无穷大".

以上数集统称为**无限区间**，其中无限区间$[a, +\infty)$与$(-\infty, a)$在数轴上的表示如图 1-1(3)、(4)所示.

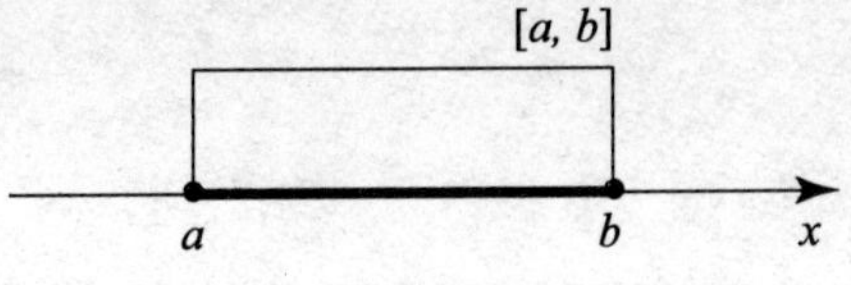

图 1-1（1）

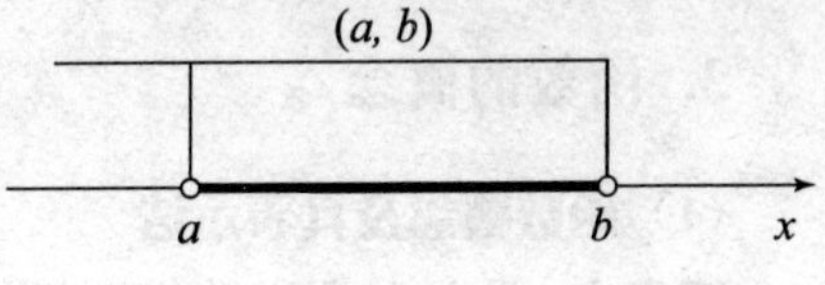

图 1-1（2）

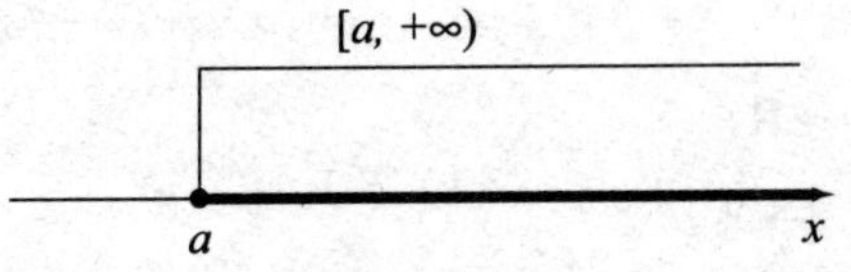

图 1-1（3）

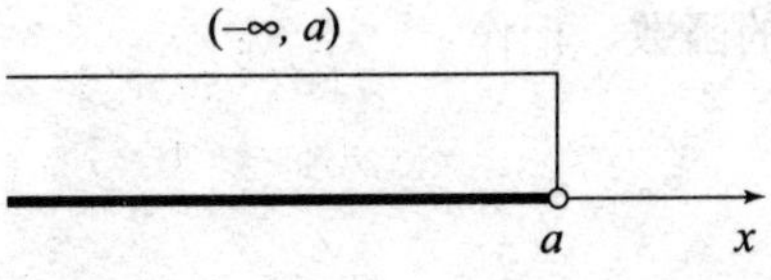

图 1-1（4）

(3) 邻域

邻域是一种常用的数集. 设 a, $\delta\in\mathbf{R}$ 且 $\delta>0$, 则满足绝对值不等式 $|x-a|<\delta$ 的全体实数组成的集合称为**点** a **的** δ **邻域**, 记作

$$U(a,\ \delta)=\{x \mid |x-a|<\delta\},$$

或

$$U(a,\ \delta)=\{x \mid a-\delta<x<a+\delta\},$$

也可简单写作 $U(a)$. 点 a 叫做邻域的中心, δ 叫做邻域的半径 (如图 1-2 所示).

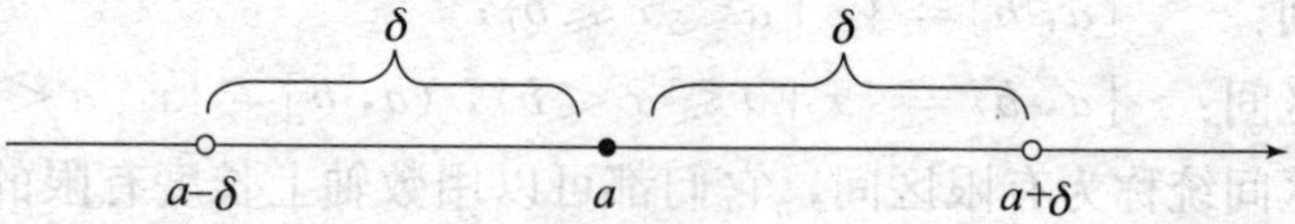

图 1-2

满足不等式 $0<|x-a|<\delta$ 的全体实数组成的集合称为**点 a 的空心 δ 邻域**, 记作

$$\mathring{U}(a,\ \delta)=\{x \mid 0<|x-a|<\delta\}$$

或简单写作 $\mathring{U}(a)$.

此外, 我们有时还要用到下面的邻域:

点 a 的左 δ 邻域:

$$\mathring{U}_-(a,\ \delta)=\{x \mid -\delta<x-a<0\}=(a-\delta,\ a),$$

点 a 的右 δ 邻域:

$$\mathring{U}_+(a,\ \delta)=\{x \mid 0<x-a<\delta\}=(a,\ a+\delta).$$

3. 函数的概念

(1) 函数概念及其表示法

定义 1 设 D 是非空数集, 若存在一个对应法则 f, 使得对 D 中的任一实数 x, 都存在唯一的一个数 $y\in\mathbf{R}$ 与它相对应, 则称 f 是定义在数集 D 上的函数, 记作

$$f:\ D\to\mathbf{R},$$
$$x\mapsto y.$$

其中 x 称为**自变量**, y 称为**因变量**, 数集 D 称为函数的**定义域**. 对于 D 中每一个 x 根据法则 f 所对应的 $\mathbf{R}$ 中的数 y, 称为 f 在点 x 处的**函数值**, 记

为 $f(x)$. 全体函数值的集合

$$W=f(D)=\{y\mid y=f(x),\,x\in D\}\subseteq \mathbf{R}$$

称为函数 f 的**值域**.

关于函数的定义，我们作如下几点说明：

① 用符号"$f: D\to\mathbf{R}$"表示按法则 f 建立数集 D 到 $\mathbf{R}$ 的函数关系，清楚明确，但在具体函数关系中需要将对应法则 f 具体化. 习惯上我们通常将"f 是定义在数集 D 上的函数"用符号 $y=f(x)$，$x\in D$ 表示，并且说 $f(x)$ 是 x 的函数.

② 定义域 D 和对应法则 f 是确定函数的两个主要因素. 因此，我们说两个函数相同，是指它们有相同的定义域和相同的对应法则，而与函数中的自变量和因变量用什么字母表示无关.

③在函数定义中，对每一个 x，只能有唯一的 y 值与它相对应，这种函数称为**单值函数**. 若允许同一个 x 值可以和多于一个的 y 值相对应，则称为**多值函数**. 在本书中，我们只讨论单值函数.

④ 如果自变量取某一数值 x_0 时，函数有一个确定的值 $y_0=f(x_0)$ 和它相对应，那么就称函数在 x_0 处有定义. 因此，函数的定义域就是指使函数有定义的自变量值的全体.

对于实际问题，函数的定义域是根据问题的实际意义确定的. 例如，半径为 r 的球的体积：

$$V=\frac{4}{3}\pi r^3,$$

这个函数的（实际）定义域是区间 $[0,+\infty)$.

如果不考虑函数的实际意义，而是抽象地研究用数学运算式子表达的函数，这时函数的定义域就是使得该运算式子有意义的自变量值的全体，通常称为函数的**自然定义域（或存在域）**. 例如：

函数 $V=\frac{4}{3}\pi r^3$ 的自然定义域是 $(-\infty,+\infty)$；

函数 $y=\dfrac{1}{\sqrt{1-x^2}}$ 的自然定义域是 $(-1,1)$；

$y=\sqrt{\lg(x-2)}$ 的自然定义域是 $[3,+\infty)$.

在中学数学课程里，我们已经知道函数的表示法通常有三种：表格法、图示法和解析法（或公式法），关于这些大家所熟悉的内容，在此不再重述.

下面举几个函数的例子.

例 1 常值函数 $y=c$（c 为常数）的定义域是$(-\infty, +\infty)$，值域是$\{c\}$，图象是一条平行于 x 轴的直线.

例 2 绝对值函数 $y=|x|=\begin{cases}x, & x\geqslant 0,\\ -x, & x<0\end{cases}$ 的定义域是$(-\infty, +\infty)$，值域是$[0, +\infty)$.

例 3 符号函数①

$$y=\operatorname{sgn} x=\begin{cases}1, & \text{当 } x>0,\\ 0, & \text{当 } x=0,\\ -1, & \text{当 } x<0\end{cases}$$

的定义域是$(-\infty, +\infty)$，值域是$\{-1, 0, 1\}$. 它的图形如图 1-3(1) 所示.

例 4 取整函数

对任意的 $x\in\mathbf{R}$，用记号$[x]$表示不超过 x 的最大整数，因此得到定义在 $\mathbf{R}$ 上的函数

$$y=[x],$$

称此函数为取整函数，$[x]$称为 x 的整数部分. 例如

$$\left[\frac{2}{3}\right]=0,\ [\sqrt{3}]=1,\ [0]=0,\ [-2.5]=-3.$$

$y=[x]$的定义域是 $\mathbf{R}$，值域是 $\mathbf{Z}$（如图 1-3 (2) 所示).

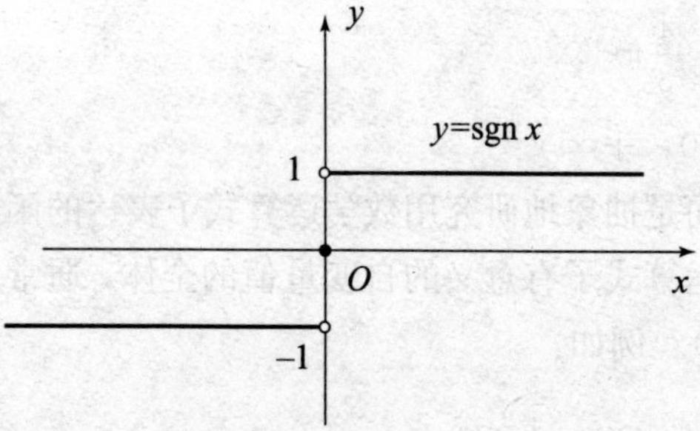

图 1-3(1)

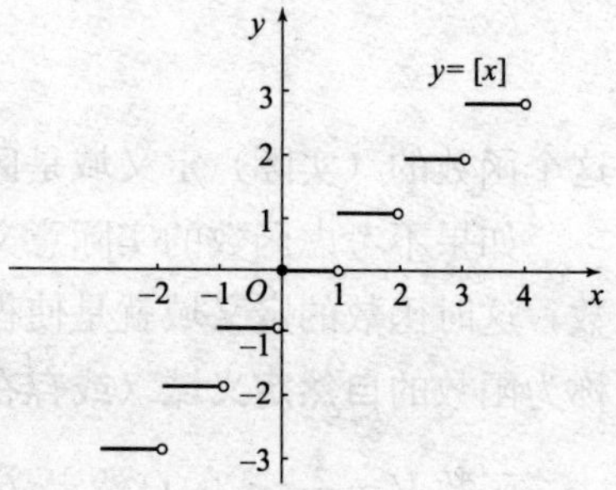

图 1-3(2)

例 5 狄利克雷（L. Dirichlet，1805—1859）函数

$$D(x)=\begin{cases}1, & \text{当 } x \text{ 为有理数},\\ 0, & \text{当 } x \text{ 为无理数}\end{cases}$$

---

① sgn 是拉丁文 signum（符号）的缩写.

的定义域是$(-\infty, +\infty)$，值域是$\{0, 1\}$. 这个函数不能用图形表示出来.

此外，有些函数在其定义域的不同部分要用到不同的解析式来表达，这类函数常称为**分段函数**.

例 6　函数

$$f(x)=\begin{cases} x^2+1, & x\leqslant 0 \\ x-1, & x>0 \end{cases}$$

是一个分段函数. 它的定义域是$(-\infty, +\infty)$，值域是$(-1, +\infty)$.

（2）函数的几种特殊性质

① 有界性

定义 2　设$f(x)$为定义在D上的函数，如果存在正数M，使得对每一$x\in D$，都有

$$|f(x)|\leqslant M, \qquad (1)$$

那么称f为D上的**有界函数**. 否则就称f为D上的**无界函数**.

由于$|f(x)|\leqslant M\Leftrightarrow -M\leqslant f(x)\leqslant M$，因此，有界函数的定义也可以这样描述：如果存在常数M_1和M_2，使得对每一$x\in D$，总有

$$M_1\leqslant f(x)\leqslant M_2,$$

那么分别称M_1和M_2为$f(x)$在D上的一个下界和一个上界. 显然，f为D上的有界函数，意味着f在D上既有上界又有下界；若f在D上有界，则它在D上的上界和下界都不是唯一的.

(1) 式的几何意义是：若f为D上的有界函数，则f的图象完全落在直线$y=-M$和$y=M$之间.

例 7　正弦函数$f(x)=\sin x$和余弦函数$f(x)=\cos x$为$\mathbf{R}$上的有界函数.

事实上，对每一$x\in\mathbf{R}$，都有

$$|\sin x|\leqslant 1 \text{ 和 } |\cos x|\leqslant 1 .$$

② 单调性

定义 3　设$f(x)$为定义在D上的函数，如果对于任意x_1、$x_2\in D$，当$x_1<x_2$时，

1°　若总有$f(x_1)\leqslant f(x_2)$，则称f为D上的**递增函数**，特别当$f(x_1)<f(x_2)$时，称f为D上的**严格递增函数**.

2°　若总有$f(x_1)\geqslant f(x_2)$，则称f为D上的**递减函数**，特别当$f(x_1)>f(x_2)$时，称f为D上的**严格递减函数**.

递增函数和递减函数统称为**单调函数**，严格递增函数和严格递减函数统称为**严格单调函数**.

递增函数的图象是沿横轴正向上升的（如图 1-4(1)所示），递减函数的图象是沿横轴正向下降的（如图 1-4(2)所示）.

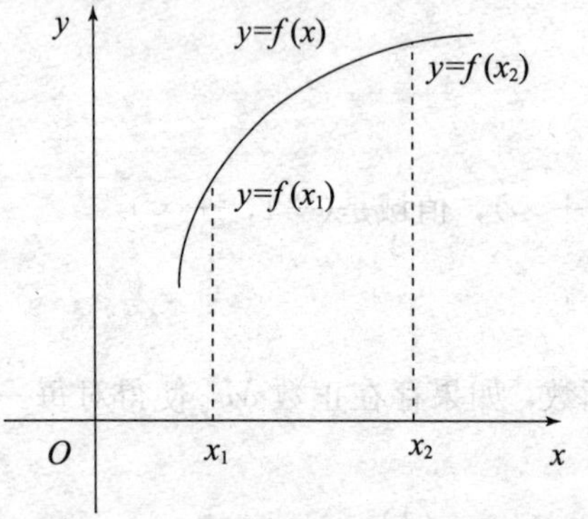

图 1-4(1)

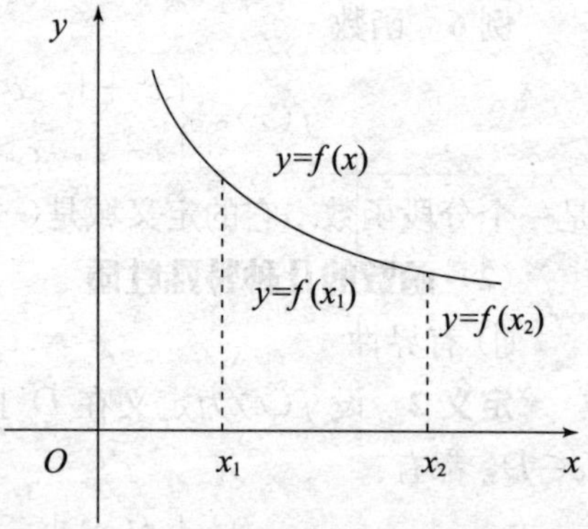

图 1-4(2)

例 8　函数 $y=x^2$ 在$(-\infty,\ 0)$上是递减的，在$[0,\ -\infty)$上是递增的，但在整个定义域$(-\infty,\ +\infty)$上不是单调的.

例 9　函数 $y=[x]$和 $y=\operatorname{sgn} x$ 在 **R** 上都是递增的.

事实上，对于任意 x_1、$x_2\in\mathbf{R}$，且 $x_1<x_2$，都有 $[x_1]\leqslant[x_2]$，$\operatorname{sgn} x_1\leqslant\operatorname{sgn} x_2$.

例 10　证明函数 $f(x)=1-\ln x$ 在$(0,\ +\infty)$上是递减函数.

证　对任意的 x_1、$x_2\in(0,\ +\infty)$，且 $x_1<x_2$，都有

$$f(x_1)-f(x_2)=(1-\ln x_1)-(1-\ln x_2)=\ln\frac{x_2}{x_1}>0.$$

故由定义知 $f(x)=1-\ln x$ 在$(0,\ +\infty)$上是递减函数.

③ 奇偶性

定义 4　设 D 为对称于原点的数集，f 为定义在 D 上的函数，若对每一个 $x\in D$，都有

$$f(-x)=-f(x)\,(f(-x)=f(x)),$$

则称 f 为 D 上的**奇**（**偶**）**函数**.

从函数图形上看，偶函数的图象关于 y 轴对称（如图 1-5(1)所示），而奇函数的图象关于原点对称（如图 1-5(2)所示）.

例如，容易验证 $y=x^2$ 与 $y=x^3$ 在 **R** 上分别为偶函数、奇函数；$y=\sin x$ 和 $y=\cos x$ 在 **R** 上分别为奇函数、偶函数；符号函数 $y=\operatorname{sgn} x$ 在 **R** 上是奇函数. 函数 $f(x)=\sin x+\cos x$ 既不是奇函数也不是偶函数.

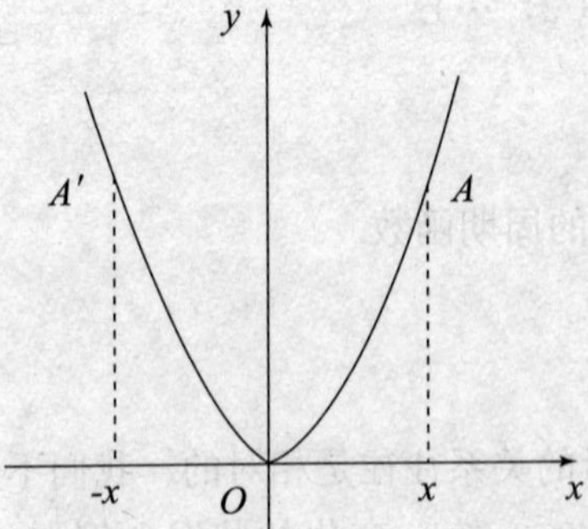

图 1-5(1)

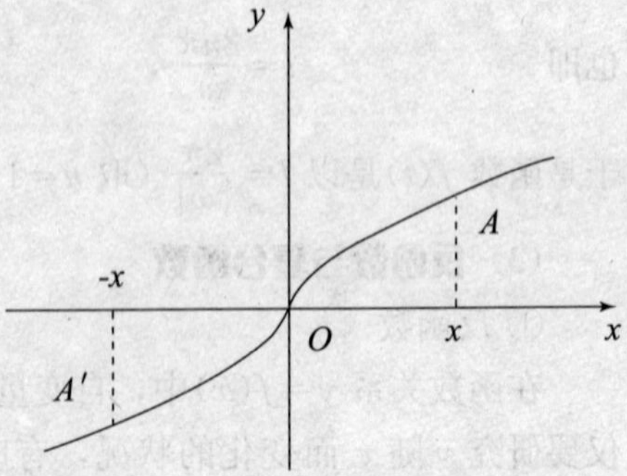

图 1-5(2)

④ 周期性

定义 5　设 $f(x)$为定义在 D 上的函数，若存在某个正数 l，使得对一切 $x\in D$，都有

$$f(x\pm l)=f(x)$$

成立，则称 f 为**周期函数**. l 称为 f 的一个周期. 显然，若 l 为 f 的周期，则 $2l$，$3l$，$4l$，…也是 f 的周期. 若在周期函数 f 的所有周期中有一个最小的正周期，则称这个最小正周期为 f 的**基本周期**. 一般说函数的周期都是指基本周期.

例 11　正弦函数 $f(x)=\sin x$ 和余弦函数 $f(x)=\cos x$ 都是周期为 2π 的周期函数.

事实上，对任意实数 x，都有 $x\pm 2\pi\in\mathbf{R}$，且

$$\sin(x\pm 2\pi)=\sin x,\ \cos(x\pm 2\pi)=\cos x.$$

例 12　函数 $f(x)=x-[x]$ 是周期为 1 的周期函数.

事实上，对任意实数 $x\in\mathbf{R}$，都有 $x\pm 1\in\mathbf{R}$，且

$$f(x+1)=(x+1)-[x+1]=x-[x].$$

例 13　求函数 $f(t)=A\sin(\omega t+\varphi)$ 的周期，其中 A，ω，φ 为常数.

解　设所求周期为 l，由于

$$\begin{aligned}f(t+l)&=A\sin[\omega(t+l)+\varphi]\\&=A\sin[\omega t+\varphi+\omega l],\end{aligned}$$

要使

$$f(t+l)=f(t)$$

即

$$A\sin[\omega t+\varphi+\omega l]=A\sin(\omega t+\varphi)$$

成立，只需 $\omega l=2n\pi \quad (n=0, \pm1, \pm2, \cdots).$

也即 $l=\dfrac{2n\pi}{\omega}$，

于是函数 $f(t)$是以 $l=\dfrac{2\pi}{|\omega|}$（取 $n=1$）为周期的周期函数.

(3) 反函数与复合函数

① 反函数

在函数关系 $y=f(x)$中，自变量与因变量的关系往往是相对的．我们不仅要研究 y 随 x 而变化的状况，有时也要研究 x 随 y 变化的状况．例如，在研究球的体积 V 随半径 r 的变化规律时，其函数关系是 $V=\dfrac{4}{3}\pi r^3$，这时 r 为自变量；而要研究由球的体积来确定球的半径时，其函数关系是 $r=\sqrt[3]{\dfrac{3V}{4\pi}}$，这时 V 为自变量．后者由前者解出 r 而得到，通常称函数 $r=\sqrt[3]{\dfrac{3V}{4\pi}}$ 是函数 $V=\dfrac{4}{3}\pi r^3$ 的反函数.

定义 6 设已知函数

$$y=f(x),\ x\in D.$$

如果对于值域 $f(D)$中的每一个值 y，都可以通过关系式 $y=f(x)$在 D 中唯一确定一个值 x，使得

$$f(x)=y,$$

则按此法则得到一个定义在 $f(D)$上的函数，称这个函数为 f 的**反函数**，记作

$$f^{-1}:\ f(D)\rightarrow D,\ y\mapsto x$$

或

$$x=f^{-1}(y),\ y\in f(D).$$

显然，由反函数定义，若函数 f 有反函数，则意味着其定义域 D 与值域 $f(D)$之间的对应法则具有一一对应关系．因此，反函数 $x=f^{-1}(y)$ 的定义域和值域恰好是函数 $y=f(x)$的值域和定义域．这时也称 f 是 f^{-1}的反函数，或者说，f 与 f^{-1}互为反函数，并且有

$$f^{-1}(f(x))=x,\ x\in D,$$
$$f(f^{-1}(y))=y,\ y\in f(D).$$

在平面直角坐标系中，函数 $y=f(x)$的图象与其反函数 $x=f^{-1}(y)$的图象是同一个图象，区别在于前者的自变量是 x，后者的自变量是 y．习惯

上，我们总是用 x 表示自变量，用 y 表示因变量，因此函数 $y=f(x)$ 的反函数 $x=f^{-1}(y)$ 通常记为

$$y=f^{-1}(x),\ x\in f(D).$$

这时函数 $y=f(x)$ 的图象与其反函数 $y=f^{-1}(x)$ 的图象就不同了．我们可以证明，函数 $y=f(x)$ 与其反函数 $y=f^{-1}(x)$ 的图象在同一坐标平面上是关于直线 $y=x$ 对称的．如图 1-6 所示．

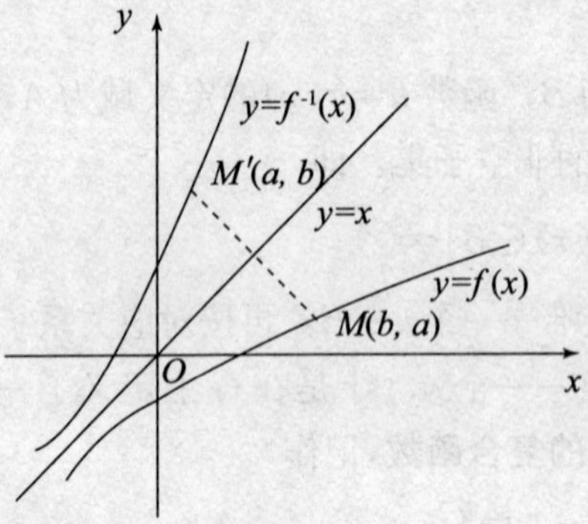

图 1-6

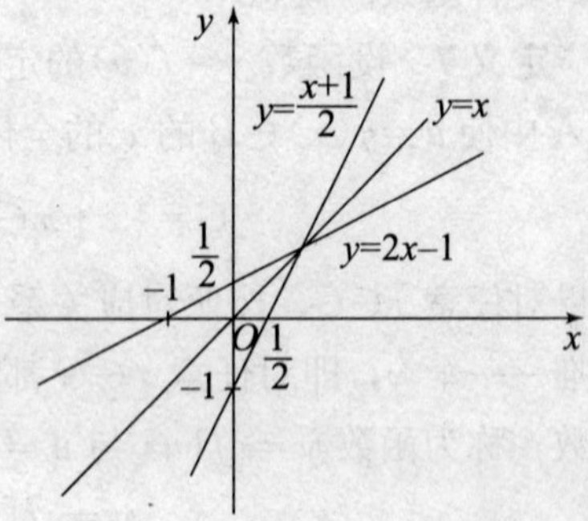

图 1-7

例 14　函数 $y=2x-1$，$x\in(-\infty,+\infty)$ 的反函数是

$$y=\frac{1}{2}(x+1),\ x\in(-\infty,+\infty),$$

其图象如图 1-7 所示．

并不是所有的函数都存在反函数．例如，函数 $y=x^2$，$x\in(-\infty,+\infty)$．对每个 $y>0$，与之对应的 x 不唯一，因为有两个值 $x=\pm\sqrt{y}$ 满足 $y=x^2$，即 x 与 y 不是一一对应的，因此不能确定从 $(0,+\infty)$ 到 $\mathbf{R}$ 的对应关系，所以它没有反函数．那么，函数 $y=f(x)$ 满足什么条件时它的反函数才存在呢?

定理　严格递增（减）的函数必有反函数，且其反函数也是严格递增（减）的．

证明略．

例如，虽然函数 $y=x^2$ 在 $(-\infty,+\infty)$ 上不存在反函数．但它在 $[0,+\infty)$ 上是严格递增的，所以它在 $[0,+\infty)$ 上存在反函数，且其反函数 $y=\sqrt{x}$ 在 $[0,+\infty)$ 上也是严格递增的．同理，可以说明，它在 $(-\infty,0]$ 上存在严格递减的反函数 $y=-\sqrt{x}$，$x\in[0,+\infty)$．

② 复合函数

在许多实际问题中，函数的自变量和因变量是通过另外的一些变量才建

立起来的. 例如，设有一个质量为 m 沿直线运动的物体，速度是 v，则它的动能是 $E=\frac{1}{2}mv^2$，如果这个物体是自由落体，其速度为 $v=gt$，其中 g 是重力加速度，于是它的动能是 $E=\frac{1}{2}m(gt)^2=\frac{1}{2}mg^2t^2$. 在这里，函数 $E=\frac{1}{2}mg^2t^2$ 通过函数 $v=gt$ 而成为 t 的函数. 将这一实际问题加以抽象，即可得到复合函数的概念.

定义 7 设函数 $y=f(u)$ 的定义域为 B，函数 $u=\varphi(x)$ 的定义域为 A，G 是 A 中使 $u=\varphi(x)\in B$ 的 x 的全体组成的非空子集，即

$$G=\{x \mid x\in A,\ \varphi(x)\in B\}\neq\varnothing.$$

如果对任意 $x\in G$，按照对应关系 φ 对应唯一一个 $u\in B$，再按对应关系 f 对应唯一一个 y，即对任意 $x\in G$ 都对应唯一一个 y. 于是在 G 上定义了一个函数，称为函数 $y=f(u)$ 与 $u=\varphi(x)$ 的**复合函数**，记作

$$y=f[\varphi(x)],\ x\in G.$$

其中 u 称为中间变量.

例如，函数 $y=\sqrt{u}$，$u\in[0,+\infty)$，$u=1-x^2$，$x\in(-\infty,+\infty)$复合成函数 $y=\sqrt{1-x^2}$，其定义域为$[-1,1]\subset(-\infty,+\infty)$.

复合函数也可由多个函数相继复合而成. 例如，由以下三个函数

$$y=\ln u,\ u\in(0,+\infty),$$
$$u=\sqrt{v},\ v\in[0,+\infty),$$
$$v=1-x^2,\ x\in(-\infty,+\infty)$$

相继复合成函数

$$y=\ln\sqrt{1-x^2},\ x\in(-1,1).$$

将若干个简单函数复合而成复合函数和将复合函数“分解”为若干个简单函数，是微积分学中的一种基本内容.

例 15 将下列函数“分解”为若干个简单函数：

(1) $y=\sqrt[3]{\sin x}$；

(2) $y=\ln\cos\sqrt{x}$；

(3) $y=\tan^5(\sqrt[3]{\lg\arcsin x})$.

解：(1) 函数 $y=\sqrt[3]{\sin x}$由 $y=\sqrt[3]{u}$，$u=\sin x$ 复合而成.

(2) 函数 $y=\ln\cos\sqrt{x}$由 $y=\ln u$，$u=\cos v$，$v=\sqrt{x}$复合而成.

(3) 函数

$$y=\tan^5(\sqrt[3]{\lg\arcsin x})$$

由

$$y=u^5,\ u=\tan v,\ v=\sqrt[3]{w},\ w=\lg t,\ t=\arcsin x$$

复合而成.

(4) 初等函数

① 基本初等函数

我们在中学数学课程中所熟悉的六种函数：常值函数、幂函数、指数函数、对数函数、三角函数与反三角函数统称为**基本初等函数**.

常值函数

$$y=c(c\text{ 是常数}).$$

幂函数

$$y=x^\alpha(\alpha\text{ 为实数}).$$

幂函数的定义域根据 α 值的不同而不同. 当 $\alpha=\dfrac{p}{q}$ 为有理数时（其中 p，q 是整数，$q\neq0$，且 p，q 互质），若 $\alpha>0$，且 q 为偶数，则定义域为 $[0,+\infty)$；若 $\alpha>0$，且 q 为奇数，则定义域为 $(-\infty,+\infty)$. $\alpha<0$ 时的情形类似可以讨论. 当 α 是无理数时，x^α 定义为 $x^\alpha=e^{\alpha\ln x}$，故其定义域为 $(0,+\infty)$. 由此可见，不论 α 为何值，幂函数 x^α 在 $(0,+\infty)$ 上总有定义.

当 $x\in(0,+\infty)$ 时，$x^\alpha>0$，这时函数的图象在第一象限，函数的图象总经过点 $(1,1)$. 当 $\alpha>0$ 时，函数严格递增；当 $\alpha<0$ 时，函数严格递减. 函数 x^α 与 $x^{\frac{1}{\alpha}}$ 互为反函数，图形关于直线 $y=x$ 对称（如图 1-8 和图 1-9 所示）.

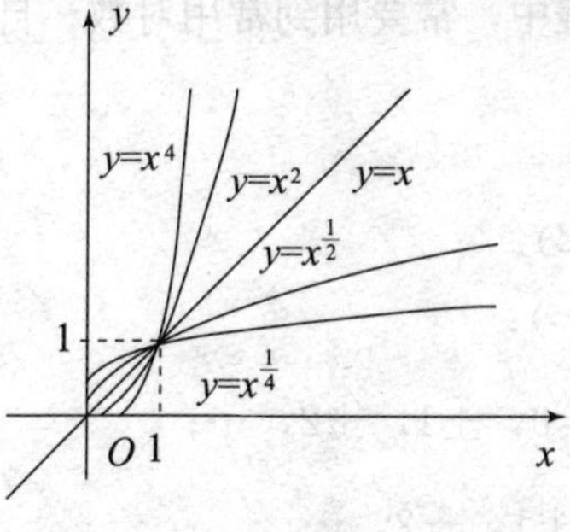

图 1-8

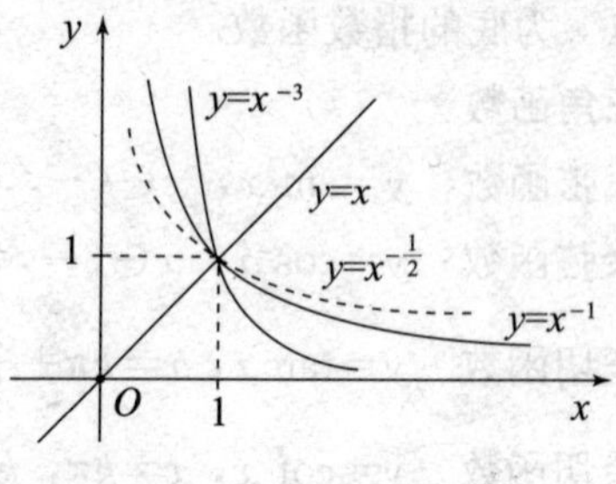

图 1-9

指数函数

$$y=a^x(a>0,\ a\neq 1).$$

指数函数的定义域是$(-\infty,\ +\infty)$，值域是$(0,\ +\infty)$，其图象总经过点$(0,\ 1)$．当$a>1$时，函数严格递增；当$0<a<1$时，函数严格递减．a^x与$\left(\frac{1}{a}\right)^x$的图象关于$y$轴对称（如图1-10所示）．特别地，当$a=\mathrm{e}$时，$y=\mathrm{e}^x$，其中$\mathrm{e}=2.718281828\cdots$．

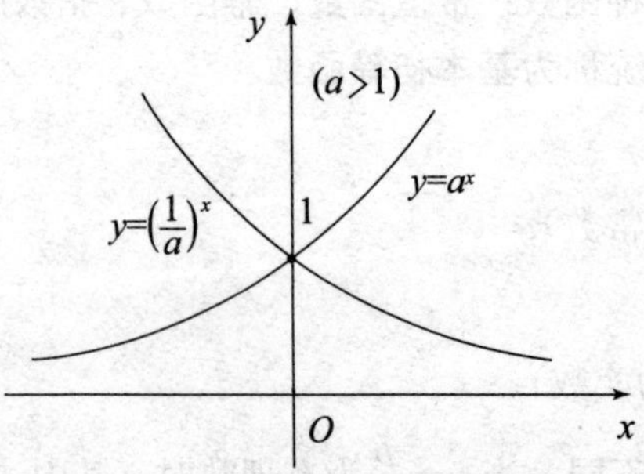

图 1-10

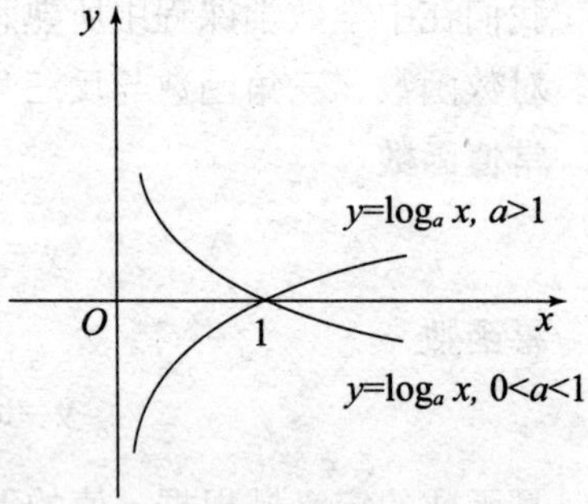

图 1-11

对数函数

$$y=\log_a x(a>0,\ a\neq 1).$$

对数函数的定义域是$(0,\ +\infty)$，与指数函数互为反函数．因此由指数函数的性质可知，对数函数的值域是$(-\infty,\ +\infty)$，其图象总经过点$(1,\ 0)$．当$a>1$时，函数严格递增；当$0<a<1$时，函数严格递减（如图1-11所示）．$\log_a x$与$\log_{\frac{1}{a}} x$的图象关于x轴对称．

特别地，当$a=10$时，$\log_{10} x$称为常用对数，记为$y=\lg x$；当$a=\mathrm{e}$时，$\log_{\mathrm{e}} x$称为自然对数，记为$y=\ln x$．在工程中，常要用到常用对数、自然对数和以e为底的指数函数．

三角函数

正弦函数　$y=\sin x$，$x\in(-\infty,\ +\infty)$；

余弦函数　$y=\cos x$，$x\in(-\infty,\ +\infty)$；

正切函数　$y=\tan x$，$x\neq k\pi+\frac{\pi}{2}$，$k=0,\ \pm 1,\ \pm 2,\ \cdots$；

余切函数　$y=\cot x$，$x\neq k\pi$，$k=0,\ \pm 1,\ \pm 2,\ \cdots$．

它们都是周期函数．正弦和余弦函数的周期为2π，值域为$[-1,\ 1]$．正切和

余切函数的周期为 π，值域为(−∞，+∞). 图象如图 1-12 和 1-13 所示.

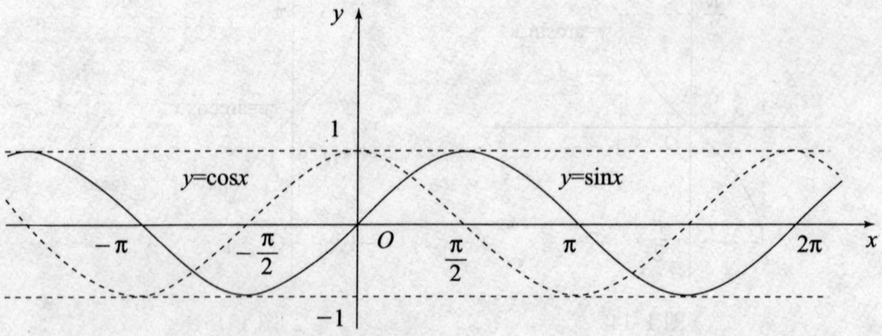

图 1-12

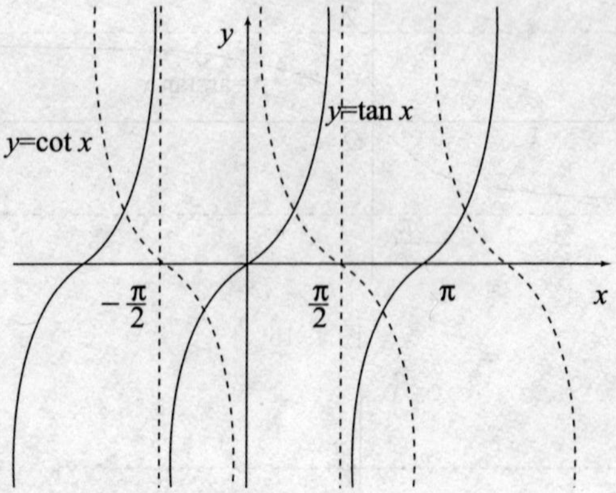

图 1-13

反三角函数

反正弦函数　$y=\arcsin x$，$x\in[-1, 1]$，$y\in\left[-\frac{\pi}{2}, \frac{\pi}{2}\right]$；

反余弦函数　$y=\arccos x$，$x\in[-1, 1]$，$y\in[0, \pi]$；

反正切函数　$y=\arctan x$，$x\in(-\infty, +\infty)$，$y\in(-\frac{\pi}{2}, \frac{\pi}{2})$；

反余切函数　$y=\mathrm{arccot}\, x$，$x\in(-\infty, +\infty)$，$y\in(0, \pi)$.

反正弦和反正切函数在定义域内严格递增且是奇函数，而反余弦和反余切函数在定义域内严格递减. 它们的图象分别如图 1-14 至图 1-17 所示.

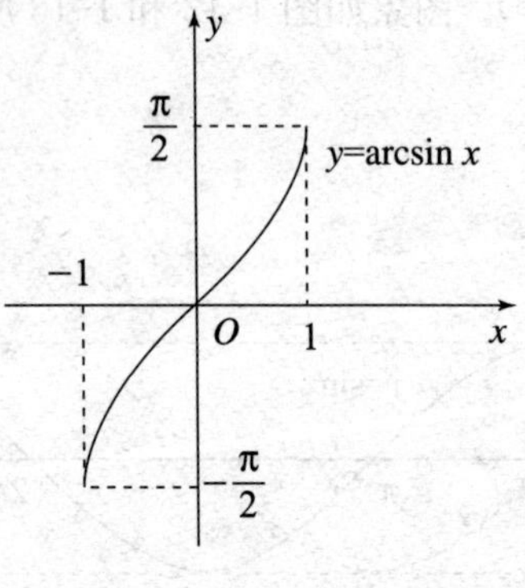

图 1-14

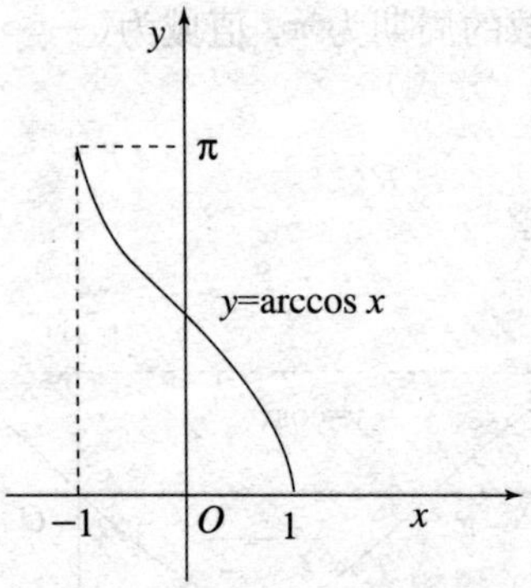

图 1-15

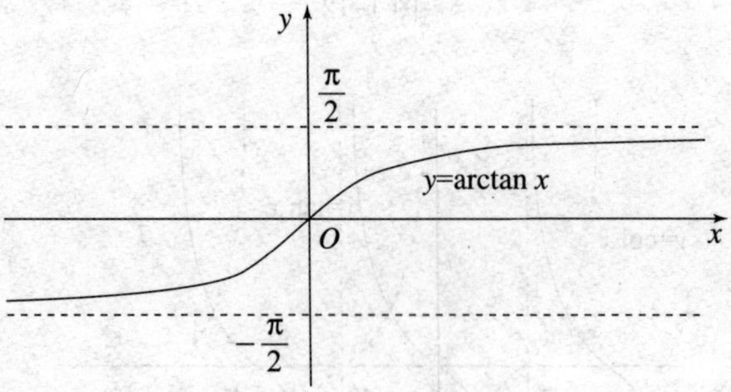

图 1-16

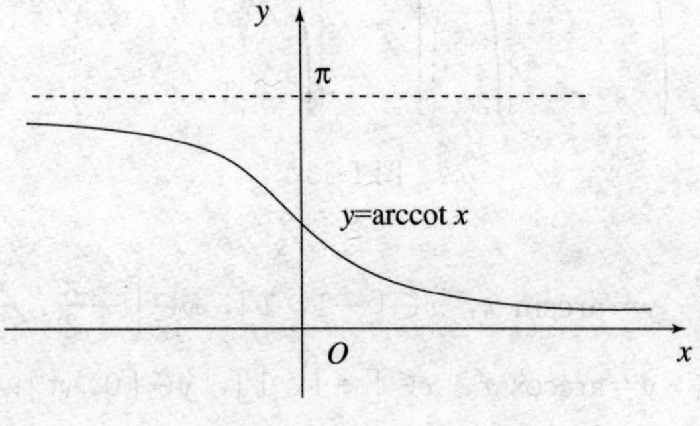

图 1-17

② 初等函数

定义 8 由基本初等函数经过有限次四则运算和函数复合步骤所构成的并可以用一个解析式表示的函数统称为初等函数.

例如，$y=\sqrt{x^2+1}$，$y=\lg\sin^2 x$，$y=\dfrac{x^2-1}{2x^2+1}$，$y=e^{\frac{1}{1-x}}$，…都是初等函数. 常用的多项式函数

$$P_n(x)=a_0+a_1x+a_2x^2+\cdots+a_nx^n,\ x\in(-\infty,+\infty)$$

和有理（分式）函数

$$R(x)=\frac{P_n(x)}{Q_n(x)},\ (P_n(x),\ Q_n(x)\ 为多项式函数)$$

也是初等函数.

凡不是初等函数的函数，都称为非初等函数. 如前所列举的狄利克雷函数等.

初等函数是大学数学研究的主要对象. 因此，读者必须熟悉基本初等函数的性质和图象，并且熟练掌握初等函数定义域的确定方法.

习题 1—1

1. 用描述法表示下列集合.

(1) 大于 5 的所有实数的集合；

(2) 圆 $x^2+y^2=25$ 内部（不包含圆周）一切点的集合；

(3) 抛物线 $y=x^2$ 与直线 $x-y=0$ 交点的集合.

2. 用列举法表示下列集合.

(1) 方程 $x^2-7x+12=0$ 的根的集合；

(2) 抛物线 $y=x^2$ 与直线 $x-y=0$ 交点的集合；

(3) 集合 $\{x \mid |x-1|\leqslant 5$ 的整数$\}$.

3. 下列集合哪些是空集？

$A=\{x \mid x+1=0,\ x\in\mathbf{R}\}$；

$B=\{x \mid x^2+1=0,\ x\in\mathbf{R}\}$；

$C=\{x \mid x>1$ 且 $x<0,\ x\in\mathbf{R}\}$；

$D=\{x \mid x>0$ 且 $x<1,\ x\in\mathbf{R}\}$；

$E=\{(x,\ y) \mid x^2+y^2=1$ 且 $x+y=3,\ x,\ y\in\mathbf{R}\}$.

4. 如果 $A=\{x \mid 3<x<5\}$，$B=\{x \mid x>4\}$，求：

(1) $A\cup B$；　　(2) $A\cap B$；　　(3) $A\setminus B$.

5. 用区间表示下列集合.

(1) $|x|\leqslant 3$；　　(2) $|x-2|\leqslant 1$；

(3) $|x-a|<\delta$（a 为常数，$\delta>0$）；　　(4) $|x|\geqslant 5$；

(5) $|x+1|>2$.

6. 用区间表示下列点集，并在数轴上表示出来.

(1) $I_1=\{x \mid |x+3|<2\}$；

(2) $I_2=\{x \mid 1<|x-2|<3\}$.

7. 下列各题中的函数哪些是同一函数?

(1) $y=\frac{x^2}{x}$ 与 $y=x$; (2) $y=\log_a x^2$ 与 $y=2\log_a x$;

(3) $y=|x|$ 与 $y=\sqrt{x^2}$; (4) $y=\sin^2 x+\cos^2 x$ 与 $y=1$.

8. 求下列函数的定义域.

(1) $y=\frac{2x^2+3}{1+x}$; (2) $y=\lg(x^2-9)$;

(3) $y=\sqrt{\frac{1+x}{1-x}}$; (4) $y=\sqrt{x-2}+\frac{1}{x-3}+\lg(4-x)$;

(5) $y=\sqrt{\lg\frac{x-2}{3}}$; (6) $y=\frac{1}{\sqrt{4-x^2}}$.

9. 设 $f(x)=\sqrt{4+x^2}$, 求下列函数值:

$$f(0),\ f(1),\ f(-1),\ f\left(\frac{1}{a}\right),\ f(x_0),\ f(x_0+h).$$

10. 设

$$f(x)=\begin{cases}|\sin x|, & |x|<\frac{\pi}{3},\\ 0, & |x|\geqslant\frac{\pi}{3}.\end{cases}$$

求 $f\left(\frac{\pi}{6}\right)$, $f\left(\frac{\pi}{4}\right)$, $f\left(-\frac{\pi}{4}\right)$, $f(-2)$. 并作出函数 $f(x)$ 的图形.

11. 设下面考虑的函数都是定义在区间 $(-l, l)$ 上, 证明:

(1) 两个偶函数的和是偶函数, 两个奇函数的和是奇函数;

(2) 两个偶函数的积是偶函数, 两个奇函数的积是偶函数, 一个奇函数与一个偶函数的积是奇函数;

(3) 定义在对称区间 $(-l, l)$ 上的任意一个函数都可表示成一个奇函数与一个偶函数之和.

12. 指出下列函数哪些是奇函数, 哪些是偶函数, 哪些是非奇非偶函数?

(1) $f(x)=x^2(1-x^2)$; (2) $f(x)=\frac{e^x-e^{-x}}{2}$;

(3) $f(x)=x(x-1)(x+1)$; (4) $f(x)=\sin x-\cos x+1$;

(5) $f(x)=\sin(x^2+1)$; (6) $f(x)=\lg(3x+1)$.

13. 讨论下列函数在指定区间内的单调性.

(1) $y=|x+1|$，$[-5, -1]$；　(2) $y=\cos x$，$[0, \pi]$；

(3) $y=\lg(x+1)$，$(-1, +\infty)$；　(4) $y=x^3$，$(-\infty, +\infty)$.

14. 指出下列函数中哪些是周期函数，并求出它们的周期.

(1) $y=A\sin \omega x$，其中 A，ω 为常数；

(2) $y=1$；

(3) $y=x\cos x$；

(4) $y=\sin^2 x$.

15. 求下列函数的反函数.

(1) $y=ax+b(a\neq 0)$；　(2) $y=\sqrt[3]{5x+3}$；

(3) $y=3\sin 2x$；　(4) $y=\ln(2x+5)$.

16. 指出下列函数的复合过程.

(1) $y=\cos 4x$；　(2) $y=(x^2+1)^{\frac{3}{2}}$；

(3) $y=e^{\sin 5x}$；　(4) $y=\lg \sqrt{1+x^2}$.

第二节　数列的极限

微积分研究的主要对象是变量. 为了掌握变量的变化规律，我们不仅要考察变量的变化过程，还要从变量的变化过程中来判断变量的变化趋势，而极限正是为此而引进的数学工具. 因此，极限概念是微积分中最基本而又最重要的概念，极限理论是微积分的基础理论.

求实际问题的精确值是极限概念产生的背景原型. 这一思想方法孕育于古希腊时期，创建于 17 世纪下半叶到 19 世纪上半叶，完善和重建于 19 世纪上半叶到 20 世纪. 事实上，为求平面图形面积的精确值，古希腊人所采用的“穷竭法”以及我国古代数学家刘徽为推算圆面积的精确值所采用的“割圆术”，就已经闪烁着极限思想方法的光芒.

本节介绍数列极限概念，收敛数列的四则运算法则及其基本性质. 理解和掌握本节内容，特别是掌握数列极限的思想与方法，对于学习函数的极限具有重要的意义.

1. 数列概念

定义 1　按照一定顺序排列的一列数：

$$x_1, x_2, \cdots, x_n, \cdots$$

称为数列，记为$\{x_n\}$，其中x_n称为该数列的第n项或通项. 因为数列的项数（序号）是按自然数的大小顺序依次排列的，因此数列又常称为以正整数集为定义域的函数，记作

$$f: \mathbf{N}^+ \to \mathbf{R} \text{ 或 } x_n = f(n), n \in \mathbf{N}^+.$$

例如：

$$\left\{\frac{1}{2^n}\right\}: 1, \frac{1}{2}, \frac{1}{2^2}, \cdots, \frac{1}{2^n}, \cdots; \quad (1)$$

$$\left\{\frac{n}{n+1}\right\}: \frac{1}{2}, \frac{2}{3}, \frac{3}{4}, \cdots, \frac{n}{n+1}, \cdots; \quad (2)$$

$$\{n\}: 1, 2, 3, \cdots, n, \cdots; \quad (3)$$

$$\{(-1)^{n-1}\}: 1, -1, 1, \cdots, (-1)^{n-1}, \cdots \quad (4)$$

等都是数列.

2. 数列的极限

对于给定的无穷数列$\{x_n\}$，我们首先要关心的是当n无限增大时x_n的变化趋势. 结合数轴不难看出，上述数列（1）的通项$\frac{1}{2^n}$随着n的无限增大而无限地接近于0；（2）的通项$\frac{n}{n+1}$随着n的无限增大而无限地接近于1. 而数列（3）和（4）没有这种特性. 我们主要研究前一类型的数列.

一般地说，对于给定的无穷数列$\{x_n\}$，如果当n无限增大时x_n无限地接近于某一个常数a，那么就称此数列为收敛数列，常数a称为此数列的极限.

上述概念直观形象地描述了数列的变化趋势，但其含义是不确切的. 因为“无限增大”和“无限接近”只不过是对变量变化状态的定性说明，而不是精确的定量描述.

下面我们来考察数列$\left\{1+\frac{1}{n}\right\}$当$n$无限增大时的变化趋势.

结合数轴不难发现，当n无限增大时，$1+\frac{1}{n}$无限地接近于1. 而$1+\frac{1}{n}$无限地接近于1相当于$1+\frac{1}{n}$与1的距离，即$1+\frac{1}{n}$与1之差的绝对值$\left|\left(1+\frac{1}{n}\right)-1\right|=\frac{1}{n}$无限减小，想要多小就能有多小. 比如，要想

$$\left|\left(1+\frac{1}{n}\right)-1\right|=\frac{1}{n}<0.1,$$

只需要 $n>10$ 即可；而要想

$$\left|\left(1+\frac{1}{n}\right)-1\right|=\frac{1}{n}<0.001,$$

只需要 $n>1000$ 即可. 一般地，要想

$$\left|\left(1+\frac{1}{n}\right)-1\right|=\frac{1}{n}<\varepsilon$$

其中 ε 是任意给定的正数（不论它多小都可以），只需要 $n>\frac{1}{\varepsilon}$ 即 $n>\left[\frac{1}{\varepsilon}\right]$ 即可.

因此，当 n 无限增大时，数列 $\left\{1+\frac{1}{n}\right\}$ 以 1 为极限，可以描述为：对于任意给定的正数 ε，总存在正整数 $N=\left[\frac{1}{\varepsilon}\right]$，当 $n>N$ 时，都有

$$\left|\left(1+\frac{1}{n}\right)-1\right|=\frac{1}{n}<\varepsilon.$$

上述说法以有限的形式从数量关系上精确地描述了数列 $\left\{1+\frac{1}{n}\right\}$ 的极限过程. 将它加以抽象，就可得到数列极限的定义.

定义 2　设 $\{x_n\}$ 为数列，a 为定数. 如果对任给的正数 ε，总存在正整数 N，使得当 $n>N$ 时，都有

$$|x_n-a|<\varepsilon,$$

那么称数列 $\{x_n\}$ 收敛于 a，定数 a 称为数列 $\{x_n\}$ 的极限，并记作

$$\lim_{n\to\infty}x_n=a \text{ 或 } x_n\to a(n\to\infty),$$

读作“当 n 趋于无穷大时，$\{x_n\}$ 的极限等于 a 或 x_n 趋于 a”.

若数列 $\{x_n\}$ 没有极限，则称 $\{x_n\}$ 不收敛，或称 $\{x_n\}$ 为发散数列.

定义 2 常称为数列极限的 $\varepsilon-N$ 定义. 关于这一定义，应注意下面几点：

(1) ε 的二重性. 一方面，ε 具有任意性，它的作用在于描述数列的通项 x_n 与定数 a 的无限接近程度，显然 ε 越小，接近程度就越好；另一方面，ε 具有相对固定性，它一经给出，就应暂时地被确定下来，以便依据它来求出 N 和进行数学论证.

(2) N 的相应性. N 是与 ε 有关的正整数，一般地说，ε 越小 N 就相应地越大，但这并不意味着 N 是由 ε 所唯一确定的. 关于这一点读者不难从实例分析看到.

(3) 定义中的"当 $n>N$ 时有 $|x_n-a|<\varepsilon$"，表示所有下标大于 N 的项 x_n 都落在邻域 $U(a,\varepsilon)$ 内，而在 $U(a,\varepsilon)$ 之外，数列 $\{x_n\}$ 至多只有 N 个(有限个)项(如图 1-18 所示).

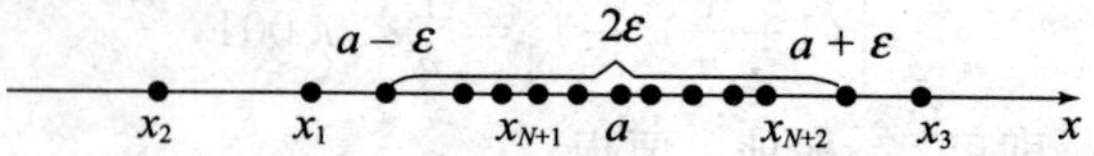

图 1-18

例 1 证明 $\lim\limits_{n\to\infty}\dfrac{1}{n^{\alpha}}=0$，其中 α 为正数.

证 因为

$$\left|\frac{1}{n^{\alpha}}-0\right|=\frac{1}{n^{\alpha}},$$

所以对任给的 $\varepsilon>0$，只要取 $N=\left[\dfrac{1}{\varepsilon^{\frac{1}{\alpha}}}\right]+1$，则当 $n>N$ 时，就有

$$\frac{1}{n^{\alpha}}<\frac{1}{N^{\alpha}}<\varepsilon，即\left|\frac{1}{n^{\alpha}}-0\right|<\varepsilon,$$

故 $\lim\limits_{n\to\infty}\dfrac{1}{n^{\alpha}}=0$.

例 2 证明 $\lim\limits_{n\to\infty}q^{n}=0$，其中 $|q|<1$.

证 当 $q=0$，显然成立. 现设 $0<|q|<1$. 记 $h=\dfrac{1}{|q|}-1$，则 $h>0$. 由于

$$|q^{n}-0|=|q|^{n}=\frac{1}{(1+h)^{n}},$$

并且 $(1+h)^{n}\geqslant 1+nh$，可得到

$$|q|^{n}\leqslant\frac{1}{1+nh}<\frac{1}{nh},$$

于是，对任给的 $\varepsilon>0$，只要取 $N=\left[\dfrac{1}{\varepsilon h}\right]$，则当 $n>N$ 时，就有

$$|q^{n}-0|<\varepsilon.$$

故 $\lim\limits_{n\to\infty}q^{n}=0$.

例 3 证明 $\lim\limits_{n\to\infty}\dfrac{n}{n+1}=1$.

证 由于

$$\left|\frac{n}{n+1}-1\right|=\frac{1}{n+1}<\frac{1}{n},$$

于是对任给的 $\varepsilon>0$，只要取 $N=\left[\frac{1}{\varepsilon}\right]$，则当 $n>N$ 时，就有

$$\left|\frac{n}{n+1}-1\right|<\varepsilon.$$

故 $\lim\limits_{n\to\infty}\frac{n}{n+1}=1$.

3. 收敛数列的基本性质

(1) 唯一性

定理 1　如果数列 $\{x_n\}$ 收敛，那么它的极限是唯一的.

证　用反证法. 假设同时有 $x_n\to A$ 与 $x_n\to B(n\to\infty)$，且 $A<B$. 取 $\varepsilon=\frac{B-A}{2}$，因为 $\lim\limits_{n\to\infty}x_n=A$，故存在正整数 N_1，使得当 $n>N_1$ 时，有

$$|x_n-A|<\frac{B-A}{2};\qquad(1)$$

同理，因为 $\lim\limits_{n\to\infty}x_n=B$，故存在正整数 N_2，使得当 $n>N_2$ 时，有

$$|x_n-B|<\frac{B-A}{2}.\qquad(2)$$

取 $N=\max\{N_1, N_2\}$，则当 $n>N$ 时，(1)式与(2)式同时成立. 而由(1)式有 $x_n<\frac{A+B}{2}$，由(2)式有 $x_n>\frac{A+B}{2}$，这是不可能的. 所以只有 $A=B$.

(2) 有界性

定义 3　设 $\{x_n\}$ 为数列，如果存在正数 M，使得对一切自然数 n 都有

$$|x_n|\leqslant M,$$

则称数列 $\{x_n\}$ 是有界的. 否则称数列 $\{x_n\}$ 是无界的.

例如数列 $\left\{\frac{n+1}{n}\right\}$ 是有界的. 因为对一切自然数 n，都有 $\left|\frac{n+1}{n}\right|\leqslant 2$；而对于数列 $\{n\}$，由于满足定义的正数 M 不存在，故它是无界的.

定理 2　如果数列 $\{x_n\}$ 收敛，那么数列 $\{x_n\}$ 一定有界.

证　设 $\lim\limits_{n\to\infty}x_n=a$. 取 $\varepsilon=1$，则存在正整数 N，对一切 $n>N$ 都有

$$|x_n-a|<1.$$

于是当 $n>N$ 时有

$$|x_n|=|x_n-a+a|\leqslant|x_n-a|+|a|<1+|a|.$$

记 $M=\max\{|x_1|, |x_2|, \cdots, |x_N|, 1+|a|\}$，则对一切自然数 n 都有

$$|x_n| \leqslant M,$$

由定义 3 可知数列 $\{x_n\}$ 是有界的.

由定理 2 知，如果数列 $\{x_n\}$ 无界，那么数列 $\{x_n\}$ 一定发散；但反之，如果数列 $\{x_n\}$ 有界，它不一定收敛. 例如数列：

$$1,\ -1,\ 1,\ \cdots,\ (-1)^{n-1},\ \cdots$$

有界，但它并不收敛. 因此有界性只是数列收敛的必要条件.

(3) 保号性

定理 3 如果 $\lim\limits_{n\to\infty} x_n = a > 0$（或 $a<0$），那么必存在正整数 N，当 $n>N$ 时，都有 $x_n>0$（或 $x_n<0$）.

证 设 $a>0$. 取 $\varepsilon = \dfrac{a}{2}$，则存在正整数 N，使得当 $n>N$ 时，有

$$|x_n - a| < \frac{a}{2},$$

从而有

$$x_n > a - \frac{a}{2} = \frac{a}{2} > 0.$$

对于 $a<0$ 的情形，也可类似地证明.

(4) 保不等式性

定理 4 设 $\{x_n\}$ 与 $\{y_n\}$ 均为收敛数列. 如果存在正整数 N_0，使得当 $n>N_0$ 时有 $x_n \leqslant y_n$，那么 $\lim\limits_{n\to\infty} x_n \leqslant \lim\limits_{n\to\infty} y_n$.

证明略.

推论 如果数列 $\{x_n\}$ 从某一项起有 $x_n \geqslant 0$（或 $x_n \leqslant 0$），且 $\lim\limits_{n\to\infty} x_n = a$，那么 $a \geqslant 0$（或 $a \leqslant 0$）.

例如，数列 $\left\{\dfrac{1}{n+1}\right\}$ 与 $\left\{\dfrac{1}{n}\right\}$，对于一切 n 有 $\dfrac{1}{n+1} < \dfrac{1}{n}$，$\lim\limits_{n\to\infty} \dfrac{1}{n+1} = \lim\limits_{n\to\infty} \dfrac{1}{n} = 0$.

习题 1—2

1. 观察一般项 x_n 如下的数列 $\{x_n\}$ 的变化趋势，对于收敛数列 $\{x_n\}$，写出它的极限.

(1) $x_n = \dfrac{1}{2n}$；　　(2) $x_n = (-1)^n \dfrac{1}{n}$；

(3) $x_n = 3 + \dfrac{1}{\sqrt{n}}$；　　(4) $x_n = \dfrac{n+1}{n-1}$；

(5) $x_n=(-1)^n n$； (6) $x_n=2^n$.

2. 设数列$\{x_n\}$的一般项 $x_n=(-1)^n\dfrac{\sin n}{n}$，

(1) 求$\lim\limits_{n\to\infty}x_n$；

(2) 求出 N，使得当 $n>N$ 时，x_n 与其极限之差的绝对值小于正数 ε；

(3) 当 $\varepsilon=0.001$ 时，求出最小的正整数 N，使 $n>N$ 时，$|x_n-\lim\limits_{n\to\infty}x_n|<\varepsilon$.

3. 根据数列极限定义证明：

(1) $\lim\limits_{n\to\infty}\dfrac{1}{n^2}=0$； (2) $\lim\limits_{n\to\infty}\dfrac{5n+3}{2n+1}=\dfrac{5}{2}$；

(3) $\lim\limits_{n\to\infty}(\sqrt{n+1}-\sqrt{n})=0$； (4) $\lim\limits_{n\to\infty}0.\underbrace{999\cdots9}_{n个}=1$.

4. 证明若$\lim\limits_{n\to\infty}x_n=a$，则$\lim\limits_{n\to\infty}|x_n|=|a|$. 但反之未必成立，并举例说明.

5. 设数列$\{x_n\}$有界，又$\lim\limits_{n\to\infty}y_n=0$，证明$\lim\limits_{n\to\infty}x_ny_n=0$.

第三节 函数的极限

数列实际上是定义在正整数集上的函数，因此其自变量的变化只有一种情形，即 $n\to+\infty$的情形. 而对于函数，其自变量的变化方式就要复杂得多，有自变量趋于无穷大时和自变量趋于有限值时两类基本情形. 本节在数列极限定义的基础上，给出在自变量各种变化趋势下的函数极限定义，并介绍函数极限的一些基本性质.

1. x 趋于∞时函数的极限

类似数列极限定义，可给出当自变量 $x\to+\infty$时函数的极限定义.

定义 1 设 $f(x)$为定义在$[a,+\infty)$上的函数，A 为定数. 如果对任给的 $\varepsilon>0$，存在正数 $M(\geqslant a)$，使得当 $x>M$ 时，都有

$$|f(x)-A|<\varepsilon,$$

那么称函数 $f(x)$当 x 趋于$+\infty$时以 A 为**极限**，记作

$$\lim_{x\to+\infty}f(x)=A \text{ 或 } f(x)\to A(x\to+\infty).$$

类似定义 1，可得

定义 2 设 $f(x)$为定义在$(-\infty,b]$上的函数，A 为定数. 如果对任给的 $\varepsilon>0$，存在正数 $M(-M\leqslant b)$，使得当 $x<-M$ 时，都有

$$|f(x)-A|<\varepsilon,$$

那么称函数 $f(x)$ 当 x 趋于 $-\infty$ 时以 A 为**极限**，记作

$$\lim_{x\to-\infty} f(x)=A \text{ 或 } f(x)\to A(x\to-\infty).$$

综合定义 1、2，可得

定义 3 设 $f(x)$ 为定义在 $U(\infty)$ 上的函数，A 为定数. 如果对任给的 $\varepsilon>0$，存在正数 M，使得当 $|x|>M$ 时，都有

$$|f(x)-A|<\varepsilon,$$

那么称函数 $f(x)$ 当 x 趋于 ∞ 时以 A 为**极限**，记作

$$\lim_{x\to\infty} f(x)=A \text{ 或 } f(x)\to A(x\to\infty).$$

定义 1 的几何意义如图 1-19 所示，对任给的 $\varepsilon>0$，在坐标平面上平行于 x 轴的两条直线 $y=A\pm\varepsilon$，围成以直线 $y=A$ 为中心线、宽为 2ε 的带形区域，定义中的"当 $x>M$ 时有 $|f(x)-A|<\varepsilon$"表示：在直线 $x=M$ 的右方，曲线 $y=f(x)$ 全部落在这个带形区域之内.

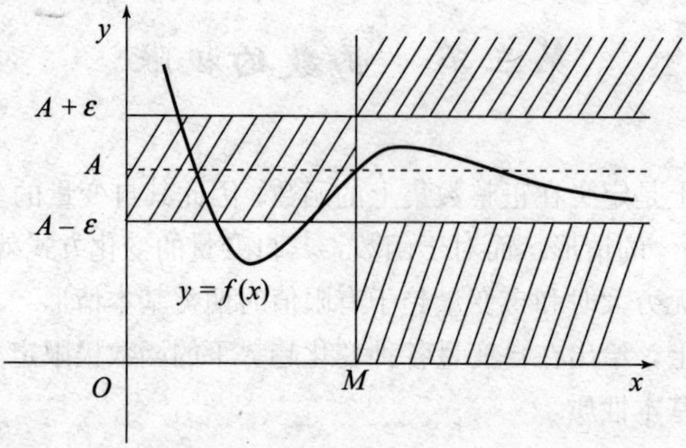

图 1-19

例 1 证明 $\lim\limits_{x\to\infty}\dfrac{1}{x}=0$.

证 任给 $\varepsilon>0$，取 $M=\dfrac{1}{\varepsilon}$，则当 $|x|>M$ 时有

$$\left|\frac{1}{x}-0\right|=\frac{1}{|x|}<\frac{1}{M}=\varepsilon,$$

所以 $\lim\limits_{x\to\infty}\dfrac{1}{x}=0$.

例 2 证明 $\lim\limits_{x\to\infty}\dfrac{2x}{x+1}=2$.

证 因为当 $|x|>1$ 时，

$$\left|\frac{2x}{x+1}-2\right|=\frac{2}{|x+1|}<\frac{2}{|x|-1},$$

于是对任给的 $\varepsilon>0$，取 $M=1+\frac{2}{\varepsilon}$，则当 $|x|>M$ 时有

$$\left|\frac{2x}{x+1}-2\right|<\varepsilon,$$

所以 $\lim\limits_{x\to\infty}\frac{2x}{x+1}=2$.

2. x 趋于 x_0 时函数的极限

定义 4　设 $f(x)$ 为定义在点 x_0 的某空心邻域内的函数，A 为定数. 如果对任给的 $\varepsilon>0$，存在正数 δ，使得当 $0<|x-x_0|<\delta$ 时，都有

$$|f(x)-A|<\varepsilon,$$

那么称函数 $f(x)$ 当 x 趋于 x_0 时以 A 为**极限**，记作

$$\lim_{x\to x_0}f(x)=A \text{ 或 } f(x)\to A(x\to x_0).$$

上述定义常称为函数极限的 $\varepsilon-\delta$ 定义.

定义 4 的几何意义如图 1-20 所示，对任给的 $\varepsilon>0$，在坐标平面上平行于 x 轴的两条直线 $y=A\pm\varepsilon$，围成以直线 $y=A$ 为中心线、宽为 2ε 的带形区域，定义中的“当 $0<|x-x_0|<\delta$ 时有 $|f(x)-A|<\varepsilon$”表示：在直线 $x=x_0-\delta$ 的右方与 $x=x_0+\delta$ 的左方，曲线 $y=f(x)$ 全部落在这个带形区域之内.

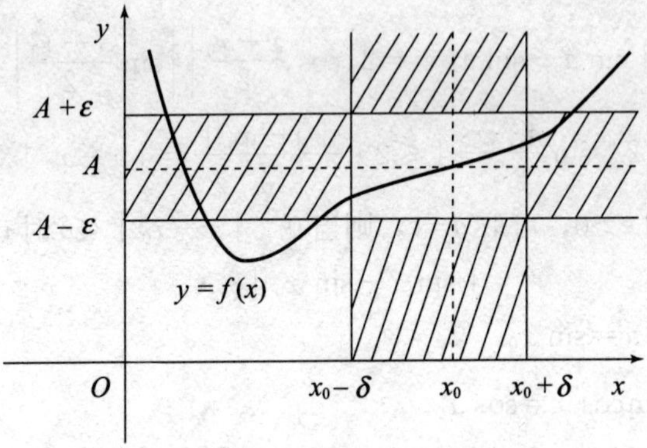

图 1-20

例 3　证明：

(1) $\lim\limits_{x\to x_0}c=c$（$c$ 为常数）；

(2) $\lim\limits_{x\to x_0}x=x_0$.

证 (1) 由于

$$|f(x)-c|=|c-c|=0,$$

因此，对任给的 $\varepsilon>0$，可任取 $\delta>0$，则当 $0<|x-x_0|<\delta$ 时有

$$|c-c|<\varepsilon,$$

所以 $\lim\limits_{x\to x_0}c=c$.

(2) 请读者自行证明.

例 4 证明 $\lim\limits_{x\to 1}\dfrac{x^2-1}{x-1}=2$.

证 由于当 $x\neq 1$ 时，

$$|f(x)-A|=\left|\frac{x^2-1}{x-1}-2\right|=|x-1|,$$

因此，对任给的 $\varepsilon>0$，可任取 $\delta=\varepsilon$，则当 $0<|x-1|<\delta$ 时有

$$\left|\frac{x^2-1}{x-1}-2\right|<\varepsilon,$$

所以 $\lim\limits_{x\to 1}\dfrac{x^2-1}{x-1}=2$.

从例 4 可见，函数 $f(x)$ 在点 $x=1$ 处没有定义，但它在点 $x=1$ 处的极限存在. 因此，函数在点 x_0 处没有定义并不影响函数极限的存在性.

例 5 证明 $\lim\limits_{x\to x_0}\sin x=\sin x_0$.

证 因为对任意 $x\in\mathbf{R}$，

$$|\sin x-\sin x_0|=2\left|\cos\frac{x+x_0}{2}\right|\left|\sin\frac{x-x_0}{2}\right|$$

$$\leqslant 2\left|\sin\frac{x-x_0}{2}\right|\leqslant 2\cdot\frac{|x-x_0|}{2}=|x-x_0|,$$

于是，对任给的 $\varepsilon>0$，可取 $\delta=\varepsilon$，则当 $0<|x-x_0|<\delta$ 时有

$$|\sin x-\sin x_0|<\varepsilon,$$

所以 $\lim\limits_{x\to x_0}\sin x=\sin x_0$.

类似可证 $\lim\limits_{x\to x_0}\cos x=\cos x_0$.

有时只需要考虑 x 从大于 x_0 的一侧或 x 从小于 x_0 的一侧趋于 x_0 时的函数的变化趋势，如在区间端点处. 于是我们引入**单侧极限**的概念.

定义 5 设 $f(x)$ 为定义在点 x_0 的某空心右邻域内的函数，A 为定数. 如果对任给的 $\varepsilon>0$，存在正数 δ，使得当 $x_0<x<x_0+\delta$ 时，都有

$$|f(x)-A|<\varepsilon,$$

那么称 A 为函数 $f(x)$ 当 x 趋于 x_0 时的**右极限**，记作

$$\lim_{x\to x_0^+} f(x)=A \text{ 或 } f(x_0+0)=A.$$

类似可得**左极限**的定义：

$$\lim_{x\to x_0^-} f(x)=A \text{ 或 } f(x_0-0)=A.$$

右极限和左极限统称为**单侧极限**.

例如，容易验证符号函数 sgn x 在 $x=0$ 处的左、右极限分别为：

$$\lim_{x\to 0^-}\operatorname{sgn} x=\lim_{x\to 0^-}(-1)=-1,\quad \lim_{x\to 0^+}\operatorname{sgn} x=\lim_{x\to 0^+}1=1.$$

关于函数极限 $\lim\limits_{x\to x_0} f(x)$ 与相应的左、右极限之间的关系，有如下定理：

定理 1　$\lim\limits_{x\to x_0} f(x)$ 存在的充分必要条件是 $f(x)$ 在点 x_0 的左、右极限都存在并且相等．即

$$\lim_{x\to x_0} f(x)=A \Leftrightarrow \lim_{x\to x_0^-} f(x)=\lim_{x\to x_0^+} f(x)=A.$$

根据上面定理，如果左、右极限中至少有一个不存在，或者两个都存在，但不相等，则 $\lim\limits_{x\to x_0} f(x)$ 不存在.

例 6　考察函数

$$f(x)=\begin{cases} x-1, & x<0 \\ x+1, & x\geqslant 0 \end{cases}$$

当 $x\to 0$ 时的极限是否存在.

解：因为

$$\lim_{x\to 0^-} f(x)=\lim_{x\to 0^-}(x-1)=-1,\quad \lim_{x\to 0^+} f(x)=\lim_{x\to 0^+}(x+1)=1.$$

即函数 $f(x)$ 在点 $x=0$ 处的左、右极限都存在但不相等，所以 $\lim\limits_{x\to 0} f(x)$ 不存在.

3. 函数极限的性质

类似收敛数列的性质，函数极限有以下基本性质.

定理 2　（**唯一性**）若极限 $\lim\limits_{x\to x_0} f(x)$ 存在，则此极限是唯一的.

定理 3　（**局部有界性**）若极限 $\lim\limits_{x\to x_0} f(x)$ 存在，则函数 $f(x)$ 在点 x_0 的某空心邻域 $\mathring{U}(x_0)$ 内有界.

定理 4（**局部保号性**）若 $\lim\limits_{x\to x_0} f(x)=A>0(<0)$，则存在点 x_0 的某空心

邻域$\mathring{U}(x_0)$，当$x\in\mathring{U}(x_0)$时，有$f(x)>0(f(x)<0)$.

定理 5（保不等式性） 设$\lim\limits_{x\to x_0}f(x)$与$\lim\limits_{x\to x_0}g(x)$都存在，且在点$x_0$的某空心邻域$\mathring{U}(x_0)$内有$f(x)\leqslant g(x)$，则

$$\lim_{x\to x_0}f(x)\leqslant\lim_{x\to x_0}g(x)$$

请读者给出上述定理的证明，并将它们推广到自变量变化的其他情形.

习题 1-3

1. 证明当$x\to 2$时，$y=x^2\to 4$. 且问δ取何值时，只要$|x-2|<\delta$，就有$|y-4|<0.001$?

2. 证明当$x\to\infty$时，$y=\dfrac{x^2-1}{x^2+3}\to 1$. 且问$M$取何值时，只要$|x|>M$，就有$|y-1|<0.01$?

3. 根据函数极限的定义证明：

(1) $\lim\limits_{x\to 2}(4x+1)=9$；　　(2) $\lim\limits_{x\to -\frac{1}{2}}\dfrac{1-4x^2}{2x+1}=2$；

(3) $\lim\limits_{x\to\infty}\dfrac{2x^2+3}{3x^2+1}=\dfrac{2}{3}$；　　(4) $\lim\limits_{x\to +\infty}\dfrac{\sin x}{\sqrt{x}}=0$.

4. 讨论极限$\lim\limits_{x\to 2}\dfrac{x-2}{|x-2|}$是否存在?

5. 证明：若$\lim\limits_{x\to -\infty}f(x)=A$且$\lim\limits_{x\to +\infty}f(x)=A$，则$\lim\limits_{x\to\infty}f(x)=A$.

6. 根据极限定义证明：函数$f(x)$当$x\to x_0$时极限存在的必要充分条件为左极限与右极限都存在且相等.

第四节　无穷小与无穷大

无穷小与无穷大在大学数学中无论是在理论上还是应用上都是极为重要的概念. 本节介绍无穷小与无穷大的概念及其性质.

1. 无穷小

定义 1　如果$\lim\limits_{x\to x_0}f(x)=0$，那么称函数$f(x)$当$x\to x_0$时为无穷小.

$\lim\limits_{x\to x_0}f(x)=0\Leftrightarrow\forall\varepsilon>0$，$\exists\delta>0$，当$0<|x-x_0|<\delta$时，有$|f(x)|<\varepsilon$.

类似地可定义当 $x\to x_0^-$，$x\to x_0^+$，$x\to-\infty$，$x\to+\infty$ 以及 $x\to\infty$ 时的无穷小.

特别地，以 0 为极限的数列称为无穷小数列.

例如：当 $x\to 0$ 时，x^2，$\sin x$，$\tan x$，$1-\cos x$ 都是无穷小.

当 $x\to 1^-$ 时，$\sqrt{1-x}$ 是无穷小.

当 $x\to\infty$ 时，$\frac{1}{x^2}$，$\frac{\sin x}{x}$ 都是无穷小.

当 $n\to\infty$ 时，$\left\{\frac{1}{n}\right\}$，$\left\{\frac{1}{2^n}\right\}$，$\left\{\frac{n}{n^2+1}\right\}$ 都是无穷小.

注意 无穷小不是很小的数，而是以零为极限的变量. 仅一例外：常数 0 是无穷小；我们称一个变量是无穷小，必须明确指出自变量的变化趋向. 因为对同一个变量，在自变量不同的变化趋向下，其极限是不同的.

2. 无穷大

定义 2 设函数 $f(x)$ 在点 x_0 的某空心邻域 $\mathring{U}(x_0)$ 内有定义，如果对任给的 $M>0$，存在 $\delta>0$，当 $0<|x-x_0|<\delta$ 时，有

$$|f(x)|>M, \qquad (1)$$

那么称函数 $f(x)$ 当 $x\to x_0$ 时为无穷大，记作

$$\lim_{x\to x_0} f(x)=\infty \text{ 或 } f(x)\to\infty(x\to x_0).$$

若将 (1) 式换成“$f(x)>M$”或“$f(x)<-M$”，则分别称函数 $f(x)$ 当 $x\to x_0$ 时是正无穷大或负无穷大，记作

$$\lim_{x\to x_0} f(x)=+\infty \text{ 或 } \lim_{x\to x_0} f(x)=-\infty.$$

类似地可定义当 $x\to x_0^-$，$x\to x_0^+$，$x\to-\infty$，$x\to+\infty$，$x\to\infty$ 以及 $n\to\infty$ 时的无穷大.

同样地，无穷大不是很大的数，而是以“∞”为非正常极限的变量；称一个变量是无穷大，必须明确指出自变量的变化趋向.

例 1 证明 $\lim\limits_{x\to 2}\frac{1}{x-2}=\infty$.

证 对任意 $M>0$，由

$$\left|\frac{1}{x-2}\right|>M,$$

解得 $|x-2|<\frac{1}{M}$. 于是，对任意 $M>0$，总存在 $\delta=\frac{1}{M}$，当 $0<|x-2|<\delta$ 时，有

$$\left|\frac{1}{x-2}\right|>M.$$

所以 $$\lim_{x\to 2}\frac{1}{x-2}=\infty.$$

例 2 证明：当 $a>1$ 时，$\lim\limits_{x\to+\infty}a^x=+\infty$.

证 对任意 $M>0$ （$M>1$），由

$$a^x>M,$$

解得 $x>\log_a M$. 于是，对任意 $M>0$，总存在 $X=\log_a M$，当 $x>X$ 时，有

$$a^x>M.$$

所以 $$\lim_{x\to+\infty}a^x=+\infty.$$

3. 无穷小与无穷大之间的关系

定理 1 在自变量的同一变化过程中，

(1) 若 $f(x)$ 是无穷大，则 $\frac{1}{f(x)}$ 是无穷小；

(2) 若 $f(x)$ 是无穷小且 $f(x)\neq 0$，则 $\frac{1}{f(x)}$ 是无穷大.

证 只证(1)当 $x\to x_0$ 时的情形.

设 $\lim\limits_{x\to x_0}f(x)=\infty$，则对任意的 $\varepsilon>0$，由定义 2，对于 $M=\frac{1}{\varepsilon}$，总存在 $\delta>0$，当 $0<|x-x_0|<\delta$ 时，有

$$|f(x)|>M=\frac{1}{\varepsilon},$$

即

$$\left|\frac{1}{f(x)}\right|<\varepsilon.$$

由定义 1 知函数 $\frac{1}{f(x)}$ 当 $x\to x_0$ 时为无穷小.

类似可以证明其他情形及 (2).

例如，当 $x\to 0(x\neq 0)$ 时，x，x^2，$\sin x$ 都是无穷小，因此，当 $x\to 0(x\neq 0)$ 时，$\frac{1}{x}$，$\frac{1}{x^2}$，$\frac{1}{\sin x}$ 都是无穷大；当 $x\to+\infty$ 时，e^x 是无穷大，因此，当 $x\to+\infty$ 时，e^{-x} 是无穷小.

4. 无穷小的运算性质

容易证明，无穷小有如下基本性质：

定理 2 (1) 有限个无穷小的代数和是无穷小；

(2) 有界函数与无穷小的乘积是无穷小.

推论 (1) 常数与无穷小的乘积是无穷小；

(2) 有限个无穷小的乘积是无穷小.

注意 无限多个无穷小的代数和不一定是无穷小（参见第五节例 13 等）.

利用这些性质，可以简便地求出某些函数的极限.

例 3 求极限$\lim\limits_{x\to 0}\left(x\sin\dfrac{1}{x}\right)$.

解 当 $x\neq 0$ 时，$\left|\sin\dfrac{1}{x}\right|\leqslant 1$，即 $\sin\dfrac{1}{x}$ 在 $x=0$ 的任一空心邻域内是有界的. 而$\lim\limits_{x\to 0}x=0$. 由定理 2 的（2）可知，函数 $x\sin\dfrac{1}{x}$ 当 $x\to 0$ 时是无穷小，即

$$\lim_{x\to 0}\left(x\sin\frac{1}{x}\right)=0.$$

无穷小与函数极限有着密切的联系. 我们有下面重要的定理.

定理 3 在自变量的同一变化过程中，函数 $f(x)$ 有极限 A 的充分必要条件是 $f(x)=A+\alpha$，其中 α 是无穷小.

证 只证 $x\to x_0$ 的情形.

设$\lim\limits_{x\to x_0}f(x)=A$，则对任意的 $\varepsilon>0$，存在 $\delta>0$，当 $0<|x-x_0|<\delta$ 时，有

$$|f(x)-A|<\varepsilon.$$

令 $\alpha=f(x)-A$，则 α 是当 $x\to x_0$ 时的无穷小，且

$$f(x)=A+\alpha.$$

反之，设 α 是当 $x\to x_0$ 时的无穷小，A 是常数且 $f(x)=A+\alpha$. 则由无穷小的定义，对任意的 $\varepsilon>0$，存在 $\delta>0$，当 $0<|x-x_0|<\delta$ 时，有

$$|\alpha|<\varepsilon,$$

即

$$|f(x)-A|<\varepsilon.$$

所以$\lim\limits_{x\to x_0}f(x)=A$.

习题 1—4

1. 两个无穷小的商是否一定是无穷小？举例说明之.

2. 用定义证明.

(1) $y=\frac{x^2-5x-6}{x-6}$ 当 $x\to-1$ 时为无穷小；

(2) $y=x\cos\frac{1}{x}$ 当 $x\to0$ 时为无穷小；

(3) $y=\frac{1}{x^2+1}$ 当 $x\to\infty$ 时为无穷小.

3. 根据定义证明：当 $x\to0$ 时，函数 $y=\frac{3x+2}{x}$ 是无穷大. 问 x 应满足什么条件，才能使 $|y|>10^4$？

4. 求下列极限并说明理由.

(1) $\lim\limits_{x\to\infty}\frac{1}{x^3+1}$；　　(2) $\lim\limits_{x\to\infty}(\sqrt{x+1}-\sqrt{x-1})$；

(3) $\lim\limits_{x\to1}\frac{x+1}{x^2-1}$；　　(4) $\lim\limits_{x\to0}\frac{1-x^2}{1-x}$.

5. 证明：函数 $y=\frac{1}{x}\sin\frac{1}{x}$ 在区间 $(0, 1]$ 上无界，但当 $x\to0^+$ 时，此函数不是无穷大.

第五节　极限的运算法则

求函数的极限是一种崭新的运算. 如同数的运算一样，极限也有其特有的运算法则. 本节讨论函数极限的四则运算法则和复合函数的极限运算法则. 它们都是求函数极限的基础，读者务必理解和掌握.

在以下的讨论中，极限记号“lim”下面没有标明自变量的变化过程，表明在同一命题中自变量所处的是同一变化过程.

1. 极限的四则运算法则

定理 1 如果 $\lim f(x)=A$，$\lim g(x)=B$，那么

(1) $\lim[f(x)\pm g(x)]=A\pm B=\lim f(x)\pm\lim g(x)$；

(2) $\lim[f(x)\cdot g(x)]=AB=\lim f(x)\cdot\lim g(x)$；

(3) 当 $B\neq 0$ 时，$\lim \dfrac{f(x)}{g(x)}=\dfrac{A}{B}=\dfrac{\lim f(x)}{\lim g(x)}$.

证　只证明 (1)

因为 $\lim f(x)=A$，$\lim g(x)=B$，由上节定理 3 知

$$f(x)=A+\alpha,\ g(x)=B+\beta,$$

其中 α 和 β 是无穷小．于是

$$\begin{aligned} f(x)\pm g(x) &= (A+\alpha)\pm(B+\beta) \\ &= (A\pm B)+(\alpha\pm\beta) \\ &= (A\pm B)+\gamma. \end{aligned}$$

其中 $\gamma=\alpha\pm\beta$ 是无穷小．再由上节定理 3 可知

$$\lim[f(x)\pm g(x)]=A\pm B.$$

特别地，在 (2) 中，若 $g(x)=c$（c 常数），则

$$\lim[cf(x)]=cA=c\lim f(x).$$

定理 1 中的 (1)(2) 可推广到任意有限个函数的情形．即若

$$\lim f_1(x)=A_1,\ \lim f_2(x)=A_2,\ \cdots,\ \lim f_n(x)=A_n,$$

则

$$\lim[f_1(x)\pm f_2(x)\pm\cdots\pm f_n(x)]=A_1\pm A_2\pm\cdots\pm A_n;$$

$$\lim[f_1(x)f_2(x)\cdots f_n(x)]=A_1A_2\cdots A_n.$$

特别地　　$\lim[f(x)]^n=A^n$（n 为正整数）．

对于数列极限也有相类似的运算法则．

例 1　求 $\lim\limits_{x\to 1}(2x^2-3x+5)$.

解　$$\begin{aligned}\lim_{x\to 1}(2x^2-3x+5) &= \lim_{x\to 1}2x^2-\lim_{x\to 1}3x+\lim_{x\to 1}5 \\ &= 2\lim_{x\to 1}x^2-3\lim_{x\to 1}x+5 \\ &= 2(\lim_{x\to 1}x)^2-3+5 \\ &= 2-3+5=4=f(1).\end{aligned}$$

一般地，设多项式函数

$$p_n(x)=a_0x^n+a_1x^{n-1}+\cdots+a_{n-1}x+a_n,$$

则

$$\begin{aligned}\lim_{x\to x_0}p_n(x) &= \lim_{x\to x_0}[a_0x^n+a_1x^{n-1}+\cdots+a_{n-1}x+a_n] \\ &= a_0x_0^n+a_1x_0^{n-1}+\cdots+a_{n-1}x_0+a_n \\ &= p_n(x_0).\end{aligned}$$

即多项式函数在点 x_0 处的极限值等于它在该点的函数值.

例 2 求$\lim\limits_{x\to 1}\dfrac{x^2+2}{x^2-x+1}$.

解 $\lim\limits_{x\to 1}\dfrac{x^2+2}{x^2-x+1}=\dfrac{\lim\limits_{x\to 1}(x^2+2)}{\lim\limits_{x\to 1}(x^2-x+1)}=\dfrac{3}{1}=3.$

一般地，设有理分式函数

$$R(x)=\frac{P_n(x)}{Q_m(x)},$$

其中 $P_n(x)$，$Q_m(x)$都是多项式函数. 如果

$$\lim_{x\to x_0}P_n(x)=P_n(x_0),\quad \lim_{x\to x_0}Q_m(x)=Q_m(x_0),$$

且 $Q_m(x_0)\neq 0$，则

$$\lim_{x\to x_0}R(x)=\lim_{x\to x_0}\frac{P_n(x)}{Q_m(x)}=\frac{\lim\limits_{x\to x_0}P_n(x)}{\lim\limits_{x\to x_0}Q_m(x)}=\frac{P_n(x_0)}{Q_m(x_0)}=R(x_0).$$

在上式中，如果 $Q_m(x_0)=0$，则这时不能直接应用极限的运算法则. 遇到这种情形，应考虑先将函数变形、化简，使分母的极限值不为零后再利用极限运算法则求极限.

例 3 求$\lim\limits_{x\to 2}\dfrac{x-2}{x^2-4}$.

解 $\lim\limits_{x\to 2}\dfrac{x-2}{x^2-4}=\lim\limits_{x\to 2}\dfrac{x-2}{(x+2)(x-2)}=\lim\limits_{x\to 2}\dfrac{1}{x+2}=\dfrac{1}{4}.$

例 4 求$\lim\limits_{x\to 0}\dfrac{\sqrt{x+1}-1}{x}$.

解
$$\lim_{x\to 0}\frac{\sqrt{x+1}-1}{x}=\lim_{x\to 0}\frac{(\sqrt{x+1}-1)(\sqrt{x+1}+1)}{x(\sqrt{x+1}+1)}$$
$$=\lim_{x\to 0}\frac{x}{x(\sqrt{x+1}+1)}=\lim_{x\to 0}\frac{1}{\sqrt{x+1}+1}=\frac{1}{2}.$$

例 5 求$\lim\limits_{x\to -1}\left(\dfrac{1}{x+1}-\dfrac{3}{x^3+1}\right)$.

解
$$\lim_{x\to -1}\left(\frac{1}{x+1}-\frac{3}{x^3+1}\right)=\lim_{x\to -1}\frac{x^2-x+1-3}{x^3+1}$$
$$=\lim_{x\to -1}\frac{(x+1)(x-2)}{(x+1)(x^2-x+1)}$$
$$=\lim_{x\to -1}\frac{x-2}{x^2-x+1}=-1.$$

例 6 求$\lim\limits_{x\to +\infty}(\sqrt{x^2+x}-\sqrt{x^2+1})$.

解 $\lim\limits_{x\to+\infty}(\sqrt{x^2+x}-\sqrt{x^2+1})=\lim\limits_{x\to+\infty}\dfrac{x-1}{\sqrt{x^2+x}+\sqrt{x^2+1}}$

$$\lim_{x\to+\infty}\frac{1-\frac{1}{x}}{\sqrt{1+\frac{1}{x}}+\sqrt{1+\frac{1}{x^2}}}=\frac{1}{2}.$$

对于有理分式函数，当 $x\to\infty$ 时，求其极限有一定的规律.

例 7 求 $\lim\limits_{x\to\infty}\dfrac{2x^2-x+3}{x^3+2x-1}$.

解 $\lim\limits_{x\to\infty}\dfrac{2x^2-x+3}{x^3+2x-1}=\lim\limits_{x\to\infty}\dfrac{\frac{2}{x}-\frac{1}{x^2}+\frac{3}{x^3}}{1+\frac{2}{x^2}-\frac{1}{x^3}}=\dfrac{0}{1}=0.$

例 8 求 $\lim\limits_{x\to\infty}\dfrac{4x^3-3x+2}{2x^3+x-1}$.

解 $\lim\limits_{x\to\infty}\dfrac{4x^3-3x+2}{2x^3+x-1}=\lim\limits_{x\to\infty}\dfrac{4-\frac{3}{x^2}+\frac{2}{x^3}}{2+\frac{1}{x^2}-\frac{1}{x^3}}=\dfrac{4}{2}=2.$

例 9 求 $\lim\limits_{x\to\infty}\dfrac{x^3+2x-1}{2x^2-x+3}$.

解 由例 7 以及第四节定理 1，得

$$\lim_{x\to\infty}\frac{x^3+2x-1}{2x^2-x+3}=\infty.$$

一般地，当 a_0，$b_0\neq0$ 时，

$$\lim_{x\to\infty}\frac{a_0x^n+a_1x^{n-1}+\cdots+a_{n-1}x+a_n}{b_0x^m+b_1x^{m-1}+\cdots+b_{m-1}x+b_m}=\begin{cases}0 & n<m,\\ \dfrac{a_0}{b_0} & n=m,\\ \infty & n>m.\end{cases}$$

其中 n，m 为非负整数.

对于数列极限也有相类似的结果.

例 10 求 $\lim\limits_{n\to\infty}\dfrac{2n^2+3n-2}{n^2+1}$.

解 $\lim\limits_{n\to\infty}\dfrac{2n^2+3n-2}{n^2+1}=\lim\limits_{n\to\infty}\dfrac{2+\frac{3}{n}-\frac{2}{n^2}}{1+\frac{1}{n^2}}=\dfrac{2}{1}=2.$

例 11 求$\lim\limits_{n\to\infty}\dfrac{a^n}{a^n+1}$，其中 $a\neq-1$.

解 若 $a=1$，则显然有$\lim\limits_{n\to\infty}\dfrac{a^n}{a^n+1}=\dfrac{1}{2}$；

若 $|a|<1$，则由$\lim\limits_{n\to\infty}a^n=0$ 得

$$\lim_{n\to\infty}\frac{a^n}{a^n+1}=\frac{\lim\limits_{n\to\infty}a^n}{\lim\limits_{n\to\infty}(a^n+1)}=\frac{0}{1}=0;$$

若 $|a|>1$，则

$$\lim_{n\to\infty}\frac{a^n}{a^n+1}=\lim_{n\to\infty}\frac{1}{1+\dfrac{1}{a^n}}=1.$$

例 12 求$\lim\limits_{n\to\infty}\sqrt{n}\,(\sqrt{n+1}-\sqrt{n})$.

解 $\lim\limits_{n\to\infty}\sqrt{n}\,(\sqrt{n+1}-\sqrt{n})=\lim\limits_{n\to\infty}\dfrac{\sqrt{n}}{\sqrt{n+1}+\sqrt{n}}=\lim\limits_{n\to\infty}\dfrac{1}{\sqrt{1+\dfrac{1}{n}}+1}=\dfrac{1}{2}$.

例 13 求$\lim\limits_{n\to\infty}\left(\dfrac{1}{n^2}+\dfrac{2}{n^2}+\cdots+\dfrac{n}{n^2}\right)$.

解 $\lim\limits_{n\to\infty}\left(\dfrac{1}{n^2}+\dfrac{2}{n^2}+\cdots+\dfrac{n}{n^2}\right)=\lim\limits_{n\to\infty}\dfrac{1+2+\cdots+n}{n^2}=\lim\limits_{n\to\infty}\dfrac{\dfrac{1}{2}n\,(n+1)}{n^2}$

$$=\frac{1}{2}\lim_{n\to\infty}\left(1+\frac{1}{n}\right)=\frac{1}{2}.$$

2. 复合函数的极限运算法则

定理 2 设$\lim\limits_{u\to u_0}f(u)=A$，又设函数 $u=\varphi(x)$当 $x\to x_0$ 时的极限存在且等于 u_0，即$\lim\limits_{x\to x_0}\varphi(x)=u_0$，但在点 x_0 的某空心邻域内 $\varphi(x)\neq u_0$，则复合函数 $f[\varphi(x)]$当 $x\to x_0$ 时的极限存在，且

$$\lim_{x\to x_0}f[\varphi(x)]=\lim_{u\to u_0}f(u)=A.$$

证 已知$\lim\limits_{u\to u_0}f(u)=A$，故对任意的 $\varepsilon>0$，存在 $\eta>0$，当 $0<|u-u_0|<\eta$ 时，有

$$|f(u)-A|<\varepsilon.$$

又因为$\lim\limits_{x\to x_0}\varphi(x)=u_0$，且 $\varphi(x)\neq u_0$，对于上述 η，存在 $\delta>0$，当 $0<|x-x_0|<\delta$ 时，有

$$0<|\varphi(x)-u_0|=|u-u_0|<\eta.$$

于是当 $0<|x-x_0|<\delta$ 时，有

$$|f[\varphi(x)]-A|<\varepsilon,$$

即 $\lim\limits_{x\to x_0}f[\varphi(x)]=A$.

例 14　求 $\lim\limits_{x\to a}\sqrt[3]{x-a}$ $(a>0)$.

解　$\lim\limits_{x\to a}\sqrt[3]{x-a}=\lim\limits_{u\to 0}\sqrt[3]{u}=0(u=x-a)$.

习题 1—5

1. 计算下列极限.

(1) $\lim\limits_{x\to -2}(3x^2-5x+2)$；　　(2) $\lim\limits_{x\to\sqrt{3}}\dfrac{x^2-3}{x^4+x^2+1}$；

(3) $\lim\limits_{x\to 0}\left(1-\dfrac{2}{x-3}\right)$；　　(4) $\lim\limits_{x\to 2}\dfrac{x^2-3}{x-2}$；

(5) $\lim\limits_{x\to 1}\dfrac{x^2-1}{2x^2-x-1}$；　　(6) $\lim\limits_{x\to 0}\dfrac{4x^3-2x^2+x}{3x^2+2x}$；

(7) $\lim\limits_{x\to 1}\dfrac{x^2-3x+2}{1-x^2}$；　　(8) $\lim\limits_{h\to 0}\dfrac{(x+h)^3-x^3}{h}$；

(9) $\lim\limits_{x\to 1}\dfrac{x^n-1}{x-1}$ (n 为正整数)；　　(10) $\lim\limits_{x\to\infty}\dfrac{2x+3}{6x-1}$；

(11) $\lim\limits_{x\to\infty}\dfrac{1000x}{1+x^2}$；　　(12) $\lim\limits_{x\to\infty}\dfrac{\sqrt[4]{1+x^3}}{1+x}$；

(13) $\lim\limits_{x\to\infty}\dfrac{(2x-1)^{30}(3x-2)^{20}}{(2x+1)^{50}}$；

(14) $\lim\limits_{x\to +\infty}(\sqrt{x^2+x+1}-\sqrt{x^2-x+1})$；

(15) $\lim\limits_{x\to 1}\left(\dfrac{3}{1-x^3}-\dfrac{1}{1-x}\right)$；　　(16) $\lim\limits_{x\to 4}\dfrac{\sqrt{2x+1}-3}{\sqrt{x-2}-\sqrt{2}}$；

(17) $\lim\limits_{n\to\infty}\left(\dfrac{1}{n^2}+\dfrac{2}{n^2}+\cdots+\dfrac{n}{n^2}\right)$；　　(18) $\lim\limits_{x\to\infty}\dfrac{x^2+1}{x^3+x}(3+\cos x)$；

(19) $\lim\limits_{x\to 0}x\sin\dfrac{1}{x}$；　　(20) $\lim\limits_{x\to\infty}\dfrac{\arctan x}{x}$.

2. (1) 已知 $\lim\limits_{n\to\infty}\dfrac{a^2+bn-5}{3n-2}=2$，求 a，b.

(2) 已知 $\lim\limits_{x\to\infty}\left(\dfrac{x^2+1}{x+1}-ax-b\right)=0$，求 a，b.

3. 设

$$f(x)=\begin{cases}3x+2, & x\leqslant 0,\\ x^2+1, & 0<x\leqslant 1,\\ \dfrac{2}{x}, & x>1.\end{cases}$$

分别讨论当 $x\to 0$ 及 $x\to 1$ 时 $f(x)$ 的极限是否存在?

第六节　极限存在准则及两个重要极限

本节我们介绍判别极限存在的两个准则，并应用它们讨论两个重要极限.

1. 极限存在准则

(1) 迫敛性定理

定理 1　设函数 $f(x)$，$g(x)$，$h(x)$在点 x_0 的某空心邻域内满足条件：

(1) $g(x)\leqslant f(x)\leqslant h(x)$；

(2) $\lim\limits_{x\to x_0}g(x)=\lim\limits_{x\to x_0}h(x)=A$，

则$\lim\limits_{x\to x_0}f(x)=A$.

证　已知$\lim\limits_{x\to x_0}g(x)=\lim\limits_{x\to x_0}h(x)=A$，于是对任意的 $\varepsilon>0$，存在 $\delta_1>0$，当 $0<|x-x_0|<\delta_1$ 时，有

$$|g(x)-A|<\varepsilon，即\ A-\varepsilon<g(x)<A+\varepsilon;$$

存在 $\delta_2>0$，当 $0<|x-x_0|<\delta_2$ 时，有

$$|h(x)-A|<\varepsilon，即\ A-\varepsilon<h(x)<A+\varepsilon.$$

取 $\delta=\min\{\delta_1,\delta_2\}$，则当 $0<|x-x_0|<\delta$ 时，上述两个不等式同时成立. 再由条件(1)知当 $0<|x-x_0|<\delta$ 时，有

$$A-\varepsilon<g(x)\leqslant f(x)\leqslant h(x)<A+\varepsilon,$$

即

$$|f(x)-A|<\varepsilon.$$

故$\lim\limits_{x\to x_0}f(x)=A$.

当 $x\to x_0^-$，$x\to x_0^+$，$x\to-\infty$，$x\to+\infty$或 $x\to\infty$时定理结论同样成立.

对于收敛数列也有类似的准则. 即

若数列$\{x_n\}$，$\{y_n\}$，$\{z_n\}$满足下列条件：

(1) $y_n \leqslant x_n \leqslant z_n$，$(n=1, 2, \cdots)$；

(2) $\lim\limits_{n\to\infty} y_n = \lim\limits_{n\to\infty} z_n = a$，

则$\lim\limits_{n\to\infty} x_n = a$.

例 1　证明$\lim\limits_{x\to 0}\sin x = 0$.

证　当$0<|x|<\frac{\pi}{2}$时，有$0<|\sin x|\leqslant|x|$. 而

$$\lim_{x\to 0}0=0,\ \lim_{x\to 0}|x|=0.$$

由定理 1 可知$\lim\limits_{x\to 0}\sin x=0$.

例 2　证明$\lim\limits_{n\to\infty}\sqrt[n]{n}=1$.

证　已知当$n\geqslant 2$时，$\sqrt[n]{n}>1$. 令$\sqrt[n]{n}-1=h_n$，则$n=(1+h_n)^n$，其中$h_n>0$. 由二项式定理，有

$$n=(1+h_n)^n=1+nh_n+\frac{n(n-1)}{2!}h_n^2+\cdots+h_n^n>\frac{n(n-1)}{2!}h_n^2.$$

即

$$0<h_n<\sqrt{\frac{2}{n-1}},\ 0<\sqrt[n]{n}-1<\sqrt{\frac{2}{n-1}}.$$

而

$$\lim_{n\to\infty}0=0,\ \lim_{n\to\infty}\sqrt{\frac{2}{n-1}}=0,$$

所以

$$\lim_{n\to\infty}(\sqrt[n]{n}-1)=0,\text{即 }\lim_{n\to\infty}\sqrt[n]{n}=1.$$

例 3　计算$\lim\limits_{n\to\infty}\left(\frac{1}{\sqrt{n^2+1}}+\frac{1}{\sqrt{n^2+2}}+\cdots+\frac{1}{\sqrt{n^2+n}}\right)$.

解　因为

$$\frac{n}{\sqrt{n^2+n}}\leqslant\frac{1}{\sqrt{n^2+1}}+\frac{1}{\sqrt{n^2+2}}+\cdots+\frac{1}{\sqrt{n^2+n}}\leqslant\frac{n}{\sqrt{n^2+1}},$$

而

$$\lim_{n\to\infty}\frac{n}{\sqrt{n^2+n}}=1,\ \lim_{n\to\infty}\frac{n}{\sqrt{n^2+1}}=1,$$

所以

$$\lim_{n\to\infty}\left(\frac{1}{\sqrt{n^2+1}}+\frac{1}{\sqrt{n^2+2}}+\cdots+\frac{1}{\sqrt{n^2+n}}\right)=1.$$

(2) 单调有界定理

如果数列$\{x_n\}$满足

$$x_1 \leqslant x_2 \leqslant \cdots \leqslant x_n \leqslant \cdots,$$

则称它是递增数列；如果数列$\{x_n\}$满足

$$x_1 \geqslant x_2 \geqslant \cdots \geqslant x_n \geqslant \cdots,$$

则称它是递减数列．递增或递减数列统称为单调数列．

我们已经知道，有界数列未必收敛．但是有界的单调数列一定收敛，这就是单调有界定理．

定理 2　单调有界数列必存在极限．

即递增且有上界或递减且有下界的数列必有极限．

证明从略．

定理 2 的几何意义十分明显．若数列$\{x_n\}$单调递增，则它在数轴上的对应点x_n，当n无限增大时沿数轴向右方移动．因为数列有上界，所以这些点必无限地趋近于某个定点A，即数列$\{x_n\}$以A为极限（如图 1-21 所示）．

图 1-21

例 4　证明数列

$$\sqrt{2},\ \sqrt{2+\sqrt{2}},\ \cdots,\ \underbrace{\sqrt{2+\sqrt{2+\cdots+\sqrt{2}}}}_{n\text{个根号}},\ \cdots\cdots$$

收敛，并求出它的极限．

证　令$x_n=\underbrace{\sqrt{2+\sqrt{2+\cdots+\sqrt{2}}}}_{n\text{个根号}}$，显然$x_1<x_2$．设$x_{n-1}<x_n$，则

$$x_n=\sqrt{2+x_{n-1}}<\sqrt{2+x_n}=x_{n+1}.$$

即$\{x_n\}$是递增的．

又显然，$x_1=\sqrt{2}<2$．设$x_{n-1}<2$，则

$$x_n=\sqrt{2+x_{n-1}}<\sqrt{2+2}=2.$$

即$\{x_n\}$是有上界的．由定理 2 知，数列$\{x_n\}$收敛．设$\lim\limits_{n\to\infty}x_n=a$，则由

$$x_n^2=2+x_{n-1}$$

可知

$$a^2=2+a.$$

解得$a=-1$（舍去），$a=2$．所以$\lim\limits_{n\to\infty}x_n=2$．

2. 两个重要极限

(1) $\lim\limits_{x\to 0}\dfrac{\sin x}{x}=1$.

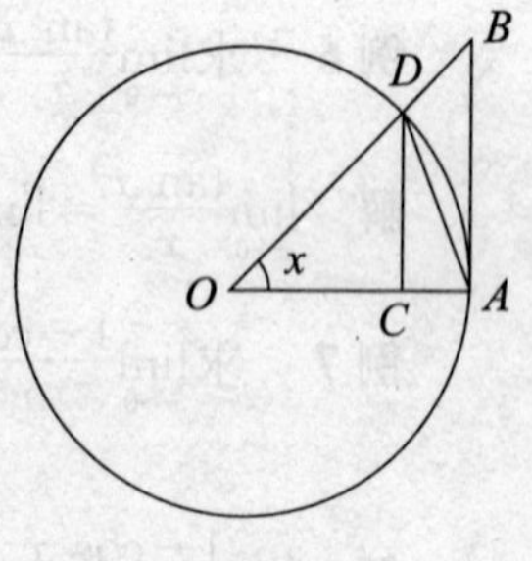

图 1-22

如图 1-22 所示，在单位圆内，当 $0<x<\dfrac{\pi}{2}$ 时，

显然有

$$S_{\Delta OAD}<S_{扇形OAD}<S_{\Delta OAB},$$

即　$\dfrac{1}{2}\sin x<\dfrac{1}{2}x<\dfrac{1}{2}\tan x$，$\sin x<x<\tan x$.

上式同除以 $\sin x>0$，得

$$1<\frac{x}{\sin x}<\frac{1}{\cos x} 或 \cos x<\frac{\sin x}{x}<1. \tag{1}$$

而 $\lim\limits_{x\to 0^+}\cos x=1$，$\lim\limits_{x\to 0^+}1=1$. 由定理 1 可知

$$\lim_{x\to 0^+}\frac{\sin x}{x}=1.$$

在(1)中以 $-x$ 代替 x 时，(1)式不变，即(1)式当 $-\dfrac{\pi}{2}<x<0$ 时也成立，从而它对所有满足不等式 $0<|x|<\dfrac{\pi}{2}$ 的 x 都成立. 故

$$\lim_{x\to 0}\frac{\sin x}{x}=1.$$

函数 $f(x)=\dfrac{\sin x}{x}$ 的图象如图 1-23 所示.

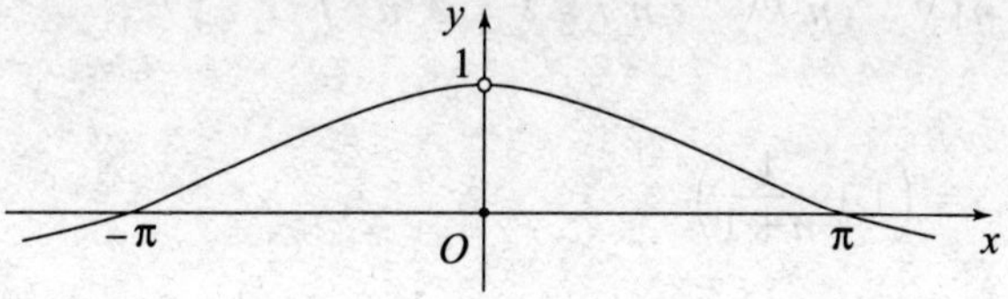

图 1-23

利用这一重要极限可以求得一些函数的极限.

例 5　求 $\lim\limits_{x\to 0}\dfrac{\sin 3x}{5x}$.

解　令 $3x=t$，则当 $x\to 0$ 时，$t\to 0$. 于是

$$\lim_{x\to 0}\frac{\sin 3x}{5x}=\frac{3}{5}\lim_{x\to 0}\frac{\sin 3x}{3x}=\frac{3}{5}\lim_{t\to 0}\frac{\sin t}{t}=\frac{3}{5}.$$

例 6 求$\lim\limits_{x\to 0}\dfrac{\tan x}{x}$.

解 $\lim\limits_{x\to 0}\dfrac{\tan x}{x}=\lim\limits_{x\to 0}\left(\dfrac{\sin x}{x}\cdot\dfrac{1}{\cos x}\right)=\lim\limits_{x\to 0}\dfrac{\sin x}{x}\cdot\lim\limits_{x\to 0}\dfrac{1}{\cos x}=1.$

例 7 求$\lim\limits_{x\to 0}\dfrac{1-\cos x}{x^2}$.

解 $\lim\limits_{x\to 0}\dfrac{1-\cos x}{x^2}=\lim\limits_{x\to 0}\dfrac{2\sin^2\dfrac{x}{2}}{x^2}=\dfrac{1}{2}\lim\limits_{x\to 0}\left(\dfrac{\sin\dfrac{x}{2}}{\dfrac{x}{2}}\right)^2=\dfrac{1}{2}.$

(2) $\lim\limits_{x\to\infty}\left(1+\dfrac{1}{x}\right)^x=\mathrm{e}.$

先证明 x 取正整数 n 而趋于 $+\infty$ 的情形.

设 $x_n=\left(1+\dfrac{1}{n}\right)^n$. 则

1° 数列$\{x_n\}$是单调递增的. 事实上，由牛顿二项式定理，有

$$
\begin{aligned}
x_n&=\left(1+\frac{1}{n}\right)^n\\
&=1+\frac{n}{1!}\cdot\frac{1}{n}+\frac{n(n-1)}{2!}\cdot\frac{1}{n^2}+\frac{n(n-1)(n-2)}{3!}\cdot\frac{1}{n^3}+\cdots+\\
&\quad\frac{n(n-1)\cdots 1}{n!}\cdot\frac{1}{n^n}\\
&=1+1+\frac{1}{2!}\left(1-\frac{1}{n}\right)+\frac{1}{3!}\left(1-\frac{1}{n}\right)\left(1-\frac{2}{n}\right)+\cdots+\\
&\quad\frac{1}{n!}\left(1-\frac{1}{n}\right)\left(1-\frac{2}{n}\right)\cdots\left(1-\frac{n-1}{n}\right).
\end{aligned}
$$

类似地，

$$
\begin{aligned}
x_{n+1}&=\left(1+\frac{1}{n+1}\right)^{n+1}\\
&=1+1+\frac{1}{2!}\left(1-\frac{1}{n+1}\right)+\frac{1}{3!}\left(1-\frac{1}{n+1}\right)\left(1-\frac{2}{n+1}\right)+\cdots\\
&\quad+\frac{1}{n!}\left(1-\frac{1}{n+1}\right)\left(1-\frac{2}{n+1}\right)\cdots\left(1-\frac{n-1}{n+1}\right)\\
&\quad+\frac{1}{(n+1)!}\left(1-\frac{1}{n+1}\right)\left(1-\frac{2}{n+1}\right)\cdots\left(1-\frac{n}{n+1}\right).
\end{aligned}
$$

比较 x_n，x_{n+1} 的展开式可知，$x_n<x_{n+1}$，即数列$\{x_n\}$是单调递增的.

2° 数列$\{x_n\}$是有界的. 由 x_n 的展开式，有

$$x_n<1+1+\frac{1}{2!}+\frac{1}{3!}+\cdots+\frac{1}{n!}<1+1+\frac{1}{2}+\frac{1}{2^2}+\cdots+\frac{1}{2^{n-1}}$$

$$=1+\frac{1-\frac{1}{2^n}}{1-\frac{1}{2}}=3-\frac{1}{2^{n-1}}<3.$$

即数列$\{x_n\}$是有界的.

综合1°，2°，根据单调有界定理可知数列$\{x_n\}$的极限存在. 设

$$\lim_{n\to\infty}\left(1+\frac{1}{n}\right)^n=\mathrm{e}.$$

这里 e 是无理数，e=2.7182818284590….

对任意的$x\geqslant1$，由于当$n\leqslant x<n+1$时，有

$$1+\frac{1}{n+1}<1+\frac{1}{x}\leqslant1+\frac{1}{n},$$

以及

$$\left(1+\frac{1}{n+1}\right)^n<\left(1+\frac{1}{x}\right)^x<\left(1+\frac{1}{n}\right)^{n+1},$$

而

$$\lim_{n\to\infty}\left(1+\frac{1}{n+1}\right)^n=\lim_{n\to\infty}\left(1+\frac{1}{n}\right)^{n+1}=\mathrm{e}.$$

由定理2知

$$\lim_{x\to+\infty}\left(1+\frac{1}{x}\right)^x=\mathrm{e}.$$

当$x<0$时，令$x=-y$，则

$$\left(1+\frac{1}{x}\right)^x=\left(1-\frac{1}{y}\right)^{-y}=\left(1+\frac{1}{y-1}\right)^y,$$

且当$x\to-\infty$时，$y\to+\infty$，从而有

$$\lim_{x\to-\infty}\left(1+\frac{1}{x}\right)^x=\lim_{y\to+\infty}\left(1+\frac{1}{y-1}\right)^y=\lim_{y\to+\infty}\left(1+\frac{1}{y-1}\right)^{y-1}\cdot\left(1+\frac{1}{y-1}\right)=\mathrm{e}.$$

因此，

$$\lim_{x\to\infty}\left(1+\frac{1}{x}\right)^x=\mathrm{e}.$$

上式可改写为另一表示形式：

$$\lim_{\alpha\to0}(1+\alpha)^{\frac{1}{\alpha}}=\mathrm{e}.$$

例8　求$\lim\limits_{x\to\infty}\left(\frac{x}{1+x}\right)^x$.

解 $\lim\limits_{x\to\infty}\left(\dfrac{x}{1+x}\right)^x=\lim\limits_{x\to\infty}\dfrac{1}{\left(1+\dfrac{1}{x}\right)^x}=\dfrac{1}{\mathrm{e}}$.

例 9 求$\lim\limits_{x\to 0}(1+3x^2)^{\frac{1}{x^2}}$.

解 $\lim\limits_{x\to 0}(1+3x^2)^{\frac{1}{x^2}}=\lim\limits_{x\to 0}[(1+3x^2)^{\frac{1}{3x^2}}]^3=\mathrm{e}^3$.

例 10 求$\lim\limits_{x\to\infty}\left(\dfrac{x+1}{x-1}\right)^x$.

解 $\lim\limits_{x\to\infty}\left(\dfrac{x+1}{x-1}\right)^x=\lim\limits_{x\to\infty}\dfrac{\left(1+\dfrac{1}{x}\right)^x}{\left(1-\dfrac{1}{x}\right)^x}=\dfrac{\mathrm{e}}{\mathrm{e}^{-1}}=\mathrm{e}^2$.

习题 1—6

1. 计算下列极限：

(1) $\lim\limits_{x\to 0}\dfrac{\sin\dfrac{x}{2}}{4x}$；

(2) $\lim\limits_{x\to 0}x\cot 2x$；

(3) $\lim\limits_{x\to 0}\dfrac{3\arctan x}{4x}$；

(4) $\lim\limits_{x\to 1}\dfrac{\sin(x^2-1)}{x-1}$；

(5) $\lim\limits_{n\to\infty}2^n\sin\dfrac{x}{2^n}$；

(6) $\lim\limits_{x\to 0}\dfrac{\sin\sin x}{x}$；

(7) $\lim\limits_{x\to 0}\dfrac{1-\cos 2x}{x\sin x}$；

(8) $\lim\limits_{x\to 0}\dfrac{\sin x}{\sqrt{1-\cos x}}$；

(9) $\lim\limits_{x\to a}\dfrac{\sin x-\sin a}{x-a}$；

(10) $\lim\limits_{x\to 0}\dfrac{\tan x-\sin x}{x^3}$.

2. 计算下列极限：

(1) $\lim\limits_{x\to\infty}\left(1-\dfrac{1}{x}\right)^x$；

(2) $\lim\limits_{x\to\infty}\left(\dfrac{x+1}{x-1}\right)^x$；

(3) $\lim\limits_{x\to\frac{\pi}{2}}(1+\cot x)^{\tan x}$；

(4) $\lim\limits_{x\to 0}(1+2x)^{\frac{1}{x}}$；

(5) $\lim\limits_{x\to\infty}\left(\dfrac{3-2x}{2-2x}\right)^{x+1}$；

(6) $\lim\limits_{x\to\infty}\left(\dfrac{x^3-2}{x^3+3}\right)^{x^3}$.

3. 利用极限存在准则证明下列极限存在，并求出它们的极限.

(1) $\lim\limits_{n\to\infty}n^2\left(\dfrac{1}{n^3+1^2}+\dfrac{1}{n^3+2^2}+\cdots+\dfrac{1}{n^3+n^2}\right)$；

(2) $\lim\limits_{n\to\infty}(1^n+2^n+\cdots+10^n)^{\frac{1}{n}}$；

(3) $x_1=\sqrt{3}$，$x_2=\sqrt{3+\sqrt{3}}$，…，$x_n=\underbrace{\sqrt{3+\sqrt{3+\cdots+\sqrt{3}}}}_{n\text{个根号}}$.

*第七节 无穷小的比较

我们知道，无穷小是以 0 为极限的变量. 但是，不同的无穷小趋于 0 的速度有的快些，有的慢些，而有的却快慢相当. 例如，当 $x\to 0$ 时，x，x^2，$\sin x$ 都是无穷小. 但显然，在 $x\to 0$ 的过程中，x^2 要比 x 趋于 0 快些，反之 x 要比 x^2 趋于 0 慢些，而 $\sin x$ 与 x 趋于 0 则快慢相当.

如何比较两个无穷小趋于 0 的快慢程度？先观察下列极限，

$$\lim_{x\to 0}\frac{x^2}{x}=0，\lim_{x\to 0}\frac{x}{x^2}=\infty，\lim_{x\to 0}\frac{\sin x}{x}=1.$$

因此，我们可以通过考察两个无穷小的比的极限，来对它们的收敛速度作出判断.

1. 无穷小阶的概念

定义 设 α、β 是同一过程的无穷小，且 $\beta\neq 0$.

(1) 若 $\lim\dfrac{\alpha}{\beta}=0$，则称 α 是比 β 高阶的无穷小，记作 $\alpha=o(\beta)$.

(2) 若 $\lim\dfrac{\alpha}{\beta}=\infty$，则称 α 是比 β 低阶的无穷小.

(3) 若 $\lim\dfrac{\alpha}{\beta}=c(c\neq 0)$，则称 α 与 β 是同阶无穷小.

(4) 若 $\lim\dfrac{\alpha}{\beta}=1$，则称 α 与 β 是等价无穷小，记作 $\alpha\sim\beta$.

例如：

因为 $\lim\limits_{n\to\infty}\dfrac{\frac{1}{n^2}}{\frac{1}{n}}=0$，所以 $\dfrac{1}{n^2}$ 是比 $\dfrac{1}{n}$ 高阶的无穷小，即 $\dfrac{1}{n^2}=o\left(\dfrac{1}{n}\right)$.

因为 $\lim\limits_{x\to 0}\dfrac{1-\cos x}{x^2}=\dfrac{1}{2}$，所以当 $x\to 0$ 时，$1-\cos x$ 与 x^2 是同阶无穷小.

因为 $\lim\limits_{x\to 0}\dfrac{\sin x}{x}=1$，所以当 $x\to 0$ 时，$\sin x$ 与 x 是等价无穷小，即 $\sin x\sim x(x\to 0)$.

因为$\lim\limits_{x\to0}\frac{x}{x^2}=\infty$，所以当 $x\to0$ 时，x 是比 x^2 低阶的无穷小.

2. 等价无穷小的应用

等价无穷小在求极限中有着重要的应用.

定理 设$\alpha\sim\alpha'$，$\beta\sim\beta'$，且 $\lim\frac{\alpha'}{\beta'}$存在，则 $\lim\frac{\alpha}{\beta}=\lim\frac{\alpha'}{\beta'}$.

证 $\lim\frac{\alpha}{\beta}=\lim\left(\frac{\alpha}{\alpha'}\cdot\frac{\alpha'}{\beta'}\cdot\frac{\beta'}{\beta}\right)=\lim\frac{\alpha'}{\beta'}$.

例 1 求$\lim\limits_{x\to0}\frac{\arctan x}{\sin 3x}$.

解 当 $x\to0$ 时，$\arctan x\sim x$，$\sin 3x\sim3x$，故

$$\lim_{x\to0}\frac{\arctan x}{\sin 3x}=\lim_{x\to0}\frac{x}{3x}=\frac{1}{3}.$$

例 2 求$\lim\limits_{x\to0}\frac{\tan x-\sin x}{x^3}$.

解 $\lim\limits_{x\to0}\frac{\tan x-\sin x}{x^3}=\lim\limits_{x\to0}\frac{\sin x(1-\cos x)}{x^3\cos x}=\lim\limits_{x\to0}\frac{x\cdot\frac{x^2}{2}}{x^3\cos x}=\frac{1}{2}$.

其中 $\sin x\sim x$，$1-\cos x\sim\frac{x^2}{2}(x\to0)$.

由此可见，在求两个无穷小之比的极限时，分子分母之中的乘积因子都可以用它们的等价无穷小来代替，从而使计算简化.

习题 1—7

1. 当 $x\to0$ 时，$2x-x^2$ 与 x^2-x^3 相比，哪一个是高阶无穷小？

2. 当 $x\to1$ 时，无穷小 $1-x$ 与 (1) $1-x^3$；(2) $\frac{1}{2}(1-x^2)$是否同阶？是否等价？

3. 利用等价无穷小代换计算下列极限.

(1) $\lim\limits_{x\to0}\frac{1-\cos 2x}{\sin^2 x}$；　　(2) $\lim\limits_{x\to0}\frac{\cos 2x-\cos 3x}{\sqrt{1+x^2}-1}$；

(3) $\lim\limits_{x\to0}\frac{e^{2x}-1}{\sin 4x}$；　　(4) $\lim\limits_{x\to0}\frac{\ln(1+x)}{\sin 2x}$；

(5) $\lim\limits_{x\to0}\frac{\arctan 3x}{\tan 2x}$；

(6) $\lim\limits_{x\to 0}\dfrac{\sin x-\tan x}{(\sqrt{1+x^2}-1)(\sqrt{1+\sin x}-1)}$.

4. 证明：当 $x\to 0$ 时

(1) $\arctan x\sim x$；　(2) $\sin(\tan x)\sim x$；

(3) $\dfrac{2}{3}(\cos x-\cos 2x)\sim x^2$；　(4) $e^x-e^{\sin x}\sim x-\sin x$.

5. 若当 $x\to 0$ 时，$ax^b\sim(\tan x-\sin x)$，试求出常数 a，b 的值.

第八节　函数的连续性与间断点

自然界中的许多现象，如气温的变化、流体的流动、植物的生长等都是连续地变化着的. 这些现象反映到数学上，就是所谓的函数的连续性. 本节介绍函数的连续性概念与函数的间断点及其类型.

1. 函数的连续性

函数的连续性，从几何直观上看，它的图象是一条连绵不断的曲线. 例如，气温作为时间的函数，当时间变化很微小时，气温的变化也很微小. 函数的这种连续变化特征，可以从数量关系上给出刻画.

设函数 $f(x)$在点 x_0 的某邻域内有定义. 当自变量从 x_0 变到 x 时，x 与 x_0 的差 $x-x_0$ 称作自变量的改变量或增量，记作 Δx，即

$$\Delta x=x-x_0.$$

相应的函数值的差称作函数的改变量或增量，记作 Δy，即

$$\Delta y=f(x)-f(x_0)$$

或

$$\Delta y=f(x_0+\Delta x)-f(x_0).$$

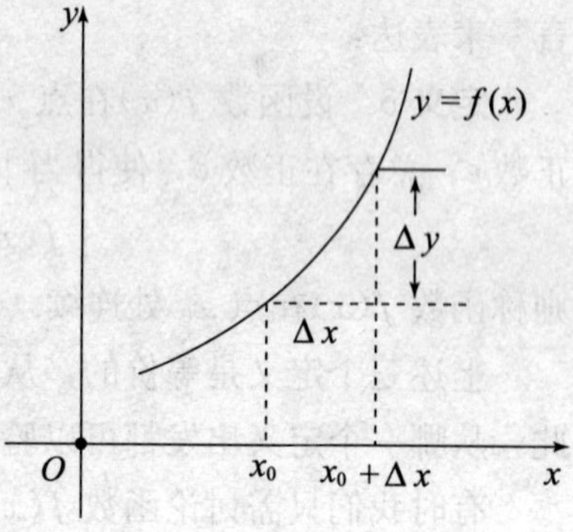

图 1-24

从图 1-24 可以看出，如果函数 $f(x)$在点 x_0 处连续，反映在数量关系上即：当 $\Delta x\to 0$ 时，有 $\Delta y\to 0$. 因此可得到函数的连续性定义.

定义 1　设函数 $f(x)$在点 x_0 的某邻域内有定义. 如果当自变量的改变量 $\Delta x=x-x_0$ 趋于零时，对应的函数的改变量 $\Delta y=f(x_0+\Delta x)-f(x_0)$也

趋于零，即

$$\lim_{\Delta x \to 0}\Delta y = \lim_{\Delta x \to 0}[f(x_0+\Delta x)-f(x_0)] = 0, \qquad (1)$$

则称函数 $f(x)$ 在点 x_0 处**连续**，点 x_0 称为 $f(x)$ 的**连续点**.

由于 $x=x_0+\Delta x$，因此当 $\Delta x \to 0$ 时，有 $x \to x_0$，于是，(1) 式又可以改写为

$$\lim_{x \to x_0}[f(x)-f(x_0)] = 0,$$

即

$$\lim_{x \to x_0} f(x) = f(x_0).$$

故函数 $f(x)$ 在点 x_0 处连续的定义又可表述为：

定义 2 设函数 $f(x)$ 在点 x_0 的某邻域内有定义. 如果 $\lim\limits_{x \to x_0} f(x)$ 存在且等于 $f(x_0)$，即

$$\lim_{x \to x_0} f(x) = f(x_0),$$

则称函数 $f(x)$ 在点 x_0 处连续.

由定义 2 可知，函数 $f(x)$ 在点 x_0 处连续必须同时满足以下三个条件：

1° $f(x)$ 在点 x_0 处有定义；

2° $f(x)$ 在点 x_0 处的极限 $\lim\limits_{x \to x_0} f(x)$ 存在；

3° $f(x)$ 在点 x_0 处的极限值等于函数在点 x_0 处的函数值 $f(x_0)$.

按照极限的定义，函数 $f(x)$ 在点 x_0 处连续的定义也可以用"$\varepsilon-\delta$ 语言"来表达：

定义 3 设函数 $f(x)$ 在点 x_0 的某邻域内有定义. 如果对于任意给定的正数 ε，总存在正数 δ，使得当 $|x-x_0|<\delta$ 时，有

$$|f(x)-f(x_0)|<\varepsilon,$$

则称函数 $f(x)$ 在点 x_0 处连续.

上述三个定义是等价的，从其中任何一个都可以推出其他另外两个. 因此，从哪一个定义出发都可以验证函数在一点的连续性.

有时我们只需讨论函数 $f(x)$ 在点 x_0 的左侧或右侧的情况，于是有下面左连续与右连续的概念.

定义 4 若 $\lim\limits_{x \to x_0^-} f(x) = f(x_0)$，则称函数 $f(x)$ 在点 x_0 处**左连续**；若 $\lim\limits_{x \to x_0^+} f(x) = f(x_0)$，则称函数 $f(x)$ 在点 x_0 处**右连续**.

显然，根据第三节定理 1，函数 $f(x)$ 在点 x_0 处连续的充分必要条件是函数 $f(x)$ 在点 x_0 处既左连续又右连续.

以函数 $f(x)$ 在一点处连续的概念为基础，就可以给出函数在区间上连续的定义.

定义 5　如果函数 $f(x)$ 在开区间 (a, b) 内任意一点都连续，则称函数 $f(x)$ 在开区间 (a, b) 内连续；如果函数 $f(x)$ 在开区间 (a, b) 内任意一点都连续，且函数 $f(x)$ 在 a 右连续，在 b 左连续，则称函数 $f(x)$ 在闭区间 $[a, b]$ 上连续.

例 1　证明函数 $f(x)=2x^2-1$ 在 $\mathbf{R}$ 上连续.

证　对任意 $x_0\in\mathbf{R}$，由第五节例 1 知

$$\lim_{x\to x_0}(2x^2-1)=2x_0^2-1=f(x_0).$$

根据定义 2，函数 $f(x)$ 在点 x_0 处连续. 再由 x_0 的任意性可知函数 $f(x)$ 在 $\mathbf{R}$ 上连续.

类似可以证明多项式函数

$$p_n(x)=a_0x^n+a_1x^{n-1}+\cdots+a_{n-1}x+a_n,$$

与有理分式函数

$$R(x)=\frac{P_n(x)}{Q_m(x)},\ (P_n(x),\ Q_m(x)\text{为多项式函数})$$

在其定义域内连续.

例 2　证明函数 $f(x)=\sin x$ 在 $\mathbf{R}$ 上连续.

证　对任意 $x_0\in\mathbf{R}$，由于

$$|\sin x-\sin x_0|=2\left|\sin\frac{x-x_0}{2}\cos\frac{x+x_0}{2}\right|$$

$$=2\left|\sin\frac{x-x_0}{2}\right|\cdot\left|\cos\frac{x+x_0}{2}\right|\leqslant 2\left|\frac{x-x_0}{2}\right|=|x-x_0|.$$

对任意 $\varepsilon>0$，取 $\delta=\varepsilon$，则当 $|x-x_0|<\delta$ 时，就有

$$|\sin x-\sin x_0|<\varepsilon.$$

由定义 3 可知 $\sin x$ 在点 x_0 连续. 因为 x_0 是 $\mathbf{R}$ 上的任意一点，所以函数 $\sin x$ 在 $\mathbf{R}$ 上连续.

类似可以证明函数 $f(x)=\cos x$ 在 $\mathbf{R}$ 上连续.

2. 函数的间断点

根据函数的连续性定义，函数 $f(x)$ 在点 x_0 连续，必须同时满足如前所述的三个条件. 因此，如果此三个条件中，至少有一个不满足，即函数 $f(x)$ 至少有如下三种情形之一：

1° 在点 $x=x_0$ 处无定义；

2° 在点 x_0 处的极限 $\lim\limits_{x\to x_0} f(x)$ 不存在；

3° 在点 $x=x_0$ 处有定义且 $\lim\limits_{x\to x_0} f(x)$ 存在，但 $\lim\limits_{x\to x_0} f(x)\neq f(x_0)$.

则称函数 $f(x)$ 在点 x_0 处**不连续或间断**，这时点 x_0 称为函数 $f(x)$ 的**不连续点或间断点**.

对于函数的间断点，一般作如下分类：

(1) **可去间断点** 若

$$\lim_{x\to x_0} f(x)=A,$$

而 $f(x)$ 在点 x_0 无定义，或有定义但 $f(x_0)\neq A$，则称点 x_0 为 $f(x)$ 的**可去间断点**.

例如，对于函数 $f(x)=\dfrac{\sin x}{x}$，有

$$\lim_{x\to 0}\frac{\sin x}{x}=1,$$

但 $f(x)$ 在点 $x=0$ 无定义，故 $x=0$ 为 $f(x)=\dfrac{\sin x}{x}$ 的可去间断点.

又如，函数 $g(x)=|\operatorname{sgn} x|$，$g(0)=0$，而

$$\lim_{x\to 0}|\operatorname{sgn} x|=1\neq g(0).$$

故 $x=0$ 为 $g(x)=|\operatorname{sgn} x|$ 的可去间断点.

若点 x_0 为函数 $f(x)$ 的可去间断点，且 $\lim\limits_{x\to x_0} f(x)=A$，则改变函数在点 x_0 的函数值或定义函数在点 x_0 的函数值为 A，即

$$\overline{f}(x)=\begin{cases} f(x) & x\neq x_0, \\ A & x=x_0. \end{cases}$$

函数 $\overline{f}(x)$ 在点 x_0 连续. 例如，对于函数 $f(x)=\dfrac{\sin x}{x}$，定义

$$\overline{f}(x)=\begin{cases} \dfrac{\sin x}{x} & x\neq 0, \\ 1 & x=0. \end{cases}$$

$\overline{f}(x)$ 在 $x=0$ 处连续.

(2) **跳跃间断点** 若函数 $f(x)$ 在点 x_0 的左、右极限都存在，但

$$\lim_{x\to x_0^-} f(x)\neq \lim_{x\to x_0^+} f(x),$$

则称点 x_0 为 $f(x)$ 的**跳跃间断点**.

例如，对于函数 $f(x)=\operatorname{sgn} x$，由于

$$\lim_{x\to 0^-}\operatorname{sgn} x=-1,\quad \lim_{x\to 0^+}\operatorname{sgn} x=1,$$

$$\lim_{x\to 0^-}\operatorname{sgn} x\neq \lim_{x\to 0^+}\operatorname{sgn} x,$$

故 $x=0$ 是 $\operatorname{sgn} x$ 的跳跃间断点（见图 1-3（1））．又如，对于函数 $f(x)=[x]$，当 $x_0=n$（n 为整数）时有

$$\lim_{x\to n^-}[x]=n-1,\lim_{x\to n^+}[x]=n.$$

即在整数点上函数 $f(x)$ 的左、右极限都不相等，所以整数点都是函数 $f(x)$ 的跳跃间断点（见图 1-3（2））．

可去间断点和跳跃间断点统称为**第一类间断点**．它的特点是函数在该点处的左、右极限都存在．

（3）**第二类间断点**　若函数 $f(x)$ 在点 x_0 的左、右极限至少有一个不存在，则称点 x_0 为 $f(x)$ 的**第二类间断点**．

例如，由于函数 $f(x)=\dfrac{1}{x}$ 当 $x\to 0$ 时不存在有限的极限，所以 $x=0$ 是函数 $f(x)=\dfrac{1}{x}$ 的第二类间断点．又由于当 $x\to 0$ 时，$f(x)$ 趋向于无穷大，因此，这时也常称 $x=0$ 是函数 $f(x)=\dfrac{1}{x}$ 的**无穷型间断点**．

又如，函数 $g(x)=\sin\dfrac{1}{x}$ 在点 $x=0$ 处的左、右极限都不存在，故 $x=0$ 是 $\sin\dfrac{1}{x}$ 的第二类间断点．因为当 $x\to 0$ 时，函数 $g(x)=\sin\dfrac{1}{x}$ 的值在 -1 和 1 之间振荡，所以也常称 $x=0$ 为函数 $g(x)$ 的**振荡型间断点**．

习题 1—8

1. 讨论下列函数的连续性，并作出函数的图象．

（1）$f(x)=\begin{cases}x-1, & x\leqslant 0,\\ x^2, & x>0.\end{cases}$　　（2）$f(x)=\begin{cases}\dfrac{1-x^2}{1-x}, & x\neq 1,\\ 0, & x=1.\end{cases}$

2. 下列函数在指定点处间断，试说明这些点属于哪一类间断点．如果是可去间断点，则补充或改变函数的定义使函数连续．

（1）$y=\dfrac{x^2-1}{x^2-3x+2}$，$x=1$，$x=2$；　　（2）$y=\dfrac{\sin x}{x}$，$x=0$；

（3）$y=\cos^2\dfrac{1}{x}$，$x=0$；　　（4）$y=\dfrac{x-a}{|x-a|}$，$x=a$．

3. 设函数

$$f(x)=\begin{cases}a+x^2, & x>1,\\ 2, & x=1,\\ b-x, & x<1\end{cases}$$

在 $x=1$ 处连续，求 a，b 的值.

4. 讨论函数

$$f(x)=\lim_{n\to\infty}\frac{1-x^{2n}}{1+x^{2n}}$$

的连续性，若有间断点，判别其类型.

第九节　连续函数的运算与初等函数的连续性

1. 连续函数的四则运算

定理 1　如果函数 $f(x)$ 与 $g(x)$ 都在点 x_0 处连续，则函数

$$f(x)\pm g(x),\ f(x)g(x),\ \frac{f(x)}{g(x)}\ (g(x_0)\neq 0)$$

也都在点 x_0 处连续.

证　只证明和的情形.

由于函数 $f(x)$ 与 $g(x)$ 都在点 x_0 处连续，故有

$$\lim_{x\to x_0}f(x)=f(x_0),\ \lim_{x\to x_0}g(x)=g(x_0).$$

根据极限的运算法则，得

$$\begin{aligned}\lim_{x\to x_0}[f(x)+g(x)]&=\lim_{x\to x_0}f(x)+\lim_{x\to x_0}g(x)\\&=f(x_0)+g(x_0).\end{aligned}$$

由上一节定义 2 可知，函数 $f(x)+g(x)$ 在点 x_0 处连续.

其他类似可证.

例 1　因为 $\sin x$ 与 $\cos x$ 都在 $(-\infty, +\infty)$ 内连续，根据定理 1 知

$$\tan x=\frac{\sin x}{\cos x}\ \left(x\neq n\pi+\frac{\pi}{2}\right)$$

与

$$\cot x=\frac{\cos x}{\sin x}\ (x\neq n\pi)$$

在各自的定义域内连续.

2. 反函数与复合函数的连续性

(1) 反函数的连续性

定理 2　如果函数 $y=f(x)$ 在区间 I 上严格单调递增（或严格单调递减）且连续，则它的反函数 $x=f^{-1}(y)$ 也在对应的区间上严格单调递增（或严格单调递减）且连续.

证明从略.

例 2　由于指数函数

$$y=a^x\ (a>0,\ a\neq 1)$$

在其定义域 $(-\infty,+\infty)$ 内严格单调且连续，因此其反函数对数函数

$$y=\log_a x\ (a>0,\ a\neq 1)$$

在其定义域 $(0,+\infty)$ 内严格单调且连续.

例 3　由于正弦函数 $y=\sin x$ 在 $\left[-\frac{\pi}{2},\frac{\pi}{2}\right]$ 上严格单调递增且连续，因此它的反函数 $y=\arcsin x$ 在对应区间 $[-1,1]$ 上严格单调递增且连续.

类似可以说明其他反三角函数都在其定义域上严格单调且连续.

(2) 复合函数的连续性

定理 3　设函数 $y=f(u)$ 在点 $u=u_0$ 处连续，而函数 $u=\varphi(x)$ 在点 $x=x_0$ 处连续，且 $\varphi(x_0)=u_0$，则复合函数 $y=f[\varphi(x)]$ 在点 $x=x_0$ 处连续.

证明从略.

由定理 3，有

$$\lim_{x\to x_0} f[\varphi(x)]=f[\varphi(x_0)]=f[\lim_{x\to x_0}\varphi(x)].$$

因此，在定理条件下，函数符号 f 与极限号可以交换次序. 这一点正是求复合函数极限的理论基础.

例 4　求极限：

(1) $\lim\limits_{x\to 1}\sin(1-x^2)$；　　(2) $\lim\limits_{x\to 0}\cos(1+x)^{\frac{1}{x}}$.

解　由定理 3 知，

(1) $\lim\limits_{x\to 1}\sin(1-x^2)=\sin\left[\lim\limits_{x\to 1}(1-x^2)\right]=\sin 0=0$.

(2) $\lim\limits_{x\to 0}\cos(1+x)^{\frac{1}{x}}=\cos\left[\lim\limits_{x\to 0}(1+x)^{\frac{1}{x}}\right]=\cos e$.

3. 初等函数的连续性

综合前面的讨论可知，常值函数，幂函数，指数函数，对数函数，三角

函数，反三角函数都是其定义域上的连续函数，因此，我们有如下定理：

定理 4 一切基本初等函数都是其定义域上的连续函数.

由于初等函数都是由基本初等函数经过有限次四则运算与复合运算得到，因此，由定理 1、定理 3 和定理 4 就可得到

定理 5 任何初等函数都是其定义域上的连续函数.

初等函数的连续性，为求初等函数的极限提供了一个简捷的方法. 即若 $f(x)$是初等函数，x_0 是 $f(x)$定义区间内的一点，则

$$\lim_{x\to x_0} f(x)=f(x_0).$$

例 5 求$\lim\limits_{x\to 3}\frac{x^2-5x+6}{x^2-8x+15}$.

解 $\lim\limits_{x\to 3}\frac{x^2-5x+6}{x^2-8x+15}=\lim\limits_{x\to 3}\frac{(x-3)(x-2)}{(x-3)(x-5)}$

$=\lim\limits_{x\to 3}\frac{x-2}{x-5}=\frac{3-2}{3-5}=-\frac{1}{2}.$

例 6 求$\lim\limits_{x\to 0}\frac{\ln(1+x^2)}{\cos x}$.

解 $\lim\limits_{x\to 0}\frac{\ln(1+x^2)}{\cos x}=\frac{\ln(1+0^2)}{\cos 0}=0.$

例 7 求$\lim\limits_{x\to x_0}\frac{\sin x-\sin x_0}{x-x_0}$.

解 $\lim\limits_{x\to x_0}\frac{\sin x-\sin x_0}{x-x_0}=\lim\limits_{x\to x_0}\frac{2\cos\frac{x+x_0}{2}\sin\frac{x-x_0}{2}}{x-x_0}$

$=\lim\limits_{x\to x_0}\cos\frac{x+x_0}{2}\frac{\sin\frac{x-x_0}{2}}{\frac{x-x_0}{2}}$

$=\cos\left[\lim\limits_{x\to x_0}\frac{x+x_0}{2}\right]\cdot\lim\limits_{x\to x_0}\frac{\sin\frac{x-x_0}{2}}{\frac{x-x_0}{2}}=\cos x_0.$

习题 1—9

1. 求函数

$$f(x)=\frac{x^2-1}{x^2-3x+2}$$

的连续区间，并将间断点分类.

2. 求下列极限.

(1) $\lim\limits_{x\to -2}\dfrac{e^x+1}{x}$；　(2) $\lim\limits_{x\to\frac{\pi}{4}}(\sin 2x)^3$；

(3) $\lim\limits_{x\to\frac{\pi}{9}}\ln(2\cos 3x)$；　(4) $\lim\limits_{x\to 0}\ln\dfrac{\sin x}{x}$；

(5) $\lim\limits_{x\to 0}\dfrac{\sqrt{x+1}-1}{x}$；　(6) $\lim\limits_{x\to 1}\dfrac{\sqrt{5x-4}-\sqrt{x}}{x-1}$；

(7) $\lim\limits_{x\to a}\dfrac{\sin x-\sin a}{x-a}$；　(8) $\lim\limits_{x\to 0}\dfrac{\ln(1+2x)}{\sin 3x}$；

(9) $\lim\limits_{x\to\infty}\left[\tan\left(\dfrac{\pi}{4}+\dfrac{1}{x}\right)\right]^x$；　(10) $\lim\limits_{x\to\infty}e^{\frac{1}{x}}$.

3. 设函数

$$f(x)=\begin{cases}e^x, & x<0,\\ a+x, & x\geqslant 0.\end{cases}$$

应当怎样选择数 a，使得 $f(x)$ 成为在 $(-\infty,+\infty)$ 内的连续函数.

第十节　闭区间上连续函数的性质

闭区间上的连续函数有许多重要的性质. 这些性质虽然证明都比较难，但它们都具有明显的几何意义. 本节只给出闭区间上连续函数的三个重要性质，而略去它们的证明.

1. 最大值与最小值定理

定义　设 $f(x)$ 为定义在非空数集 D 上的函数，若存在 $x_0\in D$，使得对一切 $x\in D$ 都有

$$f(x_0)\geqslant f(x)\quad (f(x_0)\leqslant f(x)),$$

则称 $f(x)$ 在 D 上有最大（最小）值，并称 $f(x_0)$ 为 $f(x)$ 在 D 上的最大（最小）值.

例如，函数 $f(x)=\sin x$ 在 $[0,2\pi]$ 上有最大值 1 和最小值 -1. 函数 $y=x$ 在 $[0,1]$ 上有最大值 1 和最小值 0.

一般来说，函数 $f(x)$ 在其定义域 D 上不一定有最大值或最小值. 例如，对于函数 $y=x$，虽然它在 $(0,1)$ 上有界，但它在 $(0,1)$ 上既无最大值也无最小值.

函数 $f(x)$ 满足什么条件时，它才能取得最大值和最小值. 下面的定理给出了函数能取得最大值、最小值的充分条件.

定理 1（最大值与最小值定理） 若函数 $f(x)$ 在闭区间 $[a, b]$ 上连续，则 $f(x)$ 在 $[a, b]$ 上一定有最大值和最小值.

证明从略.

定理 1 的几何意义是明显的. 若函数 $f(x)$ 在闭区间 $[a, b]$ 上连续，则至少存在一点 $\xi_1\in[a, b]$，使得 $f(\xi_1)$ 是 $f(x)$ 在 $[a, b]$ 上的最大值；同时也至少存在一点 $\xi_2\in[a, b]$，使得 $f(\xi_2)$ 是 $f(x)$ 在 $[a, b]$ 上的最小值（如图 1-25 所示）.

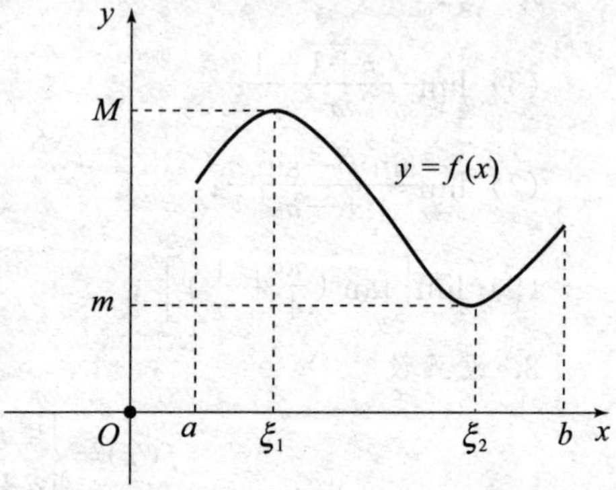

图 1-25

值得注意的是，若定理条件不满足，即函数 $f(x)$ 在闭区间 $[a, b]$ 上间断，或在开区间 (a, b) 内连续，则函数 $f(x)$ 在该区间上未必有最大值或最小值. 例如，如前所述的函数 $y=x$，虽然它在 $(0, 1)$ 内连续，但它在 $(0, 1)$ 上既无最大值也无最小值；又如，函数

$$f(x)=\begin{cases} x+1, & -1\leqslant x<0 \\ 0, & x=0 \\ x-1, & 0<x\leqslant 1 \end{cases}$$

在闭区间 $[-1, 1]$ 上有间断点 $x=0$，这时函数 $f(x)$ 在 $[-1, 1]$ 上既无最大值也无最小值.

2. 有界性定理

定理 2（有界性定理） 若函数 $f(x)$ 在闭区间 $[a, b]$ 上连续，则 $f(x)$ 在 $[a, b]$ 上一定有界.

证 设 $f(x)$ 在闭区间 $[a, b]$ 上连续，则由定理 1 可知，$f(x)$ 在 $[a, b]$ 上必有最大值 M 和最小值 m. 于是，对一切 $x\in[a, b]$，都有

$$m\leqslant f(x)\leqslant M.$$

即 $f(x)$ 在 $[a, b]$ 上有界.

类似定理 1，函数 $f(x)$ 在闭区间 $[a, b]$ 上连续，仅是 $f(x)$ 在 $[a, b]$ 上有界的充分条件.

3. 介值性定理

定理 3（介值性定理）　设函数 $f(x)$ 在闭区间 $[a, b]$ 上连续，且 $f(a) \neq f(b)$. 若 c 为介于 $f(a)$ 与 $f(b)$ 之间的任何实数（$f(a) < c < f(b)$ 或 $f(a) > c > f(b)$），则至少存在一点 $x_0 \in (a, b)$，使得

$$f(x_0)=c.$$

证明略.

定理 3 的几何意义也是明显的. 设 $y=f(x)$ 是闭区间 $[a, b]$ 上的一条连续曲线，$y=c$ 是介于 $y=f(a)$ 与 $y=f(b)$ 之间的一条直线，则此直线与连续曲线 $y=f(x)$ 至少相交于一点（如图 1-26 所示）.

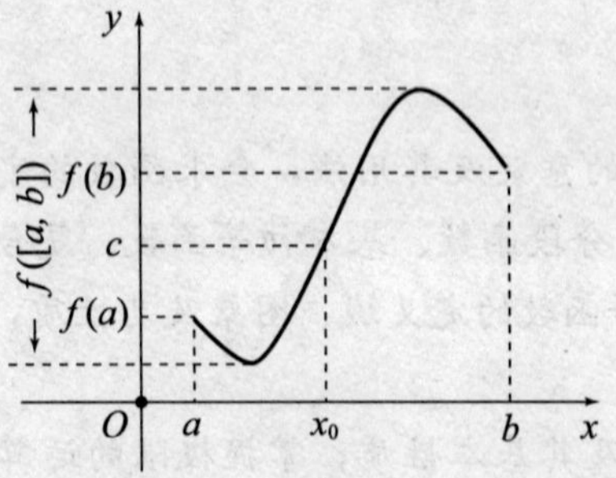

图 1-26

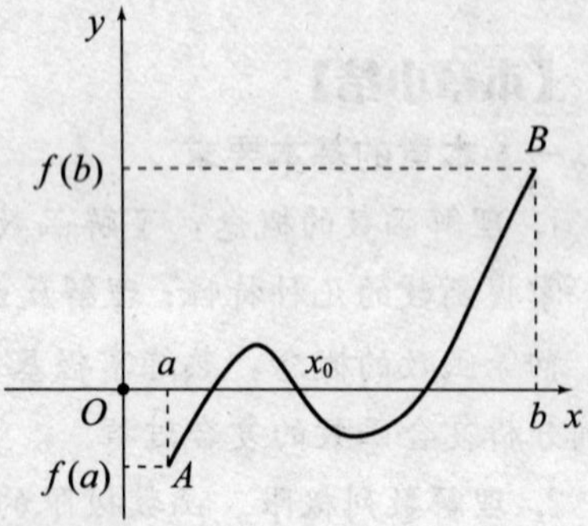

图 1-27

根据定理 3，立即可得到如下推论.

推论（根的存在定理）　若函数 $f(x)$ 在闭区间 $[a, b]$ 上连续，且 $f(a)$ 与 $f(b)$ 异号（即 $f(a)f(b) < 0$），则至少存在一点 $x_0 \in (a, b)$，使得

$$f(x_0) = 0,$$

即方程 $f(x)=0$ 在 (a, b) 内至少有一个实根.

这个推论的几何解释如图 1-27 所示：若连续曲线 $y=f(x)$ 的两个端点位于 x 轴的两侧，则此曲线与 x 轴至少有一个交点.

例　证明方程 $x+e^x=0$ 在区间 $(-1, 1)$ 内至少有一个根.

证　设 $f(x)=x+e^x$，则 $f(x)$ 在闭区间 $[-1, 1]$ 上连续. 而

$$f(-1)=-1+e^{-1}<0,\quad f(1)=1+e>0,$$

由根的存在定理知，至少存在一点 $x_0 \in (-1, 1)$，使得 $f(x_0)=0$，即方程 $x+e^x=0$ 在区间 $(-1, 1)$ 内至少有一个实根 $x=x_0$.

习题 1—10

1. 证明方程 $x^5-3x=1$ 至少有一实根介于 1 和 2 之间.

2. 证明方程 $x=a\sin x+b$，其中 $a>0$，$b>0$，至少有一个正实根，并且它不超过 $a+b$.

3. 若 $f(x)$ 在 $[a, b]$ 连续，$a<x_1<x_2<\cdots<x_n<b$，则在 $[x_1, x_n]$ 上必存在 ξ，使得

$$f(\xi)=\frac{f(x_1)+f(x_2)+\cdots+f(x_n)}{n}.$$

4. 证明：若 $f(x)$ 在 $(-\infty, +\infty)$ 内连续，且 $\lim\limits_{x\to\infty}f(x)$ 存在，则 $f(x)$ 必在 $(-\infty, +\infty)$ 内有界.

【本章小结】

一、本章的基本要求

1. 理解函数的概念，了解函数符号的意义及其用法，会求函数的定义域；掌握函数的几种特性；理解反函数、分段函数、基本初等函数、复合函数、初等函数的概念，熟练掌握基本初等函数的定义域、图象及其性质，能正确分析复合函数的复合过程.

2. 理解数列极限、函数极限的概念及其基本性质；掌握极限的运算法则，了解极限存在准则，掌握两个重要极限；掌握简单极限的证明；熟练掌握极限的运算；了解无穷小、无穷大的概念及其有关性质.

3. 理解函数连续性概念，能用定义讨论函数的连续性，会求函数的间断点及判别间断点的类型；了解初等函数的连续性，理解闭区间上连续函数的性质.

二、学习中应注意的几个问题

1. 函数概念.

(1) 符号“f: $D\to\mathbf{R}$，$x\mapsto y$.”是现代数学中表示函数的常用方式. 但习惯上我们还是用“$y=f(x)$，$x\in D$”来表示 y 是 x 的函数. 由定义可知，函数关系是一种映射.

(2) 确定函数的两个要素：对应法则与定义域. 因此，给出一个函数就是给出一个函数的对应法则和定义域. 由此，可判别两个函数相同或不相同.

(3) 确定函数的定义域：对于实际问题，函数的定义域根据问题的实际意义确定；如果不考虑函数的实际意义，而是抽象地研究用数学运算式子表

达的函数，这时函数的定义域就是使得该运算式子有意义的自变量值的全体. 在中学数学的基础上，读者不难总结出常见初等函数定义域的确定方法.

(4) 复合函数的“分解”是大学数学中的一种基本方法，正确理解和掌握这种方法，对于学好微积分有重要的作用. 将复合函数分解，每一步都必须分解为基本初等函数或“简单”函数.

2. 极限的概念与方法.

极限概念所研究的是在自变量的某种变化过程中因变量（函数）的变化趋势问题. 它是研究函数性质的一种有力工具，在今后的学习中我们将看到，微积分中的一系列重要概念都借助极限来给予定义，因此，理解和掌握极限概念及其方法，对于学好微积分具有重要的作用.

(1) 自变量的变化形式. 自变量的变化有各种不同的方式，归纳如下：

数列情形：$n\to\infty$.

函数情形：

当 x 趋于无穷大时的情形：$x\to-\infty$，$x\to+\infty$，$x\to\infty$.

当 x 趋于有限值时的情形：$x\to x_0^-$，$x\to x_0^+$，$x\to x_0$.

(2) 极限定义.

数列极限：

$$\lim_{n\to\infty}x_n=a\Leftrightarrow\forall\varepsilon>0,\ \exists N>0,\text{当 } n>N \text{ 时，有 } |x_n-a|<\varepsilon.$$

函数极限：

$\lim\limits_{x\to\infty}f(x)=A\Leftrightarrow\forall\varepsilon>0$，$\exists X>0$，当 $|x|>X$ 时，有 $|f(x)-A|<\varepsilon$；

$\lim\limits_{x\to x_0}f(x)=A\Leftrightarrow\forall\varepsilon>0$，$\exists\delta>0$，当 $0<|x-x_0|<\delta$ 时，有 $|f(x)-A|<\varepsilon$.

其他四种情形类似可以写出.

(3) 极限定义中有关量与表达式的含义.

仅以“$\varepsilon-\delta$”定义为例说明，其他类似.

① 表达式 $\lim\limits_{x\to x_0}f(x)=A$ 的描述性说法：当 x 无限趋近于 x_0 时，$f(x)$ 无限地趋近于常数 A.

② ε 是任意给定的正数（不论它多么小），通过它来刻画 $f(x)$ 与 A 的无限接近程度；δ 是随 ε 而相应确定的正数，通过它可以描述 x 与 x_0 的充分接近程度.

③ 当 $0<|x-x_0|<\delta$ 时，有 $|f(x)-A|<\varepsilon$，它的含义是：只要当 x 与 x_0 充分接近时，函数值 $f(x)$ 与常数 A 的差的绝对值可以任意小，即

$f(x)$与A可以任意接近.

极限概念的直观性描述容易理解和接受，但作为数学定义，它是不确切、不严格的. 而“$\varepsilon-\delta$”定义，采用不等式从数量关系定量地而不是定性地刻画了变量的无限变化过程，它既表达简洁，又便于用作数学论证.

(4) 极限四则运算法则.

极限四则运算法则是求极限的重要依据. 但在运用时要特别注意法则的条件，即只有$f(x)$，$g(x)$的极限存在时（对商的情形，分母极限不为零）才能成立，否则极限的运算法则是不能使用的. 此外，对于和、差、积的情形，可以推广到任意有限个的情形，但对于无限多个的情形就不能使用.

(5) 求极限的方法.

求函数（数列）的极限是本章重点之一. 所介绍过的几种方法归纳如下：

① 直接利用运算法则或推论和简单极限求极限；

② 根据连续函数的性质求极限；

③ 利用恒等变形（分解因式、通分、有理化、同除法等）化简求极限；

④ 利用极限存在准则求极限；

⑤ 利用两个重要极限求极限；

⑥ 利用无穷小的性质求极限；

⑦ 利用复合函数的极限定理求极限；

⑧ 利用左、右极限求极限.

以后我们将陆续介绍求极限的其他方法.

(6) 根据函数极限定义证明函数极限.

① 关键：寻找正数δ；

② 方法：从$|f(x)-A|$入手，直接解不等式$|f(x)-A|<\varepsilon$或将$|f(x)-A|$适当放大，解不等式，再确定δ.

3. 函数的连续性.

(1) 函数的连续性概念.

函数在一点连续的三个定义是等价的，即从任何一定义出发都可以推出另外两个定义. 因此，它们的本质是一致的，所表示的是同一个概念. 用任何一个定义都可以验证函数在一点的连续性.

由连续性定义，立即可得到函数$f(x)$在点x_0处连续，必须同时满足以下三个条件：

① $f(x)$在点x_0处有定义；

② $\lim\limits_{x \to x_0} f(x)$存在；

③ $\lim\limits_{x \to x_0} f(x)=f(x_0)$.

验证函数在一点的连续性，经常要用到③，这时应注意连续与极限定义的区别．函数在一点 x_0 处连续，首先必须 $f(x)$在点 x_0 处有定义，而函数在点 x_0 处是否存在极限与函数是否在点 x_0 处有定义无关．因此，在验证中极限定义中的 $0<|x-x_0|<\delta$ 应改为连续定义中的 $|x-x_0|<\delta$.

(2) 函数的间断点.

①如果函数 $f(x)$在点 x_0 处不满足连续的三个条件之一，则函数在点 x_0 处间断．因此以下三条：

1° $f(x)$在点 x_0 处无定义；

2° $\lim\limits_{x \to x_0} f(x)$不存在；

3° $\lim\limits_{x \to x_0} f(x) \neq f(x_0)$.

是确定间断点的依据.

②间断点的分类.

设 x_0 为 $f(x)$的间断点.

第一类间断点：$f(x)$在点 x_0 的左、右极限都存在．其中当 $\lim\limits_{x \to x_0} f(x)=A \neq f(x_0)$ 时，又称 x_0 为可去间断点；当 $\lim\limits_{x \to x_0^-} f(x) \neq \lim\limits_{x \to x_0^+} f(x)$时，又称 x_0 为跳跃间断点.

第二类间断点：$f(x)$在点 x_0 的左、右极限至少有一个不存在.

(3) 闭区间上连续函数的性质.

①注意性质定理成立的条件；

②掌握性质定理的应用，特别是根的存在定理的应用.

综合检测题（一）

1. 填空题：

(1) 设 $f(x)=\sqrt{3x+2}$，则 $f(2)=$（　　）；

(2) 函数 $y=\dfrac{1}{x}+\ln(x+1)$ 的定义域为（　　）；

(3) 设 $f(x+1)=x^2+2x+3$，则 $f(x)=$（　　）；

(4) $\lim\limits_{n \to \infty}\dfrac{3n+1}{2n+1}=$（　　）；

(5) $\lim\limits_{n\to\infty}\dfrac{(-2)^n+3^n}{(-2)^{n+1}+3^{n+1}}=$ (　　);

(6) $\lim\limits_{n\to\infty}(\sqrt{n^2+n}-\sqrt{n})=$ (　　);

(7) $\lim\limits_{n\to\infty}\dfrac{\sqrt[3]{n}\sin n!}{n+1}=$ (　　);

(8) $\lim\limits_{x\to 1}\dfrac{x^2-2x+1}{x^2-1}=$ (　　);

(9) $\lim\limits_{x\to\infty}\dfrac{x^2+5x}{x^3-2x+5}=$ (　　);

(10) $\lim\limits_{x\to 0}\dfrac{\sin 3x}{\tan 2x}=$ (　　);

(11) $\lim\limits_{x\to\infty}\left(\dfrac{1+x}{x}\right)^{5x}=$ (　　);

(12) $\lim\limits_{x\to 1}\dfrac{x^2+2x+a}{x-1}=4$，则 $a=$ (　　);

(13) 设函数

$$f(x)=\begin{cases} x^2-1, & x<2 \\ -x^2+a, & x\geqslant 2 \end{cases}$$

在 $x=2$ 处连续，则 $a=$ (　　);

(14) 点 $x=2$ 是函数 $f(x)=\dfrac{x^3+3x^2-x-3}{x^2+x-6}$ 的第 (　　) 类间断点.

2. 选择题：

(1) 设函数 $f(x)$ 的定义域为 $[0, 1]$，则 $f(\ln x)$ 的定义域为 (　　).

A. $[0, 1]$　　B. $[1, 2]$　　C. $(1, e)$　　D. $\left[\dfrac{1}{e}, 1\right]$

(2) 函数 $y=\ln\dfrac{2-x}{2+x}$ 是 (　　).

A. 偶函数　　B. 奇函数

C. 非奇非偶函数　　D. 以上都不是

(3) 若函数 $f(x)$ 在 $x=x_0$ 处的极限不存在，则 (　　).

A. $f(x_0-0)$ 不存在

B. $f(x_0+0)$ 不存在

C. $|f(x)|$ 在 $x=x_0$ 处的极限有可能存在

D. 以上都不是

(4) 当 $x\to 1$ 时，(　　) 为无穷大.

A. $y=\dfrac{x^2+x-2}{x-1}$　　B. $y=\dfrac{x^3-1}{x^2-1}$

C. $y=\dfrac{x^2+1}{x-1}$　　D. $y=\dfrac{x-1}{x+3}$

(5) 当 $x\to\infty$ 时，函数 $f(x)=x+\sin x$ 是（　　）.

A. 无穷小　　B. 无穷大

C. 有非零极限　　D. 有界函数

(6) 当 $x\to 0$ 时，$\ln(1+x)$ 与 $e^{2x}-1$ 的关系是（　　）.

A. 等价无穷小　　B. 同阶无穷小

C. $\ln(1+x)$ 是较 $e^{2x}-1$ 低阶的无穷小

D. $\ln(1+x)$ 是较 $e^{2x}-1$ 高阶的无穷小

(7) 点 $x=0$ 是函数 $f(x)=\dfrac{e^{\frac{1}{x}}-1}{e^{\frac{1}{x}}+1}$ 的（　　）.

A. 连续点　　B. 可去间断点

C. 无穷间断点　　D. 第一类间断点

(8) 点 $x=0$ 是函数 $f(x)=x\sin\dfrac{1}{x}$ 的（　　）.

A. 连续点　　B. 可去间断点

C. 无穷间断点　　D. 振荡间断点

(9) 设函数

$$f(x)=\begin{cases} ax+b, & x\geqslant 0, \\ (a+b)x^2+x, & x<0 \end{cases} \quad (a+b\neq 0),$$

则 $f(x)$ 处处连续的充要条件是 $b=$（　　）.

A. a　　B. 0　　C. 1　　D. 2

(10) 设函数 $f(x)$ 在区间 $[a, b]$ 上有定义，则方程 $f(x)=0$ 在 (a, b) 内有唯一实根的条件是（　　）.

A. $f(x)$ 在 $[a, b]$ 上单调且 $f(a)\cdot f(b)<0$

B. $f(x)$ 在 (a, b) 内连续且 $f(a)\cdot f(b)<0$

C. $f(x)$ 在 (a, b) 内单调连续

D. $f(x)$ 在 $[a, b]$ 上单调连续且 $f(a)\cdot f(b)<0$

3. 计算题：

(1) 已知 $f(x)$ 是二次多项式，且 $f(x+1)-f(x)=8x+3$，$f(0)=0$，求 $f(x)$ 的解析式.

(2) 求下列极限：

① $\lim\limits_{x\to1}\dfrac{x^2-x+1}{(x-1)^2}$；　　② $\lim\limits_{x\to+\infty}x(\sqrt{x^2+1}-x)$

③ $\lim\limits_{x\to\infty}\left(\dfrac{3x+5}{3x-4}\right)^{x+1}$；　　④ $\lim\limits_{x\to0}(1+5x)^{\frac{1}{x}}$；

⑤ $\lim\limits_{x\to0}(1+x^2)^{\cot^2x}$；　　⑥ $\lim\limits_{x\to0}\dfrac{1-\cos ax}{\sin x}$；

⑦ $\lim\limits_{x\to0}\dfrac{e^x-e^{-x}}{x}$；　　⑧ $\lim\limits_{x\to0}\dfrac{\cos 2x-\cos 3x}{\sqrt{1+x^2}-1}$.

(3) 设函数 $f(x)=\begin{cases}e^{-x}, & x>0,\\ a+x^2, & x\leqslant0\end{cases}$ 在$(-\infty,+\infty)$内连续，求常数 a 的值.

(4) 设函数 $f(x)=\begin{cases}e^{\frac{1}{x-1}}, & x>0,\\ \ln(1+x), & -1<x\leqslant0.\end{cases}$ 求 $f(x)$的间断点，并说明间断点的类型.

4. 证明题：

设函数 $f(x)$，$g(x)$都在$[a,b]$上连续，且 $f(a)<g(a)$，$f(b)>g(b)$，求证在(a,b)内至少存在一点 ξ，使得 $f(\xi)=g(\xi)$.

拓展性阅读导航

1. 同济大学数学系：微积分［M］. 北京：高等教育出版社 1999 年版.

第一章　极限与连续.

2. 姚绍义：大学数学［M］. 北京：人民教育出版社 2002 年版.

第一章　函数；第二章　极限；第三章　连续函数.

3. 华东师范大学数学系：数学分析［M］. 北京：高等教育出版社 2001 年版.

第一章　实数集与函数；第二章　数列极限；第三章　函数极限；第四章　函数的连续性.

4. 刘玉琏等：数学分析讲义［M］. 北京：高等教育出版社 2001 年版.

第一章　函数；第二章　极限；第三章　连续函数.

5. 王东生等：新编高等数学题解［M］. 武汉：华中理工大学出版社 1999 年版.

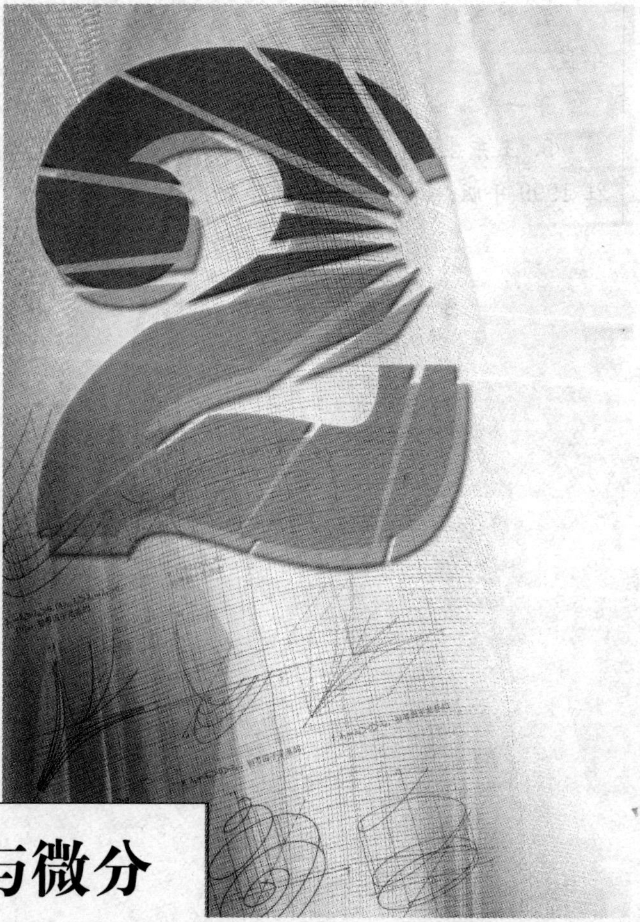

第二章

导数与微分

本章学习要点

- 导数的概念
- 导数基本公式
- 导数计算法则
- 高阶导数
- 微分

微分学是微积分的重要组成部分，导数和微分又是微分学的两个重要概念，其中导数是反映函数相对于自变量的变化快慢程度，而微分则指当自变量有微小变化时，函数改变量的近似值.

本章主要讨论导数与微分的概念以及它们的计算方法.

第一节　导数的概念

1. 导数问题举例

（1）变速直线运动的速度

在初等数学中，我们学过匀速直线运动的速度，但在实际问题中，仅仅知道平均速度是不够的，有时还要知道物体在某一时刻的速度，即瞬时速度．例如研究运载卫星火箭应何时脱离助推火箭，就必须知道运载卫星火箭脱离助推火箭时的瞬时速度，这样才能精确地刻画出物体的运动规律．那么如何求变速直线运动的速度呢？

设某物体作变速直线运动，其运动规律（函数）是

$$s=f(t),$$

其中 s 是路程，t 是时间，考察该物体在时刻 t_0 的瞬时速度.

当时间从 t_0 改变到 $t_0+\Delta t$（$\Delta t\neq 0$）时，物体在 Δt 这段时间里所走的路程，即函数 $s=f(t)$的改变量为 $\Delta s=f(t_0+\Delta t)-f(t_0)$，物体在 Δt 这段时间内的平均速度为

$$\frac{\Delta s}{\Delta t}=\frac{f(t_0+\Delta t)-f(t_0)}{\Delta t}. \qquad (1)$$

时间间隔 Δt 越小，在这段时间内的平均速度就越接近于该物体在 t_0 时刻的瞬时速度. 因此，我们考虑 $\Delta t\to 0$，取（1）式的极限，如果这个极限存在，就称这个极限值为该物体在 t_0 时刻的瞬时速度 $v(t_0)$

$$v(t_0)=\lim_{\Delta t\to 0}\frac{\Delta s}{\Delta t}=\lim_{\Delta t\to 0}\frac{f(t_0+\Delta t)-f(t_0)}{\Delta t}. \qquad (2)$$

这就是说，运动物体的瞬时速度是运动函数 $s=f(t)$ 的增量与时间增量的比值，当时间的增量趋向于零时的极限.

（2）切线问题

圆的切线可定义为“与曲线只有一个交点的直线”，此定义对于其他曲线，就不一定合适. 例如，抛物线 $y=x^2$，在原点 O 处两个坐标轴都符合上述定义，但实际上只有 x 轴是该抛物线在 O 点处的切线. 从几何上看，曲线在某点的切线是一条直线，它在该点和曲线相切.

设曲线 C 的方程为 $y=f(x)$，$M(x_0,\ y_0)$ 是曲线 C 上的一点，求曲线在点 M 处的切线方程. 在曲线上另取一点 $M_1(x_0+\Delta x,\ y_0+\Delta y)$（如图 2-1 所示)，连接 M，M_1 两点，得割线 $\overline{MM_1}$. 割线 $\overline{MM_1}$ 对 x 轴的倾角为 φ，其斜率为

$$\tan\varphi=\frac{y-y_0}{x-x_0}=\frac{f(x)-f(x_0)}{x-x_0}=\frac{\Delta y}{\Delta x}. \qquad (3)$$

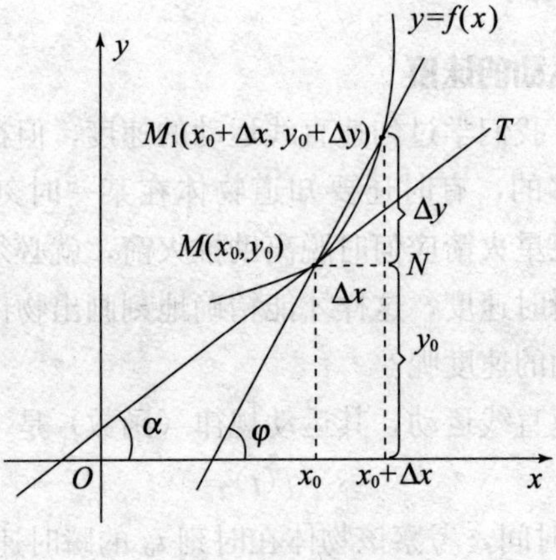

图 2-1

横坐标的增量 Δx 越小，则点 M_1 沿曲线 C 越接近点 M，此时割线 $\overline{MM_1}$ 就越来越接近于曲线在 M 处的切线. 因此考虑 $\Delta x\to 0$ 时，取（3）式的极限，

如果极限$\lim\limits_{\Delta x\to 0}\dfrac{\Delta y}{\Delta x}$存在，设为 k，就称这个极限值为曲线 $y=f(x)$ 在点 M 处切线的斜率

$$k=\lim_{\Delta x\to 0}\frac{\Delta y}{\Delta x}=\lim_{\Delta x\to 0}\frac{f(x_0+\Delta x)-f(x_0)}{\Delta x}. \tag{4}$$

这就是说，曲线在一点处切线的斜率，就是曲线方程 $y=f(x)$ 的增量与自变量增量的比值，当自变量的增量趋向于零时的极限.

2. 导数的定义

上面两个实例，一个是物理学中的瞬时速度，一个是几何学中的切线斜率，虽然它们的实际意义不同，但却有着完全相同的数学形式，都是函数的改变量 Δy 与自变量的改变量 Δx 之比，当 $\Delta x\to 0$ 时的极限

$$\lim_{\Delta x\to 0}\frac{\Delta y}{\Delta x}. \tag{5}$$

在自然科学和工程技术领域内，还有许多概念，例如电流强度、角速度、线密度等等，都可归结为形如（5）式的数学形式. 我们撇开这些实际问题的具体意义，抓住它们在数量关系上的共性，就得出函数的导数概念.

定义　设函数 $y=f(x)$ 在 x_0 点的某邻域内有定义，当自变量 x 在点 x_0 处取得增量 Δx（点 $x_0+\Delta x$ 仍在该邻域内）时，相应地，函数 y 取得增量 $\Delta y=f(x_0+\Delta x)-f(x_0)$，如果极限

$$\lim_{\Delta x\to 0}\frac{\Delta y}{\Delta x}=\lim_{\Delta x\to 0}\frac{f(x_0+\Delta x)-f(x_0)}{\Delta x} \tag{6}$$

存在，则把这个极限叫做函数 $y=f(x)$ 在点 x_0 处的导数，记作

$$f'(x_0),\quad y'\big|_{x=x_0}\quad 或\left.\frac{\mathrm{d}y}{\mathrm{d}x}\right|_{x=x_0}.$$

这时称函数 $y=f(x)$ 在点 x_0 处可导，如果极限（6）不存在，称函数 $y=f(x)$ 在点 x_0 处不可导. 若$\lim\limits_{\Delta x\to 0}\dfrac{\Delta y}{\Delta x}=\infty$（导数不存在），为了方便起见，往往也称函数 $y=f(x)$ 在 x_0 点的导数为无穷大.

注意，此处$\dfrac{\mathrm{d}y}{\mathrm{d}x}$是表示导数的一个整体符号.

$\dfrac{\Delta y}{\Delta x}=\dfrac{f(x_0+\Delta x)-f(x_0)}{\Delta x}$反映的是自变量 x 从 x_0 改变到 $x_0+\Delta x$ 时，函数 $f(x)$ 的平均变化速度，称为函数的平均变化率；而导数 $f'(x_0)=\lim\limits_{\Delta x\to 0}\dfrac{\Delta y}{\Delta x}$则是函数在点 x_0 处的变化率，它反映了函数随自变量的变化而变化

的快慢程度.

在导数定义中，自变量的增量 Δx 在趋于零的过程中可正可负，但不能为零. 如果限制 Δx 总为正且趋于零，即 $\Delta x \to 0^+$，此时若单边极限 $\lim\limits_{\Delta x \to 0^+} \frac{\Delta y}{\Delta x} = \lim\limits_{\Delta x \to 0^+} \frac{f(x_0+\Delta x)-f(x_0)}{\Delta x}$ 存在，则称该极限值为函数 $y=f(x)$ 在点 x_0 处的右导数，记作 $f'_+(x_0)$.

同理，可以定义左导数 $\lim\limits_{\Delta x \to 0^-} \frac{\Delta y}{\Delta x} = \lim\limits_{\Delta x \to 0^-} \frac{f(x_0+\Delta x)-f(x_0)}{\Delta x}$，这里 $\Delta x \to 0^-$，表示 Δx 总为负且趋于零.

例 1 求函数 $y=x^2$ 在 $x=2$ 处的导数.

解

$$f'(2) = \lim_{\Delta x \to 0} \frac{f(2+\Delta x)-f(2)}{\Delta x} = \lim_{\Delta x \to 0} \frac{(2+\Delta x)^2-2^2}{\Delta x} = \lim_{\Delta x \to 0}(4+\Delta x) = 4.$$

上面讲的是函数在某一点 x_0 处可导，如果函数 $f(x)$ 在区间 (a, b) 内每一点 x 都可导，那么就说函数 $f(x)$ 在区间 (a, b) 内可导. 显然，如果函数 $f(x)$ 对于区间 (a, b) 内每一个确定的 x 值，都对应着一个确定的导数，就构成了一个新函数，这个函数叫做原来函数 $f(x)$ 的导函数，简称导数. 记为 $f'(x)$，y' 或 $\frac{\mathrm{d}y}{\mathrm{d}x}$. 在公式 (6) 中，把 x_0 换成 x，即得计算导函数的公式

$$y' = \lim_{\Delta x \to 0} \frac{f(x+\Delta x)-f(x)}{\Delta x}.$$

显然，函数 $y=f(x)$ 在点 x_0 处的导数 $f'(x_0)$ 就是导函数 $f'(x)$ 在点 $x=x_0$ 处的函数值. 即

$$f'(x_0) = f'(x)\big|_{x=x_0}.$$

例 2 求函数 $f(x)=x^2$ 的导数.

解

$$f'(x) = \lim_{\Delta x \to 0} \frac{\Delta y}{\Delta x} = \lim_{\Delta x \to 0} \frac{(x+\Delta x)^2 - x^2}{\Delta x} = \lim_{\Delta x \to 0} \frac{2x \cdot \Delta x + (\Delta x)^2}{\Delta x} = 2x,$$

即

$$(x^2)' = 2x.$$

注意：将此题中 x 换成 2，则为例 1 中的 $f'(2) = f'(x)\big|_{x=2} = 2x\big|_{x=2} = 4$.

例 3　求函数 $y=\sqrt{x}$ （$x>0$）的导数.

解　$y'=\lim\limits_{\Delta x\to 0}\dfrac{\Delta y}{\Delta x}$

$$=\lim_{\Delta x\to 0}\frac{\sqrt{x+\Delta x}-\sqrt{x}}{\Delta x}$$

$$=\lim_{\Delta x\to 0}\frac{(\sqrt{x+\Delta x}-\sqrt{x})(\sqrt{x+\Delta x}+\sqrt{x})}{\Delta x(\sqrt{x+\Delta x}+\sqrt{x})}$$

$$=\lim_{\Delta x\to 0}\frac{1}{\sqrt{x+\Delta x}+\sqrt{x}}=\frac{1}{2\sqrt{x}},$$

即 $$(\sqrt{x})'=\frac{1}{2\sqrt{x}}.$$

例 4　求函数 $y=\dfrac{1}{x}$ 的导数（$x\neq 0$）.

解　$y'=\lim\limits_{\Delta x\to 0}\dfrac{\Delta y}{\Delta x}$

$$=\lim_{\Delta x\to 0}\frac{\dfrac{1}{x+\Delta x}-\dfrac{1}{x}}{\Delta x}$$

$$=\lim_{\Delta x\to 0}\frac{x-(x+\Delta x)}{\Delta x\cdot x\cdot(x+\Delta x)}=-\frac{1}{x^2},$$

即 $$\left(\frac{1}{x}\right)'=-\frac{1}{x^2}.$$

3. 导数的几何意义

由图 2-1 可知，若函数 $f(x)$ 在点 x_0 可导，则导数值 $f'(x_0)$ 在几何上表示曲线 $y=f(x)$ 在点 $M(x_0, f(x_0))$ 处的切线的斜率 k，即

$$f'(x_0)=\tan\alpha=k,$$

其中 α 是切线的倾斜角.

因此曲线 $y=f(x)$ 在点 $M(x_0, y_0)$ 处的切线方程为

$$y-y_0=f'(x_0)(x-x_0).$$

当 $f'(x_0)\neq 0$ 时，过切点 $M(x_0, y_0)$ 的法线斜率是 $-\dfrac{1}{f'(x_0)}$，从而法线方程为

$$y-y_0=-\frac{1}{f'(x_0)}(x-x_0).$$

特殊地，若 $f'(x_0)=0$，曲线 $y=f(x)$ 在点 $M(x_0, y_0)$ 的切线平行于

x 轴，切线方程为 $y=y_0$；若 $y=f(x)$ 在 x_0 点的导数为无穷大，这时曲线 $y=f(x)$ 的割线以垂直于 x 轴的直线 $x=x_0$ 为极限位置，即曲线 $y=f(x)$ 在点 $M(x_0, y_0)$ 处具有垂直于 x 轴的切线 $x=x_0$.

例 5 求等边双曲线 $y=\frac{1}{x}$ 在点 $\left(2, \frac{1}{2}\right)$ 处的切线与法线方程.

解 根据导数的几何意义，在点 $\left(2, \frac{1}{2}\right)$ 处的切线斜率为

$$k=\left(\frac{1}{x}\right)'\bigg|_{x=2}=-\frac{1}{x^2}\bigg|_{x=2}=-\frac{1}{4}.$$

从而所求的切线方程为

$$y-\frac{1}{2}=-\frac{1}{4}(x-2)$$

即 $$x+4y-4=0.$$

所求法线方程为 $$y-\frac{1}{2}=4(x-2)$$

即 $$8x-2y-15=0.$$

例 6 求曲线 $y=x^2$ 在点 $P(x_0, y_0)$ 处的切线与法线方程.

解 根据导数的几何意义，在点 $P(x_0, y_0)$ 处的切线斜率为

$$k=(x^2)'\big|_{x=x_0}=2x\big|_{x=x_0}=2x_0.$$

所以 $y=x^2$ 在 $P(x_0, y_0)$ 处的切线方程为：

$$y-y_0=2x_0(x-x_0).$$

当 $x_0\neq 0$ 时，法线方程为 $y-y_0=-\frac{1}{2x_0}(x-x_0)$.

当 $x_0=0$ 时，法线方程为 $x=0$.

4. 函数的可导性与连续性的关系

定理 1 设函数 $y=f(x)$ 在点 x 处可导，则函数 $y=f(x)$ 在点 x 处一定连续.

证 由于 $$\lim_{\Delta x\to 0}\frac{\Delta y}{\Delta x}=\lim_{\Delta x\to 0}\frac{f(x_0+\Delta x)-f(x)}{\Delta x}=f'(x_0)$$

存在，于是当 $\Delta x\to 0$ 时，有

$$\lim_{\Delta x\to 0}\Delta y=\lim_{\Delta x\to 0}\frac{\Delta y}{\Delta x}\cdot\Delta x=\lim_{\Delta x\to 0}\frac{\Delta y}{\Delta x}\cdot\lim_{\Delta x\to 0}\Delta x=f'(x_0)\cdot 0=0.$$

说明函数 $y=f(x)$ 在点 x 处连续.

反过来，如果函数 $f(x)$ 在某点连续，但它却不一定在该点处可导.

例如函数

$$y=f(x)=|x|=\begin{cases}x, & x\geqslant 0\\ -x, & x<0\end{cases}$$

虽然在点 $x=0$ 处连续，但在 $x=0$ 处不可导．因为

$$\Delta y=f(0+\Delta x)-f(0)=|\Delta x|,$$

而极限
$$\lim_{\Delta x\to 0^+}\frac{\Delta y}{\Delta x}=\lim_{\Delta x\to 0^+}\frac{|\Delta x|}{\Delta x}=\lim_{\Delta x\to 0^+}\frac{\Delta x}{\Delta x}=1,$$

$$\lim_{\Delta x\to 0^-}\frac{\Delta y}{\Delta x}=\lim_{\Delta x\to 0^-}\frac{|\Delta x|}{\Delta x}=\lim_{\Delta x\to 0^-}\left(-\frac{\Delta x}{\Delta x}\right)=-1.$$

因为在 $x=0$ 点处的左、右极限不相等，所以极限 $\lim\limits_{\Delta x\to 0}\frac{\Delta y}{\Delta x}$ 不存在，即函数 $f(x)=|x|$ 在点 $x=0$ 处不可导．此时曲线 $f(x)=|x|$ 在原点 O 处没有切线，由图 2-2 可以明显看出．

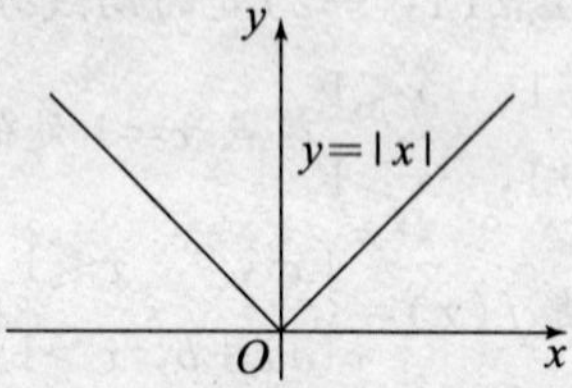

图 2-2

同样，函数 $y=\sqrt[3]{x}$ 在点 $x=0$ 处连续（如图 2-3 所示），但在点 $x=0$ 处不可导．

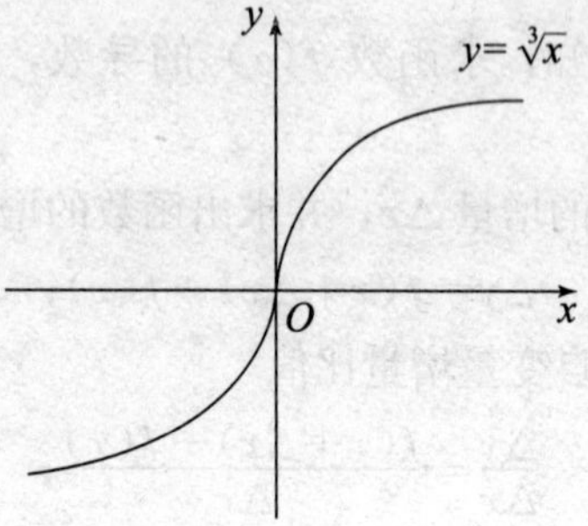

图 2-3

综上所述，函数连续是可导的必要条件，但不是充分条件．

习题 2-1

1. 判断正误：

(1) $f'(x_0)=[f(x_0)]'$； (　　)

(2) 若 $y=f(x)$ 在 $x=x_0$ 处连续，则 $f'(x_0)$一定存在. (　　)

2. 下列各题中，假定 $f'(x_0)$存在，根据导数定义，指出 A 表示什么？

(1) $\lim\limits_{x\to x_0}\dfrac{f(x)-f(x_0)}{x-x_0}=A$；

(2) $\lim\limits_{\Delta x\to 0}\dfrac{f(x_0-\Delta x)-f(x_0)}{\Delta x}=A$；

(3) $\lim\limits_{h\to 0}\dfrac{f(x_0+h)-f(x_0-h)}{h}=A$；

(4) $\lim\limits_{x\to 0}\dfrac{f(x)}{x}=A$，其中 $f'(0)$存在且 $f(0)=0$.

3. 求曲线 $y=x^3-3$ 在点$(1,-2)$处的切线方程和法线方程.

4. 讨论 $f(x)=\begin{cases}x^2+1, & x<1\\ 3x-1, & x\geqslant 1\end{cases}$ 在点 $x=1$ 处的连续性与可导性.

5. 确定 a，b 的值，使 $f(x)=\begin{cases}x^2, & x\leqslant 1\\ ax+b, & x>1\end{cases}$ 在 $x=1$ 处可导.

第二节　基本初等函数的导数公式

根据导数的定义可知，求函数 $f(x)$ 的导数，可以分为以下三个步骤（简称三步法）：

(1) 给出自变量 x 的增量 Δx，并求出函数的增量

$$\Delta y=f(x+\Delta x)-f(x);$$

(2) 求函数增量与自变量增量比值

$$\frac{\Delta y}{\Delta x}=\frac{f(x+\Delta x)-f(x)}{\Delta x};$$

(3) 求当自变量增量 Δx 趋于零时，$\dfrac{\Delta y}{\Delta x}$的极限

$$f'(x)=\lim_{\Delta x\to 0}\frac{\Delta y}{\Delta x}=\lim_{\Delta x\to 0}\frac{f(x+\Delta x)-f(x)}{\Delta x}.$$

求一般函数的导数，都要以基本初等函数的导数为基础，为此我们先来求一下基本初等函数的导数公式.

1. 常数的导数为零 $(c)'=0$.

证　设 $y=c$（c 为常数）

(1) $\Delta y=f(x+\Delta x)-f(x)=c-c=0$;

(2) $\dfrac{\Delta y}{\Delta x}=\dfrac{0}{\Delta x}=0$;

(3) $\lim\limits_{\Delta x\to 0}\dfrac{\Delta y}{\Delta x}=0$.

即
$$(c)'=0.$$

2. 幂函数的导数公式

$$(x^n)'=nx^{n-1}\ (n\text{ 为正整数}).$$

证　(1) $\Delta y=(x+\Delta x)^n-x^n$

$$=x^n+nx^{n-1}\Delta x+\frac{n(n-1)}{2!}x^{n-2}(\Delta x)^2+\cdots+(\Delta x)^n-x^n;$$

(2) $\dfrac{\Delta y}{\Delta x}=nx^{n-1}+\dfrac{n(n-1)}{2!}x^{n-2}\Delta x+\cdots+(\Delta x)^{n-1}$;

(3) $\lim\limits_{\Delta x\to 0}\dfrac{\Delta y}{\Delta x}=\lim\limits_{\Delta x\to 0}\left(nx^{n-1}+\dfrac{n(n-1)}{2!}x^{n-2}\Delta x+\cdots+(\Delta x)^{n-1}\right)$

$=nx^{n-1}$.

即
$$(x^n)'=nx^{n-1}.$$

更一般地，对于幂函数 $y=x^\alpha$（α 为任意实数）有

$$(x^\alpha)'=\alpha x^{\alpha-1}.$$

这就是幂函数的导数公式，公式的证明将在后面给出.

在第一节例 2，例 3，例 4 我们用导数定义得到

$$(x^2)'=2x,\ (\sqrt{x})'=\frac{1}{2\sqrt{x}},\ \left(\frac{1}{x}\right)'=-\frac{1}{x^2},$$

它们由幂函数导数公式能更简单地得到.

例 1　$(x^4)'=4x^3$.

例 2　$(x^{-\frac{1}{2}})'=-\dfrac{1}{2}x^{-\frac{3}{2}}$.

3. 三角函数的导数公式

(1) $(\sin x)'=\cos x$;

(2) $(\cos x)'=-\sin x$;

(3) $(\tan x)'=\dfrac{1}{\cos^2 x}=\sec^2 x$;

(4) $(\cot)'=-\dfrac{1}{\sin^2 x}=-\csc^2 x$;

(5) $(\sec x)'=\sec x\cdot\tan x$;

(6) $(\csc x)'=-\csc x\cdot\cot x$.

只推导正弦函数 $f(x)=\sin x$ 的导数.

① $\Delta y=\sin(x+\Delta x)-\sin x=2\cos\left(x+\dfrac{\Delta x}{2}\right)\sin\left(\dfrac{\Delta x}{2}\right)$;

② $\dfrac{\Delta y}{\Delta x}=\dfrac{2\cos\left(x+\dfrac{\Delta x}{2}\right)\sin\left(\dfrac{\Delta x}{2}\right)}{\Delta x}=\cos\left(x+\dfrac{\Delta x}{2}\right)\dfrac{\sin\left(\dfrac{\Delta x}{2}\right)}{\dfrac{\Delta x}{2}}$;

③ $\lim\limits_{\Delta x\to 0}\dfrac{\Delta y}{\Delta x}=\lim\limits_{\Delta x\to 0}\cos\left(x+\dfrac{\Delta x}{2}\right)\dfrac{\sin\left(\dfrac{\Delta x}{2}\right)}{\dfrac{\Delta x}{2}}=\cos x$.

即
$$(\sin x)'=\cos x.$$
这就是说，正弦函数的导数是余弦函数.

类似地可以证明：$(\cos x)'=-\sin x$.

其余四个三角函数导数公式的推导过程，将在后面给出.

4. 对数函数的导数公式

$$(\log_a x)'=\frac{1}{x}\log_a \mathrm{e}=\frac{1}{x\ln a}.$$

证 (1) $\Delta y=\log_a(x+\Delta x)-\log_a x=\log_a\left(1+\dfrac{\Delta x}{x}\right)$;

(2) $\dfrac{\Delta y}{\Delta x}=\dfrac{1}{\Delta x}\log_a\left(1+\dfrac{\Delta x}{x}\right)=\dfrac{1}{x}\cdot\dfrac{x}{\Delta x}\log_a\left(1+\dfrac{\Delta x}{x}\right)$

$=\dfrac{1}{x}\log_a\left(1+\dfrac{\Delta x}{x}\right)^{\frac{x}{\Delta x}}$;

(3) $\lim\limits_{\Delta x\to 0}\dfrac{\Delta y}{\Delta x}=\lim\limits_{\Delta x\to 0}\dfrac{1}{x}\log_a\left(1+\dfrac{\Delta x}{x}\right)^{\frac{x}{\Delta x}}=\dfrac{1}{x}\lim\limits_{\Delta x\to 0}\log_a\left(1+\dfrac{\Delta x}{x}\right)^{\frac{x}{\Delta x}}$

$=\dfrac{1}{x}\log_a \mathrm{e}=\dfrac{1}{x\ln a}$.

即
$$(\log_a x)'=\frac{1}{x}\log_a \mathrm{e}=\frac{1}{x\ln a}.$$

特别地，当 $a=\mathrm{e}$ 时，有自然对数 $y=\ln x$ 的导数为 $(\ln x)'=\dfrac{1}{x}$.

例 3　$(\log_5 x)'=\dfrac{1}{x\cdot\ln 5}$.

5. 指数函数 $y=a^x$（$a>0$，$a\neq 1$）的导数公式

$$(a^x)'=a^x\ln a.$$

证　(1) $\Delta y=a^{x+\Delta x}-a^x=a^x(a^{\Delta x}-1)$；

(2) $\dfrac{\Delta y}{\Delta x}=a^x\cdot\dfrac{a^{\Delta x}-1}{\Delta x}$；

(3) $\lim\limits_{\Delta x\to 0}\dfrac{\Delta y}{\Delta x}=a^x\cdot\lim\limits_{\Delta x\to 0}\dfrac{a^{\Delta x}-1}{\Delta x}$.

令 $a^{\Delta x}-1=\beta$，则 $\Delta x=\log_a(1+\beta)$，当 $\Delta x\to 0$ 时，有 $\beta\to 0$.
于是

$$\lim_{\Delta x\to 0}\frac{a^{\Delta x}-1}{\Delta x}=\lim_{\beta\to 0}\frac{\beta}{\log_a(1+\beta)}=\frac{1}{\lim\limits_{\beta\to 0}\log_a(1+\beta)^{\frac{1}{\beta}}}$$

$$=\frac{1}{\log_a \mathrm{e}}=\ln a,$$

所以　$$(a^x)'=a^x\ln a.$$

特别地，当 $a=\mathrm{e}$ 时，因 $\ln\mathrm{e}=1$，故有

$$(\mathrm{e}^x)'=\mathrm{e}^x.$$

上式表明，以 e 为底的指数函数的导数就是它本身，这是以 e 为底的指数函数的一个重要特性.

例 4　$(3^x)'=3^x\cdot\ln 3$.

6. 反三角函数的导数公式

(1) $(\arcsin x)'=\dfrac{1}{\sqrt{1-x^2}}$；

(2) $(\arccos x)'=-\dfrac{1}{\sqrt{1-x^2}}$；

(3) $(\arctan x)'=\dfrac{1}{1+x^2}$；

(4) $(\mathrm{arccot}\, x)'=-\dfrac{1}{1+x^2}$.

反三角函数的导数公式的推导，将在第三节给出.

习题 2－2

1. 根据导数定义求 $y=\cos x$ 的导数.

2. 利用导数公式，求下列函数的导数.

(1) $y=x^{15}$；　(2) $y=x^{-3}$；　(3) $y=\sqrt[3]{x^2}$；

(4) $y=\dfrac{x^2\cdot\sqrt[5]{x^2}}{\sqrt{x^5}}$；　(5) $y=5^x$；　(6) $y=\left(\dfrac{1}{2}\right)^x$.

3. 问曲线 $y=x^{\frac{3}{2}}$ 上哪一点的切线与直线 $y=3x-1$ 平行？

4. 求曲线 $y=\ln x$ 在点 $M(e, 1)$ 处的切线方程和法线方程.

5. 讨论函数 $y=|\sin x|$ 在 $x=0$ 点的连续性与可导性.

第三节　函数的求导法则

根据导数的定义，我们已经求出了基本初等函数的导数，但是对于比较复杂的函数，利用定义求导数往往很麻烦，有的甚至是不可能的. 为此我们介绍导数的运算法则.

1. 函数的和、差、积、商的求导法则

定理 1　两个可导函数的和（差）的导数，等于这两个函数的导数的和（差）.

设函数 $u(x)$ 与 $v(x)$ 在 x 点可导，则函数 $u(x)\pm v(x)$ 在 x 点也可导，且 $[u(x)\pm v(x)]'=u'(x)\pm v'(x)$.

证　设 $y=u(x)\pm v(x)$，则有

(1) $$\begin{aligned}\Delta y&=[u(x+\Delta x)\pm v(x+\Delta x)]-[u(x)\pm v(x)]\\&=[u(x+\Delta x)-u(x)]\pm[v(x+\Delta x)-v(x)]\\&=\Delta u\pm\Delta v;\end{aligned}$$

(2) $\dfrac{\Delta y}{\Delta x}=\dfrac{\Delta u}{\Delta x}\pm\dfrac{\Delta v}{\Delta x}$；

已知函数 $u(x)$ 与 $v(x)$ 在 x 点可导，有

$$\lim_{\Delta x\to 0}\frac{\Delta u}{\Delta x}=u'(x)\quad 与\quad \lim_{\Delta x\to 0}\frac{\Delta v}{\Delta x}=v'(x),$$

于是　(3) $$\lim_{\Delta x\to 0}\frac{\Delta y}{\Delta x}=\lim_{\Delta x\to 0}\frac{\Delta u}{\Delta x}\pm\lim_{\Delta x\to 0}\frac{\Delta v}{\Delta x}.$$

$$=u'(x)\pm v'(x).$$

即得　　　　$y'=u'\pm v'$，

或写成　　　$(u\pm v)'=u'\pm v'$.

定理 1 可以推广为求任意有限个函数代数和的导数，即

若 $u_1(x)$，$u_2(x)$，…，$u_n(x)$ 都在 x 点可导，则函数 $u_1(x)\pm u_2(x)\pm\cdots\pm u_n(x)$ 在 x 点也可导，且

$$[u_1(x)\pm u_2(x)\pm\cdots\pm u_n(x)]'=u_1'(x)\pm u_2'(x)\pm\cdots\pm u_n'(x).$$

例 1　求 $y=x^3-\sin x+\ln x-5$ 的导数.

解　$y'=(x^3-\sin x+\ln x-5)'=(x^3)'-(\sin x)'+(\ln x)'-(5)'$

$$=3x^2-\cos x+\frac{1}{x}-0=\frac{1}{x}+3x^2-\cos x.$$

例 2　$f(x)=3^x+\cos x+\log_2 x-\sin\frac{\pi}{3}$，求 $f'(x)$ 和 $f'(\pi)$.

解　$f'(x)=(3^x+\cos x+\log_2 x-\sin\frac{\pi}{3})'$

$$=(3^x)'+(\cos x)'+(\log_2 x)'-(\sin\frac{\pi}{3})'$$

$$=3^x\cdot\ln 3-\sin x+\frac{1}{x\cdot\ln 2},$$

$$f'(\pi)=3^\pi\cdot\ln 3-\sin\pi+\frac{1}{\pi\cdot\ln 2}=3^\pi\ln 3+\frac{1}{\pi\cdot\ln 2}.$$

定理 2　两个可导函数乘积的导数，等于第一个函数的导数与第二个函数的乘积，加上第一个函数与第二个函数的导数的乘积.

设函数 $u(x)$ 与 $v(x)$ 在 x 点可导，则函数 $u(x)v(x)$ 在 x 点也可导，且

$$[u(x)v(x)]'=u'(x)v(x)+u(x)v'(x).$$

证　设 $y=u(x)v(x)$，有

(1) $\Delta y=u(x+\Delta x)v(x+\Delta x)-u(x)v(x)$

$=u(x+\Delta x)v(x+\Delta x)-u(x+\Delta x)v(x)+u(x+\Delta x)v(x)-u(x)v(x)$

$=u(x+\Delta x)[v(x+\Delta x)-v(x)]+v(x)[u(x+\Delta x)-u(x)]$

$=u(x+\Delta x)\Delta v+v(x)\Delta u.$

(2) $\dfrac{\Delta y}{\Delta x}=u(x+\Delta x)\dfrac{\Delta v}{\Delta x}+v(x)\dfrac{\Delta u}{\Delta x}.$

已知函数 $u(x)$ 与 $v(x)$ 在 x 点可导，有

$$\lim_{\Delta x\to 0}\frac{\Delta u}{\Delta x}=u'(x) \quad 与 \quad \lim_{\Delta x\to 0}\frac{\Delta v}{\Delta x}=v'(x).$$

又可推知函数 $u(x)$ 在 x 点连续，即 $\lim\limits_{\Delta x\to 0}u(x+\Delta x)=u(x)$.

(3) $\lim\limits_{\Delta x\to 0}\dfrac{\Delta y}{\Delta x}=\lim\limits_{\Delta x\to 0}u(x+\Delta x)\lim\limits_{\Delta x\to 0}\dfrac{\Delta v}{\Delta x}+v(x)\lim\limits_{\Delta x\to 0}\dfrac{\Delta v}{\Delta x}$

$=u(x)v'(x)\pm v(x)u'(x)$,

即 $$[u(x)v(x)]'=u'(x)v(x)+u(x)v'(x).$$

特别地，当 $v(x)=c$（c 为常数）时，由定理 2 可得

$$[cu(x)]'=c'u(x)+cu'(x)=cu'(x).$$

这就是说，常数因子可以移到导数记号的外面.

例 3 求 $y=e^x\cdot\cos x$ 的导数.

解 $y'=(e^x\cdot\cos x)'=(e^x)'\cos x+e^x(\cos x)'$

$=e^x\cos x-e^x\sin x=e^x(\cos x-\sin x)$.

例 4 求 $y=\sqrt{x}\cdot\sin x$ 的导数.

解 $y'=(\sqrt{x}\cdot\sin x)'=(\sqrt{x})'\sin x+\sqrt{x}(\sin x)'$

$=\dfrac{1}{2\sqrt{x}}\cdot\sin x+\sqrt{x}\cdot\cos x$.

例 5 求 $y=x^3\cdot(\cos x+3\ln x)$ 的导数.

解 $y'=(x^3)'\cdot(\cos x+3\ln x)+x^3\cdot(\cos x+3\ln x)'$

$=3x^2(\cos x+3\ln x)+x^3\cdot\left(-\sin x+\dfrac{3}{x}\right)$

$=3x^2\cdot(\cos x+3\ln x+1)-x^3\cdot\sin x$.

定理 2 可以推广到两个因式以上的情况，例如三个函数 $u=u(x)$，$v=v(x)$，$w=w(x)$ 乘积的导数为

$$\begin{aligned}[uvw]'&=[(uv)w]'=(uv)'w+(uv)w'\\&=(u'v+uv')w+uvw'\\&=u'vw+uv'w+uvw'.\end{aligned}$$

例 6 求 $y=x^3\cdot\ln x\cdot\cos x$ 的导数.

解 $y'=(x^3)'\cdot\ln x\cdot\cos x+x^3\cdot(\ln x)'\cdot\cos x+x^3\cdot\ln x\cdot(\cos x)'$

$=3x^2\cdot\ln x\cdot\cos x+x^3\cdot\dfrac{1}{x}\cdot\cos x+x^3\cdot\ln x\cdot(-\sin x)$

$=x^2\cdot(3\ln x\cdot\cos x+\cos x-x\cdot\ln x\cdot\sin x)$.

定理 3 两个可导函数之商的导数，等于分子的导数与分母的乘积减去分母的导数与分子的乘积，再除以分母的平方.

设函数 $u(x)$ 与 $v(x)$ 在 x 点可导，且 $v(x)\neq 0$，则函数$\frac{u(x)}{v(x)}$在 x 点也可导，且

$$\left[\frac{u(x)}{v(x)}\right]'=\frac{u'(x)v(x)-u(x)v'(x)}{[v(x)]^2}.$$

证明略.

特别地，当 $u(x)=1$ 时，有

$$\left[\frac{1}{v(x)}\right]'=\frac{(1)'v(x)-1\cdot v'(x)}{[v(x)]^2}=-\frac{v'(x)}{[v(x)]^2}.$$

例 7　求正切函数 $y=\tan x$ 的导数.

解　$$y'=(\tan x)'=\left(\frac{\sin x}{\cos x}\right)'=\frac{(\sin x)'\cos x-\sin x\ (\cos x)'}{(\cos x)^2}$$

$$=\frac{\cos^2 x+\sin^2 x}{(\cos x)^2}=\frac{1}{(\cos x)^2}=(\sec x)^2,$$

即　$$(\tan x)'=\frac{1}{\cos^2 x}=\sec^2 x.$$

这就是正切函数的导数公式.

类似地，还可以求得余切函数的导数公式

$$(\cot x)'=-\frac{1}{\sin^2 x}=-\csc^2 x.$$

例 8　求正割函数 $y=\sec x$ 的导数.

解　$$y'=(\sec x)'=\left(\frac{1}{\cos x}\right)'=-\frac{(\cos x)'}{\cos^2 x}=\frac{\sin x}{\cos^2 x}$$

$$=\frac{1}{\cos x}\cdot\frac{\sin x}{\cos x}=\sec x\cdot\tan x,$$

即　$$(\sec x)'=\sec x\cdot\tan x.$$

这就是正割函数的导数公式.

类似地，还可以求得余割函数的导数公式

$$(\csc x)'=-\csc x\cdot\cot x.$$

在求函数导数时，常常是把函数的和、差、积、商的求导法则结合起来使用.

例 9　求 $y=\frac{x}{1+x}$的导数.

解　$$y'=\left(\frac{x}{1+x}\right)'=\frac{x'(1+x)-x(1+x)'}{(1+x)^2}$$

$$=\frac{1+x-x}{(1+x)^2}=\frac{1}{(1+x)^2}.$$

例 10 求 $y=\frac{x\cdot\sin x}{1+\cos x}$的导数.

解 $$y'=\frac{(x\cdot\sin x)'(1+\cos x)-x\cdot\sin x(1+\cos x)'}{(1+\cos x)^2}$$

$$=\frac{(\sin x+x\cdot\cos x)\cdot(1+\cos x)-x\cdot\sin x(-\sin x)}{(1+\cos x)^2}$$

$$=\frac{\sin x(1+\cos x)+x\cdot\cos x+x\cdot\cos^2 x+x\cdot\sin^2 x}{(1+\cos x)^2}$$

$$=\frac{\sin x(1+\cos x)+x\ (1+\cos x)}{(1+\cos x)^2}$$

$$=\frac{\sin x+x}{1+\cos x}.$$

2. 复合函数的求导法则

到目前为止，对于

$$\ln\tan x,\ e^{x^3},\ \sin\frac{2x}{1+x^2}$$

这样的函数，我们还不知道它们是否可导，若可导，怎样求它们的导数. 下面给出复合函数的求导法则.

定理 4 若函数 $u=\varphi(x)$ 在 x 处有导数$\frac{\mathrm{d}u}{\mathrm{d}x}=\varphi'(x)$，函数 $y=f(u)$ 在对应点 u 处有导数$\frac{\mathrm{d}y}{\mathrm{d}u}=f'(u)$，则复合函数 $y=f[\varphi(x)]$ 在 x 处也可导，且

$$\frac{\mathrm{d}y}{\mathrm{d}x}=\frac{\mathrm{d}y}{\mathrm{d}u}\cdot\frac{\mathrm{d}u}{\mathrm{d}x}.$$

或写成 $$y'(x)=f'(u)\cdot\varphi'(x).$$

证 设在 x 的增量是 Δx，由函数 $u=\varphi(x)$ 得到 u 的增量 Δu，再由函数 $y=f(u)$ 得到 y 的增量 Δy.

$$\Delta u=\varphi(x+\Delta x)-\varphi(x)$$
$$\Delta y=f(u+\Delta u)-f(u)$$

当 $\Delta u\neq 0$ 时则有

$$\frac{\Delta y}{\Delta x}=\frac{\Delta y}{\Delta u}\cdot\frac{\Delta u}{\Delta x}$$

因为函数 $u=\varphi(x)$ 可导，则必连续，所以当 $\Delta x\to 0$ 时，$\Delta u\to 0$.

因此 $$\lim_{\Delta x\to 0}\frac{\Delta y}{\Delta x}=\lim_{\Delta x\to 0}\frac{\Delta y}{\Delta u}\cdot\lim_{\Delta x\to 0}\frac{\Delta u}{\Delta x}=\lim_{\Delta u\to 0}\frac{\Delta y}{\Delta u}\cdot\lim_{\Delta x\to 0}\frac{\Delta u}{\Delta x}.$$

于是可得 $$\frac{dy}{dx}=\frac{dy}{du}\cdot\frac{du}{dx}.$$

当 $\Delta u=0$ 时，可以证明结论依然成立.

此公式表明，复合函数的导数等于函数对中间变量的导数乘中间变量对自变量的导数.

例 11　求 $y=\sin 5x$ 的导数.

解　将 $y=\sin 5x$ 看成是由 $y=\sin u$ 与 $u=5x$ 复合而成的，因此

$$y'=\frac{dy}{du}\cdot\frac{du}{dx}=\cos u\cdot 5=5\cos 5x.$$

注意：u 为中间变量，是利用复合函数求导公式而设的，所以在最后结果中应该换回原来的自变量.

例 12　求 $y=\ln\sin x$ 的导数.

解　令 $y=\ln u$，$u=\sin x$，则

$$y'=(\ln\sin x)'=(\ln u)'\cdot(\sin x)'=\frac{1}{u}\cdot\cos x=\frac{\cos x}{\sin x}=\cot x.$$

例 13　求 $y=\sin\frac{2x}{1+x^2}$ 的导数.

解　令 $y=\sin u$，$u=\frac{2x}{1+x^2}$，则

$$y'=\left(\sin\frac{2x}{1+x^2}\right)'=(\sin u)'\cdot\left(\frac{2x}{1+x^2}\right)'$$

$$=\cos u\cdot\frac{2\ (1+x^2)-(2x)^2}{(1+x^2)^2}=\frac{2\ (1-x^2)}{(1+x^2)^2}\cdot\cos\frac{2x}{1+x^2}.$$

由以上几个例子可以看出，求复合函数的导数时，关键在于正确分解复合函数，并恰当地设中间变量，从而把所给的函数从外层到内层拆成几个基本初等函数或基本初等函数的四则运算，然后再用复合函数求导公式，求出导数.

对复合函数的分解比较熟悉后，就不必再写出中间变量，但思想上要有中间变量的观点，再逐步分解，逐步求导.

例 14　求 $y=\sqrt[3]{1-2x^2}$ 的导数.

解　$y'=(\sqrt[3]{1-2x^2})'=\frac{1}{3}(1-2x^2)^{-\frac{2}{3}}\cdot(1-2x^2)'=\frac{-4x}{3\cdot\sqrt[3]{(1-2x^2)^2}}$.

例 15　求 $y=\tan x^2$ 的导数.

解　$y'=(\tan x^2)'=\sec^2 x^2\cdot(x^2)'=2x\cdot\sec^2 x^2$.

例 16 $y=\sin(\omega t+\varphi)$，求$\frac{dy}{dt}$.

解 $\frac{dy}{dt}=[\sin(\omega t+\varphi)]'=\cos(\omega t+\varphi)\cdot(\omega t+\varphi)'=\omega\cos(\omega t+\varphi)$.

复合函数的求导法则可以推广到多个中间变量的情形. 例如，设 $y=f(u)$，$u=\varphi(v)$，$v=\psi(x)$都可导，则复合函数 $f\{\varphi[\psi(x)]\}$ 的导数为

$$(f\{\varphi[\psi(x)]\})'=f'(u)\varphi'(v)\psi'(x)$$

或写成
$$\frac{dy}{dx}=\frac{dy}{du}\cdot\frac{du}{dv}\cdot\frac{dv}{dx}.$$

例 17 求 $y=e^{\cos\frac{2}{x}}$ 的导数.

解 $y'=e^{\cos\frac{2}{x}}\cdot\left(-\sin\frac{2}{x}\right)\cdot\left(-\frac{2}{x^2}\right)=\frac{2}{x^2}e^{\cos\frac{2}{x}}\sin\frac{2}{x}$.

例 18 求 $y=\ln\cos\sqrt{x}$的导数.

解 $y'=\frac{1}{\cos\sqrt{x}}(\cos\sqrt{x})'=-\frac{1}{\cos\sqrt{x}}\sin\sqrt{x}\,(\sqrt{x})'=-\frac{\tan\sqrt{x}}{2\sqrt{x}}$.

例 19 求 $y=\ln(x+\sqrt{1+x^2})$ 的导数.

解 $$y'=\frac{1}{x+\sqrt{1+x^2}}\left[1+\frac{(1+x^2)'}{2\sqrt{1+x^2}}\right]=\frac{1}{x+\sqrt{1+x^2}}\left(1+\frac{x}{\sqrt{1+x^2}}\right)$$
$$=\frac{1}{x+\sqrt{1+x^2}}\cdot\frac{x+\sqrt{1+x^2}}{\sqrt{1+x^2}}=\frac{1}{\sqrt{1+x^2}}.$$

例 20 设 $y=\ln\sin^2(1/x)$，求 y'.

解 $$y'=\left(\ln\sin^2\frac{1}{x}\right)'=\frac{1}{\sin^2\frac{1}{x}}\cdot\left(\sin^2\frac{1}{x}\right)'=\frac{1}{\sin^2\frac{1}{x}}\cdot 2\sin\frac{1}{x}\cdot\left(\sin\frac{1}{x}\right)'$$
$$=\frac{1}{\sin^2\frac{1}{x}}\cdot 2\sin\frac{1}{x}\cdot\cos\frac{1}{x}\cdot\left(\frac{1}{x}\right)'$$
$$=\frac{1}{\sin^2\frac{1}{x}}\cdot 2\sin\frac{1}{x}\cdot\cos\frac{1}{x}\cdot\left(-\frac{1}{x^2}\right)=-\frac{2}{x^2}\cot\frac{1}{x}.$$

在相当熟练之后，可进一步简写成

$$y'=\left(\ln\sin^2\frac{1}{x}\right)'=\frac{1}{\sin^2\frac{1}{x}}\cdot 2\sin\frac{1}{x}\cdot\cos\frac{1}{x}\cdot\left(-\frac{1}{x^2}\right)=-\frac{2}{x^2}\cot\frac{1}{x}.$$

例 21 利用复合函数求导法则证明

$$(x^\alpha)'=\alpha x^{\alpha-1}\ (x>0，\alpha\text{ 为任意实数}).$$

证 因为 $x^\alpha = e^{\ln x^\alpha} = e^{\alpha \ln x}$，

所以 $(x^\alpha)' = (e^{\alpha \ln x})' = e^{\alpha \ln x}(\alpha \ln x)'$

$$= e^{\alpha \ln x}\frac{\alpha}{x} = x^\alpha \cdot \frac{\alpha}{x} = \alpha x^{\alpha-1}.$$

例 22 已知 $f(u)$ 可导，求 $[f(\ln x)]'$，$\{f[(x+a)^n]\}'$及 $\{[f(x+a)]^n\}'$.

解 要注意区分作为导数符号的“′”在不同位置表示对不同变量求导.

$[f(\ln x)]'$表示对自变量 x 求导，$f'(\ln x)$ 表示对中间变量 $u=\ln x$ 求导. 因此

$$[f(\ln x)]' = f'(\ln x)\cdot(\ln x)' = \frac{1}{x}f'(\ln x).$$

$$\{f[(x+a)^n]\}' = f'[(x+a)^n]\cdot[(x+a)^n]'$$

$$= n(x+a)^{n-1}f'[(x+a)^n].$$

$$\{[f(x+a)]^n\}' = n[f(x+a)]^{n-1}\cdot f'(x+a).$$

3. 反函数的导数

设 $x=\varphi(y)$ 是直接函数，$y=f(x)$ 是它的反函数，如果 $x=\varphi(y)$ 在某区间上严格单调且连续，则它的反函数 $y=f(x)$ 在对应区间上也是严格单调且连续的. 现在推导 $x=\varphi(y)$ 的导数$\frac{dx}{dy}$与 $y=f(x)$ 的导数$\frac{dy}{dx}$之间的关系.

让 x 取得增量 Δx（$\Delta x \neq 0$），由 $y=f(x)$ 的严格单调性，可知

$$\Delta y = f(x+\Delta x) - f(x) \neq 0,$$

因而有

$$\frac{\Delta y}{\Delta x} = \frac{1}{\frac{\Delta x}{\Delta y}}.$$

但 $y=f(x)$ 连续，故当 $\Delta x \to 0$ 时，必有 $\Delta y \to 0$. 现假定 $x=\varphi(y)$ 在点 y 可导，且 $\varphi'(y)\neq 0$，即

$$\lim_{\Delta x\to 0}\frac{\Delta y}{\Delta x} = \lim_{\Delta y\to 0}\frac{1}{\frac{\Delta x}{\Delta y}} = \frac{1}{\lim\limits_{\Delta y\to 0}\frac{\Delta x}{\Delta y}} = \frac{1}{\varphi'(y)}.$$

即反函数 $y=f(x)$ 可导，且 $f'(x)=\frac{1}{\varphi'(y)}$.

因此得出以下定理：

定理 5 若函数 $x=\varphi(y)$ 在点 y 的某一邻域内严格单调、可导，且 $\varphi'(y)\neq 0$，则它的反函数 $y=f(x)$ 在点 x（$x=\varphi(y)$）对应邻域内也严格单

调、可导，且有

$$f'(x)=\frac{1}{\varphi'(y)}.$$

这就是说，反函数的导数等于直接函数导数的倒数.

例 23 求 $y=\arcsin x$ 的导数.

解 由于 $y=\arcsin x$ 是 $x=\sin y$ 的反函数，而 $x=\sin y$ 在 $\left(-\frac{\pi}{2},\frac{\pi}{2}\right)$ 内严格单调、连续、可导，而且

$$(\sin y)'=\cos y>0$$

由反函数的求导法则，有

$$(\arcsin x)'=\frac{1}{(\sin y)'}=\frac{1}{\cos y}.$$

又 $\cos y=\sqrt{1-\sin^2 y}=\sqrt{1-x^2}$（因为 $\cos y>0$，所以根号前取正号）.

所以

$$(\arcsin x)'=\frac{1}{\sqrt{1-x^2}}.$$

这就是反正弦函数的导数公式.

类似地，可推得反余弦函数的导数公式

$$(\arccos x)'=-\frac{1}{\sqrt{1-x^2}}.$$

例 24 求 $y=\arctan x$ 的导数.

解 由于 $x=\tan y$ 在 $-\frac{\pi}{2}<y<\frac{\pi}{2}$ 内严格单调、连续、可导，而且

$$(\tan y)'=\sec^2 y\neq 0.$$

所以，在 $-\infty<x<+\infty$ 内其反函数 $y=\arctan x$ 可导，且有

$$(\arctan x)'=\frac{1}{(\tan y)'}=\frac{1}{\sec^2 y}.$$

又 $\sec^2 y=1+\tan^2 y=1+x^2$，所以

$$(\arctan x)'=\frac{1}{1+x^2}.$$

这就是反正切函数的导数公式.

类似地，可推得反余切函数的导数公式

$$(\text{arccot}\, x)'=-\frac{1}{1+x^2}.$$

例 25 求 $y=\arcsin\sqrt{x}$ 的导数.

解　$y'=(\arcsin\sqrt{x})'=\dfrac{1}{\sqrt{1-(\sqrt{x})^2}}\cdot(\sqrt{x})'=\dfrac{1}{\sqrt{1-x}}\cdot\dfrac{1}{2\sqrt{x}}=$

$\dfrac{1}{2\sqrt{x-x^2}}$.

例 26　求 $y=e^{2x}\cdot\arccos x$ 的导数.

解　$y'=(e^{2x})'\arccos x+e^{2x}\cdot(\arccos x)'$

$$=2e^{2x}\cdot\arccos x-\frac{e^{2x}}{\sqrt{1-x^2}}.$$

4. 隐函数的导数

函数 $y=f(x)$ 表示两个变量 y 与 x 之间的对应关系，这种对应关系可以用各种不同方式表达. 前面我们遇到的函数，例如 $y=\sin x$，$y=\ln x+\sqrt{1-x^2}$ 等，这种函数表达方式的特点是：等号左端是因变量的符号，而右端是含有自变量的式子，当自变量取定义域内任一值时，由这式子能确定对应的函数值. 用这种方式表达的函数称为显函数. 有些函数的表达方式却不是这样，例如，方程

$$x+y^3-1=0$$

也可表示一个函数，因为当变量 x 在 $(-\infty, +\infty)$ 内取值时，变量 y 有确定的值与之对应. 例如，当 $x=0$ 时，$y=1$；当 $x=-1$ 时，$y=\sqrt[3]{2}$ 等等，这样的函数称为隐函数.

一般地，有如下定义.

定义　如果在方程 $F(x, y)=0$ 中，当 x 取某区间内的任一值时，相应地总有满足这个方程的唯一的 y 值存在，则称此对应关系 f 是方程 $F(x, y)=0$ 在该区间确定的一个隐函数.

把一个隐函数化成显函数，叫做隐函数的显化. 例如从方程 $x+y^3-1=0$ 解出 $y=\sqrt[3]{1-x}$，就把隐函数化成了显函数. 如 $y^2-x=0$，可以确定两个函数关系为 $y=\sqrt{x}$ 和 $y=-\sqrt{x}$.

有些隐函数显化是很困难或不可能的. 如 $xy-e^y-\sin x=0$.

在实际问题中，有时需要计算隐函数的导数，因此，我们希望有一种方法，不管隐函数能否显化，都能直接由方程算出它所确定的隐函数的导数来. 下面通过具体例子来说明这种方法.

例 27　求方程 $xy-e^y-\sin x=0$ 所确定的隐函数的导数 $\dfrac{dy}{dx}$.

解 方程两边对 x 求导，注意 y 是 x 的函数，由复合函数的求导法则，得

$$(xy-e^y-\sin x)'=0$$

即
$$y+xy'-e^yy'-\cos x=0,$$

解出隐函数 y 的导数为 $\dfrac{dy}{dx}=\dfrac{\cos x-y}{x-e^y}$ $(x-e^y\neq 0)$.

例 28 求由方程 $y^5+2y-x-3x^7=0$ 所确定的隐函数在点 $x=0$ 的导数 $\left.\dfrac{dy}{dx}\right|_{x=0}$.

解 将方程两边对 x 求导数，得

$$5y^4\frac{dy}{dx}+2\frac{dy}{dx}-1-21x^6=0.$$

于是
$$\frac{dy}{dx}=\frac{21x^6+1}{5y^4+2}.$$

因为当 $x=0$ 时，从原方程中得出 $y=0$，所以

$$\left.\frac{dy}{dx}\right|_{x=0}=\left.\frac{21x^6+1}{5y^4+2}\right|_{\substack{x=0\\y=0}}=\frac{1}{2}.$$

总之，对隐函数求导时，先将方程两端同时对自变量 x 求导，但要切记方程中的 y 是 x 的函数，它的导数用记号 $\dfrac{dy}{dx}$（或 y'）表示，然后再解出 $\dfrac{dy}{dx}$ 来.

下面介绍对数求导法. 对于某些函数，利用对数求导法可以求出其导数. 通过下面的例子说明这种方法.

例 29 求 $y=x^{\sin x}$（$x>0$）的导数.

解：这个函数既不是幂函数也不是指数函数，通常称为幂指函数，求这类函数的导数，可以先对方程两边取对数，得

$$\ln y=\sin x\cdot\ln x.$$

上式两边对 x 求导，注意到 y 是 x 的函数，得

$$\frac{1}{y}y'=\cos x\cdot\ln x+\sin x\cdot\frac{1}{x},$$

于是
$$y'=y\left(\cos x\cdot\ln x+\frac{\sin x}{x}\right)=x^{\sin x}\left(\cos x\cdot\ln x+\frac{\sin x}{x}\right).$$

上述这种方法称为对数求导法.

由于对数具有化积商为和差的性质，因此我们可以把多因子乘积开方的

求导运算，通过取对数得到化简.

例 30　求 $y=\sqrt{\dfrac{(x-1)(x-2)}{(x-3)(x-4)}}$的导数.

解　先在两边取对数（假定 $x>4$），得

$$\ln y=\frac{1}{2}[\ln(x-1)+\ln(x-2)-\ln(x-3)-\ln(x-4)].$$

上式两边对 x 求导，注意到 y 是 x 的函数，得

$$\frac{1}{y}y'=\frac{1}{2}\left(\frac{1}{x-1}+\frac{1}{x-2}-\frac{1}{x-3}-\frac{1}{x-4}\right),$$

于是
$$y'=\frac{y}{2}\left(\frac{1}{x-1}+\frac{1}{x-2}-\frac{1}{x-3}-\frac{1}{x-4}\right).$$

当 $x<1$ 时，$y=\sqrt{\dfrac{(1-x)(2-x)}{(3-x)(4-x)}}$；

当 $2<x<3$ 时，$y=\sqrt{\dfrac{(x-1)(x-2)}{(3-x)(4-x)}}$；

用同样方法可以求得结果.

习题 2—3

1. 求下列函数的导数.

(1) $y=3x^2-\dfrac{2}{x^2}+3^x$；　　(2) $y=x\log_2 x+\ln 2$；

(3) $y=(x-1)(x-2)(x-3)$；　　(4) $y=x^2(\cos x+\sqrt{x})$；

(5) $y=\dfrac{1-\sqrt{x}}{1+\sqrt{x}}$；　　(6) $y=\dfrac{1-e^x}{1+e^x}$.

2. 求下列函数的导数.

(1) $y=\cot\dfrac{1}{x}$；　　(2) $y=\ln\left(\dfrac{1}{x}+\ln\dfrac{1}{x}\right)$；

(3) $y=\ln(1-x)$；　　(4) $y=\ln(x+\sqrt{1+x^2})$；

(5) $y=\sqrt{x+\sqrt{x+\sqrt{x}}}$；　　(6) $y=\dfrac{\sin 2x}{x^2}$；

(7) $y=\dfrac{\arcsin x}{\arccos x}$；

(8) $y=2\sec^2 x$　　$\left(x\neq n\pi+\dfrac{\pi}{2}，n\text{ 为正整数}\right)$.

3. 设 $y=x\ln x+\dfrac{1}{\sqrt{x}}$，求$\dfrac{dy}{dx}$及$\left.\dfrac{dy}{dx}\right|_{x=1}$.

4. 设 $y=y(x)$ 由方程 $e^{xy}+y^3-5x=0$ 所确定，试求 $\left.\frac{dy}{dx}\right|_{x=0}$.

5. 利用对数求导法求导数.

(1) $y=(\sin x)^{\ln x}$；　　(2) $y=\frac{\sqrt{x+1}\sin x}{(x^3+1)(x+2)}$.

6. 设 $f(x)$ 可导，求下列函数的导数 $\frac{dy}{dx}$.

(1) $y=f(e^{-x})$；　　(2) $y=f(\sin^2 x)+f(\cos^2 x)$.

7. 求曲线 $x^{\frac{2}{3}}+y^{\frac{2}{3}}=a^{\frac{2}{3}}$ 在点 $(\frac{\sqrt{2}}{4}a, \frac{\sqrt{2}}{4}a)$ 处的切线方程与法线方程.

第四节　高阶导数

定义　函数 $y=f(x)$ 的导数 $y'=f'(x)$ 仍是 x 的函数，如果它仍然可导，则 $f'(x)$ 的导数就是 $f(x)$ 的**二阶导数**，记为 y''，$f''(x)$ 或 $\frac{d^2y}{dx^2}$. 即

$$y''=f''(x)=\lim_{\Delta x\to 0}\frac{f'(x+\Delta x)-f'(x)}{\Delta x}.$$

类似地，函数 $f(x)$ 的二阶导数 $f''(x)$ 的导数，称为函数 $f(x)$ 的**三阶导数**，记为 y'''，$f'''(x)$ 或 $\frac{d^3y}{dx^3}$；三阶导数 $f'''(x)$ 的导数，称为函数 $f(x)$ 的**四阶导数**，记为 $y^{(4)}$，$f^{(4)}(x)$ 或 $\frac{d^4y}{dx^4}$.

一般地，若函数 $y=f(x)$ 的 $n-1$ 阶导数仍然可导，则函数 $y=f(x)$ 的 $n-1$ 阶导数的导数称为 $f(x)$ 的 n **阶导数**，记为 $y^{(n)}$，$f^{(n)}(x)$ 或 $\frac{d^ny}{dx^n}$. 即

$$f^{(n)}(x)=[f^{(n-1)}(x)]'=\lim_{\Delta x\to 0}\frac{f^{(n-1)}(x+\Delta x)-f^{(n-1)}(x)}{\Delta x}.$$

二阶及二阶以上的导数统称高阶导数. 相对于高阶导数来说，称 $f(x)$ 的导数 $f'(x)$ 为一阶导数.

由上述定义可知，求高阶导数就是多次接连地求导. 所以，仍可应用前面学过的求导方法来计算高阶导数.

例 1　求幂函数 $y=x^{\alpha}$ $(\alpha\in\mathbf{R})$ 的 n 阶导数.

解　$y'=\alpha x^{\alpha-1}$，　$y''=\alpha(\alpha-1)x^{\alpha-2}$，

$y'''=\alpha(\alpha-1)(\alpha-2)x^{\alpha-3}$,

……

一般地，可得

$$y^{(n)}=\alpha(\alpha-1)(\alpha-2)\cdots(\alpha-n+1)x^{\alpha-n}.$$

即
$$(x^{\alpha})^{(n)}=\alpha(\alpha-1)(\alpha-2)\cdots(\alpha-n+1)x^{\alpha-n}.$$

特别地，当 $\alpha=n$ ($n\in\mathbf{N}$) 时

$$(x^n)^{(n)}=n(n-1)(n-2)\cdots3\cdot2\cdot1=n!.$$

显然
$$(x^n)^{(n+1)}=0.$$

由此可知，幂函数 $y=x^n$ ($n\in\mathbf{N}$) 的 n 阶导数等于 $n!$，大于 n 阶的导数都等于零.

例 2　求 n 次多项式 $y=a_0x^n+a_1x^{n-1}+\cdots+a_n$ 的各阶导数 ($a_0\neq0$).

解　$y'=na_0x^{n-1}+(n-1)a_1x^{n-2}+\cdots+a_{n-1}$，这是 $(n-1)$ 次多项式，可见，每经过一次求导运算，多项式的次数就降低一次，由幂函数 n 阶导数知：

$$y^{(n)}=n!a_0$$

这是一个常数，因而

$$y^{(n+1)}=y^{(n+2)}=\cdots=0.$$

这就是说，n 次多项式的一切高于 n 阶的导数都是零.

例 3　求指数函数 $y=\mathrm{e}^{ax}$，$y=a^x$ 的 n 阶导数.

解　$y=\mathrm{e}^{ax}$，$y'=a\mathrm{e}^{ax}$，$y''=a^2\mathrm{e}^{ax}$，…，$y^{(n)}=a^n\mathrm{e}^{ax}$.

$y=a^x$，$y'=(\ln a)\ a^x$，$y''=(\ln a)^2a^x$，…，$y^{(n)}=(\ln a)^na^x$.

例 4　求对数函数 $y=\ln(1+x)$ 的 n 阶导数.

解　$y'=\dfrac{1}{1+x}$，$y''=-\dfrac{1}{(1+x)^2}$，$y'''=\dfrac{1\cdot2}{(1+x)^3}$，

$y^{(4)}=-\dfrac{1\cdot2\cdot3}{(1+x)^4}$，…，$y^{(n)}=(-1)^{n-1}\dfrac{(n-1)!}{(1+x)^n}$.

即
$$[\ln(1+x)]^{(n)}=(-1)^{n-1}\frac{(n-1)!}{(1+x)^n}.$$

习题 2—4

1. 求下列函数的二阶导数.

(1) $y=10^x$；　(2) $y=x\cdot\cos x$；　(3) $y=(\arcsin x)^2$；

(4) $y=\dfrac{x}{\sqrt{1-x^2}}$；　(5) $y=x\cdot\mathrm{e}^{x^2}$；　(6) $y=\ln(1-x^2)$.

2. 若 $f''(x)$ 存在，求下列函数 y 的二阶导数.

(1) $y=f(x^2)$；　　(2) $y=\ln[f(x)]$.

3. 求下列各函数的 n 阶导数 $y^{(n)}$.

(1) $y=e^{-x}$；　　(2) $y=x\cdot\ln x$；　　(3) $y=x\cdot e^x$.

第五节　函数的微分

前面我们学习了导数，导数概念研究的是函数在某点处的变化率，它刻画了函数在这点处变化的快慢程度. 但是有些问题需要考虑的是，当函数的自变量有微小的改变时，函数改变量的大小程度如何. 一般说来，函数改变量的计算是比较复杂的. 如何建立计算函数改变量的近似式，使它既便于计算又有一定的精确度，这就引出了本节内容——微分的概念.

1. 微分的概念

我们先从一个具体问题来分析函数改变量的近似值的算法. 例如：一块正方形金属薄片受温度变化的影响，其边长由 x_0 变到 $x_0+\Delta x$（如图 2-4 所示），问此薄片的面积改变了多少？

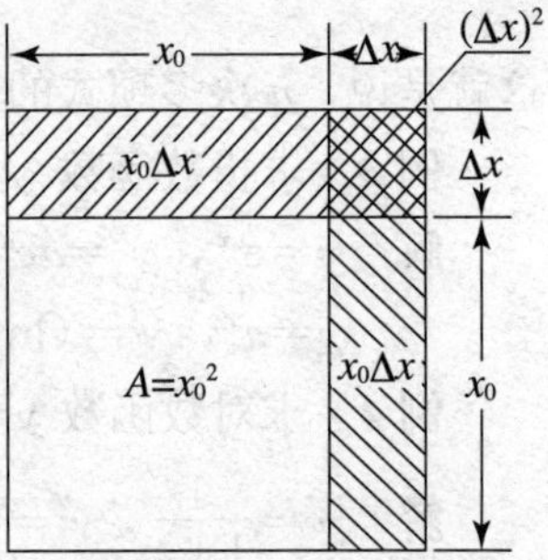

图 2-4

设此薄片的边长为 x，面积为 A，则 A 是 x 的函数 $A=x^2$. 薄片受温度变化的影响时面积的改变量，可以看成是当自变量 x 自 x_0 取得增量 Δx 时，函数 A 相应的增量 ΔA，即

$$\Delta A=(x_0+\Delta x)^2-x_0^2=2x_0\Delta x+(\Delta x)^2.$$

从上式可以看出，ΔA 分成两部分，第一部分 $2x_0\Delta x$ 是 Δx 的线性函数，即图中带有斜线的两个矩形面积之和，而第二部分 $(\Delta x)^2$ 在图中是带有交叉斜线的小正方形的面积，当 $\Delta x\to 0$ 时，第二部分 $(\Delta x)^2$ 是比 Δx 高阶的无穷小，即 $\lim\limits_{\Delta x\to 0}\frac{(\Delta x)^2}{\Delta x}=\lim\limits_{\Delta x\to 0}\Delta x=0$，或写成 $(\Delta x)^2=o(\Delta x)$ $(\Delta x\to 0)$. 由此可见，如果边长改变很微小，即 $|\Delta x|$ 很小时，面积的改变量 ΔA 可近似地用第一部分来代替.

一般地，如果函数 $y=f(x)$ 满足一定条件，则函数的增量 Δy 可表示为

$$\Delta y=A\Delta x+o(\Delta x),$$

其中 A 是不依赖于 Δx 的常数，

即 $$\Delta y-A\Delta x=o(\Delta x)$$

这样，当 $A\neq 0$，且 $|\Delta x|$ 很小时，我们就可近似地用 $A\Delta x$ 来近似代替 Δy.

定义　设函数 $y=f(x)$ 在 x_0 某邻域内有定义，x_0 及 $x_0+\Delta x$ 都在这区间内，如果函数的增量

$$\Delta y=f(x_0+\Delta x)-f(x_0)$$

可表示为 $$\Delta y=A\Delta x+o(\Delta x),\tag{1}$$

其中 A 是不依赖于 Δx 的常数，而 $o(\Delta x)$ 是比 Δx 高阶的无穷小，则称函数 $y=f(x)$ 在点 x_0 是可微的，而 $A\Delta x$ 叫做函数 $y=f(x)$ 在点 x_0 相应于自变量增量 Δx 的微分，记作 $\mathrm{d}y$，

即 $$\mathrm{d}y=A\Delta x.$$

下面讨论函数可微的条件.

设函数 $y=f(x)$ 在点 x_0 可微，则按定义有（1）式成立.（1）式两边除以 Δx，

得 $$\frac{\Delta y}{\Delta x}=A+\frac{o(\Delta x)}{\Delta x}.$$

当 $\Delta x\to 0$ 时，由上式就得到

$$A=\lim_{\Delta x\to 0}\frac{\Delta y}{\Delta x}=f'(x_0).$$

因此，如果函数 $f(x)$ 在点 x_0 可微，则 $f(x)$ 在点 x_0 也一定可导（即 $f'(x_0)$ 存在），

且 $$A=f'(x_0).$$

反之，如果 $y=f(x)$ 在点 x_0 可导，即

$$\lim_{\Delta x\to 0}\frac{\Delta y}{\Delta x}=f'(x_0)$$

存在，根据极限与无穷小的关系，上式可写成

$$\frac{\Delta y}{\Delta x}=f'(x_0)+\alpha,$$

其中 $\alpha\to 0$（当 $\Delta x\to 0$）. 于是有

$$\Delta y=f'(x_0)\Delta x+\alpha\Delta x.$$

因 $\alpha\Delta x=o(\Delta x)$，且 $f'(x_0)$ 不依赖于 Δx，故上式相当于（1）式，所以 $f(x)$ 在点 x_0 是可微的.

定理　函数 $f(x)$ 在点 x_0 可微的充分必要条件是函数 $f(x)$ 在点 x_0 可导，且当 $f(x)$ 在点 x_0 可微时，其微分一定是

$$dy=f'(x_0)\Delta x. \tag{2}$$

从函数微分表达式（2）知，微分是 Δx 的线性函数，函数的增量与函数微分之差是 Δx 的高阶无穷小，即

$$\Delta y-dy=o(\Delta x),$$

因此称函数的微分 dy 是函数的增量 Δy 的线性主部（当 $\Delta x\to 0$），从而当 $|\Delta x|$ 很小时，有

$$\Delta y\approx dy.$$

例 1 求函数 $y=x^4$ 在 $x=1$ 和 $x=3$ 处的微分.

解 $y=x^4$ 在 $x=1$ 处的微分为

$$dy=(x^4)'|_{x=1}\Delta x=4x^3|_{x=1}\Delta x=4\Delta x.$$

在 $x=3$ 处的微分为

$$dy=(x^4)'|_{x=3}\Delta x=4x^3|_{x=3}\Delta x=108\Delta x.$$

函数 $y=f(x)$在任意点 x 的微分，称为函数的微分，记作 dy 或$df(x)$，即

$$dy=f'(x)\Delta x.$$

例如，函数 $y=\cos x$ 的微分为

$$dy=(\cos x)'\Delta x=-\sin x\cdot\Delta x.$$

函数 $y=e^x$ 的微分为

$$dy=(e^x)'\Delta x=e^x\cdot\Delta x .$$

显然，函数的微分 $dy=f'(x)\Delta x$ 的值与 x 和 Δx 都有关.

例 2 求函数 $y=x^2$，当 $x=2$，$\Delta x=0.01$ 时的函数改变量和微分.

解
$$\begin{aligned}\Delta y&=(x+\Delta x)^2-x^2=2x\Delta x+(\Delta x)^2\\&=2\times 2\times 0.01+(0.01)^2=0.0401.\end{aligned}$$

$$dy\Big|_{\substack{x=2\\ \Delta x=0.01}}=2x\Delta x\Big|_{\substack{x=2\\ \Delta x=0.01}}=2\times 2\times 0.01=0.04.$$

对于函数 $y=x$，可得

$$dx=dy=x'\cdot\Delta x=\Delta x.$$

因此，我们说自变量的微分就是它的改变量. 于是，函数的微分可以写成

$$dy=f'(x)\cdot dx, \tag{3}$$

即函数的微分就是函数的导数与自变量的微分之乘积. 由（3）式可得

$$\frac{dy}{dx}=f'(x).$$

以前我们曾用$\frac{dy}{dx}$表示过导数，那时$\frac{dy}{dx}$是整体作为一个记号来用的. 在引进

微分的定义之后，我们才知道$\frac{dy}{dx}$表示的是函数微分与自变量微分的商，所以又把导数称为**微商**. 由于求微分的问题可归结为求导数的问题，因此求导数与求微分的方法叫做**微分法**.

例 3　求函数 $y=\ln x$ 的微分.

解　$dy=(\ln x)'dx=\frac{1}{x}dx$.

2. 微分的几何意义

为了对微分有比较直观的了解，我们来说明微分的几何意义.

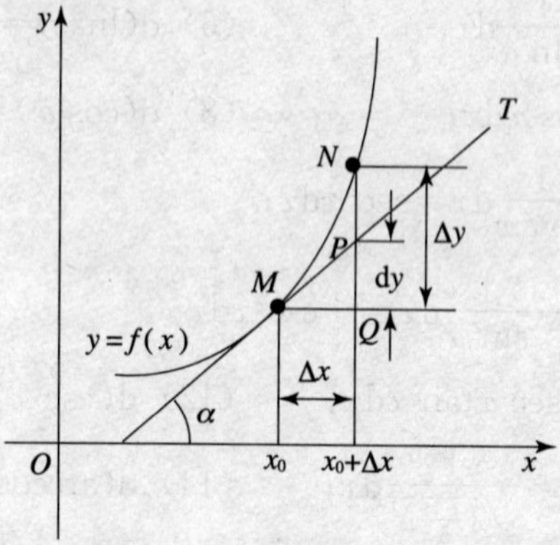

图 2-5

在直角坐标系中，函数 $y=f(x)$的图形是一条曲线. 对于某一固定的 x_0 值，曲线上有一个确定点 $M(x_0，y_0)$，当自变量 x 有微小增量 Δx 时，就得到曲线上另一点 $N(x_0+\Delta x，y_0+\Delta y)$. 从图 2-5 可知

$$MQ=\Delta x，QN=\Delta y.$$

过点 M 作曲线的切线 MT，它的倾角为 α，则

$$QP=MQ\cdot\tan\alpha=\Delta x\cdot f'(x_0),$$

即

$$dy=QP.$$

由此可见，微分的几何意义是：函数 $y=f(x)$在 x_0 点的微分，就是曲线 $y=f(x)$在 $M(x_0，y_0)$ 点切线 MT，当横坐标由 x_0 变到 $x_0+\Delta x$ 时，其对应纵坐标的增量. 当$|\Delta x|$很小时，从图上可以看出$|\Delta y-dy|$比$|\Delta x|$小得多. 因此在点 M 的邻近，我们可以用切线段来近似代替曲线段. 这种“以直代曲”的方法，在今后学习积分学中还会多次用到.

3. 微分的基本公式和运算法则

从函数的微分的表达式

$$dy=f'(x)dx$$

可知，函数的微分，等于函数的导数乘自变量的微分. 因此很容易得到微分的基本公式和运算法则.

基本初等函数的微分公式

(1) $d(c)=0$ (c 为常数)；

(2) $d(x^\alpha)=\alpha x^{\alpha-1}dx$ (α 是实数)；

(3) $d(a^x)=a^x\ln a dx$；

(4) $d(e^x)=e^x dx$；

(5) $d(\log_a x)=\frac{1}{x\ln a}dx$；

(6) $d(\ln x)=\frac{1}{x}dx$；

(7) $d(\sin x)=\cos x dx$；

(8) $d(\cos x)=-\sin x dx$；

(9) $d(\tan x)=\frac{1}{\cos^2 x}dx=\sec^2 x dx$；

(10) $d(\cot x)=-\frac{1}{\sin^2 x}dx=-\csc^2 x dx$；

(11) $d(\sec x)=\sec x\tan x dx$；

(12) $d(\csc x)=-\csc x\cot x dx$.

(13) $d(\arcsin x)=\frac{1}{\sqrt{1-x^2}}dx$；

(14) $d(\arccos x)=-\frac{1}{\sqrt{1-x^2}}dx$；

(15) $d(\arctan x)=\frac{1}{1+x^2}dx$；

(16) $d(\text{arccot}\, x)=-\frac{1}{1+x^2}dx$.

函数和、差、积、商的微分法则

由函数的和、差、积、商的求导法则，可推得微分法则.

设 u，v 都是 x 的可微函数，则 u，v 的和、差、积、商的微分法则是：

(1) $d(u\pm v)=du\pm dv$；

(2) $d(uv)=vdu+udv$；

(3) $d(cu)=cdu$ (c 为常数)；

(4) $d\left(\frac{u}{v}\right)=\frac{vdu-udv}{v^2}$ ($v\neq 0$).

下面只证明乘积的微分法则，其余的法则可用类似的方法证明.

由微分的定义，有

$$d(uv)=(uv)'dx,$$

再根据乘积的求导法则，有

$$(u\cdot v)'=u'v+uv',$$

于是　　$d(uv)=(u'v+uv')dx=vu'dx+uv'dx=vdu+udv.$

复合函数的微分法则

由微分的定义可知，若函数 $y=f(u)$ 对 u 是可导的，则函数 $y=f(u)$ 的微分为

$$dy=f'(u)du.$$

当 $u=\varphi(x)$ 时

$$dy=[f[\varphi(x)]]'dx=f'(u)\ \varphi'(x)dx=f'(u)du,$$

其中 $\varphi'(x)dx=du$，所以复合函数 $y=f[\varphi(x)]$ 的微分也可写成

$$dy=f'(u)du.$$

由此可以看出，对于函数 $y=f(u)$ 来说，无论 u 是自变量，还是中间变量，它的微分形式都是 $dy=f'(u)du$，我们称这种形式的不变性为**一阶微分形式的不变性**.

例 4　设 $y=e^{\sin^2 x}$，求 dy.

解 1　利用微分的定义 $dy=f'(x)dx$.

因为 $y'=(e^{\sin^2 x})'=e^{\sin^2 x}\cdot(\sin^2 x)'=e^{\sin^2 x}\cdot 2\sin x\cdot\cos x$

$$=e^{\sin^2 x}\cdot\sin 2x,$$

所以 $dy=e^{\sin^2 x}\cdot\sin 2x dx$.

解 2　利用微分形式的不变性，得

$$\begin{aligned}dy&=e^{\sin^2 x}d(\sin^2 x)=e^{\sin^2 x}\cdot 2\sin x d\sin x\\&=e^{\sin^2 x}\cdot 2\sin x\cos x dx\\&=e^{\sin^2 x}\cdot\sin 2x dx.\end{aligned}$$

例 5　设 $y=x^2\cos x+\ln x$，求 dy.

解　$$\begin{aligned}dy&=(x^2\cos x+\ln x)'dx\\&=\left(2x\cos x-x^2\sin x+\frac{1}{x}\right)dx.\end{aligned}$$

例 6　设 $y=e^{-ax}\sin bx$，求 dy.

解　$$\begin{aligned}dy&=e^{-ax}d(\sin bx)+\sin bx d(e^{-ax})\\&=e^{-ax}\cdot\cos bx d(bx)+\sin bx\cdot e^{-ax}\ d(-ax)\\&=e^{-ax}[b\cos bx-a\sin bx]dx.\end{aligned}$$

从以上几例可以看出，利用一阶微分不变性求复合函数的微分，层次清楚，不易出错.

4. 微分在近似计算中的应用

若函数 $y=f(x)$ 在 x_0 可微，则有

$$\Delta y = \mathrm{d}y + o(\Delta x),$$

其中 $\Delta y = f(x_0+\Delta x) - f(x_0)$，$\mathrm{d}y = f'(x_0)\mathrm{d}x$.

当 Δx 很小时，有 $\Delta y \approx \mathrm{d}y$，即

$$\Delta y = f(x_0+\Delta x) - f(x_0) \approx f'(x_0)\Delta x \tag{4}$$

或

$$f(x_0+\Delta x) \approx f(x_0) + f'(x_0)\Delta x. \tag{5}$$

设 $x = x_0+\Delta x$，$\Delta x = x - x_0$ 时，上式可写为

$$f(x) \approx f(x_0) + f'(x_0)(x-x_0). \tag{6}$$

于是，利用公式（4）可以计算 Δy 的近似值；利用公式（6）可以计算 $f(x)$ 的近似值.

例 7 一个半径为 10 cm 的金属圆片加热后，半径伸长了 0.05 cm，问面积估计增大了多少？

解 设圆面积为 A，半径为 r，则

$$A = \pi r^2.$$

由公式（1）得，$\Delta A \approx 2\pi r \Delta r$.

将 $r = 10$ cm，$\Delta r = 0.05$ cm，代入上式得

$$\Delta A \approx 2\pi \times 10 \times 0.05 = \pi\ \mathrm{cm}^2.$$

于是金属圆片面积大约增大了 $\pi\ \mathrm{cm}^2$.

例 8 求 $\cos 30^\circ 10'$ 的近似值.

解 我们将这个问题看成求函数 $f(x) = \cos x$ 在点 $x = 30^\circ 10'$ 处的函数的近似值问题. 由近似公式（5）得

$$f(x_0+\Delta x) \approx f(x_0) + f'(x_0)\Delta x.$$

因为 $f(x) = \cos x$，则有 $f'(x) = -\sin x$.

把 $x = 30^\circ 10'$ 化成弧度，得

$$30^\circ 10' = \frac{\pi}{6} + \frac{1}{6} \times \frac{\pi}{180} = \frac{\pi}{6} + \frac{\pi}{1080}.$$

取 $x_0 = \frac{\pi}{6}$，$\Delta x = \frac{\pi}{1080}$，得

$$\begin{aligned}\cos 30^\circ 10' &= \cos\left(\frac{\pi}{6} + \frac{\pi}{1080}\right) \\ &\approx \cos\frac{\pi}{6} + \left(-\sin\frac{\pi}{6}\right) \cdot \frac{\pi}{1080} \\ &\approx 0.866 - 0.5 \times 0.16667 = 0.02665.\end{aligned}$$

5. 几个常用的近似公式

在公式（6）中，取 $x_0 = 0$，于是得

$$f(x)\approx f(0)+f'(0)\cdot x. \qquad (7)$$

由公式（7）可以推得几个常用的近似公式（假定$|x|$是很小的数值）.

（1）$\sin x\approx x$（x 取弧度）；　　（2）$\tan x\approx x$（x 取弧度）；

（3）$\ln(1+x)\approx x$；　　（4）$e^x\approx 1+x$；

（5）$\sqrt[n]{1+x}\approx 1+\frac{x}{n}$.

证　（5）设 $f(x)=\sqrt[n]{1+x}$，

则 $$f'(x)=\frac{1}{n}(1+x)^{\frac{1}{n}-1},\ f'(0)=\frac{1}{n},$$

有 $$f(x)\approx f(0)+f'(0)x=1+\frac{x}{n},$$

即 $$\sqrt[n]{1+x}\approx 1+\frac{x}{n}.$$

其他的几个近似公式可用类似的方法证明，这里从略.

例 9　计算下列近似值：

（1）$\sin 1^\circ$；　　（2）$\sqrt[5]{35}$；　　（3）$e^{-0.007}$.

解　（1）$\sin 1^\circ=\sin\frac{\pi}{180}\approx\frac{\pi}{180}\approx 0.01754$.

（2）$$\sqrt[5]{35}=\sqrt[5]{2^5+3}=\sqrt[5]{2^5\left(1+\frac{3}{2^5}\right)}=2\sqrt[5]{1+\frac{3}{2^5}}\approx 2\left(1+\frac{1}{5}\times\frac{3}{2^5}\right)$$

$$=2+\frac{1}{5}\times\frac{3}{2^4}=2.0375.$$

（3）$e^{-0.007}\approx 1+(-0.007)=0.993$.

习题 2－5

1. 设 $y=x^3-x$ 在点 $x_0=2$ 处，有增量 $\Delta x=0.01$，则 $\Delta y=$________，$dy=$________.

2. 求下列函数的微分.

（1）$y=\frac{1}{x}+2\sqrt{x}$；　　（2）$y=x\sin 2x$；

（3）$y=\frac{x}{\sqrt{1+x^2}}$；　　（4）$y=\arctan\frac{1-x^2}{1+x^2}$.

3. 正立方体的棱长 $x=10$ m，如果棱长增加 0.1 m，求此正方体体积增加的精确值与近似值.

4. 计算$\sqrt[3]{1.02}$的近似值.

【本章小结】

一、学习本章的基本要求

1. 理解导数概念及导数的几何意义，会求曲线在一点的切线，了解函数的可导性与连续性之间的关系.

2. 熟练掌握基本初等函数的导数公式和求导法则，并能熟练求出初等函数的导数.

3. 会用导数定义求分段函数在分界点处的导数.

4. 会求隐函数的导数；会用对数求导法求函数的导数.

5. 了解高阶导数概念，会求二阶导数，会求一些简单函数的高阶导数.

6. 理解微分的定义及微分的几何意义，并清楚导数与微分的关系.

7. 掌握微分的运算法则和一阶微分形式不变性；会用微分求函数的近似值.

二、学习中应注意的几个问题

1. 导数概念.

(1) 导数是研究函数相对于自变量的变化快慢程度的，$\frac{\Delta y}{\Delta x}=\frac{f(x_0+\Delta x)-f(x_0)}{\Delta x}$反映的是自变量$x$从$x_0$改变到$x_0+\Delta x$时，函数$f(x)$的平均变化速度，称为函数的平均变化率，而导数$f'(x_0)=\lim\limits_{\Delta x\to 0}\frac{\Delta y}{\Delta x}$反映的是函数在点$x_0$处的变化速度，称为函数在点$x_0$处的变化率.

(2) 用定义求导数的三步法则.

求函数$f(x)$的导数的三个步骤是：

①求函数的增量　$\Delta y=f(x+\Delta x)-f(x)$；

②求比值　$\frac{\Delta y}{\Delta x}=\frac{f(x+\Delta x)-f(x)}{\Delta x}$；

③求极限　$f'(x)=\lim\limits_{\Delta x\to 0}\frac{\Delta y}{\Delta x}=\lim\limits_{\Delta x\to 0}\frac{f(x+\Delta x)-f(x)}{\Delta x}$.

在求分段函数分界点处的导数时，不能用公式，必须用上述的三步法则.

(3) 导函数与导数.

导函数$f'(x)$与在x_0处的导数$f'(x_0)$，两者是不同的，但二者有着密

切的关系，$f'(x_0)$ 是导函数在 x_0 点处的函数值，即

$$f'(x_0)=f'(x)\big|_{x=x_0}.$$

显然，$f'(x_0)\neq(f(x_0))'$，（$(f(x_0))'\equiv0$）.

(4) 函数的可导性与连续性的关系.

设函数 $y=f(x)$ 在 x 点可导，则函数在 x 点必连续．显然，如果 $f(x)$ 在 x 点不连续，则在该点肯定是不可导的．反之，即使 $f(x)$ 在 x 点连续，则在该点也不一定可导．因此，函数 $y=f(x)$ 在 x 点连续是在该点可导的必要条件.

2. 初等函数求导法则.

任一初等函数都是由基本初等函数经过有限次四则运算及复合而成的，所以求初等函数的导数，只需运用基本初等函数的导数公式及四则运算法则和复合函数求导法则就可以顺利解决了．求导时注意：

(1) 若计算初等函数值的运算最后一步是四则运算，则求该函数的导数时，就需要先用四则运算求导公式.

(2) 若计算初等函数值的最后一步是复合函数形式，求该函数导数时，就需先用复合函数求导公式.

复合函数求导是初等函数求导的核心，其求导法的关键是：将一个比较复杂的函数分解成几个基本初等函数的复合形式．在分解过程中关键是正确的设置中间变量，就是由表及里一步步地设置中间变量，使分解后的函数成为基本初等函数或基本初等函数的四则运算的形式，最后逐一求导．求导时要分清是对中间变量还是对自变量求导，对中间变量求导后，要乘该中间变量对下一个中间变量（或自变量）的导数．当熟练掌握该方法后，函数分解过程可不必写出.

总之，求初等函数的导数，除了熟练掌握基本初等函数求导公式及求导法则外，还必须清楚函数的结构，对任一初等函数能正确分解为一系列基本初等函数或基本初等函数的四则运算的形式.

3. 微分的概念.

(1) 微分是函数增量的线性部分.

函数 $y=f(x)$ 在点 x_0 可微，由微分定义得，

$$\Delta y=A\Delta x+o(\Delta x).$$

其中 $A=f'(x_0)$ 是不依赖于 Δx 的常数，而 $o(\Delta x)$ 是比 Δx 高阶的无穷小．称 $f'(x_0)\Delta x$ 为函数 $y=f(x)$ 在 x_0 点的微分，记为

$$\mathrm{d}y=f'(x_0)\Delta x.$$

从函数微分表达式知，微分是 Δx 的线性函数，函数的增量与函数微分之差是 Δx 的高阶无穷小，即

$$\Delta y-\mathrm{d}y=o(\Delta x).$$

因此称函数的微分 $\mathrm{d}y$ 是函数的增量 Δy 的线性主部（当 $\Delta x\to 0$）. 当 $|\Delta x|$ 很小时，有

$$\Delta y\approx \mathrm{d}y.$$

(2) 导数与微分之间的关系.

微分与导数是两个不同的概念. 微分是由于函数的自变量发生变化而引起的函数变化量的近似值，而导数则是函数在一点处的变化率. 对于一个给定的函数来说，它的微分跟 x 与 Δx 都有关，而导数只与 x 有关.

函数在一点处可微与可导是等价的，并且有

$$\mathrm{d}y=f'(x)\mathrm{d}x.$$

因为微分具有形式不变性，所以提到微分可以不说明是关于哪个变量的微分，但提到导数必须说清是对哪个变量的导数.

综合检测题（二）

1. 填空题：

(1) 设 $f'(a)$ 存在，则极限 $\lim\limits_{h\to 0}\dfrac{f(a+h)-f(a)}{2h}=$ ________；

(2) 抛物线 $y=x^2$ 在点________处的切线与 x 轴成 60° 角；

(3) 一物体作直线运动，经过的路程和时间的关系为 $s=t(t-1)(t+1)$，则 $t=1$ 时的瞬时速度为________；

(4) 设 $f(x)=\ln(1+x)$，则 $f''(0)=$ ________；

(5) 函数 $y=x^3+1$ 在 $x=1$，$\Delta x=0.01$ 时的微分 $\mathrm{d}y=$ ________.

2. 选择题：

(1) 过点 $M_0(1, 2)$ 作曲线 $y=2+3\sqrt{x-1}$ 的切线，则此切线（　　）.

A. 不存在　　　　B. 方程为 $x=1$

C. 方程为 $y=2$　　　　D. 方程为 $y-2=\dfrac{1}{3}(x-1)$

(2) 设 $f(x)=\begin{cases} e^x, & x\leqslant 0, \\ a+bx, & x>0, \end{cases}$ 为使函数在 $x=0$ 处可导，则应使 a，b 满足条件（　　）.

A. $a=1$，$b=1$　　　　B. $a=1$，$b=0$

C. $a=2$，$b=1$　　　　　　　　D. $a=b=\mathbf{R}$

(3) 设 $f(x)=\begin{cases}\ln x & x\geqslant 1\\ x-1 & x<1\end{cases}$，则 $f(x)$ 在 $x=1$ 处（　　）.

A. 不连续　　　　　　　　B. 连续但不可导

C. 连续且 $f'(1)=0$　　　　　D. 连续且 $f'(1)=1$

(4) 下列函数中（　　）的导数等于 $-\frac{1}{2}\sin 2x$.

A. $\frac{1}{2}\sin^2 x$　　　　　　　　B. $\frac{1}{4}\cos 2x$

C. $1-\frac{1}{4}\cos 2x$　　　　　　D. $-\frac{1}{2}\cos^2 x$

(5) 若 $f(u)$ 可导，且 $y=f(e^x)$，则有（　　）.

A. $dy=f'(e^x)\,dx$　　　　　　B. $dy=f'(e^x)\cdot e^x\,dx$

C. $dy=[f(e^x)]'\,de^x$　　　　D. $dy=[f(e^x)]'e^x\,dx$

(6) 已知 $y=e^{f(x)}$，则 y'' 为（　　　　）.

A. $e^{f(x)}$　　　　　　　　B. $e^{f(x)}f''(x)$

C. $e^{f(x)}\{[f'(x)]^2+f''(x)\}$　D. $e^{f(x)}[f'(x)+f''(x)]$

(7) 设 $y=|x-1|$，则 $f'(1)=$（　　）.

A. 1　　　　　　　　　　B. -1

C. 0　　　　　　　　　　D. 不存在

(8) 下列结论正确的是（　　）.

A. 初等函数的导数一定是初等函数

B. 初等函数的导数未必是初等函数

C. 初等函数在其定义的区间内是可导的

D. 初等函数在其定义的区间内是可微的

3. 计算：

(1) 求下列函数的导数.

①$y=x\sec^2 x-\tan x$；　　　　②$y=\log_3\cos 3^x$；

③$f(x)=\dfrac{1}{\ln\ln\ln x}$；　　　　④$y=(e^{\sin x}-1)^2$；

⑤$y=\ln\sqrt{\dfrac{1-\sin x}{1+\sin x}}$；　　　⑥$y=\left(\dfrac{x}{1-x}\right)^x$.

(2) 求下列函数的微分.

①$y=\dfrac{x}{\sqrt{1-x^2}}$；　　②$y=x\arccos x-\sqrt{1-x^2}$.

(3) 求下列函数的二阶导数.

①$y=(1+x^2)\arctan x$；　②$y=1+xe^y$.

4. 求由$\sqrt[y]{x}=\sqrt[x]{y}$确定的$y=f(x)$在$(1, 1)$处的切线方程.

5. 求函数$y=\dfrac{x+1}{1-x}$的n阶导数.

6. 讨论函数

$$y=f(x)=\begin{cases} x\sin\dfrac{1}{x}, & x\neq 0 \\ 0, & x=0 \end{cases}$$

在$x=0$处的连续性与可导性.

拓展性阅读导航

1. 张国新：吉米多维奇数学分析习题精选解析 [M]. 北京：科学技术文献出版社 2006 年版.

该书包含了 2 340 道难度适中，有一定代表性的习题，解法简洁，适合广大高等数学学习者的需要. 高等数学的学习，关键是培养综合分析能力和数学逻辑思维. 该书共三册，与同类大部分教材内容顺序相仿，是值得一读的好书.

2. [美] 莫里斯·克莱因：古今数学思想 [M]. 上海：上海科学技术出版社 2002 年版.

全书共四册，比较简明地阐述了一些重要数学思想的来源和发展，是很多数学工作者、数学教师和数学爱好者梦寐以求的一本好书.

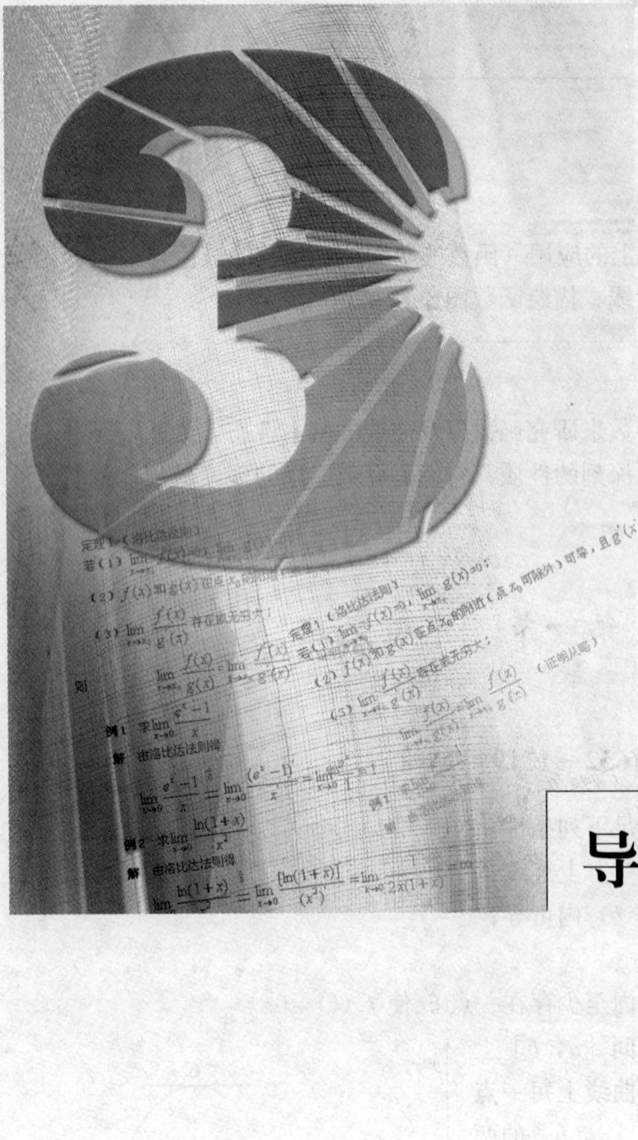

第三章

导数的应用

本章学习要点

- 中值定理
- 洛比达法则
- 导数在研究函数上的应用（函数的单调性、函数的极值与最值、函数的凹凸性、曲线的渐近线、描绘函数图象）

本章我们将应用导数来研究函数以及曲线的基本性态，为此，要进一步研究关于导数的一些更深刻的性质，它们是导数应用的理论基础，我们统称为中值定理.

第一节　中值定理

1. 罗尔（Rolle 1652－1719）定理

如果函数 $f(x)$ 满足下列条件：

(1) 在闭区间 $[a,b]$ 上连续；

(2) 在开区间 (a,b) 内可导；

(3) $f(a)=f(b)$ ，

那么在开区间 (a,b) 内至少存在一点 ξ,使 $f'(\xi)=0$.

几何意义　在闭区间 $[a,b]$ 上有连续曲线 $y=f(x)$，曲线上每一点都存在切线，在闭区间 $[a,b]$ 的两个端点 a 与 b 的函数值相等，即 $f(a)=f(b)$，则曲线上至少存在一点，过该点的切线平行于 x 轴（如图 3-1 所示).

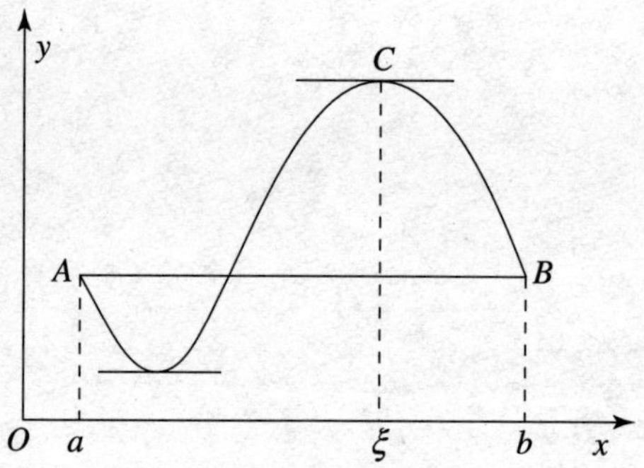

图 3-1

证　由于 $f(x)$ 在闭区间 $[a,b]$ 上连续，根据闭区间上连续函数的性质，函数 $f(x)$ 在闭区间 $[a, b]$ 取到最大值 M 和最小值 m. 下面分两种情况讨论：

(1) 如果 $M=m$，则 $f(x)$ 在闭区间 $[a, b]$ 是常值函数. 于是，

$$\forall x \in (a, b)，有\ f'(x)=0,$$

即 (a, b) 内任意一点都可取作 ξ，使 $f'(\xi)=0$.

(2) 如果 $M>m$，由 $f(a)=f(b)$，函数 $f(x)$ 在闭区间 $[a, b]$ 两个端点 a 与 b 的函数值 $f(a)$ 与 $f(b)$ 不可能同时一个是最大值一个是最小值，不妨设 $M \neq f(a)$（若 $m \neq f(a)$，可类似证明），因此函数 $f(x)$ 在开区间 (a, b) 内至少存在一点 ξ，使 $f(\xi)=M$. 于是

$$f(\xi+\Delta x)-f(\xi) \leqslant 0，\xi+\Delta x \in [a, b].$$

因此，当 $\Delta x>0$ 时，有

$$\frac{f(\xi+\Delta x)-f(\xi)}{\Delta x} \leqslant 0,$$

当 $\Delta x<0$ 时，有

$$\frac{f(\xi+\Delta x)-f(\xi)}{\Delta x} \geqslant 0.$$

由条件 (2) 知 $f'(\xi)$ 存在，根据极限的保号性，有

$$f'(\xi)=\lim_{\Delta x \to 0^+} \frac{f(\xi+\Delta x)-f(\xi)}{\Delta x} \leqslant 0,$$

$$f'(\xi)=\lim_{\Delta x \to 0^-} \frac{f(\xi+\Delta x)-f(\xi)}{\Delta x} \geqslant 0.$$

所以 $f'(\xi)=0$.

注　罗尔定理的条件是充分的，但不是必要的.

例如：函数

$$f(x)=\begin{cases} \sin x，0<x \leqslant \pi \\ 1，x=0 \end{cases}$$

在区间 $[0, \pi]$ 上不满足罗尔定理的条件，因为它在 $x=0$ 处并不右连续，而且在区间两端点的值也不相同. 但是在开区间 $(0, \pi)$ 内仍存在一点 $x=\frac{\pi}{2}$，满足

$$f'\left(\frac{\pi}{2}\right)=\cos \frac{\pi}{2}=0.$$

例 1　验证函数 $f(x)=\ln\sin x$ 在区间 $\left[\frac{\pi}{6}, \frac{5\pi}{6}\right]$ 上满足罗尔定理条件，并求出相应的 ξ 的值，使 $f'(\xi)=0$.

解 函数 $f(x)=\ln\sin x$ 在区间 $\left[\frac{\pi}{6},\ \frac{5\pi}{6}\right]$ 上连续，在 $\left(\frac{\pi}{6},\ \frac{5\pi}{6}\right)$ 内可导，

$$f\left(\frac{\pi}{6}\right)=\ln\sin\frac{\pi}{6}=\ln\frac{1}{2}=\ln\sin\frac{5\pi}{6}=f\left(\frac{5\pi}{6}\right).$$

满足罗尔定理条件，故存在 $\xi\in\left(\frac{\pi}{6},\ \frac{5\pi}{6}\right)$ 使 $f'(\xi)=0$，而 $f'(x)=\frac{1}{\sin x}\cdot\cos x=\cot x$，由 $f'(\xi)=0$，知 $\xi=\frac{\pi}{2}$.

注 罗尔定理的三个条件中有一个不满足，其结论可能不成立.

例如，函数 $f(x)=x$，$x\in[0,\ 1]$ 除了 $f(0)\neq f(1)$ 外，在 $[0,\ 1]$ 上满足罗尔定理的一切条件，但在区间 $[0,\ 1]$ 上找不到使 $f'(\xi)=0$ 的点.

例 2 证明方程 $5x^4-4x+1=0$ 在 $(0,\ 1)$ 内至少有一个实根.

证 设 $f(x)=x^5-2x^2+x$，它在 $[0,\ 1]$ 上满足罗尔定理的条件，因此至少存在一点 $\xi\in(0,\ 1)$，使得 $f'(\xi)=0$，即

$$5\xi^4-4\xi+1=0.$$

这表明 $x=\xi$ 是方程 $5x^4-4x+1=0$ 的一个实根.

罗尔定理可推广为下面应用更为广泛的定理.

2. 拉格朗日（Lagrange 1736—1813）中值定理

如果函数 $f(x)$ 满足下列条件：

(1) 在闭区间 $[a,\ b]$ 上连续；

(2) 在开区间 $(a,\ b)$ 内可导，

那么在开区间 $(a,\ b)$ 内至少存在一点 ξ，使

$$f'(\xi)=\frac{f(b)-f(a)}{b-a}.$$

几何意义 在闭区间 $[a,\ b]$ 上有连续曲线 $y=f(x)$，曲线上每一点都存在切线，则曲线上至少存在一点，过该点的切线平行于割线 AB（如图 3-2 所示）.

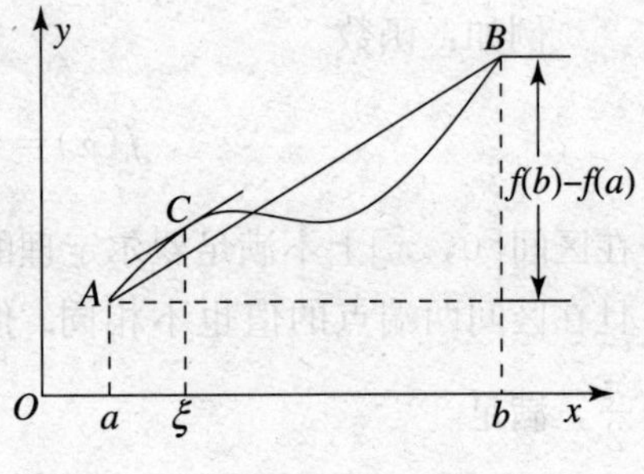

图 3-2

证 作辅助函数

$$\varphi(x)=f(x)-f(a)-\frac{f(b)-f(a)}{b-a}(x-a).$$

可知函数 $\varphi(x)$ 在 $[a,\ b]$ 上连续，在 $(a,\ b)$ 内可导，又有 $\varphi(a)=\varphi(b)=0$，根据罗尔定理在 $(a,\ b)$ 内至少存在一点 ξ，使 $\varphi'(\xi)=0$. 而

$$\varphi'(x)=f'(x)-\frac{f(b)-f(a)}{b-a},$$

于是，
$$\varphi'(\xi)=f'(\xi)-\frac{f(b)-f(a)}{b-a}=0,$$

即
$$f'(\xi)=\frac{f(b)-f(a)}{b-a}.$$

上述定理的结论常称为拉格朗日中值公式．在拉格朗日中值定理中，如果 $f(a)=f(b)$，那么定理的结论退化为 $f'(\xi)=0$，这恰好是罗尔定理的结论．由此可见，拉格朗日中值定理是罗尔定理的推广．

作为拉格朗日定理的应用，我们给出下面的推论．

推论　如果函数 $f(x)$ 在 (a, b) 内可导，且导数恒为零，则函数 $f(x)$ 在 (a, b) 内是一个常数．

证　在 (a, b) 内任取两点 x_1，$x_2(x_1\neq x_2)$，函数 $f(x)$ 在以 x_1，x_2 为端点的区间上满足拉格朗日中值定理的条件，所以

$$f(x_2)-f(x_1)=f'(\xi)(x_2-x_1)(\xi\text{ 在 }x_1\text{ 与 }x_2\text{ 之间}).$$

已知 $f'(\xi)=0$，从而

$$f(x_2)-f(x_1)=0\text{ 或 }f(x_2)=f(x_1).$$

由 x_1，x_2 的任意性，即知函数 $f(x)$ 在 (a, b) 内为常数．

例 3　证明 $\arcsin x+\arccos x=\frac{\pi}{2}$，$(-1\leqslant x\leqslant 1)$．

证　设 $f(x)=\arcsin x+\arccos x$，　则在 $(-1, 1)$ 上

$$f'(x)=\frac{1}{\sqrt{1-x^2}}+\left(-\frac{1}{\sqrt{1-x^2}}\right)=0,$$

由推论知 $f(x)=\arcsin x+\arccos x=C$（常数）．

令 $x=0$，得

$$C=f(0)=\arcsin 0+\arccos 0=0+\frac{\pi}{2}=\frac{\pi}{2}.$$

又 $f(\pm 1)=\frac{\pi}{2}$，故 $\arcsin x+\arccos x=\frac{\pi}{2}$，$(-1\leqslant x\leqslant 1)$．

例 4　证明　当 $x>0$ 时，$\frac{x}{1+x}<\ln(1+x)<x$．

证　设 $f(x)=\ln(1+x)$，它在 $[0, x]$ 上满足拉格朗日中值定理的条件，故有

$$\ln(1+x)-\ln(1+0)=(\ln(1+x))'\big|_{x=\xi}\ (x-0).$$

由此可知
$$\ln(1+x)=\frac{x}{1+\xi},\ 0<\xi<x.$$

而

$$\frac{x}{1+x}<\frac{x}{1+\xi}<x,$$

所以

$$\frac{x}{1+x}<\ln(1+x)<x.$$

例 5 证明 $|\arctan a-\arctan b|\leqslant|a-b|$.

证 不妨假设 $a<b$，令 $f(x)=\arctan x$，$x\in[a, b]$. 因 $f(x)$ 在 $[a, b]$ 上连续，在 (a, b) 内可导，故由拉格朗日中值定理知

$$f(b)-f(a)=f'(\xi)(b-a),\ (a<\xi<b)$$

即

$$\arctan b-\arctan a=\frac{1}{1+\xi^2}(b-a),\ (a<\xi<b).$$

所以

$$|\arctan a-\arctan b|=\frac{1}{1+\xi^2}|b-a|\leqslant|b-a|.$$

3. 柯西（Cauchy 1789－1857）中值定理

如果函数 $f(x)$ 与 $g(x)$ 满足下列条件：

(1) 在闭区间 $[a, b]$ 上连续；

(2) 在开区间 (a, b) 内可导，且 $g'(x)$ 在 (a, b) 内的每一点处均不为零，则在 (a, b) 内至少存在一点 ξ，使

$$\frac{f'(\xi)}{g'(\xi)}=\frac{f(b)-f(a)}{g(b)-g(a)}.$$

证明略.

以上三个定理统称为微分中值定理，它们为运用导数及微分研究函数的各种形态奠定了理论基础.

习题 3－1

1. 验证函数 $f(x)=\dfrac{1}{1+x^2}$ 在区间 $[-1, 1]$ 上满足罗尔定理条件，并求出相应的 ξ 的值.

2. 不用求出函数 $f(x)=(x-1)(x-2)(x-3)(x-4)$ 的导数，说明方程 $f'(x)=0$ 有几个实根，并指出它们所在的区间.

3. 证明方程 $x^3-3x+c=0$ 在区间 $(0, 1)$ 内没有两个不同的实根.

4. 证明不等式：$|\sin x-\sin y|\leqslant|x-y|$.

5. 证明不等式：当 $x>0$ 时，$\left(1+\frac{1}{x}\right)^{x}<\mathrm{e}$.

6. 证明恒等式：$\arctan x+\operatorname{arccot} x=\frac{\pi}{2}$，$x\in(-\infty,+\infty)$.

7. 证明：若对任意的实数 x，有 $f'(x)=a$，则 $f(x)=ax+b$.

8. 证明：若函数 $f(x)$ 可导，且 $f(0)=0$，$|f'(x)|<1$，则 $|f(x)|<|x|$ $(x\neq0)$.

第二节　洛比达法则

如果当 $x\to a$（或 $x\to\infty$）时，两个函数 $f(x)$ 与 $g(x)$ 都趋于零或都趋于无穷大，那么极限 $\lim\frac{f(x)}{g(x)}$ 可能存在，也可能不存在，通常将这两种类型的极限称为未定式，简记为 $\frac{0}{0}$ 型或 $\frac{\infty}{\infty}$ 型. 对于这种未定式的计算，有一个重要而简便的方法，即本节将要介绍的洛比达（L′Hospital 1661—1704）法则.

1. $\frac{0}{0}$ 型未定式

定理 1　若函数 $f(x)$ 与 $g(x)$ 满足下列条件：

(1) 在点 a 的某去心邻域内可导，且 $g'(x)\neq0$；

(2) $\lim\limits_{x\to a}f(x)=0$，$\lim\limits_{x\to a}g(x)=0$；

(3) $\lim\limits_{x\to a}\frac{f'(x)}{g'(x)}=A$（或 ∞），

则
$$\lim_{x\to a}\frac{f(x)}{g(x)}=\lim_{x\to a}\frac{f'(x)}{g'(x)}=A\ （或\infty）.$$

把极限过程换成 $x\to\infty$，定理 1 的结论仍成立.

这种在一定条件下通过分子、分母分别求导再求极限来确定未定式的值的方法称为洛比达法则.

注　如果 $\frac{f'(x)}{g'(x)}$ 当 $x\to a$ 时仍为 $\frac{0}{0}$ 型未定式，且这时 $f'(x)$，$g'(x)$ 满足定理的条件，则可继续再用定理 1，即

$$\lim_{x\to a}\frac{f(x)}{g(x)}=\lim_{x\to a}\frac{f'(x)}{g'(x)}=\lim_{x\to a}\frac{f''(x)}{g''(x)},$$

且可依次类推下去.

例 1 求$\lim\limits_{x\to 0}\frac{(1+x)^{\alpha}-1}{x}$.

解 $\lim\limits_{x\to 0}\frac{(1+x)^{\alpha}-1}{x}=\lim\limits_{x\to 0}\frac{\alpha(1+x)^{\alpha-1}}{1}=\alpha.$

例 2 求$\lim\limits_{x\to 0}\frac{e^{x}+e^{-x}-2}{1-\cos x}$.

解 $\lim\limits_{x\to 0}\frac{e^{x}+e^{-x}-2}{1-\cos x}=\lim\limits_{x\to 0}\frac{e^{x}-e^{-x}}{\sin x}=\lim\limits_{x\to 0}\frac{e^{x}+e^{-x}}{\cos x}=2.$

例 3 求$\lim\limits_{x\to 1}\frac{x^3-3x+2}{x^3-x^2-x+1}$.

解 $\lim\limits_{x\to 1}\frac{x^3-3x+2}{x^3-x^2-x+1}=\lim\limits_{x\to 1}\frac{3x^2-3}{3x^2-2x-1}=\lim\limits_{x\to 1}\frac{6x}{6x-2}=\frac{3}{2}.$

例 4 求$\lim\limits_{x\to +\infty}\frac{\frac{\pi}{2}-\arctan x}{\frac{1}{x}}$.

解 $\lim\limits_{x\to +\infty}\frac{\frac{\pi}{2}-\arctan x}{\frac{1}{x}}=\lim\limits_{x\to +\infty}\frac{-\frac{1}{1+x^2}}{-\frac{1}{x^2}}=\lim\limits_{x\to +\infty}\frac{x^2}{1+x^2}=1.$

2. $\frac{\infty}{\infty}$型未定式

定理 2 若函数 $f(x)$ 与 $g(x)$ 满足下列条件:

(1) 在点 a 的某去心邻域内可导，且 $g'(x)\neq 0$;

(2) $\lim\limits_{x\to a}f(x)=\infty$，$\lim\limits_{x\to a}g(x)=\infty$;

(3) $\lim\limits_{x\to a}\frac{f'(x)}{g'(x)}=A$（或$\infty$），

则
$$\lim_{x\to a}\frac{f(x)}{g(x)}=\lim_{x\to a}\frac{f'(x)}{g'(x)}=A\ (\text{或}\infty).$$

把极限过程改成 $x\to\infty$，定理 2 的结论仍成立.

例 5 求$\lim\limits_{x\to 0^+}\frac{\ln\cot x}{\ln x}$.

解 $\lim\limits_{x\to 0^+}\frac{\ln\cot x}{\ln x}=\lim\limits_{x\to 0^+}\frac{\frac{1}{\cot x}(-\csc^2 x)}{\frac{1}{x}}=\lim\limits_{x\to 0^+}\left(-\frac{x}{\cos x\sin x}\right)$

$$=-\lim_{x\to 0^+}\frac{1}{\cos x}\cdot\lim_{x\to 0^+}\frac{x}{\sin x}=-1.$$

例 6　求 $\lim\limits_{x\to+\infty}\dfrac{\ln x}{x^{\alpha}}$ $(\alpha>0)$.

解　$\lim\limits_{x\to+\infty}\dfrac{\ln x}{x^{\alpha}}=\lim\limits_{x\to+\infty}\dfrac{\frac{1}{x}}{\alpha x^{\alpha-1}}=\lim\limits_{x\to+\infty}\dfrac{1}{\alpha x^{\alpha}}=0.$

注　1. 洛比达法则仅适用于$\dfrac{0}{0}$型或$\dfrac{\infty}{\infty}$型未定式.

2. 使用洛比达法则时，必须注意导数之比的极限是否存在，若不存在(等于无穷大的情况除外)，法则便不能使用，需用其他方法求解.

例如　求极限$\lim\limits_{x\to\infty}\dfrac{x+\sin x}{x}$.

因为极限$\lim\limits_{x\to\infty}\dfrac{1+\cos x}{1}=\lim\limits_{x\to\infty}(1+\cos x)$不存在也不是无穷大，所以不能应用洛比达法则. 但事实上，$\lim\limits_{x\to\infty}\dfrac{x+\sin x}{x}=\lim\limits_{x\to\infty}\left(1+\dfrac{\sin x}{x}\right)=1$.

3. 其他类型未定式

除上述$\dfrac{0}{0}$型及$\dfrac{\infty}{\infty}$型未定式外，还有 $0\cdot\infty$，$\infty-\infty$，0^0，1^{∞}，∞^0 型等未定式，对这些未定式只要通过适当的变形就可以化成$\dfrac{0}{0}$型或$\dfrac{\infty}{\infty}$型.

(1) $0\cdot\infty$型通过取倒数就可化为$0\cdot\dfrac{1}{0}$或$\infty\cdot\dfrac{1}{\infty}$型；

(2) $\infty-\infty$型先通过取倒数化为$\dfrac{1}{0}-\dfrac{1}{0}$，再通分就可化为$\dfrac{0-0}{0\cdot 0}$，即$\dfrac{0}{0}$型；

(3) 0^0，1^{∞}，∞^0 型通过对数恒等式就可化为 $e^{0\cdot\ln 0}$，$e^{\infty\cdot\ln 1}$，$e^{0\cdot\ln\infty}$，即 $e^{0\cdot\infty}$，$e^{\infty\cdot 0}$，$e^{0\cdot\infty}$型.

例 7　求 $\lim\limits_{x\to0^+}x^{\alpha}\ln x$ $(\alpha>0)$.

解　这是 $0\cdot\infty$型未定式.

$$\lim_{x\to0^+}x^{\alpha}\ln x=\lim_{x\to0^+}\frac{\ln x}{x^{-\alpha}}=\lim_{x\to0^+}\frac{\frac{1}{x}}{-\alpha x^{-\alpha-1}}=\lim_{x\to0^+}\frac{x^{\alpha}}{-\alpha}=0.$$

例 8　求$\lim\limits_{x\to1}\left(\dfrac{1}{\ln x}-\dfrac{1}{x-1}\right)$.

解　这是$\infty-\infty$型未定式.

$$\lim_{x\to1}\left(\frac{1}{\ln x}-\frac{1}{x-1}\right)=\lim_{x\to1}\frac{x-1-\ln x}{(x-1)\ln x}=\lim_{x\to1}\frac{1-\frac{1}{x}}{\ln x+\frac{x-1}{x}}=\lim_{x\to1}\frac{x-1}{x\ln x+x-1}$$

$$=\lim_{x\to1}\frac{1}{\ln x+1+1}=\frac{1}{2}.$$

例 9 求 $\lim\limits_{x\to0^+}x^{\sin x}$.

解 这是 0^0 型未定式.

$$\lim_{x\to0^+}x^{\sin x}=\lim_{x\to0^+}e^{\sin x\ln x},$$

其中 $\lim\limits_{x\to0^+}\sin x\ln x=\lim\limits_{x\to0^+}\dfrac{\ln x}{\csc x}=\lim\limits_{x\to0^+}\dfrac{\frac{1}{x}}{-\csc x\cot x}=-\lim\limits_{x\to0^+}\dfrac{\sin x}{x}\cdot\sin x\cdot\dfrac{1}{\cos x}=0$,

从而 $$\lim_{x\to0^+}x^{\sin x}=e^0=1$$

习题 3-2

1. 求下列极限.

(1) $\lim\limits_{x\to0}\dfrac{e^x-e^{-x}}{\sin x}$; (2) $\lim\limits_{x\to\pi}\dfrac{\sin 3x}{\tan 5x}$;

(3) $\lim\limits_{x\to+\infty}\dfrac{\ln\left(1+\frac{1}{x}\right)}{\operatorname{arccot} x}$; (4) $\lim\limits_{x\to\frac{\pi}{2}}\dfrac{\ln\sin x}{(\pi-2x)^2}$;

(5) $\lim\limits_{x\to+\infty}\dfrac{\ln(\ln x)}{x}$; (6) $\lim\limits_{x\to0^+}\dfrac{\ln\sin 3x}{\ln\sin x}$;

(7) $\lim\limits_{x\to1}\left(\dfrac{1}{x^2-1}-\dfrac{1}{x-1}\right)$; (8) $\lim\limits_{x\to0}x\cot 2x$;

(9) $\lim\limits_{x\to0^+}x^x$; (10) $\lim\limits_{x\to+\infty}\left(\dfrac{2}{\pi}\arctan x\right)^x$;

(11) $\lim\limits_{x\to0^+}\left(\dfrac{1}{x}\right)^{\tan x}$.

2. 设函数 $f(x)$ 在点 x_0 具有连续的二阶导数，求极限

$$\lim_{h\to0}\frac{f(x_0+h)+f(x_0-h)-2f(x_0)}{h^2}.$$

第三节　函数单调性的判别法

函数在某一区间内的单调性是函数的一个重要性质. 在第一章中我们已经给出了函数在一个区间内单调性的定义，本节将介绍利用导数来判断函数的单调性的判定方法.

如果函数 $y=f(x)$ 在区间$[a, b]$上单调增加（单调减少），那么它的图形是一条沿 x 轴正向上升（下降）的曲线（如图 3-3 所示）. 这时曲线上各点处的切线斜率是非负的（非正的），即 $y'=f'(x)\geqslant 0$ （$y'=f'(x)\leqslant 0$）. 由此可见，函数的单调性与导数的符号有着密切的联系.

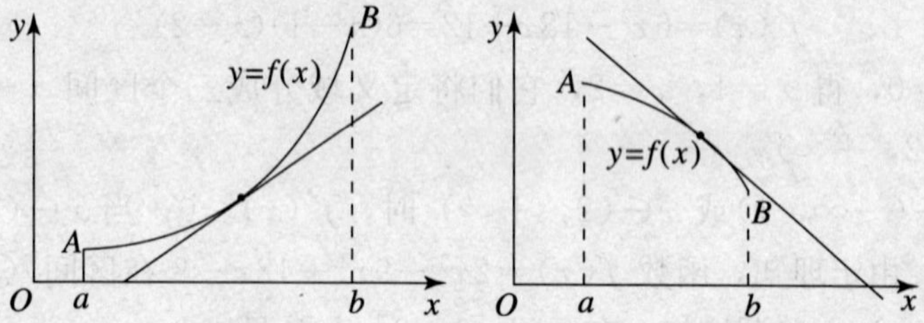

图 3-3

事实上，我们有以下定理.

定理　设函数 $y=f(x)$ 在$[a, b]$上连续，在(a, b)内可导.

(1) 如果在(a, b)内 $f'(x)\geqslant 0$，那么函数 $y=f(x)$ 在$[a, b]$上单调增加；

(2) 如果在(a, b)内 $f'(x)\leqslant 0$，那么函数 $y=f(x)$ 在$[a, b]$上单调减少.

使函数单调的区间称为**单调区间**.

证　我们只证 (1)，(2) 的证明类似.

在$[a, b]$上任取两点 x_1，x_2，且 $x_1<x_2$. 应用拉格朗日中值定理，得到

$$f(x_2)-f(x_1)=f'(\xi)(x_2-x_1)\ (x_1<\xi<x_2).$$

因为　　$f'(\xi)\geqslant 0,\ x_2-x_1>0$，

所以　　$f(x_2)-f(x_1)\geqslant 0$

即　　$f(x_2)\geqslant f(x_1)$.

所以函数 $y=f(x)$ 在$[a, b]$上单调增加.

注 如果(1)中的条件换为$f'(x)>0$，则可证$f(x)$在$[a, b]$上严格增加. 关于(2)有类似的结论.

如果将判别法中的闭区间换成其他各种区间(包括无穷区间)，结论仍成立.

例1 讨论函数$f(x)=x^2+2$的单调性.

解 函数$f(x)$的定义域是$(-\infty, +\infty)$，函数在定义域内连续，可导且$f'(x)=2x$. 于是当$x\geqslant 0$时，$f'(x)\geqslant 0$；当$x\leqslant 0$时，$f'(x)\leqslant 0$. 由定理知，函数$f(x)=x^2+2$在区间$(-\infty, 0]$上单调减少，在区间$[0, +\infty)$上单调增加.

例2 讨论函数$f(x)=2x^3-9x^2+12x-3$的单调性.

解 函数$f(x)$的定义域是$(-\infty, +\infty)$，函数在定义域内连续，可导且

$$f'(x)=6x^2-18x+12=6(x-1)(x-2).$$

令$f'(x)=0$，得$x=1$，$x=2$，它们将定义域分成三个区间$(-\infty, 1]$，$[1, 2]$，$[2, +\infty)$.

当$x\in(-\infty, 1)$或$x\in(2, +\infty)$时，$f'(x)\geqslant 0$；当$x\in(1, 2)$时，$f'(x)\leqslant 0$. 由定理知，函数$f(x)=2x^3-9x^2+12x-3$在区间$(-\infty, 1]$与$[2, +\infty)$上单调增加，在区间$[1, 2]$上单调减少.

借助定理可证明一些不等式.

例3 证明当$0<x<\pi$时，$\sin x<x$.

证 令$f(x)=x-\sin x$，则当$0<x<\pi$时，$f'(x)=1-\cos x>0$，故$f(x)$是单调递增的. 而$f(0)=0$，所以当$0<x<\pi$时，$f(x)>f(0)=0$，即

$$\sin x<x.$$

例4 证明当$x>0$时，$e^x>1+x$.

证 令$f(x)=e^x-1-x$，则当$x>0$时，$f'(x)=e^x-1>0$，故$f(x)$是单调递增的. 而$f(0)=0$，所以当$x>0$时，$f(x)>f(0)=0$，即

$$e^x>1+x.$$

习题 3—3

1. 讨论下列函数的单调性.

(1) $f(x)=x^3-3x+1$；

(2) $f(x)=(x-1)x^{\frac{2}{3}}$；

(3) $f(x)=\dfrac{x}{1+x^2}$；

(4) $f(x)=\frac{1}{x}\ln x$.

2. 证明下列不等式.

(1) 当 $x>4$ 时，$2^x>x^2$；

(2) 当 $x>1$ 时，$e^x>e\cdot x$；

(3) 当 $x>0$ 时，$\frac{x}{1+x}<\ln(1+x)<x$.

第四节 函数的极值

本节我们利用导数讨论函数的极值和最值问题.

1. 函数的极值

定义 1 设函数 $f(x)$ 在 x_0 的邻域内有定义，对于 x_0 某邻域内的任何异于 x_0 的点 x，

(1) 若总有 $f(x)\leqslant f(x_0)$，则称 $f(x_0)$ 为函数 $f(x)$ 的**极大值**，x_0 称为 $f(x)$ 的**极大值点**；

(2) 若总有 $f(x)\geqslant f(x_0)$，则称 $f(x_0)$ 为函数 $f(x)$ 的**极小值**，x_0 称为 $f(x)$ 的**极小值点**.

函数的极大值、极小值统称为**函数的极值**；极大值点、极小值点统称为**极值点**.

函数的极值概念是局部性的，它只与极值点附近的点的函数值相比较是极大或极小，而函数的最值是就整个区间来说的，所以极值不一定是最值.

定理 1 （可导函数极值存在的必要条件）设函数 $f(x)$ 在 x_0 处可导，且在 x_0 处取得极值，则 $f'(x_0)=0$.

证 只证 $f(x_0)$ 是极大值的情形. 根据极大值的定义，对于 x_0 某邻域内的任何异于 x_0 的点 x 都有 $f(x_0)\geqslant f(x)$. 于是

$$\begin{cases}\dfrac{f(x)-f(x_0)}{x-x_0}<0,\ x>x_0;\\[2ex]\dfrac{f(x)-f(x_0)}{x-x_0}>0,\ x<x_0.\end{cases}$$

在上式中，令 $x\to x_0$，取极限，得

$$\begin{cases} f'_+(x)=\lim\limits_{x\to x_0^+}\dfrac{f(x)-f(x_0)}{x-x_0}\leqslant 0; \\ f'_-(x)=\lim\limits_{x\to x_0^-}\dfrac{f(x)-f(x_0)}{x-x_0}\geqslant 0. \end{cases}$$

由于 $f'(x_0)$ 存在，故

$$f'_+(x_0)=f'_-(x_0)=f'(x_0),$$

于是有 $f'(x_0)=0$.

使导数 $f'(x)$ 为零的点称为函数 $f(x)$ 的**驻点**.

定理 1 表明，可导函数的极值点一定是驻点；但是反过来，函数的驻点却不一定是极值点. 例如函数 $f(x)=x^3$，由 $f'(x)=0$ 可知 $x=0$ 是 $f(x)$ 的驻点，但 $x=0$ 却不是 $f(x)$ 的极值点（如图 3-4 所示）. 因此定理只是给出极值存在的一个必要条件，而不是充分条件.

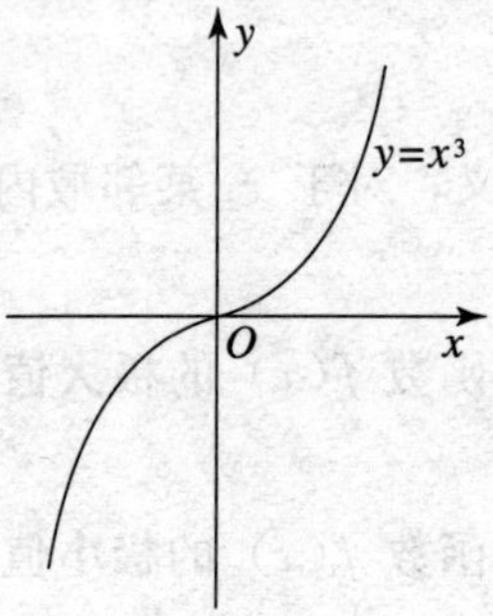

图 3-4

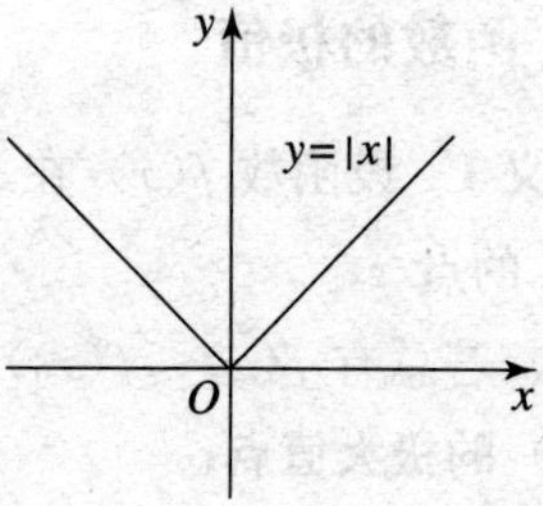

图 3-5

此外，连续但不可导的点也可能是极值点. 例如，函数 $f(x)=|x|$，在 $x=0$ 处连续，但却不可导，而 $x=0$ 确是该函数的极小值点（如图 3-5 所示）.

综上所述，要求函数的极值，先要找使导数 $f'(x)$ 为零的点及导数 $f'(x)$ 不存在的点. 这些点是否为极值呢？我们有下面的定理：

定理 2 （极值存在的充分条件）设函数 $f(x)$ 在 x_0 的邻域内可导（x_0 点可除外）.

(1) 如果当 $x<x_0$ 时，$f'(x)>0$；当 $x>x_0$ 时，$f'(x)<0$，则 $f(x_0)$ 为函数的极大值；

(2) 如果当 $x<x_0$ 时，$f'(x)<0$；当 $x>x_0$ 时，$f'(x)>0$，则 $f(x_0)$ 为函数的极小值；

(3) 如果 $f'(x)$ 在 x_0 两侧的导数同号，则 $f(x_0)$ 不是 $f(x)$ 的极值.

证　仅就情形（1）来证.

因为当 $x<x_0$ 时，$f'(x)>0$，由函数单调性的判别法知，函数 $f(x)$ 在 x_0 点左侧邻域单调增加，即 $f(x)\leqslant f(x_0)$；当 $x>x_0$ 时，$f'(x)<0$，函数 $f(x)$ 在 x_0 点右侧邻域单调减少，即 $f(x)\leqslant f(x_0)$.

因此，x_0 是 $f(x)$ 的极大值点，$f(x_0)$ 是 $f(x)$ 的极大值.

同理可证情形（2）.

由情形（3）假设 $f(x)$ 在 x_0 两侧的导数同号，故 $f(x)$ 在 x_0 的两侧都单调增加或单调减少，所以 x_0 不是 $f(x)$ 的极值点，$f(x_0)$ 也不是 $f(x)$ 的极值.

由上面的定理，我们可以按照下列步骤来求 $f(x)$ 的极值点和极值.

（1）求出导数 $f'(x)$；

（2）求出 $f(x)$ 在所讨论的区间内的全部驻点（即 $f'(x)=0$ 的实根）及 $f'(x)$ 不存在的点；

（3）根据上述点两侧导数的符号确定极值点；

（4）求出各极值点处的函数值，得到极值.

例 1　求函数 $f(x)=x^3(x-5)^2$ 的极值.

解　这个函数的定义域是 **R**.

$$f'(x)=3x^2(x-5)^2+2x^3(x-5)=5x^2(x-3)(x-5).$$

令 $f'(x)=0$，得驻点 $x_1=0$，$x_2=3$，$x_3=5$. 将定义域 **R** 分成四个区间：$(-\infty,0)$，$(0,3)$，$(3,5)$，$(5,+\infty)$. 判别导函数 $f'(x)$ 在四个区间上的符号，列表如下：

x	$(-\infty,0)$	0	$(0,3)$	3	$(3,5)$	5	$(5,+\infty)$
$f'(x)$	+	0	+	0	−	0	+
$f(x)$	↗	不是极值	↗	极大值 108	↘	极小值 0	↗

从上表可以看出，0 不是函数 $f(x)$ 的极值点；当 $x=3$ 时，函数 $f(x)$ 有极大值，极大值是 $f(3)=108$；当 $x=5$ 时，函数 $f(x)$ 有极小值，极小值是 $f(5)=0$.

例 2　求函数 $f(x)=(x-1)x^{\frac{2}{3}}$ 的极值.

解　这个函数的定义域是 **R**. $f(x)=x^{\frac{5}{3}}-x^{\frac{2}{3}}$，

$$f'(x)=\frac{5}{3}x^{\frac{2}{3}}-\frac{2}{3}x^{-\frac{1}{3}}=\frac{1}{3}x^{-\frac{1}{3}}(5x-2)=\frac{5x-2}{3\sqrt[3]{x}}.$$

令 $f'(x)=0$，得驻点 $x=\frac{2}{5}$. 函数 $f(x)$ 还有不可导点 $x=0$. 将定义域

R 分成三个区间：$(-\infty, 0)$，$\left(0, \frac{2}{5}\right)$，$\left(\frac{2}{5}, +\infty\right)$. 判别导函数 $f'(x)$ 在三个区间上的符号，列表如下：

x	$(-\infty, 0)$	0	$\left(0, \frac{2}{5}\right)$	$\frac{2}{5}$	$\left(\frac{2}{5}, +\infty\right)$
$f'(x)$	+	不存在	−	0	+
$f(x)$	↗	极大值 0	↘	极小值 $-\frac{3}{5}\sqrt[3]{\frac{4}{25}}$	↗

从上表可以看出，当 $x=0$ 时，函数 $f(x)$ 有极大值，极大值是 $f(0)=0$；当 $x=\frac{2}{5}$ 时，函数 $f(x)$ 有极小值，极小值是 $f\left(\frac{2}{5}\right)=-\frac{3}{5}\sqrt[3]{\frac{4}{25}}$.

2. 函数的最大值与最小值

在实际生活中，常常会遇到这样的问题：在一定条件下，怎样使用料最省、产品最多、耗时最少等问题，这类问题在数学上可归结为求某一函数的最大值或最小值问题.

对于闭区间 $[a, b]$ 上连续的函数 $y=f(x)$，我们只要求出其导数为零的点及导数不存在的点，比较这些点处的函数值及两个端点的函数值 $f(a)$ 与 $f(b)$，便可求出 $f(x)$ 在 $[a, b]$ 上的最大值与最小值.

对于实际问题所建立的函数，如果在区间内的驻点是唯一的，而且问题本身确有最值，则这个驻点通常就是所要求的最值点.

例 3 求函数 $f(x)=x^4-8x^2+2$ 在区间 $[-1, 3]$ 上的最大值与最小值.

解 函数 $f(x)$ 的导数为 $f'(x)=4x^3-16x=4x(x^2-4)=4x(x-2)\cdot(x+2)$.

令 $f'(x)=0$，求出 $x_1=-2$，$x_2=0$，$x_3=2$，注意 $x_1=-2$ 不在区间 $[-1, 3]$ 上，所以函数 $f(x)$ 在 $(-1, 3)$ 内的驻点为 $x_2=0$，$x_3=2$.

由于 $f(0)=2$，$f(2)=-14$，$f(-1)=-5$，$f(3)=11$，比较得，函数 $f(x)$ 在区间 $[-1, 3]$ 上的最大值为 $f(3)=11$，最小值为 $f(2)=-14$.

例 4 求函数 $f(x)=\sqrt[3]{2x-x^2}$ 在闭区间 $[-1, 4]$ 上的最大值与最小值.

解 因为 $f(x)=(2x-x^2)^{\frac{1}{3}}$，所以

$$f'(x)=\frac{1}{3}(2x-x^2)^{-\frac{2}{3}}(2-2x)=\frac{2-2x}{3(2x-x^2)^{\frac{2}{3}}}.$$

令 $f'(x)=0$，求得驻点 $x=1$. 导数不存在的点有 $x=0$ 和 $x=2$. 计算驻点、

不可导点和区间端点等特殊点处的函数值如下：

$$f(1)=1,\ f(0)=0,\ f(2)=0,\ f(-1)=-\sqrt[3]{3},\ f(4)=-2.$$

比较得，函数 $f(x)=\sqrt[3]{2x-x^2}$ 在闭区间 $[-1,\ 4]$ 上的最大值为 $f(1)=1$，最小值为 $f(4)=-2$.

例 5　设有一块边长为 a 的正方形铁皮，从其各角截去同样的小正方形，做成一个无盖的方匣，问截去多少，方能使作成的匣子的容积最大？

解　如图 3-6 所示，设截去的小正方形边长为 x，则做成的方匣的容积为

$$V=x(a-2x)^2,\ 0<x<\frac{a}{2}.$$

于是问题归结为求函数 $V=x(a-2x)^2$ 在区间 $\left(0,\ \frac{a}{2}\right)$ 上的最大值问题.

由于 $V'=(a-2x)(a-6x)$，当 $x=\frac{a}{6}$ 时，$V'=0$，

所以截去 $x=\frac{a}{6}$ 为边长的小正方形时，作成的匣子的容积最大.

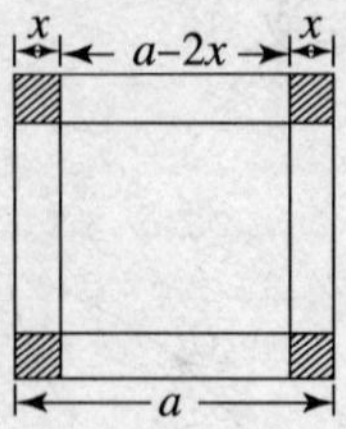

图 3-6

习题 3—4

1. 求下列函数的极值.

(1) $f(x)=x^3-3x+1$；

(2) $f(x)=x^2\mathrm{e}^{-x}$；

(3) $f(x)=\frac{x}{\ln x}$；

(4) $f(x)=\frac{x}{1+x^2}$.

2. 求下列函数在指定区间的最大值与最小值.

(1) $f(x)=2^x$，$x\in[-1,\ 5]$；

(2) $f(x)=2x^3-3x^2$，$x\in[-1,\ 4]$；

(3) $f(x)=x+\sqrt{1-x}$，$x\in[-5,1]$.

3. 已知等腰三角形的周长为 $2l$，问它的腰等于多少时，才能使其面积最大？并求其最大的面积.

4. 已知圆柱形油罐的体积为 V，问它的底半径和高等于多少时，才能使其表面积最小？

第五节 函数的凹凸性与拐点

函数的单调性与极值对描绘函数的图形有很大的作用，但还不够全面. 本节以导数为工具进一步研究函数的性质，即函数的凹凸性与拐点.

1. 函数的凹凸性

如图 3-7 所示的两条曲线弧 ACB 和 ADB，显然都是单调递增的，但它们的弯曲方向不一样（向上弯曲或向下弯曲），我们用曲线的"凹凸性"来描述，下面给出曲线凹凸性的定义.

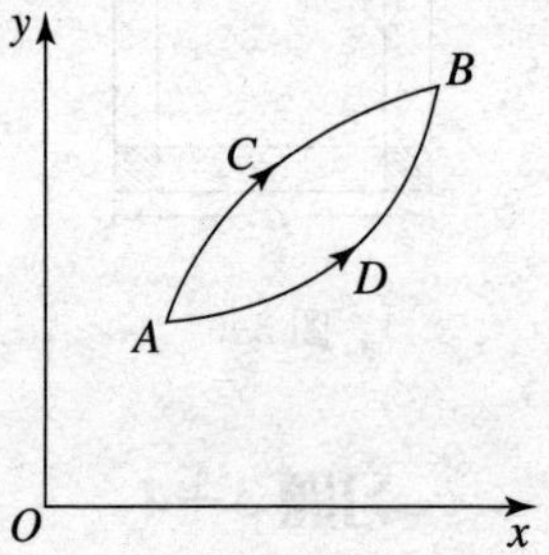

图 3-7

定义 1 设函数 $f(x)$ 在 $[a,b]$ 上连续，若对 $[a,b]$ 内任意两点 x_1，x_2，恒有

$$f\left(\frac{x_1+x_2}{2}\right)<\frac{1}{2}[f(x_1)+f(x_2)],$$

则称 $f(x)$ 在 $[a,b]$ 上是凹的；若恒有

$$f\left(\frac{x_1+x_2}{2}\right)>\frac{1}{2}[f(x_1)+f(x_2)],$$

则称 $f(x)$ 在 $[a,b]$ 上是凸的.

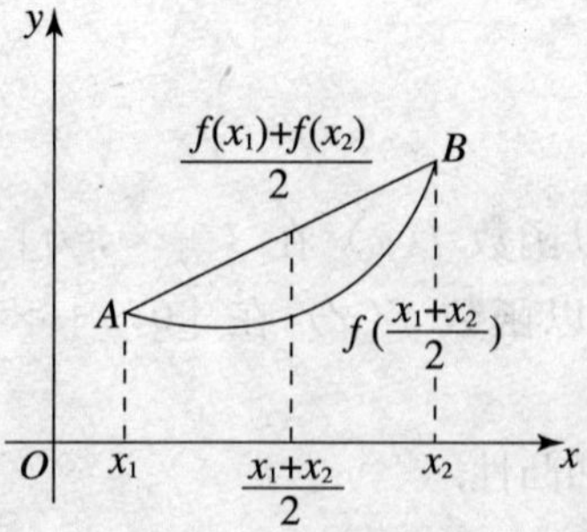

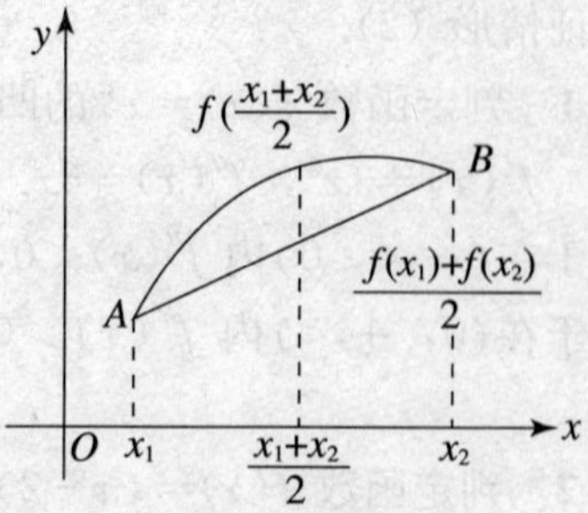

图 3-8

该定义有着明显的几何事实，从图 3-8 中可以看出，若 $f(x)$ 是凹（凸）的，则连接曲线上任意两点 $(x_1, f(x_1))$，$(x_2, f(x_2))$ 的弦的中点

$$\left(\frac{x_1+x_2}{2}, \frac{f(x_1)+f(x_2)}{2}\right)$$

总是位于曲线上相应点 $\left(\frac{x_1+x_2}{2}, f\left(\frac{x_1+x_2}{2}\right)\right)$ 的上方（下方）.

一般来说，利用定义判别曲线的凹凸性很麻烦. 为此我们有

定理　设函数 $f(x)$ 在 $[a, b]$ 上连续，在 (a, b) 内具有二阶导数.

(1) 如果在 (a, b) 内 $f''(x)\geqslant 0$，则 $f(x)$ 在 $[a, b]$ 上是凹的；

(2) 如果在 (a, b) 内 $f''(x)\leqslant 0$，则 $f(x)$ 在 $[a, b]$ 上是凸的.

证　只证情形 (1).

设 x_1 和 x_2 为 $[a, b]$ 内任意两点，且 $x_1<x_2$，记 $x_0=\frac{x_1+x_2}{2}$，$h=x_0-x_1=x_2-x_0$，对 $f(x)$ 在区间 $[x_1, x_0]$，$[x_0, x_2]$ 上分别应用拉格朗日中值定理得

$$f(x_0)-f(x_1)=f'(\xi_1)h \ (x_1<\xi_1<x_0),$$
$$f(x_2)-f(x_0)=f'(\xi_2)h \ (x_0<\xi_2<x_2).$$

将上两式相减得

$$2f(x_0)-[f(x_1)+f(x_2)]=[f'(\xi_1)-f'(\xi_2)]h,$$

由假设 $f''(x)\geqslant 0$，故 $f'(x)$ 在区间 $[a, b]$ 上单调递增，注意到 $\xi_1<\xi_2$，于是 $f'(\xi_1)\leqslant f'(\xi_2)$，又 $h>0$，由上式得

$$2f(x_0)\leqslant f(x_1)+f(x_2),$$

即

$$f\left(\frac{x_1+x_2}{2}\right)\leqslant\frac{1}{2}[f(x_1)+f(x_2)],$$

由定义可知，$f(x)$ 在 $[a, b]$ 上是凹的.

同理可证情形（2）.

例 1 判定函数 $f(x)=x^3$ 的凹凸性.

解 $f'(x)=3x^2$，$f''(x)=6x$.

由于在 $(-\infty,0)$ 内 $f''(x)<0$，所以函数 $f(x)$ 在 $(-\infty,0]$ 内是凸的；由于在 $(0,+\infty)$ 内 $f''(x)>0$，所以函数 $f(x)$ 在 $[0,+\infty)$ 内是凹的.

例 2 判定函数 $f(x)=(x-2)^{\frac{5}{3}}$ 的凹凸性.

解 $f'(x)=\dfrac{5}{3}(x-2)^{\frac{2}{3}}$，$f''(x)=\dfrac{10}{9}(x-2)^{-\frac{1}{3}}$.

由于在 $(-\infty,2)$ 内 $f''(x)<0$，所以函数 $f(x)$ 在 $(-\infty,2]$ 内是凸的；由于在 $(2,+\infty)$ 内 $f''(x)>0$，所以函数 $f(x)$ 在 $[2,+\infty)$ 内是凹的.

2. 拐点

定义 2 连续函数曲线的凹凸的分界点称为函数曲线的拐点.

由拐点的定义可知，如果函数 $y=f(x)$ 在某区间上连续，且除有限个点，$f''(x)$ 存在，我们可以按照下列步骤来确定曲线 $y=f(x)$ 的拐点：

（1）计算 $f''(x)$；

（2）求出使 $f''(x)=0$ 和 $f''(x)$ 不存在的点；

（3）对于（2）中求出的每一个点 x_0，考查 $f''(x)$ 在 x_0 点左右两侧的符号，如果 $f''(x)$ 在 x_0 点左右两侧异号，则点 $(x_0,f(x_0))$ 是曲线 $y=f(x)$ 的拐点；如果 $f''(x)$ 在 x_0 点左右两侧同号，则点 $(x_0,f(x_0))$ 不是曲线 $y=f(x)$ 的拐点.

例 3 确定函数 $f(x)=3x^4-4x^3+1$ 的凹凸性与拐点.

解 函数的定义域为 $(-\infty,+\infty)$，

$$f'(x)=12x^3-12x^2,\quad f''(x)=36x^2-24x=36x\left(x-\frac{2}{3}\right).$$

令 $f''(x)=0$，得 $x_1=0$，$x_2=\dfrac{2}{3}$.

$x_1=0$ 及 $x_2=\dfrac{2}{3}$ 把函数的定义域 $(-\infty,+\infty)$ 分成三个区间：$(-\infty,0]$，$\left[0,\dfrac{2}{3}\right]$，$\left[\dfrac{2}{3},+\infty\right)$.

由于在 $(-\infty,0)$ 和 $\left(\dfrac{2}{3},+\infty\right)$ 内，$f''(x)>0$，所以函数在区间

$(-\infty, 0]$和$\left[\frac{2}{3}, +\infty\right)$上是凹的；由于在$\left(0, \frac{2}{3}\right)$内，$f''(x)<0$，所以函数在区间$\left[0, \frac{2}{3}\right]$上是凸的.

点$(0, 1)$和点$\left(\frac{2}{3}, \frac{11}{27}\right)$都是这条曲线的拐点.

例 4　确定函数 $f(x)=\sqrt[3]{x}$的凹凸性与拐点.

解　函数的定义域为$(-\infty, +\infty)$，

$$f'(x)=\frac{1}{3\sqrt[3]{x^2}},\ f''(x)=-\frac{2}{9x\sqrt[3]{x^2}}.$$

当 $x=0$ 时，$f''(x)$ 不存在. $x=0$ 把函数的定义域$(-\infty, +\infty)$分成两个区间：$(-\infty, 0]$，$[0, +\infty)$.

由于在$(-\infty, 0)$内，$f''(x)>0$，所以函数在区间$(-\infty, 0]$上是凹的；由于在$(0, +\infty)$内，$f''(x)<0$，所以函数在区间$[0, +\infty)$上是凸的.

点 $(0, 0)$ 是这条曲线的拐点.

习题 3—5

1. 判定下列函数的凹凸性.

(1) $y=4x-x^2$；

(2) $y=\ln x$；

(3) $y=x+\frac{1}{x}(x>0)$；

(4) $y=x\arctan x$.

2. 确定下列函数的凹凸性及拐点.

(1) $y=x^3-5x^2+3x+5$；

(2) $y=xe^{-x}$；

(3) $y=x+\frac{x}{x^2-1}$；

(4) $y=\ln(1+x^2)$.

3. 证明：曲线 $y=\frac{x-1}{x^2+1}$有三个拐点，且位于一条直线上.

*第六节　函数图形的描绘

1. 渐近线

定义　若$\lim\limits_{x\to a^+}f(x)=\infty$或$\lim\limits_{x\to a^-}f(x)=\infty$或$\lim\limits_{x\to a}f(x)=\infty$，则直线$x=a$是曲线$y=f(x)$的垂直渐近线（垂直于$x$轴）. 若$\lim\limits_{x\to+\infty}f(x)=b$或$\lim\limits_{x\to-\infty}f(x)=b$或$\lim\limits_{x\to\infty}f(x)=b$，则直线$y=b$是曲线$y=f(x)$的水平渐近线.

例1　求曲线$f(x)=\dfrac{x^2}{x^2+2x-3}$的垂直渐近线与水平渐近线.

解　因为

$$\lim_{x\to\infty}\frac{x^2}{x^2+2x-3}=\lim_{x\to\infty}\frac{1}{1+\dfrac{2}{x}-\dfrac{3}{x^2}}=1,$$

所以曲线有一条水平渐近线$y=1$.

又因为$\lim\limits_{x\to-3}\dfrac{x^2}{x^2+2x-3}=\infty$及$\lim\limits_{x\to1}\dfrac{x^2}{x^2+2x-3}=\infty$，

所以曲线有两条垂直渐近线$x=-3$及$x=1$.

2. 函数图形的描绘

我们已经掌握了应用导数讨论函数的单调性、极值性、凹凸性、拐点及渐近线的方法，从而就能比较准确地描绘函数的图形. 一般来说，描绘函数图形可按下列的步骤进行：

(1) 确定函数$y=f(x)$的定义域；

(2) 观察函数$y=f(x)$是否具有某些特性（奇偶性、周期性）；

(3) 观察函数$y=f(x)$是否有垂直渐近线、水平渐近线，如果有渐近线，将渐近线求出来；

(4) 求出函数$y=f(x)$的单调区间、极值，列表；

(5) 求出函数$y=f(x)$的凹凸区间和拐点，列表；

(6) 确定一些特殊点，如曲线$y=f(x)$与坐标轴的交点，以及容易计算函数值$f(x)$的一些点$(x, f(x))$.

在直角坐标系中，首先标明所有关键性点的坐标，画出渐近线，其次按照曲线的性态逐段描绘.

例 2　描绘函数 $y=\mathrm{e}^{-x^2}$ 的图形.

解　(1) 函数的定义域是 **R**，并且是偶函数.

(2) 因为

$$\lim_{x\to\infty}\mathrm{e}^{-x^2}=0,$$

所以 $y=0$（即 x 轴）是曲线的水平渐近线.

(3) $f'(x)=-2x\mathrm{e}^{-x^2}$，令 $f'(x)=0$，得 $x=0$；

$f''(x)=2(2x^2-1)\mathrm{e}^{-x^2}$，令 $f''(x)=0$，得 $x=\pm\dfrac{1}{\sqrt{2}}$.

(4) 将函数的单调性、凹凸性以及极值点、拐点，统一列表如下：

	$\left(-\infty,\ -\frac{1}{\sqrt{2}}\right)$	$-\frac{1}{\sqrt{2}}$	$\left(-\frac{1}{\sqrt{2}},\ 0\right)$	0	$\left(0,\ \frac{1}{\sqrt{2}}\right)$	$\frac{1}{\sqrt{2}}$	$\left(\frac{1}{\sqrt{2}},\ +\infty\right)$
$f'(x)$	+		+	0	−		−
$f''(x)$	+	0	−		−	0	+
$f(x)$	↗ 凹	拐点 $\left(-\frac{1}{\sqrt{2}},\ \mathrm{e}^{-\frac{1}{2}}\right)$	↗ 凸	极大值 1	↘ 凸	拐点 $\left(\frac{1}{\sqrt{2}},\ \mathrm{e}^{-\frac{1}{2}}\right)$	↘ 凹

(5) 综上可描绘出函数 $y=\mathrm{e}^{-x^2}$ 的图形（如图 3-9 所示）.

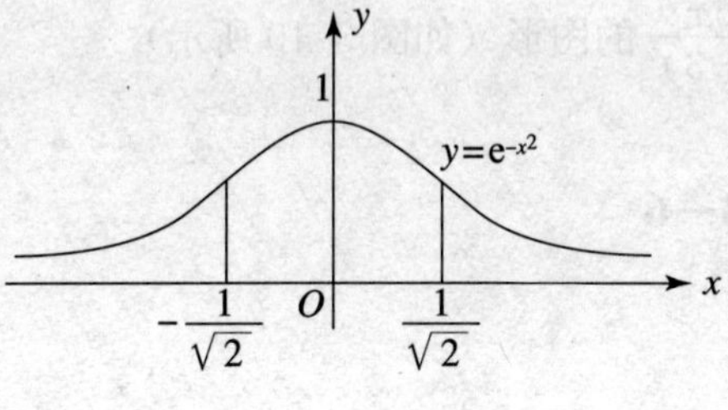

图 3-9

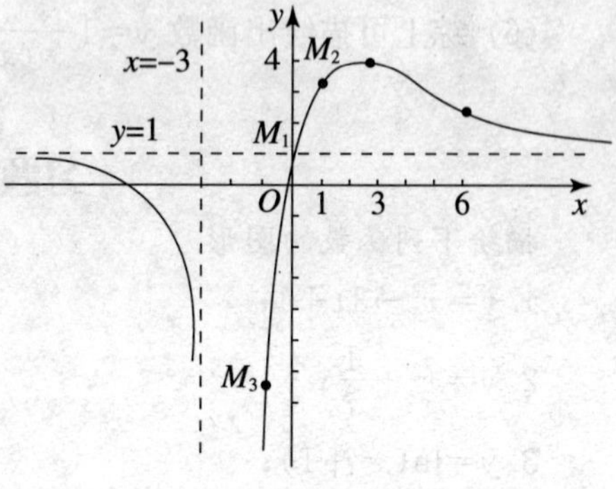

图 3-10

例 3　描绘函数 $y=1+\dfrac{36x}{(x+3)^2}$ 的图形.

解 (1) 函数的定义域是$(-\infty, -3)\cup(-3, +\infty)$.

(2) 因为$\lim\limits_{x\to\infty}\left(1+\dfrac{36x}{(x+3)^2}\right)=1$，所以 $y=1$ 是曲线的水平渐近线；

又因为$\lim\limits_{x\to-3}\left(1+\dfrac{36x}{(x+3)^2}\right)=\infty$，所以 $x=-3$ 是曲线的垂直渐近线.

(3) $f'(x)=\dfrac{36(3-x)}{(x+3)^3}$，令 $f'(x)=0$，得 $x=3$；

$f''(x)=\dfrac{72(x-6)}{(x+3)^4}$，令 $f''(x)=0$，得 $x=6$.

(4) 将函数的单调性、凹凸性以及极值点、拐点，统一列表如下：

	$(-\infty, -3)$	-3	$(-3, 3)$	3	$(3, 6)$	6	$(6, +\infty)$
$f'(x)$	$-$	不存在	$+$	0	$-$	$-$	$-$
$f''(x)$	$-$	不存在	$-$	$-$	$-$	0	$+$
$f(x)$	↘ 凸	垂直渐近线	↗ 凸	极大值 4	↘ 凸	拐点$\left(6, \dfrac{11}{3}\right)$	↘ 凹

(5) 由 $f(0)=1$，$f(1)=\dfrac{13}{4}$，$f(-1)=-8$ 得图形上的三个点 $M_1(0, 1)$，$M_2\left(1, \dfrac{13}{4}\right)$，$M_3(-1, -8)$.

(6) 综上可描绘出函数 $y=1+\dfrac{36x}{(x+3)^2}$的图形（如图 3-10 所示）.

习题 3-6

描绘下列函数的图形.

1. $y=x^3-3x+1$；

2. $y=x^2+\dfrac{1}{x}$；

3. $y=\ln(x^2+1)$；

4. $y=e^{-(x-1)^2}$；

5. $y=\dfrac{2x-1}{(x-1)^2}$.

【本章小结】

一、本章的基本要求

1. 理解中值定理，特别是拉格朗日中值定理的意义.

2. 初步具有应用中值定理论证问题的能力.

3. 能熟练地应用洛比达法则计算未定式的极限.

4. 掌握应用导数研究函数性态的理论、方法和步骤.

5. 知道描绘函数图象的方法和步骤，并会描绘常见的函数图象.

二、学习中应注意的几个问题

1. 做证明题时，若用中值定理，必须先验证是否满足定理的条件.

2. 应用洛比达法则，要注意其函数满足洛比达法则的条件. 对个别的未定式极限其函数不满足洛比达法则的条件，自然就不能用洛比达法则，否则可能造成错误或求不出结果.

3. 计算 $0\cdot\infty$，1^{∞}，0^0，∞^0，$\infty-\infty$ 型未定式极限时，都要用对数或代数运算将它们化为 $\frac{0}{0}$ 或 $\frac{\infty}{\infty}$ 型未定式，然后再应用洛比达法则.

4. 驻点不一定是极值点，局部极大值不一定比局部极小值大.

5. 求极值点时不要忘记考虑 y' 不存在的点；求拐点时不要忘记考虑 y'' 不存在的点.

综合检测题（三）

1. 填空题：

(1) 极限 $\lim\limits_{x\to0^+}\frac{e^{-\frac{1}{x}}}{x}=$________；

(2) 极限 $\lim\limits_{x\to0}\left(\frac{1}{x^2}-\frac{1}{x\tan x}\right)=$________；

(3) 函数 $y=x\cdot2^x$ 的极小值点是________；

(4) 函数 $y=\frac{\ln x}{x}$ 在区间________内单调增加，在区间________内单调减少；

(5) 曲线 $y=x^3-6x^2+3x+5$ 上的拐点是________.

2. 选择题：

(1) 曲线 $y=\frac{1+e^{-x^2}}{1-e^{-x^2}}$（　　）.

A. 没有渐近线　　B. 仅有水平渐近线

C. 仅有垂直渐近线　　D. 既有水平渐近线又有垂直渐近线

(2) 设 $f(x)$ 在$[0, 1]$上连续，在$(0, 1)$内可导，且 $f(0)=1$，$f(1)=0$，则在$(0, 1)$内至少存在一点ξ，使（　）.

A. $f'(\xi)=-\frac{f(\xi)}{\xi}$　　B. $f'(\xi)=\frac{f(\xi)}{\xi}$

C. $f(\xi)=-\frac{f'(\xi)}{\xi}$　　D. $f(\xi)=\frac{f'(\xi)}{\xi}$

(3) 极限$\lim\limits_{x\to 0}\frac{x^2\sin\frac{1}{x}}{\sin x}=$（　）.

A. 0　　B. 1

C. ∞　　D. 不存在，但不是∞

(4) 若在区间(a, b)内函数$f(x)$ 的一阶导数 $f'(x)>0$，二阶导数 $f''(x)<0$，则函数在此区间内（　）.

A. 单调减少，为凸函数　　B. 单调增加，为凸函数

C. 单调减少，为凹函数　　D. 单调增加，为凹函数

(5) 函数 $y=x^x$ 在区间$\left[\frac{1}{e}, +\infty\right)$上（　）.

A. 不存在最大值和最小值　　B. 最大值是 $e^{\frac{1}{e}}$

C. 最大值是$\left(\frac{1}{e}\right)^{\frac{1}{e}}$　　D. 最小值是$\left(\frac{1}{e}\right)^{\frac{1}{e}}$

3. 计算题：

(1) 试确定 a，b，c 的值，使三次曲线 $y=ax^3+bx^2+cx$ 有一个拐点 (1, 2)，且在该拐点处的斜率为-1.

(2) 设函数 $f(x)$ 二次可微，且 $f(0)=0$，$f'(0)=1$，$f''(0)=2$，试求$\lim\limits_{x\to 0}\frac{f(x)-x}{x^2}$.

(3) 防空洞的截面拟建成矩形加半圆，截面的面积为 5 平方米，问底宽 x 为多少时才能使建造时所用的材料最省？

4. 证明题：

(1) 利用函数的单调性证明：当 $0<x<1$ 时，$e^{2x}<\frac{1+x}{1-x}$.

(2) 证明 $f(x)=(x-1)(x-2)(x-3)$在区间$(1, 3)$内至少存在一点ξ，使得 $f''(\xi)=0$.

拓展性
阅读导航

1. 郭晓时：高等数学思想方法与解题研究［M］. 天津：天津大学出版社 2006 年版.

该书知识体系与同济大学数学教研室主编的《高等数学》（第五版）相符，分为十二章，每章由四部分组成：一、本章知识的作用与意义，目的是使学生从整体上明确这章知识在高等数学体系中的地位、作用及应用价值；二、知识要点及思想方法，这部分内容对每章的主要知识进行了归纳总结、剖析说明，指出了应该注意的问题，有答疑解惑之功效；三、解题研究，这部分内容注重分析思路、归纳方法，可以帮助读者提高解题能力；四、练习题及答案。分为（A）、（B）两部分，难度适中，以备自测之用，并附有答案及提示.

2. 李静：高等数学解题指导：概念、方法与技巧［M］. 北京：北京大学出版社 2003 年版.

该书分上下两册，共分 12 章。各章按内容提要（包括本章框架、重要概念与性质）、教学要求、解题方法概论与错误辨析、典型例题分析、练习题及练习题答案，共分为五个部分.

书中使用大量表格形式，给出知识网络图表，使学生一目了然。通过对典型例题的分析与常见错误辨析，帮助学生明确概念的要素，理解基本性质及其基本特征，掌握解题方法与技巧；通过对容易误导学生解题思路的各种现象作出归纳，反向启发学生的思路；通过适量的练习题巩固所学内容，培养学生分析问题和解决问题的能力；通过对数学思想、方法和技巧的思考与消化，把解决数学问题的能力提高到一个新的台阶.

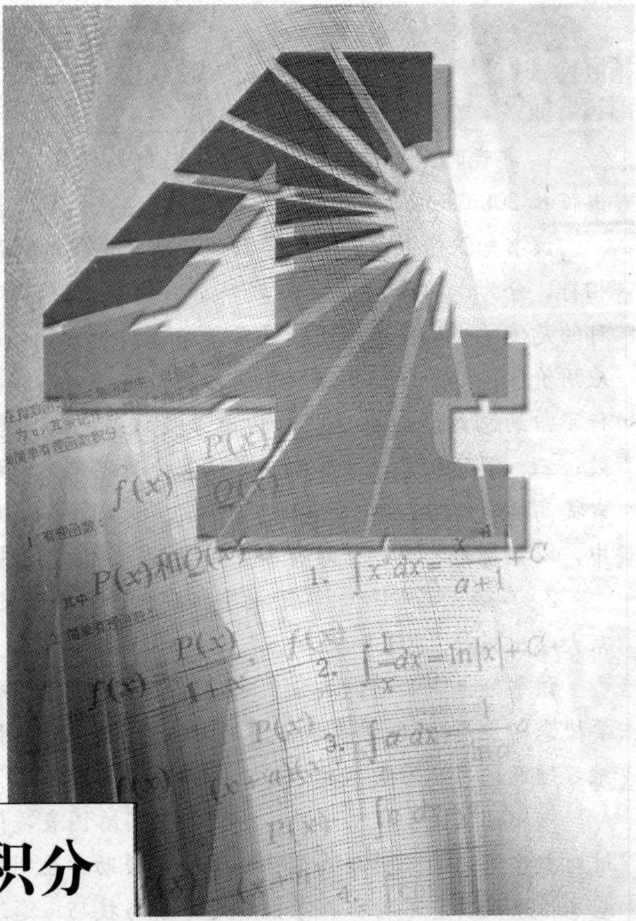

第四章 不定积分

在第二章中，我们已经研究了如何求一个已知函数的导函数，但是在科学、技术等诸多领域中，常常需要解决相反的问题，即要求一个未知函数，使其导函数恰好是某一个已知的函数. 它正好是微分学的逆问题，这就是本章所要研究的中心问题.

本章首先介绍不定积分的概念、性质和基本积分公式，然后紧扣不定积分的计算问题，研究不定积分的两种计算方法：换元积分法和分部积分法.

本章学习要点

- 原函数与不定积分
- 不定积分的性质和基本积分公式
- 第一换元积分法
- 第二换元积分法
- 分部积分法

第一节　原函数与不定积分

1. 原函数

如同加法有其逆运算减法，乘法有其逆运算除法一样，微分法也有其逆运算——积分法. 我们已经知道：已知路程 $s(t)$，求速度 $v(t)$；已知速度 $v(t)$，求加速度 $a(t)$；已知曲线的方程，求其上每一点处的切线斜率等，这些微分学问题的实质是已知函数求其导函数.

那么与之相反的问题，如已知速度 $v(t)$，求路程 $s(t)$；已知加速度 $a(t)$，求速度 $v(t)$；已知曲线上每一点处的切线斜率，求曲线方程等等. 这些问题的实质是：由一个函数的导数，求原来的这个函数. 解决这个逆问题不仅是数学理论自身发展的需要，更是解决许多实际问题的需要.

例 1　一个静止的质点，其质量为 m，在变力 $F=A\sin t$（其中 A 为常数，t 为时间变量）作用下沿直线运动，试求质点的运动速度 $v(t)$.

解　根据力学第二定律，质点运动的加速度是

$$a(t)=\frac{F}{m}=\frac{A}{m}\sin t.$$

$v'(t)=a(t)$，故

$$v'(t)=\frac{A}{m}\sin t.$$

这样，问题就归结为：已知 $v'(t)$，求 $v(t)$. 由于

$$\left(-\frac{A}{m}\cos t+C\right)'=\frac{A}{m}\sin t,$$

可得
$$v(t)=-\frac{A}{m}\cos t+C.$$

其中 C 为待定常数，它可由质点在 $t=0$ 时的状态定出. 由假设，质点开始时处于静止状态，故 $v(0)=0$，因而

$$v(0)=-\frac{A}{m}\cos 0+C=-\frac{A}{m}+C=0.$$

从而求得 $C=\frac{A}{m}$. 所以

$$v(t)=-\frac{A}{m}\cos t+\frac{A}{m}.$$

例 2 已知曲线经过 $A(0,\ 1)$ 点，且曲线上任一点 $P(x,\ y)$ 处的切线斜率为 $k=2x$，求此曲线的方程.

解 设所求曲线方程为 $y=F(x)$，于是在曲线上任意一点 $P(x,\ y)$ 处的切线斜率为

$$y'=F'(x)=2x.$$

由求导法则可知，当 $y=F(x)=x^2+C$ 时，$y'=2x$. 将点 $A(0,\ 1)$ 的坐标代入曲线方程得 $C=1$，因此所求曲线方程为

$$y=x^2+1.$$

归纳以上例子，可得出下面的定义：

定义 1 设 $f(x)$是定义在某个区间 I 上的已知函数，如果存在定义在 I 上的函数 $F(x)$，使得对于 I 内任何一点 x，都有

$$F'(x)=f(x)\text{或 } \mathrm{d}F(x)=f(x)\mathrm{d}x,$$

则称 $F(x)$是 $f(x)$在区间 I 上的一个原函数.

例如，例 2 中的 $F(x)=x^2+1$是 $f(x)=2x$ 的一个原函数. 又如对于任何常数 C，$(\arctan x)'=\frac{1}{1+x^2}$，$(\arctan x+C)'=\frac{1}{1+x^2}$，故 $\arctan x$ 和 $\arctan x+C$ 都是$\frac{1}{1+x^2}$的原函数.

由定义可知，原函数和导函数是一对互逆的概念，即 $F(x)$是 $f(x)$一个原函数，当且仅当 $f(x)$是 $F(x)$的导函数. 因此要判断 $F(x)$是否是 $f(x)$的一个原函数，只要验证是否成立 $F'(x)=f(x)$即可.

容易得到，当 $F(x)$是 $f(x)$一个原函数时，对于任意常数 C，$F(x)+C$ 也是 $f(x)$原函数. 那么除了 $F(x)+C$ 以外，$f(x)$还有没有其他形式的原函

数呢？下面的定理回答这个问题.

定理 1　如果 $F(x)$是 $f(x)$的一个原函数，则 $f(x)$的任一原函数都可以表达为 $F(x)+C$ 的形式（C 为任意常数）.

证　设 $G(x)$是 $f(x)$的任意一个原函数，那么

$$G'(x)=f(x).$$

按照假设 $F(x)$是 $f(x)$的一个原函数，我们有

$$F'(x)=f(x).$$

因此 $$G'(x)-F'(x)=f(x)-f(x)\equiv 0,$$

即 $$[G(x)-F(x)]'=G'(x)-F'(x)\equiv 0.$$

我们知道，在一个区间上导数恒为零的函数必定是一个常数，所以 $G(x)-F(x)=C$，即 $G(x)=F(x)+C$.

从定理 1 可知，如果函数 $f(x)$有一个原函数 $F(x)$，那么它就有无穷多个原函数，并且所有原函数都可以表达为 $F(x)+C$ 的形式.

值得我们进一步思考的问题是：是不是任何函数都存在原函数？换言之，什么样的函数存在原函数呢？我们给出一个存在原函数的充分条件.

定理 2　若函数 $f(x)$在区间 I 上连续，则 $f(x)$在 I 上必定存在原函数.

这个定理我们暂不证明，在我们学习了微积分学基本定理后便可立即得出.

我们有必要引进一个记号来表示 $f(x)$的全体原函数，这就是 $f(x)$的不定积分.

2. 不定积分

定义 2　函数 $f(x)$的全体原函数称为 $f(x)$的不定积分，记作

$$\int f(x)\mathrm{d}x,$$

其中“$\int$”称为积分号，$f(x)$称为被积函数，$f(x)\mathrm{d}x$ 称为被积表达式，x 称为积分变量．尽管“$\int f(x)\mathrm{d}x$”中的各部分都有独特的含义，但在使用时必须作为一个整体看待.

由上述定义可知，不定积分与原函数是整体与部分的关系，不定积分 $\int f(x)\mathrm{d}x$ 是 $f(x)$的原函数的全体.

如果 $F(x)$为 $f(x)$的一个原函数，则 $F(x)+C$ 就是 $f(x)$的全体原函数，由定义 2 可知，

$$\int f(x)\mathrm{d}x = F(x) + C \quad (C\text{是任意常数}).$$

其中 C 称为积分常数. 这就是说，要求一个函数的不定积分，只需找出它的一个原函数，再加上积分常数 C 就行了.

例如，因为 $\sin x$ 是 $\cos x$ 的一个原函数，所以 $\cos x$ 的不定积分就是 $\sin x+C$，即

$$\int \cos x\mathrm{d}x = \sin x + C.$$

求已知函数原函数的方法称为不定积分法或简称积分法. 如果把积分法看成是一种运算，那么就可以说，积分法是微分法的逆运算.

例 3 求 $\int \mathrm{e}^x\mathrm{d}x$.

解 由于 $(\mathrm{e}^x)' = \mathrm{e}^x$，所以 e^x 是 e^x 的一个原函数，因此

$$\int \mathrm{e}^x\mathrm{d}x = \mathrm{e}^x + C.$$

例 4 求 $\int 4x^3\mathrm{d}x$.

解 由于 $(x^4)'=4x^3$，所以 x^4 是 $4x^3$ 的一个原函数，因此

$$\int 4x^3\mathrm{d}x = x^4 + C.$$

例 5 求 $\int \sec^2 x\mathrm{d}x$.

解 由于 $(\tan x)'=\sec^2 x$，所以 $\tan x$ 是 $\sec^2 x$ 的一个原函数，因此

$$\int \sec^2 x\mathrm{d}x = \tan x + C.$$

习题 4—1

1. 函数 $f(x)$ 的原函数与不定积分有何区别?

2. 求下列不定积分.

(1) $\int 3x^2\mathrm{d}x$；　　(2) $\int 0\mathrm{d}x$；

(3) $\int \sin x\mathrm{d}x$；　　(4) $\int \frac{1}{1+x^2}\mathrm{d}x$.

第二节　不定积分的性质和基本积分公式

上一节我们已经学习了不定积分的概念，知道函数 $f(x)$ 的不定积分是指 $f(x)$ 的全体原函数所构成的整体，本节我们将探讨不定积分的性质和基

本积分公式.

1. 不定积分的性质

由于不定积分与微分互为逆运算，立即可得下面的性质 1.

性质 1（不定积分与微分的关系）

$$\left(\int f(x)\mathrm{d}x\right)' = f(x) \text{ 或 } \mathrm{d}\int f(x)\mathrm{d}x = f(x)\mathrm{d}x;$$

$$\int F'(x)\mathrm{d}x = F(x) + C \text{ 或} \int \mathrm{d}F(x) = F(x) + C.$$

这就是说，若先积分后微分，则还原；若先微分后积分，则还原后相差一个任意常数.

由导数的运算法则，立刻可推得下面关于不定积分的运算法则.

性质 2　不为零的常数因子可以提到积分号外，即

$$\int kf(x)\mathrm{d}x = k\int f(x)\mathrm{d}x \quad (k \text{ 是常数}，k \neq 0).$$

证　只要证明等式两边的导数相等即可.

$$\left(\int kf(x)\mathrm{d}x\right)' = kf(x) = \left(k\int f(x)\mathrm{d}x\right)'.$$

注意　当 $k=0$ 时，$\int kf(x)\mathrm{d}x = \int 0\mathrm{d}x = C$，而 $k\int f(x)\mathrm{d}x = 0$，两者不相等.

性质 3　两个函数的和或差的积分，等于这两个函数各自积分的和或差，即

$$\int [f(x) \pm g(x)]\mathrm{d}x = \int f(x)\mathrm{d}x \pm \int g(x)\mathrm{d}x.$$

证　因 $\left(\int [f(x) \pm g(x)]\mathrm{d}x\right)' = f(x) \pm g(x)$，

$$\left(\int f(x)\mathrm{d}x \pm \int g(x)\mathrm{d}x\right)' = \left(\int f(x)\mathrm{d}x\right)' \pm \left(\int g(x)\mathrm{d}x\right)' = f(x) \pm g(x),$$

故等式成立.

性质 3 可以推广到有限多个函数代数和的情况：

$$\int [f_1(x) \pm f_2(x) \pm \cdots \pm f_n(x)]\mathrm{d}x$$

$$= \int f_1(x)\mathrm{d}x \pm \int f_2(x)\mathrm{d}x \pm \cdots \pm \int f_n(x)\mathrm{d}x.$$

例 1　求 $\int (2x + \cos x)\mathrm{d}x$.

解 $\int(2x+\cos x)\mathrm{d}x=\int 2x\mathrm{d}x+\int\cos x\mathrm{d}x$

$=x^2+\sin x+C.$

分项积分后，每个不定积分都含有一个任意常数，但有限个任意常数的代数和仍是任意常数，因此只需写一个任意常数.

2. 基本积分公式

我们知道，求不定积分的关键是确定一个原函数. 如何求原函数呢？读者很快发现这要比微分法困难得多，原因是原函数的定义不像导数那样具有构造性. 原函数的定义只告诉我们原函数是一个函数，其导数正好等于$f(x)$，而没有指出如何从$f(x)$求出它的原函数的具体途径. 因此，我们只能按照微分法的已知结果进行试探，这正是积分法困难所在.

根据积分法和微分法互为逆运算，可以从每一个基本初等函数的导数公式，相应推得一个不定积分公式. 现将常用的基本积分公式（基本积分表）列出（其中C是积分常数）：

(1) $\int k\mathrm{d}x=kx+C$ （k是常数）；

(2) $\int x^{\alpha}\mathrm{d}x=\dfrac{x^{\alpha+1}}{\alpha+1}+C\ (\alpha\neq-1)$；

(3) $\int\dfrac{1}{x}\mathrm{d}x=\ln|x|+C$；

(4) $\int \mathrm{e}^x\mathrm{d}x=\mathrm{e}^x+C$；

(5) $\int a^x\mathrm{d}x=\dfrac{a^x}{\ln a}+C$；

(6) $\int\cos x\mathrm{d}x=\sin x+C$；

(7) $\int\sin x\mathrm{d}x=-\cos x+C$；

(8) $\int\sec^2 x\mathrm{d}x=\int\dfrac{1}{\cos^2 x}\mathrm{d}x=\tan x+C$；

(9) $\int\csc^2 x\mathrm{d}x=\int\dfrac{1}{\sin^2 x}\mathrm{d}x=-\cot x+C$；

(10) $\int\sec x\tan x\mathrm{d}x=\sec x+C$；

(11) $\int\csc x\cot x\mathrm{d}x=-\csc x+C$；

(12) $\int \frac{1}{\sqrt{1-x^2}}dx = \arcsin x + C$；

(13) $\int \frac{1}{1+x^2}dx = \arctan x + C$.

对于公式（3）$\int \frac{1}{x}dx = \ln|x| + C$ 作如下说明：

当 $x>0$ 时，$(\ln x)'=\frac{1}{x}$，所以 $\int \frac{1}{x}dx=\ln x+C$.

当 $x<0$ 时，因为 $[\ln(-x)]'=\frac{1}{-x}\cdot(-x)'=\frac{1}{x}$，所以 $\int \frac{1}{x}dx = \ln(-x)+C$.

因此不论 $x>0$ 或 $x<0$，总有公式

$$\int \frac{1}{x}dx=\ln|x|+C.$$

在熟练掌握不定积分性质的基础上，再熟记这十三个基本积分公式，便可以求一些简单函数的不定积分.

例 2 求下列不定积分：

(1) $\int \frac{1}{x\sqrt{x}}dx$；　　(2) $\int \frac{1}{1-\cos^2 x}dx$.

解 (1) $\int \frac{1}{x\sqrt{x}}dx = \int x^{-\frac{3}{2}}dx = \frac{1}{-\frac{3}{2}+1}x^{-\frac{3}{2}+1}+C$

$= -2x^{-\frac{1}{2}}+C = -\frac{2}{\sqrt{x}}+C.$

(2) $\int \frac{1}{1-\cos^2 x}dx = \int \frac{1}{\sin^2 x}dx = -\cot x + C.$

例 3 求下列不定积分：

(1) $\int \left(\sqrt{x}+\frac{2}{\sqrt[3]{x^2}}\right)dx$；　　(2) $\int 2^x e^x dx$.

解 (1) $\int \left(\sqrt{x}+\frac{2}{\sqrt[3]{x^2}}\right)dx = \int \sqrt{x}dx + 2\int \frac{1}{\sqrt[3]{x^2}}dx = \frac{1}{\frac{1}{2}+1}x^{\frac{1}{2}+1} + 2\cdot\frac{1}{-\frac{2}{3}+1}x^{-\frac{2}{3}+1}+C = \frac{2}{3}x^{\frac{3}{2}}+6x^{\frac{1}{3}}+C.$

(2) $\int 2^x e^x dx = \int (2e)^x dx = \frac{(2e)^x}{\ln 2e}+C = \frac{2^x e^x}{1+\ln 2}+C.$

有些不定积分的类型在基本积分表中查不到，可以利用代数或三角恒等变形转化到积分表中所列积分的类型，再逐项积分.

例 4 求下列不定积分：

(1) $\int \frac{1+x+x^2}{x(1+x^2)}\mathrm{d}x$； (2) $\int \frac{x^4}{1+x^2}\mathrm{d}x$.

解 (1) $\int \frac{1+x+x^2}{x(1+x^2)}\mathrm{d}x = \int \frac{(1+x^2)+x}{x(1+x^2)}\mathrm{d}x = \int \frac{1}{x}\mathrm{d}x + \int \frac{1}{1+x^2}\mathrm{d}x$

$= \ln|x| + \arctan x + C.$

(2) $\int \frac{x^4}{1+x^2}\mathrm{d}x = \int \frac{(x^4-1)+1}{1+x^2}\mathrm{d}x = \int \left[(x^2-1)+\frac{1}{1+x^2}\right]\mathrm{d}x$

$= \int x^2\mathrm{d}x - \int \mathrm{d}x + \int \frac{1}{1+x^2}\mathrm{d}x = \frac{1}{3}x^3 - x + \arctan x + C.$

例 5 求下列不定积分：

(1) $\int \frac{1}{\sin^2 x\cos^2 x}\mathrm{d}x$； (2) $\int \tan^2 x\mathrm{d}x$； (3) $\int \frac{1-\cos^2 x}{\sin^2\frac{x}{2}}\mathrm{d}x$.

解 (1) $\int \frac{1}{\sin^2 x\cos^2 x}\mathrm{d}x = \int \frac{\sin^2 x+\cos^2 x}{\sin^2 x\cos^2 x}\mathrm{d}x = \int \frac{\mathrm{d}x}{\cos^2 x} + \int \frac{\mathrm{d}x}{\sin^2 x}$

$= \tan x - \cot x + C.$

(2) $\int \tan^2 x\mathrm{d}x = \int (\sec^2 x - 1)\mathrm{d}x = \tan x - x + C.$

(3) $\int \frac{1-\cos^2 x}{\sin^2\frac{x}{2}}\mathrm{d}x = \int \frac{1-\cos^2 x}{\frac{1-\cos x}{2}}\mathrm{d}x = 2\int \frac{(1+\cos x)(1-\cos x)}{1-\cos x}\mathrm{d}x$

$= 2\int (1+\cos x)\mathrm{d}x = 2x + 2\sin x + C.$

或 $\int \frac{1-\cos^2 x}{\sin^2\frac{x}{2}}\mathrm{d}x = \int \frac{\sin^2 x}{\sin^2\frac{x}{2}}\mathrm{d}x = \int \frac{\left(2\sin\frac{x}{2}\cos\frac{x}{2}\right)^2}{\sin^2\frac{x}{2}}\mathrm{d}x$

$= 4\int \cos^2\frac{x}{2}\mathrm{d}x = 4\int \frac{1+\cos x}{2}\mathrm{d}x = 2x + 2\sin x + C.$

利用基本积分公式和不定积分的性质，结合代数或三角公式变形，只能求出部分简单函数的不定积分. 还有大量的初等函数的不定积分不能这样直接求得，例如 $\int \ln x\mathrm{d}x$，$\int \mathrm{e}^{2x}\mathrm{d}x$ 等就无法直接求出. 为了求得更为广泛的一类函数的不定积分，还需要研究更多的方法和技巧. 后面几节我们将逐步介绍几种常用的积分法.

习题 4—2

求下列不定积分.

1. $\int \frac{1}{x^5}\mathrm{d}x$；
2. $\int x^2 \sqrt[3]{x}\mathrm{d}x$；
3. $\int \frac{2x^2}{1+x^2}\mathrm{d}x$；
4. $\int \frac{(1+x)^2}{\sqrt{x}}\mathrm{d}x$；
5. $\int \left(x-\frac{1}{\sqrt{x}}\right)^2\mathrm{d}x$；
6. $\int \frac{x^3-8}{x-2}\mathrm{d}x$；
7. $\int \frac{\mathrm{e}^{2x}-1}{\mathrm{e}^x+1}\mathrm{d}x$；
8. $\int (2^x+3^x)\mathrm{d}x$；
9. $\int \frac{\cos 2x}{\cos^2 x\sin^2 x}\mathrm{d}x$；
10. $\int \frac{2-\sin^2 x}{\cos^2 x}\mathrm{d}x$.

第三节　换元积分法

在前一节，我们利用基本积分公式和不定积分的性质，结合代数或三角公式变形，能求出部分简单函数的不定积分. 还有大量的初等函数的不定积分不能这样直接求得，例如 $\int \cos 2x\mathrm{d}x$，$\int \ln x\mathrm{d}x$，$\int \mathrm{e}^{2x}\mathrm{d}x$ 等就无法直接求出. 为了求更为广泛的一类函数的不定积分，我们有必要研究新的求不定积分的方法. 本节先介绍一种基本的积分法——换元法.

1. 第一换元积分法（凑微分法）

先看上面的例子 $\int \cos 2x\mathrm{d}x$，在基本积分公式中只有 $\int \cos x\mathrm{d}x=\sin x+C$. 如果生搬硬套，得出 $\int \cos 2x\mathrm{d}x=\sin 2x+C$，是错误的. 这是因为 $(\sin 2x+C)'=2\cos 2x\neq\cos 2x$，但如果我们对被积函数作如下变形：

$$\begin{aligned}\int \cos 2x\mathrm{d}x &= \frac{1}{2}\int \cos 2x\mathrm{d}(2x)\\ &= \frac{1}{2}\int \cos u\mathrm{d}u \quad（令\ u=2x）\\ &= \frac{1}{2}\sin u+C \quad（由基本积分公式）\end{aligned}$$

$$=\frac{1}{2}\sin 2x+C \quad (\text{代回 } u=2x)$$

由 $\left(\frac{1}{2}\sin 2x+C\right)'=\cos 2x$ 知道上述计算方法是正确的. 这种方法就是第一换元积分法.

一般地有

定理 1 （第一换元积分法）

设 $F(u)$ 是 $f(u)$ 的一个原函数，$u=\varphi(x)$ 有连续的导函数，那么 $F[\varphi(x)]$ 是 $f[\varphi(x)]\varphi'(x)$ 的原函数，即

$$\int f[\varphi(x)]\varphi'(x)\mathrm{d}x=F[\varphi(x)]+C.$$

证 令 $G(x)=F[\varphi(x)]$，

根据复合函数求导法则得

$$G'(x)=\frac{\mathrm{d}F}{\mathrm{d}u}\cdot\frac{\mathrm{d}u}{\mathrm{d}x}=F'(u)\cdot\varphi'(x)=f(u)\cdot\varphi'(x)$$
$$=f[\varphi(x)]\cdot\varphi'(x).$$

故 $G(x)$ 是 $f[\varphi(x)]\varphi'(x)$ 的一个原函数.

所以 $\int f[\varphi(x)]\varphi'(x)\mathrm{d}x=G(x)+C=F[\varphi(x)]+C.$

显然，换元积分法的实质是将积分 $\int f(u)\mathrm{d}u=F(u)+C$ 中的自变量 u 换为有连续导函数的 $\varphi(x)$.

当不定积分 $\int g(x)\mathrm{d}x$ 不易求时，可以想办法将 $g(x)\mathrm{d}x$ 改写成 $g(x)\mathrm{d}x=f[\varphi(x)]\cdot\varphi'(x)\mathrm{d}x=f[\varphi(x)]\mathrm{d}\varphi(x)$，再利用第一换元积分法求积分

$$\int g(x)\mathrm{d}x=\int f[\varphi(x)]\varphi'(x)\mathrm{d}x=\int f[\varphi(x)]\mathrm{d}\varphi(x) \quad (\text{令 } u=\varphi(x))$$
$$=\int f(u)\mathrm{d}u+C.$$

这样，函数 $g(x)$ 的积分即转化为函数 $f(u)$ 的积分，如果能求得 $f(u)$ 的原函数，那么也就得到了 $g(x)$ 的原函数.

可以看出，第一类换元积分法是通过引入中间变量将被积表达式凑出某个已知函数的微分，然后再利用基本积分公式求出积分，因此第一换元积分法又称凑微分法.

例 1 求 $\int\frac{\mathrm{d}x}{1+x}$.

解　因为 $\mathrm{d}(1+x)=\mathrm{d}x$，所以

$$\begin{aligned}&\int\frac{\mathrm{d}x}{1+x}\\&=\int\frac{\mathrm{d}(1+x)}{1+x}\quad（凑微分）\\&=\int\frac{\mathrm{d}u}{u}=\ln|u|+C\quad（令\ u=1+x）\\&=\ln|1+x|+C.\quad（代回\ u=1+x）\end{aligned}$$

例 2　求 $\int(ax+b)^n\mathrm{d}x$，$n\neq-1$，$a\neq0$.

解　因为 $\mathrm{d}(ax+b)=a\mathrm{d}x$，所以

$$\begin{aligned}&\int(ax+b)^n\mathrm{d}x\\&=\frac{1}{a}\int(ax+b)^n\mathrm{d}(ax+b)\quad（凑微分）\\&=\frac{1}{a}\int u^n\mathrm{d}u=\frac{1}{a}\cdot\frac{1}{n+1}u^{n+1}+C\quad（令\ u=ax+b）\\&=\frac{1}{a(n+1)}(ax+b)^{n+1}+C.\quad（代回\ u=ax+b）\end{aligned}$$

从上面的例子可以看出，用第一换元积分法求不定积分 $\int g(x)\mathrm{d}x$ 是分两步完成的：第一步从被积函数 $g(x)$ 中分离出一个因子 $\varphi'(x)$，使 $\varphi'(x)\mathrm{d}x$ 凑成 u 的微分 $\mathrm{d}u$（其中 $u=\varphi(x)$）；第二步把被积函数剩下的部分表示成 u 的函数 $f(u)$，并求出 $f(u)$ 的原函数 $F(u)$. 其中关键的一步是如何“凑”出微分 $\varphi'(x)\mathrm{d}x=\mathrm{d}u$.

例 3　求 $\int x\mathrm{e}^{-x^2}\mathrm{d}x$.

解　如果令 $u=-x^2$，则 $x\mathrm{d}x=-\frac{1}{2}\mathrm{d}(-x^2)$，于是

$$\begin{aligned}\int x\mathrm{e}^{-x^2}\mathrm{d}x&=-\frac{1}{2}\int\mathrm{e}^{-x^2}\mathrm{d}(-x^2)\\&=-\frac{1}{2}\int\mathrm{e}^u\mathrm{d}u=-\frac{1}{2}\mathrm{e}^u+C\quad（令\ u=-x^2）\\&=-\frac{1}{2}\mathrm{e}^{-x^2}+C.\end{aligned}$$

例 4　求 $\int\frac{\mathrm{d}x}{a^2+x^2}$.

解 $$\int\frac{\mathrm{d}x}{a^2+x^2}=\frac{1}{a^2}\int\frac{\mathrm{d}x}{1+\left(\frac{x}{a}\right)^2}$$

$$=\frac{1}{a}\int\frac{1}{1+\left(\frac{x}{a}\right)^2}\mathrm{d}\left(\frac{x}{a}\right)$$

$$=\frac{1}{a}\int\frac{1}{1+u^2}\mathrm{d}u=\frac{1}{a}\arctan u+C\quad\left(令\ u=\frac{x}{a}\right)$$

$$=\frac{1}{a}\arctan\frac{x}{a}+C.$$

例 5 求 $\int\frac{\mathrm{d}x}{\sqrt{a^2-x^2}}\ (a>0)$.

解 $$\int\frac{\mathrm{d}x}{\sqrt{a^2-x^2}}=\frac{1}{a}\int\frac{\mathrm{d}x}{\sqrt{1-\left(\frac{x}{a}\right)^2}}$$

$$=\int\frac{1}{\sqrt{1-\left(\frac{x}{a}\right)^2}}\mathrm{d}\left(\frac{x}{a}\right)$$

$$=\int\frac{1}{\sqrt{1-u^2}}\mathrm{d}u=\arcsin u+C\quad\left(令\ u=\frac{x}{a}\right)$$

$$=\arcsin\frac{x}{a}+C.$$

例 6 求 $\int\frac{\mathrm{d}x}{a^2-x^2}$.

解 先把被积函数分解成部分分式的和：

$$\frac{1}{a^2-x^2}=\frac{1}{2a}\left(\frac{1}{a-x}+\frac{1}{a+x}\right),$$

于是

$$\int\frac{\mathrm{d}x}{a^2-x^2}=\frac{1}{2a}\left(\int\frac{\mathrm{d}x}{a-x}+\int\frac{\mathrm{d}x}{a+x}\right)$$

$$=\frac{1}{2a}(-\ln|a-x|+\ln|a+x|)+C$$

$$=\frac{1}{2a}\ln\left|\frac{a+x}{a-x}\right|+C.$$

例 4、例 5、例 6 三个不定积分比较重要，如能熟记，可以作为公式直接运用.

例 7 求 $\int\frac{\ln x}{x}\mathrm{d}x$.

解　因为$\frac{dx}{x}=d(\ln x)$，所以

$$\int\frac{\ln x}{x}dx=\int\ln x d(\ln x)$$

$$=\int u du=\frac{1}{2}u^2+C\quad(令\ u=\ln x)$$

$$=\frac{1}{2}(\ln x)^2+C.$$

当我们计算比较熟练时，可以不把换元过程写出来：

$$\int\frac{\ln x}{x}dx=\int\ln x d(\ln x)=\frac{1}{2}(\ln x)^2+C.$$

例 8　求$\int\cos^2 x dx$.

解　$\int\cos^2 x dx=\frac{1}{2}\int(1+\cos 2x)dx=\frac{1}{2}x+\frac{1}{4}\sin 2x+C.$

例 9　求$\int\sin^3 x dx$.

解

$$\int\sin^3 x dx=\int\sin^2 x\cdot\sin x dx=-\int(1-\cos^2 x)d(\cos x)$$

$$=-(\cos x-\frac{1}{3}\cos^3 x)+C=\frac{1}{3}\cos^3 x-\cos x+C.$$

例 10　求$\int\sin^4 x\cos^3 x dx$.

解　$\int\sin^4 x\cos^3 x dx=\int\sin^4 x\cos^2 x d\sin x=\int\sin^4 x(1-\sin^2 x)d\sin x$

$$=\int(\sin^4 x-\sin^6 x)d\sin x=\frac{1}{5}\sin^5 x-\frac{1}{7}\sin^7 x+C.$$

例 11　求$\int\sin^4 x dx$.

解

$$\int\sin^4 x dx=\int\left(\frac{1-\cos 2x}{2}\right)^2dx=\frac{1}{4}\int(1-2\cos 2x+\cos^2 2x)dx$$

$$=\frac{1}{4}\int\left(1-2\cos 2x+\frac{1+\cos 4x}{2}\right)dx$$

$$=\frac{3}{8}x-\frac{1}{4}\sin 2x+\frac{1}{32}\sin 4x+C.$$

例 12　求$\int\tan x dx$.

解　$\int\tan x dx=\int\frac{\sin x}{\cos x}dx=-\int\frac{d(\cos x)}{\cos x}=-\ln|\cos x|+C.$

类似可求 $\int \cot x\mathrm{d}x=\ln|\sin x|+C$.

利用第一类换元积分法表示不定积分的关键在于恰当地选择变量代换 $u=\varphi(x)$，而要做到这一点并不容易，除了熟悉一些典型例题之外，务必勤加练习，注意反思总结一些规律性的东西，才能逐步掌握其中的技巧.

2. 第二类换元积分法

第一类换元积分法是通过变量代换 $u=\varphi(x)$，将积分$\int f[\varphi(x)]\varphi'(x)\mathrm{d}x$化为$\int f(u)\mathrm{d}u$，我们也常常遇到与第一类换元法相反的情形，选择新积分变量为自变量的变量代换 $x=\varphi(t)$，得

$$\int f(x)\mathrm{d}x=\int f[\varphi(t)]\varphi'(t)\mathrm{d}t=\int g(t)\mathrm{d}t \qquad (\text{令 } g(t)=f[\varphi(t)]\varphi'(t))$$

只要 $\varphi(t)$选择得恰当，$g(t)$的原函数 $G(t)$就能比较容易地求出，从而

$$\int f(x)\mathrm{d}x=\int f[\varphi(t)]\varphi'(t)\mathrm{d}t=G(t)+C.$$

如果 $x=\varphi(t)$有反函数 $t=\varphi^{-1}(x)$存在，则有

$$\int f(x)\mathrm{d}x=G[\varphi^{-1}(x)]+C.$$

这就是第二类换元积分法. 具体解题过程如下：

$$\begin{aligned}
&\int f(x)\mathrm{d}x && (\text{令 } x=\varphi(t))\\
&=\int f[\varphi(t)]\varphi'(t)\mathrm{d}t && (\text{整理被积函数})\\
&=\int g(t)\mathrm{d}t && (\text{对 } t \text{ 积分})\\
&=G(t)+C && (\text{代回反函数 } t=\varphi^{-1}(x))\\
&=G[\varphi^{-1}(x)]+C.
\end{aligned}$$

由上可知，第二换元积分法与第一换元积分法的过程正好相反.

例 13 求 $\int \sqrt{a^2-x^2}\mathrm{d}x \quad (a>0)$.

解 被积函数含有根式 $\sqrt{a^2-x^2}$，为了消除根号，可令 $x=a\sin t$ $\left(-\frac{\pi}{2}<t<\frac{\pi}{2}\right)$，则 $t=\arcsin\frac{x}{a}$. $\sqrt{a^2-x^2}=\sqrt{a^2-a^2\sin^2 t}=a\sqrt{\cos^2 t}=a\cos t$，$\mathrm{d}x=a\cos t\mathrm{d}t$，所以

$$\int \sqrt{a^2-x^2}\,\mathrm{d}x = \int a\cos t \cdot a\cos t\,\mathrm{d}t = \int a^2\cos^2 t\,\mathrm{d}t$$

$$= a^2\int \frac{1+\cos 2t}{2}\mathrm{d}t = \frac{a^2}{2}\left(t+\frac{1}{2}\sin 2t\right)+C$$

$$= \frac{a^2}{2}t+\frac{a^2}{2}\sin t\cos t+C.$$

为了还回原来的变量，根据 $x=a\sin t$，即以 $\sin t=\frac{x}{a}$ 作直角三角形如图 4-1 所示，由这个直角三角形可得

$$\cos t=\frac{\sqrt{a^2-x^2}}{a}.$$

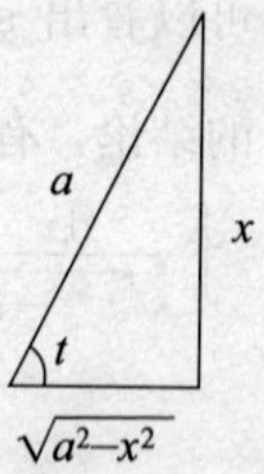

图 4-1

故 $\int \sqrt{a^2-x^2}\,\mathrm{d}x = \frac{a^2}{2}\arcsin\frac{x}{a}+\frac{a^2}{2}\cdot\frac{x}{a}\cdot\frac{\sqrt{a^2-x^2}}{a}+C$

$$= \frac{a^2}{2}\arcsin\frac{x}{a}+\frac{x}{2}\sqrt{a^2-x^2}+C.$$

同样对于此题，也可令 $x=a\cos t$，请读者自己练习.

例 14　求 $\int \frac{\mathrm{d}x}{\sqrt{x^2+a^2}}\quad(a>0)$.

解　设 $x=a\tan t\left(-\frac{\pi}{2}<t<\frac{\pi}{2}\right)$，则 $t=\arctan\frac{x}{a}$.

$\sqrt{x^2+a^2}=\sqrt{a^2\ (1+\tan^2 t)}=a\sqrt{\sec^2 t}=a\sec t$，$\mathrm{d}x=a\sec^2 t\mathrm{d}t$，所以

$$\int \frac{\mathrm{d}x}{\sqrt{x^2+a^2}} = \int \frac{1}{a\sec t}\cdot a\sec^2 t\mathrm{d}t = \int \sec t\mathrm{d}t = \int \frac{\mathrm{d}t}{\cos t}.$$

$$\int \frac{\mathrm{d}t}{\cos t} = \int \frac{\mathrm{d}\sin t}{1-\sin^2 t}\quad(\text{令 } u=\sin t)$$

$$= \int \frac{\mathrm{d}u}{1-u^2}\quad(\text{由例题 6})$$

$$= \frac{1}{2}\ln\left|\frac{1+u}{1-u}\right|+C$$

$$= \frac{1}{2}\ln\left|\frac{1+\sin t}{1-\sin t}\right|+C.$$

由图 4-2 可以看出，$\sin t=\frac{x}{\sqrt{a^2+x^2}}$，代入上式并化简，求得

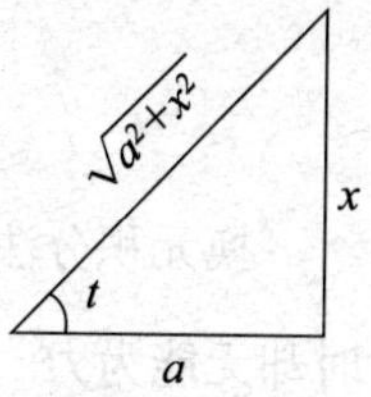

图 4-2

$$\int \frac{\mathrm{d}x}{\sqrt{x^2+a^2}} = \ln\left|x+\sqrt{a^2+x^2}\right|+C.$$

例 15 求 $\int \frac{dx}{\sqrt{x^2-a^2}}$ $(a>0)$.

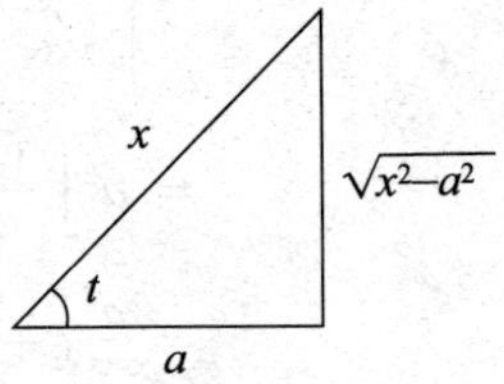

图 4-3

解 令 $x=a\sec t\left(0<t<\frac{\pi}{2}\right)$，则

$\sqrt{x^2-a^2}=a\tan t$，$dx=a\sec t\tan t dt$，由图 4-3 可以看出 $\sin t=\frac{\sqrt{x^2-a^2}}{x}$，代入上式并应用 $\int \frac{dt}{\cos t}$ 的结论，有

$$\int \frac{dx}{\sqrt{x^2-a^2}}=\int \frac{dt}{\cos t}=\frac{1}{2}\ln\left|\frac{1+\sin t}{1-\sin t}\right|+C=\ln\left|x+\sqrt{x^2-a^2}\right|+C.$$

习题 4—3

1. 用第一换元积分法求下列积分.

(1) $\int (3x+1)^5 dx$；　(2) $\int \frac{dx}{\sqrt{1-3x}}$；

(3) $\int \sin\frac{x}{2} dx$；　(4) $\int \sin^2 x dx$；

(5) $\int \cos^2 2x dx$；　(6) $\int \cos^4 x\sin x dx$；

(7) $\int \frac{dx}{9+x^2}$；　(8) $\int \frac{dx}{\sqrt{4-x^2}}$；

(9) $\int \frac{dx}{1-4x^2}$；　(10) $\int \frac{dx}{x\sqrt{1+\ln x}}$.

2. 用第二换元积分法求下列积分.

(1) $\int \sqrt{4-x^2} dx$；　(2) $\int \frac{dx}{\sqrt{x^2+5}}$；　(3) $\int \frac{dx}{\sqrt{x^2-9}}$.

第四节　分部积分法

换元积分法虽然十分重要，但在求积分 $\int xe^x dx$，$\int \arctan x dx$，$\int x\ln x dx$ 时却无能为力. 求这类积分，有赖于本节介绍的分部积分法.

分部积分法是由函数乘积的微分公式转化而得到的. 设 $u=u(x)$ 和 $v=v(x)$ 连续可微，由

$$d(uv)=udv+vdu$$

可得

$$udv=d(uv)-vdu,$$

两边积分，得

$$\int udv = uv - \int vdu, \tag{1}$$

或

$$\int uv'dx = uv - \int vu'dx. \tag{2}$$

上述公式 (1)，(2) 称为分部积分公式，它适用于某些被积函数可以表示成两个函数乘积的情形，其作用在于把求 $\int udv$ 转化为求 $\int vdu$. 如果求 $\int vdu$ 比求 $\int udv$ 容易，分部积分公式就起到了化难为易的作用.

例 1 求 $\int x\cos 2x dx$.

解 设 $u=x$，$dv=\cos 2xdx$，则 $du=dx$，$v=\frac{1}{2}\sin 2x$，根据分部积分公式，有

$$\begin{aligned}\int x\cos 2xdx &= \int xd\left(\frac{1}{2}\sin 2x\right)\\ &= x\cdot\frac{1}{2}\sin 2x - \int\frac{1}{2}\sin 2xdx\\ &= \frac{1}{2}x\sin 2x + \frac{1}{4}\cos 2x + C.\end{aligned}$$

但如果设 $u=\cos 2x$，$dv=xdx$，则 $du=-2\sin 2xdx$，$v=\frac{1}{2}x^2$，代入分部积分公式得

$$\begin{aligned}\int x\cos 2xdx &= \int\cos 2xd\left(\frac{1}{2}x^2\right)\\ &= \frac{1}{2}x^2\cdot\cos 2x - \int\frac{1}{2}x^2\cdot(-2\sin 2x)dx\\ &= \frac{1}{2}x^2\cdot\cos 2x + \int x^2\cdot\sin 2xdx.\end{aligned}$$

这时右边第二项的积分比原积分更复杂，所以这样选取 u 和 dv 是不可取的或者说是行不通的.

由此可见，应用分部积分公式时，恰当地选择 u 和 dv 是很关键的，对

u 和 $\mathrm{d}v$ 的选取，应当考虑到：

(1) 由 $\mathrm{d}v$ 容易求出 v；

(2) 使 $\int v\mathrm{d}u$ 比 $\int u\mathrm{d}v$ 容易计算.

例 2 求 $\int x\mathrm{e}^x\mathrm{d}x$.

解 设 $u=x$，$\mathrm{d}v=\mathrm{e}^x\mathrm{d}x$，则 $\mathrm{d}u=\mathrm{d}x$，$v=\mathrm{e}^x$，于是有

$$\int x\mathrm{e}^x\mathrm{d}x=\int x\mathrm{d}\mathrm{e}^x=x\mathrm{e}^x-\int\mathrm{e}^x\mathrm{d}x$$

$$=x\mathrm{e}^x-\mathrm{e}^x+C.$$

如果选 $u=\mathrm{e}^x$，$\mathrm{d}v=x\mathrm{d}x$，可能会使积分计算更为复杂.

那么如何选择 u 和 $\mathrm{d}v$ 呢？通常我们可以遵循对数函数、反三角函数、幂函数、三角函数、指数函数的顺序，即把被积函数的两个因子中，排在前面的一类函数确定为 u，这种确定 u 的顺序可以简记为“对、反、幂、三、指”.

此外，在运算比较熟练的情况下，可以把所求积分直接写成 $\int u\mathrm{d}v$ 的形式，应用分部积分公式计算之，省略设 u 和 $\mathrm{d}v$ 的中间过程.

例 3 求 $\int x^2\ln x\mathrm{d}x$.

解
$$\int x^2\ln x\mathrm{d}x=\frac{1}{3}\int\ln x\mathrm{d}x^3=\frac{1}{3}\left(x^3\ln x-\int x^3\cdot\frac{1}{x}\mathrm{d}x\right)$$

$$=\frac{1}{3}x^3\ln x-\frac{1}{3}\int x^2\mathrm{d}x=\frac{1}{3}x^3\ln x-\frac{1}{9}x^3+C.$$

例 4 求 $\int\arctan x\mathrm{d}x$.

解
$$\int\arctan x\mathrm{d}x=x\arctan x-\int\frac{x}{1+x^2}\mathrm{d}x,$$

对右端的积分用第一换元积分法得

$$\int\frac{x}{1+x^2}\mathrm{d}x=\frac{1}{2}\int\frac{1}{1+x^2}\mathrm{d}(1+x^2)=\frac{1}{2}\ln(1+x^2)+C,$$

代入上式得到

$$\int\arctan x\mathrm{d}x=x\arctan x-\frac{1}{2}\ln(1+x^2)+C.$$

例 5 求 $\int\mathrm{e}^{\sqrt{x}}\mathrm{d}x$.

解 设 $u=\sqrt{x}$，则 $x=u^2$，$\mathrm{d}x=2u\mathrm{d}u$，于是

$$\int e^{\sqrt{x}} dx = 2\int ue^u du = 2\int u de^u = 2(ue^u - \int e^u du)$$

$$= 2e^u(u-1) + C = 2(\sqrt{x}-1)e^{\sqrt{x}} + C.$$

上面两例表明，有时需要将分部积分法和换元积分法结合在一起应用. 下面的例题则表明，有时需要连续应用分部积分法.

例 6　求 $\int x^2 e^x dx$.

解　$\int x^2 e^x dx = \int x^2 de^x = x^2 e^x - 2\int x e^x dx$,

对右端的积分再用一次分部积分（参见例 2），得到

$$\int x^2 e^x dx = x^2 e^x - 2e^x(x-1) + C$$

$$= e^x(x^2 - 2x + 2) + C.$$

例 7　求 $\int e^x \cos x dx$.

解　$$\int e^x \cos x dx = \int \cos x de^x$$

$$= e^x \cos x + \int e^x \sin x dx$$

$$= e^x \cos x + e^x \sin x - \int e^x \cos x dx.$$

移项整理得

$$\int e^x \cos x dx = \frac{1}{2} e^x (\cos x + \sin x) + C.$$

由于移项后，上述右端不再含有不定积分，因此结果必须加积分常数 C.

本例也可令 $u(x) = e^x$，使用两次分部积分公式，请读者自己练习.

例 8　求 $\int x \tan^2 x dx$.

解　$$\int x \tan^2 x dx = \int x(\sec^2 x - 1) dx$$

$$= \int x \sec^2 x dx - \int x dx$$

$$= -\frac{1}{2}x^2 + \int x d\tan x$$

$$= -\frac{1}{2}x^2 + x\tan x - \int \tan x dx$$

$$= -\frac{1}{2}x^2 + x\tan x + \ln|\cos x| + C.$$

例 9 求 $\int \tan^2 x\sec x\mathrm{d}x$.

解 $\int \tan^2 x\sec x\mathrm{d}x = \int \tan x\mathrm{d}(\sec x)$

$$= \tan x\sec x - \int \sec x \cdot \sec^2 x\mathrm{d}x$$

$$= \tan x\sec x - \int \sec x \cdot (1+\tan^2 x)\mathrm{d}x$$

$$= \tan x\sec x - \int \sec x\mathrm{d}x - \int \sec x \cdot \tan^2 x\mathrm{d}x$$

$$= \tan x\sec x - \ln|\sec x + \tan x| - \int \tan^2 x\sec x\mathrm{d}x.$$

移项整理得

$$\int \tan^2 x\sec x\mathrm{d}x = \frac{1}{2}(\tan x\sec x - \ln|\sec x + \tan x|) + C.$$

我们从求不定积分的具体例子可以看出，不论换元积分法，还是分部积分法，哪一种都不是万能的，每一种方法都是对某些积分适用，而对另一些积分就不适用. 在实际求不定积分时，要根据实际题目的特点选择合适的方法. 有时一道题我们既可以用换元法，也可以用分部积分法，有时需要灵活应用这两种方法.

例 10 求 $\int \frac{x^3}{\sqrt{1+x^2}}\mathrm{d}x$.

解法一 用第一换元积分法

$$\int \frac{x^3}{\sqrt{1+x^2}}\mathrm{d}x = \frac{1}{2}\int \frac{x^2}{\sqrt{1+x^2}}\mathrm{d}(x^2)$$

$$= \frac{1}{2}\int \frac{x^2+1-1}{\sqrt{1+x^2}}\mathrm{d}(x^2+1)$$

$$= \frac{1}{2}\int \left(\sqrt{1+x^2} - \frac{1}{\sqrt{1+x^2}}\right)\mathrm{d}(x^2+1)$$

$$= \frac{1}{2}\left[\frac{2}{3}(1+x^2)^{\frac{3}{2}} - 2\sqrt{1+x^2}\right] + C$$

$$= \frac{1}{3}(1+x^2)\sqrt{1+x^2} - \sqrt{1+x^2} + C$$

$$= \frac{1}{3}x^2\sqrt{1+x^2} - \frac{2}{3}\sqrt{1+x^2} + C.$$

解法二　用分部积分法

$$\int \frac{x^3}{\sqrt{1+x^2}}\mathrm{d}x=\int x^2\mathrm{d}\sqrt{1+x^2}$$

$$=x^2\sqrt{1+x^2}-\int\sqrt{1+x^2}\mathrm{d}x^2$$

$$=x^2\sqrt{1+x^2}-\int\sqrt{1+x^2}\mathrm{d}(1+x^2)$$

$$=x^2\sqrt{1+x^2}-\frac{2}{3}(1+x^2)^{\frac{3}{2}}+C$$

$$=\frac{1}{3}x^2\sqrt{1+x^2}-\frac{2}{3}\sqrt{1+x^2}+C.$$

解法三　用第二换元积分法

设 $x=\tan t$，则 $\mathrm{d}x=\sec^2 t\mathrm{d}t$.

$$\int \frac{x^3}{\sqrt{1+x^2}}\mathrm{d}x=\int\frac{\tan^3 t}{\sec t}\sec^2 t\mathrm{d}t$$

$$=\int\tan^3 t\sec t\mathrm{d}t$$

$$=\int\tan^2 t\mathrm{d}(\sec t)$$

$$=\int(\sec^2 t-1)\mathrm{d}(\sec t)$$

$$=\frac{1}{3}\sec^3 t-\sec t+C$$

$$=\frac{1}{3}(1+x^2)^{\frac{3}{2}}-\sqrt{1+x^2}+C$$

$$=\frac{1}{3}(1+x^2)\sqrt{1+x^2}-\sqrt{1+x^2}+C$$

$$=\frac{1}{3}x^2\sqrt{1+x^2}-\frac{2}{3}\sqrt{1+x^2}+C.$$

从上题可以看出，求同一函数的不定积分可以采用几种不同的计算方法，其难易程度，繁简程度不一. 因此，要灵活掌握求不定积分的方法，学会选择最简便的方法求解.

习题 4—4

计算下列不定积分.

1. $\int x\sin x\mathrm{d}x$；　　2. $\int x\mathrm{e}^{2x}\mathrm{d}x$；

3. $\int x^3 \ln x dx$；

4. $\int \arcsin x dx$；

5. $\int e^x \sin x dx$；

6. $\int \ln(1+x^2)dx$；

7. $\int \cos\sqrt{x}dx$；

8. $\int x^3 \sin x^2 dx$；

9. $\int \sec^3 x dx$；

10. $\int x\ln\sqrt{1+x^2}dx$.

【本章小结】

一、本章的基本要求

1. 理解原函数与不定积分的概念，掌握不定积分的性质.

2. 熟悉不定积分的基本公式，熟练掌握换元积分法和分部积分法.

3. 本章的重点是积分基本公式、换元积分法和分部积分法. 难点是有针对性地、灵活地采用有效的积分方法求不定积分.

二、学习中应注意的几个问题

对于初等函数来说，在其定义域内，它的原函数一定存在，但不一定是初等函数，如

$$\int e^{-x^2}dx, \int \frac{\sin x}{x}dx, \int \frac{1}{\ln x}dx, \int \frac{dx}{\sqrt{1+x^4}}$$

等等，就都不是初等函数，这时我们也说积分积不出来.

综合检测题（四）

1. 填空题：

(1) $\int x^\alpha dx =$ __________ $(\alpha \neq -1)$；

(2) 若 $\int f(x)dx = F(x)+C$，则 $\int \frac{f(\ln x)}{x}dx =$ __________；

(3) $\int (\arctan x)'dx =$ __________；

(4) 设 $f(x)=\frac{\sin x}{x}$，则 $\left[\int f(x)dx\right]' =$ __________.

2. 选择题：

(1) 设 $F(x)$ 是 $f(x)$ 的一个原函数，则 $\int xf(1-x^2)dx =$ (　　).

A. $F(1-x^2)+C$　　　　B. $-F(1-x^2)+C$

C. $-\frac{1}{2}F(1-x^2)+C$　　D. $F(x)+C$

(2) 设 $\int f(x)\mathrm{d}x = x\ln x + C$，则 $f(x) =$ (　　).

A. $\ln x+1$　　B. $\ln x$

C. x　　D. $x\ln x$

(3) 不定积分 $\int \frac{1}{a}\mathrm{d}x =$ (　　)$(a \neq 0)$.

A. $\frac{x}{a}+C$　　B. $ax+C$

C. $\frac{x}{a^2}+C$　　D. $\ln a+C$

(4) $\int \frac{x\mathrm{d}x}{\sqrt{1+x^2}} =$ (　　).

A. $\arctan x+C$　　B. $\ln|x+\sqrt{1+x^2}|+C$

C. $\sqrt{1+x^2}+C$　　D. $\frac{1}{2}\ln|1+x^2|+C$

3. 计算题：

(1) $\int \frac{\sqrt{x}-2\sqrt[3]{x^2}+1}{\sqrt[4]{x}}\mathrm{d}x$；　　(2) $\int \sqrt[3]{1+x^3}\,x^2\mathrm{d}x$；

(3) $\int \frac{1}{\sin x\cos^3 x}\mathrm{d}x$；　　(4) $\int \frac{\ln x}{x\sqrt{1+\ln x}}\mathrm{d}x$；

(5) $\int \frac{\mathrm{e}^{2x}}{\mathrm{e}^{4x}+4}\mathrm{d}x$；　　(6) $\int \frac{\mathrm{e}^{2x}}{\mathrm{e}^{4x}-4}\mathrm{d}x$；

(7) $\int x^3\mathrm{e}^{-x^2}\mathrm{d}x$；　　(8) $\int \frac{\ln x}{x^2}\mathrm{d}x$；

(9) $\int \mathrm{e}^x\sin^2 x\mathrm{d}x$；　　(10) $\int \ln^2 x\mathrm{d}x$.

拓展性阅读导航

1. 黄光谷等：吉米多维奇数学分析习题集选解［M］. 武汉：华中科技大学出版社 2006 年版.

该书是从吉米多维奇的《数学分析习题集》中选取一些重要的、典型的习题，作了详细解答，由易到难，可供阅读参考.

2. 姚孟臣：大学文科高等数学［M］. 北京：高等教育出版社 1997 年版.

该书通俗易懂，逐层递进，注重数学思想方法. 在每一章的最后一节是历史注记，介绍与该章有关的数学史知识，可供阅读参考.

3. 姚绍义：大学数学［M］. 北京：人民教育出版社 2002 年版.

该书系大学本科小学教育专业非数学方向教材，概念清楚，重点突出，条理清晰，文字准确，通俗易懂，例题典型，注重思维能力的培养，可供阅读参考.

4. 朱学志等：数学的历史、思想和方法［M］. 哈尔滨：哈尔滨出版社 1990 年版.

该书融史料、方法、哲学于一体，风格独特、内容丰富，着重思想方法演变的分析，充满启发性思想闪光，可供阅读参考.

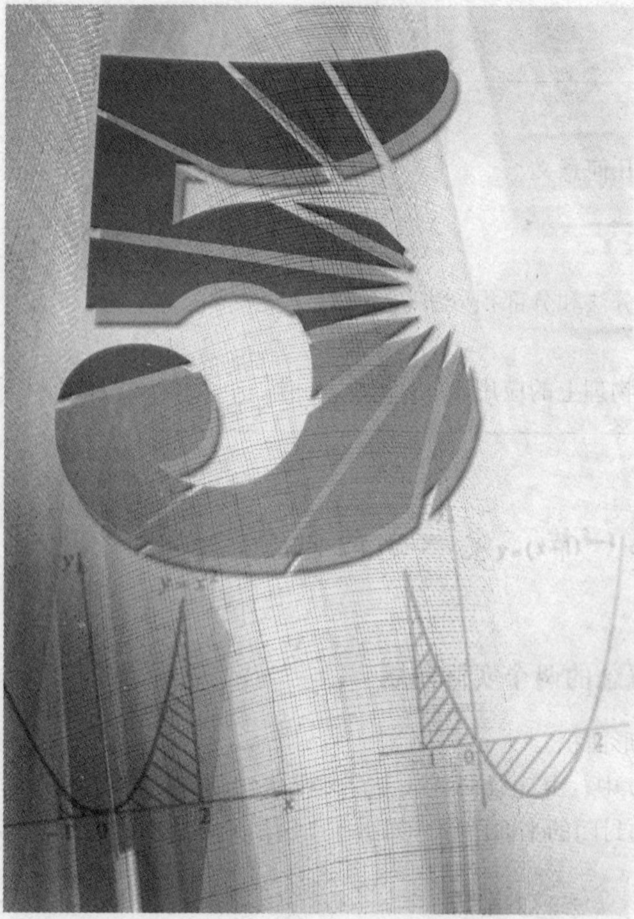

第五章 定积分

定积分是积分学的又一个重要概念. 自然科学和生产实践的许多问题，如求平面图形面积、旋转体的体积、物体沿直线变速运动的路程以及变力对物体所做的功等都可以归纳为定积分问题. 本章通过两个实例来引入定积分概念，然后讨论定积分的性质及通过定积分与不定积分的联系给出定积分的计算方法，最后介绍定积分在几何、物理方面的一些应用.

本章学习要点

- 定积分的概念与几何意义
- 定积分的性质
- 微积分基本定理
- 定积分的换元积分法和分部积分法
- 广义积分
- 定积分在几何和物理上的应用

第一节　定积分的概念

1. 引出定积分概念的两个实际问题

问题 1　求曲边梯形面积

在直角坐标系 xOy 中，由连续曲线 $y=f(x)$（$f(x)\geqslant 0$），直线 $x=a$，$x=b$以及 x 轴所围成的封闭的平面图形（如图 5-1 所示）称为曲边梯形.

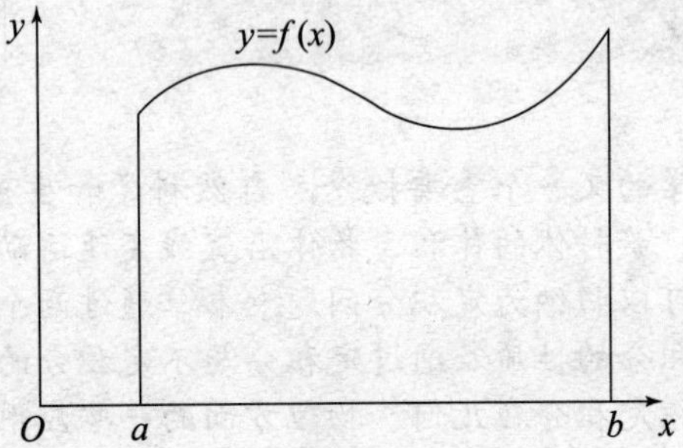

图 5-1

在初等数学中，我们已经学会计算多边形及圆形的面积，现在我们来研究如何计算曲边梯形的面积 A.

如果 $f(x)$在区间$[a，b]$上是常数，则曲边梯形就是一个矩形，它的面积可以按公式

$$\text{矩形面积}=\text{底}\times\text{高}$$

来计算. 现在由于曲边梯形有一条边是曲线，也就是底边上各点的高 $f(x)$ 在 $[a, b]$ 上是变化的，因此不能直接用矩形面积公式计算它的面积. 从整体上看，曲边梯形的高是变化的，但从局部上可以把它近似地看作是不变的. 因此，我们把区间 $[a, b]$ 分成许多小区间，即把曲边梯形分成许多窄曲边梯形，在每个小区间上用其中某一点处的高近似代替相应窄曲边梯形的高，按矩形面积公式计算出每个窄矩形的面积就是相应窄曲边梯形面积的近似值，所有窄矩形面积的和就是所求曲边梯形面积的近似值. 当把区间 $[a, b]$ 无限细分下去，使每个小区间的长度都趋近于零，这时所有窄矩形面积之和的极限就可以定义为所求曲边梯形的面积 A. 这个定义同时也给出了计算曲边梯形面积的方法，现详述如下：

（1）分割

在区间 $[a, b]$ 中任意插入 $n-1$ 个分点

$$a=x_0<x_1<x_2<\cdots<x_{i-1}<x_i<\cdots<x_{n-1}<x_n=b,$$

把 $[a, b]$ 分成 n 个小区间

$$[x_0, x_1], [x_1, x_2], \cdots, [x_{i-1}, x_i], \cdots, [x_{n-1}, x_n].$$

它们的长度依次为：

$$\Delta x_1=x_1-x_0, \Delta x_2=x_2-x_1, \cdots, \Delta x_i=x_i-x_{i-1}, \cdots, \Delta x_n=x_n-x_{n-1}.$$

经过每一个分点作平行于 y 轴的直线段，把曲边梯形分成 n 个窄曲边梯形，窄曲边梯形的面积记为 ΔA_i（$i=1, 2, \cdots, n$）.

（2）近似代替

在每个小区间 $[x_{i-1}, x_i]$ 上任取一点 ξ_i（$x_{i-1}\leqslant\xi_i\leqslant x_i$）（$i=1, 2, \cdots, n$），以 $f(\xi_i)$ 为高，底边长为 Δx_i 的窄矩形面积 $f(\xi_i)\Delta x_i$（如图 5-2 所示的阴影部分）近似代替第 i 个窄曲边梯形的面积 ΔA_i，即

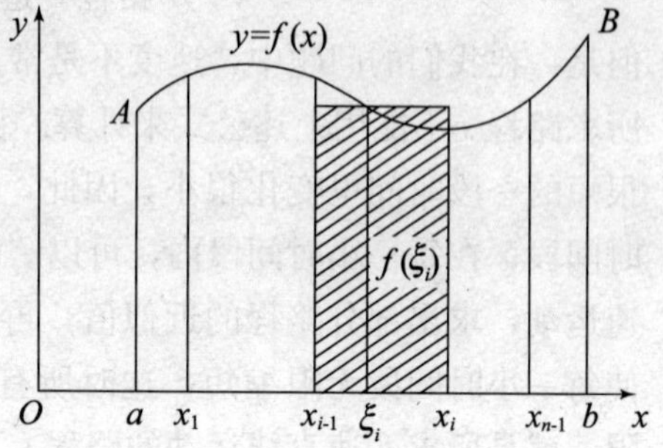

图 5-2

$$\Delta A_i\approx f(\xi_i)\Delta x_i, \quad x_{i-1}\leqslant\xi_i\leqslant x_i$$
$$(i=1, 2, \cdots, n).$$

（3）求和

将 n 个窄矩形的面积加起来，得到所求曲边梯形面积 A 的近似值，即

$$\begin{aligned}A&=\Delta A_1+\Delta A_2+\cdots+\Delta A_n\\&\approx f(\xi_1)\Delta x_1+f(\xi_2)\Delta x_2+\cdots+f(\xi_n)\Delta x_n\end{aligned}$$

$$= \sum_{i=1}^{n} f(\xi_i)\Delta x_i.$$

这里符号“$\sum$”是求和的意思，$\sum_{i=1}^{n} f(\xi_i)\Delta x_i$ 表示 $f(\xi_i)\Delta x_i$ 中的 i 依次取 1，2，…，n 所得到的各项和.

（4）**取极限**

如果分点的个数无限增多，且每个小区间的长度都趋于零时，和式 $\sum_{i=1}^{n} f(\xi_i)\Delta x_i$ 的极限就是所求曲边梯形的面积 A.

设 $\lambda=\max\{\Delta x_1, \Delta x_2, \cdots, \Delta x_n\}$，当 $\lambda\to 0$ 时（这时分点个数无限增多，即 $n\to\infty$），可得曲边梯形的面积

$$A = \lim_{\lambda\to 0}\sum_{i=1}^{n} f(\xi_i)\Delta x_i.$$

这样，计算曲边梯形的面积问题，就归结为求“和式 $\sum_{i=1}^{n} f(\xi_i)\Delta x_i$ 的极限”问题.

问题 2 求变速直线运动的路程

设物体作直线运动，其速度 $v(t)$ 是 t 的一个连续函数，且 $v(t)\geqslant 0$，求物体在时间间隔 $[T_1, T_2]$ 内所经过的路程 s.

我们知道，当物体作匀速直线运动时，有公式

路程＝速度×时间.

但是，在我们的问题中，速度不是常量而是随时间连续变化的变量，因此，所求路程 s 不能用上述公式来计算. 由于速度函数 $v(t)$ 是连续变化的，它在很短的一段时间里变化很小，因此，可以把时间间隔 $[T_1, T_2]$ 分成若干小时间段，在每一小时间段内，可以“以不变代变”，把变速运动近似看成匀速运动，求出部分路程的近似值；再求和，得到整个路程的近似值；最后，使每一小时间段无限缩短，这时所有小时间段内的路程的近似值之和的极限，就是所求变速直线运动的路程 s.

具体计算步骤如下：

（1）**分割**

在时间间隔 $[T_1, T_2]$ 内任意插入 $n-1$ 个分点

$$T_1=t_0<t_1<t_2<\cdots<t_{i-1}<t_i<\cdots<t_{n-1}<t_n=T_2,$$

把 $[T_1, T_2]$ 分成 n 个小时间段

$$[t_0, t_1], [t_1, t_2], \cdots, [t_{i-1}, t_i], \cdots, [t_{n-1}, t_n],$$

各小时间段的长度依次为：

$\Delta t_1 = t_1 - t_0$，$\Delta t_2 = t_2 - t_1$，…，$\Delta t_i = t_i - t_{i-1}$，…，$\Delta t_n = t_n - t_{n-1}$.

相应地，在每一小时间段内物体经过的路程依次为

$$\Delta s_1, \Delta s_2, \cdots, \Delta s_n.$$

（2）近似代替

在小时间段$[t_{i-1}, t_i]$上任取一个时刻τ_i（$t_{i-1} \leqslant \tau_i \leqslant t_i$）（$i=1, 2, \cdots, n$），以$v(\tau_i)$近似代替$[t_{i-1}, t_i]$上的平均速度，从而得到$\Delta s_i$的近似值，即

$$\Delta s_i \approx v(\tau_i)\Delta t_i \quad (i=1,2,\cdots,n).$$

（3）求和

将n个小时间段内物体经过的路程的近似值相加，得到变速直线运动路程s的近似值，即

$$\begin{aligned} s &= \Delta s_1 + \Delta s_2 + \cdots + \Delta s_n \\ &\approx v(\tau_1)\Delta t_1 + v(\tau_2)\Delta t_2 + \cdots + v(\tau_n)\Delta t_n \\ &= \sum_{i=1}^{n} v(\tau_i)\Delta t_i. \end{aligned}$$

（4）取极限

设$\lambda = \max\{\Delta t_1, \Delta t_2, \cdots, \Delta t_n\}$，当$\lambda \to 0$时取上式右端的极限，即得到物体在时间间隔$[T_1, T_2]$上作变速直线运动所经过的路程

$$s = \lim_{\lambda \to 0} \sum_{i=1}^{n} v(\tau_i)\Delta t.$$

2. 定积分的定义

前面所讨论的两个问题，一个是几何问题，一个是物理问题. 尽管它们的实际意义不同，但它们都决定于一个函数及其自变量的变化区间，其次它们的计算方法与步骤都相同：

分割——把整体的问题分成局部的问题；

代替——在局部上“以直代曲”或“以不变代变”求出局部的近似值；

求和——得到整体的一个近似值；

取极限——得到整体量的精确值.

上述方法和步骤归结为具有相同结构的一种特殊和的极限，如

$$\text{面积} A = \lim_{\lambda \to 0} \sum_{i=1}^{n} f(\xi_i)\Delta x_i,$$

$$路程\ s=\lim_{\lambda\to 0}\sum_{i=1}^{n}v(\tau_i)\Delta t_i.$$

并且这两个极限与区间的分法和中间点的选取无关.

这里我们抽去前面所讨论问题的几何意义和物理意义，抓住它们在数量关系上的共同的本质和特性加以抽象概括，就可以得到积分学的另一重要的概念——定积分.

定义 设函数 $f(x)$ 在区间 $[a, b]$ 上有界，在 $[a, b]$ 内任意插入 $n-1$ 个分点

$$a=x_0<x_1<x_2<\cdots<x_{n-1}<x_n=b,$$

把区间 $[a, b]$ 分成 n 个小区间

$$[x_0, x_1], [x_1, x_2], \cdots, [x_{n-1}, x_n],$$

各个小区间的长度依次为

$$\Delta x_1=x_1-x_0, \Delta x_2=x_2-x_1, \cdots, \Delta x_n=x_n-x_{n-1}.$$

在每个小区间 $[x_{i-1}, x_i]$ 上任取一点 $\xi_i\ (x_{i-1}\leqslant\xi_i\leqslant x_i)\ (i=1, 2, \cdots, n)$，作函数值 $f(\xi_i)$ 与小区间长度 Δx_i 的乘积 $f(\xi_i)\Delta x_i$，并作出和

$$\sum_{i=1}^{n}f(\xi_i)\Delta x_i.$$

记 $\lambda=\max\{\Delta x_1, \Delta x_2, \cdots, \Delta x_n\}$，如果不论对 $[a, b]$ 采取怎样的分法，也不论在小区间 $[x_{i-1}, x_i]$ 上点 ξ_i 怎样取法，只要当 $\lambda\to 0$ 时，和式 $\sum\limits_{i=1}^{n}f(\xi_i)\Delta x_i$ 总有确定的极限 I，这时我们称这个极限值 I 为函数 $f(x)$ 在区间 $[a, b]$ 上的定积分（简称积分），记作 $\int_a^b f(x)\mathrm{d}x$，即

$$\int_a^b f(x)\mathrm{d}x=\lim_{\lambda\to 0}\sum_{i=1}^{n}f(\xi_i)\Delta x_i=I,$$

其中 $f(x)$ 叫做被积函数，$f(x)\mathrm{d}x$ 叫做被积表达式，x 叫做积分变量，区间 $[a, b]$ 叫做积分区间，a 叫做积分下限，b 叫做积分上限，和式 $\sum\limits_{i=1}^{n}f(\xi_i)\Delta x_i$ 称为黎曼和.

如果函数 $f(x)$ 在区间 $[a, b]$ 上的定积分 $\int_a^b f(x)\mathrm{d}x$ 存在，我们就称 $f(x)$ 在区间 $[a, b]$ 上可积，否则，就称 $f(x)$ 在区间 $[a, b]$ 上不可积.

注意：定积分与不定积分是两个完全不同的概念. 不定积分是微分的逆运算，而定积分是一种特殊的和的极限；函数 $f(x)$ 的不定积分是（无穷多个）函数，而 $f(x)$ 在 $[a, b]$ 上的定积分是一个完全由被积函数 $f(x)$ 和积

分区间 $[a, b]$ 所确定的值，与区间 $[a, b]$ 的分法和点 ξ_i 的取法无关，而且与积分变量用什么字母表示也无关，即

$$\int_a^b f(x)\mathrm{d}x = \int_a^b f(t)\mathrm{d}t = \int_a^b f(u)\mathrm{d}u.$$

根据定积分定义，前面所讨论的两个实际问题可以分别表述为：

曲线 $y=f(x)(f(x)\geqslant 0)$，直线 $x=a$，$x=b$ 以及 x 轴所围成的曲边梯形面积 A 等于 $f(x)$ 在区间 $[a, b]$ 上的定积分，即

$$A = \int_a^b f(x)\mathrm{d}x.$$

物体以变速 $v=v(t)(v(t)\geqslant 0)$ 作直线运动，从时刻 $t=T_1$ 到时刻 $t=T_2$ 所经历的路程 s 等于函数 $v(t)$ 在区间 $[T_1, T_2]$ 上的定积分，即

$$s = \int_{T_1}^{T_2} v(t)\mathrm{d}t.$$

函数 $f(x)$ 在 $[a, b]$ 上满足怎样的条件，$f(x)$ 在 $[a, b]$ 上就一定可积？这个问题我们不作深入讨论，而只给出以下两个充分条件：

定理 1　设 $f(x)$ 在 $[a, b]$ 上连续，则 $f(x)$ 在 $[a, b]$ 上可积.

证明略.

定理 2　设 $f(x)$ 在 $[a, b]$ 上有界，且只有有限个间断点，则 $f(x)$ 在 $[a, b]$ 上可积.

证明略.

3. 定积分的几何意义

在区间 $[a, b]$ 上，若 $f(x)\geqslant 0$，由前面讨论可知，定积分 $\int_a^b f(x)\mathrm{d}x$ 在几何上表示由曲线 $y=f(x)$，直线 $x=a$、$x=b$ 以及 x 轴所围成的曲边梯形面积.

在区间 $[a, b]$ 上，若 $f(x)\leqslant 0$，曲边梯形位于 x 轴下方，这时 $f(\xi_i)\leqslant 0$，$\Delta x_i = x_i - x_{i-1} > 0$，所以 $f(\xi_i)\Delta x_i \leqslant 0$，从而和式的极限 $\lim\limits_{\lambda\to 0}\sum\limits_{i=1}^{n} f(\xi_i)\Delta x_i \leqslant 0$，即 $\int_a^b f(x)\mathrm{d}x \leqslant 0$，因此 $\int_a^b f(x)\mathrm{d}x$ 在几何上表示由曲线 $y=f(x)$，直线 $x=a$、$x=b$ 以及 x 轴所围成的曲边梯形面积的相反数.

一般地，如果函数 $f(x)$ 在区间 $[a, b]$ 上的值有正有负，曲线 $y=f(x)$ 某些部分在 x 轴上方，某些部分在 x 轴下方，定积分 $\int_a^b f(x)\mathrm{d}x$ 的几何意义为

由曲线 $y=f(x)$，直线 $x=a$，$x=b$ 及 x 轴所围成的几个曲边梯形的面积的代数和，即在 x 轴上方的面积取正号，在 x 轴下方的面积取负号. 例如，对于图 5-3 有

$\int_a^b f(x)\mathrm{d}x = A_1 - A_2 + A_3 - A_4$，$A_i(i=1,2,3,4)$ 表示各曲边梯形的面积.

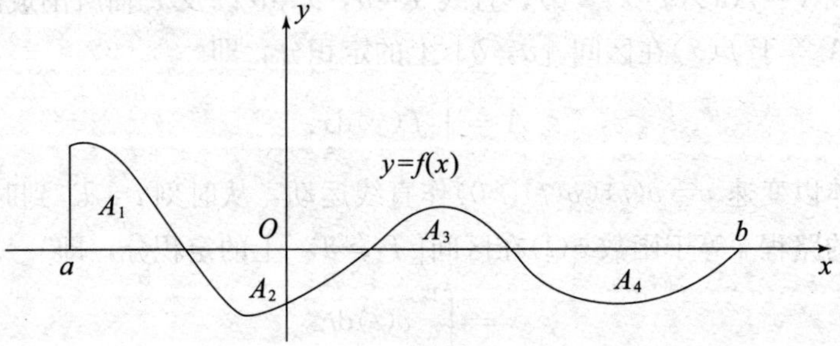

图 5-3

例 1 利用定积分定义计算 $\int_0^1 x^2\mathrm{d}x$.

解 因为被积函数 $f(x)=x^2$ 在 $[0, 1]$ 上连续，由定理 1 可知，$f(x)$ 在 $[0, 1]$ 上可积. 所以 $\int_0^1 x^2\mathrm{d}x$ 的值与区间 $[0, 1]$ 的分法和点 ξ_i 的取法无关，因此，为了方便计算，我们可以将 $[0, 1]$ n 等分

$$0<\frac{1}{n}<\frac{2}{n}<\cdots<\frac{i}{n}<\cdots<\frac{n-1}{n}<1,$$

这样，每个小区间 $\left[\frac{i-1}{n}, \frac{i}{n}\right]$ 的长度为 $\Delta x_i=\frac{1}{n}$.

在每个小区间 $\left[\frac{i-1}{n}, \frac{i}{n}\right]$ 上不妨取 $\xi_i=\frac{i}{n}$（右端点）$(i=1, 2, \cdots, n)$. 从而得到积分和

$$\begin{aligned}\sum_{i=1}^{n} f(\xi_i)\Delta x_i &= \sum_{i=1}^{n} \xi_i^2 \Delta x_i \\ &= \sum_{i=1}^{n}\left(\frac{i}{n}\right)^2\frac{1}{n} = \frac{1}{n^3}\sum_{i=1}^{n} i^2 \\ &= \frac{1}{n^3}(1^2+2^2+3^2+\cdots+n^2) \\ &= \frac{1}{n^3}\cdot\frac{1}{6}n(n+1)(2n+1) \\ &= \frac{1}{6}\left(1+\frac{1}{n}\right)\left(2+\frac{1}{n}\right).\end{aligned}$$

这里$\lambda=\frac{1}{n}$，当$\lambda\to0$时，$n\to\infty$，所以有

$$\int_0^1 x^2\mathrm{d}x=\lim_{\lambda\to0}\sum_{i=1}^{n}f(\xi_i)\Delta x_i$$
$$=\lim_{n\to\infty}\frac{1}{6}\left(1+\frac{1}{n}\right)\left(2+\frac{1}{n}\right)=\frac{1}{3}.$$

例 2　利用定积分的几何意义，求$\int_0^1\sqrt{1-x^2}\mathrm{d}x$的值.

解　因为$f(x)=\sqrt{1-x^2}\geqslant0$，所以定积分$\int_0^1\sqrt{1-x^2}\mathrm{d}x$在几何上表示由曲线$f(x)=\sqrt{1-x^2}$、直线$x=0$、$x=1$及$x$轴所围成图形的面积，而这个图形是以$O(0,0)$为圆心，1为半径的圆的四分之一(如图5-4所示的阴影部分)，因此

$$\int_0^1\sqrt{1-x^2}\mathrm{d}x=\frac{\pi}{4}.$$

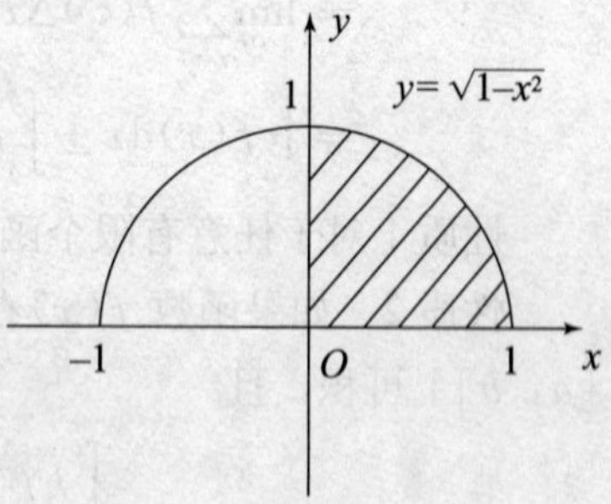

图　5-4

习题 5—1

1. 利用定积分定义计算下列定积分.

(1) $\int_a^b k\mathrm{d}x$ (k是常数)；　　(2) $\int_0^b x\mathrm{d}x(b>0)$.

2. 利用定积分的几何意义，证明下列等式.

(1) $\int_0^1 2x\mathrm{d}x=1$；　　(2) $\int_{-\pi}^{\pi}\sin x\mathrm{d}x=0$.

第二节　定积分的性质

为了计算及应用方便，我们先对定积分作如下两点补充规定：

(1) 当$a=b$时，$\int_a^b f(x)\mathrm{d}x=0$；

(2) 当$a\neq b$时，$\int_a^b f(x)\mathrm{d}x=-\int_b^a f(x)\mathrm{d}x$.

由上式可知，交换定积分的上下限时，绝对值不变而符号相反.

根据定积分的定义，可以得到以下性质.

性质 1 如果函数 $f(x)$ 和 $g(x)$ 在 $[a, b]$ 上可积，则 $f(x)\pm g(x)$ 在 $[a, b]$ 上也可积，且

$$\int_a^b [f(x)\pm g(x)]\mathrm{d}x=\int_a^b f(x)\mathrm{d}x\pm\int_a^b g(x)\mathrm{d}x.$$

证 根据定积分的定义及极限的基本性质，有

$$\begin{aligned}\int_a^b [f(x)\pm g(x)]\mathrm{d}x&=\lim_{\lambda\to 0}\sum_{i=1}^{n}[f(\xi_i)\pm g(\xi_i)]\Delta x_i\\&=\lim_{\lambda\to 0}\sum_{i=1}^{n}f(\xi_i)\Delta x_i\pm\lim_{\lambda\to 0}\sum_{i=1}^{n}g(\xi_i)\Delta x_i\\&=\int_a^b f(x)\mathrm{d}x\pm\int_a^b g(x)\mathrm{d}x.\end{aligned}$$

性质 1 对于任意有限个函数都是成立的. 类似地，可以证明：

性质 2 如果函数 $f(x)$ 在 $[a, b]$ 上可积，k 是任意常数，则 $kf(x)$ 在 $[a, b]$ 上可积，且

$$\int_a^b kf(x)\mathrm{d}x=k\int_a^b f(x)\mathrm{d}x.$$

这个性质的证明请读者自己完成.

由性质 1 和性质 2 容易得到：设 $f_1(x)$，$f_2(x)$，…，$f_n(x)$ 在 $[a, b]$ 上可积，k_1，k_2，…，k_n 是任意常数，则 $k_1f_1(x)+k_2f_2(x)+\cdots+k_nf_n(x)$ 在 $[a, b]$ 上可积，且

$$\begin{aligned}&\int_a^b [k_1f_1(x)+k_2f_2(x)+\cdots+k_nf_n(x)]\mathrm{d}x\\&=k_1\int_a^b f_1(x)\mathrm{d}x+k_2\int_a^b f_2(x)\mathrm{d}x+\cdots+k_n\int_a^b f_n(x)\mathrm{d}x.\end{aligned}$$

上述性质称为定积分的线性性质.

性质 3 如果函数 $f(x)$ 在 $[a, c]$，$[c, b]$ 及 $[a, b]$ 上都是可积的，则

$$\int_a^b f(x)\mathrm{d}x=\int_a^c f(x)\mathrm{d}x+\int_c^b f(x)\mathrm{d}x.$$

其中，c 点可以在 $[a, b]$ 内，也可以在 $[a, b]$ 之外.

证 (1) 当 c 点在 $[a, b]$ 内时，因为 $f(x)$ 在 $[a, b]$ 上可积，所以不论把 $[a, b]$ 怎样分，黎曼和的极限总是不变的，我们在分区间时，让 c 总是一个分点，那么 $[a, b]$ 上的黎曼和等于 $[a, c]$ 上的黎曼和与 $[c, b]$ 上的黎曼和之和，即

$$\sum_{[a,b]}f(\xi_i)\Delta x_i=\sum_{[a,c]}f(\xi_i)\Delta x_i+\sum_{[c,b]}f(\xi_i)\Delta x_i$$

令 $\lambda=\max\limits_{1\leqslant i\leqslant n}\{\Delta x_i\}\to 0$，上式两端取极限

$$\lim_{\lambda\to 0}\sum_{[a,b]}f(\xi_i)\Delta x_i=\lim_{\lambda\to 0}\sum_{[a,c]}f(\xi_i)\Delta x_i+\lim_{\lambda\to 0}\sum_{[c,b]}f(\xi_i)\Delta x_i$$

得到
$$\int_a^b f(x)\mathrm{d}x=\int_a^c f(x)\mathrm{d}x+\int_c^b f(x)\mathrm{d}x.$$

(2) 当 c 点在 $[a,\ b]$ 之外时，例如，当 $a<b<c$ 时，由于

$$\int_a^c f(x)\mathrm{d}x=\int_a^b f(x)\mathrm{d}x+\int_b^c f(x)\mathrm{d}x,$$

于是得

$$\int_a^b f(x)\mathrm{d}x=\int_a^c f(x)\mathrm{d}x-\int_b^c f(x)\mathrm{d}x$$
$$=\int_a^c f(x)\mathrm{d}x+\int_c^b f(x)\mathrm{d}x.$$

同理可以证明，当 $c<a<b$ 时也有

$$\int_a^b f(x)\mathrm{d}x=\int_a^c f(x)\mathrm{d}x+\int_c^b f(x)\mathrm{d}x.$$

这个性质表明定积分对于积分区间具有可加性.

性质 4　如果在区间 $[a,\ b]$ 上 $f(x)\equiv 1$，则 $f(x)$ 在 $[a,\ b]$ 上可积，且

$$\int_a^b f(x)\mathrm{d}x=\int_a^b 1\mathrm{d}x=\int_a^b \mathrm{d}x=b-a.$$

性质 5　如果函数 $f(x)$ 在区间 $[a,\ b]$ 上可积，且对 $[a,\ b]$ 内任意点 x，有 $f(x)\geqslant 0$，则

$$\int_a^b f(x)\mathrm{d}x\geqslant 0\quad(a<b).$$

证　因为 $f(x)\geqslant 0$，所以 $f(\xi_i)\geqslant 0$ $(i=1,\ 2,\ 3,\ \cdots,\ n)$，又因为

$$\Delta x_i\geqslant 0(i=1,2,\cdots,n)\text{，所以}\sum_{i=1}^{n}f(\xi_i)\Delta x_i\geqslant 0\text{，于是}$$

$$\int_a^b f(x)\mathrm{d}x=\lim_{\lambda\to 0}\sum_{i=1}^{n}f(\xi_i)\Delta x_i\geqslant 0.$$

推论 1　如果函数 $f(x)$ 和 $g(x)$ 在区间 $[a,\ b]$ 上都可积，且对 $[a,\ b]$ 内任意点 x，有 $f(x)\leqslant g(x)$，则

$$\int_a^b f(x)\mathrm{d}x\leqslant\int_a^b g(x)\mathrm{d}x\quad(a<b).$$

推论 2　如果函数 $f(x)$ 在区间 $[a,\ b]$ 上可积，则 $|f(x)|$ 也可积，且

$$\left|\int_a^b f(x)\mathrm{d}x\right|\leqslant\int_a^b|f(x)|\mathrm{d}x\quad(a<b).$$

性质 6 如果函数 $f(x)$ 在区间 $[a,b]$ 上可积，且 M 与 m 分别是函数 $f(x)$ 在 $[a,b]$ 上的最大值及最小值，则

$$m(b-a)\leqslant\int_a^b f(x)\mathrm{d}x\leqslant M(b-a)\quad(a<b).$$

性质 7 （定积分中值定理）如果函数 $f(x)$ 在区间 $[a,b]$ 上连续，则在 $[a,b]$ 上至少存在一点 ξ，使

$$\int_a^b f(x)\mathrm{d}x=f(\xi)(b-a)\quad(a\leqslant\xi\leqslant b).$$

这个公式叫做积分中值公式.

证 因为 $f(x)$ 在 $[a,b]$ 上连续，所以它在 $[a,b]$ 上取得最大值 M 及最小值 m，即

$$m\leqslant f(x)\leqslant M\quad(a\leqslant x\leqslant b).$$

由性质 6 可得

$$m(b-a)\leqslant\int_a^b f(x)\mathrm{d}x\leqslant M(b-a),$$

$$m\leqslant\frac{\int_a^b f(x)\mathrm{d}x}{b-a}\leqslant M,$$

这说明 $\dfrac{\int_a^b f(x)\mathrm{d}x}{b-a}$ 是介于 $f(x)$ 的最小值 m 和最大值 M 之间的一个数.

根据闭区间上连续函数的介值定理，在 $[a,b]$ 上至少存在一点 ξ，使

$$f(\xi)=\frac{1}{b-a}\int_a^b f(x)\mathrm{d}x,$$

即
$$\int_a^b f(x)\mathrm{d}x=f(\xi)(b-a).$$

积分中值公式的几何意义如下：在区间 $[a,b]$ 上至少存在一个 ξ，使得以区间 $[a,b]$ 为底边，以曲线 $y=f(x)\,(f(x)\geqslant 0)$ 为曲边的曲边梯形的面积等于同一底边而高为 $f(\xi)$ 的一个矩形的面积，如图 5-5 所示.

$f(\xi)$ 称为曲边梯形的平均高度，并称

$$f(\xi)=\frac{1}{b-a}\int_a^b f(x)\mathrm{d}x$$

为函数 $f(x)$ 在 $[a,b]$ 上的平均值，它是有限个数的算术平均值的拓广.

显然，积分中值公式

$$\int_a^b f(x)\mathrm{d}x=f(\xi)(b-a)\quad(\xi\text{ 在 }a\text{ 与 }b\text{ 之间})$$

不论 $a<b$ 或 $a>b$ 都是成立的.

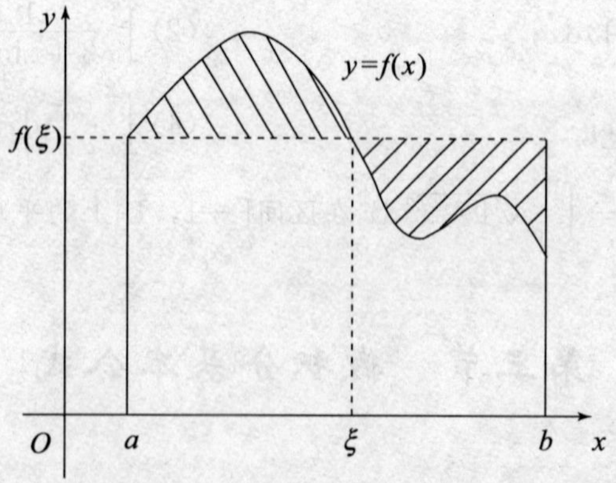

图 5-5

例 1　试估计定积分 $\int_1^2 \ln x\mathrm{d}x$ 的值的范围.

解　因为被积函数 $f(x)=\ln x$ 在区间 $[1,\ 2]$ 上是单调增加的，于是有最小值 $m=f(1)=\ln1=0$，最大值 $M=f(2)=\ln2$. 由性质 6，得

$$0\cdot(2-1)\leqslant\int_1^2 \ln x\mathrm{d}x\leqslant(2-1)\ln2,$$

即

$$0\leqslant\int_1^2 \ln x\mathrm{d}x\leqslant\ln2.$$

例 2　不计算定积分的值，试比较 $\int_0^{\frac{\pi}{2}}\sin x\mathrm{d}x$ 与 $\int_0^{\frac{\pi}{2}}\sin^2 x\mathrm{d}x$ 的大小.

解　因为在区间 $\left[0,\ \frac{\pi}{2}\right]$ 上，有 $0\leqslant\sin x\leqslant1$，

所以

$$\sin x\geqslant\sin^2 x\quad\left(0\leqslant x\leqslant\frac{\pi}{2}\right).$$

根据性质 5 的推论 1 得

$$\int_0^{\frac{\pi}{2}}\sin x\mathrm{d}x\geqslant\int_0^{\frac{\pi}{2}}\sin^2 x\mathrm{d}x.$$

习题 5—2

1. 利用定积分的性质，比较下列各题中两个积分值的大小.

(1) $\int_0^1 x^2\mathrm{d}x$ 与 $\int_0^1 x^3\mathrm{d}x$；　　(2) $\int_0^{\frac{\pi}{2}}\cos x\mathrm{d}x$ 与 $\int_0^{\frac{\pi}{2}}\cos^2 x\mathrm{d}x$；

(3) $\int_e^4 \ln x\mathrm{d}x$ 与 $\int_e^4 \ln^2 x\mathrm{d}x$；　　(4) $\int_0^{\frac{\pi}{4}}x\mathrm{d}x$ 与 $\int_0^{\frac{\pi}{4}}\tan x\mathrm{d}x$.

2. 估计下列各定积分值的范围.

(1) $\int_1^3 (x^3+1)\mathrm{d}x$；　　(2) $\int_0^{\pi} \frac{1}{3+\sin^3 x}\mathrm{d}x$；

(3) $\int_{\mathrm{e}}^{\mathrm{e}^2} \ln x\mathrm{d}x$；　　(4) $\int_0^{\frac{\pi}{2}} \mathrm{e}^{\sin x}\mathrm{d}x$.

3. 求函数 $y=\int_{-1}^{1}\sqrt{1-x^2}\mathrm{d}x$ 在区间$[-1, 1]$上的平均值.

第三节　微积分基本公式

在第一节中，我们用定积分的定义计算了一些简单函数的定积分，但即使是求简单函数的定积分，计算起来也不是一件很容易的事情. 如果被积函数是其他复杂一些的函数，计算起来就更困难了. 为此，我们必须寻求计算定积分的简便方法.

下面我们先从实际问题中寻找解决问题的线索. 为此，我们研究变速直线运动中路程函数与速度函数之间的联系.

1. 变速直线运动中路程函数与速度函数之间的联系

设一物体作变速直线运动，路程函数为 $s(t)$，速度函数为 $v(t)$(不妨设 $v(t)\geqslant 0$).

由第一节我们知道，物体在时间间隔 $[T_1, T_2]$ 内所经过的路程为

$$\int_{T_1}^{T_2} v(t)\mathrm{d}t.$$

另一方面，物体在 $[T_1, T_2]$ 上所经过的路程又等于 $s(t)$ 在 $[T_1, T_2]$ 上的增量

$$s(T_2)-s(T_1).$$

由此可得

$$\int_{T_1}^{T_2} v(t)\mathrm{d}t = s(T_2)-s(T_1). \tag{1}$$

由导数概念知道 $s'(t)=v(t)$，即 $s(t)$是 $v(t)$的原函数，所以等式 (1) 表示速度函数在区间 $[T_1, T_2]$ 上的定积分等于它的原函数 $s(t)$在 $[T_1, T_2]$ 上的增量.

等式 (1) 有没有普遍性呢? 关于这一点，我们可以证明，如果函数 $f(x)$在区间 $[a, b]$ 上连续，那么 $f(x)$在区间 $[a, b]$ 上的定积分就等于

$f(x)$的原函数 $F(x)$在区间 $[a, b]$ 上的增量，即

$$\int_a^b f(x)\mathrm{d}x = F(b) - F(a).$$

为了得到这一重要结果，我们先研究变上限积分.

2. 变上限积分

设函数 $f(x)$在区间 $[a, b]$ 上连续，则 $f(x)$在 $[a, b]$ 上可积，即 $\int_a^b f(x)\mathrm{d}x$ 存在. 设 x 为 $[a, b]$ 上任一点，则 $f(x)$在 $[a, x]$ 上仍连续，所以 $f(x)$在 $[a, x]$ 上也可积，即

$$\int_a^x f(x)\mathrm{d}x$$

存在. 变量 x 既表示积分上限，又表示积分变量，为了区别起见，我们把积分变量 x 改用字母 t 表示，即

$$\int_a^x f(t)\mathrm{d}t.$$

显然，对 $[a, b]$ 上任意一点 x，都有唯一的定积分 $\int_a^x f(t)\mathrm{d}t$ 与之对应，因而它是定义在区间 $[a, b]$ 上的函数，记为 $\Phi(x)$：

$$\Phi(x) = \int_a^x f(t)\mathrm{d}t \quad (a \leqslant x \leqslant b).$$

称此函数为变上限积分或积分上限函数.

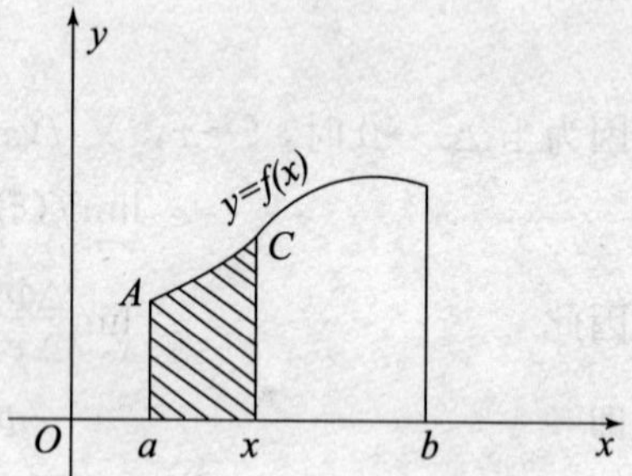

图 5-6

函数 $\Phi(x)$的几何意义是右侧直边可以移动的曲边梯形的面积. 如图 5-6 中 $AaxC$ 这个曲边梯形面积随 x 位置的变动而改变，且当 x 给定后，面积 $\Phi(x)$也随之确定.

函数 $\Phi(x)$具有下面的重要性质：

定理 1　如果函数 $f(x)$在区间 $[a, b]$ 上连续，则变上限积分

$$\Phi(x) = \int_a^x f(t)\mathrm{d}t \quad (a \leqslant x \leqslant b)$$

在 $[a, b]$ 上可导，并且它的导数是

$$\Phi'(x) = \frac{\mathrm{d}}{\mathrm{d}x}\int_a^x f(t)\mathrm{d}t = f(x).$$

证　由导数定义只需证

$$\lim_{\Delta x\to 0}\frac{\Phi(x+\Delta x)-\Phi(x)}{\Delta x}=\lim_{\Delta x\to 0}\frac{\Delta\Phi(x)}{\Delta x}=f(x).$$

若 x 为区间（a，b）内任意一点，取 $\Delta x\neq 0$，且 $a<x+\Delta x<b$，则

$$\Phi(x+\Delta x)=\int_a^{x+\Delta x}f(t)\mathrm{d}t.$$

当上限由 x 变到 $x+\Delta x$ 时，函数 Φ（x）的增量为

$$\begin{aligned}\Delta\Phi&=\Phi(x+\Delta x)-\Phi(x)\\&=\int_a^{x+\Delta x}f(t)\mathrm{d}t-\int_a^x f(t)\mathrm{d}t\\&=\int_a^x f(t)\mathrm{d}t+\int_x^{x+\Delta x}f(t)\mathrm{d}t-\int_a^x f(t)\mathrm{d}t\\&=\int_x^{x+\Delta x}f(t)\mathrm{d}t.\end{aligned}$$

应用定积分中值定理得

$$\Delta\Phi=f(\xi)\cdot\Delta x,$$

其中 ξ 在 x 与 $x+\Delta x$ 之间，把上式两端同除以 Δx 得

$$\frac{\Delta\Phi}{\Delta x}=f(\xi).$$

因为当 $\Delta x\to 0$ 时，$\xi\to x$，又 $f(x)$ 在［a，b］上连续，所以

$$\lim_{\Delta x\to 0}f(\xi)=\lim_{\xi\to x}f(\xi)=f(x).$$

因此 $$\lim_{\Delta x\to 0}\frac{\Delta\Phi}{\Delta x}=\lim_{\Delta x\to 0}f(\xi)=f(x).$$

即 $$\Phi'(x)=f(x).$$

若 $x=a$，取 $\Delta x>0$，则同理可证 $\Phi'_+(a)=f(a)$；若 $x=b$，取 $\Delta x<0$，则同理可证 $\Phi'_-(b)=f(b)$.

定理 1 证毕.

从这个定理我们知道 $\Phi(x)$ 是连续函数 $f(x)$ 的一个原函数，因此也证明了下面的定理.

定理 2 （原函数存在定理）如果函数 $f(x)$ 在区间［a，b］上连续，则函数

$$\Phi(x)=\int_a^x f(t)\mathrm{d}t$$

就是 $f(x)$ 在［a，b］上的一个原函数.

这个定理的重要意义是：一方面肯定了连续函数的原函数是存在的，另一方面初步地揭示了积分学中的定积分与原函数之间的联系．因此我们就有

可能通过原函数来计算定积分.

例 1　求$\frac{\mathrm{d}}{\mathrm{d}x}\int_0^x \cos^2 t\mathrm{d}t$.

解　由定理 1 得

$$\frac{\mathrm{d}}{\mathrm{d}x}\int_0^x \cos^2 t\mathrm{d}t = \cos^2 x.$$

例 2　求$\frac{\mathrm{d}}{\mathrm{d}x}\int_0^{x^2} \mathrm{e}^t\mathrm{d}t$.

解　这里$\int_0^{x^2} \mathrm{e}^t\mathrm{d}t$是$x^2$的函数，因而是$x$的复合函数. 令$x^2=u$，则有

$$\Phi(u) = \int_0^u \mathrm{e}^t\mathrm{d}t, u = x^2.$$

根据复合函数求导公式，有

$$\begin{aligned}\frac{\mathrm{d}}{\mathrm{d}x}\int_0^{x^2} \mathrm{e}^t\mathrm{d}t &= \frac{\mathrm{d}}{\mathrm{d}u}\left[\int_0^u \mathrm{e}^t\mathrm{d}t\right]\cdot\frac{\mathrm{d}u}{\mathrm{d}x} \\ &= \mathrm{e}^u\cdot 2x = 2x\mathrm{e}^{x^2}.\end{aligned}$$

例 3　求$\frac{\mathrm{d}}{\mathrm{d}x}\int_x^{x^2} \sqrt{1+t^2}\mathrm{d}t$.

解　因为

$$\begin{aligned}\int_x^{x^2} \sqrt{1+t^2}\mathrm{d}t &= \int_x^0 \sqrt{1+t^2}\mathrm{d}t + \int_0^{x^2} \sqrt{1+t^2}\mathrm{d}t \\ &= -\int_0^x \sqrt{1+t^2}\mathrm{d}t + \int_0^{x^2} \sqrt{1+t^2}\mathrm{d}t,\end{aligned}$$

所以

$$\begin{aligned}\frac{\mathrm{d}}{\mathrm{d}x}\int_x^{x^2} \sqrt{1+t^2}\mathrm{d}t &= -\frac{\mathrm{d}}{\mathrm{d}x}\int_0^x \sqrt{1+t^2}\mathrm{d}t + \frac{\mathrm{d}}{\mathrm{d}x}\int_0^{x^2} \sqrt{1+t^2}\mathrm{d}t \\ &= -\sqrt{1+x^2} + 2x\sqrt{1+x^4}.\end{aligned}$$

例 4　求极限　$\lim\limits_{x\to 0}\frac{\int_0^x \sin t^2\mathrm{d}t}{x^3}$.

解　易知这是一个$\frac{0}{0}$型的未定式，利用洛必达法则得

$$\begin{aligned}\lim_{x\to 0}\frac{\int_0^x \sin t^2\mathrm{d}t}{x^3} &= \lim_{x\to 0}\frac{\left(\int_0^x \sin t^2\mathrm{d}t\right)'}{(x^3)'} \\ &= \lim_{x\to 0}\frac{\sin x^2}{3x^2} = \frac{1}{3}.\end{aligned}$$

3. 牛顿—莱布尼茨公式

定理 3　如果函数$F(x)$是连续函数$f(x)$在区间$[a, b]$上的一个原函

数，则

$$\int_a^b f(x)\mathrm{d}x = F(b) - F(a). \tag{2}$$

证 已知 $F(x)$ 是连续函数 $f(x)$ 在区间 $[a, b]$ 上的一个原函数，而由定理 2 知道，变上限积分

$$\Phi(x) = \int_a^x f(t)\mathrm{d}t \qquad (a \leqslant x \leqslant b)$$

也是 $f(x)$ 在区间 $[a, b]$ 上的一个原函数，于是这两个原函数的差是一个常数 C. 即

$$F(x) - \Phi(x) = C.$$

当 $x=a$ 时 $\qquad F(a) - \Phi(a) = C.$

而 $$\Phi(a) = \int_a^a f(t)\mathrm{d}t = 0,$$

所以 $$C = F(a),$$

于是 $$F(x) - \Phi(x) = F(a),$$

令 $x=b$，则 $\qquad F(b) - \Phi(b) = F(a),$

即 $$\Phi(b) = F(b) - F(a).$$

又 $$\Phi(b) = \int_a^b f(t)\mathrm{d}t = \int_a^b f(x)\mathrm{d}x,$$

所以 $$\int_a^b f(x)\mathrm{d}x = F(b) - F(a).$$

为方便起见，把 $F(b)-F(a)$ 记作 $F(x)\big|_a^b$ 或 $[F(x)]_a^b$.

公式（2）叫做**牛顿（Newton，1642—1727）—莱布尼茨（Leibniz，1646—1711）公式**，也叫做**微积分基本公式**. 这个公式进一步揭示了定积分与被积函数的原函数或不定积分之间的关系. 从而把一个连续函数在区间 $[a, b]$ 上的定积分计算问题转化为求被积函数的一个原函数在区间 $[a, b]$ 上的增量问题，这就为定积分的计算提供了一种简便而有效的方法.

例 5 计算 $\int_0^1 x^2\mathrm{d}x$.

解 因为 $\frac{x^3}{3}$ 是 x^2 的一个原函数，由微积分基本公式得

$$\int_0^1 x^2\mathrm{d}x = \frac{x^3}{3}\bigg|_0^1 = \frac{1^3}{3} - \frac{0^3}{3} = \frac{1}{3}.$$

例 6 求由曲线 $y=\sin x$ $(0\leqslant x\leqslant \pi)$ 与 x 轴所围成的图形的面积.

解 如图 5-7 所示，根据定积分的几何意义，所求图形的面积为

$$\int_0^{\pi}\sin x\mathrm{d}x=-\cos x\Big|_0^{\pi}=-(-1)-(-1)=2.$$

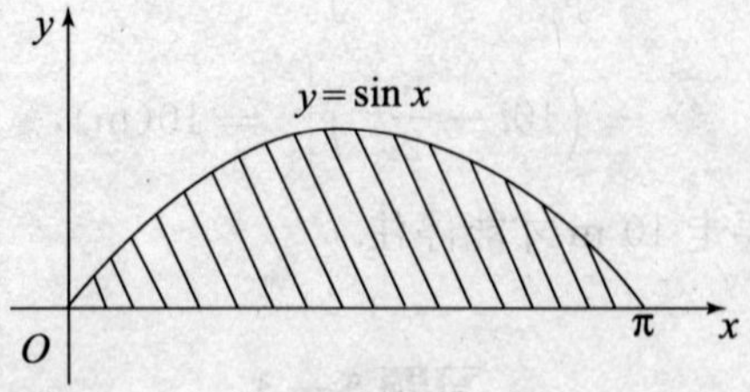

图 5-7

例 7 计算 $\int_{-2}^{-1}\frac{\mathrm{d}x}{x}$.

解 $\int_{-2}^{-1}\frac{1}{x}\mathrm{d}x=\ln|x|\Big|_{-2}^{-1}=\ln 1-\ln 2=-\ln 2.$

例 8 计算 $\int_{-\frac{\pi}{2}}^{\frac{\pi}{2}}\sqrt{1-\cos 2x}\mathrm{d}x$.

解 因为 $\sqrt{1-\cos 2x}=\sqrt{2\sin^2 x}=\sqrt{2}|\sin x|$.

在区间 $\left[-\frac{\pi}{2},0\right]$ 上 $|\sin x|=-\sin x$；在区间 $\left[0,\frac{\pi}{2}\right]$ 上 $|\sin x|=\sin x$.

所以

$$\begin{aligned}\int_{-\frac{\pi}{2}}^{\frac{\pi}{2}}\sqrt{1-\cos 2x}\mathrm{d}x&=\int_{-\frac{\pi}{2}}^{\frac{\pi}{2}}\sqrt{2}|\sin x|\mathrm{d}x\\&=\int_{-\frac{\pi}{2}}^{0}(-\sqrt{2}\sin x)\mathrm{d}x+\int_0^{\frac{\pi}{2}}\sqrt{2}\sin x\mathrm{d}x\\&=\sqrt{2}\cos x\Big|_{-\frac{\pi}{2}}^{0}-\sqrt{2}\cos x\Big|_0^{\frac{\pi}{2}}\\&=\sqrt{2}+\sqrt{2}=2\sqrt{2}.\end{aligned}$$

注意 在定积分计算中，如果被积函数含有形如 $\sqrt{u^2}$ 的式子，去根号时一定要加绝对值，即 $\sqrt{u^2}=|u|$，然后分区间去掉绝对值符号.

例 9 汽车以每小时 36 km 的速度行驶，到某处需要减速停车，设汽车以等加速度 $a=-5\ \mathrm{m/s^2}$ 刹车，求从开始刹车到停车，汽车走过的距离.

解 $t=0$ 时，$v_0=36\ \mathrm{km/h}=10\ \mathrm{m/s}$.

$$v(t)=v_0+at=10-5t(\mathrm{m/s}).$$

当汽车停住时，速度 $v(t)=0$，故从

$$v(t)=10-5t=0$$

解得

$$t=2(\mathrm{s}).$$

于是在这段时间内，汽车所走过的距离为

$$s=\int_0^2 v(t)\mathrm{d}t=\int_0^2(10-5t)\mathrm{d}t$$

$$=\left(10t-\frac{5}{2}t^2\right)\Big|_0^2=10(\mathrm{m}),$$

即刹车后，汽车需要走 10 m 才能停住.

习题 5—3

1. 求下列函数的导数$\frac{\mathrm{d}y}{\mathrm{d}x}$.

(1) $y=\int_0^x \sin t\mathrm{d}t$；　　(2) $y=\int_x^{-1}\ln(1+t^2)\mathrm{d}t\ (x>0)$；

(3) $y=\int_1^{x^2}\frac{1}{1+t}\mathrm{d}t$；　　(4) $y=\int_{x^3}^{x^2}\mathrm{e}^t\mathrm{d}t$.

2. 求下列极限.

(1) $\lim\limits_{x\to 0}\frac{\int_0^x \cos^2 t\mathrm{d}t}{x}$；　　(2) $\lim\limits_{x\to 0}\frac{\int_0^x t\tan t\mathrm{d}t}{x^3}$.

3. 计算下列定积分.

(1) $\int_1^2\left(x^2+\frac{1}{x^4}\right)\mathrm{d}x$；　　(2) $\int_4^9\sqrt{x}(1+\sqrt{x})\mathrm{d}x$；

(3) $\int_0^\pi(\sin x+\cos x)\mathrm{d}x$；　　(4) $\int_{-\mathrm{e}-1}^{-2}\frac{1}{1+x}\mathrm{d}x$；

(5) $\int_0^1(\mathrm{e}^x-3^x)\mathrm{d}x$；　　(6) $\int_0^{\frac{\pi}{4}}\tan^2\theta\mathrm{d}\theta$；

(7) $\int_0^\pi\cos^2\frac{x}{2}\mathrm{d}x$；　　(8) $\int_0^{\frac{\pi}{2}}2\sin^2\frac{x}{2}\mathrm{d}x$；

(9) $\int_0^{2\pi}|\sin x|\mathrm{d}x$；　　(10) $\int_0^3|2-x|\mathrm{d}x$；

(11) 设 $f(x)=\begin{cases}x, & x\leqslant 0,\\ x^2, & x>0,\end{cases}$ 求$\int_{-1}^1 f(x)\mathrm{d}x$.

4. 下列做法是否正确，为什么？

(1) $\int_{-1}^1\frac{1}{x^2}\mathrm{d}x=-\frac{1}{x}\Big|_{-1}^1=-1-1=-2$.

(2) $\int_0^{\frac{\pi}{2}}\sqrt{1-2\sin 2x}\mathrm{d}x=\int_0^{\frac{\pi}{2}}\sqrt{\sin^2 x-2\sin x\cos x+\cos^2 x}\mathrm{d}x$

$$=\int_0^{\frac{\pi}{2}}\sqrt{(\sin x-\cos x)^2}\,dx=\int_0^{\frac{\pi}{2}}(\sin x-\cos x)dx$$

$$=-\cos x-\sin x\Big|_0^{\frac{\pi}{2}}=-1-(-1)=0.$$

第四节　定积分的计算

由上一节牛顿—莱布尼茨公式可知，计算定积分 $\int_a^b f(x)dx$ 的简便方法是把它转化为求 $f(x)$的原函数的增量. 这说明连续函数的定积分计算与不定积分计算有着密切的联系. 在不定积分的计算中有换元法和分部积分法，与此相对应，在一定条件下，我们也可以在定积分的计算中应用换元法和分部积分法.

1. 定积分的换元法

在引出定积分的换元法之前，我们先看一个例子：

求定积分 $\int_0^a \sqrt{a^2-x^2}\,dx \quad (a>0)$.

解　令 $x=a\sin t\left(-\frac{\pi}{2}<t<\frac{\pi}{2}\right)$，则 $dx=a\cos t dt$，因此有

$$\int\sqrt{a^2-x^2}\,dx=a^2\int\cos^2 t dt$$

$$=a^2\int\frac{1+\cos 2t}{2}dt$$

$$=\frac{a^2}{2}t+\frac{a^2}{4}\sin 2t+C$$

$$=\frac{a^2}{2}\left(\arcsin\frac{x}{a}+\frac{x}{a^2}\sqrt{a^2-x^2}\right)+C$$

$$=\frac{a^2}{2}\arcsin\frac{x}{a}+\frac{x}{2}\sqrt{a^2-x^2}+C.$$

所以 $$\int_0^a\sqrt{a^2-x^2}\,dx=\left(\frac{a^2}{2}\arcsin\frac{x}{a}+\frac{x}{2}\sqrt{a^2-x^2}\right)\Bigg|_0^a$$

$$=\frac{a^2}{2}\cdot\frac{\pi}{2}=\frac{\pi a^2}{4}.$$

如果在换元的同时，我们将 x 的上、下限按 $x=a\sin t$ 相应地换成 t 的

上、下限，即当 $x=0$ 时，$t=0$；当 $x=a$ 时，$t=\frac{\pi}{2}$. 则

$$\int_0^a \sqrt{a^2-x^2}\mathrm{d}x = a^2\int_0^{\frac{\pi}{2}} \cos^2 t\mathrm{d}t = \frac{a^2}{2}\left(t+\frac{\sin 2t}{2}\right)\Bigg|_0^{\frac{\pi}{2}} = \frac{\pi a^2}{4}.$$

这样，运算步骤得到了简化，这种在换元同时换上、下限求定积分的方法叫做定积分的换元法.

在什么条件下，可以用换元法来求定积分呢？关于这个问题，有下面的定理.

定理 1 若

(1) 函数 $f(x)$ 在积分区间 $[a, b]$ 上连续；

(2) 函数 $x=\varphi(t)$ 在 $[\alpha, \beta]$ 上是单调的且具有连续的导数；

(3) 当 t 在 $[\alpha, \beta]$ 上变化时，$x=\varphi(t)$ 的值在 $[a, b]$ 上变化，且

$$\varphi(\alpha)=a,\ \varphi(\beta)=b.$$

则有

$$\int_a^b f(x)\mathrm{d}x = \int_\alpha^\beta f[\varphi(t)]\varphi'(t)\mathrm{d}t. \tag{1}$$

证 设 $F(x)$ 是 $f(x)$ 在 $[a, b]$ 上的一个原函数，则有

$$\int_a^b f(x)\mathrm{d}x = F(b)-F(a).$$

又由复合函数的求导法则，得

$$(F[\varphi(t)])'=F'[\varphi(t)]\cdot\varphi'(t)=f[\varphi(t)]\cdot\varphi'(t),$$

所以 $F[\varphi(t)]$ 是 $f[\varphi(t)]\cdot\varphi'(t)$ 在 $[\alpha, \beta]$ 上的一个原函数，于是

$$\begin{aligned}\int_\alpha^\beta f[\varphi(t)]\varphi'(t)\mathrm{d}t &= F[\varphi(t)]\Big|_\alpha^\beta \\ &= F[\varphi(\beta)]-F[\varphi(\alpha)] \\ &= F(b)-F(a),\end{aligned}$$

故

$$\int_a^b f(x)\mathrm{d}x = \int_\alpha^\beta f[\varphi(t)]\varphi'(t)\mathrm{d}t.$$

公式 (1) 叫做定积分的换元公式.

这个公式与不定积分的换元公式类似，不同之处在于：定积分的换元法不必换回原积分变量，只需将积分限作相应改变，但这样做的时候，必须注意定理的条件，否则就会得出错误的结果.

例 1 计算 $\int_0^{\frac{1}{2}} \frac{x^2}{\sqrt{1-x^2}}\mathrm{d}x$.

解 设 $x=\sin t$，则 $\mathrm{d}x=\cos t\mathrm{d}t$，且当 $x=0$ 时，$t=0$；当 $x=\frac{1}{2}$ 时，$t=\frac{\pi}{6}$.

于是

$$\begin{aligned}\int_0^{\frac{1}{2}}\frac{x^2}{\sqrt{1-x^2}}\mathrm{d}x&=\int_0^{\frac{\pi}{6}}\frac{\sin^2 t}{\sqrt{1-\sin^2 t}}\cos t\mathrm{d}t\\&=\int_0^{\frac{\pi}{6}}\sin^2 t\mathrm{d}t\\&=\frac{1}{2}\int_0^{\frac{\pi}{6}}(1-\cos 2t)\mathrm{d}t\\&=\left(\frac{t}{2}-\frac{1}{4}\sin 2t\right)\Bigg|_0^{\frac{\pi}{6}}=\frac{\pi}{12}-\frac{\sqrt{3}}{8}.\end{aligned}$$

例 2 计算 $\int_0^4\frac{1}{1+\sqrt{x}}\mathrm{d}x$.

解 设 $\sqrt{x}=t$，$x=t^2$，则 $\mathrm{d}x=2t\mathrm{d}t$，且当 $x=0$ 时，$t=0$；当 $x=4$ 时，$t=2$.

于是

$$\begin{aligned}\int_0^4\frac{1}{1+\sqrt{x}}\mathrm{d}x&=\int_0^2\frac{2t}{1+t}\mathrm{d}t\\&=2\int_0^2\left(1-\frac{1}{1+t}\right)\mathrm{d}t\\&=2(t-\ln|1+t|)\Big|_0^2=2(2-\ln 3).\end{aligned}$$

例 3 计算 $\int_0^{\frac{\pi}{2}}\cos^5 x\sin x\mathrm{d}x$.

解 设 $t=\cos x$，则 $\mathrm{d}t=-\sin x\mathrm{d}x$，且当 $x=0$ 时，$t=1$；当 $x=\frac{\pi}{2}$ 时，$t=0$.

于是

$$\begin{aligned}\int_0^{\frac{\pi}{2}}\cos^5 x\sin x\mathrm{d}x&=-\int_1^0 t^5\mathrm{d}t=\int_0^1 t^5\mathrm{d}t\\&=\frac{1}{6}t^6\Big|_0^1=\frac{1}{6}.\end{aligned}$$

在例 3 中，如果相应的不定积分用凑微分法处理，这时可以不用换元，且积分上、下限不变. 现在用这种方法计算如下：

$$\begin{aligned}\int_0^{\frac{\pi}{2}}\cos^5 x\sin x\mathrm{d}x&=-\int_0^{\frac{\pi}{2}}\cos^5 x\mathrm{d}(\cos x)\\&=-\frac{1}{6}\cos^6 x\Big|_0^{\frac{\pi}{2}}=-\frac{1}{6}(0-1)=\frac{1}{6}.\end{aligned}$$

因此，能够用凑微分法求出原函数的，就不用换元了，这样会更简单.

例 4 计算 $\int_0^{\pi}\sqrt{\sin^3 x-\sin^5 x}\mathrm{d}x$.

解
$$\int_0^{\pi}\sqrt{\sin^3 x-\sin^5 x}\mathrm{d}x=\int_0^{\pi}\sin^{\frac{3}{2}}x\sqrt{\cos^2 x}\mathrm{d}x$$
$$=\int_0^{\pi}\sin^{\frac{3}{2}}x|\cos x|\mathrm{d}x$$
$$=\int_0^{\frac{\pi}{2}}\sin^{\frac{3}{2}}x\cos x\mathrm{d}x-\int_{\frac{\pi}{2}}^{\pi}\sin^{\frac{3}{2}}x\cos x\mathrm{d}x$$
$$=\int_0^{\frac{\pi}{2}}\sin^{\frac{3}{2}}x\mathrm{d}\sin x-\int_{\frac{\pi}{2}}^{\pi}\sin^{\frac{3}{2}}x\mathrm{d}\sin x$$
$$=\frac{2}{5}\sin^{\frac{5}{2}}x\Big|_0^{\frac{\pi}{2}}-\frac{2}{5}\sin^{\frac{5}{2}}x\Big|_{\frac{\pi}{2}}^{\pi}$$
$$=\frac{2}{5}+\frac{2}{5}=\frac{4}{5}.$$

例 5 设函数 $f(x)$在 $[-a,a]$ 上连续，证明：

(1) 若 $f(x)$为偶函数，则
$$\int_{-a}^{a}f(x)\mathrm{d}x=2\int_0^{a}f(x)\mathrm{d}x;$$

(2) 若 $f(x)$为奇函数，则
$$\int_{-a}^{a}f(x)\mathrm{d}x=0.$$

证 因为 $\int_{-a}^{a}f(x)\mathrm{d}x=\int_{-a}^{0}f(x)\mathrm{d}x+\int_0^{a}f(x)\mathrm{d}x$.

对于定积分 $\int_{-a}^{0}f(x)\mathrm{d}x$ 作代换 $x=-t$，则 $t=-x$，$\mathrm{d}t=-\mathrm{d}x$. 当 $x=-a$时，$t=a$；当 $x=0$ 时，$t=0$.

于是
$$\int_{-a}^{0}f(x)\mathrm{d}x=-\int_a^0 f(-t)\mathrm{d}t=\int_0^a f(-t)\mathrm{d}t=\int_0^a f(-x)\mathrm{d}x.$$

(1) 若 $f(x)$为偶函数，则 $f(-x)=f(x)$.

所以
$$\int_{-a}^{0}f(x)\mathrm{d}x=\int_0^{a}f(x)\mathrm{d}x,$$

故
$$\int_{-a}^{a}f(x)\mathrm{d}x=2\int_0^{a}f(x)\mathrm{d}x.$$

(2) 若 $f(x)$为奇函数时，$f(x)=-f(-x)$.

所以
$$\int_{-a}^{0}f(x)\mathrm{d}x=-\int_0^{a}f(x)\mathrm{d}x,$$

故　$$\int_{-a}^{a} f(x)\mathrm{d}x = -\int_{0}^{a} f(x)\mathrm{d}x + \int_{0}^{a} f(x)\mathrm{d}x = 0.$$

例 6　利用函数的奇偶性计算下列定积分：

(1) $\int_{-5}^{5} \frac{x^2 \sin^3 x}{x^4+1}\mathrm{d}x$；　　(2) $\int_{-\frac{\pi}{2}}^{\frac{\pi}{2}} \sqrt{1-\cos x}\mathrm{d}x$.

解　(1) 设 $f(x)=\frac{x^2 \sin^3 x}{x^4+1}$.

因为
$$f(-x)=\frac{(-x)^2 \sin^3(-x)}{(-x)^4+1}=\frac{x^2(-\sin x)^3}{x^4+1}=-\frac{x^2 \sin^3 x}{x^4+1},$$

所以 $f(x)$ 为奇函数. 根据例 5 的结论可得
$$\int_{-5}^{5} \frac{x^2 \sin^3 x}{x^4+1}\mathrm{d}x = 0.$$

(2)　设 $f(x)=\sqrt{1-\cos x}=\sqrt{2\sin^2 \frac{x}{2}}=\sqrt{2}\left|\sin \frac{x}{2}\right|$.

因为　$$f(-x)=\sqrt{2}\left|\sin\left(-\frac{x}{2}\right)\right|=\sqrt{2}\left|\sin \frac{x}{2}\right|=f(x),$$

所以 $f(x)$ 为偶函数. 根据例 5 的结论可得
$$\begin{aligned}\int_{-\frac{\pi}{2}}^{\frac{\pi}{2}} \sqrt{1-\cos x}\mathrm{d}x &= \int_{-\frac{\pi}{2}}^{\frac{\pi}{2}} \sqrt{2}\left|\sin \frac{x}{2}\right|\mathrm{d}x \\ &= 2\sqrt{2}\int_{0}^{\frac{\pi}{2}}\left|\sin \frac{x}{2}\right|\mathrm{d}x = 2\sqrt{2}\int_{0}^{\frac{\pi}{2}} \sin \frac{x}{2}\mathrm{d}x \\ &= -4\sqrt{2}\cos \frac{x}{2}\Big|_{0}^{\frac{\pi}{2}} = -4\sqrt{2}\left(\frac{\sqrt{2}}{2}-1\right) = 4(\sqrt{2}-1).\end{aligned}$$

例 7　证明：
$$\int_{0}^{\frac{\pi}{2}} \sin^n x\mathrm{d}x = \int_{0}^{\frac{\pi}{2}} \cos^n x\mathrm{d}x.$$

证　设 $x=\frac{\pi}{2}-t$，则 $\sin x=\sin\left(\frac{\pi}{2}-t\right)=\cos t$，$\mathrm{d}x=-\mathrm{d}t$. 当 $x=0$ 时，$t=\frac{\pi}{2}$；当 $x=\frac{\pi}{2}$ 时，$t=0$. 于是
$$\begin{aligned}\int_{0}^{\frac{\pi}{2}} \sin^n x\mathrm{d}x &= -\int_{\frac{\pi}{2}}^{0} \sin^n\left(\frac{\pi}{2}-t\right)\mathrm{d}t \\ &= \int_{0}^{\frac{\pi}{2}} \cos^n t\mathrm{d}t = \int_{0}^{\frac{\pi}{2}} \cos^n x\mathrm{d}x.\end{aligned}$$

2. 定积分的分部积分法

定理 2 设函数 $u(x)$，$v(x)$ 在区间 $[a, b]$ 上具有连续导数 $u'(x)$，$v'(x)$，则有

$$\int_a^b u(x)v'(x)\mathrm{d}x = u(x)v(x)\Big|_a^b - \int_a^b u'(x)v(x)\mathrm{d}x.$$

证 因为 $[u(x)v(x)]' = u'(x)v(x) + u(x)v'(x)$，
两端取定积分得

$$\int_a^b [u(x)v(x)]'\mathrm{d}x = \int_a^b u'(x)v(x)\mathrm{d}x + \int_a^b u(x)v'(x)\mathrm{d}x.$$

移项得

$$\int_a^b u(x)v'(x)\mathrm{d}x = u(x)v(x)\Big|_a^b - \int_a^b u'(x)v(x)\mathrm{d}x.$$

简写为

$$\int_a^b u\mathrm{d}v = (uv)\Big|_a^b - \int_a^b v\mathrm{d}u.$$

这就是定积分的分部积分公式.

例 8 计算 $\int_0^{\frac{\pi}{2}} x\cos x\mathrm{d}x$.

解 $\int_0^{\frac{\pi}{2}} x\cos x\mathrm{d}x = \int_0^{\frac{\pi}{2}} x\mathrm{d}(\sin x)$

$$= x\sin x\Big|_0^{\frac{\pi}{2}} - \int_0^{\frac{\pi}{2}} \sin x\mathrm{d}x$$

$$= \frac{\pi}{2} + \cos x\Big|_0^{\frac{\pi}{2}} = \frac{\pi}{2} - 1.$$

例 9 计算 $\int_1^{\mathrm{e}} \ln x\mathrm{d}x$.

解
$$\int_1^{\mathrm{e}} \ln x\mathrm{d}x = x\ln x\Big|_1^{\mathrm{e}} - \int_1^{\mathrm{e}} x\cdot\frac{1}{x}\mathrm{d}x$$

$$= \mathrm{e} - x\Big|_1^{\mathrm{e}} = 1.$$

例 10 计算 $\int_0^4 \mathrm{e}^{\sqrt{x}}\mathrm{d}x$.

解 设 $\sqrt{x}=t$，则 $x=t^2$，$\mathrm{d}x=2t\mathrm{d}t$，当 $x=0$ 时，$t=0$；当 $x=4$ 时，$t=2$.

$$\int_0^4 e^{\sqrt{x}}dx = \int_0^2 e^t \cdot 2tdt = 2\int_0^2 td(e^t)$$

$$= 2(te^t\Big|_0^2 - \int_0^2 e^t dt)$$

$$= 2(2e^2 - e^t\Big|_0^2) = 2(e^2+1).$$

例 11　求 $I_n = \int_0^{\frac{\pi}{2}} \sin^n x dx$，其中 $n=0, 1, 2, \cdots$

解　当 $n=0$ 时，

$$I_0 = \int_0^{\frac{\pi}{2}} \sin^0 x dx = \int_0^{\frac{\pi}{2}} dx = x\Big|_0^{\frac{\pi}{2}} = \frac{\pi}{2}.$$

当 $n=1$ 时，

$$I_1 = \int_0^{\frac{\pi}{2}} \sin x dx = -\cos x\Big|_0^{\frac{\pi}{2}} = 1.$$

当 $n \geqslant 2$ 时，

$$I_n = \int_0^{\frac{\pi}{2}} \sin^n x dx = \int_0^{\frac{\pi}{2}} \sin^{n-1} x d(-\cos x)$$

$$= -\sin^{n-1} x\cos x\Big|_0^{\frac{\pi}{2}} + \int_0^{\frac{\pi}{2}} (n-1)\sin^{n-2} x\cos^2 x dx$$

$$= (n-1)\int_0^{\frac{\pi}{2}} \sin^{n-2} x(1-\sin^2 x)dx$$

$$= (n-1)\int_0^{\frac{\pi}{2}} \sin^{n-2} x dx - (n-1)\int_0^{\frac{\pi}{2}} \sin^n x dx,$$

所以

$$I_n = (n-1)I_{n-2} - (n-1)I_n.$$

整理得

$$I_n = \frac{n-1}{n} I_{n-2}.$$

由此可推得

$$I_{n-2} = \frac{n-3}{n-2} I_{n-4}.$$

于是

$$I_n = \begin{cases} \frac{n-1}{n} \cdot \frac{n-3}{n-2} \cdot \cdots \cdot \frac{3}{4} \cdot \frac{1}{2} \cdot \frac{\pi}{2}\ (n\text{是偶数时}), \\ \frac{n-1}{n} \cdot \frac{n-3}{n-2} \cdot \cdots \cdot \frac{4}{5} \cdot \frac{2}{3} \cdot 1\ (n\text{是奇数时}). \end{cases}$$

由例 7 知道

$$\int_0^{\frac{\pi}{2}} \sin^n x\,dx = \int_0^{\frac{\pi}{2}} \cos^n x\,dx,$$

因此

$$I_n = \int_0^{\frac{\pi}{2}} \sin^n x\,dx = \int_0^{\frac{\pi}{2}} \cos^n x\,dx$$

$$= \begin{cases} \dfrac{n-1}{n} \cdot \dfrac{n-3}{n-2} \cdot \cdots \cdot \dfrac{3}{4} \cdot \dfrac{1}{2} \cdot \dfrac{\pi}{2} \ (n\text{ 是偶数时}), \\ \dfrac{n-1}{n} \cdot \dfrac{n-3}{n-2} \cdot \cdots \cdot \dfrac{4}{5} \cdot \dfrac{2}{3} \cdot 1 \ (n\text{ 是奇数时}). \end{cases}$$

例 12 求 $\int_0^{\frac{\pi}{2}} \sin^6 x\,dx$.

解 由例 11 可得

$$\int_0^{\frac{\pi}{2}} \sin^6 x\,dx = \frac{5}{6} \cdot \frac{3}{4} \cdot \frac{1}{2} \cdot \frac{\pi}{2} = \frac{5}{32}\pi.$$

习题 5—4

1. 计算下列定积分.

(1) $\int_0^{e-1} \frac{1}{1+x}dx$; (2) $\int_{-2}^{1} \frac{1}{(11+5x)^2}dx$;

(3) $\int_0^3 e^{\frac{x}{3}}dx$; (4) $\int_{-1}^{0} \frac{x}{1+x^2}dx$;

(5) $\int_0^1 \frac{e^x}{1+e^x}dx$; (6) $\int_0^{\ln 2} e^x (1+e^x)^2 dx$;

(7) $\int_1^e \frac{\ln x}{x}dx$; (8) $\int_0^{\frac{\pi}{2}} \sin^2 x\cos x\,dx$;

(9) $\int_0^{\ln 2} e^x \cos e^x\,dx$; (10) $\int_{\frac{\pi}{4}}^{\frac{\pi}{2}} \cos^2 t\,dt$;

(11) $\int_0^4 \frac{\sqrt{x}}{1+\sqrt{x}}dx$; (12) $\int_0^1 x^2\sqrt{1-x^2}\,dx$.

2. 利用函数的奇偶性计算下列定积分.

(1) $\int_{-\frac{\pi}{2}}^{\frac{\pi}{2}} x^2 \sin^5 x\,dx$; (2) $\int_{-\frac{\pi}{2}}^{\frac{\pi}{2}} 3\sin^2 x\cos x\,dx$;

(3) $\int_{-1}^{1} \cos x \ln\frac{2+x}{2-x}dx$; (4) $\int_{-1}^{1} x(e^{x^2}+x)dx$.

3. 计算下列定积分.

(1) $\int_0^1 x\mathrm{e}^x\mathrm{d}x$；　(2) $\int_0^{\pi} x\sin x\mathrm{d}x$；

(3) $\int_1^{\mathrm{e}} x\ln x\mathrm{d}x$；　(4) $\int_0^{\mathrm{e}-1} \ln(x+1)\mathrm{d}x$；

(5) $\int_0^{\frac{\pi}{2}} \mathrm{e}^x \sin x\mathrm{d}x$；　(6) $\int_{\frac{1}{\mathrm{e}}}^{\mathrm{e}} |\ln x|\mathrm{d}x$.

第五节　广义积分

我们前面讨论的定积分有两个最基本的约束条件：积分区间的有限性和被积函数的有界性．但在某些问题中还会遇到积分区间是无穷区间，或被积函数在积分区间上为无界函数的积分，它们已经不属于前面所说的定积分了，通常把这两类积分称为广义积分.

1. 无穷区间上的广义积分

例 1　求由曲线 $y=\mathrm{e}^{-x}$，直线 $x=0$，$y=0$ 所围成的“无穷曲边梯形”的面积 A.

我们知道，这个“无穷曲边梯形”面积不能用定积分直接计算出来.

但对于任意的 $b>0$，由 $y=\mathrm{e}^{-x}$，$x=0$，$x=b$ 及 $y=0$ 所围成的曲边梯形的面积可用定积分计算，有

$$A(b)=\int_0^b \mathrm{e}^{-x}\mathrm{d}x=-\mathrm{e}^{-x}\Big|_0^b=1-\mathrm{e}^{-b}.$$

从上式可以看出 $A(b)$ 随着 b 的增大而增大，且当 $b\to+\infty$ 时，$A(b)\to 1$. 从图 5-8 可以看出 1 就是所求“无穷曲边梯形”的面积 A. 即

$$A=\lim_{b\to+\infty}\int_0^b \mathrm{e}^{-x}\mathrm{d}x=\lim_{b\to+\infty}(1-\mathrm{e}^{-b})=1.$$

我们将 $\lim\limits_{b\to+\infty}\int_0^b \mathrm{e}^{-x}\mathrm{d}x$ 记为 $\int_0^{+\infty}\mathrm{e}^{-x}\mathrm{d}x$，称之为函数 $y=\mathrm{e}^{-x}$ 在无穷区间 $[a,+\infty)$ 上的广义积分.

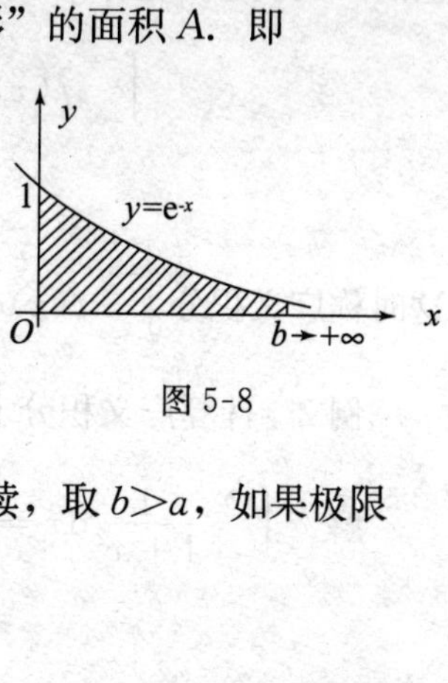

图 5-8

一般地，有

定义 1　设函数 $f(x)$ 在区间 $[a,+\infty)$ 上连续，取 $b>a$，如果极限

$$\lim_{b\to+\infty}\int_a^b f(x)\mathrm{d}x$$

存在，则称此极限为函数 $f(x)$ 在无穷区间 $[a, +\infty)$ 上的广义积分，记作 $\int_a^{+\infty} f(x)\mathrm{d}x$，即

$$\int_a^{+\infty} f(x)\mathrm{d}x=\lim_{b\to+\infty}\int_a^b f(x)\mathrm{d}x. \tag{1}$$

这时也称广义积分 $\int_a^{+\infty} f(x)\mathrm{d}x$ 收敛；如果极限（1）不存在，就称广义积分 $\int_a^{+\infty} f(x)\mathrm{d}x$ 发散.

类似地，设函数 $f(x)$ 在区间 $(-\infty, b]$ 上连续，取 $a<b$，如果极限

$$\lim_{a\to-\infty}\int_a^b f(x)\mathrm{d}x$$

存在，则称此极限为函数 $f(x)$ 在无穷区间 $(-\infty, b]$ 上的广义积分，记作 $\int_{-\infty}^b f(x)\mathrm{d}x$，即

$$\int_{-\infty}^b f(x)\mathrm{d}x=\lim_{a\to-\infty}\int_a^b f(x)\mathrm{d}x. \tag{2}$$

这时也称广义积分 $\int_{-\infty}^b f(x)\mathrm{d}x$ 收敛；如果极限（2）不存在，就称广义积分 $\int_{-\infty}^b f(x)\mathrm{d}x$ 发散.

设函数 $f(x)$ 在区间（$-\infty$，$+\infty$）上连续，如果广义积分

$$\int_{-\infty}^c f(x)\mathrm{d}x \text{ 和 } \int_c^{+\infty} f(x)\mathrm{d}x \quad (c\text{ 为任意常数})$$

都收敛，则称上述两个广义积分之和为函数 $f(x)$ 在无穷区间（$-\infty$，$+\infty$）上的广义积分，记作 $\int_{-\infty}^{+\infty} f(x)\mathrm{d}x$，即

$$\begin{aligned}\int_{-\infty}^{+\infty} f(x)\mathrm{d}x&=\int_{-\infty}^c f(x)\mathrm{d}x+\int_c^{+\infty} f(x)\mathrm{d}x\\&=\lim_{a\to-\infty}\int_a^c f(x)\mathrm{d}x+\lim_{b\to+\infty}\int_c^b f(x)\mathrm{d}x.\end{aligned}$$

这时称广义积分 $\int_{-\infty}^{+\infty} f(x)\mathrm{d}x$ 收敛；否则就称广义积分 $\int_{-\infty}^{+\infty} f(x)\mathrm{d}x$ 发散.

例 2 计算广义积分 $\int_{-\infty}^{+\infty}\frac{1}{1+x^2}\mathrm{d}x$.

解 $\int_{-\infty}^{+\infty}\frac{1}{1+x^2}\mathrm{d}x=\int_{-\infty}^0\frac{1}{1+x^2}\mathrm{d}x+\int_0^{+\infty}\frac{1}{1+x^2}\mathrm{d}x$

$$= \lim_{a\to-\infty}\int_a^0 \frac{1}{1+x^2}\mathrm{d}x + \lim_{b\to+\infty}\int_0^b \frac{1}{1+x^2}\mathrm{d}x$$

$$= \lim_{a\to-\infty}(\arctan x)\Big|_a^0 + \lim_{b\to+\infty}(\arctan x)\Big|_0^b$$

$$= -\lim_{a\to-\infty}\arctan a + \lim_{b\to+\infty}\arctan b$$

$$= -\left(-\frac{\pi}{2}\right) + \frac{\pi}{2} = \pi.$$

这个广义积分值的几何意义是：当 $a\to-\infty$、$b\to+\infty$时，虽然图 5-9 中阴影部分向左、右无限延伸，但其面积却有极限值 π. 简单地说，它是位于曲线 $y=\dfrac{1}{1+x^2}$的下方，x 轴上方的图形的面积.

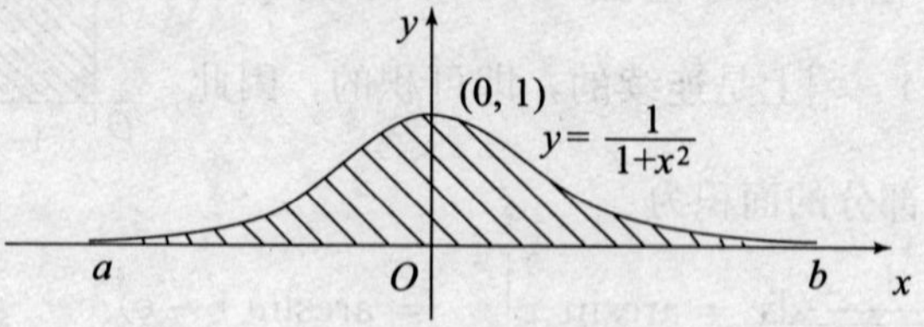

图 5-9

例 3 证明广义积分$\int_1^{+\infty}\dfrac{1}{x^p}\mathrm{d}x$ 当 $p>1$ 时收敛；当 $p\leqslant1$ 时发散.

证 当 $p=1$ 时，

$$\int_1^{+\infty}\frac{1}{x^p}\mathrm{d}x = \int_1^{+\infty}\frac{1}{x}\mathrm{d}x = \lim_{b\to+\infty}\int_1^b\frac{1}{x}\mathrm{d}x$$

$$= \lim_{b\to+\infty}\ln|x|\Big|_1^b = \lim_{b\to+\infty}\ln b = +\infty.$$

当 $p\neq1$，

$$\int_1^{+\infty}\frac{1}{x^p}\mathrm{d}x = \lim_{b\to+\infty}\int_1^b\frac{1}{x^p}\mathrm{d}x$$

$$= \lim_{b\to+\infty}\frac{1}{1-p}x^{1-p}\Big|_1^b$$

$$= \lim_{b\to+\infty}\frac{1}{1-p}(b^{1-p}-1)$$

$$= \begin{cases} +\infty, & p<1; \\ \dfrac{1}{p-1}, & p>1. \end{cases}$$

所以当 $p>1$ 时，广义积分$\int_1^{+\infty}\dfrac{1}{x^p}\mathrm{d}x$ 收敛，其值为$\dfrac{1}{p-1}$；当 $p\leqslant1$ 时，

该广义积分发散.

2. 无界函数的广义积分

例 4 求由曲线 $y=\frac{1}{\sqrt{1-x^2}}$，直线 $x=0$，$x=1$ 及 $y=0$ 所围成的“无穷曲边梯形”的面积 A.

解 因为 $\lim\limits_{x\to1^-}\frac{1}{\sqrt{1-x^2}}=+\infty$，$x=1$ 为 $y=\frac{1}{\sqrt{1-x^2}}$的无穷间断点，所以不能用定积分直接计算它. 但对于任意小的正数 $\varepsilon<1$，函数 $y=\frac{1}{\sqrt{1-x^2}}$在$[0,1-\varepsilon]$上是连续的，即可积的，因此图 5-10 中阴影部分的面积为

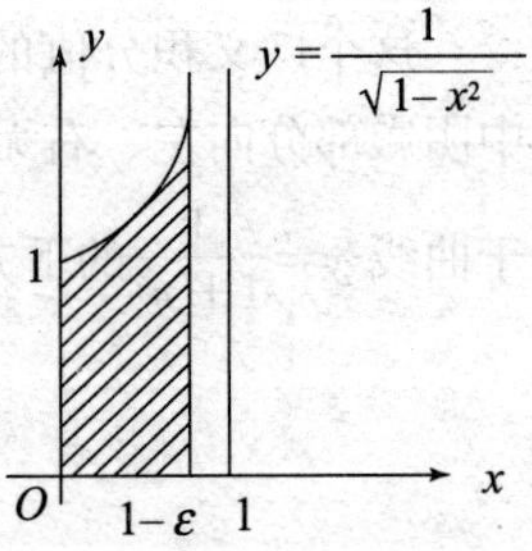

图 5-10

$$A(\varepsilon)=\int_0^{1-\varepsilon}\frac{1}{\sqrt{1-x^2}}\mathrm{d}x=\arcsin x\Big|_0^{1-\varepsilon}=\arcsin(1-\varepsilon).$$

这个面积值随着 ε 的减小而增大，且当 $\varepsilon\to0^+$ 时 $A(\varepsilon)\to\frac{\pi}{2}$，可以看出$\frac{\pi}{2}$就是所求“无穷曲边梯形”的面积 A，即

$$A=\lim_{\varepsilon\to0^+}\int_0^{1-\varepsilon}\frac{1}{\sqrt{1-x^2}}\mathrm{d}x=\lim_{\varepsilon\to0^+}\arcsin(1-\varepsilon)=\frac{\pi}{2}.$$

我们将 $\lim\limits_{\varepsilon\to0^+}\int_0^{1-\varepsilon}\frac{1}{\sqrt{1-x^2}}\mathrm{d}x$ 记为$\int_0^1\frac{1}{\sqrt{1-x^2}}\mathrm{d}x$，称之为无界函数 $y=\frac{1}{\sqrt{1-x^2}}$ 在$[0,1]$上的广义积分.

一般地，有

定义 2 设函数 $f(x)$在区间$(a,b]$上连续，且 $\lim\limits_{x\to a^+}f(x)=\infty$，取 $\varepsilon>0$，如果极限

$$\lim_{\varepsilon\to0^+}\int_{a+\varepsilon}^b f(x)\mathrm{d}x$$

存在，则称此极限为函数 $f(x)$ 在$(a,b]$上的广义积分，仍记作$\int_a^b f(x)\mathrm{d}x$，即

$$\int_a^b f(x)\mathrm{d}x=\lim_{\varepsilon\to0^+}\int_{a+\varepsilon}^b f(x)\mathrm{d}x. \tag{3}$$

这时也说广义积分 $\int_a^b f(x)\mathrm{d}x$ 存在或收敛. 如果极限（3）不存在，就说广义积分 $\int_a^b f(x)\mathrm{d}x$ 不存在或发散.

同样地，设函数 $f(x)$ 在 $[a, b)$ 上连续，且 $\lim\limits_{x\to b^-} f(x)=\infty$，取 $\varepsilon>0$，如果极限

$$\lim_{\varepsilon\to 0^+}\int_a^{b-\varepsilon} f(x)\mathrm{d}x$$

存在，则称此极限为函数 $f(x)$ 在 $[a, b)$ 上的广义积分，仍记作 $\int_a^b f(x)\mathrm{d}x$，即

$$\int_a^b f(x)\mathrm{d}x = \lim_{\varepsilon\to 0^+}\int_a^{b-\varepsilon} f(x)\mathrm{d}x. \tag{4}$$

这时也说广义积分 $\int_a^b f(x)\mathrm{d}x$ 存在或收敛. 如果极限（4）不存在，就说广义积分 $\int_a^b f(x)\mathrm{d}x$ 不存在或发散.

设函数 $f(x)$ 在 $[a, b]$ 上除点 c（$a<c<b$）外连续，且 $\lim\limits_{x\to c} f(x)=\infty$，如果广义积分

$$\int_a^c f(x)\mathrm{d}x \text{ 和} \int_c^b f(x)\mathrm{d}x$$

都收敛，则称上述两个积分的和为函数 $f(x)$ 在 $[a, b]$ 上的广义积分，即

$$\begin{aligned}\int_a^b f(x)\mathrm{d}x &= \int_a^c f(x)\mathrm{d}x + \int_c^b f(x)\mathrm{d}x \\ &= \lim_{\varepsilon_1\to 0^+}\int_a^{c-\varepsilon_1} f(x)\mathrm{d}x + \lim_{\varepsilon_2\to 0^+}\int_{c+\varepsilon_2}^b f(x)\mathrm{d}x.\end{aligned}$$

这时称广义积分 $\int_a^b f(x)\mathrm{d}x$ 收敛，否则就称广义积分 $\int_a^b f(x)\mathrm{d}x$ 发散.

例 5　求广义积分 $\int_0^1 \ln x\mathrm{d}x$.

解　因为 $\lim\limits_{x\to 0^+}\ln x=-\infty$，所以按定义 2

$$\begin{aligned}\int_0^1 \ln x\mathrm{d}x &= \lim_{\varepsilon\to 0^+}\int_\varepsilon^1 \ln x\mathrm{d}x \\ &= \lim_{\varepsilon\to 0^+}(x\ln x - x)\Big|_\varepsilon^1 \\ &= \lim_{\varepsilon\to 0^+}(-1-\varepsilon\ln\varepsilon+\varepsilon) = -1-\lim_{\varepsilon\to 0^+}\varepsilon\ln\varepsilon,\end{aligned}$$

对最后一项应用洛必达法则

$$\lim_{\varepsilon\to0^+}\varepsilon\ln\varepsilon=\lim_{\varepsilon\to0^+}\frac{\ln\varepsilon}{\frac{1}{\varepsilon}}=\lim_{\varepsilon\to0^+}\frac{\frac{1}{\varepsilon}}{-\frac{1}{\varepsilon^2}}=\lim_{\varepsilon\to0^+}(-\varepsilon)=0.$$

所以 $$\int_0^1\ln x\mathrm{d}x=-1.$$

例 6 证明广义积分 $\int_0^1\frac{1}{x^p}\mathrm{d}x$ 当 $p<1$ 时收敛；当 $p\geqslant1$ 时发散.

证 当 $p=1$ 时，

$$\begin{aligned}\int_0^1\frac{1}{x}\mathrm{d}x&=\lim_{\varepsilon\to0^+}\int_\varepsilon^1\frac{1}{x}\mathrm{d}x\\&=\lim_{\varepsilon\to0^+}\ln x\Big|_\varepsilon^1=\lim_{\varepsilon\to0^+}(-\ln\varepsilon)=+\infty.\end{aligned}$$

当 $p\neq1$ 时，

$$\begin{aligned}\int_0^1\frac{1}{x^p}\mathrm{d}x&=\lim_{\varepsilon\to0^+}\int_\varepsilon^1\frac{1}{x^p}\mathrm{d}x\\&=\lim_{\varepsilon\to0^+}\frac{1}{1-p}x^{1-p}\Big|_\varepsilon^1\\&=\lim_{\varepsilon\to0^+}\frac{1}{1-p}(1-\varepsilon^{1-p})\\&=\begin{cases}\frac{1}{1-p}, & p<1,\\+\infty, & p>1.\end{cases}\end{aligned}$$

所以，当 $p<1$ 时，广义积分 $\int_0^1\frac{1}{x^p}\mathrm{d}x$ 收敛，其值为 $\frac{1}{1-p}$；

当 $p\geqslant1$ 时，广义积分 $\int_0^1\frac{1}{x^p}\mathrm{d}x$ 发散.

习题 5—5

讨论下列广义积分的敛散性.

1. $\int_1^{+\infty}\frac{1}{x^3}\mathrm{d}x$；
2. $\int_1^{+\infty}\frac{1}{\sqrt{x}}\mathrm{d}x$；
3. $\int_0^{+\infty}xe^{-x^2}\mathrm{d}x$；
4. $\int_0^1\frac{1}{\sqrt[3]{x}}\mathrm{d}x$；
5. $\int_{-1}^1\frac{1}{x^2}\mathrm{d}x$.

第六节　定积分的应用

定积分在几何学、物理学、化学、生物学、工程技术学、经济学、社会学等领域有着广泛而有效的应用，显示了它的巨大魅力．也正是这些广泛的应用，推动着积分学的不断发展与完善，读者在学习中应该深刻领会应用定积分的知识解决实际问题的重要思想方法——**微元法**，不断积累和提高应用数学解决实际问题的能力．

1. 定积分的微元法

在第一节中我们学过，若 $f(x)$ 在 $[a, b]$ 上连续，则 $f(x)$ 在 $[a, b]$ 上可积，并且

$$\int_a^b f(x)\mathrm{d}x = \lim_{\lambda \to 0}\sum_{i=1}^{n} f(\xi_i)\Delta x_i.$$

在实际应用中，某一实际问题中所求整体量 A 可用定积分表示需符合下列条件：

(1) A 是与一个变量 x 的变化区间 $[a, b]$ 及定义在 $[a, b]$ 上的连续函数 $f(x)$ 有关的量；

(2) A 对于区间 $[a, b]$ 具有可加性，即如果把区间 $[a, b]$ 分成若干部分区间，则 A 相应地被分成若干部分量，而 A 等于所有部分量之和；

(3) 部分量 ΔA_i 可以近似地表示为 $f(\xi_i)\Delta x_i$，这里 ξ_i 为在第 i 个小区间上任取的一点，而 Δx_i 为这个小区间的长度．

通常情况下，若所求整体量 A 与变量 x 的变化区间 $[a, b]$ 有关，且关于区间 $[a, b]$ 具有可加性，则把所求整体量 A 表示成定积分的步骤为：

(1) 在区间 $[a, b]$ 上任取小区间 $[x, x+\mathrm{d}x]$，求出相应于 $[x, x+\mathrm{d}x]$ 的部分量 ΔA 的近似值 $f(x)\mathrm{d}x$（如图 5-11 阴影部分所示），即

$$\Delta A \approx f(x)\mathrm{d}x.$$

$f(x)\mathrm{d}x$ 叫做量 A 的微元，记作

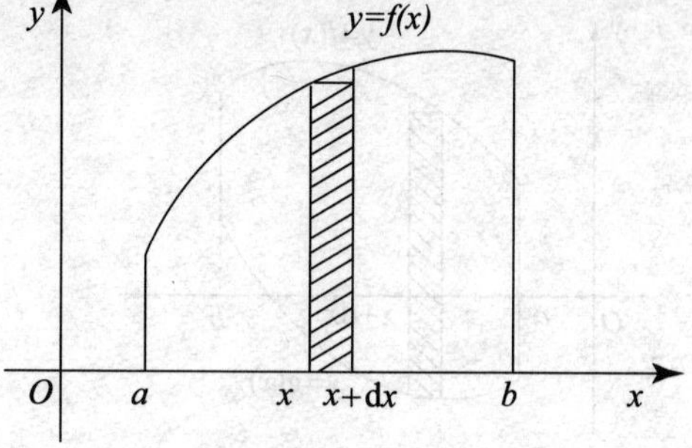

图 5-11

$$\mathrm{d}A=f(x)\mathrm{d}x.$$

(2) 以 $f(x)\mathrm{d}x$ 为被积表达式，在区间 $[a, b]$ 上作定积分，则得 A 的表达式

$$A=\int_a^b f(x)\mathrm{d}x.$$

这种方法通常叫做**微元法**．下面我们将应用这个方法讨论定积分的应用.

2. 平面图形的面积

我们已经知道，由连续曲线 $y=f(x)$ ($f(x)\geqslant 0$) 及直线 $x=a$ 与 $x=b$ ($a<b$) 与 x 轴所围成的曲边梯形的面积 A 为

$$A=\int_a^b f(x)\mathrm{d}x. \tag{1}$$

若 $y=f(x)$ 在 $[a, b]$ 上有正有负，则由连续曲线 $y=f(x)$ 及直线 $x=a$ 与 $x=b$ ($a<b$) 与 x 轴所围成的图形的面积 A 为

$$A=\int_a^b |f(x)|\mathrm{d}x. \tag{2}$$

一般地，求由两条连续曲线 $y=f(x)$ 与 $y=g(x)$ ($f(x)\geqslant g(x)$)及直线 $x=a$，$x=b$ ($a<b$) 所围成的平面图形（如图 5-12 所示）的面积 A，在区间 $[a, b]$ 内任取一个小区间 $[x, x+\Delta x]$，作出图中的阴影矩形，则面积微元为

$$\mathrm{d}A=[f(x)-g(x)]\mathrm{d}x,$$

于是所求面积为

$$A=\int_a^b [f(x)-g(x)]\mathrm{d}x. \tag{3}$$

类似地，可得到由两条连续曲线 $x=\varphi(y)$ 与 $x=\psi(y)$ ($\varphi(y)\geqslant\psi(y)$)及直线 $y=c$，$y=d$ ($c<d$)所围成的平面图形（如图 5-13 所示）的面积为

$$A=\int_c^d [\varphi(y)-\psi(y)]\mathrm{d}y. \tag{4}$$

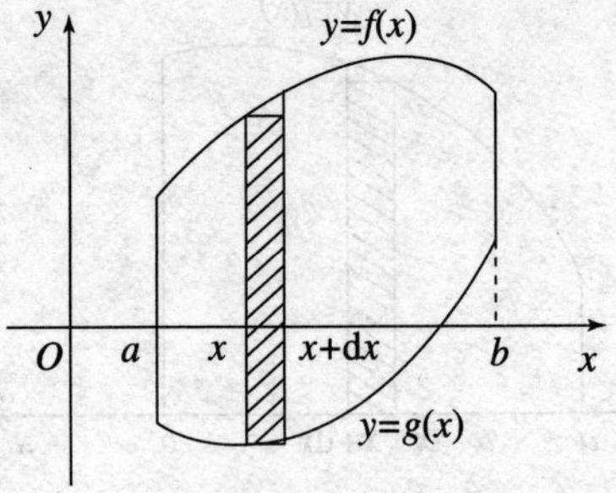

图 5-12

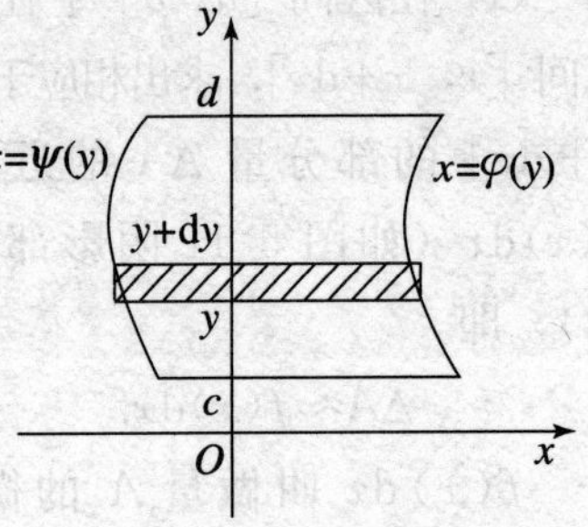

图 5-13

例 1　求由正弦曲线 $y=\sin x$ 与直线 $x=0$，$x=\frac{3}{2}\pi$ 及 $y=0$ 所围成的图形的面积.

解　所围成图形如图 5-14 所示，根据公式（2）所求图形面积为

$$A=\int_0^{\frac{3}{2}\pi}|\sin x|\mathrm{d}x=\int_0^{\pi}\sin x\mathrm{d}x-\int_{\pi}^{\frac{3}{2}\pi}\sin x\mathrm{d}x$$

$$=-\cos x\Big|_0^{\pi}+\cos x\Big|_{\pi}^{\frac{3\pi}{2}}=3.$$

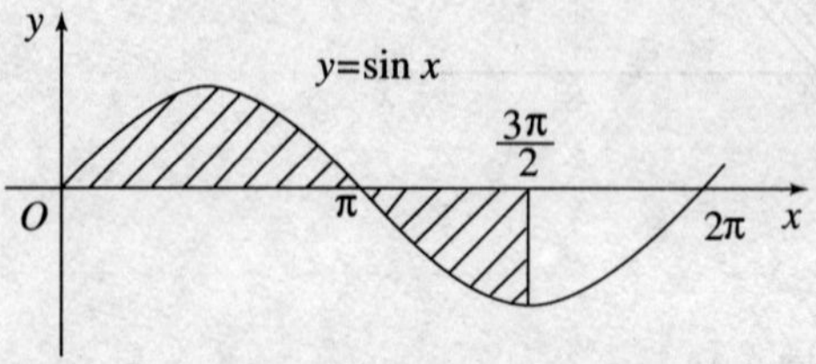

图 5-14

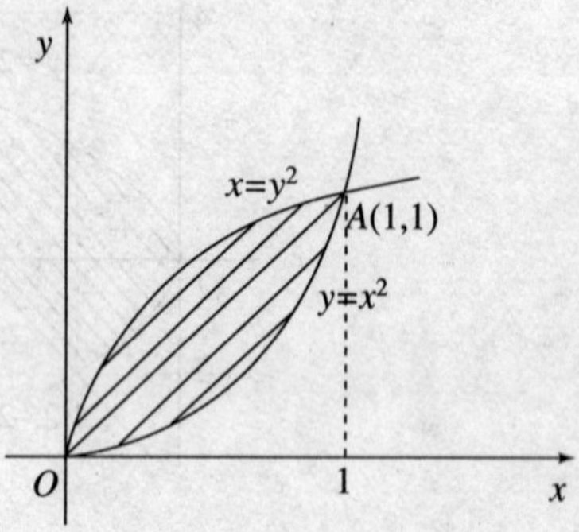

图 5-15

例 2　计算由两条抛物线 $y^2=x$，$y=x^2$ 所围成的图形的面积.

解　这两条抛物线所围成图形如图 5-15 所示，为了确定出图形的范围，先求两条曲线的交点，为此解方程组

$$\begin{cases}y^2=x,\\y=x^2.\end{cases}$$

得　$\begin{cases}x_1=0,\\y_1=0.\end{cases}$　$\begin{cases}x_2=1,\\y_2=1.\end{cases}$

两曲线的交点为（0，0）和（1，1）.

取 x 为积分变量，它的变化区间为[0，1]，这时，抛物线 $y=\sqrt{x}$ 位于 $y=x^2$ 的上方. 利用公式（3）得到所求图形的面积

$$A=\int_0^1(\sqrt{x}-x^2)\mathrm{d}x$$

$$=\left(\frac{2}{3}x^{\frac{3}{2}}-\frac{x^3}{3}\right)\Bigg|_0^1=\frac{2}{3}-\frac{1}{3}=\frac{1}{3}.$$

本例也可以选取 y 为积分变量，y 的变化区间为[0，1]，抛物线 $x=\sqrt{y}$

位于 $x=y^2$ 的右方，利用公式（4）得到所求图形的面积

$$A=\int_0^1(\sqrt{y}-y^2)\mathrm{d}y=\frac{1}{3}.$$

例 3 求抛物线 $y^2=2x$ 与直线 $y=x-4$ 所围成的图形面积.

解 所围成图形如图 5-16 所示，解方程 $\begin{cases}y^2=2x,\\y=x-4\end{cases}$ 得交点：(2，−2) 和 (8，4).

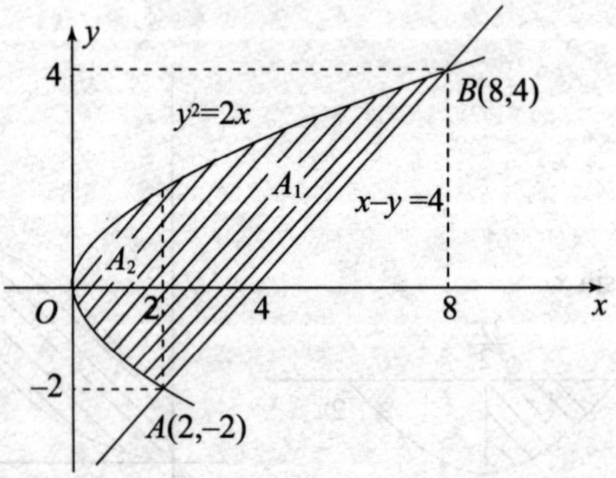

图 5-16

方法 1 选取 x 为积分变量，$0\leqslant x\leqslant 8$，直线 $x=2$ 把平面图形分成 A_1 与 A_2 两部分. 则

$$\begin{aligned}A&=\int_0^2[\sqrt{2x}-(-\sqrt{2x})]\mathrm{d}x+\int_2^8[\sqrt{2x}-(x-4)]\mathrm{d}x\\&=2\sqrt{2}\int_0^2x^{\frac{1}{2}}\mathrm{d}x+\int_2^8(\sqrt{2}x^{\frac{1}{2}}-x+4)\mathrm{d}x\\&=\frac{4\sqrt{2}}{3}x^{\frac{3}{2}}\Big|_0^2+\frac{2\sqrt{2}}{3}x^{\frac{3}{2}}\Big|_2^8-\frac{1}{2}x^2\Big|_2^8+4x\Big|_2^8\\&=18.\end{aligned}$$

方法 2 选取 y 为积分变量，$-2\leqslant y\leqslant 4$，则

$$\begin{aligned}A&=\int_{-2}^4\left[(y+4)-\frac{1}{2}y^2\right]\mathrm{d}y\\&=\left(\frac{1}{2}y^2+4y-\frac{1}{6}y^3\right)\Big|_{-2}^4\\&=18.\end{aligned}$$

显然方法 2 更简单，所以应根据具体图形的特点来选择积分变量.

3. 旋转体的体积

旋转体是由一个平面图形绕该平面内一条定直线旋转一周而生成的立体，该定直线称为旋转轴. 我们以前学过的圆柱、圆锥、球等都是旋转体，它们的体积公式我们都已经知道，下面用微元法建立一般旋转体的体积公式.

设函数 $y=f(x)$在$[a, b]$上连续，且 $f(x)\geqslant 0$，由曲线 $y=f(x)$、直线 $x=a$，$x=b$（$a\leqslant x\leqslant b$）及 x 轴所围成的曲边梯形，绕 x 轴旋转一周得一旋转体（如图 5-17 所示），求其体积.

取 x 为积分变量，变化区间为 $[a, b]$. 在区间 $[a, b]$ 上的任取一个小区间 $[x, x+\mathrm{d}x]$，它所对应的窄曲边梯形（如图 5-17 所示的阴影部分）绕 x 轴旋转而生成的旋转体的体积近似等于以 $f(x)$为底半径，$\mathrm{d}x$ 为高的圆柱体的体积，即体积微元

$$\mathrm{d}V=\pi\left[f(x)\right]^2\mathrm{d}x.$$

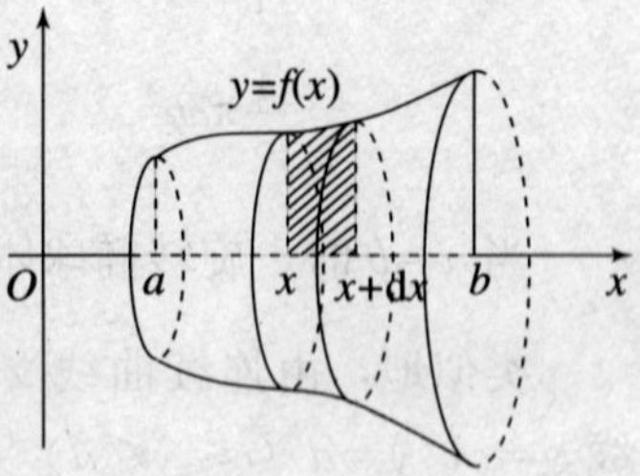

图 5-17

于是所求旋转体的体积为

$$V=\pi\int_a^b\left[f(x)\right]^2\mathrm{d}x. \tag{5}$$

例 4　求由曲线 $y=\frac{r}{h}\cdot x$ 及直线 $x=0$，$x=h$（$r>0$，$h>0$）和 x 轴所围成的直角三角形绕 x 轴旋转而生成的圆锥体的体积.

解　如图 5-18 所示，取 x 为积分变量，则 $x\in[0, h]$，由公式（5）得

$$\begin{aligned}V&=\pi\int_0^h\left(\frac{r}{h}x\right)^2\mathrm{d}x\\&=\frac{\pi\cdot r^2}{h^2}\int_0^h x^2\mathrm{d}x\\&=\frac{\pi r^2}{3h^2}x^3\Big|_0^h\\&=\frac{1}{3}\pi r^2h.\end{aligned}$$

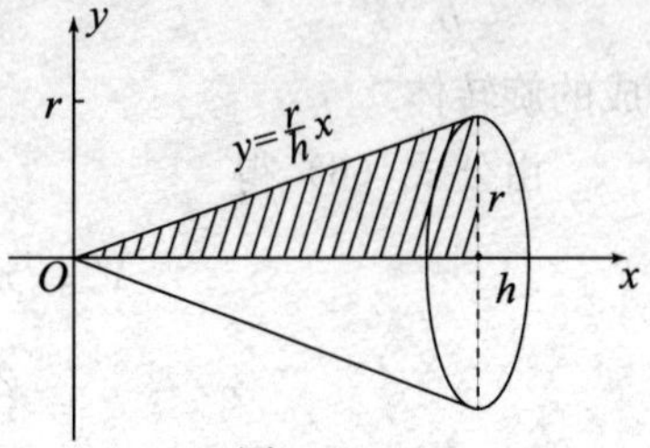

图 5-18

例 5　求椭圆$\frac{x^2}{a^2}+\frac{y^2}{b^2}=1$绕 x 轴旋转一周所形成的椭球体的体积.

解　这个椭球体可以看作由

$y=\frac{b}{a}\sqrt{a^2-x^2}$ $(-a\leqslant x\leqslant a)$ 及 x 轴所围成的图形绕 x 轴旋转一周而成的旋转体（如图 5-19 所示）.

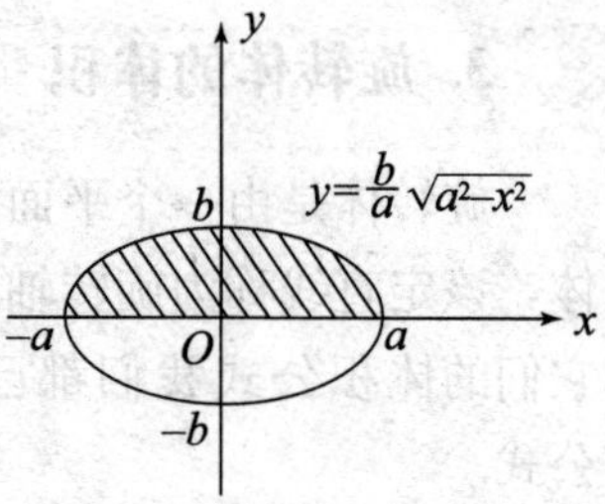

图 5-19

由公式得（5）

$$V=\pi\int_{-a}^{a}\left(\frac{b}{a}\sqrt{a^2-x^2}\right)^2\mathrm{d}x$$

$$=\frac{2\pi b^2}{a^2}\int_0^a(a^2-x^2)\mathrm{d}x$$

$$=\frac{2\pi b^2}{a^2}\left(a^2x-\frac{1}{3}x^3\right)\Big|_0^a$$

$$=\frac{4}{3}\pi ab^2.$$

当 $a=b$ 时，旋转椭球体就成为半径为 a 的球体，它的体积为 $\frac{4}{3}\pi a^3$.

类似地，由连续曲线 $x=\varphi(y)$，直线 $y=c$，$y=d$ $(c\leqslant y\leqslant d)$ 及 y 轴所围成的曲边梯形绕 y 轴旋转一周而成的旋转体（如图 5-20 所示）的体积为

$$V=\pi\int_c^d[\varphi(y)]^2\mathrm{d}y. \qquad (6)$$

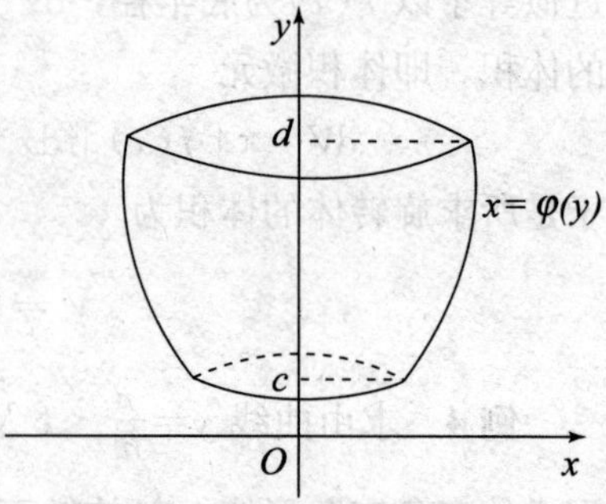

图 5-20

例 6 求椭圆 $\frac{x^2}{a^2}+\frac{y^2}{b^2}=1$ 绕 y 轴旋转一周所形成的椭球体的体积.

解 这个椭球体可以看作由

$x=\frac{a}{b}\sqrt{b^2-y^2}$ $(-b\leqslant y\leqslant b)$ 及 y 轴所围成的图形绕 y 轴旋转一周而成的旋转体.

由公式（6）得

$$V=\pi\int_{-b}^{b}\left(\frac{a}{b}\sqrt{b^2-y^2}\right)^2\mathrm{d}y$$

$$=\frac{2\pi a^2}{b^2}\int_0^b(b^2-y^2)\mathrm{d}y$$

$$=\frac{2\pi a^2}{b^2}\left(b^2y-\frac{1}{3}y^3\right)\Big|_0^b$$

$$=\frac{4}{3}\pi a^2b.$$

4. 截面面积为已知函数的立体体积

设立体在垂直于 x 轴的两个平面 $x=a$、$x=b$（$a<b$）之间，并设过 $[a,b]$ 内任一点 x 且垂直于 x 轴的截面面积 $A(x)$ 为 x 的已知连续函数，计算这立体的体积（如图 5-21 所示）.

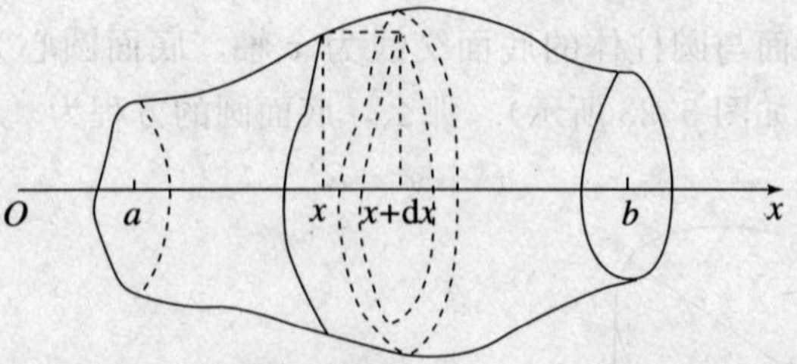

图 5-21

取 x 为积分变量，它的变化区间为 $[a,b]$，立体中相应于区间 $[a,b]$ 上任一小区间 $[x,x+\mathrm{d}x]$ 上薄立体片的体积，近似于底面积为 $A(x)$，高为 $\mathrm{d}x$ 的薄柱体体积，即体积微元

$$\mathrm{d}V=A(x)\mathrm{d}x.$$

从而得所求立体体积

$$V=\int_a^b A(x)\mathrm{d}x. \tag{7}$$

例 7　一立体的底面为一半径为 5 的圆，已知垂直于底面一条固定直径的截面都是等边三角形，求立体体积.

解　取底面一条固定直径所在直线为 x 轴，圆心为坐标原点，建立直角坐标系（如图 5-22 所示）. 那么底圆的方程为

$$x^2+y^2=25.$$

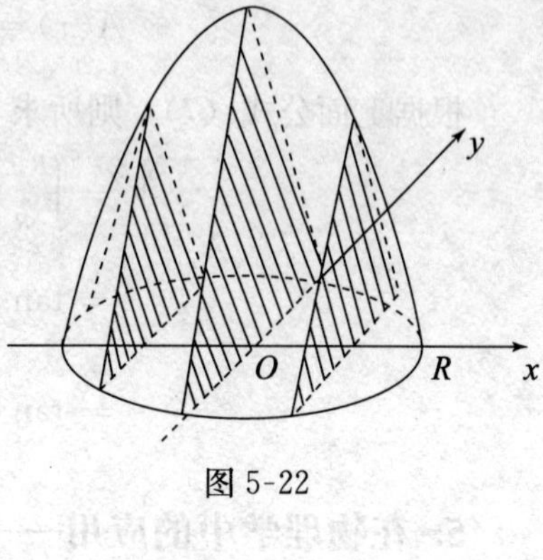

图 5-22

立体中过点 $x(x\in[-5,5])$ 且垂直于 x 轴的截面是一个等边三角形，它的边长为 $2\sqrt{25-x^2}$，则它的面积为

$$A(x)=\frac{1}{2}\times4(25-x^2)\times\frac{\sqrt{3}}{2}=\sqrt{3}(25-x^2).$$

根据上面公式（7），则所求立体体积为

$$V=\int_{-5}^{5}\sqrt{3}(25-x^2)\mathrm{d}x$$

$$= 2\sqrt{3}\int_0^5 (25 - x^2)\mathrm{d}x$$

$$= 2\sqrt{3}\left(25x - \frac{1}{3}x^3\right)\Big|_0^5 = \frac{500}{3}\sqrt{3}.$$

例 8 一平面经过半径为 R 的圆柱体的底面中心，并与底面交成角 α，计算这平面截圆柱体所得立体的体积.

解 取这平面与圆柱体的底面交线为 x 轴，底面圆心为坐标原点，建立直角坐标系（如图 5-23 所示）. 那么，底面圆的方程为

$$x^2 + y^2 = R^2.$$

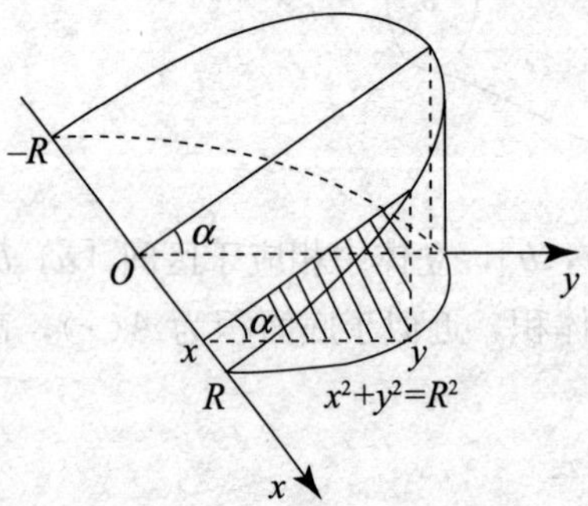

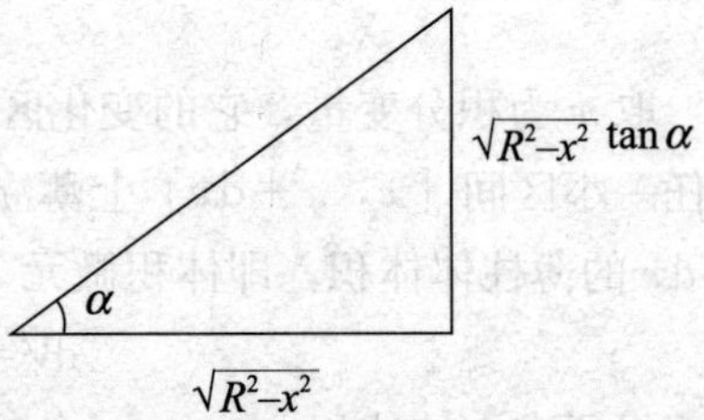

图 5-23

立体中过点 x（$x \in [-R, R]$）且垂直于 x 轴的截面是一个直角三角形，它的两条直角边的长度分别为

$\sqrt{R^2 - x^2}$ 及 $\sqrt{R^2 - x^2}\tan\alpha$，则这直角三角形的面积为

$$A(x) = \frac{1}{2}(R^2 - x^2)\tan\alpha.$$

根据上面公式（7），则所求立体体积为

$$V = \int_{-R}^{R} \frac{1}{2}(R^2 - x^2)\tan\alpha \mathrm{d}x$$

$$= \tan\alpha \int_0^R (R^2 - x^2)\mathrm{d}x$$

$$= \tan\alpha\left(R^2 x - \frac{1}{3}x^3\right)\Big|_0^R = \frac{2}{3}R^3\tan\alpha.$$

5. 在物理学中的应用——变力作功

从物理学知道，如果物体在作直线运动的过程中有一个恒力 F 作用在这个物体上，且力 F 的方向与物体的运动方向一致，那么，在物体移动了距离 s 时，力 F 对物体所作的功为

$$W=F\cdot s.$$

如果物体在直线运动过程中受变力 F 的作用，那么变力 F 所作的功又该如何计算呢？下面通过具体例子说明如何计算变力所作的功.

例 9　根据胡克定律（Hooke's law），弹簧的弹力与形变的长度成正比．已知汽车车厢下的减震弹簧压缩 1 cm 需力 14 000 N，求弹簧压缩 2 cm 时所作的功.

解　由题意，弹簧的弹力为 $F(x)=kx$（k 为比例常数），当 $x=0.01$ m 时

$$F(0.01)=k\times0.01=1.4\times10^4\ \text{N},$$

由此可知　$k=1.4\times10^6$，所以弹力为

$$F(x)=1.4\times10^6x.$$

取伸长量 x 为积分变量，它的变化区间为 $[0,\ 0.02]$，在 $[0,\ 0.02]$ 任取小区间 $[x,\ x+\mathrm{d}x]$，相应于 $[x,\ x+\mathrm{d}x]$ 的变力所作的功近似于 $F(x)\mathrm{d}x$，即功微元为

$$\mathrm{d}W=F(x)\mathrm{d}x=1.4\times10^6x\mathrm{d}x.$$

将 $\mathrm{d}W$ 在闭区间 $[0,\ 0.02]$ 上作定积分，即得所求的功为

$$W=\int_0^{0.02}1.4\times10^6x\mathrm{d}x$$

$$=\frac{1.4\times10^6}{2}x^2\Big|_0^{0.02}=280(\text{N}\cdot\text{m})=280(\text{J}).$$

即弹簧压缩 2 cm 时所作的功为 280 J.

用定积分解决物理问题时，微元法是非常重要的.

习题 5—6

1. 求下列各曲线所围成的平面图形的面积.

(1) $y=\cos x$ 与 $y=0$，$x=0$ 及 $x=\pi$；

(2) $y=x^2$ 与 $y=2x-1$ 及 $y=0$；

(3) $y=\dfrac{1}{x}$ 与 $y=x$ 及 $x=2$；

(4) $y=\mathrm{e}^x$ 与 $x=0$ 及 $y=\mathrm{e}$；

(5) $y=\mathrm{e}^x$ 与 $y=\mathrm{e}^{2x}$ 及 $y=2$.

2. 求下列各曲线所围图形绕指定轴旋转所得旋转体的体积.

(1) 由 $y=\sin x$（$0\leqslant x\leqslant\pi$）与 $y=0$ 所围图形，绕 x 轴；

(2) 由 $y=\mathrm{e}^x$ 与 $y=0$、$x=0$ 及 $x=1$ 所围图形，绕 x 轴；

(3) 由 $y=\ln x$ 与 $x=\mathrm{e}$ 及 $y=0$ 所围图形，绕 x 轴；

(4) 由 $y=x^2$ 与 $x=y^2$ 所围图形，绕 y 轴；

(5) 由 $y=x^3$ 与 $x=2$ 及 $y=0$ 所围图形，绕 y 轴.

3. 求以半径 R 的圆为底，平行且等于底圆直径的线段为顶，高为 h 的正劈锥体体积，见图 5-24.

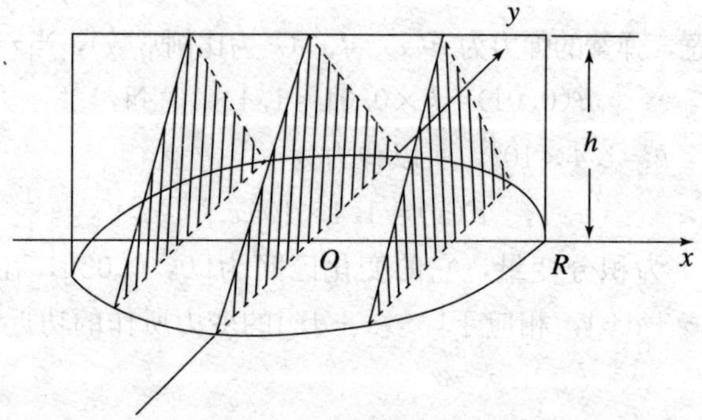

图 5-24

4. 一物体作直线运动，其速度为 $v(t)=\sqrt{1+t}$ m/s，试求物体运动开始后 10 s 内所经过的路程.

5. 一根弹簧原长 0.5 m，1 N 的力能使弹簧伸长 0.01 m，求把这根弹簧由原长拉长到 0.6 m 所作的功.

【本章小结】

一、本章的基本要求

1. 理解定积分的概念、几何意义及其基本性质.

2. 理解变上限积分及其重要性质，会求简单变上限积分的导数.

3. 能熟练地运用牛顿—莱布尼兹公式计算定积分.

4. 熟练掌握定积分的换元法与分部积分法.

5. 知道广义积分的定义，根据定义会判断一些简单广义积分的敛散性.

6. 理解用微元法将实际问题表示成定积分的分析方法.

7. 熟练掌握平面图形的面积、旋转体的体积的计算方法. 了解截面面积为已知函数的立体体积的计算方法.

8. 了解定积分在物理上的一些简单应用.

二、学习中应注意的几个问题

1. 定积分与不定积分是两个完全不同的概念. 不定积分是微分的逆运

算，而定积分是一种特殊的和的极限；函数 $f(x)$的不定积分是（无穷多个）函数，它们之间相差一个常数 C，而 $f(x)$在区间 $[a,b]$ 上的定积分是一个完全由被积函数 $f(x)$和积分区间 $[a,b]$ 所确定的数值，与区间 $[a,b]$ 的分法和点 ξ_i 的取法无关，而且与积分变量采用什么字母表示也无关，即

$$\int_a^b f(x)\mathrm{d}x=\int_a^b f(t)\mathrm{d}t=\int_a^b f(u)\mathrm{d}u.$$

2. 定积分定义中两个任意性——$[a,b]$区间划分的任意性和子区间 $[x_{i-1},x_i]$ 中 ξ_i 取法的任意性，若疏忽就可能出问题；由 $\lambda\to0$ 可推出 $n\to0$，反之不然；用定积分定义求函数的积分，一般是对$[a,b]$采取特殊的分法，对 ξ_i 采用特殊的取法，但该法要在被积函数可积的条件下进行.

3. 定积分 $\int_a^b f(x)\mathrm{d}x$ 的几何意义：它是介于 x 轴、函数 $f(x)$的图形及两条直线 $x=a$，$x=b$ 之间的各部分面积的代数和；在 x 轴上方的面积取正号，在 x 轴下方的面积取负号.

4. 变上限积分 $\int_a^x f(t)\mathrm{d}t$ 是上限 x 的函数，记为 $\Phi(x)$，且有定理：如果函数 $f(x)$在区间 $[a,b]$ 上连续，则变上限积分 $\Phi(x)=\int_a^x f(t)\mathrm{d}t$ $(a\leqslant x\leqslant b)$ 在 $[a,b]$ 上可导，并且它的导数是

$$\Phi'(x)=\frac{\mathrm{d}}{\mathrm{d}x}\int_a^x f(t)\mathrm{d}t=f(x).$$

即 $\int_a^x f(t)\mathrm{d}t$ 是 $f(x)$ 的一个原函数.

这个定理有三个推论：

(1) $\frac{\mathrm{d}}{\mathrm{d}x}\int_x^b f(t)\mathrm{d}t=-f(x)$.

(2) $\frac{\mathrm{d}}{\mathrm{d}x}\int_a^{\varphi(x)} f(t)\mathrm{d}t=f[\varphi(x)]\varphi'(x)$，其中 $\varphi'(x)$ 存在.

(3) $\frac{\mathrm{d}}{\mathrm{d}x}\int_{\psi(x)}^{\varphi(x)} f(t)\mathrm{d}t=f[\varphi(x)]\varphi'(x)-f[\psi(x)]\psi'(x)$，其中 $\varphi'(x)$，$\psi'(x)$ 都存在.

5. 牛顿—莱布尼茨公式 $\int_a^b f(x)\mathrm{d}x=F(b)-F(a)$ 成立的条件是 $f(x)$ 在$[a,b]$上连续，稍有疏忽可能酿成大错！

例如，计算 $\int_{-1}^1 \frac{1}{x^2}\mathrm{d}x=-\frac{1}{x}\Big|_{-1}^1=-2$ 就是不正确的，因为被积函数$\frac{1}{x^2}$

在[-1, 1]上不连续，$x=0$ 是无穷间断点，所以应属于无界函数积分.

牛顿—莱布尼茨公式的重要性在于将计算定积分的问题变成了求 $f(x)$ 的一个原函数 $F(x)$ 在上限的值减去在下限的值的问题. 因此只要被积函数 $f(x)$ 存在初等函数形式的原函数，且 $f(x)$ 的原函数可直接用不定积分的第一换元法和基本积分公式求出，则计算它在 $[a, b]$ 上的定积分就可以直接应用这个公式. 还要注意 $F(x)$ 是 $f(x)$ 的任意一个原函数，为了简单起见，总是用不带任意常数 C 的原函数来计算.

6. 定积分的换元法与不定积分的换元法是有区别的，定积分的换元法不必换回原积分变量，在换元的同时只需将积分限作相应地改变，即“换元必换限，上限对上限，下限对下限”，但要注意变量代换的条件，否则就会得出错误的结果.

例如，$\int_0^3 x\sqrt[3]{1-x^2}\,\mathrm{d}x$，若设 $x=\sin t$，由于当 $x=3$ 时，$\sin t=3$，故所作换元不正确.

7. 定积分的分部积分法与不定积分的分部积分法也是有区别的，定积分的分部积分公式是：

$$\int_a^b u(x)v'(x)\mathrm{d}x = u(x)v(x)\Big|_a^b - \int_a^b u'(x)v(x)\mathrm{d}x \quad (u(x),\ v(x) \text{ 在区间 } [a,\ b] \text{ 上有连续的导数}).$$

8. 在用“微元法”解决实际问题时，表达式 $\mathrm{d}M = f(u)\mathrm{d}u$ 实际上是由 $\Delta M \approx f(u)\Delta u$ 演变而来的，后者能表示成前者的条件是：$\Delta M - \mathrm{d}M = o(\Delta u)$，即 ΔM 与 $\mathrm{d}M$ 之差是 Δu 的高阶无穷小，忽视这一情况，可能造成失误.

用微元法解题的程序：

(1) 建立直角坐标系，确定积分变量，其原则是：所求量 M 与积分变量能够建立起联系；尽量使在 $[a, b]$ 上构造的关系式 $\mathrm{d}M=f(u)\mathrm{d}u$，形式简单，个数少；

(2) 依据微观世界在一定条件下，可以“去弯取直，以不变代变”的思想获得微元关系式 $\mathrm{d}M=f(u)\mathrm{d}u$；

(3) 写出积分式并解之.

综合检测题（五）

1. 填空题：

(1) $\frac{d}{dx}\int_0^{x^2}\sin t^2 dt=$ __________；

(2) $\int_{\frac{\pi}{2}}^{\pi}(\frac{\cos x}{x})'dx=$ __________；

(3) 若$\int_a^x f(t)dt=e^x-1$，则 $f(x)=$ __________；

(4) $\int_{-\pi}^{\pi}(\cos^2 x+x\sin^2 x)dx=$ __________；

(5) $\int_0^a x^2dx=9$，则 $a=$ __________；

(6) $\int_0^2\sqrt{4-x^2}dx=$ __________；

(7) 已知$\int_0^1(2x+k)dx=2$，则 $k=$ __________；

(8) 设 $f''(x)$ 在$[0, 2]$上连续，且 $f(0)=0$, $f(2)=4$, $f'(2)=2$，则 $\int_0^1 xf''(2x)dx=$ __________；

(9) $\int_0^{+\infty}xe^{-x^2}dx=$ __________；

(10) $\int_0^1\frac{1}{\sqrt{x}}dx=$ __________.

2. 选择题：

(1) 定积分$\int_a^b f(x)dx$是（　　）.

A. 一个数　　　　B. 一个原函数

C. 一个函数族　　　　D. 一个非负数

(2) 设函数 $f(x)$在区间$[a, c]$上连续，$a<b<c$，则$\int_a^b f(x)dx\neq$（　　）.

A. $\int_a^c f(x)dx+\int_b^c f(x)dx$　　　　B. $\int_a^c f(x)dx-\int_b^c f(x)dx$

C. $\int_a^c f(x)dx+\int_c^b f(x)dx$　　　　D. $-\left[\int_c^a f(x)dx-\int_c^b f(x)dx\right]$

(3) 下列不等式中成立的是（　　）.

A. $\int_0^1 xdx\leqslant\int_0^1 x^2dx$　　　　B. $\int_0^1\sin xdx\leqslant\int_0^1 xdx$

C. $\int_0^1 e^x dx \leqslant \int_0^1 2^x dx$　　D. $\int_1^2 x^2 dx \geqslant \int_1^2 x^3 dx$

(4) 设函数 $f(x)$在区间$[a, b]$上连续，则 $f(x)$在$[a, b]$上的平均值是（　　）.

A. $\int_a^b f(x)dx$　　B. $\frac{1}{2}\int_a^b f(x)dx$

C. $\frac{1}{b-a}\int_a^b f(x)dx$　　D. $\frac{f(a)+f(b)}{2}$

(5) $\frac{d}{dx}\left[\int_a^x \frac{\sin t}{t}dt\right]=$（　　）.

A. $\frac{\sin x}{x}$　　B. $\frac{\cos x}{x}$

C. $\frac{\sin a}{a}$　　D. $\frac{\sin t}{t}$

(6) $\frac{d}{dx}\left[\int_a^b \arcsin x dx\right]=$（　　）.

A. $\arcsin x$　　B. $\arcsin b-\arcsin a$

C. $\frac{1}{\sqrt{1-x^2}}$　　D. 0

(7) $\int_0^3 |x-1| dx=$（　　）.

A. 0　　B. 1

C. $\frac{5}{2}$　　D. 2

(8) $\int_0^\pi x d\cos x=$（　　）.

A. π　　B. $-\pi$

C. $\pi-2$　　D. $-\pi+2$

(9) 设函数 $f(x)$在区间$[a, b]$上连续，则曲线 $y=f(x)$，直线 $x=a$，$x=b$ 及 x 轴所围成的图形面积 $A=$（　　）.

A. $\int_a^b f(x)dx$　　B. $\int_b^a f(x)dx$

C. $\int_a^b |f(x)| dx$　　D. $\left|\int_a^b f(x)dx\right|$

(10) 油箱从一个小孔向外漏油，漏油速度随时间 t 变化．在时刻 t，向外漏油的速度为$\frac{1}{10}t^2$（升/秒）．从第 0 秒到第 10 秒这段时间中，从油箱中漏出的油为（　　）.

A. $\frac{10}{3}$升　　B. $\frac{100}{3}$升

C. $\frac{10}{2}$升　　D. $\frac{100}{2}$升

3. 计算题：

(1) $\int_0^1 \frac{x}{(x^2+1)^2}\mathrm{d}x$；　　(2) $\int_0^{16} \frac{1}{\sqrt{x+9}-\sqrt{x}}\mathrm{d}x$；

(3) $\int_1^{e^3} \frac{1}{x\sqrt{1+\ln x}}\mathrm{d}x$；　　(4) $\int_0^{\pi} \sqrt{1+\cos 2x}\,\mathrm{d}x$；

(5) $\int_1^8 \frac{1}{x+\sqrt[3]{x}}\mathrm{d}x$；　　(6) $\int_1^{\sqrt{3}} \frac{1}{x^2\sqrt{1+x^2}}\mathrm{d}x$；

(7) $\int_0^4 x\ln(x+1)\mathrm{d}x$；　　(8) $\int_{-\infty}^{+\infty} (|x|+x)\mathrm{e}^{-|x|}\,\mathrm{d}x$.

4. 求由曲线 $y=\mathrm{e}^x$，$y=\mathrm{e}^{2x}$与直线 $y=2$ 所围成的平面图形的面积.

5. 求圆 $x^2+(y-5)^2=16$绕 x 轴旋转一周所产生的旋转体的体积.

6. 设有一弹簧，原长 15 cm，若 5 N 的力能使弹簧伸长 1 cm，求把这弹簧拉长 10 cm 所做的功.

7. 设偶函数 $f(x)$在区间$[-a, a]$上连续，证明：$\int_{-a}^{a} f(x)\mathrm{d}x = 2\int_0^a f(x)\mathrm{d}x$.

拓展性阅读导航

1. 清华大学数学科学系《微积分》编写组：微积分（Ⅰ）[M]. 北京：清华大学出版社 2003 年版.

该书在强调“变化趋势”的极限直观定义和初等函数极限的基础上，展开对一元函数微分和积分的概念、计算、应用及简单微分方程等微积分最基本内容的讨论. 对初学者比较容易接受，可供阅读参考.

2. Dale Varberg：微积分 Calculus（英文版，原书第八版）[M]. 北京：机械工业出版社 2002 年版.

该书是一本在美国大学中使用面比较广泛的微积分教材，该书重视应用，便于自学，习题数量与内容比较丰富，可供阅读参考.

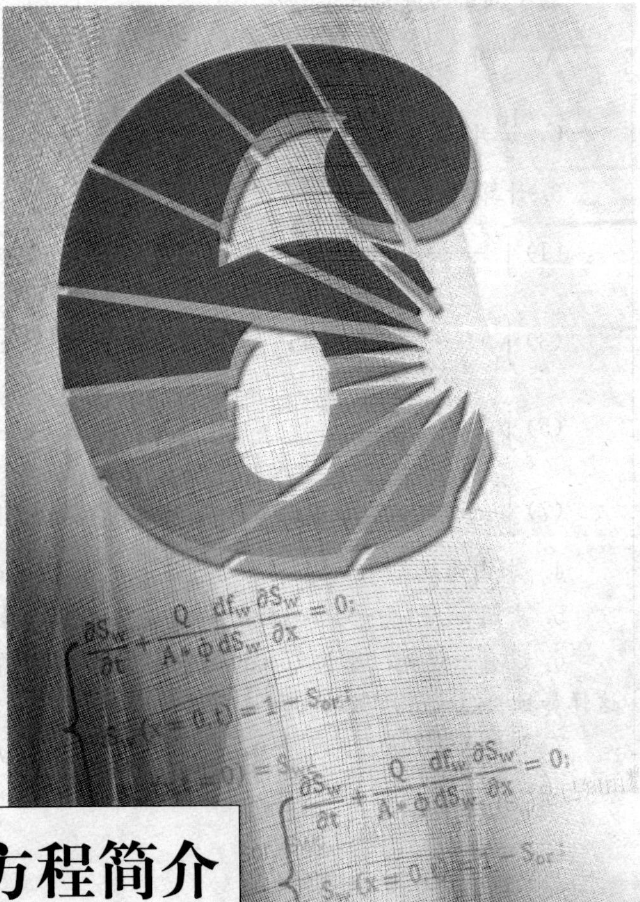

第六章

常微分方程简介

本章学习要点

- 微分方程的基本概念
- 可分离变量微分方程、一阶线性微分方程的解法
- 一阶常系数线性非齐次微分方程的解的结构

微分方程是含有未知函数导数或微分的等式．是描述客观事物的数量关系的一种重要数学模型．本章重点研究常见的微分方程的解法，并通过实际问题探讨建立微分方程数学模型的思想方法．

第一节　微分方程的基本概念

1. 实例

例 1　一曲线通过点(1, 3)，且曲线上任意一点处的切线的斜率等于该点横坐标的 2 倍，求此曲线的方程．

解　设所求曲线的方程为 $y=f(x)$，根据导数的意义可知，曲线 $y=f(x)$ 上点 (x,y) 处切线的斜率为

$$\frac{\mathrm{d}y}{\mathrm{d}x}=f'(x).$$

由题意

$$\frac{\mathrm{d}y}{\mathrm{d}x}=2x, \tag{1}$$

$$y\big|_{x=1}=3. \tag{2}$$

对 (1) 式两端积分，得

$$y=x^2+C. \tag{3}$$

将 (2) 式代入 (3) 式，得 $C=2$.
于是得到所求曲线方程为

$$y=x^2+2. \tag{4}$$

例 2　质量为 m 的物体只受重力的作用，自静止状态自由下落，求此物体的运动规律．

解　设反映物体运动规律的函数为 $s=s(t)$，如图 6-1 所示建立坐标系．

过出发点 O 取一条垂直于地面而且指向向下的轴为 s 轴．由物理学知道，这时物体只受重力作用，由牛顿第二定律得

$$ma=mg,$$

其中 a 是物体下落的加速度，g 是重力加速度，由二阶导数的物理意义

$$a=\frac{\mathrm{d}^2 s}{\mathrm{d}t^2},$$

所以上式可化为

$$\frac{\mathrm{d}^2 s}{\mathrm{d}t^2}=g. \tag{5}$$

且 $s(t)$ 还满足

$$s(t)\big|_{t=0}=0,\left.\frac{\mathrm{d}s}{\mathrm{d}t}\right|_{t=0}=0. \tag{6}$$

对（5）式连续求两次不定积分，得到

$$s=\frac{1}{2}gt^2+C_1t+C_2. \tag{7}$$

将（6）式代入（7）式，得到 $C_1=C_2=0$，从而

$$s=\frac{1}{2}gt^2. \tag{8}$$

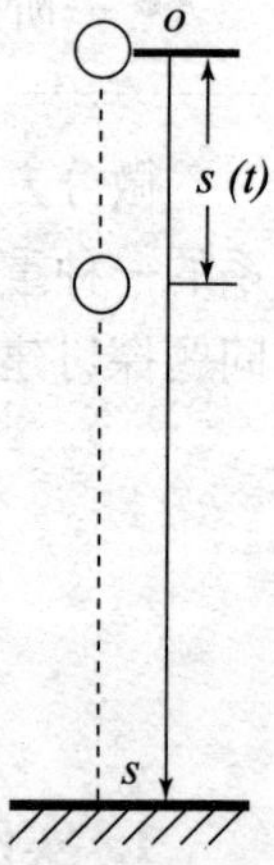

图 6-1

2. 微分方程的基本概念

（1）微分方程

前面（1）式和（5）式都含有未知函数的导数，它们都称为微分方程．一般地，我们把含有未知函数的导数或微分的方程称为微分方程．如果未知函数是一元函数，则方程称为**常微分方程**，以下简称为**微分方程**．

（2）微分方程的阶

微分方程中的未知函数的最高阶导数的阶数称为**微分方程的阶**．

例如，方程(1)是一阶微分方程；方程(5)是二阶微分方程．又如，方程

$$x^2y'''+2x=0$$

是三阶微分方程．

一般地，n 阶微分方程的一般形式为

$$F(x,y,y',\cdots,y^{(n)})=0. \tag{9}$$

必须指出，在 n 阶微分方程中，$y^{(n)}$ 是必须出现的，但 $x,y,y',\cdots,y^{(n-1)}$ 中的某些或全部可以在方程中不出现，如二阶微分方程（5）中，除 s'' 外，s'、s 和 t 在方程中均未出现．

（3）微分方程的解、通解

如果将某个函数代入微分方程后，能使方程两端相等，则称这个函数为**微分方程的解**.

如果微分方程的解中含有任意常数的个数等于微分方程的阶数，这样的解称为**微分方程的通解**.

例如，（3）和（4）是微分方程（1）的解，其中，（3）是它的通解；（7）和（8）是微分方程（5）的解，其中（7）是它的通解.

（4）微分方程的初始条件、特解

为了完全确定地反映客观事物的规律性，需要确定通解中任意常数的值.

如例 1 的（2）式，例 2 的（6）式，这种用来确定通解中任意常数的条件叫做**初始条件**.

一般地，一阶微分方程的初始条件为

$$y\mid_{x=x_0}=y_0.$$

二阶微分方程的初始条件为

$$y\mid_{x=x_0}=y_0,\ y'\mid_{x=x_0}=y'_0,（x_0,y_0,y'_0\ 为给定值）.$$

由初始条件确定了通解中的任意常数以后所得到的解，称为**微分方程的特解**.

例如，（4）式是方程（1）的特解，（8）式是方程（5）的特解.

例 3　函数 $y=Cx^2+\frac{1}{2}$ 是微分方程 $xy'-2y+1=0$ 的解吗？如果是，它是通解还是特解？

解　将 $y=Cx^2+\frac{1}{2}$ 及 $y'=2Cx$ 代入所给方程，得

$$2Cx^2-2\left(Cx^2+\frac{1}{2}\right)+1=2Cx^2-2Cx^2-1+1=0,$$

所以 $y=Cx^2+\frac{1}{2}$ 是方程 $xy'-2y+1=0$ 的解.

又由于 $y=Cx^2+\frac{1}{2}$ 中含有一个任意常数 C，而所给方程又是一阶微分方程，所以 $y=Cx^2+\frac{1}{2}$ 是所给方程的通解.

例 4　验证函数 $y=C_1x+C_2e^x$ 是微分方程 $(1-x)y''+xy'-y=0$ 的通解，并求满足初始条件 $y\mid_{x=0}=-1$，$y'\mid_{x=0}=1$ 的特解.

解　将 $y=C_1x+C_2e^x$，$y'=C_1+C_2e^x$ 及 $y''=C_2e^x$ 代入所给方程，得到

$$(1-x)C_2e^x+x(C_1+C_2e^x)-(C_1x+C_2e^x)$$

$$= C_2e^x - C_2xe^x + C_1x + C_2xe^x - C_1x - C_2e^x = 0,$$

所以 $y = C_1x + C_2e^x$ 是方程 $(1-x)y'' + xy' - y = 0$ 的解，又因为 $y = C_1x + C_2e^x$ 中含有两个任意常数，而所给方程又是二阶的，所以 $y = C_1x + C_2e^x$ 是所给微分方程的通解.

将 $y|_{x=0} = -1$ 代入通解中得 $C_2 = -1$. 将 $y'|_{x=0} = 1$ 代入 $y' = C_1 + C_2e^x$ 中，得 $1 = C_1 + C_2$，所以 $C_1 = 2$.
于是所求特解为 $y = 2x - e^x$.

习题 6—1

1. 指出下列微分方程的阶数.

(1) $(y''')^2 - 2xyy' + x = 0$，

(2) $\frac{d^2y}{dx^2} - \frac{dy}{dx} + xe^x = 0$，

(3) $y''' - x(y')^2 + 1 = 0$，

(4) $(\sin xy)dy + (x^2 - x)dx = dx$.

2. 验证下列函数是否为所给方程的解，如果是解指明是通解还是特解.

(1) $y'' - \frac{1}{x}y' + \frac{2y}{x^2} = 0$，$y = C_1x + C_2x^2$，

(2) $xy'' + 2y' - xy = 0$，$xy = C_1e^x + C_2e^{-x}$，

(3) $y'' + y'^2 = 1$，$y = x$，

(4) $y'' + 3y' - 10y = 2x$，$y = -\frac{x}{5} + \frac{3}{10}$.

3. 已知曲线过点 $A(1, 0)$，且在该曲线上任一点 $M(x, y)$ 处的切线的斜率等于该点横坐标的平方，求该曲线的方程.

4. 把一个质量为 m 的物体以初速 v_0 自地面垂直上抛，设它所受空气阻力与速度成正比，比例系数 h，求物体在上抛过程中速度 v 所应满足的微分方程及初始条件.

第二节　一阶微分方程

一阶微分方程的一般形式为

$$F(x, y, y') = 0.$$

若 y' 能解出，即

$$y' = f(x, y),$$

则称它为**导数已解出的一阶微分方程**. 一阶微分方程有时也可写成如下形式

$$P(x,y)\mathrm{d}x + Q(x,y)\mathrm{d}y = 0.$$

下面讨论几种简单的一阶微分方程的解法.

1. 可分离变量的微分方程

如果一阶微分方程可化为

$$g(y)\mathrm{d}y = f(x)\mathrm{d}x \tag{1}$$

的形式，则称原方程为**可分离变量的方程**，方程（1）称为**变量已分离的方程**.

形如

$$y' = f(x)\varphi(y) \tag{2}$$

或

$$M_1(x)N_1(y)\mathrm{d}x + M_2(x)N_2(y)\mathrm{d}y = 0 \tag{3}$$

的方程，都是变量可分离的方程. 因为这两个方程可分别写成

$$\frac{1}{\varphi(y)}\mathrm{d}y = f(x)\mathrm{d}x \quad (\varphi(y) \neq 0)$$

或

$$\frac{N_2(y)}{N_1(y)}\mathrm{d}y = -\frac{M_1(x)}{M_2(x)}\mathrm{d}x \quad (N_1(y) \neq 0, M_2(x) \neq 0)$$

的形式，即均可化为

$$g(y)\mathrm{d}y = f(x)\mathrm{d}x \tag{4}$$

的形式.

如果 $g(y)$ 和 $f(x)$ 都是连续函数，并设 $G(y)$ 、$F(x)$ 分别是 $g(y)$ 和 $f(x)$ 的一个原函数，对方程（4）两端积分得

$$\int g(y)\mathrm{d}y = \int f(x)\mathrm{d}x,$$

即

$$G(y) = F(x) + C, \tag{5}$$

则由（5）式确定的隐函数 $y = y(x)$ 就是方程（4）的解.

例 1　求微分方程 $\dfrac{\mathrm{d}y}{\mathrm{d}x} = -\dfrac{x}{y}$ 的通解.

解　将所给方程分离变量，得

$$y\mathrm{d}y=-x\mathrm{d}x,$$

两端积分得
$$\frac{1}{2}y^2=-\frac{1}{2}x^2+C_1$$

即
$$x^2+y^2=C\ (C=2C_1)$$

为所给方程的通解.

例 2 求微分方程

$$\frac{\mathrm{d}y}{\mathrm{d}x}=-\frac{x(1+y^2)}{y(1+x^2)}$$

满足初始条件 $y|_{x=1}=1$ 的特解.

解 将所给方程分离变量，得

$$\frac{y}{1+y^2}\mathrm{d}y=-\frac{x}{1+x^2}\mathrm{d}x.$$

两端积分，得

$$\frac{1}{2}\ln(1+y^2)=-\frac{1}{2}\ln(1+x^2)+\frac{1}{2}\ln C,$$

即原方程的通解为

$$(1+x^2)(1+y^2)=C.$$

由 $y|_{x=1}=1$，得 $C=4$.

因此满足初始条件的特解为 $(1+x^2)(1+y^2)=4$.

在解微分方程时，如果得到一个含对数的等式，为了利用对数的性质将结果进一步化简，可将任意常数写成 $k\ln C$ 的形式，k 的值可根据实际情况来确定，如例 2 中取 $k=\frac{1}{2}$.

2. 齐次方程

如果一阶微分方程 $\frac{\mathrm{d}y}{\mathrm{d}x}=f(x,y)$ 中的 $f(x,y)$ 可化为 $\frac{y}{x}$ 的函数，即 $f(x,y)=\varphi\left(\frac{y}{x}\right)$，则称这一方程为**齐次方程**.

例如方程

$$\frac{\mathrm{d}y}{\mathrm{d}x}=\frac{y^2}{xy-x^2}$$

是齐次方程，因为它可化为

$$\frac{\mathrm{d}y}{\mathrm{d}x}=\frac{\left(\frac{y}{x}\right)^2}{\frac{y}{x}-1}=\varphi\left(\frac{y}{x}\right).$$

下面介绍齐次方程的通解的求法.

(1) 将所给方程化为 $\dfrac{\mathrm{d}y}{\mathrm{d}x}=\varphi\left(\dfrac{y}{x}\right)$. (6)

(2) 令 $u=\dfrac{y}{x}$, 则 $y=ux$, $\dfrac{\mathrm{d}y}{\mathrm{d}x}=u+x\dfrac{\mathrm{d}u}{\mathrm{d}x}$,

代入方程（6），得到可分离变量的方程

$$x\frac{\mathrm{d}u}{\mathrm{d}x}=\varphi(u)-u.$$

(3) 分离变量后两端积分，得

$$\int\frac{\mathrm{d}u}{\varphi(u)-u}=\int\frac{\mathrm{d}x}{x},$$

求出积分后，再用 $\dfrac{y}{x}$ 代替 u, 便得所给齐次方程的通解.

例 3 求齐次方程

$$\frac{\mathrm{d}y}{\mathrm{d}x}=\frac{y^2}{xy-x^2}\text{ 的通解.}$$

解 原方程可化为

$$\frac{\mathrm{d}y}{\mathrm{d}x}=\frac{\left(\dfrac{y}{x}\right)^2}{\dfrac{y}{x}-1}. \tag{7}$$

令 $u=\dfrac{y}{x}$, 则 $y=ux$, $\dfrac{\mathrm{d}y}{\mathrm{d}x}=u+x\dfrac{\mathrm{d}u}{\mathrm{d}x}$. 代入方程（7），得

$$u+x\frac{\mathrm{d}u}{\mathrm{d}x}=\frac{u^2}{u-1}.$$

$$x\frac{\mathrm{d}u}{\mathrm{d}x}=\frac{u^2}{u-1}-u=\frac{u^2-u^2+u}{u-1}$$

即

$$x\frac{\mathrm{d}u}{\mathrm{d}x}=\frac{u}{u-1}.$$

分离变量，得到

$$\left(1-\frac{1}{u}\right)\mathrm{d}u=\frac{1}{x}\mathrm{d}x.$$

两端积分，得

$$u-\ln u=\ln x-\ln C,$$

即

$$ux=Ce^u.$$

将　$u=\dfrac{y}{x}$ 代入上式，得原方程的通解

$$y=Ce^{\frac{y}{x}}.$$

例 4　求齐次方程

$$\frac{dy}{dx}=\frac{xy}{x^2+xy-y^2}$$

的通解.

解法一　原方程可化为

$$\frac{dy}{dx}=\frac{xy}{x^2+xy-y^2}=\frac{\frac{y}{x}}{1+\frac{y}{x}-\left(\frac{y}{x}\right)^2},$$

令　$u=\dfrac{y}{x}$，则 $y=ux$，$\dfrac{dy}{dx}=u+x\dfrac{du}{dx}$.

于是得到

$$u+x\frac{du}{dx}=\frac{u}{1+u-u^2}.$$

由于　$\dfrac{u}{1+u-u^2}-u=\dfrac{u-u(1+u-u^2)}{1+u-u^2}=\dfrac{u^3-u^2}{1+u-u^2}$,

所以

$$x\frac{du}{dx}=\frac{u^2(u-1)}{1+u-u^2}.$$

分离变量，得到

$$\frac{1+u-u^2}{u^2(u-1)}du=\frac{dx}{x},$$

$$\frac{(1-u)+2u(1-u)+u^2}{u^2(u-1)}du=\frac{dx}{x},$$

即

$$\left(-\frac{1}{u^2}-\frac{2}{u}+\frac{1}{u-1}\right)du=\frac{1}{x}dx.$$

两端积分，得到

$$\frac{1}{u}-2\ln u+\ln(u-1)=\ln x-\ln C,$$

即

$$\frac{u^2x}{u-1}=Ce^{\frac{1}{u}}.$$

将 $u=\dfrac{y}{x}$ 代入上式，得到原方程的通解

$$\frac{y^2}{y-x}=Ce^{\frac{x}{y}}.$$

解法二

在原方程中，如果将 x 看成 y 的函数，可将原方程化为

$$\frac{\mathrm{d}x}{\mathrm{d}y}=\frac{x^2+xy-y^2}{xy}=\frac{x}{y}+1-\frac{y}{x}.$$

令 $u=\frac{x}{y}$，则 $x=uy$，$\frac{\mathrm{d}x}{\mathrm{d}y}=u+y\frac{\mathrm{d}u}{\mathrm{d}y}$.

于是得到

$$u+y\frac{\mathrm{d}u}{\mathrm{d}y}=u+1-\frac{1}{u},$$

即

$$y\frac{\mathrm{d}u}{\mathrm{d}y}=1-\frac{1}{u}=\frac{u-1}{u}.$$

分离变量，得

$$\frac{u}{u-1}\mathrm{d}u=\frac{1}{y}\mathrm{d}y,$$

即

$$\left(1+\frac{1}{u-1}\right)\mathrm{d}u=\frac{1}{y}\mathrm{d}y.$$

两端积分，得到

$$u+\ln(u-1)=\ln y-\ln C_1,$$

即

$$\frac{y}{u-1}=C_1\mathrm{e}^u.$$

将 $u=\frac{x}{y}$ 代入上式，得原方程的通解

$$\frac{y^2}{x-y}=C_1\mathrm{e}^{\frac{x}{y}}\quad 或\quad \frac{y^2}{y-x}=C\mathrm{e}^{\frac{x}{y}}.$$

一般地，如果把 y 看成 x 的函数时，求解微分方程比较麻烦，而将 x 看成 y 的函数时，求解方程简便，则可用后一种方法求解方程.

3. 一阶线性微分方程

方程

$$\frac{\mathrm{d}y}{\mathrm{d}x}+P(x)y=Q(x) \tag{8}$$

称为一阶线性微分方程，其中 $P(x)$、$Q(x)$ 都是已知的连续函数，且方程中的未知函数 y 及 $\frac{\mathrm{d}y}{\mathrm{d}x}$ 都是一次的，$Q(x)$ 称为自由项.

如果 $Q(x)\equiv 0$，方程（8）变为

$$\frac{\mathrm{d}y}{\mathrm{d}x}+P(x)y=0. \tag{9}$$

它称为**一阶线性齐次微分方程**. 如果 $Q(x) \neq 0$，则方程（8）称为**一阶线性非齐次微分方程**.

下面求一阶线性微分方程的通解.

(1) 求一阶线性齐次微分方程（9）的通解

将方程（9）分离变量，得

$$\frac{\mathrm{d}y}{y} = -P(x)\mathrm{d}x.$$

两端积分，得方程（9）的通解为

$$\ln y = -\int P(x)\mathrm{d}x + \ln C,$$

即
$$y = C\mathrm{e}^{-\int P(x)\mathrm{d}x}.$$

(2) 利用常数变易法求一阶线性非齐次微分方程（8）的通解

将方程（9）的通解 y 中的常数 C 换成 x 的函数 $C(x)$，即令

$$y = C(x)\mathrm{e}^{-\int P(x)\mathrm{d}x}. \tag{10}$$

将（10）式代入方程（8）中定出 $C(x)$，再把 $C(x)$ 代入（10）式，便得到方程（8）的通解.

具体做法如下：

由（10）式，得到

$$\frac{\mathrm{d}y}{\mathrm{d}x} = C'(x)\mathrm{e}^{-\int P(x)\mathrm{d}x} - C(x)P(x)\mathrm{e}^{-\int P(x)\mathrm{d}x}. \tag{11}$$

将（10）式、（11）式代入方程（8）中，得

$$C'(x)\mathrm{e}^{-\int P(x)\mathrm{d}x} - C(x)P(x)\mathrm{e}^{-\int P(x)\mathrm{d}x} + C(x)P(x)\mathrm{e}^{-\int P(x)\mathrm{d}x} = Q(x),$$

即
$$C'(x) = Q(x)\mathrm{e}^{\int P(x)\mathrm{d}x}.$$

积分得
$$C(x) = \int Q(x)\mathrm{e}^{\int P(x)\mathrm{d}x}\mathrm{d}x + C.$$

代入（10）式，便得到方程（8）的通解

$$y = \mathrm{e}^{-\int P(x)\mathrm{d}x}\left[\int Q(x)\mathrm{e}^{\int P(x)\mathrm{d}x}\mathrm{d}x + C\right]. \tag{12}$$

式（12）就是一阶线性非齐次方程（8）的通解公式.

如果把通解公式（12）写成

$$y = C\mathrm{e}^{-\int P(x)\mathrm{d}x} + \mathrm{e}^{-\int P(x)\mathrm{d}x}\int Q(x)\mathrm{e}^{\int P(x)\mathrm{d}x}\mathrm{d}x,$$

那么可以看到，上式右端第一项是对应的齐次方程（9）的通解，第二项是式（12）中令 $C = 0$ 得到的，所以它是方程（8）的一个特解. 由此可知，

一阶线性非齐次方程的通解等于它对应的齐次方程的通解与它的一个特解之和.

例 5 求一阶线性微分方程

$$y'-\frac{2}{x+1}y=(x+1)^3$$

的通解.

解 (1) 由方程

$$y'-\frac{2}{x+1}y=0 \tag{13}$$

分离变量，得

$$\frac{dy}{y}=\frac{2}{x+1}dx.$$

两端积分，得

$$\ln y=2\ln(x+1)+\ln C,$$

即得到（13）的通解 $y=C(x+1)^2$.

(2) 设 $y=C(x)(x+1)^2$, (14)

则 $$y'=C'(x)(x+1)^2+2C(x)(x+1),$$

代入原方程，得

$$C'(x)(x+1)^2+2C(x)(x+1)-2C(x)(x+1)=(x+1)^3,$$

即 $$C'(x)=x+1.$$

积分得 $$C(x)=\frac{1}{2}(x+1)^2+C,$$

代入（14）式，得原方程的通解

$$y=\left[\frac{1}{2}(x+1)^2+C\right](x+1)^2=\frac{1}{2}(x+1)^4+C(x+1)^2.$$

解一阶线性非齐次微分方程可直接利用公式（12）.

例 6 求方程

$$y\,dx+(x-y^3)dy=0(y>0)$$

的通解.

解 若将所给方程化为

$$\frac{dy}{dx}+\frac{y}{x-y^3}=0.$$

它不是前面所讨论的几种类型的微分方程，如果将 x 看成 y 的函数，则原方程可化为

$$\frac{\mathrm{d}x}{\mathrm{d}y}+\frac{x-y^3}{y}=0,$$

即
$$\frac{\mathrm{d}x}{\mathrm{d}y}+\frac{1}{y}x=y^2.$$

这是一阶线性非齐次微分方程. 其中 $P(y)=\dfrac{1}{y}$, $Q(y)=y^2$, 利用公式 (12), 并将 y 看作自变量，得到原方程的通解

$$x=\mathrm{e}^{-\int P(y)\mathrm{d}y}\left[\int Q(y)\mathrm{e}^{\int P(y)\mathrm{d}y}\mathrm{d}y+C_1\right]=\mathrm{e}^{-\int\frac{1}{y}\mathrm{d}y}\left[\int y^2\mathrm{e}^{\int\frac{1}{y}\mathrm{d}y}\mathrm{d}y+C_1\right]$$
$$=\mathrm{e}^{\ln\frac{1}{y}}\left[\int y^2\mathrm{e}^{\ln y}\mathrm{d}y+C_1\right]$$
$$=\frac{1}{y}\left[\frac{1}{4}y^4+C_1\right]$$
$$=\frac{1}{4}y^3+\frac{C_1}{y},$$

或
$$4xy=y^4+C\quad(C=4C_1).$$

习题 6—2

1. 求下列可分离变量的微分方程的通解.

(1) $\dfrac{\mathrm{d}y}{\mathrm{d}x}=2xy$；

(2) $2x\sin y\mathrm{d}x+(x^2+3)\cos y\mathrm{d}y=0$；

(3) $xy'-y\ln y=0$；

(4) $(1+y^2)\mathrm{d}x-x^2(1+x^2)y\mathrm{d}y=0$.

2. 求下列齐次方程的通解.

(1) $\dfrac{\mathrm{d}y}{\mathrm{d}x}=\dfrac{y}{y-x}$；

(2) $(y^2-x^2)\mathrm{d}y+xy\mathrm{d}x=0$；

(3) $x^2y'+y^2=xyy'$；

(4) $xy'=y\ln\dfrac{y}{x}$.

3. 求下列一阶线性微分方程的通解.

(1) $y'+y=\mathrm{e}^x$；

(2) $(1+x^2)y'-2xy=(1+x^2)^2$；

(3) $y'+2xy=4\mathrm{e}^{-x^2}$；

(4) $\frac{dy}{dx}=\frac{y}{2x-y^2}$.

4. 求下列微分方程满足初始条件的特解.

(1) $(y-x^2y)dy+xdx=0, y|_{x=\sqrt{2}}=0$；

(2) $\frac{dy}{dx}+2xy=ye^{-y^2}, x|_{y=0}=1$.

第三节　常微分方程的简单应用

微分方程在物理、力学及现代科学技术中都有广泛的应用. 应用微分方程解决实际问题的一般步骤如下：

(1) 建立微分方程，并确定初始条件；

(2) 求出此微分方程的通解；

(3) 根据初始条件确定所需的特解.

例 1　将一个加热到 100 ℃ 的物体，放在 20 ℃ 的环境中冷却，求此物体温度的变化规律.

解　根据冷却定律：温度为 θ 的物体，在温度为 θ_0 的环境中冷却的速率与温度差 $\theta-\theta_0$ 成正比. 设在冷却过程中，物体的温度 θ 与时间的函数关系为 $\theta=\theta(t)$，物体冷却的速率就是其温度对时间 t 的变化率 $\frac{d\theta}{dt}$，于是由冷却定律得

$$\begin{cases}\frac{d\theta}{dt}=-k(\theta-20), & (1)\\ \theta|_{t=0}=100. & (2)\end{cases}$$

其中负号是由于物体的温度随时间 t 的增大而减少的，即 $\frac{d\theta}{dt}<0$.

由式 (1)，分离变量后得

$$\frac{d\theta}{\theta-20}=-kdt,$$

两端分别积分，得

$$\ln(\theta-20)=-kt+C_1,$$

即

$$\theta=20+Ce^{-kt}.$$

将式 (2) 代入上式得 $C=80$，从而所求温度的变化规律为

$$\theta=20+80e^{-kt}.$$

例 2 一汽艇连同载荷共重 2 000 kg，在湖中以 30 km/h 的速度直线行驶，将汽艇的发动机关闭，5 min 后，汽艇速度降至 6 km/h，设湖水对汽艇的阻力与汽艇的速度成正比，求发动机关闭 15 min 后汽艇的速度 v.

解 由牛顿第二定律可得

$$ma=-kv.$$

其中 k 为比例常数，负号表示阻力与汽艇的运动方向相反，而 $a=\frac{\mathrm{d}v}{\mathrm{d}t}$.

根据题意得到

$$2\,000\frac{\mathrm{d}v}{\mathrm{d}t}=-kv, \tag{3}$$

$$v\big|_{t=0}=\frac{30\,000}{60}=500(\mathrm{m/min}), \tag{4}$$

$$v\big|_{t=5}=\frac{6\,000}{60}=100(\mathrm{m/min}). \tag{5}$$

由式（3）得 $v=C\mathrm{e}^{-\frac{k}{2000}t}$.

将式（4）代入上式，得 $C=500$.

再由式（5），得 $100=500\mathrm{e}^{-\frac{k}{400}}$，解得 $k=400\ln5$，

所以 $$v=500\mathrm{e}^{-(\frac{1}{5}\ln5)t}. \tag{6}$$

由式（6）得，$v\big|_{t=15}=500\mathrm{e}^{-(\frac{1}{5}\ln5)\times15}=500\mathrm{e}^{-3\ln5}=4(\mathrm{m/min})$.

例 3 连接 $A(0,1)$、$B(1,0)$ 两点的一条凸曲线，它位于弦 AB 的上方，$P(x,y)$ 为该曲线上的任意一点. 已知该曲线弧与 AP 之间的面积（见图 6-2 中的阴影部分）为 x^3，求该曲线方程.

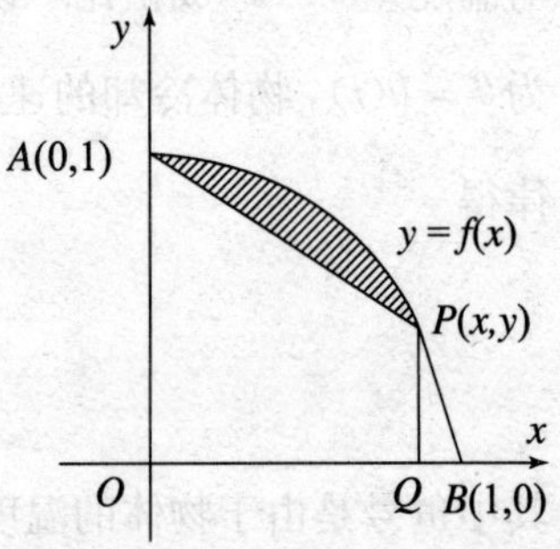

图 6-2

解 设所求曲线方程为 $y=f(x)$，则梯形 $OAPQ$ 的面积为

$$\frac{x[1+f(x)]}{2}.$$

根据题意，有

$$\int_0^x f(x)\mathrm{d}x-\frac{x[1+f(x)]}{2}=x^3.$$

两端同时对 x 求导，得

$$f(x)-\frac{1+f(x)}{2}-\frac{x}{2}f'(x)=3x^2,$$

即
$$y'-\frac{1}{x}y=-6x-\frac{1}{x}, \tag{7}$$
初始条件
$$y\,|_{x=1}=0.$$
方程（7）是一阶线性非齐次微分方程，利用上节的公式（12），得它的通解为

$$\begin{aligned}y&=\mathrm{e}^{\int\frac{1}{x}\mathrm{d}x}\left[\int\left(-6x-\frac{1}{x}\right)\mathrm{e}^{-\int\frac{1}{x}\mathrm{d}x}\mathrm{d}x+C\right]\\&=x\left[\int\left(-6x-\frac{1}{x}\right)\frac{1}{x}\mathrm{d}x+C\right]\\&=x\left[\int\left(-6-\frac{1}{x^2}\right)\mathrm{d}x+C\right]=x(-6x+\frac{1}{x}+C)\\&=-6x^2+1+Cx.\end{aligned}$$

由　　$y\,|_{x=1}=0$，得 $C=5$，

因此所求曲线方程为 $y=1+5x-6x^2$.

习题 6—3

1. 求一曲线方程，该曲线过原点，且曲线上每一点处的切线斜率等于该点的横坐标和纵坐标之和.

2. 由原子物理学知道，镭的衰变速度与它的现存量成正比. 由经验材料得知，镭经过 1 600 年后，只剩下原始量 m_0 的一半，求在衰变过程中镭的现存量与时间 t 的函数关系.

【本章小结】

一、本章的基本要求

1. 了解微分方程及微分方程的阶、解、通解、特解和初始条件等概念.

2. 掌握可分离变量的微分方程及一阶线性微分方程的解法，会解齐次微分方程和相应的非齐次微分方程.

二、学习中应注意的问题

对于一阶微分方程的解法，应注意以下两点.

1. 必须分清方程的类型.

本书介绍了一阶微分方程的三种类型，即可分离变量微分方程、齐次微分方程和一阶线性微分方程，方程的类型不同其解法也不同，因此，分清方程的类型是求解一阶微分方程的关键.

2. 一阶线性非齐次微分方程 $y'+P(x)y=Q(x)$ 的通解有两种解法：一

种是直接用公式

$$y=\mathrm{e}^{-\int P(x)\mathrm{d}x}\left[\int Q(x)\mathrm{e}^{\int P(x)\mathrm{d}x}\mathrm{d}x+C\right]$$

求解，但这公式不容易记忆；另一种求法是常系数变易法，就是将其对应的齐次方程通解

$$y=C\mathrm{e}^{-\int P(x)\mathrm{d}x}$$

中的任意常数 C 换为 $C(x)$，然后将 $y=C(x)\mathrm{e}^{-\int P(x)\mathrm{d}x}$ 代入非齐次方程定出 $C(x)$，便可得到非齐次方程的通解.

综合检测题（六）

1. 选择题：

(1) 微分方程 $3y^2\mathrm{d}y+3x^2\mathrm{d}x=0$ 的阶是（　　）.

A. 1　　B. 2　　C. 3　　D. 4

(2) 微分方程 $xyy''+x(y')^3-y^4y'=0$ 的阶是（　　）.

A. 3　　B. 4　　C. 5　　D. 2

(3) 微分方程 $\frac{\mathrm{d}x}{y}+\frac{\mathrm{d}y}{x}=0$ 满足 $y|_{x=3}=4$ 的特解是（　　）.

A. $x^2+y^2=25$　　B. $3x+4y=C$

C. $x^2+y^2=C$　　D. $y^2-x^2=7$

(4) 微分方程 $y\ln x\mathrm{d}x=x\ln y\mathrm{d}y$ 满足 $y|_{x=1}=1$ 的特解是（　　）.

A. $\ln^2x+\ln^2y=0$　　B. $\ln^2x+\ln^2y=1$

C. $\ln^2x=\ln^2y$　　D. $\ln^2x=\ln^2y+1$

(5) 下列函数中，（　　）是微分方程 $y''-7y'+12y=0$ 的解.

A. $y=x^3$　　B. $y=x^2$　　C. $y=\mathrm{e}^{3x}$　　D. $y=3\mathrm{e}^x$

(6) 微分方程 $y'=3y^{\frac{2}{3}}$ 的一个特解是（　　）.

A. $y=x^3+1$　　B. $y=(x+2)^3$

C. $y=(x+C)^2$　　D. $y=C(x+1)^3$

2. 验证下列函数是所给微分方程的通解.

(1) $y=Cx^{-3}$，$x\frac{\mathrm{d}y}{\mathrm{d}x}+3y=0$；

(2) $y=Cx+\frac{2}{3}(C)^{\frac{3}{2}}$，$y=xy'+\frac{2}{3}(y')^{\frac{3}{2}}$；

(3) $y=C_1\mathrm{e}^{2x}+C_2\mathrm{e}^{-2x}$，$y''-4y=0$.

3. 求下列各微分方程的通解.

(1) $\dfrac{dy}{dx}=e^{x+y}$；

(2) $x\dfrac{dy}{dx}=y\ln y$；

(3) $xy\,dx+(1+x^2)dy=0$；

(4) $\dfrac{dy}{dx}=\sqrt{\dfrac{1-y^2}{1-x^2}}$；

(5) $y-x\dfrac{dy}{dx}=4\left(y^2+\dfrac{dy}{dx}\right)$；

(6) $\dfrac{dy}{dx}+y=e^{-x}$；

(7) $x\dfrac{dy}{dx}-2y=2x$；

(8) $\dfrac{dy}{dx}+2xy=xe^{-x^2}$.

4. 求下列微分方程满足所给初始条件的特解.

(1) $\dfrac{dx}{y}+\dfrac{4dy}{x}=0$，$y|_{x=4}=2$；

(2) $\sin y\cos x\,dy=\cos y\sin x\,dx$，$y|_{x=0}=\dfrac{\pi}{4}$；

(3) $\dfrac{dy}{dx}-y\tan x=\sec x$，$y|_{x=0}=0$；

(4) $\dfrac{dy}{dx}-\dfrac{2y}{x}=x^2e^x$，$y|_{x=1}=0$.

拓展性阅读导航

1. [俄] 博亚尔丘克等编著，郑元禄译：常微分方程：高等数学例题与习题集（四）[M]. 北京：清华大学出版社 2005 年版.

《高等数学例题与习题集》是一套目前在俄罗斯具有广泛影响的高等数学辅导用书. 在我国，无论是高等数学教材的编写方面，还是高等数学的教学方面，都与俄罗斯的高等数学教育有着很深的渊源. 因此将这套书译成中文，介绍给国内读者.

该书为《高等数学例题与习题集》的第四卷，是原书的第五册，内容是关于常微分方程的例题与习题．具体包括一阶微分方程、高阶微分方程、微分方程组、一阶偏微分方程、微分方程的近似解法、稳定性和相轨线、解线性微分方程的拉普拉斯变换方法共 7 章内容．每章开始给出必要的理论材料，然后是各类典型例题的演算，最后是为读者安排的练习题，书末给出了练习题的答案．

2. 姚孟臣：大学文科基础数学（第一册）[M]．北京：北京大学出版社 2004 年版．

该书是大学文科基础数学教材．全书共分三册．第一册包括一元微积分、多元微积分、无穷级数与常微分方程等内容．

该书总结了作者多年来为北京大学等院校文科类各专业讲授高等数学课的教学经验．全书采用“模块式”结构，便于不同专业灵活选用．为适应经济管理类各专业的需要，在附录中还介绍了经济数量分析中的常用概念及有关数学方法．书中配有适量习题，书后附有答案．

该书可作为大学文科各专业教学教材或参考书，又可供广播电视大学及自学考试学生使用．对于社会科学工作者来说，也是一本较好的数学参考书．

第七章

多元函数微积分

本章学习要点

- 多元函数的概念
- 二元函数的极限与连续的概念
- 偏导数与全微分的概念与计算
- 二重积分的概念与计算

前面我们讨论的函数都是只有一个自变量的函数（即一元函数），但在许多的实际问题中，经常会遇到两个或更多个自变量的函数，即多元函数. 本章将在一元函数微积分学的基础上，介绍多元函数微积分学. 讨论中，因为从一元函数到二元函数会有一些本质上的区别，但从二元函数到二元以上的多元函数只是量的变化，很多的概念和结论都可以类推，所以本章主要讨论二元函数的情形.

第一节　预备知识

1. 空间直角坐标系

（1）建立空间直角坐标系

在空间以某定点 O 为公共原点，作三条互相垂直的数轴 Ox，Oy，Oz，在这三个轴上选定相同的长度单位，以右手规则确定它们的正方向：把右手的拇指、食指、中指伸开，并做成互相垂直的形状，让拇指指向 Ox 轴的正向，食指指向 Oy 轴的正向，中指指向 Oz 轴的正向，这样就建立了空间直角坐标系 $Oxyz$（如图 7-1 所示）.

点 O 称为**坐标原点**，数轴 Ox，Oy，Oz 分别称为 x 轴，y 轴，z 轴，又分别称为**横轴**，**纵轴**，**竖轴**，统称为**坐标轴**，每两条坐标轴确定的平面，称为**坐标平面**（简称坐标面），由 x 轴与 y 轴确定的平面称为 xOy 坐标面. 类似地，有 yOz 坐标面，zOx 坐标面，三个坐标平面将空间分成八个部分，每个部分称为一个**卦限**，八个卦限分别用Ⅰ，Ⅱ，…，Ⅷ 表示（如图 7-2 所示）.

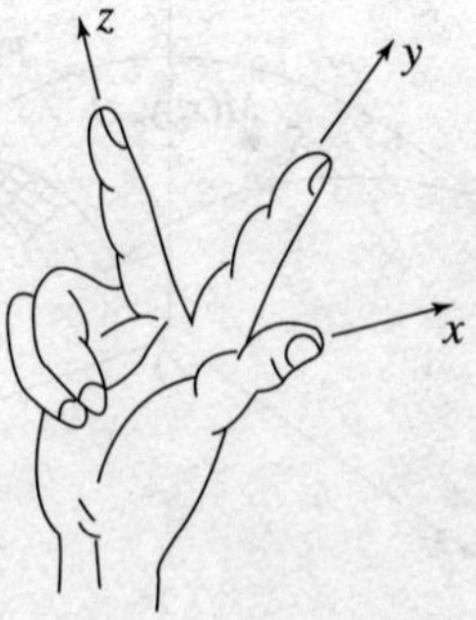

图 7-1

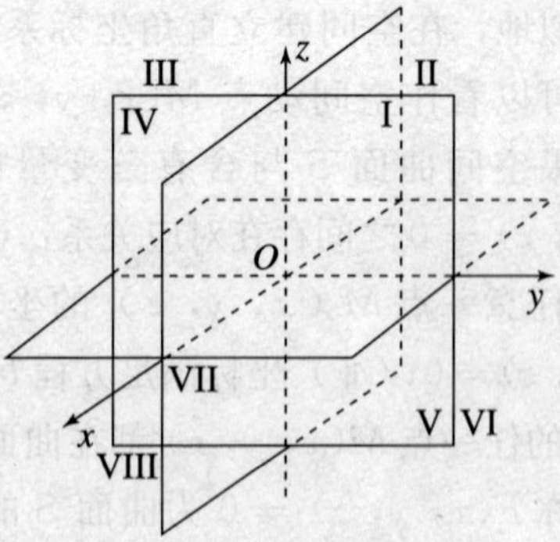

图 7-2

（2）空间点的坐标

建立了空间直角坐标系 $Oxyz$ 后，空间中的任意一点 M 与有序的三元实数组（x，y，z）就建立了**一一对应关系**. 事实上，过点 M 作三个平面分别垂直于 x 轴、y 轴、z 轴，它们分别与 x 轴、y 轴、z 轴的交点依次为 P，Q，R，设这三个点在各自所在轴上的坐标依次为 x，y，z，于是空间的一点 M 唯一地确定了一个三元有序实数组（x，y，z），反之，任何一个三元有序实数（x，y，z）可以在 x 轴、y 轴、z 轴上分别取坐标依次为 x，y，z 的点 P，Q，R，然后过点 P，Q，R 分别作 x 轴、y 轴、z 轴的垂直平面，这三个面唯一的交点 M 便是有序实数组（x，y，z）所确定的空间一点（如图 7-3 所示）.

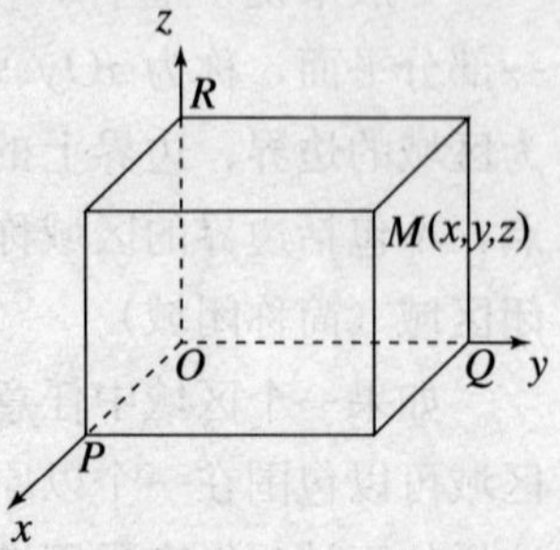

图 7-3

这组数 x，y，z 就叫做点 M 的坐标，并依次称 x，y，z 为点 M 的**横坐标、纵坐标和竖坐标**，记作 $M(x, y, z)$.

显然，坐标原点 O 的坐标为 $(0, 0, 0)$，x 轴、y 轴、z 轴上任意一点的坐标分别为 $(x, 0, 0)$，$(0, y, 0)$ 和 $(0, 0, z)$，xOy 平面、yOz 平面、zOx 平面上任意一点的坐标分别为 $(x, y, 0)$，$(0, y, z)$ 和 $(x, 0, z)$.

2. 曲面与方程

在平面上建立了直角坐标系 xOy 后，平面曲线可看作平面动点 M（x，y）的轨迹，平面曲线 L 与含有两个变量的方程 $F(x, y) = 0$ 之间存在一一对应关系，$F(x, y) = 0$ 称为曲线 L 的方程，曲线 L 称为方程 $F(x, y) = 0$ 的图形.

类似地，在空间建立直角坐标系后，空间曲面可以看作空间动点 $M(x, y, z)$ 的轨迹，如果空间曲面 S 与含有三变量的方程 $F(x, y, z)=0$ 之间存在对应关系：（ⅰ）曲面 S 上任意一点 $M(x, y, z)$ 的坐标满足 $F(x, y, z)=0$；（ⅱ）坐标满足方程 $F(x, y, z)=0$ 的任一点 $M(x, y, z)$ 都在曲面之上，那么就称 $F(x, y, z)=0$ 为曲面 S 的方程，曲面 S 为方程 $F(x, y, z)=0$ 的图形（如图 7-4 所示）.

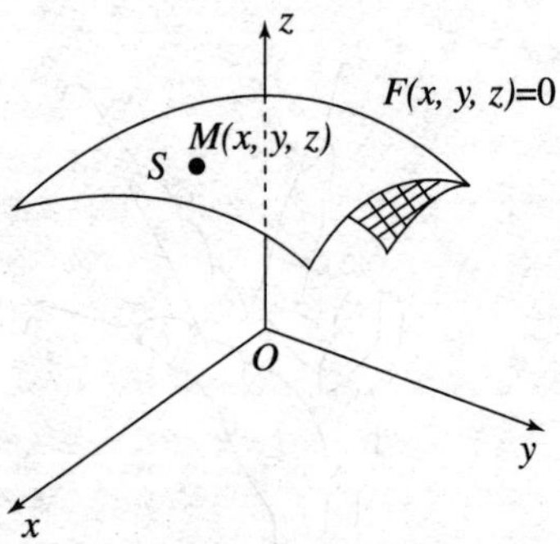

图 7-4

3. 平面区域

（1）平面区域

一般来说，整个 xOy 平面或由这个平面上的一条或几条曲线所围成的一部分平面，称为 xOy 平面的**平面区域**，简称为**区域**，围成区域的曲线称为区域的**边界**，边界上的点称为**界点**，区域中不是界点的点称为区域的**内点**，不包括边界的区域称为**开区域**（简称开域），包括边界在内的区域称为**闭区域**（简称闭域）.

如果一个区域中任意两点之间距离不超过某一常数 M（也就是说，一个区域可以包围在一个以原点 $(0, 0)$ 为中心，以适当大的长为半径的圆内），这样的区域叫做**有界区域**. 如果这样的数 M 不存在，（也就是一个区域可以延伸到平面的无限远处），这样的区域叫做**无界区域**.

平面区域用 D 表示，例如：

$D_1=\{(x, y) \mid -\infty<x<+\infty, 1\leqslant y<+\infty\}$ 是无界闭区域（如图 7-5 所示）.

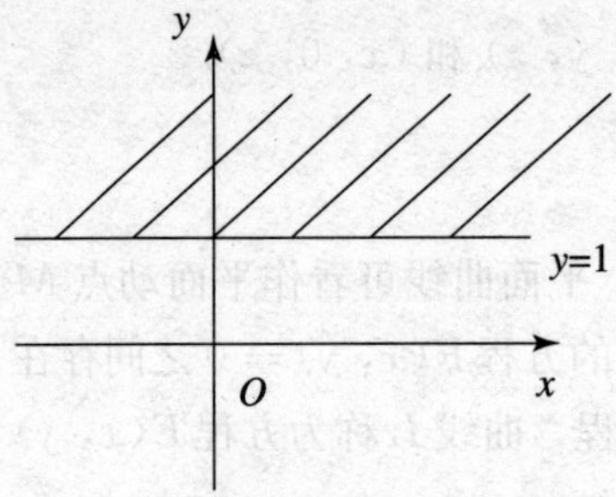

图 7-5

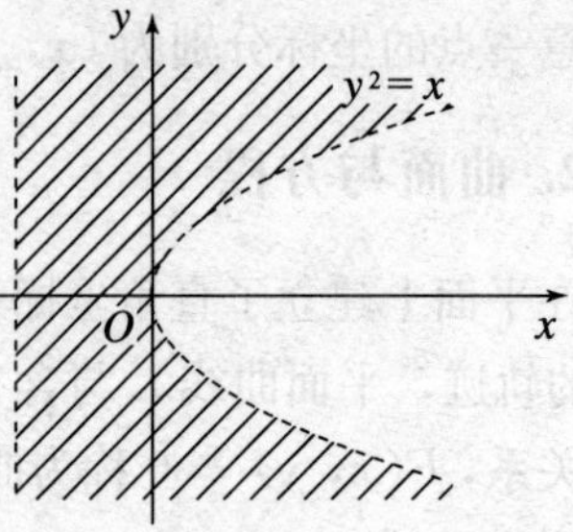

图 7-6

$D_2=\{(x, y)\mid y^2>x, x>-1\}$ 是无界开区域（如图 7-6 所示）.

$D_3=\{(x, y)\mid 1<x^2+y^2<4\}$ 是有界开区域（如图 7-7 所示）.

$D_4=\{(x, y)\mid |y|\leqslant|x|, |x|\leqslant 2\}$ 是有界闭区域（如图 7-8 所示）.

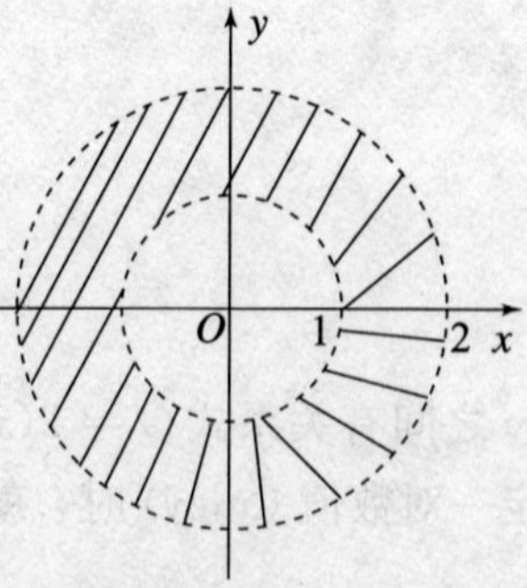

图 7-7

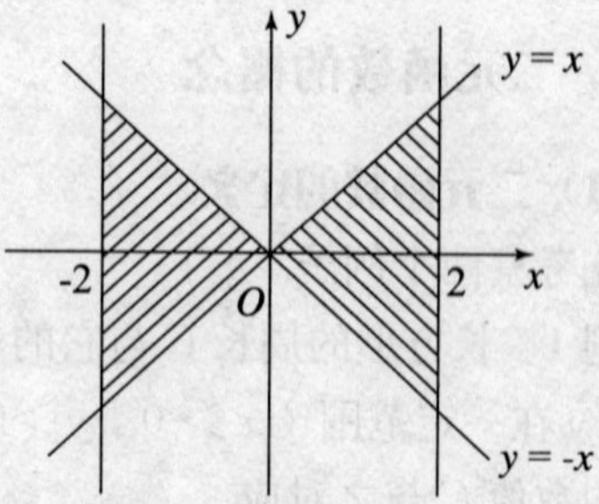

图 7-8

（2）邻域

设 $P_0(x_0, y_0)$ 是 xOy 平面上的一点，δ 为某一正数，与点 $P_0(x_0, y_0)$ 距离小于 δ 的点 $P(x, y)$ 所组成的集合，称为点 P_0 的 δ **邻域**，它可以表示为 $\{(x, y)\mid\sqrt{(x-x_0)^2+(y-y_0)^2}<\delta\}$，也可简记作 $\sqrt{(x-x_0)^2+(y-y_0)^2}<\delta$.

习题 7—1

1. 写出点 $M(2, -3, 4)$ 关于各坐标平面和坐标轴的对称点的坐标.

2. 画出下列平面区域的图形，并判别其为有界区域还是无界区域，是开区域还是闭区域.

(1) $D_1=\{(x, y)\mid x+y<0\}$；

(2) $D_2=\{(x, y)\mid y\geqslant x^2\}$；

(3) $D_3=\{(x, y)\mid |y|\leqslant 1, |x|\leqslant 1\}$；

(4) $D_4=\{(x, y)\mid 0<y<x^2, |x|<1\}$.

3. 写出点 $P_0(1,1)$ 的 $\dfrac{1}{2}$ 的邻域.

第二节　多元函数的一般概念

1. 二元函数的概念

(1) 二元函数的定义

先考察两个例子.

例 1　长方形的周长 C 与它的长 x、宽 y 之间有关系式 $C=2(x+y)$，当 x，y 在一定范围（$x>0$，$y>0$）内取定一对数值 (x, y) 时，就有唯一确定的数值 C 与之对应.

例 2　圆柱体表面积 S 和它的底面半径 r，母线 l 之间有关系式 $S=2\pi r^2+2\pi rl$.

当 r，l 在集合 $\{(r, l)\mid r>0, l>0\}$ 内取定一对数值 (r, l) 时，S 的对应值也随之确定.

以上两例，抽去它们的具体意义，仅保留其数量关系，就可得出二元函数的概念.

定义 1　设 D 是 xOy 平面上一个点集，对任意点 $(x, y)\in D$，变量 z 按某个对应关系 f 都有唯一确定的数值与之对应，则称 z 为 x，y 的**二元函数**，记作 $z=f(x, y)$，点集 D 称为该函数的**定义域**，x，y 称为**自变量**，z 称为**因变量**，数集 $\{z \mid z=f(x, y), (x, y)\in D\}$ 称为该函数的**值域**.

类似地可以定义三元函数 $u=f(x, y, z)$ 以及三元以上的函数.

二元及二元以上的函数统称**多元函数**.

(2) 二元函数的定义域及几何表示

同一元函数一样，定义域和对应关系是二元函数的两个要素，如果一个二元函数的解析式为 $z=f(x, y)$，则它的定义域是使函数表达式有意义的点 (x, y) 的集合，可以用不等式（或不等式组）来表示，而应用问题中的函数，定义域还要根据自变量 x，y 的实际意义来确定.

例 3　设函数 $f(x, y)=\ln(x+y)$.

(1) 求 $f(1, 2)$，$f(\mathrm{e}, \mathrm{e})$.

(2) 确定 $f(x, y)$ 的定义域 D.

解　(1) $f(1, 2)=\ln(1+2)=\ln3$，$f(\mathrm{e}, \mathrm{e})=\ln(\mathrm{e}+\mathrm{e})=\ln2\mathrm{e}=1+\ln2$.

(2) 要使原函数有意义，必须有 $x+y>0$，故所求函数定义域 $D=$

$\{(x, y) \mid x+y>0\}$.

例 4　求二元函数 $z=\sqrt{a^2-x^2-y^2}-\sqrt{y}$ 的定义域（$a>0$）.

解　要使原函数有意义，点 (x, y) 必须满足不等式组：

$$\begin{cases} a^2-x^2-y^2 \geqslant 0, \\ y \geqslant 0. \end{cases}$$

即 $x^2+y^2 \leqslant a^2$，$y \geqslant 0$，故所求函数定义域 $D=\{(x, y) \mid x^2+y^2 \leqslant a^2$ 且 $y \geqslant 0\}$，如图 7-9 所示.

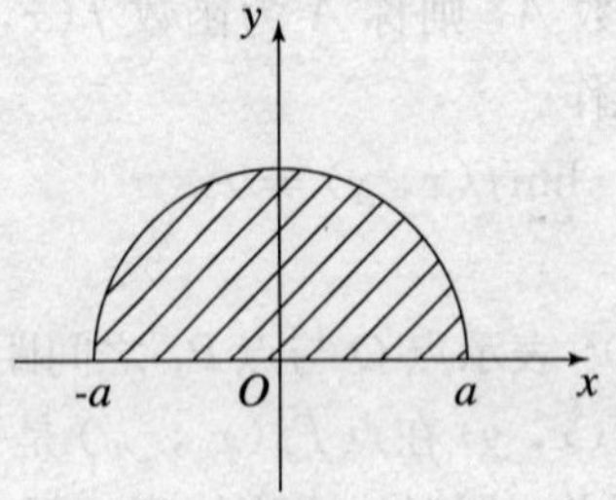

图 7-9

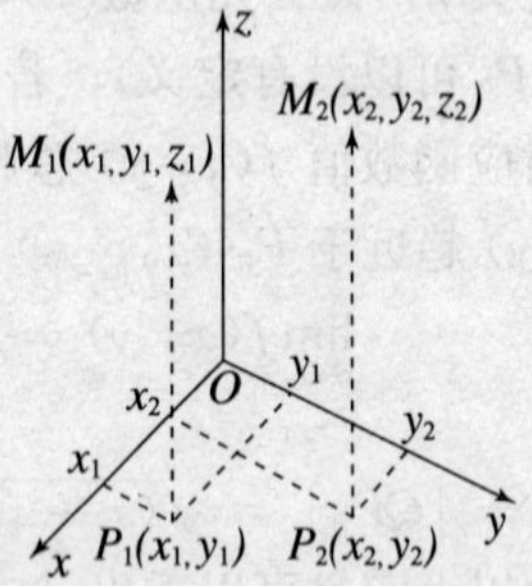

图 7-10

设二元函数 $z=f(x, y)$ 的定义域为 D，对任意一点 $P_0(x_0, y_0) \in D$ 对应唯一确定的 $z_0=f(x_0, y_0)$，从而确定空间的点 $M(x_0, y_0, z_0)$.

当点 $P_0(x_0, y_0)$ 在区域 D 上移动，并经过 D 中所有点时，与之对应的动点 $M(x_0, y_0, z_0)$ 就在空间形成一张曲面（如图 7-10 所示）. 因此，二元函数 $z=f(x, y)$，$(x, y) \in D$，其图象通常是空间直角坐标系下的一个曲面，这个曲面在 xOy 平面上的投影区域就是该函数的定义域 D（如图 7-11 所示）.

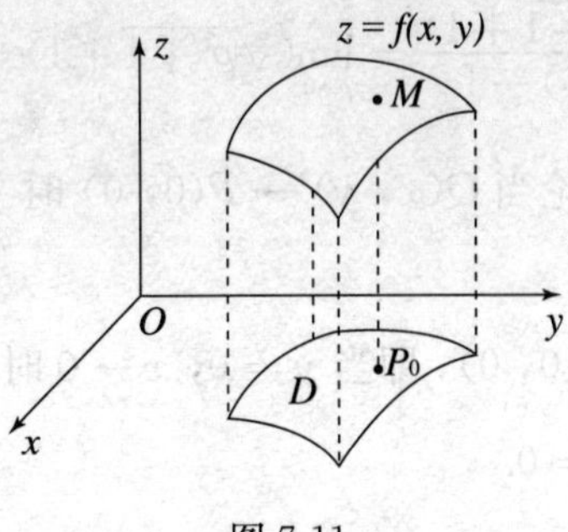

图 7-11

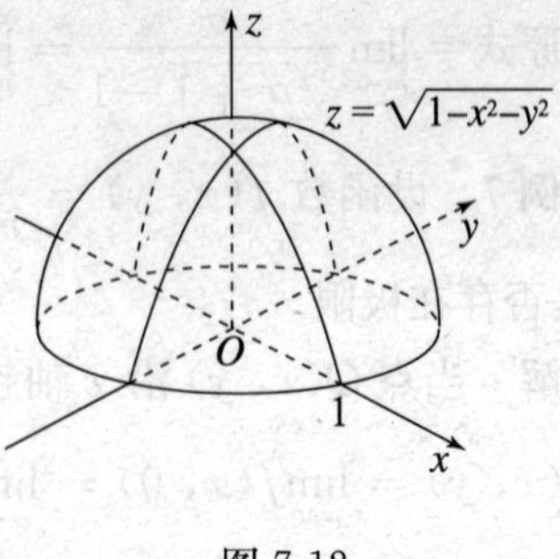

图 7-12

例 5　二元函数 $z=\sqrt{1-x^2-y^2}$ 的图象是以原点 $(0, 0, 0)$ 为球心，半径为 1 的球面的上半球面，这个曲面在 xOy 平面上的投影是圆形闭区域

$D=\{(x, y) \mid x^2+y^2\leqslant 1\}$（如图 7-12 所示），这就是该函数的定义域.

2. 二元函数的极限与连续

(1) 二元函数的极限

与一元函数极限类似，对于二元函数 $z=f(x, y)$，我们要研究当动点 (x, y) 无限趋近定点 $P_0(x_0, y_0)$ 时，对应的函数值 $f(x, y)$ 的变化趋势，这就是二元函数的极限问题.

定义 2 设二元函数 $z=f(x, y)$ 在点 $P_0(x_0, y_0)$ 的某邻域内有定义（在点 P_0 可以没有定义），若点 $Q(x, y)$ 以任意方式趋近于定点 $P_0(x_0, y_0)$ 时，对应函数值 $f(x, y)$ 总趋近于一个定数 A，则称 A 为函数 $f(x, y)$ 当 $Q(x, y)$ 趋近于 $P_0(x_0, y_0)$ 时的极限，记作

$$\lim_{\substack{x\to x_0\\ y\to y_0}} f(x, y)=A \quad \text{或} \quad \lim_{\rho\to 0} f(x, y)=A.$$

其中 $\rho=|QP_0|=\sqrt{(x-x_0)^2+(y-y_0)^2}$ 表示点 Q 与点 P_0 之间距离.

由以上定义可以看出，二元函数 $z=f(x, y)$ 在点 $P_0(x_0, y_0)$ 是否存在极限与函数在点 $P_0(x_0, y_0)$ 是否有定义无关. 同时，应当注意，只有当点 $Q(x, y)$ 沿任何途径趋近于点 $P_0(x_0, y_0)$ 时，函数 $f(x, y)$ 都趋近于 A，才能判定函数 $f(x, y)$ 以 A 为极限. 如果点 $Q(x, y)$ 只是沿某一特殊途径（某一直线或曲线）趋向点 $P_0(x_0, y_0)$ 时，函数趋向于某一确定的值，这还不能断定函数极限存在.

例 6 求 $\lim\limits_{\substack{x\to 0\\ y\to 0}} \dfrac{x^2+y^2}{\sqrt{x^2+y^2+1}-1}$.

解 因为 $\rho=\sqrt{x^2+y^2}$ 所以

$$\text{原式}=\lim_{\rho\to 0}\frac{\rho^2}{\sqrt{\rho^2+1}-1}=\lim_{\rho\to 0}\frac{\rho^2(\sqrt{\rho^2+1}+1)}{(\rho^2+1)-1}=\lim_{\rho\to 0}(\sqrt{\rho^2+1}+1)=2.$$

例 7 设函数 $f(x, y)=\dfrac{xy}{x^2+y^2}$，讨论当 $Q(x, y)\to P(0, 0)$ 时 $f(x, y)$ 是否存在极限.

解 当点 $Q(x, y)$ 沿 x 轴趋近于点 $P(0, 0)$，即当 $y=0$，$x\to 0$ 时，有

$$\lim_{\substack{x\to 0\\ y=0}} f(x, y)=\lim_{x\to 0} f(x, 0)=\lim_{x\to 0}\frac{x\cdot 0}{x^2+0^2}=0.$$

当点 $Q(x, y)$ 沿 y 轴趋近于点 $P(0, 0)$，即当 $x=0$，$y\to 0$ 时，类似地有 $\lim\limits_{\substack{x=0\\ y\to 0}} f(x, y)=0$.

显然，$\lim\limits_{\substack{x\to 0\\ y=0}} f(x, y)=\lim\limits_{\substack{x=0\\ y\to 0}} f(x, y)=0$，但并不能认为极限 $\lim\limits_{\substack{x\to 0\\ y\to 0}} f(x, y)$ 存在，事实上，若点 $Q(x, y)$ 沿直线段 $y=kx\ (k\neq 0)$ 趋近于 $(0, 0)$，即当 $x\to 0$，$y=kx\to 0$ 时，有

$$\lim_{\substack{x\to 0\\ y=kx}} f(x, y)=\lim_{x\to 0} f(x, kx)=\lim_{x\to 0}\frac{kx^2}{x^2+k^2x^2}=\frac{k}{1+k^2}\neq 0.$$

而 $\frac{k}{1+k^2}$ 的值随 k 的不同而变化，所以极限 $\lim\limits_{\substack{x\to 0\\ y\to 0}} f(x, y)$ 不存在.

二元函数极限运算法则与一元函数类似，即有

定理 1　设 $\lim\limits_{\rho\to 0} f(x, y)=A$，$\lim\limits_{\rho\to 0} g(x, y)=B$，则

(1) $\lim\limits_{\rho\to 0}[f(x, y)\pm g(x, y)]=\lim\limits_{\rho\to 0} f(x, y)\pm\lim\limits_{\rho\to 0} g(x, y)=A\pm B$；

(2) $\lim\limits_{\rho\to 0}[f(x, y)\cdot g(x, y)]=\lim\limits_{\rho\to 0} f(x, y).\ \lim\limits_{\rho\to 0} g(x, y)=A\cdot B$；

(3) 当 $B\neq 0$ 时

$$\lim_{\rho\to 0}\frac{f(x, y)}{g(x, y)}=\frac{\lim\limits_{\rho\to 0} f(x, y)}{\lim\limits_{\rho\to 0} g(x, y)}=\frac{A}{B}.$$

多元函数极限的定义及性质与二元函数类似，不赘述.

(2) 二元函数的连续性

同一元函数的连续性类似，可以用二元函数的极限来定义二元函数在某一点的连续.

定义 3　设二元函数 $f(x, y)$ 在点 $P_0(x_0, y_0)$ 的某邻域内有定义，若 $\lim\limits_{\substack{x\to x_0\\ y\to y_0}} f(x, y)=f(x_0, y_0)$，则称函数 $f(x, y)$ 在点 $P_0(x_0, y_0)$ 处**连续**，称 $P_0(x_0, y_0)$ 为函数的**连续点**.

若函数 $f(x, y)$ 在区域 D 上每一点都连续，则称函数在区域 D 上连续，或称 $f(x, y)$ 为区域 D 上的**连续函数**，其图象是一张不间断无裂缝的曲面.

若函数 $f(x, y)$ 在点 $P_0\ (x_0, y_0)$ 不满足连续的定义，则称这一点是函数的**不连续点**或**间断点**.

由连续与极限的定义可知，若函数 $f(x, y)$ 在点 $P_0(x_0, y_0)$ 处无定义，或有定义，但在点 $P_0(x_0, y_0)$ 的极限不存在，或即使极限存在，但在该点的极限值不等于该点的函数值. 以上三种情况，函数 $f(x, y)$ 在 $P_0(x_0, y_0)$ 处均不连续.

与一元函数类似，**二元初等函数**就是以 x，y 为变量的基本初等函数经过有限次的四则运算和复合运算所得到的函数.

二元初等函数在其定义域上均为连续函数.

一元连续函数的运算性质可以完全平行地推广到二元连续函数，即连续函数的和、差、积、商（分母不为零）仍为连续函数，对连续函数，其极限符号与函数符号可交换顺序，也就是说极限运算与函数运算可交换.

二元函数 $f(x, y)$ 在有界闭区域上有最大值和最小值.

以上关于二元函数连续性的讨论，可以类似地推广到三元以上的多元函数.

习题 7—2

1. 设正圆锥的高为 h，母线长为 l，试将正圆锥的体积 V 表示为 h 与 l 的函数.

2. 求下列函数在指定点的函数值.

(1) $f(x, y)=xy+\dfrac{x}{y}$，求 $f\left(\dfrac{1}{2}, 2\right)$，$f(-1, 1)$；

(2) $f(x, y)=\dfrac{2x-y}{3x+y}$，求 $f(0, 1)$，$f(1, -1)$；

(3) $f(x, y)=x^2-y^2+xy\sin\dfrac{x}{y}$，求 $f(tx, ty)$；

(4) $f(x, y)=\dfrac{x^2-y^2}{xy}$，求 $f(y, x)$，$f(-x, -y)$；

(5) $f(x, y)=\begin{cases}\dfrac{2xy}{x^2+y^2}, x^2+y^2\neq 0,\\ 0, x^2+y^2=0,\end{cases}$ 求 $f(0, 0)$，$f(2, 4)$，$f\left(1, \dfrac{y}{x}\right)$；

(6) $f(x-y, x+y)=x^2+xy$，求 $f(x, y)$.

3. 求下列函数的定义域并用图形表示.

(1) $z=\ln(x+y)$；　(2) $z=\dfrac{1}{\sqrt{x-y-1}}$；

(3) $z=\sqrt{x^2-1}+\sqrt{1-y^2}$；　(4) $z=\dfrac{1}{\sqrt{x+y}}+\dfrac{1}{\sqrt{x-y}}$；

(5) $z=\sqrt{1-x^2-y^2}$；　(6) $z=\arcsin\dfrac{y}{x}$.

4. 求下列函数的极限.

(1) $\lim\limits_{\substack{x\to 2\\ y\to 1}}\dfrac{x+y}{x^2-xy+y^2}$；　(2) $\lim\limits_{\substack{x\to 0\\ y\to 0}}\dfrac{e^{2x}\cos y}{1+x}$；

(3) $\lim\limits_{\substack{x\to 0\\ y\to 0}}\dfrac{xy}{\sqrt{xy+1}-1}$；　　(4) $\lim\limits_{\substack{x\to 0\\ y\to 0}}\dfrac{2-\sqrt{xy+4}}{xy}$.

5. 讨论函数 $f(x, y)=\dfrac{x+y}{x-y}$，当 $(x, y)\to(0, 0)$ 时，$f(x, y)$ 的极限是否存在.

第三节　偏导数与全微分

1. 偏导数

在一元函数微分学中，我们用一元函数的变化率引入了导数的概念，对二元函数 $z=f(x, y)$，我们要讨论当 y 不变仅 x 变化时函数的变化率问题和当 x 不变仅 y 变化时函数的变化率问题，这就是二元函数的偏导数问题.

对于函数 $z=f(x, y)$ 和其上点 $P_0(x_0, y_0)$，如果自变量 y 固定不变为 y_0，用 $\Delta x(\neq 0)$ 记自变量 x 在 x_0 取得的改变量，则函数 z 相对应的改变量为 $f(x_0+\Delta x, y_0)-f(x_0, y_0)$.

函数 $z=f(x, y)$ 在点 $P_0(x_0, y_0)$ 关于 x 的偏导数定义如下：

定义 1　设函数 $z=f(x, y)$ 在点 $P_0(x_0, y_0)$ 的某邻域内有定义，若极限

$$\lim_{\Delta x\to 0}\frac{f(x_0+\Delta x, y_0)-f(x_0, y_0)}{\Delta x}$$

存在，则称这个极限为函数 $f(x, y)$ 在点 $P_0(x_0, y_0)$ 关于 x 的偏导数. 记作

$$f_x(x_0, y_0)\text{ 或 } z_x\mid(x_0, y_0)\text{ 或 }\frac{\partial f}{\partial x}\mid(x_0, y_0)\text{ 或 }\frac{\partial z}{\partial x}\mid(x_0, y_0).$$

类似地，函数 $z=f(x, y)$ 在点 $P_0(x_0, y_0)$ 关于 y 的偏导数定义为：

$$\lim_{\Delta y\to 0}\frac{f(x_0, y_0+\Delta y)-f(x_0, y_0)}{\Delta y},$$

记作

$$f_y(x_0, y_0)\text{ 或 } z_y\mid(x_0, y_0)\text{ 或 }\frac{\partial f}{\partial y}\mid(x_0, y_0)\text{ 或 }\frac{\partial z}{\partial y}\mid(x_0, y_0).$$

如果函数 $z=f(x, y)$，在区域 D 内每一点 (x, y) 处对 x 的偏导数都存在，那么这样的偏导数是 x 的函数，称为函数 $z=f(x, y)$ 在区域 D 内对自

变量 x 的**偏导函数**（简称**偏导数**），记作

$$f_x(x, y) \text{ 或 } z_x \text{ 或 } \frac{\partial f}{\partial x} \text{ 或 } \frac{\partial z}{\partial x}.$$

类似地，可以定义函数 $z = f(x, y)$ 在区域 D 内对于自变量 y 的偏导数，记作

$$f_y(x, y) \text{ 或 } z_y \text{ 或 } \frac{\partial f}{\partial y} \text{ 或 } \frac{\partial z}{\partial y}.$$

由函数 $f(x, y)$ 的偏导数定义可知，求 $f_x(x, y)$ 时，是将 y 看作常数，只对 x 求导数；求 $f_y(x, y)$ 是将 x 看作常数，只对 y 求导数，而且，一元函数的求导法则和所有公式都适用于求二元函数的偏导数.

偏导数的定义及求法可以推广到二元以上的多元函数.

例 1 求二元函数 $f(x, y) = x^2 + 3xy - y^2$ 在点 (1, 2) 处的偏导数.

解 把 y 看作常数，对 x 求导数，得

$$f_x(x, y) = 2x + 3y.$$

把 x 看作常数，对 y 求导数，得：

$$f_y(x, y) = 3x - 2y.$$

因此，函数 $z = f(x, y)$ 在点 (1, 2) 处的偏导数为

$$f_x(1, 2) = (2x + 3y)\big|_{\substack{x=1\\y=2}} = 8,$$

$$f_y(1, 2) = (3x - 2y)\big|_{\substack{x=1\\y=2}} = -1.$$

例 2 求 $z = e^{x^2}\sin y^2$ 的偏导数.

解 根据一元复合函数求导法则，分别对 x，y 求偏导，得

$$\frac{\partial z}{\partial x} = (e^{x^2}\sin y^2)'_x = (e^{x^2})'_x \sin y^2 = 2xe^{x^2}\sin y^2,$$

$$\frac{\partial z}{\partial y} = (e^{x^2}\sin y^2)'_y = e^{x^2}(\sin y^2)'_y = 2ye^{x^2}\cos y^2.$$

例 3 求函数 $z = x^y (x > 0)$ 的偏导数.

解 对 x 求偏导数时，把 y 看作常量，这时 x^y 是幂函数，有

$$\frac{\partial z}{\partial x} = yx^{y-1}.$$

对 y 求偏导数时，把 x 看作常量，这时 x^y 是指数函数，有：

$$\frac{\partial z}{\partial y} = x^y \ln x.$$

例 4 设 $r = \sqrt{x^2 + y^2 + z^2}$，求证：

$$\left(\frac{\partial r}{\partial x}\right)^2 + \left(\frac{\partial r}{\partial y}\right)^2 + \left(\frac{\partial r}{\partial z}\right)^2 = 1.$$

证　由于 r 是关于 x，y，z 的三元函数，对 x 求导时把 y，z 当作常数，得

$$\frac{\partial r}{\partial x}=(\sqrt{x^2+y^2+z^2})'_x=\frac{x}{\sqrt{x^2+y^2+z^2}}=\frac{x}{r}.$$

同理可得

$$\frac{\partial r}{\partial y}=\frac{y}{r},\quad \frac{\partial r}{\partial z}=\frac{z}{r},$$

于是
$$\left(\frac{\partial r}{\partial x}\right)^2+\left(\frac{\partial r}{\partial y}\right)^2+\left(\frac{\partial r}{\partial z}\right)^2=\frac{x^2+y^2+z^2}{r^2}=1.$$

在这里，我们还要提出：对一元函数 $y=f(x)$，$\frac{\mathrm{d}y}{\mathrm{d}x}$ 既可看作对 x 的导数的整体记号，也可看成一个分式：y 的微分 $\mathrm{d}y$ 与 x 的微分 $\mathrm{d}x$ 之商，但对二元函数 $z=f(x,y)$，$\frac{\partial z}{\partial x}$，$\frac{\partial z}{\partial y}$ 只是一个偏导数的整体记号. 例如，$\frac{\partial z}{\partial x}$ 不能看成 ∂z 与 ∂x 的商.

2. 高阶偏导数

从上述几个例题可以看到，关于二元函数 $z=f(x,y)$ 在区域 D 内的偏导数 $\frac{\partial z}{\partial x}$，$\frac{\partial z}{\partial y}$ 一般仍是 x，y 的二元函数. 若它在 D 内对自变量 x 或 y 的偏导数存在，则 $\frac{\partial z}{\partial x}$，$\frac{\partial z}{\partial y}$ 对 x 和 y 的偏导数，称为函数 $z=f(x,y)$ 的**二阶偏导数**. 函数 $z=f(x,y)$ 的二阶偏导数，依对变量求导次序不同，共有下列四个：

(1) 将 $\frac{\partial z}{\partial x}$ 再对 x 求偏导数，则相应的二阶偏导数记作

$$\frac{\partial}{\partial x}\left(\frac{\partial z}{\partial x}\right)=\frac{\partial^2 z}{\partial x^2}\text{ 或 }z_{xx}\text{ 或 }f_{xx}(x,y).$$

(2) 将 $\frac{\partial z}{\partial x}$ 再对 y 求偏导数，则相应的二阶偏导数记作

$$\frac{\partial}{\partial y}\left(\frac{\partial z}{\partial x}\right)=\frac{\partial^2 z}{\partial x\partial y}\text{ 或 }z_{xy}\text{ 或 }f_{xy}(x,y).$$

(3) 将 $\frac{\partial z}{\partial y}$ 再对 x 求偏导数，则相应的二阶偏导数记作

$$\frac{\partial}{\partial x}\left(\frac{\partial z}{\partial y}\right)=\frac{\partial^2 z}{\partial y\partial x}\text{ 或 }z_{yx}\text{ 或 }f_{yx}(x,y).$$

(4) 将 $\frac{\partial z}{\partial y}$ 再对 y 求偏导数，则相应的二阶偏导数记作

$$\frac{\partial}{\partial y}\left(\frac{\partial z}{\partial y}\right)=\frac{\partial^2 z}{\partial y^2} \text{ 或 } z_{yy} \text{ 或 } f_{yy}(x, y).$$

其中，$f_{xy}(x, y)$，$f_{yx}(x, y)$ 称为**二阶混合偏导数**.

类似地可得三阶及三阶以上的偏导数.

二阶和二阶以上的偏导数统称为**高阶偏导数**.

例 5 求函数 $z=x^3y^2-2x^2y^3+3xy-4$ 的二阶偏导数.

解 $\frac{\partial z}{\partial x}=3x^2y^2-4xy^3+3y$，$\frac{\partial z}{\partial y}=2x^3y-6x^2y^2+3x$；

$$\frac{\partial^2 z}{\partial x^2}=\frac{\partial}{\partial x}\left(\frac{\partial z}{\partial x}\right)=6xy^2-4y^3,\quad \frac{\partial^2 z}{\partial y^2}=\frac{\partial}{\partial y}\left(\frac{\partial z}{\partial y}\right)=2x^3-12x^2y,$$

$$\frac{\partial^2 z}{\partial x\partial y}=\frac{\partial}{\partial y}\left(\frac{\partial z}{\partial x}\right)=6x^2y-12xy^2+3,$$

$$\frac{\partial^2 z}{\partial y\partial x}=\frac{\partial}{\partial x}\left(\frac{\partial z}{\partial y}\right)=6x^2y-12xy^2+3.$$

由例 5 的计算结果可以看到，两个二阶混合偏导数相等，这并非偶然，一般地，有如下定理：

定理 1 若函数 $z=f(x, y)$ 在区域 D 内的二阶混合偏导数 $f_{xy}(x, y)$ 和 $f_{yx}(x, y)$ 连续，则在 D 内，必有 $f_{xy}(x, y)=f_{yx}(x, y)$. 也就是说，二阶混合偏导数在连续条件下与求导次序无关.

证明略.

例 6 求函数 $z=\ln\sqrt{x^2+y^2}$ 的二阶偏导数.

解 $z=\ln\sqrt{x^2+y^2}=\frac{1}{2}\ln(x^2+y^2)$，

$$\frac{\partial z}{\partial x}=\frac{x}{x^2+y^2},\qquad \frac{\partial z}{\partial y}=\frac{y}{x^2+y^2};$$

$$\frac{\partial^2 z}{\partial x^2}=\frac{(x^2+y^2)-x\cdot 2x}{(x^2+y^2)^2}=\frac{y^2-x^2}{(x^2+y^2)^2},$$

$$\frac{\partial^2 z}{\partial x\partial y}=\frac{0-x\cdot 2y}{(x^2+y^2)^2}=-\frac{2xy}{(x^2+y^2)^2},$$

$$\frac{\partial^2 z}{\partial y\partial x}=\frac{0-y\cdot 2x}{(x^2+y^2)^2}=-\frac{2xy}{(x^2+y^2)^2},$$

$$\frac{\partial^2 z}{\partial y^2}=\frac{(x^2+y^2)-y\cdot 2y}{(x^2+y^2)^2}=\frac{x^2-y^2}{(x^2+y^2)^2}.$$

3. 全微分

(1) 全微分的定义

我们知道，若一元函数 $y=f(x)$ 在点 x_0 可微，则有

$$\mathrm{d}y=f'(x_0)\Delta x \text{ 且 } \Delta y=\mathrm{d}y+o(\Delta x),$$

即微分 $\mathrm{d}y$ 是 Δx 的线性函数，并且 Δy 与 $\mathrm{d}y$ 之差是 Δx 的高阶无穷小.

下面讨论二元函数的全微分.

定义 2　设函数 $z=f(x, y)$ 在点 $P(x, y)$ 的某邻域内有定义，自变量 x，y 分别有增量 Δx，Δy，若函数的全增量 $\Delta z=f(x+\Delta x, y+\Delta y)-f(x, y)$ 可表示为

$$\Delta z=A\Delta x+B\Delta y+o(\rho),$$

其中 $\rho=\sqrt{(\Delta x)^2+(\Delta y)^2}$，$A$，$B$ 是与 Δx，Δy 无关的常数，则称函数 $z=f(x, y)$ 在点 $P(x, y)$ 处**可微**，并称 $A\Delta x+B\Delta y$ 为函数 $z=f(x, y)$ 在点 $P(x, y)$ 处的**全微分**，记作 $\mathrm{d}z$，即 $\mathrm{d}z=A\Delta x+B\Delta y$.

定理 2　若二元函数 $z=f(x, y)$ 在点 $P(x, y)$ 处可微，则该函数在此点的两个偏导数必存在，且

$$A=f_x(x, y), B=f_y(x, y), \mathrm{d}z=A\Delta x+B\Delta y.$$

习惯上将自变量的增量 Δx，Δy 分别记作 $\mathrm{d}x$，$\mathrm{d}y$，并分别称为自变量 x，y 的微分，所以，函数 $z=f(x, y)$ 的全微分可表示为

$$\mathrm{d}z=f_x(x, y)\mathrm{d}x+f_y(x, y)\mathrm{d}y.$$

注意：上式只有二元函数 $z=f(x, y)$ 在点 (x, y) 处可微时才有意义.

一般地，函数 $z=f(x, y)$ 存在两个偏导数，函数 $z=f(x, y)$ 不一定可微，那么，需要附加什么条件，两个偏导数存在才是函数 $z=f(x, y)$ 可微的充分条件呢?

定理 3　如果函数 $z=f(x, y)$ 在点 (x, y) 的某一邻域内存在两个偏导数，且 $f_x(x, y)$，$f_y(x, y)$ 在该点连续，则函数 $z=f(x, y)$ 在点 (x, y) 处可微.

证明略.

例 7　求函数 $z=x^3+y^4-x^2y$ 的全微分.

解　$\frac{\partial z}{\partial x}=3x^2-2xy$，　$\frac{\partial z}{\partial y}=4y^3-x^2$，

则

$$\mathrm{d}z=(3x^2-2xy)\mathrm{d}x+(4y^3-x^2)\mathrm{d}y.$$

例 8　求函数 $z=\mathrm{e}^{xy}$ 在点 $(1, 2)$ 处的全微分，并求 $\Delta x=0.15$，$\Delta y=$

0.1 时的全微分值.

解 $\frac{\partial z}{\partial x}\big|_{(1,2)} = ye^{xy}\big|_{(1,2)} = 2e^2$， $\frac{\partial z}{\partial y}\big|_{(1,2)} = xe^{xy}\big|_{(1,2)} = e^2$，

$$dz\big|_{(1,2)} = 2e^2 dx + e^2 dy.$$

当 $\Delta x = 0.15$，$\Delta y = 0.1$ 时，全微分值 $dz = 2e^2 \times 0.15 + e^2 \times 0.1 = 0.4e^2$.

（2）全微分的应用

如果二元函数 $z = f(x, y)$ 在点 $P(x_0, y_0)$ 处可微，则有

$$\Delta z = dz + o(\rho) = f_x(x_0, y_0)\Delta x + f_y(x_0, y_0)\Delta y + o(\rho).$$

当 $\rho = \sqrt{(\Delta x)^2 + (\Delta y)^2}$ 充分小，即 $|\Delta x|$，$|\Delta y|$ 充分小时，有

$$\Delta z \approx dz = f_x(x_0, y_0)\Delta x + f_y(x_0, y_0)\Delta y, \tag{1}$$

或 $$f(x_0 + \Delta x, y_0 + \Delta y) \approx f(x_0, y_0) + f_x(x_0, y_0)\Delta x + f_y(x_0, y_0)\Delta y. \tag{2}$$

（1）（2）两式是常用的近似计算公式.

例 9 有一无盖圆柱体容器，其外壳厚度均为 0.1 cm，内高 25 cm，内半径为 5 cm，求容器外壳体积的近似值 .

解 设圆柱体容器的半径为 r，高为 h，则它的体积 $V = \pi r^2 h$，外壳体积可看作容器体积 V 在 $r = 5$，$h = 25$ 时，$\Delta r = \Delta h = 0.1$ 时的全增量，可用全微分近似计算，先求得 $\frac{\partial V}{\partial r} = 2\pi rh$，$\frac{\partial V}{\partial h} = \pi r^2$ 连续，于是

$$\begin{aligned}\Delta V \approx dV &= \frac{\partial V}{\partial r}\Delta r + \frac{\partial V}{\partial h}\Delta h \\ &= 2\pi rh\Delta r + \pi r^2 \Delta h \\ &= 2\pi \times 5 \times 25 \times 0.1 + \pi \times 5^2 \times 0.1 \\ &= 27.5\pi\,(\text{cm}^3).\end{aligned}$$

即该容器外壳体积约为 $27.5\pi\ \text{cm}^3$.

例 10 求 $\sqrt{(4.02)^2 + (2.97)^2}$ 的近似值.

解 设 $f(x, y) = \sqrt{x^2 + y^2}$，则 $\sqrt{(4.02)^2 + (2.97)^2}$ 可看作函数 $f(x, y)$ 在点 $(4, 3)$，自变量有增量 $\Delta x = 0.02$，$\Delta y = -0.03$ 时的函数值. 先求得

$$f_x(x, y) = \frac{x}{\sqrt{x^2 + y^2}}, \qquad f_y(x, y) = \frac{y}{\sqrt{x^2 + y^2}}.$$

在 $x^2 + y^2 \neq 0$ 时连续，且

$$f_x(4, 3) = \frac{x}{\sqrt{x^2 + y^2}}\Big|_{(4,3)} = \frac{4}{5}, \quad f_y(4, 3) = \frac{y}{\sqrt{x^2 + y^2}}\Big|_{(4,3)} = \frac{3}{5},$$

$$\therefore \quad dz = f_x(4.3)\Delta x + f_y(4, 3)\Delta y = \frac{4}{5} \times 0.02 + \frac{3}{5} \times (-0.03) = -0.002.$$

$\therefore \quad \sqrt{(4.02)^2+(2.97)^2} \approx 5-0.002=4.998.$

习题 7—3

1. 求下列函数的一阶偏导数.

(1) $z=x^2+y^3-3xy$；

(2) $z=\sin(x^3y)$；

(3) $z=e^x\sin y$；

(4) $z=\ln\sin(x-2y)$；

(5) $z=\arcsin\left(\dfrac{y}{x}\right)$；

(6) $z=(1+xy)^y$；

(7) $u=xy+yz+xz$；

(8) $u=z^{xy}\ (z>0)$.

2. 求下列函数在指定点的一阶偏导数.

(1) $z=2x+3y-\sqrt{x^2+y^2}$，求 $f_x(3,4)$，$f_y(4,3)$；

(2) $z=\arctan\left(\dfrac{y}{x}\right)$，求 $f_x(1,1)$，$f_y(-1,-1)$；

(3) $z=e^{x^2y}$，求 $f_x(0,1)$，$f_y(-1,0)$；

(4) $z=e^{-x}\sin(x+2y)$，求 $f_x\left(0,\dfrac{1}{2}\right)$，$f_y\left(0,\dfrac{1}{2}\right)$.

3. 求下列函数的二阶偏导数.

(1) $z=x^4-3x^2y^2+2y^4$；

(2) $z=x\sin(x+y)$；

(3) $z=x\ln(xy)$；

(4) $z=x^2ye^y$.

4. 设 $z=\ln(\sqrt{x}+\sqrt{y})$，求证：

$$x\frac{\partial z}{\partial x}+y\frac{\partial z}{\partial y}=\frac{1}{2}.$$

5. 设　$T=2\pi\sqrt{\dfrac{l}{g}}$，求证：

$$l\frac{\partial T}{\partial l}+g\frac{\partial T}{\partial g}=0.$$

6. 求下列函数的全微分.

(1) $z=x^2+xy^2$；

(2) $z = x^2 y^2$;

(3) $z = \sin(x^2 - y^2)$;

(4) $z = e^{\frac{y}{x}}$;

(5) $u = \ln(x^2 + y^2 + z^2)$.

7. 求函数 $z = \ln(x^2 + y^2)$，在 $x = 2$，$y = 1$，$\Delta x = 0.1$，$\Delta y = -0.1$ 时全微分值.

8. 矩形的长 $x = 16$ m，宽 $y = 8$ m，若 x 边增加 5 cm，而 y 边减少 10 cm，问此矩形的面积的近似变化情况.

9. 求下列近似值.

(1) $\sqrt[3]{(2.02)^2 + (1.99)^2}$；　　(2) $(1.97)^{1.05}$（已知 $\ln 2 = 0.6930$）.

第四节　多元复合函数与隐函数的求导法则

1. 多元复合函数的求导法则

一元函数微分学中的复合函数求导法则，为我们解决了很多复杂函数的求导问题，同样如此，多元复合函数的求导法则，在多元函数微分学中也起着非常重要的作用. 下面，我们讨论二元复合函数的求导法则，对二元以上的多元函数的求导法则可以类似推出.

定理 1　若二元函数 $z = f(x, y)$ 在点 (x, y) 的邻域存在连续的偏导数，而 $x = \varphi(t)$，$y = \psi(t)$ 可导，则复合函数（一元函数）$z = f[\varphi(t), \psi(t)]$ 在点 t 可导，且

$$\frac{dz}{dt} = \frac{\partial z}{\partial x} \cdot \frac{dx}{dt} + \frac{\partial z}{\partial y} \cdot \frac{dy}{dt}. \tag{1}$$

证明　设自变量 t 获得变化量 Δt，x，y 有相应变化量 Δx，Δy，从而有 z 的变化量 Δz

$$\Delta z = f(x + \Delta x, y + \Delta y) - f(x, y).$$

由于已知函数 $z = f(x, y)$ 有连续偏导数，所以 $z = f(x, y)$ 可微，即

$$\Delta z = \frac{\partial z}{\partial x}\Delta x + \frac{\partial z}{\partial y}\Delta y + \alpha \cdot \rho,$$

其中 $\rho = \sqrt{(\Delta x)^2 + (\Delta y)^2}$，$\lim\limits_{\rho \to 0} \alpha = 0$.

上述两端除以 Δt，有

$$\frac{\Delta z}{\Delta t}=\frac{\partial z}{\partial x}\cdot\frac{\Delta x}{\Delta t}+\frac{\partial z}{\partial y}\cdot\frac{\Delta y}{\Delta t}+\alpha\cdot\frac{\rho}{\Delta t}.$$

当 $\Delta t\to 0$ 时，两边同取极限

$$\lim_{\Delta t\to 0}\frac{\Delta z}{\Delta t}=\frac{\partial z}{\partial x}\cdot\lim_{\Delta t\to 0}\frac{\Delta x}{\Delta t}+\frac{\partial z}{\partial y}\cdot\lim_{\Delta t\to 0}\frac{\Delta y}{\Delta t}+\lim_{\Delta t\to 0}\left(\alpha\cdot\frac{\rho}{\Delta t}\right).$$

式中，$\lim\limits_{\Delta t\to 0}\frac{\Delta x}{\Delta t}=\frac{\mathrm{d}x}{\mathrm{d}t}$，$\lim\limits_{\Delta t\to 0}\frac{\Delta y}{\Delta t}=\frac{\mathrm{d}y}{\mathrm{d}t}$.

$$\lim_{\Delta t\to 0}\left(\alpha\cdot\frac{\rho}{\Delta t}\right)=\lim_{\Delta t\to 0}\left(\alpha\cdot\sqrt{\left(\frac{\Delta x}{\Delta t}\right)^2+\left(\frac{\Delta y}{\Delta t}\right)^2}\right)=0.$$

所以
$$\frac{\mathrm{d}z}{\mathrm{d}t}=\frac{\partial z}{\partial x}\cdot\frac{\mathrm{d}x}{\mathrm{d}t}+\frac{\partial z}{\partial y}\cdot\frac{\mathrm{d}y}{\mathrm{d}t}.$$

这就是函数 $z=f[\varphi(t),\psi(t)]$ 对 t 的全导数公式.

用同样的方法，可以把定理 1 推广到中间变量多于两个的情形，例如 $z=f(u,v,w)$，$u=\varphi(t)$，$v=\psi(t)$，$w=\omega(t)$ 满足相应条件，则

$$\frac{\mathrm{d}z}{\mathrm{d}t}=\frac{\partial z}{\partial u}\cdot\frac{\mathrm{d}u}{\mathrm{d}t}+\frac{\partial z}{\partial v}\cdot\frac{\mathrm{d}v}{\mathrm{d}t}+\frac{\partial z}{\partial w}\cdot\frac{\mathrm{d}w}{\mathrm{d}t}.\tag{2}$$

定理 2　若二元函数 $z=f(x,y)$ 在点 (x,y) 的邻域存在连续偏导数，而 $x=\varphi(u,v)$，$y=\psi(u,v)$ 在点 (u,v) 存在偏导数，则复合函数 $z=f[\varphi(u,v),\psi(u,v)]$ 在点 (u,v) 存在偏导数，且

$$\frac{\partial z}{\partial u}=\frac{\partial z}{\partial x}\cdot\frac{\partial x}{\partial u}+\frac{\partial z}{\partial y}\cdot\frac{\partial y}{\partial u},\tag{3}$$

$$\frac{\partial z}{\partial v}=\frac{\partial z}{\partial x}\cdot\frac{\partial x}{\partial v}+\frac{\partial z}{\partial y}\cdot\frac{\partial y}{\partial v}.\tag{4}$$

证明　在定理 1 中将 v 看作常数，即有（3）式，将 u 看作常数，得（4）式.

若中间变量和自变量的个数都多于两个，且满足相应条件，则也有类似结果，例如，若函数 $w=f(x,y,z)$ 存在连续偏导数，而 $x=\varphi(u,v)$，$y=\psi(u,v)$，$z=\omega(u,v)$ 存在偏导数，则

$$\begin{aligned}\frac{\partial w}{\partial u}&=\frac{\partial w}{\partial x}\cdot\frac{\partial x}{\partial u}+\frac{\partial w}{\partial y}\cdot\frac{\partial y}{\partial u}+\frac{\partial w}{\partial z}\cdot\frac{\partial z}{\partial u},\\ \frac{\partial w}{\partial v}&=\frac{\partial w}{\partial x}\cdot\frac{\partial x}{\partial v}+\frac{\partial w}{\partial y}\cdot\frac{\partial y}{\partial v}+\frac{\partial w}{\partial z}\cdot\frac{\partial z}{\partial v}.\end{aligned}\tag{5}$$

以上给出的二元函数求导法则，称为“链式法则”.

上述公式也可用到下面特殊情形：

如果 $w=f(x,u,v)$，具有连续偏导数，而 $x=\varphi(u,v)$ 具有偏导数，则复合函数 $w=f[\varphi(u,v),u,v]$ 可以看作上述情形中当 $y=u$，$z=v$ 的

特殊情形，因此

$$\frac{\partial y}{\partial u}=1,\quad \frac{\partial z}{\partial u}=0,\quad \frac{\partial y}{\partial v}=0,\quad \frac{\partial z}{\partial v}=1.$$

从而 $w=f[\varphi(u, v), u, v]$ 具有对自变量 u, v 的偏导数，且

$$\frac{\partial w}{\partial u}=\frac{\partial f}{\partial x}\cdot\frac{\partial x}{\partial u}+\frac{\partial f}{\partial u},\qquad \frac{\partial w}{\partial v}=\frac{\partial f}{\partial x}\cdot\frac{\partial x}{\partial v}+\frac{\partial f}{\partial v}.\tag{6}$$

注意：这里 $\frac{\partial w}{\partial u}$ 与 $\frac{\partial f}{\partial u}$ 不同，$\frac{\partial w}{\partial u}$ 是将复合函数 $w=f[\varphi(u, v), u, v]$ 中的 v 看作不变，而对 u 的偏导数，$\frac{\partial f}{\partial u}$ 是把 $f(x, u, v)$ 中的 x 及 v 看作不变，而对 u 的偏导数，$\frac{\partial w}{\partial v}$ 与 $\frac{\partial f}{\partial v}$ 也有类似区别.

例 1 设 $z=x^2-y^2$，其中 $x=\sin t$, $y=\cos t$，求 $\frac{\mathrm{d}z}{\mathrm{d}t}$.

解 由于 $\frac{\partial z}{\partial x}=2x$, $\frac{\mathrm{d}x}{\mathrm{d}t}=\cos t$, $\frac{\partial z}{\partial y}=-2y$, $\frac{\mathrm{d}y}{\mathrm{d}t}=-\sin t$.

由公式（1）有

$$\begin{aligned}\frac{\mathrm{d}z}{\mathrm{d}t}&=\frac{\partial z}{\partial x}\cdot\frac{\mathrm{d}x}{\mathrm{d}t}+\frac{\partial z}{\partial y}\cdot\frac{\mathrm{d}y}{\mathrm{d}t}\\&=2x\cos t-2y(-\sin t)\\&=2\sin t\cos t+2\sin t\cos t\\&=2\sin 2t.\end{aligned}$$

例 2 设 $z=\mathrm{e}^u\sin v$, $u=xy$, $v=x+y$，求 $\frac{\partial z}{\partial x}$ 和 $\frac{\partial z}{\partial y}$.

解 由公式（3）（4）得

$$\frac{\partial z}{\partial x}=\frac{\partial z}{\partial u}\cdot\frac{\partial u}{\partial x}+\frac{\partial z}{\partial v}\cdot\frac{\partial v}{\partial x}=\mathrm{e}^u(\sin v)y+\mathrm{e}^u\cos v\cdot 1=\mathrm{e}^{xy}[y\sin(x+y)+\cos(x+y)],$$

$$\frac{\partial z}{\partial y}=\frac{\partial z}{\partial u}\cdot\frac{\partial u}{\partial y}+\frac{\partial z}{\partial v}\cdot\frac{\partial v}{\partial y}=\mathrm{e}^u(\sin v)x+\mathrm{e}^u\cos v\cdot 1=\mathrm{e}^{xy}[x\sin(x+y)+\cos(x+y)].$$

例 3 设 $z=\ln(u+v)$, $u=\ln(x+y)$, $v=\arctan(xy)$，求 $\frac{\partial z}{\partial x}$ 和 $\frac{\partial z}{\partial y}$.

解 由公式（3）得

$$\frac{\partial z}{\partial x}=\frac{1}{u+v}\cdot\frac{1}{x+y}+\frac{1}{u+v}\cdot\frac{1}{1+(xy)^2}\cdot y$$

$$=\frac{1}{\ln(x+y)+\arctan(xy)}\left(\frac{1}{x+y}+\frac{y}{1+x^2y^2}\right),$$

由公式（4）得

$$\frac{\partial z}{\partial y}=\frac{1}{u+v}\cdot\frac{1}{x+y}+\frac{1}{u+v}\cdot\frac{1}{1+(xy)^2}\cdot x$$

$$=\frac{1}{\ln(x+y)+\arctan(xy)}\left(\frac{1}{x+y}+\frac{x}{1+x^2y^2}\right).$$

例 4　设 $z=f\left(xy,\frac{x}{y}\right)$，求 $\frac{\partial z}{\partial x}$ 和 $\frac{\partial z}{\partial y}$.

解　设 $u=xy$，$v=\frac{x}{y}$，由公式（3）（4）有

$$\frac{\partial z}{\partial x}=\frac{\partial z}{\partial u}\cdot\frac{\partial u}{\partial x}+\frac{\partial z}{\partial v}\cdot\frac{\partial v}{\partial x}=y\cdot\frac{\partial z}{\partial u}+\frac{1}{y}\cdot\frac{\partial z}{\partial v},$$

$$\frac{\partial z}{\partial y}=\frac{\partial z}{\partial u}\cdot\frac{\partial u}{\partial y}+\frac{\partial z}{\partial v}\cdot\frac{\partial v}{\partial y}=x\cdot\frac{\partial z}{\partial u}-\frac{x}{y^2}\cdot\frac{\partial z}{\partial v}.$$

这是抽象的复合函数求偏导数问题，函数 $z=f\left(xy,\frac{x}{y}\right)$ 中，z 是因变量，x，y 是自变量，所以 u，v 是中间变量，这样的函数求偏导数时，要按复合函数求偏导数的公式计算，但在最后的结果中，$\frac{\partial z}{\partial u}$，$\frac{\partial z}{\partial v}$ 只能以“抽象”的形式摆在运算式中.

例 5　设 $z=\sin^2(x-2y)+e^{x^2-y^2}$，求 $\frac{\partial z}{\partial x}$ 和 $\frac{\partial z}{\partial y}$.

解　设 $u=x-2y$，$v=x^2-y^2$，则 $z=\sin^2u+e^v$.

$$\frac{\partial z}{\partial x}=\frac{\partial z}{\partial u}\cdot\frac{\partial u}{\partial x}+\frac{\partial z}{\partial v}\cdot\frac{\partial v}{\partial x}$$

$$=(2\sin u\cdot\cos u)\cdot 1+e^v(2x)$$

$$=\sin 2(x-2y)+2xe^{x^2-y^2},$$

$$\frac{\partial z}{\partial y}=\frac{\partial z}{\partial u}\cdot\frac{\partial u}{\partial y}+\frac{\partial z}{\partial v}\cdot\frac{\partial z}{\partial y}$$

$$=(2\sin u\cos u)\cdot(-2)+e^v(-2y)$$

$$=-2\sin 2(x-2y)-2ye^{x^2-y^2}.$$

利用链式法则，可得到多元函数的全微分形式不变性，即 z 是 x，y 的可微函数，不论 x，y 是自变量还是中间变量，z 的全微分形式不变，即总有 $dz=f_x(x,y)dx+f_y(x,y)dy$.

2. 隐函数的求导公式

一元函数微分学中，我们得到了隐函数的求导方法，下面根据多元复合函数求导的链式法则，推导出一元、二元隐函数的求导公式.

设隐函数关系 $y=f(x)$ 由方程 $F(x, y)=0$ 所确定，那么，有恒等式 $F(x, f(x))\equiv 0$，其左端可以看做以 x，$f(x)$ 为中间变量，且以 x 为自变量的复合函数，等式两边对 x 求全导数，得

$$\frac{\partial F}{\partial x}+\frac{\partial F}{\partial y}\cdot\frac{\mathrm{d}y}{\mathrm{d}x}=0.$$

若 $\frac{\partial F}{\partial y}\neq 0$，由上式得

$$\frac{\mathrm{d}y}{\mathrm{d}x}=-\left(\frac{\partial F}{\partial x}\right)\Big/\frac{\partial F}{\partial y}=-\frac{F_x(x, y)}{F_y(x, y)}. \tag{7}$$

这就是由隐函数 $F(x, y)=0$ 所确定函数 $y=f(x)$ 的导数公式.

例 6 设 $x\sin y+ye^x=0$，求 $\frac{\mathrm{d}y}{\mathrm{d}x}$.

解 令 $F(x, y)=x\sin y+ye^x$，则

$$F_x(x, y)=\sin y+ye^x, \qquad F_y(x, y)=x\cos y+e^x.$$

当 $x\cos y+e^x\neq 0$ 时，由公式 (7) 有

$$\frac{\mathrm{d}y}{\mathrm{d}x}=-\frac{F_x(x, y)}{F_y(x, y)}=-\frac{\sin y+ye^x}{x\cos y+e^x}.$$

如果由含有三个变量 x，y，z 的方程 $F(x, y, z)=0$，确定二元函数 $z=f(x, y)$，这时有恒等式 $F(x, y, f(x, y))\equiv 0$，此式两边分别对 x 和 y 求偏导数，得

$$\frac{\partial F}{\partial x}+\frac{\partial F}{\partial z}\cdot\frac{\partial z}{\partial x}=0,\quad \frac{\partial F}{\partial y}+\frac{\partial F}{\partial z}\cdot\frac{\partial z}{\partial y}=0.$$

若 $\frac{\partial F}{\partial z}\neq 0$，可得二元函数求导公式

$$\frac{\partial z}{\partial x}=-\left(\frac{\partial F}{\partial x}\right)\Big/\frac{\partial F}{\partial z}=-\frac{F_x(x, y, z)}{F_z(x, y, z)}, \tag{8}$$

$$\frac{\partial z}{\partial y}=-\left(\frac{\partial F}{\partial y}\right)\Big/\frac{\partial F}{\partial z}=-\frac{F_y(x, y, z)}{F_z(x, y, z)}. \tag{9}$$

关于二元以上的多元隐函数求导公式与二元隐函数类似.

例 7 设 $-x^2+2y^2+3z^2=4$，求 $\frac{\partial z}{\partial x}$，$\frac{\partial z}{\partial y}$ 及 $\frac{\partial z}{\partial x}$，$\frac{\partial z}{\partial y}$ 在 $(1, 1, 1)$ 处的值.

解　令 $F(x, y, z) = -x^2 + 2y^2 + 3z^2 - 4$，则

$$F_x(x, y, z) = -2x, \qquad F_y(x, y, z) = 4y, \qquad F_z(x, y, z) = 6z.$$

$F_z(x, y, z) \neq 0$，即 $z \neq 0$ 时，由公式（8）和（9）有

$$\frac{\partial z}{\partial x} = -\frac{F_x(x, y, z)}{F_z(x, y, z)} = \frac{x}{3z}, \qquad \frac{\partial z}{\partial y} = -\frac{F_y(x, y, z)}{F_z(x, y, z)} = -\frac{2y}{3z}.$$

在 $(1, 1, 1)$ 处，

$$\frac{\partial z}{\partial x}\Big|_{(1,1,1)} = \frac{x}{3z}\Big|_{(1,1,1)} = \frac{1}{3}, \qquad \frac{\partial z}{\partial y}\Big|_{(1,1,1)} = \left(-\frac{2y}{3z}\right)\Big|_{(1,1,1)} = -\frac{2}{3}.$$

习题 7—4

1. 求下列函数的全导数.

(1) $z = u^2 + uv + v^2$，$u = x^2$，$v = x$；

(2) $z = \arctan(xy)$，$y = \mathrm{e}^x$；

(3) $z = \mathrm{e}^{x-2y}$，$x = \sin t$，$y = t^2$；

(4) $z = \arcsin(x - y)$，$x = 3t$，$y = 4t^3$.

2. 求下列函数的一阶偏导数.

(1) $z = \dfrac{u^2}{v}$，$u = x - 2y$，$v = 2x + y$；

(2) $z = u^2v - uv^2$，$u = x\cos y$，$v = x\sin y$；

(3) $z = u^2\ln v$，$u = \dfrac{x}{y}$，$v = 3x - 2y$；

(4) $z = \mathrm{e}^{xy}\arctan\left(\dfrac{y}{x}\right)$；

(5) $z = [\sin(x + y)]^{x^2+2y}$；

(6) $z = f(u, v)$，$u = x^2 - y^2$，$v = xy$.

3. 求下列方程所确定的隐函数的导数或偏导数.

(1) $2x^2 + y^2 - 1 = 0$，求 $\dfrac{\mathrm{d}y}{\mathrm{d}x}$；

(2) $x\cos y - y\mathrm{e}^x = 0$，求 $\dfrac{\mathrm{d}y}{\mathrm{d}x}$；

(3) $x^2 + y^2 + z^2 - 4z = 0$，求 $\dfrac{\partial z}{\partial x}, \dfrac{\partial z}{\partial y}$；

(4) $\mathrm{e}^{xy} + \mathrm{e}^z - 2z = 0$，　求 $\dfrac{\partial z}{\partial x}, \dfrac{\partial z}{\partial y}$；

(5) $\ln\sqrt{x^2 + y^2} = \arctan\dfrac{y}{x}$，　求 $\dfrac{\mathrm{d}y}{\mathrm{d}x}$；

(6) $2\sin(x+2y-3z)=x+2y-3z$，求 $\frac{\partial z}{\partial x}$，$\frac{\partial z}{\partial y}$.

4. 证明由方程 $F(x-az, y-bz)=0$ 确定的函数 $z=f(x, y)$ 满足关系式：

$$a\frac{\partial z}{\partial x}+b\frac{\partial z}{\partial y}=1.$$

第五节　二元函数的极值

在许多实际问题中，往往会遇到多元函数的最大值最小值问题，与一元函数相类似，多元函数的最值与极值有密切联系. 下面以二元函数为例，来讨论多元函数的极值与最值问题.

1. 二元函数极值的定义

定义 1　设函数 $z=f(x, y)$ 在点 $P_0(x_0, y_0)$ 的某邻域内有定义时，$P(x, y)$ 是该邻域内异于点 $P_0(x_0, y_0)$ 的任一点.

(1) 如果有 $f(x, y)<f(x_0, y_0)$，则称 $P_0(x_0, y_0)$ 是函数 $z=f(x, y)$ 的**极大值点**，称 $f(x_0, y_0)$ 为函数 $z=f(x, y)$ 的**极大值**.

(2) 如果有 $f(x, y)>f(x_0, y_0)$，则称 $P_0(x_0, y_0)$ 是函数 $z=f(x, y)$ 的**极小值点**，称 $f(x_0, y_0)$ 为函数 $z=f(x, y)$ 的**极小值**.

极大值，极小值统称为**极值**，极大值点，极小值点统称为**极值点**.

例如，函数 $f(x, y)=\sqrt{1-x^2-y^2}$，点 $(0, 0)$ 是其极大值点，$f(0, 0)=1$ 是其极大值. 对于点 $(0, 0)$ 的任一邻域内异于点 $(0, 0)$ 的点 (x, y) 都有 $f(0, 0)=1>f(x, y)$ ($(0, 0)\neq(x, y)$).

又如，函数 $z=\sqrt{x^2+y^2}$，点 $(0, 0)$ 是其极小值点，$f(0, 0)=0$ 是其极小值. 对于点 $(0, 0)$ 的任一邻域内异于点 $(0, 0)$ 的点 (x, y) 都有 $f(0, 0)=0<f(x, y)$ ($(0, 0)\neq(x, y)$).

再如，函数 $z=xy$，点 $(0, 0)$ 不是其极值点，$f(0, 0)=0$ 不是极值. 这是因为点 $(0, 0)$ 的任一邻域内总有使函数值为正的点，也有使函数值为负的点.

2. 二元函数极值的判别法

与一元函数类似，下面利用偏导数来研究二元函数取得极值的判别方法.

定理 1（极值存在的必要条件） 若函数 $f(x, y)$ 在点 $P_0(x_0, y_0)$ 存在偏导数，且 P_0 为极值点，则它在这点的偏导数必然为零.

证明略.

一般把满足上述条件（即 $f_x(x_0, y_0) = 0$，$f_y(x_0, y_0) = 0$）的点 $P_0(x_0, y_0)$ 称为函数的**驻点**.

由上述定理可知，若函数 $f(x, y)$ 的偏导数存在，则该函数的极值点必定是驻点，但函数的驻点不一定是极值点. 例如，函数 $z = f(x, y) = x^2 - y^2$，点 $(0, 0)$ 是其驻点，且 $f(0, 0) = 0$，但点 $(0, 0)$ 不是极值点，这是由于在点 $(0, 0)$ 的邻域内，当 $|x| > |y|$ 时，函数 $f(x, y)$ 取正值，当 $|x| < |y|$ 时，函数 $f(x, y)$ 取负值.

定理 2（极值点判别定理） 若函数 $f(x, y)$ 在点 $P_0(x_0, y_0)$ 某邻域内具有一阶和二阶连续偏导数，且满足 $f_x(x_0, y_0) = 0$，$f_y(x_0, y_0) = 0$，令 $A = f_{xx}(x_0, y_0)$，$B = f_{xy}(x_0, y_0)$，$C = f_{yy}(x_0, y_0)$

(1) 当 $B^2 - AC < 0$ 时，$P_0(x_0, y_0)$ 是函数 $f(x, y)$ 的极值点.

(Ⅰ) 若 $A < 0$（或 $C < 0$），$P_0(x_0, y_0)$ 是极大值点.

(Ⅱ) 若 $A > 0$（或 $C > 0$），$P_0(x_0, y_0)$ 是极小值点.

(2) 当 $B^2 - AC > 0$ 时，$P_0(x_0, y_0)$ 不是函数 $f(x, y)$ 的极值点.

(3) 当 $B^2 - AC = 0$ 时，$P_0(x_0, y_0)$ 可能是函数 $f(x, y)$ 的极值点，也可能不是极值点，要作出判断还要另作讨论.

证明略.

根据上述两个定理，若函数 $z = f(x, y)$ 具有二阶连续偏导数，则可按下列步骤求它的极值.

第一步　求偏导数，解方程组

$$\begin{cases} f_x(x, y) = 0, \\ f_y(x, y) = 0 \end{cases}$$

求得一切实数解，即可求得所有驻点.

第二步，对于每一个驻点 (x_0, y_0)，求出二阶偏导数的值.

第三步，确定对应 $B^2 - AC$ 的符号，按极值点判定定理的结论判定 $f(x_0, y_0)$ 是否是极值，是极大值还是极小值.

例 1　求函数 $f(x, y) = x^3 - y^3 + 3xy$ 的极值.

解　(1) 求偏导数，并解方程组确定驻点，由

$$\begin{cases} f_x(x, y) = 3x^2 + 3y = 0, \\ f_y(x, y) = -3y^2 + 3x = 0 \end{cases}$$

得驻点 $(0, 0)$ 和 $(1, -1)$.

(2) 计算二阶偏导数在驻点的值

$$f_{xx}(x, y) = 6x, f_{xy}(x, y) = 3, f_{yy}(x, y) = -6y.$$

对于点 $(0, 0)$, $A = f_{xx}(0, 0) = 0$, $B = f_{xy}(0, 0) = 3$, $C = f_{yy}(0, 0) = 0$.

对于点 $(1, -1)$, $A = f_{xx}(1, -1) = 6$　$B = f_{xy}(1, -1) = 3$　$C = f_{yy}(1, -1) = 6$.

(3) 判别驻点是否为极值点.

在点 $(0, 0)$ 处，由于 $B^2 - AC = 3^2 - 0 \times 0 = 9 > 0$，所以 $(0, 0)$ 不是极值点.

在点 $(1, -1)$ 处，由于 $B^2 - AC = 3^2 - 6 \times 6 = -27 < 0$，且 $A > 0$，所以 $(1, -1)$ 是极小值点.

函数的极小值为 $f(1, -1) = 1^3 - (-1)^3 + 3 \times 1 \times (-1) = -1$.

3. 二元函数的最值问题

在第一节中，我们已经知道，在有界闭区域 D 上，连续的函数一定有最大值和最小值，与一元函数类似，求可微函数 $f(x, y)$ 在有界闭区域 D 上的最大值（或最小值），应先求出该函数在闭区域 D 内部所有的极大（小）值，再求出它在 D 的边界上的最大（小）值，然后进行比较，其中最大（小）值者就是函数 $f(x, y)$ 在有界闭区域 D 上的最大（小）值. 对于实际应用问题，如果根据问题的实际意义，已经知道或能够判定函数在区域 D 的内部取得最大（小）值时，函数在 D 内只有一个驻点，那么就可以断定，该驻点的函数值就是函数 $f(x, y)$ 在区域 D 上的最大（小）值.

例 2　求函数 $z = x^2 - y^2 + 2$ 在圆域 $x^2 + y^2 \leqslant 1$ 上的最大值和最小值.

解　(1) 求偏导数，解方程组

$$\begin{cases} f_x(x, y) = 2x = 0, \\ f_y(x, y) = -2y = 0 \end{cases}$$

得唯一驻点 $(0, 0)$，且 $f(0, 0) = 2$.

(2) 求函数在区域边界上的最大值、最小值

由圆方程 $x^2 + y^2 = 1$ 得 $y^2 = 1 - x^2$，代入函数 $z = x^2 - y^2 + 2$，有 $z = 2x^2 + 1$ ($x \in [-1, 1]$)，用一元函数求最值的方法，求得 $x = \pm 1$ 时，$z_{\max} = 3$，$x = 0$ 时，$z_{\min} = 1$.

(3) 比较得，函数 $z=x^2-y^2+2$ 在圆域上的最大值为 3，最小值为 1，点 (1, 0)，(−1, 0) 为最大值点，(0, −1)，(0, 1) 为最小值点.

例 3　要做一个容积为 4 m^3 的无盖长方体水池，应该如何设计水池的尺寸，才能使水池的表面积最小.

解　设长方体水池的长为 x m，宽为 y m，高为 z m，依题意有 $xyz=4$，则 $z=\frac{4}{xy}$.

所以，无盖长方体水池的表面积为：

$$\begin{aligned} A &= xy+2yz+2xz \\ &= xy+2y\cdot\frac{4}{xy}+2x\cdot\frac{4}{xy} \\ &= xy+\frac{8}{x}+\frac{8}{y}. \qquad (x>0,\ y>0) \end{aligned}$$

由 $\begin{cases} A_x = y-\dfrac{8}{x^2}=0, \\ A_y = x-\dfrac{8}{y^2}=0 \end{cases}$

解得　$x=2$，$y=2$.

依题意可知，长方体水池的表面积一定存在最小值，并在区域 $D=\{(x,y)\mid x>0,\ y>0\}$ 内取得，而此函数在 D 内只有唯一的驻点 (2, 2)，因此，当 $x=2$，$y=2$ 时，A 取最小值，此时 $z=1$，即水池长 2 m，宽 2 m，高 1 m 时，表面积最小.

习题 7—5

1. 求下列函数的极值.

(1) $z=x^3-9xy+y^3-27$；

(2) $z=e^{2x}(x+y^2+2y)$；

(3) $z=4(x-y)-x^2-y^2$.

2. 求函数 $z=xy$ 在条件 $x+y=1$ 下的极大值.

3. 设 $x+y+z=1$ ($x>0$，$y>0$，$z>0$)，求 $V=xyz$ 的最大值.

4. 将周长为 $2p$ ($p>0$) 的矩形绕它的一边旋转而构成一个圆柱体，问矩形的边长分别为多少时，才能使圆柱体体积最大?

5. 要制造一个无盖的圆柱形容器，其容积为 V，为了使所用材料最省（即圆柱体表面积最小），问容器的高度 H 和底面半径 R 应是多少.

第六节　二重积分的概念与性质

在第五章中，我们引入了定积分的概念，并用微分法介绍了定积分的应用，定积分的基本思想是“化整为零取近似，聚零为整求极限”. 在科学实验、生产实践中，往往要求非均匀分布在几何体上的几何量、物体量等，为了解决这类问题，我们引入二重积分.

1. 二重积分的概念

首先，我们考察两个实际例子.

例 1 求曲顶柱体的体积.

设有一立体，它的底是 xOy 面上的闭区域 D，侧面是以 D 的边界曲线 c 为准线，母线平行于 z 轴的柱面，顶是在 D 上连续的曲面 $z=f(x,y)$（$f(x,y)>0$），即曲面 S，这种立体叫曲顶柱体（如图 7-13 所示）.

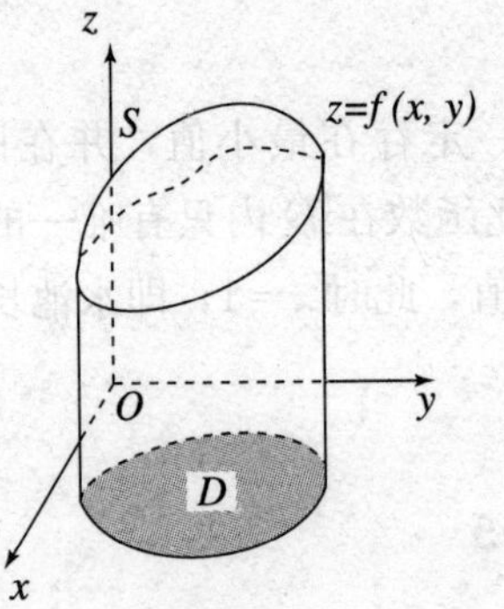

图 7-13

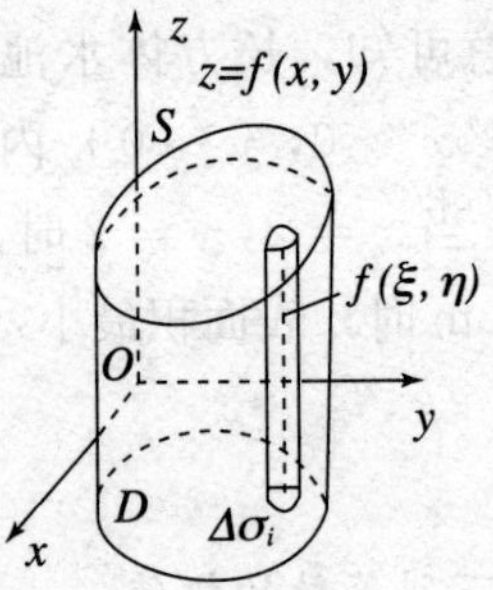

图 7-14

下面来讨论如何定义并计算上述曲顶柱体的体积 V.

如果函数 $f(x,y)$ 恒为一常数，曲顶柱体就是平顶柱体，其体积可由公式：“体积=底面积×高”来定义和计算. 一般地，当 $z=f(x,y)$ 为一变量，曲顶柱体的顶为一曲面时，怎样求它的体积呢？我们联想到用第五章求曲边梯形面积相类似的方法，采用“分割近似代替，求和取极限”几个步骤来解决这个问题.

（1）分割　用一组曲线网把 D 分成几个小闭区域 $\sigma_1, \sigma_2, \cdots, \sigma_n$，设 $\Delta\sigma_i$ 表示第 i 个小区域的面积（$i=1,2,\cdots,n$），这样，曲顶柱体相应地被分

成以 σ_i（$i=1, 2, \cdots, n$）为底的 n 个小曲顶柱体，记第 i 个小曲顶柱体的体积为 ΔV_i（$i=1, 2, \cdots, n$）.

（2）近似代替　由于 $f(x, y)$ 连续，对同一个小闭区域而言，$f(x, y)$ 的变化很小，这时细曲顶柱体可近似地看作平顶柱体. 于是，在小区域 σ_i 上任取一点 (ξ_i, η_i)，以 $f(\xi_i, \eta_i)$ 为高，$\Delta\sigma_i$ 为底的平顶柱体（如图 7-14 所示）的体积为

$$\Delta V_i \approx f(\xi_i, \eta_i)\Delta\sigma_i.\ (i=1, 2, \cdots, n)$$

（3）求和　曲顶柱体的体积 V 近似地等于 n 个小平顶柱体的体积之和，即

$$V=\sum_{i=1}^{n}\Delta V_i \approx \sum_{i=1}^{n} f(\xi_i, \eta_i)\Delta\sigma_i.$$

分割越细，近似程度会越好.

（4）取极限　闭域上任意两点间距离的最大值称之为有界闭区域的直径. 设区域 σ_i 的直径为 $d(\sigma_i)$，$\lambda=\max\{d(\sigma_1), d(\sigma_2), \cdots, d(\sigma_n)\}$，如果不论怎样分割，不论怎样取点 $(\xi_i, \eta_i)\in\sigma_i$，当 $\lambda\to 0$ 时，$V_n=\sum\limits_{i=1}^{n} f(\xi_i, \eta_i)\Delta\sigma_i$ 的极限存在，设其为 V，则 V 就是曲顶柱体的体积.

$$V=\lim_{\lambda\to 0}\left(\sum_{i=1}^{n} f(\xi_i, \eta_i)\Delta\sigma_i\right).$$

例 2　求非匀质平面薄片的质量.

设有一平面薄片，在 xOy 平面上为区域 D，它在 D 上任意点的面密度为 $\rho(x, y)$，$\rho(x, y)>0$ 且在 D 上连续.

如果薄片是匀质的，就是说 $\rho(x, y)$ 为常数，那么薄片的质量可由公式："质量＝面密度×面积" 计算. 然而，如果面密度 $\rho(x, y)$ 是变量，薄片的质量就不能直接用上述公式计算了。但我们可以用例 1 中的方法来求它.

（1）分割　把区域 D 任意分成 n 个小区域 $\sigma_1, \sigma_2, \cdots, \sigma_n$（如图 7-15 所示），记 σ_i 的面积为 $\Delta\sigma_i$（$i=1, 2, \cdots, n$）.

（2）近似代替　任意取一点 $(\xi_i, \eta_i)\in\sigma_i$，用 $f(\xi_i, \eta_i)$ 近似代替 σ_i 上每一点的面密度，那么小薄片 σ_i 的质量 $m_i \approx f(\xi_i, \eta_i)\cdot\Delta\sigma_i$.

（3）求和　整块薄片的质量 M 近似地等于 n 块小薄片的质量之和，即

$$M=\sum_{i=1}^{n} m_i \approx \sum f(\xi_i, \eta_i)\Delta\sigma_i. \qquad (*)$$

分割越细，近似程度会越好.

（4）取极限　当 $\lambda\to 0$（λ 的意义同例 1）时，和数（*）存在极限，令

极限为 M，则 M 就是所求非匀质薄片的质量.

$$M=\lim_{\lambda\to 0}\sum_{i=1}^{n}f(\xi_i,\ \eta_i)\Delta\sigma_i.$$

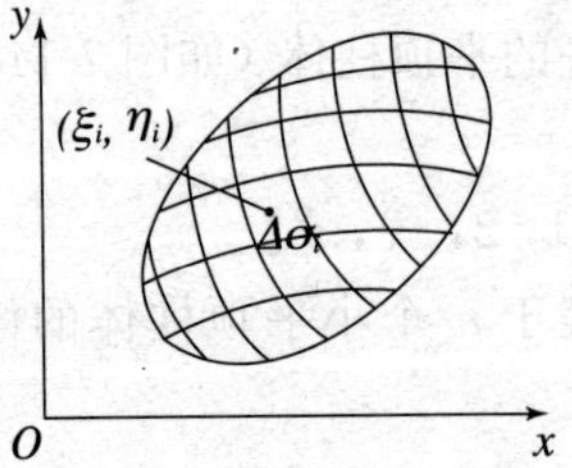

图 7-15

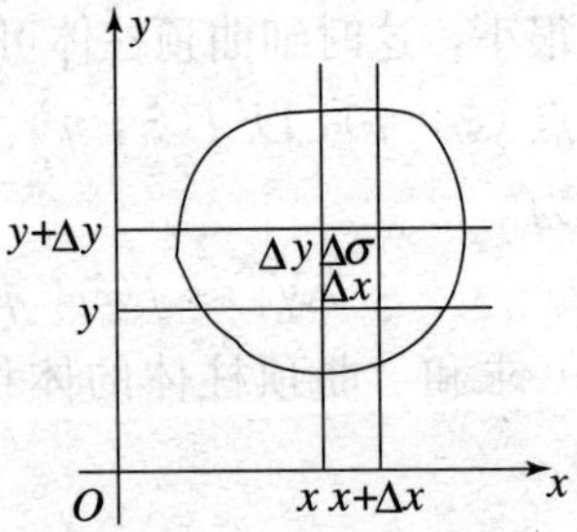

图 7-16

上面两个例子的实际意义不同，但归结为求同一形式和的极限，为此，我们抽象出二重积分的定义.

定义 1 设 $f(x,\ y)$ 是有界闭区域 D 上的有界函数，将区域 D 任意分割成 n 个小区域 σ_1，σ_2，…，σ_n，用 $\Delta\sigma_i$ 表示为第 i 个小区域 σ_i 的面积，在每个 σ_i 上任取一点（ξ_i，η_i）（$i=1$，2，…，n），作和 $\sum\limits_{i=1}^{n}f(\xi_i,\ \eta_i)\Delta\sigma_i$，令 $\lambda=\max\{d(\sigma_1),\ d(\sigma_2),\ \cdots,\ d(\sigma_n)\}$（$d(\sigma_i)$ 表示 σ_i 的直径 $i=1$，2，…，n），当 $\lambda\to 0$ 时，如果这个和数的极限 I 存在，且与区域 D 的分割方法，点（ξ_i，η_i）的取法都无关，则 $f(x,\ y)$ 在区域 D 上可积. 称 I 是函数 $f(x,\ y)$ 在闭区域 D 上的**二重积分**，记作

$$\iint_D f(x,\ y)\mathrm{d}\sigma=\lim_{\lambda\to 0}\sum_{i=1}^{n}f(\xi_i,\ \eta_i)\Delta\sigma_i.$$

其中 $f(x,\ y)$ 是**被积函数**，$\mathrm{d}\sigma$ 叫做**面积元素**，x，y 叫做**积分变量**，D 叫做**积分区域**，$\sum\limits_{i=1}^{n}f(\xi_i,\ \eta_i)\Delta\sigma_i$ 叫做**黎曼和**.

在二重积分的定义中，如果我们用两组分别平行于 x 轴和 y 轴的直线去分割 D，则小区域就变成了小矩形（有些不是小矩形的小闭区域的对应项的和的极限为零，可忽略不计），其面积 $\Delta\sigma_i=\Delta x_i\cdot\Delta y_i$（如图 7-16 所示），面积元素 $\mathrm{d}\sigma_i=\mathrm{d}x\cdot\mathrm{d}y$ 称为直角坐标系中的面积元素. 这样，直角坐标系中，$f(x,\ y)$ 在区域 D 上的二重积分就可以表示为：$\iint\limits_D f(x,\ y)\mathrm{d}x\mathrm{d}y$.

由二重积分定义可以看出，曲顶柱体的体积 V 是函数 $f(x,\ y)$ 在 D 上的二重积分

$$V=\iint\limits_D f(x, y)\mathrm{d}\sigma.$$

非均质薄片的质量 M 是密度函数 $\rho(x, y)$ 在区域 D 上的二重积分

$$M=\iint\limits_D \rho(x, y)\mathrm{d}\sigma.$$

一般地，当 $f(x, y)\geqslant 0$ 时，二重积分 $\iint\limits_D f(x, y)\mathrm{d}\sigma$ 的几何意义就是在 D 上以 $z=f(x, y)$ 为顶的柱体的体积. 当 $f(x, y)\leqslant 0$ 时，曲顶柱体在 xOy 平面的下方，二重积分的绝对值仍等于曲顶柱体的体积，但二重积分的值是负的，若 $f(x, y)$ 在 D 上若干区域上是正的，其余区域上是负的，则二重积分的几何意义就是 xOy 平面上方和下方曲顶柱体体积的代数和.

最后，我们还要指出，连续函数 $f(x, y)$ 在有界闭区域 D 上的二重积分都存在. 本章所讨论的被积函数都假定在积分区域 D 上连续.

2. 二重积分的性质

根据定积分和二重积分的定义可以想到，二重积分有下列与定积分类似的性质. 由于二重积分是一个和数的极限，请读者根据和数极限的一些性质自行证明（下述区域均为有界闭域）.

性质 1　若 $f(x, y)$ 在 D 上可积，k 是常数，则函数 $k\cdot f(x, y)$ 在 D 上可积，且

$$\iint\limits_D k\cdot f(x, y)\mathrm{d}\sigma=k\iint\limits_D f(x, y)\mathrm{d}\sigma.$$

性质 2　若函数 $f(x, y)$，$g(x, y)$ 在区域 D 上都可积，则函数 $f(x, y)\pm g(x, y)$ 在 D 上也可积，且

$$\iint\limits_D [f(x, y)\pm g(x, y)]\mathrm{d}\sigma=\iint\limits_D f(x, y)\mathrm{d}\sigma\pm\iint\limits_D g(x, y)\mathrm{d}\sigma.$$

性质 3　若函数 $f(x, y)$ 在 D 上可积，D 被有限条曲线分成有限个部分区域 D_1，D_2，…，D_n，则 $f(x, y)$ 在 D 上的积分等于 $f(x, y)$ 在各部分区域上的积分和，即

$$\iint\limits_D f(x, y)\mathrm{d}\sigma=\iint\limits_{D_1} f(x, y)\mathrm{d}\sigma+\iint\limits_{D_2} f(x, y)\mathrm{d}\sigma+\cdots+\iint\limits_{D_n} f(x, y)\mathrm{d}\sigma.$$

这一性质表示二重积分对于积分区域具有**可加性**.

性质 4　若在 D 上函数 $f(x, y)\equiv 1$，σ 为区域 D 的面积，则

$$\sigma=\iint\limits_D 1\cdot\mathrm{d}\sigma=\iint\limits_D \mathrm{d}\sigma.$$

这一性质说明，高为 1 的平顶柱体的体积在数值上等于柱体的底面积.

性质 5 若函数 $f(x, y)$，$g(x, y)$ 在 D 上都可积，且对任意的 (x, y) 有 $f(x, y) \leqslant g(x, y)$，则

$$\iint_D f(x, y)\mathrm{d}\sigma \leqslant \iint_D g(x, y)\mathrm{d}\sigma.$$

特殊地，

$$\left|\iint_D f(x, y)\mathrm{d}\sigma\right| \leqslant \iint_D |f(x, y)|\mathrm{d}\sigma.$$

性质 6 若函数 $f(x, y)$ 在 D 上可积，且满足

$$m \leqslant f(x, y) \leqslant M,$$

则有

$$m\sigma \leqslant \iint_D f(x, y)\mathrm{d}\sigma \leqslant M\sigma.$$

其中 m，M 为常数，σ 为 D 的面积值.

性质 7（二重积分中值定理） 若函数 $f(x, y)$ 在 D 上连续，则在 D 上至少存在一点 (ξ, η)，使得

$$\iint_D f(x, y)\mathrm{d}\sigma = f(\xi, \eta) \cdot \sigma.$$

其中 σ 为区域 D 的面积值.

3. 二重积分的计算

与定积分相类似，直接用定义来计算二重积分是十分困难的，因而有必要介绍一种计算二重积分的方法. 这种方法就是把二重积分化为两次定积分来计算（此法称为累次积分法）.

（1）利用直角坐标计算二重积分

设区域 D 中由直线 $x=a$，$x=b$ 与曲线 $y=\varphi_1(x)$，$y=\varphi_2(x)$ 围成（如图 7-17 所示）.

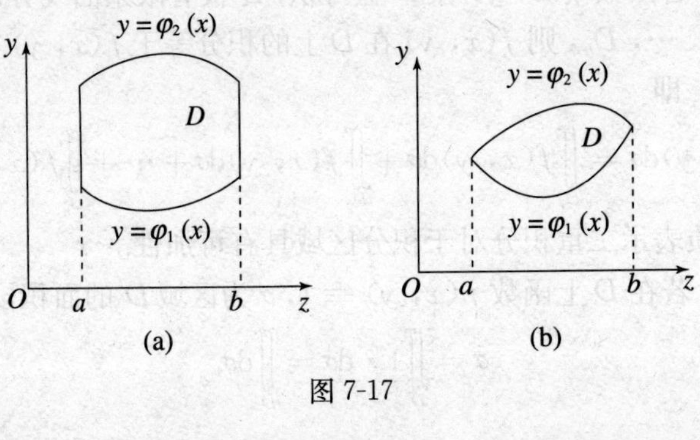

图 7-17

根据二重积分的几何意义，$\iint\limits_D f(x, y)\mathrm{d}\sigma$ 的值等于以积分区域 D 为底，以曲面 $z=f(x, y)$ 为顶的曲顶柱体（如图 7-18 所示）的体积，即

$$V=\iint\limits_D f(x, y)\mathrm{d}\sigma. \qquad (1)$$

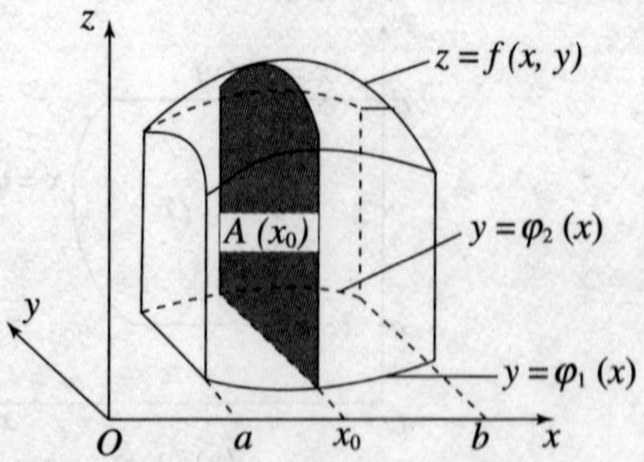

图 7-18

在第五章第六节中，我们已知，如果已知曲顶柱体平行于坐标平面 yOz 的截面面积函数为 $A(x)$，则它的体积 $V=\int_a^b A(x)\mathrm{d}x$.

下面我们用这种方法来求曲顶柱体的体积.

先计算截面面积，如图 7-18，用平面 $x=x_0(a<x_0<b)$ 去截柱体，所得截面是一个以区间 $[\varphi_1(x_0), \varphi_2(x_0)]$ 为底，曲线 $z=f(x_0, y)$ 为曲边的曲边梯形（图中阴影部分），设截面面积为 $A(x_0)$，其面积

$$A(x_0)=\int_{\varphi_1(x_0)}^{\varphi_2(x_0)} f(x_0, y)\mathrm{d}y.$$

由于 x_0 是 $[a, b]$ 上任一点，所以在闭区间 $[a, b]$ 上任意点 x 处的截面积

$$A(x)=\int_{\varphi_1(x)}^{\varphi_2(x)} f(x, y)\mathrm{d}y.$$

于是，由（1）式，有：

$$V=\iint\limits_D f(x, y)\mathrm{d}\sigma=\int_a^b\left[\int_{\varphi_1(x)}^{\varphi_2(x)} f(x, y)\mathrm{d}y\right]\mathrm{d}x. \qquad (2)$$

（2）式右边的积分就是先把 x 看作常量，y 看作变量对 y 积分，积分区间为 $\varphi_1(x)\leqslant y\leqslant\varphi_2(x)$，所算的结果是关于 x 的函数，再在区间 $a\leqslant x\leqslant b$ 上对 x 积分求出定积分.

（2）式右端常写作 $\int_a^b \mathrm{d}x\int_{\varphi_1(x)}^{\varphi_2(x)} f(x, y)\mathrm{d}y$.

因此（2）也写作

$$V=\iint\limits_D f(x, y)\mathrm{d}\sigma=\int_a^b\left[\int_{\varphi_1(x)}^{\varphi_2(x)} f(x, y)\mathrm{d}y\right]\mathrm{d}x=\int_a^b \mathrm{d}x\int_{\varphi_1(x)}^{\varphi_2(x)} f(x, y)\mathrm{d}y. \qquad (2*)$$

类似地，如果区域 D（如图 7-19 所示）为　$c\leqslant y\leqslant d, \psi_1(y)\leqslant x\leqslant\psi_2(y)$，同法可得

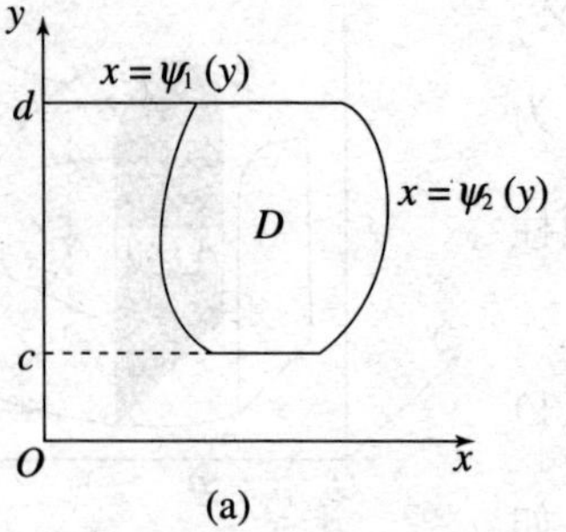

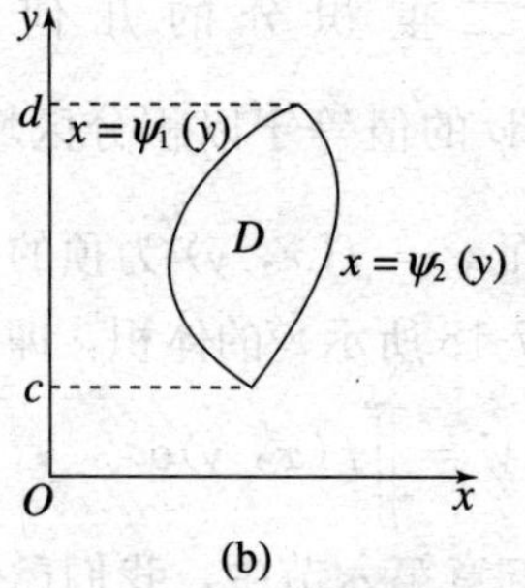

图 7-19

$$V=\iint_D f(x,y)\mathrm{d}\sigma=\int_c^d\left[\int_{\psi_1(y)}^{\psi_2(y)}f(x,y)\mathrm{d}x\right]\mathrm{d}y=\int_c^d\mathrm{d}y\int_{\psi_1(y)_1}^{\psi_2(y)}f(x,y)\mathrm{d}x.\quad(3)$$

运用上述累次积分求二重积分时，对不同的变量确定积分上、下限是关键，先对 y 积分，再对 x 积分的一般步骤是：

第一步：画出积分区域 D.

第二步：把积分区域投影到 x 轴上，得到 x 的积分区间 $[a,b]$.

第三步：在区间 $[a,b]$ 上任取一点 x，作一直线与 y 轴平行，它与 D 原边界 $y=\varphi_1(x)$，$y=\varphi_2(x)$ 分别交于两点 M,N，则 M,N 的纵坐标分别为 $\varphi_1(x)$，$\varphi_2(x)$，即 y 的积分区间为 $[\varphi_1(x),\varphi_2(x)]$，这样，就可求出 $f(x,y)$ 在 D 上的二重积分.

$$\iint_D f(x,y)\mathrm{d}\sigma=\int_a^b\left[\int_{\varphi_1(x)}^{\varphi_2(x)}f(x,y)\mathrm{d}y\right]\mathrm{d}x=\int_a^b\mathrm{d}x\int_{\varphi_1(x)}^{\varphi_2(x)}f(x)\mathrm{d}y.$$

同样地，可用先对 x 积分，后对 y 积分的累次积分来求二重积分.

例 3 计算二重积分 $\iint_D xy\mathrm{d}\sigma$，其中积分区域 D 分别如下：

(1) 矩形域：$0\leqslant x\leqslant 2\quad 0\leqslant y\leqslant 1$.

(2) 三角形域：$0\leqslant x\leqslant 2\quad 0\leqslant y\leqslant 1-\dfrac{x}{2}$.

解 (1) $\displaystyle\iint_D xy\mathrm{d}\sigma=\int_0^2\mathrm{d}x\int_0^1 xy\mathrm{d}y=\int_0^2\left(\frac{xy^2}{2}\right)\Big|_0^1\mathrm{d}x$

$$=\frac{1}{2}\int_0^2 x\mathrm{d}x=\frac{1}{2}\times\frac{x^2}{2}\Big|_0^2=1.$$

或 $\displaystyle\iint_D xy\mathrm{d}\sigma=\int_0^1\mathrm{d}y\int_0^2 xy\mathrm{d}x=\int_0^1\left(\frac{x^2y}{2}\right)\Big|_0^2\mathrm{d}y$

$$=2\int_0^1 y\mathrm{d}y=2\times\frac{y^2}{2}\Big|_0^1=1.$$

一般地，区域 D 是一矩形域：$a\leqslant x\leqslant b$，$c\leqslant y\leqslant d$ 时，函数 $f(x, y)$ 在矩形区域 D 上的二重积分为累次积分

$$\iint_D f(x, y)\mathrm{d}x\mathrm{d}y=\int_a^b \mathrm{d}x\int_c^d f(x, y)\mathrm{d}y=\int_c^d \mathrm{d}y\int_a^b f(x, y)\mathrm{d}x.$$

$$(2)\iint_D xy\,\mathrm{d}\sigma=\int_0^2\mathrm{d}x\int_0^{1-\frac{x}{2}}xy\,\mathrm{d}y=\int_0^2\left(\frac{xy^2}{2}\right)\Big|_0^{1-\frac{x}{2}}\mathrm{d}x$$

$$=\frac{1}{2}\int_0^2\left[x\left(1-\frac{x}{2}\right)^2\right]\mathrm{d}x=\frac{1}{6}.$$

或 $\iint_D xy\,\mathrm{d}\sigma=\int_0^1\mathrm{d}y\int_0^{2(1-y)}xy\,\mathrm{d}x=\int_0^1\left(\frac{x^2y}{2}\right)\Big|_0^{2(1-y)}\mathrm{d}y=\frac{1}{2}\int_0^1\left[2(1-y)\right]^2y\mathrm{d}y$
$=\frac{1}{6}.$

例 4　计算 $\iint_D xyd\sigma$，其中 D 是由抛物线 $y^2=x$ 及直线 $y=x-2$ 所围成的闭区域.

解　画出积分区域 D，如图 7-20 所示：

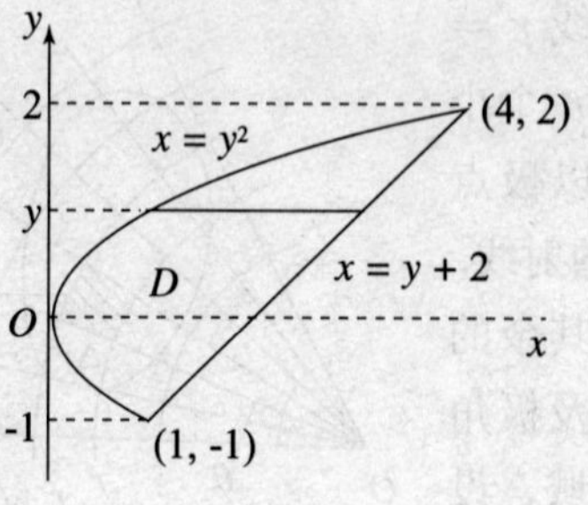

图 7-20

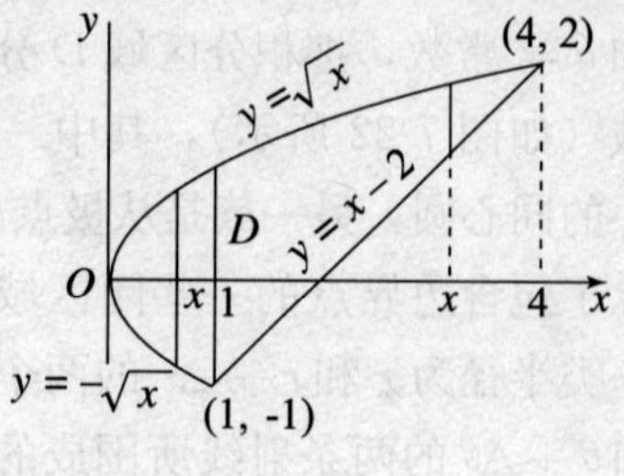

图 7-21

利用公式（3），先对 x 积分，再对 y 积分，得

$$\iint_D f(x, y)\mathrm{d}\sigma=\int_{-1}^2\mathrm{d}y\int_{y^2}^{y+2}xy\,\mathrm{d}x$$

$$=\int_{-1}^2\left(\frac{x^2y}{2}\right)\Big|_{y^2}^{y+2}\mathrm{d}y$$

$$=\frac{1}{2}\int_{-1}^2\left[y(y+2)^2-y^5\right]\mathrm{d}y$$

$$=\frac{1}{2}\left(\frac{y^4}{4}+\frac{4}{3}y^3+2y^2-\frac{y^6}{6}\right)\Big|_{-1}^2=\frac{45}{8}.$$

若利用公式（2）来计算，则由于在区间 $[0, 1]$ 及 $[1, 4]$ 上表示 $\varphi_1(x)$ 的式子不相同，所以要用经过点 $(1, -1)$ 且平行于 y 轴的直线 $x=1$ 把区域 D

分成 D_1 与 D_2 两部分（如图 7-21 所示），其中

$$D_1=\{(x,y)\mid -\sqrt{x}\leqslant y\leqslant\sqrt{x},0\leqslant x\leqslant 1\},$$
$$D_2=\{(x,y)\mid x-2\leqslant y\leqslant\sqrt{x},1\leqslant x\leqslant 4\}.$$

于是，根据二重积分的可加性，有

$$\iint_D xy\,\mathrm{d}\sigma=\iint_{D_1}xy\,\mathrm{d}\sigma+\iint_{D_2}xy\,\mathrm{d}\sigma$$
$$=\int_0^1\left[\int_{-\sqrt{x}}^{\sqrt{x}}xy\,\mathrm{d}y\right]\mathrm{d}x+\int_1^4\left[\int_{x-2}^{\sqrt{x}}xy\,\mathrm{d}y\right]\mathrm{d}x=\frac{45}{8}.$$

由此可见，前一种计算方法比较简单，而后一种方法较复杂. 这说明，在化二重积分为二次积分时，必须选择恰当累次积分的次序，使计算过程尽可能简便.

（2）利用极坐标系计算二重积分

有些二重积分在直角坐标系中计算相当烦锁. 如果积分区域 D 的边界曲线用极坐标方程来表示比较方便，被积函数用极坐标变量来表示比较简单时，我们就考虑用极坐标来计算二重积分.

根据二重积分定义，我们用两族曲线 $r=$ 常数和 $\theta=$ 常数，把积分区域 D 分割成 n 个小闭区域（如图 7-22 所示），其中一族是以极点为圆心的同心圆，另一族是从极点出发的射线.

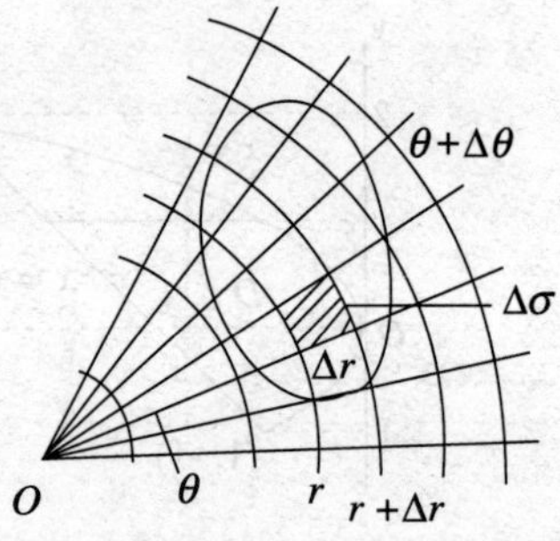

图 7-22

除了包含边界点的一些闭区域外，其余的都是一类半径为 r 和 $r+\Delta r$ 的两个圆弧及极角为 θ 和 $\theta+\Delta\theta$ 的两条射线所围成的小区域，设 $\Delta\sigma$ 为某小区域面积，小区域面积 $\Delta\sigma$ 可近似看作边长为 Δr 和 $r\cdot\Delta\theta$ 的小矩形面积，即 $\Delta\sigma\approx r\Delta r\Delta\theta$.

当 $\lambda\to 0$ 时，极坐标下面积元素为 $\mathrm{d}\sigma=r\mathrm{d}r\mathrm{d}\theta$.

设点 P 在直角坐标系中的坐标为 (x,y)，在极坐标系中的坐标为 (r,θ)，两种坐标的转换公式是

$$\begin{cases}x=r\cos\theta,\\ y=r\sin\theta.\end{cases}\quad(0\leqslant\theta\leqslant 2\pi)$$

于是，二重积分的极坐标变换公式是

$$\iint_D f(x,y)\mathrm{d}\sigma=\iint_D f(x,y)\mathrm{d}x\mathrm{d}y=\iint_D f(r\cos\theta,r\sin\theta)r\mathrm{d}r\mathrm{d}\theta.\qquad(4)$$

极坐标系中的二重积分，同样要转化为累次积分来计算. 下面我们分两种情形分别讨论：

第一种情形　极点 O 在积分区域 D 的内部，其边界曲线为 $r=r(\theta)$（如图 7-23 所示），积分区域 D 为　$0\leqslant r\leqslant r(\theta)$，$0\leqslant\theta\leqslant 2\pi$. 这样

$$\iint\limits_D f(r\cos\theta,\ r\sin\theta)r\mathrm{d}r\mathrm{d}\theta=\int_0^{2\pi}\mathrm{d}\theta\int_0^{r(\theta)}f(r\cos\theta,\ r\sin\theta)r\mathrm{d}r. \tag{5}$$

第二种情形：极点 O 在积分区域 D 的外部（含边界）.

设区域 D 是由过极点的两条射线，$\theta=\alpha$，$\theta=\beta$（$\alpha<\beta$）以及在 $[\alpha,\beta]$ 上的曲线 $r=r_1(\theta)$，$r=r_2(\theta)$ 所围成（如图 7-24 所示），即区域 D 为 $\alpha\leqslant\theta\leqslant\beta$，$r_1(\theta)\leqslant r\leqslant r_2(\theta)$，于是

$$\iint\limits_D f(r\cos\theta,\ r\sin\theta)r\mathrm{d}r\mathrm{d}\theta=\int_\alpha^{\beta}\mathrm{d}\theta\int_{r_1(\theta)}^{r_2(\theta)}f(r\cos\theta,\ r\sin\theta)r\mathrm{d}r. \tag{6}$$

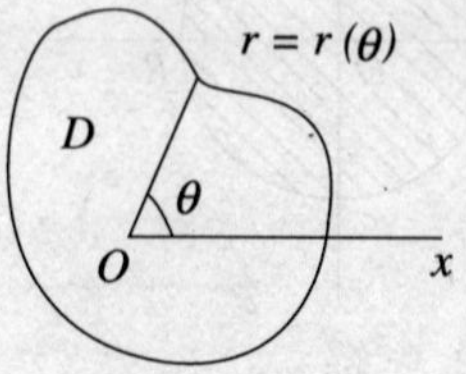

图 7-23

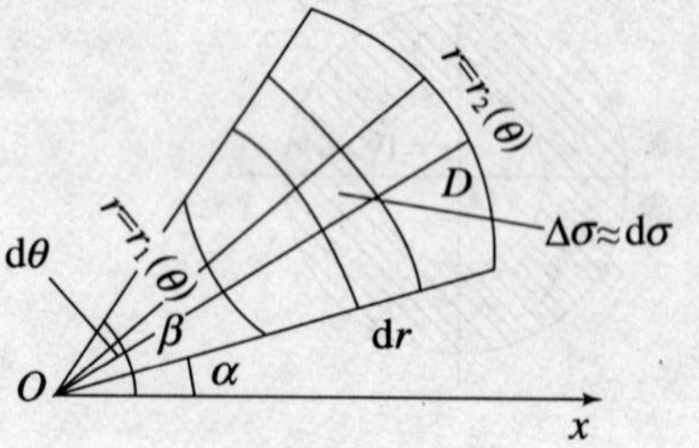

图 7-24

显然，公式（5）是公式（6）当 $\alpha=0$，$\beta=2\pi$，$r_1(\theta)=0$，$r_2(\theta)=r(\theta)$ 的特殊情形.

由上述讨论，我们归纳出二重积分 $\iint\limits_D f(x,\ y)\mathrm{d}\sigma$ 化为极坐标系中的积分的步骤如下：

第一步　将积分中 x，y 换成 $x=r\cos\theta$，$y=r\sin\theta$.

第二步　将面积元素 $\mathrm{d}\sigma$ 换成 $r\mathrm{d}r\mathrm{d}\theta$.

第三步　画出积分区域.

第四步　根据极点位置在积分区域内还是区域外（含边界），选择相应公式代入计算即可.

例 5　计算 $\iint\limits_D \mathrm{e}^{-(x^2+y^2)}\mathrm{d}\sigma$，其中 $D=\{(x,\ y)\mid 1\leqslant x^2+y^2\leqslant 4\}$.

解　区域 D 如图 7-25 所示，可表示为 $0\leqslant\theta\leqslant 2\pi$，$1\leqslant r\leqslant 2$ 由公式（6），有：

$$\iint_D e^{-(x^2+y^2)}d\sigma=\int_0^{2\pi}d\theta\int_1^2 e^{-r^2}rdr$$

$$=-\frac{1}{2}\int_0^{2\pi}(e^{-r^2})\Big|_1^2 d\theta$$

$$=\pi(e^{-1}-e^{-4})=\pi\left(\frac{1}{e}-\frac{1}{e^4}\right).$$

例 6 计算$\iint\limits_D\sqrt{R^2-x^2-y^2}d\sigma$，其中$D=\{(x,y)\mid x^2+y^2\leqslant R^2,R>0\}$.

解 区域D如图 7-26 所示，可表示为$0\leqslant\theta\leqslant 2\pi$，$0\leqslant r\leqslant R$. 极点在$D$内，由公式（5）有

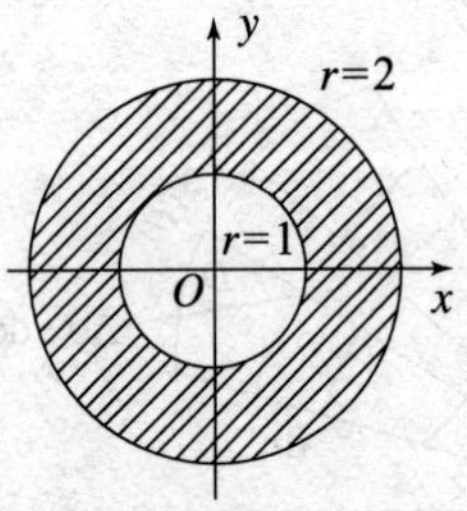

图 7-25

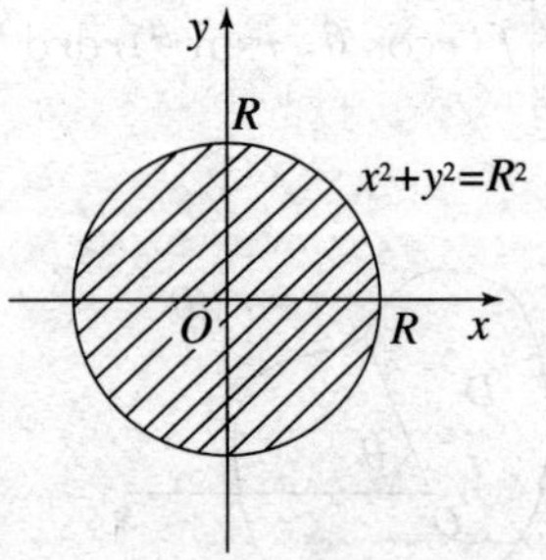

图 7-26

$$\iint_D\sqrt{R^2-x^2-y^2}d\sigma=\int_0^{2\pi}d\theta\int_0^R\sqrt{R^2-r^2\cos^2\theta-r^2\sin^2\theta}\,rdr$$

$$=\int_0^{2\pi}\left(\int_0^R\sqrt{R^2-r^2}rdr\right)d\theta$$

$$=\int_0^{2\pi}\left[-\frac{1}{3}(R^2-r^2)^{\frac{3}{2}}\right]\Big|_0^R d\theta$$

$$=\frac{2}{3}\pi R^3.$$

上述结果即为半球体积公式.

习题 7—6

1. 利用二重积分定义证明.

(1) $\iint\limits_D d\sigma=\sigma$（其中$\sigma$为$D$的面积）；

(2) $\iint\limits_D kf(x,y)d\sigma=k\iint\limits_D f(x,y)d\sigma$ （其中k为常数）；

(3) 积分区域 D 分为两个闭区域 D_1，D_2，则

$$\iint_D f(x, y)\mathrm{d}\sigma=\iint_{D_1} f(x, y)\mathrm{d}\sigma+\iint_{D_2} f(x, y)\mathrm{d}\sigma.$$

2. 计算下列二重积分.

(1) $\iint_D (x+y)\mathrm{d}\sigma$ 其中 $D: 0\leqslant x\leqslant 1, 1\leqslant y\leqslant 2$；

(2) $\iint_D x\mathrm{e}^{xy}\mathrm{d}\sigma$ 其中 $D: 0\leqslant x\leqslant 1, -1\leqslant y\leqslant 0$；

(3) $\iint_D \mathrm{e}^{x+y}\mathrm{d}\sigma$ 其中 $D: 0\leqslant x\leqslant 1, 0\leqslant y\leqslant 1$；

(4) $\iint_D x\sin y\mathrm{d}\sigma$ 其中 $D: 0\leqslant x\leqslant 2, 0\leqslant y\leqslant \frac{\pi}{2}$.

3. 计算下列二重积分.

(1) $\iint_D \cos(x+y)\mathrm{d}\sigma$，其中 D 是由直线 $x=0$，$y=\pi$，$y=x$ 所围成的三角形区域；

(2) $\iint_D (3x+2y)\mathrm{d}\sigma$，其中 D 是由 $x=0$，$y=0$ 及直线 $x+y+2=0$ 所围成的三角形区域；

(3) $\iint_D x\sqrt{y}\mathrm{d}\sigma$，其中 D 是由抛物线 $y=x^2$ 和 $x=y^2$ 所围成的区域；

(4) $\iint_D xy\mathrm{d}\sigma$，其中 D 是由抛物线 $y^2=x$ 与直线 $x-y-2=0$ 所围成的区域.

4. 画出下列二次积分所表示的二重积分的积分区域，并交换积分次序.

(1) $\int_0^1 \mathrm{d}y\int_0^y f(x, y)\mathrm{d}x$；

(2) $\int_0^2 \mathrm{d}y\int_{y^2}^{2y} f(x, y)\mathrm{d}x$；

(3) $\int_1^{\mathrm{e}} \mathrm{d}x\int_0^{\ln x} f(x, y)\mathrm{d}y$；

(4) $\int_1^2 \mathrm{d}x\int_{2-x}^{\sqrt{2x-x^2}} f(x, y)\mathrm{d}y$.

5. 化二重积分 $I=\iint_D f(x, y)\mathrm{d}\sigma$ 为极坐标系中的二次积分，其中

(1) $D: a^2\leqslant x^2+y^2\leqslant b^2$ 且 $0<a<b$；

(2) $D: x^2+y^2 \leqslant 2x$.

6. 把二次积分转化为极坐标形式，并求出其积分值.

(1) $\int_0^2 dx \int_0^{\sqrt{2x-x^2}} (x^2+y^2)dy$;

(2) $\int_0^1 dx \int_{x^2}^{x} \frac{1}{\sqrt{x^2+y^2}}dy$.

7. 利用极坐标计算下列二重积分.

(1) $\iint\limits_D e^{x^2+y^2}d\sigma$，其中 $D=\{(x, y) \mid x^2+y^2 \leqslant 4\}$；

(2) $\iint\limits_D (x+y)d\sigma$，其中 $D=\{(x, y) \mid x^2+y^2 \leqslant 2x\}$；

(3) $\iint\limits_D \ln(1+x^2+y^2)d\sigma$，其中 $D=\{(x, y) \mid x^2+y^2 \leqslant 1, x \geqslant 0, y \geqslant 0\}$；

(4) $\iint\limits_D (x^2+y^2)d\sigma$，其中 $D=\{(x, y) \mid 1 \leqslant x^2+y^2 \leqslant 4\}$.

8. 求以圆周 $x^2+y^2=2x$ 围成的区域为底，以曲面 $z=x^2+y^2$ 为顶的曲顶柱体的体积.

【本章小结】

一、本章的基本要求

1. 理解空间直角坐标系，曲面方程的概念，了解平面区域、内点、外点、边界点、开集、闭集、邻域的概念.

2. 掌握多元函数的概念、二元函数的几何意义，会求二元函数的定义域并会画图.

3. 掌握多元函数的极限，连续的概念，会计算简单的二元函数极限，了解有界闭区域上多元函数的性质.

4. 掌握偏导数的概念，并能用定义求一阶、二阶偏导数.

5. 掌握全微分的概念与计算，并会应用全微分求近似值.

6. 掌握复合函数求导的链式法则，并能熟练应用，了解多元函数的全微分形式不变性和隐函数的求导公式.

7. 理解多元函数极值和条件极值的概念，掌握多元函数极值存在的必要条件，充分条件，会求二元函数的极值，最值.

8. 掌握二重积分的概念，了解二重积分的性质，掌握二重积分（直角坐标、极坐标下）的计算方法.

二、学习中应注意的问题

1. 在讨论二元函数极限时，如果取两个特殊路径时，分别求其极限，如果结果不相等，则可判定此函数的极限一定不存在，但如果结果相等，并不能判定此函数极限一定存在.

2. 一元函数在某点可微与可导是等价的，但对二元函数而言，函数在某点可微，则它的两个偏导数存在，但函数在某点的两个偏导数存在，不能断定此函数在该点处可微，只有加上两个偏导数在该点某邻域内连续的条件，才能得到此函数在该点可微.

3. 用全微分计算近似值时，应注意 Δx, Δy 的正负.

4. 用直角坐标计算二重积分时，要适当选择积分次序，简化计算.

5. 当被积函数为 $f(x^2+y^2)$ 型，积分区域为圆域，环域或它们的一部分，计算二重积分时往往用极坐标计算较为简单.

综合检测题（七）

1. 填空题：

(1) 设 $f(x, y)=x^y+y^x$，则 $f(xy, x+y)=$________；

(2) 函数 $z=\dfrac{\sqrt{4x-y^2}}{\ln(1-x^2-y^2)}$ 的定义域为________；

(3) $z=\arcsin\dfrac{y}{x}$，则 $x\dfrac{\partial z}{\partial x}+y\dfrac{\partial z}{\partial y}=$________；

(4) $u=\ln(3x-2y+z)$，则 $\mathrm{d}u=$________；

(5) $\sqrt{(1.02)^3+(1.97)^3}=$________；

(6) 设平面闭区域 D 是由直线 $y=1$，$x=2$ 及 $y=x$ 围成，则 $\iint\limits_D xy\,\mathrm{d}\sigma=$________.

2. 求下列函数极限.

(1) $\lim\limits_{\substack{x\to 0\\ y\to 1}}\dfrac{1-x+xy}{x^2+y^2}$； (2) $\lim\limits_{\substack{x\to 1\\ y\to 0}}\dfrac{\ln(x+\mathrm{e}^y)}{\sqrt{x^2+y^2}}$；

(3) $\lim\limits_{\substack{x\to 2\\ y\to 0}}\dfrac{\sin(xy)}{y}$.

3. 求下列函数的一阶或二阶偏导数.

(1) $z=\sin(x^3y^2)$，求 z_x，z_y；

(2) $z=\ln(x+\sqrt{x^2+y^2})$，求 z_x，z_y；

(3) $z=\cos\dfrac{x^2}{y}$，求 z_{xx}，z_{xy}，z_{yy}；

(4) $z=\mathrm{e}^{\left(\frac{1}{x}+\frac{1}{y}\right)}$，求 z_{xy}，z_{yy}.

4. 求下列复合函数或隐函数的偏导数.

(1) $z=u^v$，$u=x^2+y^2$，$v=xy$，求 $\dfrac{\partial z}{\partial x}$，$\dfrac{\partial z}{\partial y}$；

(2) $z=f(u, v)$，其中 $u=\sqrt{xy}$，$v=x-y^2$，求 $\dfrac{\partial z}{\partial x}$，$\dfrac{\partial z}{\partial y}$；

(3) $\dfrac{x}{z}=\ln\dfrac{z}{y}$，求 $\dfrac{\partial z}{\partial x}$，$\dfrac{\partial z}{\partial y}$；　(4) $\mathrm{e}^x-xyz=0$，求 $\dfrac{\partial^2 z}{\partial x^2}$.

5. 求函数 $f(x, y)=(6x-x^2)(4y-y^2)$ 的极值.

6. 从斜边为 l 的一切直角三角形中，求周长最长的直角三角形.

7. 求下列二重积分.

(1) $\iint\limits_D 3x^2y^2\mathrm{d}\sigma$，其中 D 由 x 轴，y 轴和抛物线 $y=1-x^2$ 所围成的位于第一象限内的闭区域.

(2) $\iint\limits_D \mathrm{e}^{-(x^2+y^2)}\mathrm{d}\sigma$，其中 D 是四分之一圆域：$x^2+y^2\leqslant R^2$ $(R>0)$，$x\geqslant 0$，$y\geqslant 0$.

拓展性阅读导航

1. 同济大学应用数学系：高等数学（下册）[M]. 北京：高等教育出版社 2002 年版，第八章、第九章.

该书系高等院校（主要是理工科院校）通用的高等数学教材，经过前四版的修订、完善，结构严谨、逻辑清晰、叙述详细、通俗浅显、例题较多、适应面宽、伸缩性强.

2. 欧阳光中等：数学分析（下册）[M]. 上海：复旦大学出版社 2004 年版，第十八、十九、二十、二十一章.

该书是普通高等教育“十一五”国家级规划教材，是一般院校数学系教材，也可供对高等数学要求较高钻研较深的人员学习选用.

3. 邹杰涛等：高等数学同步辅导及习题精解［M］. 北京：北京航空航天大学出版社 2006 年版，第八章、第九章.

该书是编者在多年教学实践基础上，根据教学和教材改革形势编写的一本习题辅导书，通过预习导航，要点回顾，知识结构，重点、难点等几个部分，引导读者掌握正确的学习方法，本书内容翔实，讲解精辟，实用性强.

4. 胡新启等：高等数学习题与解析［M］. 北京：清华大学出版社 2004 年版.

该书是一本融入编者多年教学实践经验的高等数学同步辅导教材，书中每一章首先对该章知识点进行详细归纳总结，然后对覆盖面广且有代表性的例题，从多侧面、多角度进行讲解，便于帮助读者理解基本内容，掌握解题方法，培养分析解决问题的能力.

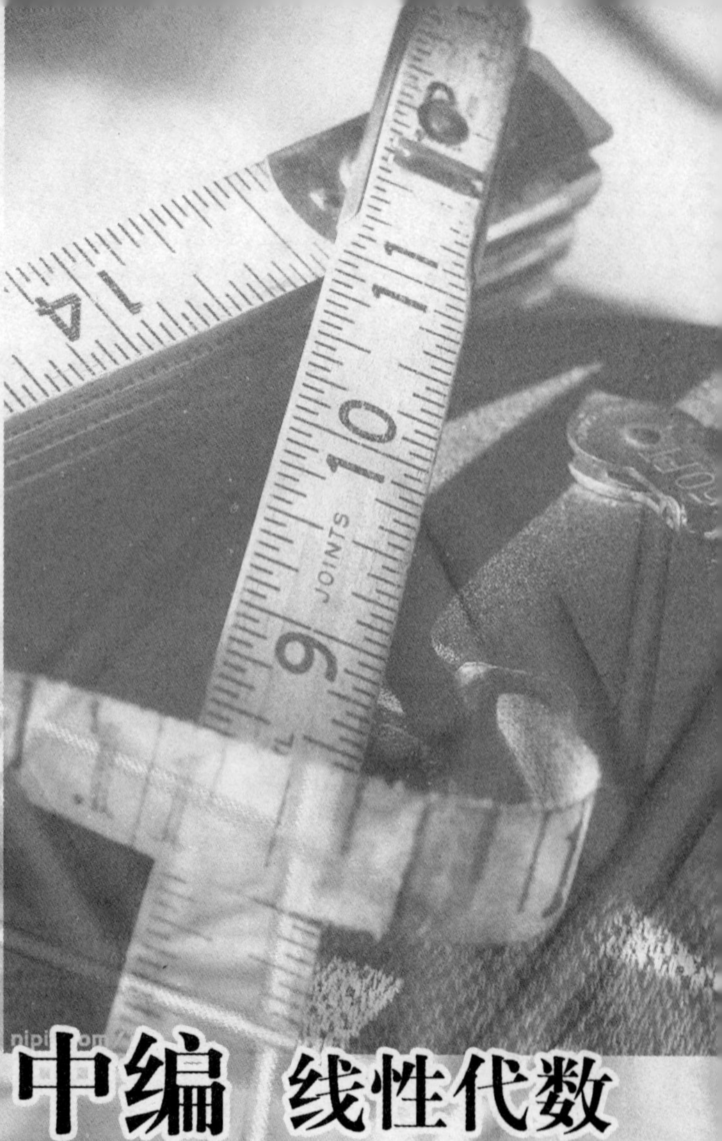

中编 线性代数

中编

第八章

行 列 式

本章学习要点

- n 阶行列式的定义
- 行列式的性质，会计算二阶、三阶行列式和较高阶的行列式
- 行列式的计算
- 用克莱姆法则解简单的线性方程组

第一节 行列式的定义

1. 二阶和三阶行列式

行列式起源于解二元和三元线性方程组．首先看二元线性方程组，它的一般形式为

$$\begin{cases} a_{11}x_1 + a_{12}x_2 = b_1, \\ a_{21}x_1 + a_{22}x_2 = b_2. \end{cases} \quad (1)$$

为了求得方程组（1）的解，可以利用加减消元法得到

$$\begin{cases} (a_{11}a_{22} - a_{12}a_{21})x_1 = b_1a_{22} - b_2a_{12} \\ (a_{11}a_{22} - a_{12}a_{21})x_2 = b_2a_{11} - b_1a_{21} \end{cases},$$

当 $a_{11}a_{22} - a_{12}a_{21} \neq 0$ 时，方程组（1）有唯一解：

$$\begin{cases} x_1 = \dfrac{b_1a_{22} - b_2a_{12}}{a_{11}a_{22} - a_{12}a_{21}}, \\ x_2 = \dfrac{b_2a_{11} - b_1a_{21}}{a_{11}a_{22} - a_{12}a_{21}}, \end{cases} \quad (2)$$

（2）可以当作公式使用．为了便于记忆这一求解公式，规定记号

$$\begin{vmatrix} a_{11} & a_{12} \\ a_{21} & a_{22} \end{vmatrix} = a_{11}a_{22} - a_{12}a_{21},$$

称 $\begin{vmatrix} a_{11} & a_{12} \\ a_{21} & a_{22} \end{vmatrix}$ 为**二阶行列式**．二阶行列式的计算规则，可根据图 8-1 来记忆，这称为二阶行列式的**对角线法则**.

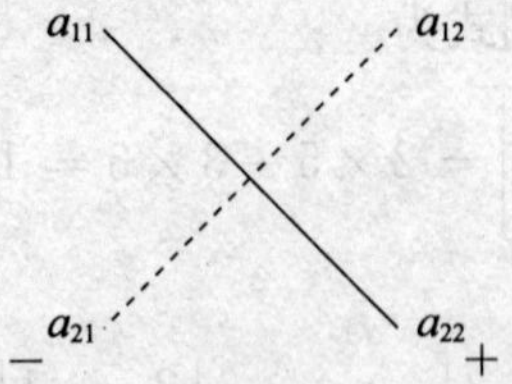

图 8-1

解的表达式（2）中的两个分子也可分别写成二阶行列式 $\begin{vmatrix} b_1 & a_{12} \\ b_2 & a_{22} \end{vmatrix}$ 和 $\begin{vmatrix} a_{11} & b_1 \\ a_{21} & b_2 \end{vmatrix}$，这样当 $\begin{vmatrix} a_{11} & a_{12} \\ a_{21} & a_{22} \end{vmatrix} \neq 0$ 时，线性方程组（1）的解可表示为

$$x_1 = \frac{\begin{vmatrix} b_1 & a_{12} \\ b_2 & a_{22} \end{vmatrix}}{\begin{vmatrix} a_{11} & a_{12} \\ a_{21} & a_{22} \end{vmatrix}}, x_2 = \frac{\begin{vmatrix} a_{11} & b_1 \\ a_{21} & b_2 \end{vmatrix}}{\begin{vmatrix} a_{11} & a_{12} \\ a_{21} & a_{22} \end{vmatrix}}.$$

为了简便起见，通常用 D，D_1，D_2 分别表示解的表达式中作为分母和分子的行列式：

$$D = \begin{vmatrix} a_{11} & a_{12} \\ a_{21} & a_{22} \end{vmatrix}, D_1 = \begin{vmatrix} b_1 & a_{12} \\ b_2 & a_{22} \end{vmatrix}, D_2 = \begin{vmatrix} a_{11} & b_1 \\ a_{21} & b_2 \end{vmatrix}.$$

行列式 D 是由方程组（1）中未知量 x_1, x_2 的系数组成的，叫做这个方程组的**系数行列式**．D 中第一列的元素 a_{11}，a_{21}（即 x_1 的系数）分别换成方程组（1）的常数项 b_1, b_2，就得到行列式 D_1；D 中第二列的元素 a_{12}，a_{22}（即 x_2 的系数）分别换成常数项 b_1, b_2，就得到行列式 D_2．

综上所述，利用行列式这一工具我们得到以下结论：

线性方程组（1）当它的系数行列式 D 不等于零时，它的唯一解的公式是

$$\begin{cases} x_1 = \dfrac{D_1}{D}, \\ x_2 = \dfrac{D_2}{D}. \end{cases}$$

其中 D_1，D_2 是把系数行列式中第一、二列分别换成方程组（1）的常数项列而得出的两个二阶行列式．

例 1　解二元线性方程组

$$\begin{cases} 2x_1 + 3x_2 = -1, \\ 3x_1 + 5x_2 = 2. \end{cases}$$

解 方程组的系数行列式为

$$\begin{vmatrix} 2 & 3 \\ 3 & 5 \end{vmatrix} = 2 \times 5 - 3 \times 3 = 1 \neq 0,$$

所以方程组有唯一解．又

$$\begin{vmatrix} -1 & 3 \\ 2 & 5 \end{vmatrix} = -11, \begin{vmatrix} 2 & -1 \\ 3 & 2 \end{vmatrix} = 7,$$

方程组的解为

$$x_1 = \frac{\begin{vmatrix} -1 & 3 \\ 2 & 5 \end{vmatrix}}{\begin{vmatrix} 2 & 3 \\ 3 & 5 \end{vmatrix}} = -11, x_2 = \frac{\begin{vmatrix} 2 & -1 \\ 3 & 2 \end{vmatrix}}{\begin{vmatrix} 2 & 3 \\ 3 & 5 \end{vmatrix}} = 7.$$

二阶行列式的概念可以推广到更高阶的情形．如规定

$$\begin{vmatrix} a_{11} & a_{12} & a_{13} \\ a_{21} & a_{22} & a_{23} \\ a_{31} & a_{32} & a_{33} \end{vmatrix} = a_{11}a_{22}a_{33} + a_{12}a_{23}a_{31} + a_{13}a_{21}a_{32}$$

$$- a_{11}a_{23}a_{32} - a_{12}a_{21}a_{33} - a_{13}a_{22}a_{31}. \tag{3}$$

(3) 式左端称为三阶行列式，右端为该三阶行列式的展开式．

三阶行列式 (3) 所表示的代数和，可利用图 8-2 来记忆．图中各实线相连的三个数的积取正号；各虚线相连的三个数的积取负号，它们的代数和就是三阶行列式．这一计算方法也称为三阶行列式的对角线法则．

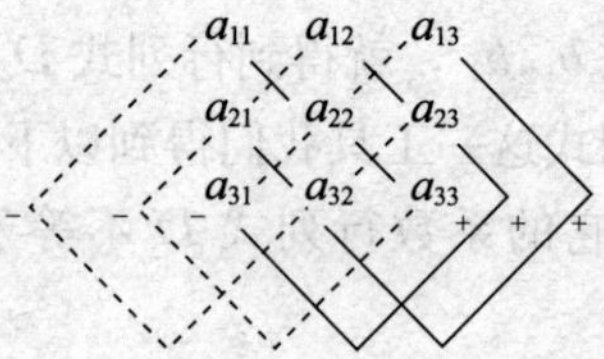

图 8-2

类似地，三阶行列式在求三元线性方程组时有重要的应用．

例 2 计算行列式

$$D = \begin{vmatrix} 1 & 2 & -1 \\ -1 & 15 & 16 \\ 3 & 1 & -2 \end{vmatrix}.$$

解

$D = 1 \times 15 \times (-2) + 2 \times 16 \times 3 + (-1) \times (-1) \times 1 - 1 \times 16 \times 1$

$$-2\times(-1)\times(-2)-(-1)\times 15\times 3$$
$$=-30+96+1-16-4+45=92.$$

由二阶、三阶行列式的定义可以看出，行列式是按一定规则计算得到的一个数.

2. n 阶行列式

为了把二阶、三阶行列式的概念推广到 n 阶行列式，我们先分析三阶行列式的特点.

$$\begin{vmatrix} a_{11} & a_{12} & a_{13} \\ a_{21} & a_{22} & a_{23} \\ a_{31} & a_{32} & a_{33} \end{vmatrix}$$

$$=a_{11}a_{22}a_{33}+a_{12}a_{23}a_{31}+a_{13}a_{21}a_{32}-a_{11}a_{23}a_{32}-a_{12}a_{21}a_{33}-a_{13}a_{22}a_{31}$$
$$=a_{11}(a_{22}a_{33}-a_{23}a_{32})+a_{12}(a_{23}a_{31}-a_{21}a_{33})+a_{13}(a_{21}a_{32}-a_{22}a_{31})$$
$$=a_{11}\begin{vmatrix} a_{22} & a_{23} \\ a_{32} & a_{33} \end{vmatrix}-a_{12}\begin{vmatrix} a_{21} & a_{23} \\ a_{31} & a_{33} \end{vmatrix}+a_{13}\begin{vmatrix} a_{21} & a_{22} \\ a_{31} & a_{32} \end{vmatrix}.$$

即三阶行列式等于它的第一行的各元素 $a_{1j}\ (j=1,2,3)$ 分别乘二阶行列式的代数和，其中与 a_{1j} 相乘的二阶行列式恰是原行列式中划去 a_{1j} 所在的行、列后余下元素组成的二阶行列式，并赋以符号 $(-1)^{1+j}\ (j=1,2,3)$.

我们注意到，这一规律也适用于二阶行列式. 实际上，若定义一阶行列式 $|a_{11}|$ 为数 a_{11}，则二阶行列式

$$\begin{vmatrix} a_{11} & a_{12} \\ a_{21} & a_{22} \end{vmatrix}=a_{11}|a_{22}|-a_{12}|a_{21}|.$$

由上面的分析，可以把行列式的概念推广到一般的 n 阶的情形.

设由 n^2 个元素 $a_{ij}\ (i,j=1,2,\cdots,n)$ 组成的记号

$$D=\begin{vmatrix} a_{11} & a_{12} & \cdots & a_{1n} \\ a_{21} & a_{22} & \cdots & a_{2n} \\ \vdots & \vdots & & \vdots \\ a_{n1} & a_{n2} & \cdots & a_{nn} \end{vmatrix}$$

中，划去元素 a_{ij} 所在的第 i 行和第 j 列，余下的元素按原来相对位置所构成的 $n-1$ 阶行列式，称为元素 a_{ij} 的**余子式**，记作 M_{ij}；称 $(-1)^{i+j}M_{ij}$ 为元素 a_{ij} 的**代数余子式**，记作 A_{ij}，即 $A_{ij}=(-1)^{i+j}M_{ij}$.

利用代数余子式的概念，可以归纳地给出 n 阶行列式的定义.

定义 1 一阶行列式 $|a_{11}|$ 定义为数 a_{11}，设 $n-1$ 阶行列式已定义，则定义 n 阶行列式为

$$D=\begin{vmatrix} a_{11} & a_{12} & \cdots & a_{1n} \\ a_{21} & a_{22} & \cdots & a_{2n} \\ \vdots & \vdots & & \vdots \\ a_{n1} & a_{n2} & \cdots & a_{nn} \end{vmatrix}=a_{11}\begin{vmatrix} a_{22} & a_{23} & \cdots & a_{2n} \\ a_{32} & a_{33} & \cdots & a_{3n} \\ \vdots & \vdots & & \vdots \\ a_{n2} & a_{n3} & \cdots & a_{nn} \end{vmatrix}$$

$$-a_{12}\begin{vmatrix} a_{21} & a_{23} & \cdots & a_{2n} \\ a_{31} & a_{33} & \cdots & a_{3n} \\ \vdots & \vdots & & \vdots \\ a_{n1} & a_{n3} & \cdots & a_{nn} \end{vmatrix}+\cdots+(-1)^{1+n}a_{1n}\begin{vmatrix} a_{21} & a_{22} & \cdots & a_{2(n-1)} \\ a_{31} & a_{32} & \cdots & a_{3(n-1)} \\ \vdots & \vdots & & \vdots \\ a_{n1} & a_{n2} & \cdots & a_{n(n-1)} \end{vmatrix}$$

$$=a_{11}\cdot(-1)^{1+1}M_{11}+a_{12}\cdot(-1)^{1+2}M_{12}+\cdots+a_{1n}\cdot(-1)^{1+n}M_{1n}$$

$$=a_{11}A_{11}+a_{12}A_{12}+\cdots+a_{1n}A_{1n}=\sum_{j=1}^{n}a_{1j}A_{1j}\,, \tag{4}$$

即 n 阶行列式等于第一行的各元素乘对应的代数余子式的代数和．式 (4) 称为行列式按第一行的展开式．当然我们也可以按其他任一行进行展开，计算结果是相同的．

例 3 利用行列式的定义，计算行列式：

(1) $D=\begin{vmatrix} -1 & 2 & 0 \\ 3 & 2 & 1 \\ 4 & -2 & -1 \end{vmatrix}$； (2) $D=\begin{vmatrix} 0 & 1 & 0 & -2 \\ 3 & 1 & -2 & 7 \\ 1 & 3 & -1 & -3 \\ -4 & -1 & 5 & 1 \end{vmatrix}$．

解 (1) 由定义 1，有

$$\begin{vmatrix} -1 & 2 & 0 \\ 3 & 2 & 1 \\ 4 & -2 & -1 \end{vmatrix}=(-1)\times A_{11}+2\times A_{12}+0\times A_{13}\,.$$

而
$$A_{11}=(-1)^{1+1}M_{11}=(-1)^{1+1}\begin{vmatrix} 2 & 1 \\ -2 & -1 \end{vmatrix}=0\,,$$

$$A_{12}=(-1)^{1+2}M_{12}=-\begin{vmatrix} 3 & 1 \\ 4 & -1 \end{vmatrix}=7\,,$$

所以，
$$D=(-1)\times 0+2\times 7=14\,.$$

(2) 由定义 1，有

$$\begin{vmatrix} 0 & 1 & 0 & -2 \\ 3 & 1 & -2 & 7 \\ 1 & 3 & -1 & -3 \\ -4 & -1 & 5 & 1 \end{vmatrix} = 0\times A_{11} + 1\times A_{12} + 0\times A_{13} + (-2)\times A_{14}$$

$$= A_{12} - 2A_{14},$$

故只需计算 A_{12} 和 A_{14} . 而

$$A_{12} = (-1)^{1+2}\begin{vmatrix} 3 & -2 & 7 \\ 1 & -1 & -3 \\ -4 & 5 & 1 \end{vmatrix} = -27,$$

$$A_{14} = (-1)^{1+4}\begin{vmatrix} 3 & 1 & -2 \\ 1 & 3 & -1 \\ -4 & -1 & 5 \end{vmatrix} = -19,$$

于是 $$D = -27 - 2\times(-19) = 11.$$

例 4　利用行列式定义，计算下三角形 n 阶行列式

$$D = \begin{vmatrix} a_{11} & 0 & \cdots & 0 \\ a_{21} & a_{22} & \cdots & 0 \\ \vdots & \vdots & & \vdots \\ a_{n1} & a_{n2} & \cdots & a_{nn} \end{vmatrix}.$$

解　由于 $a_{1j} = 0(j = 2,3,\cdots,n)$ ，所以

$$D = \sum_{j=1}^{n} a_{1j}A_{1j} = a_{11}A_{11},$$

即

$$D = a_{11}\begin{vmatrix} a_{22} & 0 & \cdots & 0 \\ a_{32} & a_{33} & \cdots & 0 \\ \vdots & \vdots & & \vdots \\ a_{n2} & a_{n3} & \cdots & a_{nn} \end{vmatrix}$$

对等号右边的 $n-1$ 阶行列式，根据定义 1 按第一行展开，如此进行下去，可得

$$D = \begin{vmatrix} a_{11} & 0 & \cdots & 0 \\ a_{21} & a_{22} & \cdots & 0 \\ \vdots & \vdots & & \vdots \\ a_{n1} & a_{n2} & \cdots & a_{nn} \end{vmatrix} = a_{11}a_{22}\cdots a_{nn}.$$

即下三角形行列式等于其主对角线上元素的连乘积．此结论可作为定理使

用.

下三角形行列式，特征是其主对角线（从左上角到右下角的对角线，即 $a_{11},a_{22},\cdots,a_{nn}$ 所占的一条对角线）上方的元素都为零.

定理 1　n 阶行列式

$$D=\begin{vmatrix} a_{11} & a_{12} & \cdots & a_{1n} \\ a_{21} & a_{22} & \cdots & a_{2n} \\ \vdots & \vdots & & \vdots \\ a_{n1} & a_{n2} & \cdots & a_{nn} \end{vmatrix}=\sum_{i=1}^{n}a_{i1}A_{i1}=a_{11}A_{11}+a_{21}A_{21}+\cdots+a_{n1}A_{n1}.$$

即行列式可以按第一列展开，化为第一列各元素与对应的代数余子式乘积的代数和.（证明略）

例 5　计算上三角形 n 阶行列式

$$D=\begin{vmatrix} a_{11} & a_{12} & \cdots & a_{1n} \\ 0 & a_{22} & \cdots & a_{2n} \\ \vdots & \vdots & & \vdots \\ 0 & 0 & \cdots & a_{nn} \end{vmatrix}.$$

解　由定理 1，将 D 按第一列展开：

$$D=\begin{vmatrix} a_{11} & a_{12} & \cdots & a_{1n} \\ 0 & a_{22} & \cdots & a_{2n} \\ \vdots & \vdots & & \vdots \\ 0 & 0 & \cdots & a_{nn} \end{vmatrix}=\sum_{i=1}^{n}a_{i1}A_{i1}=a_{11}A_{11},$$

即

$$D=a_{11}A_{11}=\begin{vmatrix} a_{22} & a_{23} & \cdots & a_{2n} \\ 0 & a_{33} & \cdots & a_{3n} \\ \vdots & \vdots & & \vdots \\ 0 & 0 & \cdots & a_{nn} \end{vmatrix}.$$

将等号右边的 $n-1$ 阶行列式按第一列展开. 如此进行下去，可得

$$D=a_{11}a_{22}\cdots a_{nn}.$$

即上三角形行列式等于其主对角上元素的连乘积.

特别地，对角形行列式

$$D=\begin{vmatrix} a_{11} & & & \\ & a_{22} & & \\ & & \ddots & \\ & & & a_{nn} \end{vmatrix}=a_{11}a_{22}\cdots a_{nn},$$

即对角形行列式等于主对角线上元素的连乘积．例 5 的结论可作为定理应用．

例 6 计算 n 阶行列式

$$\begin{vmatrix} 0 & 0 & \cdots & 0 & 0 & a_1 \\ 0 & 0 & \cdots & 0 & a_2 & 0 \\ 0 & 0 & \cdots & a_3 & 0 & 0 \\ \vdots & \vdots & & \vdots & \vdots & \vdots \\ 0 & a_{n-1} & \cdots & 0 & 0 & 0 \\ a_n & 0 & \cdots & 0 & 0 & 0 \end{vmatrix}.$$

解 根据 n 阶行列式定义，将此行列式按第一行展开：

$$\begin{vmatrix} 0 & 0 & \cdots & 0 & 0 & a_1 \\ 0 & 0 & \cdots & 0 & a_2 & 0 \\ 0 & 0 & \cdots & a_3 & 0 & 0 \\ \vdots & \vdots & & \vdots & \vdots & \vdots \\ 0 & a_{n-1} & \cdots & 0 & 0 & 0 \\ a_n & 0 & \cdots & 0 & 0 & 0 \end{vmatrix} = a_1 \cdot (-1)^{1+n} \begin{vmatrix} 0 & 0 & \cdots & 0 & a_2 \\ 0 & 0 & \cdots & a_3 & 0 \\ \vdots & \vdots & & \vdots & \vdots \\ 0 & a_{n-1} & \cdots & 0 & 0 \\ a_n & 0 & \cdots & 0 & 0 \end{vmatrix}$$

$$= (-1)^{1+n} a_1 \cdot a_2 \cdot (-1)^{1+(n-1)} \begin{vmatrix} 0 & 0 & \cdots & 0 & a_3 \\ 0 & 0 & \cdots & a_4 & 0 \\ \vdots & \vdots & & \vdots & \vdots \\ 0 & a_{n-1} & \cdots & 0 & 0 \\ a_n & 0 & \cdots & 0 & 0 \end{vmatrix}$$

$$= \cdots\cdots$$

$$= (-1)^{(1+n)+n+\cdots+3} a_1 a_2 \cdots a_n$$

$$= (-1)^{\frac{(n+4)(n-1)}{2}} a_1 a_2 \cdots a_n$$

$$= (-1)^{\frac{n(n-1)}{2}} a_1 a_2 \cdots a_n .$$

本题也可以根据定理 1 按第一列展开，请读者自行练习．

习题 8－1

1. 利用行列式的定义计算下列行列式.

(1) $\begin{vmatrix} 2 & -1 & 6 \\ 1 & 1 & 3 \\ -1 & 2 & 0 \end{vmatrix}$； (2) $\begin{vmatrix} 2 & 0 & -3 & 0 \\ 1 & 2 & 5 & -2 \\ 3 & 1 & -1 & -5 \\ 4 & 2 & 1 & -4 \end{vmatrix}$.

2. 根据定理 1，计算下列行列式.

(1) $\begin{vmatrix} 0 & 19 & -16 \\ 1 & -9 & 3 \\ 0 & 1 & -1 \end{vmatrix}$；　(2) $\begin{vmatrix} 1 & -5 & 2 & 2 \\ 0 & 2 & -1 & 6 \\ 2 & -9 & 5 & 7 \\ 0 & -1 & 2 & 0 \end{vmatrix}$.

3. 计算下列行列式.

(1) $\begin{vmatrix} 0 & 1 & 0 & 0 & 0 \\ 0 & 0 & 2 & 0 & 0 \\ 0 & 0 & 0 & 3 & 0 \\ 0 & 0 & 0 & 0 & 4 \\ 5 & 0 & 0 & 0 & 0 \end{vmatrix}$；　(2) $\begin{vmatrix} 5 & 0 & 0 & 0 & 0 \\ 0 & 0 & 0 & 0 & 1 \\ 0 & 0 & 0 & 2 & 0 \\ 0 & 0 & 3 & 0 & 0 \\ 0 & 4 & 0 & 0 & 0 \end{vmatrix}$.

4. 若 $\begin{vmatrix} x & 0 & 1 & 0 \\ 0 & 0 & 0 & 2 \\ 0 & x & 0 & 0 \\ 3 & 4 & 0 & 5 \end{vmatrix}=1$，求 x 的值.

5. 计算 n 阶行列式.

$$\begin{vmatrix} a & 0 & 0 & \cdots & 0 & 0 \\ 0 & 0 & 0 & \cdots & 0 & b \\ 0 & 0 & 0 & \cdots & b & 0 \\ \vdots & \vdots & \vdots & & \vdots & \vdots \\ 0 & 0 & b & \cdots & 0 & 0 \\ 0 & b & 0 & \cdots & 0 & 0 \end{vmatrix} \quad (a\neq 0, b\neq 0).$$

6. 选择题.

(1) 五阶行列式

$$D=\begin{vmatrix} 0 & 0 & 0 & 1 & 0 \\ 0 & 0 & 2 & 0 & 0 \\ 0 & 3 & 0 & 0 & 0 \\ 4 & 0 & 0 & 0 & 0 \\ 0 & 0 & 0 & 0 & 5 \end{vmatrix}$$

等于（　　　）.

A. 5!　　B. −5!　　C. 4!　　D. −4!

(2) 三阶行列式 $\begin{vmatrix} 3 & 0 & 4 \\ 2 & 2 & 2 \\ 0 & -7 & 0 \end{vmatrix}$ 中第三行各元素的余子式之和的值为（　　）.

A. 0　　B. -4　　C. 4　　D. -6

第二节　行列式的性质

利用 n 阶行列式的定义 1 或定理 1 计算高阶的行列式时，计算仍相当烦琐，因此有必要讨论行列式的性质．利用这些性质可以大大简化行列式的计算，另外这些性质在理论上也有重要意义．

将行列式 D 的行与列互换后得到的行列式，称为 D 的转置行列式，记为 D^{T}，即

如果 $D=\begin{vmatrix} a_{11} & a_{12} & \cdots & a_{1n} \\ a_{21} & a_{22} & \cdots & a_{2n} \\ \vdots & \vdots & & \vdots \\ a_{n1} & a_{n2} & \cdots & a_{nn} \end{vmatrix}$，则 $D^{\mathrm{T}}=\begin{vmatrix} a_{11} & a_{21} & \cdots & a_{n1} \\ a_{12} & a_{22} & \cdots & a_{n2} \\ \vdots & \vdots & & \vdots \\ a_{1n} & a_{2n} & \cdots & a_{nn} \end{vmatrix}$.

性质 1　行列式与它的转置行列式相等，即 $D=D^{\mathrm{T}}$.

例如，在第一节例 3 中，

$$D=\begin{vmatrix} -1 & 2 & 0 \\ 3 & 2 & 1 \\ 4 & -2 & -1 \end{vmatrix}=14,$$

则
$$D^{\mathrm{T}}=\begin{vmatrix} -1 & 3 & 4 \\ 2 & 2 & -2 \\ 0 & 1 & -1 \end{vmatrix}=14.$$

由性质 1 可知，对于行列式的“行”成立的性质，对于“列”同样成立．

性质 2　交换行列式两行（列）的位置，行列式变号．（证明略）

例如 $D=\begin{vmatrix} -1 & 2 & 0 \\ 3 & 2 & 1 \\ 4 & -2 & -1 \end{vmatrix}=14$，则不难验证

$$\begin{vmatrix} 3 & 2 & 1 \\ -1 & 2 & 0 \\ 4 & -2 & -1 \end{vmatrix} = -14.$$

推论 如果行列式中有两行（列）完全相同，则此行列式等于零．

实际上，若行列式 D 中有两行（列）完全相同，交换这两行（列）的位置，有 $D=-D$，由此得 $D=0$．

性质 3 行列式某一行（列）的公因子可提到行列式外．（证明略）

例如

$$\begin{vmatrix} a_{11} & a_{12} & a_{13} \\ ka_{21} & ka_{22} & ka_{23} \\ a_{31} & a_{32} & a_{33} \end{vmatrix} = k\begin{vmatrix} a_{11} & a_{12} & a_{13} \\ a_{21} & a_{22} & a_{23} \\ a_{31} & a_{32} & a_{33} \end{vmatrix}.$$

推论 1 若行列式中有一行（列）的元素全为零，则此行列式等于零．

实际上，把该行（列）的零因子提到行列式外，则可得此结论．

推论 2 若行列式有两行（列）的对应元素成比例，则此行列式等于零，即

$$\begin{vmatrix} a_{11} & a_{12} & \cdots & a_{1n} \\ \vdots & \vdots & & \vdots \\ a_{i1} & a_{i2} & \cdots & a_{in} \\ \vdots & \vdots & & \vdots \\ ka_{i1} & ka_{i2} & \cdots & ka_{in} \\ \vdots & \vdots & & \vdots \\ a_{n1} & a_{n2} & \cdots & a_{nn} \end{vmatrix} \begin{matrix} \\ \\ (\text{第 } i \text{ 行}) \\ \\ (\text{第 } s \text{ 行}) \\ \\ \\ \end{matrix} = 0.$$

实际上，若把第 s 行的公因子 k 提到行列式外面，则行列式有两行完全相同，由性质 2 的推论可得原行列式等于零．

性质 4 若行列式中某一行（列）的所有元素都是两个数的和，由此行列式可写成两个行列式的和，即

$$\begin{vmatrix} a_{11} & a_{12} & \cdots & a_{1n} \\ \vdots & \vdots & & \vdots \\ a_{i1}+b_{i1} & a_{i2}+b_{i2} & \cdots & a_{in}+b_{in} \\ \vdots & \vdots & & \vdots \\ a_{n1} & a_{n2} & \cdots & a_{nn} \end{vmatrix} = \begin{vmatrix} a_{11} & a_{12} & \cdots & a_{1n} \\ \vdots & \vdots & & \vdots \\ a_{i1} & a_{i2} & \cdots & a_{in} \\ \vdots & \vdots & & \vdots \\ a_{n1} & a_{n2} & \cdots & a_{nn} \end{vmatrix} + \begin{vmatrix} a_{11} & a_{12} & \cdots & a_{1n} \\ \vdots & \vdots & & \vdots \\ b_{i1} & b_{i2} & \cdots & b_{in} \\ \vdots & \vdots & & \vdots \\ a_{n1} & a_{n2} & \cdots & a_{nn} \end{vmatrix}.$$

（证明略）

例 1　计算三阶行列式

$$D=\begin{vmatrix}798 & 4 & -1\\401 & 2 & 3\\202 & 1 & -2\end{vmatrix}$$

解　若利用对角线法则或行列式定义直接计算，计算量较大．利用性质 4，有

$$D=\begin{vmatrix}798 & 4 & -1\\401 & 2 & 3\\202 & 1 & -2\end{vmatrix}=\begin{vmatrix}800 & 4 & -1\\400 & 2 & 3\\200 & 1 & -2\end{vmatrix}+\begin{vmatrix}-2 & 4 & -1\\1 & 2 & 3\\2 & 1 & -2\end{vmatrix}=0+49=49.$$

性质 5　把行列式的某一行（列）的所有元素乘数 k 加到另一行（列）的相应元素上，行列式的值不变，即

$$\begin{vmatrix}a_{11} & a_{12} & \cdots & a_{1n}\\ \vdots & \vdots & & \vdots\\ a_{i1} & a_{i2} & \cdots & a_{in}\\ \vdots & \vdots & & \vdots\\ a_{s1} & a_{s2} & \cdots & a_{sn}\\ \vdots & \vdots & & \vdots\\ a_{n1} & a_{n2} & \cdots & a_{nn}\end{vmatrix}=\begin{vmatrix}a_{11} & a_{12} & \cdots & a_{1n}\\ \vdots & \vdots & & \vdots\\ a_{i1} & a_{i2} & \cdots & a_{in}\\ \vdots & \vdots & & \vdots\\ ka_{i1}+a_{s1} & ka_{i2}+a_{s2} & \cdots & ka_{in}+a_{sn}\\ \vdots & \vdots & & \vdots\\ a_{n1} & a_{n2} & \cdots & a_{nn}\end{vmatrix}.$$（证明略）

性质 6　n 阶行列式等于它的任意一行（列）的各元素与其对应的代数余子式的乘积之和．即对于行列式 $D=\begin{vmatrix}a_{11} & a_{12} & \cdots & a_{1n}\\ a_{21} & a_{22} & \cdots & a_{2n}\\ \vdots & \vdots & & \vdots\\ a_{n1} & a_{n2} & \cdots & a_{nn}\end{vmatrix}$，

$$D=\sum_{j=1}^{n}a_{ij}A_{ij}=a_{i1}A_{i1}+a_{i2}A_{i2}+\cdots+a_{in}A_{in}\ (i=1,2,\cdots,n)$$ 或

$$D=\sum_{i=1}^{n}a_{ij}A_{ij}=a_{1j}A_{1j}+a_{2j}A_{2j}+\cdots+a_{nj}A_{nj}\ (j=1,2,\cdots,n).$$

证

$$D=\begin{vmatrix}a_{11} & a_{12} & \cdots & a_{1n}\\ a_{21} & a_{22} & \cdots & a_{2n}\\ \vdots & \vdots & & \vdots\\ a_{n1} & a_{n2} & \cdots & a_{nn}\end{vmatrix}$$

$$=\begin{vmatrix} a_{11} & a_{12} & \cdots & a_{1n} \\ \vdots & \vdots & & \vdots \\ a_{i1}+0+\cdots+0 & 0+a_{i2}+0+\cdots+0 & \cdots & 0+\cdots+0+a_{in} \\ \vdots & \vdots & & \vdots \\ a_{n1} & a_{n2} & \cdots & a_{nn} \end{vmatrix}$$

$$=\begin{vmatrix} a_{11} & a_{12} & \cdots & a_{1n} \\ \vdots & \vdots & & \vdots \\ a_{i1} & 0 & \cdots & 0 \\ \vdots & \vdots & & \vdots \\ a_{n1} & a_{n2} & \cdots & a_{nn} \end{vmatrix} + \begin{vmatrix} a_{11} & a_{12} & \cdots & a_{1n} \\ \vdots & \vdots & & \vdots \\ 0 & a_{i2} & \cdots & 0 \\ \vdots & \vdots & & \vdots \\ a_{n1} & a_{n2} & \cdots & a_{nn} \end{vmatrix} + \cdots + \begin{vmatrix} a_{11} & a_{12} & \cdots & a_{1n} \\ \vdots & \vdots & & \vdots \\ 0 & 0 & \cdots & a_{in} \\ \vdots & \vdots & & \vdots \\ a_{n1} & a_{n2} & \cdots & a_{nn} \end{vmatrix}$$

由于这 n 个行列式第 i 行的代数余子式与 D 的第 i 行对应元素代数余子式相同，即得

$$D=\sum_{j=1}^{n}a_{ij}A_{ij}=a_{i1}A_{i1}+a_{i2}A_{i2}+\cdots+a_{in}A_{in}\ (i=1,2,\cdots,n).$$

类似地证明若按列进行可得

$$D=\sum_{i=1}^{n}a_{ij}A_{ij}=a_{1j}A_{1j}+a_{2j}A_{2j}+\cdots+a_{nj}A_{nj}\ (j=1,2,\cdots,n).$$

推论　n 阶行列式 D 某一行（列）的元素与另一行（列）对应元素的代数余子式的乘积的和等于零．即

$$a_{i1}A_{s1}+a_{i2}A_{s2}+\cdots+a_{in}A_{sn}=0 \quad (i\neq s,1\leqslant i,s\leqslant n),$$
$$a_{1j}A_{1t}+a_{2j}A_{2t}+\cdots+a_{nj}A_{nt}=0 \quad (j\neq t,1\leqslant j,t\leqslant n).$$

证　将行列式 D 的第 s 行换成第 i 行（$i\neq s,1\leqslant i,s\leqslant n$）的元素，可得行列式

$$D_1=\begin{vmatrix} a_{11} & a_{12} & \cdots & a_{1n} \\ \vdots & \vdots & & \vdots \\ a_{i1} & a_{i2} & \cdots & a_{in} \\ \vdots & \vdots & & \vdots \\ a_{i1} & a_{i2} & \cdots & a_{in} \\ \vdots & \vdots & & \vdots \\ a_{n1} & a_{n2} & \cdots & a_{nn} \end{vmatrix}\begin{matrix} \\ \\ (\text{第 } i \text{ 行}) \\ \\ (\text{第 } s \text{ 行}) \\ \\ \\ \end{matrix}$$

根据性质 2 的推论，$D_1=0$．若将行列式按第 s 行展开，则

$$a_{i1}A_{s1}+a_{i2}A_{s2}+\cdots+a_{in}A_{sn}=0\ (i\neq s,1\leqslant i,s\leqslant n).$$

同理可证

$$a_{1j}A_{1t}+a_{2j}A_{2t}+\cdots+a_{nj}A_{nt}=0\quad(j\neq t,1\leqslant j,t\leqslant n).$$

例 2　计算行列式

$$D=\begin{vmatrix}-1 & \frac{3}{2} & \frac{1}{2}\\ \frac{2}{3} & -1 & \frac{1}{3}\\ \frac{1}{3} & \frac{1}{2} & -\frac{1}{6}\end{vmatrix}.$$

解　提取公因子，使行列式元素都变成整数．

$$D=\frac{1}{2}\times\frac{1}{3}\times\frac{1}{6}\begin{vmatrix}-2 & 3 & 1\\ 2 & -3 & 1\\ 2 & 3 & -1\end{vmatrix}$$

$$=\frac{1}{2}\times\frac{1}{3}\times\frac{1}{6}\times 2\times 3\begin{vmatrix}-1 & 1 & 1\\ 1 & -1 & 1\\ 1 & 1 & -1\end{vmatrix}=\frac{2}{3}.$$

例 3　计算行列式

$$D=\begin{vmatrix}1 & 0 & 0 & 2\\ 0 & 0 & 1 & 3\\ 0 & 1 & 0 & 0\\ 2 & 8 & 7 & 1\end{vmatrix}.$$

解　由于第三行中零最多，将 D 先按第三行展开，得

$$D=0\cdot A_{31}+1\cdot A_{32}+0\cdot A_{33}+0\cdot A_{34}=(-1)^{3+2}\begin{vmatrix}1 & 0 & 2\\ 0 & 1 & 3\\ 2 & 7 & 1\end{vmatrix}=24.$$

从例 3 看到，如果一个行列式的某一行（列）含有较多的零，那么按这一行（列）展开后，可把原行列式的计算归结为少数几个（甚至一个）低阶行列式的计算，从而简化行列式的计算．

例 4　证明

$$\begin{vmatrix}a_{11} & a_{12} & 0 & 0\\ a_{21} & a_{22} & 0 & 0\\ c_{11} & c_{12} & b_{11} & b_{12}\\ c_{21} & c_{22} & b_{21} & b_{22}\end{vmatrix}=\begin{vmatrix}a_{11} & a_{12}\\ a_{21} & a_{22}\end{vmatrix}\cdot\begin{vmatrix}b_{11} & b_{12}\\ b_{21} & b_{22}\end{vmatrix}.$$

证 左边$=a_{11}\begin{vmatrix} a_{22} & 0 & 0 \\ c_{12} & b_{11} & b_{12} \\ c_{22} & b_{21} & b_{22} \end{vmatrix}-a_{12}\begin{vmatrix} a_{21} & 0 & 0 \\ c_{11} & b_{11} & b_{12} \\ c_{21} & b_{21} & b_{22} \end{vmatrix}$

$$=a_{11}a_{22}\begin{vmatrix} b_{11} & b_{12} \\ b_{21} & b_{22} \end{vmatrix}-a_{12}a_{21}\begin{vmatrix} b_{11} & b_{12} \\ b_{21} & b_{22} \end{vmatrix}$$

$$=(a_{11}a_{22}-a_{12}a_{21})\begin{vmatrix} b_{11} & b_{12} \\ b_{21} & b_{22} \end{vmatrix}$$

$$=\begin{vmatrix} a_{11} & a_{12} \\ a_{21} & a_{22} \end{vmatrix}\cdot\begin{vmatrix} b_{11} & b_{12} \\ b_{21} & b_{22} \end{vmatrix}=\text{右边}.$$

用数学归纳法可以证明：

$$\begin{vmatrix} a_{11} & \cdots & a_{1k} & 0 & \cdots & 0 \\ \vdots & & \vdots & \vdots & & \vdots \\ a_{k1} & \cdots & a_{kk} & 0 & \cdots & 0 \\ c_{11} & \cdots & c_{1k} & b_{11} & \cdots & b_{1r} \\ \vdots & & \vdots & \vdots & & \vdots \\ c_{r1} & \cdots & c_{rk} & b_{r1} & \cdots & b_{rr} \end{vmatrix}=\begin{vmatrix} a_{11} & \cdots & a_{1k} \\ \vdots & & \vdots \\ a_{k1} & \cdots & a_{kk} \end{vmatrix}\begin{vmatrix} b_{11} & \cdots & b_{1r} \\ \vdots & & \vdots \\ b_{r1} & \cdots & b_{rr} \end{vmatrix}.$$

习题 8－2

1. 用行列式的性质计算.

(1) $\begin{vmatrix} 1 & \frac{3}{4} & -1 \\ -3 & \frac{1}{2} & 5 \\ -1 & 1 & -2 \end{vmatrix}$； (2) $\begin{vmatrix} -2 & 3 & 1 \\ 403 & 201 & 198 \\ 4 & 2 & 2 \end{vmatrix}$；

(3) $\begin{vmatrix} a & b & a-b \\ b & c & b-c \\ c & a & c-a \end{vmatrix}$； (4) $\begin{vmatrix} 1 & a & b+c \\ 1 & b & c+a \\ 1 & c & a+b \end{vmatrix}$.

2. 用行列式性质证明.

(1) $\begin{vmatrix} a^2 & ab & b^2 \\ 2a & a+b & 2b \\ 1 & 1 & 1 \end{vmatrix}=(a-b)^3$；

(2) $\begin{vmatrix} a_1+b_1 & b_1+c_1 & c_1+a_1 \\ a_2+b_2 & b_2+c_2 & c_2+a_2 \\ a_3+b_3 & b_3+c_3 & c_3+a_3 \end{vmatrix} = 2\begin{vmatrix} a_1 & b_1 & c_1 \\ a_2 & b_2 & c_2 \\ a_3 & b_3 & c_3 \end{vmatrix}$；

(3) $\begin{vmatrix} a^2 & (a+1)^2 & (a+2)^2 & (a+3)^2 \\ b^2 & (b+1)^2 & (b+2)^2 & (b+3)^2 \\ c^2 & (c+1)^2 & (c+1)^2 & (c+3)^2 \\ d^2 & (d+1)^2 & (d+2)^2 & (d+3)^2 \end{vmatrix} = 0$.

第三节 行列式的计算

关于行列式的计算，由于没有统一的规律可循，因此是一个较为复杂的问题．虽然如此，但也有一些常用的基本方法．

本节我们将介绍行列式计算的几种常见方法，希望能举一反三，灵活运用行列式各性质，掌握一些技巧．

1. 化三角形式法

由于上（下）三角形行列式很容易计算，因此计算行列式的一个基本方法就是利用行列式的性质，把行列式化成上（下）三角形行列式．这种方法通常用于数字行列式．这时，还可利用计算机来计算．

例 1 计算行列式

$$D = \begin{vmatrix} 1 & 1 & -1 & 3 \\ -1 & -1 & 2 & 1 \\ 2 & 5 & 2 & 4 \\ \frac{1}{2} & 1 & \frac{3}{2} & 1 \end{vmatrix}.$$

分析 为了尽量避免分数运算，因此我们现将各行（列）乘适当的倍数，使行列式元素都变成整数，然后再应用行列式性质把 D 化为上三角行列式．

若把行列式的第一行的 1 倍加到第二行上，记作“②＋①·1”或“②＋①”；若第一行与第二行互换，记作“(①,②)”；约定行变换记号写在等号上边，列变换记号写在等号下边．

解

$$D=\frac{1}{2}\begin{vmatrix}1&1&-1&3\\-1&-1&2&1\\2&5&2&4\\1&2&3&2\end{vmatrix}\xlongequal[\text{④}+\text{①}\cdot(-1)]{\substack{\text{②}+\text{①}\cdot 1\\ \text{③}+\text{①}\cdot(-2)}}\frac{1}{2}\begin{vmatrix}1&1&-1&3\\0&0&1&4\\0&3&4&-2\\0&1&4&-1\end{vmatrix}$$

$$\xlongequal{(\text{②},\text{④})}\left(-\frac{1}{2}\right)\begin{vmatrix}1&1&-1&3\\0&1&4&-1\\0&3&4&-2\\0&0&1&4\end{vmatrix}$$

$$\xlongequal{\text{③}+\text{②}\cdot(-3)}-\frac{1}{2}\begin{vmatrix}1&1&-1&3\\0&1&4&-1\\0&0&-8&1\\0&0&1&4\end{vmatrix}$$

$$\xlongequal{(\text{③},\text{④})}\frac{1}{2}\begin{vmatrix}1&1&-1&3\\0&1&4&-1\\0&0&1&4\\0&0&-8&1\end{vmatrix}$$

$$\xlongequal{\text{④}+\text{③}\times 8}\frac{1}{2}\begin{vmatrix}1&1&-1&3\\0&1&4&-1\\0&0&1&4\\0&0&0&33\end{vmatrix}$$

$$=\frac{1}{2}\times 33=\frac{33}{2}.$$

例 2 计算行列式

$$D=\begin{vmatrix}x+a_1&a_2&a_3&\cdots&a_n\\a_1&x+a_2&a_3&\cdots&a_n\\a_1&a_2&x+a_3&\cdots&a_n\\\vdots&\vdots&\vdots&&\vdots\\a_1&a_2&a_3&\cdots&x+a_n\end{vmatrix}.$$

分析 这是一个重要的 n 阶典型字母行列式，计算 n 阶字母行列式需要针对具体问题用相应的技巧．例如，这个行列式的特点是：每一行的 n 个元素之和等于一个常数，具有这种特点的行列式，采用的技巧是：把第二列，第三列，……，第 n 列都加到第一列上，使第一列有公因子 $x+\sum_{i=1}^{n}a_i$ 可以提出来，然后再设法化成上三角行列式．

解

$$D=\begin{vmatrix} x+\sum_{i=1}^{n}a_i & a_2 & a_3 & \cdots & a_n \\ x+\sum_{i=1}^{n}a_i & x+a_2 & a_3 & \cdots & a_n \\ x+\sum_{i=1}^{n}a_i & a_2 & x+a_3 & \cdots & a_n \\ \vdots & \vdots & \vdots & & \vdots \\ x+\sum_{i=1}^{n}a_i & a_2 & a_3 & \cdots & x+a_n \end{vmatrix}$$

$$=(x+\sum_{i=1}^{n}a_i)\begin{vmatrix} 1 & a_2 & a_3 & \cdots & a_n \\ 1 & x+a_2 & a_3 & \cdots & a_n \\ 1 & a_2 & x+a_3 & \cdots & a_n \\ \vdots & \vdots & \vdots & & \vdots \\ 1 & a_2 & a_3 & \cdots & x+a_n \end{vmatrix}$$

$$\underline{\underline{\begin{matrix}②+①\cdot(-1)\\ ③+①\cdot(-1)\\ \vdots\end{matrix}}}(x+\sum_{i=1}^{n}a_i)\begin{vmatrix} 1 & a_2 & a_3 & \cdots & a_n \\ 0 & x & 0 & \cdots & 0 \\ 0 & 0 & x & \cdots & 0 \\ \vdots & \vdots & \vdots & & \vdots \\ 0 & 0 & 0 & \cdots & x \end{vmatrix}$$

$$=(x+\sum_{i=1}^{n}a_i)x^{n-1}.$$

2. 降阶法

如果一个行列式的某一行（列）有很多零，则按这一行（列）展开，可以使这个行列式转化为少数几个（甚至一个）低一阶的行列式，从而使计算变得容易．如果行列式没有很多零元素的行和列，我们可以先利用行列式的性质，使得某一行（列）变成只有一、二个非零元素，然后按这一行（列）

展开，这样继续下去，就可以把较高阶行列式最后变成二阶行列式．

例 3 计算行列式

$$D=\begin{vmatrix}2&-4&-3&5\\-3&1&4&-2\\7&2&5&3\\4&-3&-2&6\end{vmatrix}.$$

分析 把 D 的哪一行或哪一列变成只有一个非零元素呢？为了避免分数运算，应尽可能选择 1 或 -1 所在的行或列．因此我们选择第二行（也可选择第二列）．

解

$$D\xlongequal[\substack{③+②\cdot(-4)\\④+②\cdot 2}]{①+②\cdot 3}\begin{vmatrix}-10&-4&13&-3\\0&1&0&0\\13&2&-3&7\\-5&-3&10&0\end{vmatrix}=\begin{vmatrix}-10&13&-3\\13&-3&7\\-5&10&0\end{vmatrix}$$

$$\xlongequal{②+①\cdot 2}\begin{vmatrix}-10&-7&-3\\13&23&7\\-5&0&0\end{vmatrix}=-5\begin{vmatrix}-7&-3\\23&7\end{vmatrix}$$

$$=-5\times 20=-100.$$

若行列式所有的元素都不是 1 或 -1，那么如何计算可以避免分数运算呢？这时可将行列式的某一行（列）的倍数加到另一行（列）上，使得在这一行（列）上的元素产生 1 或 -1，然后选择这一行或 1，-1 所在的列展开．

例 4 计算行列式

$$D=\begin{vmatrix}5&2&-6&-3\\-4&7&-2&4\\-6&9&12&3\\7&-8&-10&-5\end{vmatrix}.$$

解

$$D\xlongequal{①+②\cdot 1}\begin{vmatrix}1&9&-8&1\\-4&7&-2&4\\-6&9&12&3\\7&-8&-10&-5\end{vmatrix}\xlongequal[\substack{③+①\cdot 8\\④+①\cdot(-1)}]{②+①\cdot(-9)}\begin{vmatrix}1&0&0&0\\-4&43&-34&8\\-6&63&-36&9\\7&-71&46&-12\end{vmatrix}$$

$$=1\times(-1)^{1+1}\begin{vmatrix}43&-34&8\\63&-36&9\\-71&46&-12\end{vmatrix}=18\begin{vmatrix}43&-17&8\\7&-2&1\\-71&23&-12\end{vmatrix}\xlongequal[②+③\cdot 2]{①+③\cdot(-7)}$$

$$18\begin{vmatrix}-13&-1&8\\0&0&1\\13&-1&-12\end{vmatrix}=18\times1\times(-1)^{2+3}\begin{vmatrix}-13&-1\\13&-1\end{vmatrix}=-18\times26=-468.$$

3. 递推法

例 5　计算范得蒙（A-T. Vandermonde，1735—1796）行列式

$$V_n(a_1,a_2,\cdots,a_n)=\begin{vmatrix}1&1&\cdots&1\\a_1&a_2&\cdots&a_n\\a_1^2&a_2^2&\cdots&a_n^2\\\vdots&\vdots&&\vdots\\a_1^{n-1}&a_2^{n-1}&\cdots&a_n^{n-1}\end{vmatrix}.$$

解　将第 $n-1$ 行乘 $-a_1$ 加到第 n 行，然后第 $n-2$ 行乘 $-a_1$ 加到第 $n-1$ 行，这样依次下去，最后，第一行乘 $-a_1$ 加到第二行，得

$$V_n(a_1,a_2,\cdots,a_n)=\begin{vmatrix}1&1&\cdots&1\\0&a_2-a_1&\cdots&a_n-a_1\\0&a_2(a_2-a_1)&\cdots&a_n(a_n-a_1)\\\vdots&\vdots&&\vdots\\0&a_2^{n-2}(a_2-a_1)&\cdots&a_n^{n-2}(a_n-a_1)\end{vmatrix}$$

$$
=\begin{vmatrix} a_2-a_1 & \cdots & a_n-a_1 \\ a_2(a_2-a_1) & \cdots & a_n(a_n-a_1) \\ \vdots & & \vdots \\ a_2^{n-2}(a_2-a_1) & & a_n^{n-2}(a_n-a_1) \end{vmatrix}
$$

$$
=(a_2-a_1)(a_3-a_1)\cdots(a_n-a_1)\begin{vmatrix} 1 & 1 & \cdots & 1 \\ a_2 & a_3 & \cdots & a_n \\ \vdots & \vdots & & \vdots \\ a_2^{n-2} & a_3^{n-2} & \cdots & a_n^{n-2} \end{vmatrix}.
$$

这样就把 n 阶范得蒙行列式化为 $n-1$ 阶范得蒙行列式，即建立起递推关系．有了递推关系便能算出范得蒙行列式的值．

$$
\begin{aligned}
&V_n(a_1,a_2,\cdots,a_n)=(a_2-a_1)(a_3-a_1)\cdots(a_n-a_1)V_{n-1}(a_2,a_3,\cdots,a_n)\\
&=(a_2-a_1)(a_3-a_1)\cdots(a_n-a_1)(a_3-a_2)\cdots(a_n-a_2)V_{n-2}(a_3,\cdots,a_n)\\
&=\cdots\cdots\\
&=(a_2-a_1)(a_3-a_1)\cdots(a_n-a_1)\\
&\qquad\cdot(a_3-a_2)\cdots(a_n-a_2)\\
&\qquad\qquad\cdots\\
&\qquad\cdot(a_n-a_{n-1})\\
&=\prod_{1\leqslant j<i\leqslant n}(a_i-a_j).
\end{aligned}
$$

这个行列式的计算方法原则大致是：利用已给行列式的特性，建立起同类型的 n 阶行列式和 $n-1$ 阶（或更低阶）行列式间的关系，即导出递推公式，然后利用递推公式就可写出行列式的值，这个原则很有效．

4. 加边法

例 6 计算行列式

$$
D=\begin{vmatrix} 1+x & 1 & 1 & 1 \\ 1 & 1-x & 1 & 1 \\ 1 & 1 & 1+y & 1 \\ 1 & 1 & 1 & 1-y \end{vmatrix}
$$

解 当 $x=0$ 或 $y=0$ 时，显然 $D=0$，假定 $xy\neq 0$，当 D 上适当加一行与一列，得

$$D=\begin{vmatrix}1&1&1&1&1\\0&1+x&1&1&1\\0&1&1-x&1&1\\0&1&1&1+y&1\\0&1&1&1&1-y\end{vmatrix}\xlongequal[⑤+①\cdot(-1)]{\substack{②+①\cdot(-1)\\③+①\cdot(-1)\\④+①\cdot(-1)}}$$

$$\begin{vmatrix}1&1&1&1&1\\-1&x&0&0&0\\-1&0&-x&0&0\\-1&0&0&y&0\\-1&0&0&0&-y\end{vmatrix}\xlongequal[\substack{①+②\cdot(1/x)\\①+③\cdot(-1/x)\\①+④\cdot(1/y)\\①+⑤\cdot(-1/y)}]{}\begin{vmatrix}1&1&1&1&1\\0&x&0&0&0\\0&0&-x&0&0\\0&0&0&y&0\\0&0&0&0&-y\end{vmatrix}=x^2y^2.$$

这个例子告诉我们，有时把行列式的阶数增高，反而容易求出行列式的值．

例 7　计算行列式

$$D=\begin{vmatrix}x&b&b&\cdots&b\\a&x&b&\cdots&b\\a&a&x&\cdots&b\\\vdots&\vdots&\vdots&&\vdots\\a&a&a&\cdots&x\end{vmatrix}\ (a\neq b).$$

解　把 D 适当加一行与一列，使得

$$D=\frac{1}{a-b}\begin{vmatrix}a-b&0&0&\cdots&0\\a&x&b&\cdots&b\\a&a&x&\cdots&b\\a&a&a&\cdots&b\\\vdots&\vdots&\vdots&&\vdots\\a&a&a&\cdots&x\end{vmatrix}_{(n+1)}$$

$$=\frac{1}{a-b}\begin{vmatrix}a-b&b-b&b-b&\cdots&b-b\\a&x&b&\cdots&b\\a&a&x&\cdots&b\\a&a&a&\cdots&b\\\vdots&\vdots&\vdots&&\vdots\\a&a&a&\cdots&x\end{vmatrix}$$

$$=\frac{1}{a-b}\times$$

$$\left(\begin{vmatrix} a & b & b & b & \cdots & b \\ a & x & b & b & \cdots & b \\ a & a & x & b & \cdots & b \\ a & a & a & x & \cdots & b \\ \vdots & \vdots & \vdots & \vdots & & \vdots \\ a & a & a & a & \cdots & x \end{vmatrix} - \begin{vmatrix} b & b & b & b & \cdots & b \\ a & x & b & b & \cdots & b \\ a & a & x & b & \cdots & b \\ a & a & a & x & \cdots & b \\ \vdots & \vdots & \vdots & \vdots & & \vdots \\ a & a & a & a & \cdots & x \end{vmatrix}\right)$$

$$=\frac{1}{a-b}\times$$

$$\left(\begin{vmatrix} a & b & b & \cdots & b \\ 0 & x-b & 0 & \cdots & 0 \\ 0 & a-b & x-b & \cdots & 0 \\ \vdots & \vdots & \vdots & & \vdots \\ 0 & a-b & a-b & \cdots & x-b \end{vmatrix} - \begin{vmatrix} b & 0 & 0 & \cdots & 0 \\ a & x-a & b-a & \cdots & b-a \\ a & 0 & x-a & \cdots & b-a \\ \vdots & \vdots & \vdots & & \vdots \\ a & 0 & 0 & \cdots & x-a \end{vmatrix}\right)$$

$$=\frac{1}{a-b}\times$$

$$\left(a\begin{vmatrix} x-b & 0 & \cdots & 0 \\ a-b & x-b & \cdots & 0 \\ \vdots & \vdots & & \vdots \\ a-b & a-b & \cdots & x-b \end{vmatrix} - b\begin{vmatrix} x-a & b-a & \cdots & b-a \\ 0 & x-a & \cdots & b-a \\ \vdots & \vdots & & \vdots \\ 0 & 0 & \cdots & x-a \end{vmatrix}\right)$$

$$=\frac{1}{a-b}\left[a\,(x-b)^n-b\,(x-a)^n\right].$$

在行列式的计算中，需要仔细分析所给条件，灵活运用已经知道的性质和已掌握的技巧，不要死套公式，这样就能很快地求出答案．

计算行列式的一些方法小结如下：

(1) 直接应用行列式的定义计算；

(2) 利用行列式的性质使行列式化简，化为上（下）三角形行列式再进行计算（化三角形式法）；

(3) 按某一行（列）展开并利用性质来计算（降阶法）；

(4) 利用性质及递推关系来计算（递推法）；

(5) 用加边法解决．

需注意：

(1) 计算行列式值最常用的是利用行列式的性质，化为上（下）三角形行列式和按某行（列）展开，需要熟练地掌握；

(2) 对于某些特殊类型行列式要灵活运用所学方法去解决．

习题 8—3

1. 计算下列行列式.

(1) $\begin{vmatrix} 1 & 0 & -3 & 2 \\ -4 & -1 & 0 & -5 \\ 2 & 3 & -1 & -6 \\ 3 & 3 & -4 & 1 \end{vmatrix}$；　(2) $\begin{vmatrix} 2 & 1 & 0 & 0 \\ 1 & 2 & 1 & 0 \\ 0 & 1 & 2 & 1 \\ 0 & 0 & 1 & 2 \end{vmatrix}$；

(3) $\begin{vmatrix} 2 & \frac{1}{3} & 4 & -3 \\ 5 & -\frac{1}{2} & 1 & -2 \\ 3 & \frac{1}{4} & 2 & -5 \\ -4 & 1 & 0 & 5 \end{vmatrix}$；　(4) $\begin{vmatrix} 2 & -4 & -8 & 5 \\ -3 & 5 & 4 & -2 \\ 7 & 2 & 5 & 3 \\ -4 & -3 & -2 & 6 \end{vmatrix}$；

(5) $\begin{vmatrix} 1 & 1 & 1 & 1 \\ 5 & 8 & 6 & 2 \\ 5^2 & 8^2 & 6^2 & 2^2 \\ 5^3 & 8^3 & 6^3 & 2^3 \end{vmatrix}$；　(6) $\begin{vmatrix} 2 & 3 & 0 & 0 & 0 \\ -1 & 4 & 0 & 0 & 0 \\ 7 & 9 & 1 & 2 & 0 \\ -5 & 2 & 0 & 3 & 4 \\ 3 & 4 & 1 & 0 & 2 \end{vmatrix}$.

2. 计算下列各 n 阶行列式.

(1) $\begin{vmatrix} a & 0 & 0 & \cdots & 0 & 1 \\ 0 & a & 0 & \cdots & 0 & 0 \\ 0 & 0 & a & \cdots & 0 & 0 \\ \vdots & \vdots & \vdots & & \vdots & \vdots \\ 0 & 0 & 0 & \cdots & a & 0 \\ 1 & 0 & 0 & \cdots & 0 & a \end{vmatrix}$；

(2) $\begin{vmatrix} 1+x_1 & 1+x_1^2 & \cdots & 1+x_1^n \\ 1+x_2 & 1+x_2^2 & \cdots & 1+x_2^n \\ \vdots & \vdots & & \vdots \\ 1+x_n & 1+x_n^2 & \cdots & 1+x_n^n \end{vmatrix}$.

3. 计算下列 n 阶行列式.

(1) $\begin{vmatrix} x & y & 0 & \cdots & 0 & 0 \\ 0 & x & y & \cdots & 0 & 0 \\ \vdots & \vdots & \vdots & & \vdots & \vdots \\ 0 & 0 & 0 & \cdots & x & y \\ y & 0 & 0 & \cdots & 0 & x \end{vmatrix}$；　(2) $\begin{vmatrix} 1 & 2 & 2 & \cdots & 2 \\ 2 & 2 & 2 & \cdots & 2 \\ 2 & 2 & 3 & \cdots & 2 \\ \vdots & \vdots & \vdots & & \vdots \\ 2 & 2 & 2 & \cdots & n \end{vmatrix}$；

(3) $\begin{vmatrix} 1 & 2 & 3 & \cdots & n-1 & n \\ 1 & -1 & 0 & \cdots & 0 & 0 \\ 0 & 2 & -2 & \cdots & 0 & 0 \\ \vdots & \vdots & \vdots & & \vdots & \vdots \\ 0 & 0 & 0 & \cdots & n-1 & 1-n \end{vmatrix}$.

第四节　克莱姆法则

行列式的性质，对计算行列式起到非常重要的作用，不仅如此，它们在理论上的意义也是极为重要的．本章最后一节，我们将利用 n 阶行列式来讨论 $n \times n$ 线性方程组，这是行列式理论的一个非常重要的应用．

定理　克莱姆（G. Cramer，1704—1752）法则　线性方程组

$$\begin{cases} a_{11}x_1 + a_{12}x_2 + \cdots + a_{1n}x_n = b_1, \\ a_{21}x_1 + a_{22}x_2 + \cdots + a_{2n}x_n = b_2, \\ \cdots \\ a_{n1}x_1 + a_{n2}x_2 + \cdots + a_{nn}x_n = b_n. \end{cases} \tag{1}$$

当它的系数行列式

$$D = \begin{vmatrix} a_{11} & a_{12} & \cdots & a_{1n} \\ a_{21} & a_{22} & \cdots & a_{2n} \\ \vdots & \vdots & & \vdots \\ a_{n1} & a_{n2} & \cdots & a_{nn} \end{vmatrix} \neq 0 \tag{2}$$

时，方程组（1）有解，并且是唯一解．这个解可以用下述公式表示：

$$x_1 = \frac{D_1}{D}, x_2 = \frac{D_2}{D}, \cdots, x_n = \frac{D_n}{D}. \tag{3}$$

其中 D_j 是把 D 中第 j 列换成常数项 $b_1, b_2, \cdots, b_n$，而其余各列不变所得到的行列式．

证明

(1) 先证解的存在性.

在系数行列式基础上加一行一列构造一个 $n+1$ 阶行列式，再按第一行展开，即

$$0=\begin{vmatrix} b_i & a_{i1} & a_{i2} & \cdots & a_{in} \\ b_1 & a_{11} & a_{12} & \cdots & a_{1n} \\ b_2 & a_{21} & a_{22} & \cdots & a_{2n} \\ \vdots & \vdots & \vdots & & \vdots \\ b_n & a_{n1} & a_{n2} & \cdots & a_{nn} \end{vmatrix}=b_iD-a_{i1}D_1-a_{i2}D_2-\cdots-a_{in}D_n.$$

因为 $D\neq 0$ ，所以

$$a_{i1}\frac{D_1}{D}+a_{i2}\frac{D_2}{D}+\cdots+a_{in}\frac{D_n}{D}=b_i\ (i=1,2,\cdots,n).$$

即方程组 (1) 有解为

$$x_1=\frac{D_1}{D},x_2=\frac{D_2}{D},\cdots,x_n=\frac{D_n}{D}.$$

(2) 再证解的唯一性.

若式 (1) 有解，且 $x_1,x_2,\cdots,x_n$ 为其任一解，则

$$D_1=\begin{vmatrix} b_1 & a_{12} & \cdots & a_{1n} \\ b_2 & a_{22} & \cdots & a_{2n} \\ \vdots & \vdots & & \vdots \\ b_n & a_{n2} & \cdots & a_{nn} \end{vmatrix}=\begin{vmatrix} a_{11}x_1+a_{12}x_2+\cdots+a_{1n}x_n & a_{12} & \cdots & a_{1n} \\ a_{21}x_1+a_{22}x_2+\cdots+a_{2n}x_n & a_{22} & \cdots & a_{2n} \\ \vdots & \vdots & & \vdots \\ a_{n1}x_1+a_{n2}x_2+\cdots+a_{nn}x_n & a_{n2} & \cdots & a_{nn} \end{vmatrix}$$

$$=\begin{vmatrix} a_{11}x_1 & a_{12} & \cdots & a_{1n} \\ a_{21}x_1 & a_{22} & \cdots & a_{2n} \\ \vdots & \vdots & & \vdots \\ a_{n1}x_1 & a_{n2} & \cdots & a_{nn} \end{vmatrix}+\begin{vmatrix} a_{12}x_2 & a_{12} & \cdots & a_{1n} \\ a_{22}x_2 & a_{22} & \cdots & a_{2n} \\ \vdots & \vdots & & \vdots \\ a_{n2}x_2 & a_{n2} & \cdots & a_{nn} \end{vmatrix}$$

$$+\cdots+\begin{vmatrix} a_{1n}x_n & a_{12} & \cdots & a_{1n} \\ a_{2n}x_n & a_{22} & \cdots & a_{2n} \\ \vdots & \vdots & & \vdots \\ a_{nn}x_n & a_{n2} & \cdots & a_{nn} \end{vmatrix}.$$

上式右端从第二项起，每个行列式都有两列成比例，故均为零，因此上式为

$$D_1=x_1D.$$

因为 $D\neq 0$ ，所以 $x_1=\dfrac{D_1}{D}$.

同理可证 $x_i=\dfrac{D_i}{D}\quad(i=2,3,\cdots,n).$

综上所述，当 $D\neq 0$ 时，方程组（1）有唯一解．

例 1 解线性方程组

$$\begin{cases}x_1+3x_2-5x_3+x_4=-3,\\5x_1-2x_2+7x_3-2x_4=4,\\2x_1+x_2-4x_3-x_4=-1,\\-3x_1-4x_2+6x_3-3x_4=10.\end{cases}$$

解 因为系数行列式

$$D=\begin{vmatrix}1&3&-5&1\\5&-2&7&-2\\2&1&-4&-1\\-3&-4&6&-3\end{vmatrix}=-126\neq 0,$$

因此方程组有唯一解．

又因为

$$D_1=\begin{vmatrix}-3&3&-5&1\\4&-2&7&-2\\-1&1&-4&-1\\10&-4&6&-3\end{vmatrix}=126.$$

$$D_2=\begin{vmatrix}1&-3&-5&1\\5&4&7&-2\\2&-1&-4&-1\\-3&10&6&-3\end{vmatrix}=-256.$$

$$D_3=\begin{vmatrix}1&3&-3&1\\5&-2&4&-2\\2&1&-1&-1\\-3&-4&10&-3\end{vmatrix}=-126.$$

$$D_4=\begin{vmatrix}1&3&-5&-3\\5&-2&7&4\\2&1&-4&-1\\-3&-4&6&10\end{vmatrix}=378.$$

于是方程组的解为

$$x_1=\frac{126}{-126}=-1, x_2=\frac{-256}{-126}=2, x_3=\frac{-126}{-126}=1, x_4=\frac{378}{-126}=-3.$$

应用克莱姆法则是有条件的，它只适用于线性方程组中方程的个数与未知量的个数相等，且系数行列式 $D\neq 0$ 的情况．另一方面，用克莱姆法则解线性方程组，计算量较大，因此一般不用它来解线性方程组．但克莱姆法则在理论上十分重要，它告诉我们：当方程组（1）的系数行列式不等于零时，（1）有唯一解．这表明可以直接从原方程组的系数来讨论解的情况．并且克莱姆法则还告诉我们：在系数行列式不等于零时，方程组（1）的唯一解可以用公式（3）表示，这就把方程组的解直接用它的系数和常数项表达出来，从而可看出方程组的解与它的系数常数项的依赖关系．

特别地，方程组

$$\begin{cases} a_{11}x_1+a_{12}x_2+\cdots+a_{1n}x_n=0, \\ a_{21}x_1+a_{22}x_2+\cdots+a_{2n}x_n=0, \\ \cdots \\ a_{n1}x_1+a_{n2}x_2+\cdots+a_{nn}x_n=0 \end{cases} \tag{4}$$

是常数项全为零的线性方程组，我们称（4）为**齐次线性方程组**．显然，$x_1=x_2=\cdots=x_n=0$ 是方程组的（4）的一个解，这个解称为**零解**（或**平凡解**）．而在实际应用中，我们常常要考虑的是未知量的值不全为零的解，这样的解叫做齐次线性方程组的非零解．任何一个齐次线性方程组总是有解的，因为它至少有一个零解．但是什么样的齐次线性方程组只有零解？什么样的齐次线性方程组除了零解以外还有非零解呢？

推论 1　若齐次线性方程组（4）的系数行列式 $D\neq 0$，则方程组（4）只有唯一零解．

证明　由克莱姆法则可知，当 $D\neq 0$ 时，方程组（4）有唯一解．

$$x_1=\frac{D_1}{D}, x_2=\frac{D_2}{D}, \cdots, x_n=\frac{D_n}{D}.$$

而 $D_j(j=1,2,\cdots,n)$ 有一列元素全为零，故

$$D_1=D_2=\cdots=D_n=0.$$

所以，$x_1=x_2=\cdots=x_n=0$ 是方程组（4）的唯一零解．

推论 1 的另外一种叙述：

推论 2　若齐次线性方程组（4）有非零解，则它的系数行列式 $D=0$．

这就是说，系数行列式 $D=0$ 是方程组（4）有非零解的必要条件．在后面将指出，$D=0$ 也是方程组（4）有非零解的充分条件．

例 2 齐次线性方程组

$$\begin{cases}3\lambda x_1+4\lambda x_2=0,\\ 3x_1+\lambda x_2=0\end{cases}$$ 有非零解，求 λ 的值.

解 由推论 2，有

$$D=\begin{vmatrix}3\lambda & 4\\ 3 & \lambda\end{vmatrix}=3\lambda^2-12=3(\lambda^2-4)=0.$$

所以 $$\lambda=\pm 2.$$

习题 8-4

1. 用克莱姆法则解线性方程组.

(1) $\begin{cases}5x_1-3x_2=13,\\ 3x_1+4x_2=2;\end{cases}$ (2) $\begin{cases}2x_1-x_2-x_3=4,\\ 3x_1+4x_2-2x_3=11,\\ 3x_1-2x_2+4x_3=11;\end{cases}$

(3) $\begin{cases}2x_1-5x_2+x_3+x_4=1,\\ x_1+x_2+3x_3-x_4=2,\\ 3x_2+2x_3+2x_4=-2,\\ 2x_1-x_2+4x_3+2x_4=0;\end{cases}$ (4) $\begin{cases}bx_1-ay+2ab=0,\\ -2cy+3bz-bc=0,\\ cx+az=0.\end{cases}$（其中 $abc\neq 0$）.

2. k 为何值时，方程组

$$\begin{cases}3x+2y-z=0,\\ kx+7y-2z=0,\\ 2x-y+3z=0\end{cases}$$

仅有零解.

3. 若齐次线性方程组

$$\begin{cases}(\lambda-1)x_1-x_2+x_3=0,\\ 2x_1+(\lambda-4)x_2+2x_3=0,\\ 2x_1-2x_2+\lambda x_3=0\end{cases}$$

有非零解，求 λ 的值.

4. 选择题.

(1) 线性方程组

$$\begin{cases}2x_1+\lambda x_2-x_3=1,\\ \lambda x_1-x_2+x_3=2,\\ 4x_1+5x_2-5x_3=-1\end{cases}$$

有唯一解，则（　　）.

A. $\lambda=1$ 或 $\lambda=-4/5$　　B. $\lambda=-1$

C. $\lambda\neq 1$ 且 $\lambda\neq -4/5$　　D. $\lambda=4/5$

(2) 设一条抛物线过点 $(1,-1),(2,1),(-1,7)$，并且该抛物线的对称轴平行于 y 轴，则此抛物线的方程为（　　）.

A. $y=1-4x+2x^2$　　B. $y=1-4x-2x^2$

C. $y=1+4x-2x^2$　　D. $y=-1+4x-2x^2$

【本章小结】

一、本章的基本要求

1. 了解 n 阶行列式的定义.

2. 掌握行列式的性质，会计算二阶、三阶行列式和较高阶的行列式.

3. 会计算行列式.

4. 会用克莱姆法则解简单的线性方程组.

二、学习中应注意的几个问题

1. 计算行列式的方法比较灵活，根据行列式的特点，一般的计算方法有以下几种：二阶、三阶行列式可根据对角线法则直接计算；利用行列式定义；利用行列式性质将行列式化为上（下）三角形行列式；利用行列式性质将行列式的某一行（列）化为仅含有一个非零元的行（列），然后按该行（列）展开.

2. 克莱姆法则可用于求解未知量个数与方程个数相等，且系数行列式不等于零的线性方程组．解题时，应利用下述结论：

(1) 若线性方程组

$$\begin{cases} a_{11}x_1+a_{12}x_2+\cdots+a_{1n}x_n=b_1, \\ a_{21}x_1+a_{22}x_2+\cdots+a_{2n}x_n=b_2, \\ \cdots \\ a_{n1}x_1+a_{n2}x_2+\cdots+a_{nn}x_n=b_n \end{cases}$$

的系数行列式

$$D=\begin{vmatrix} a_{11} & a_{12} & \cdots & a_{1n} \\ a_{21} & a_{22} & \cdots & a_{2n} \\ \vdots & \vdots & & \vdots \\ a_{n1} & a_{n2} & \cdots & a_{nn} \end{vmatrix}\neq 0,$$

则这个线性方程组仅有唯一解．这个解可以用下述公式表示：

$$x_1=\frac{D_1}{D},x_2=\frac{D_2}{D},\cdots,x_n=\frac{D_n}{D}. \tag{3}$$

其中 D_j 是把 D 中第 j 列换成常数项 $b_1,b_2,\cdots,b_n$，而其余各列不变所得到的行列式．

(2) 若齐次线性方程组

$$\begin{cases}a_{11}x_1+a_{12}x_2+\cdots+a_{1n}x_n=0,\\ a_{21}x_1+a_{22}x_2+\cdots+a_{2n}x_n=0,\\ \cdots\\ a_{n1}x_1+a_{n2}x_2+\cdots+a_{nn}x_n=0\end{cases}$$

的系数行列式 $D\neq 0$，则它仅有零解；若它有非零解，则 $D=0$．

利用克莱姆法则解线性方程组，需计算多个行列式，计算量较大，因此，这一方法仅适用于未知量较少的线性方程组．

综合检测题（八）

1. 填空题：

(1) 当 $k=$ ________ 时，$\begin{vmatrix}k&3&4\\0&k&1\\-1&k&0\end{vmatrix}=0$；

(2) $\begin{vmatrix}-1&1&1\\1&-1&x\\1&1&-1\end{vmatrix}$ 是关于 x 的一次多项式，则此多项式中一次项的系数是 ________；

(3) $\begin{vmatrix}1&k&1\\k&1&k+1\\1&k&0\end{vmatrix}=0$ 的充分必要条件是 $k=$ ________；

(4) $\begin{vmatrix}1&0&0&\cdots&0&0\\0&2&0&\cdots&0&0\\\vdots&\vdots&\vdots&&\vdots&\vdots\\0&0&0&\cdots&n-1&0\\0&0&0&\cdots&0&n\end{vmatrix}=$ ________；

(5) $\begin{vmatrix} 0 & 0 & 0 & \cdots & 0 & 1 \\ 0 & 0 & 0 & \cdots & 2 & 0 \\ \vdots & \vdots & \vdots & & \vdots & \vdots \\ 0 & n-1 & 0 & \cdots & 0 & 0 \\ n & 0 & 0 & \cdots & 0 & 0 \end{vmatrix} =$ ________；

(6) 设 $\begin{vmatrix} a_{11} & a_{12} & a_{13} \\ a_{21} & a_{22} & a_{23} \\ a_{31} & a_{32} & a_{33} \end{vmatrix} = d$，则 $\begin{vmatrix} 2a_{31} & 2a_{32} & -a_{33} \\ 2a_{21} & 2a_{22} & -a_{23} \\ 2a_{11} & 2a_{12} & -a_{13} \end{vmatrix} =$ ________.

2. 选择题：

(1) 下列行列式中，不等于零的是（　　）.

A. $\begin{vmatrix} 1 & 2 & 3 \\ 1 & 1 & 1 \\ 0.5 & 1 & 1.5 \end{vmatrix}$　　B. $\begin{vmatrix} 1 & 2 & 3 \\ 1 & 1 & 1 \\ 0.5 & 1.5 & 2.5 \end{vmatrix}$

C. $\begin{vmatrix} -1 & 1 & -1 \\ 4 & -1 & 2 \\ 1 & 2 & -5 \end{vmatrix}$　　D. $\begin{vmatrix} 1 & 5 & 3 \\ 1 & 2 & 1 \\ 0.5 & 4 & 2.5 \end{vmatrix}$

(2) 设 D 是 n 阶行列式，则必有 $D =$（　　）.

A. $\sum\limits_{j=1}^{n} a_{ij}A_{sj}\ (i \neq s)$　　B. $\sum\limits_{i=1}^{n} a_{ij}A_{it}\ (j \neq t)$

C. $\sum\limits_{i=1}^{n} a_{ii}A_{ii}$　　D. $\sum\limits_{j=1}^{n} a_{ij}A_{ij}\ (i = 1, 2, \cdots, n)$

3. 计算下列行列式.

(1) $D = \begin{vmatrix} 3 & 1 & 1 & 1 \\ 1 & 3 & 1 & 1 \\ 1 & 1 & 3 & 1 \\ 1 & 1 & 1 & 3 \end{vmatrix}$；　(2) $D = \begin{vmatrix} 1 & 2 & 1 & 4 \\ 0 & -1 & 2 & 1 \\ 1 & 0 & 1 & 3 \\ 0 & 1 & 3 & 1 \end{vmatrix}$.

4. 设 $f(x) = \begin{vmatrix} 1 & 2 & 3 & 4 \\ 1 & x & 3 & 4 \\ 1 & 2 & x & 4 \\ 1 & 2 & 3 & x \end{vmatrix}$，求方程 $f(x) = 0$ 的根.

5. 计算 $n+1$ 阶行列式：

$$D=\begin{vmatrix} a_0 & 1 & 1 & \cdots & 1 \\ 1 & a_1 & 0 & \cdots & 0 \\ 1 & 0 & a_2 & \cdots & 0 \\ \vdots & \vdots & \vdots & & \vdots \\ 1 & 0 & 0 & \cdots & a_n \end{vmatrix} \quad (a_i \neq 0, i=1,2,\cdots,n).$$

6. 证明

$$\begin{vmatrix} a-b-c & 2a & 2a \\ 2b & b-c-a & 2b \\ 2c & 2c & c-a-b \end{vmatrix}=(a+b+c)^3 .$$

拓展性阅读导航

1. ［美］莱（Lay，D.C.）著，刘深泉等译：线性代数及其应用（原书第 3 版）［M］．北京：机械工业出版社 2005 年版．

该书根据“线性代数课程研究小组”的建议，通过认真观察学生的实际需要和许多不同专业使用线性代数知识的共同点而选材．

该书是一本优秀的现代教材，给出最新的线性代数基本介绍和一些有趣应用，目的是帮助学生掌握线性代数的基本概念及应用技巧，为后续课程的学习和工作实践奠定基础．与以前的版本相比，第 3 版中的概念更加形象化，而且在网上为学生和教师提供了进一步的技术支持．

该书特点：

● 介绍了线性代数的基本概念、理论和证明，包含大量例题、练习题、习题等，广泛选取的应用说明了线性代数的作用，可以用于工程学、计算机科学、物理学、数学、生物学、经济学和统计学中解释基本原理和简化计算．

● 提前介绍重要概念，许多基本概念含在每章开始的“介绍性实例”中，然后从不同的观点逐步深入讨论．

● 矩阵乘法采用了现代观点，本书在定义和证明中处理的是矩阵的列，而不是矩阵的元素，这种现代方法简化了许多论据，且将向量空间思想和线性系统的研究联系在一起．

● 结合应用数学软件，强调了计算机对科学和工程学中线性代数的发展和实践的影响．“数值计算的注解”指出了数值计算中出现的问题，以及理论概念（如矩阵求逆）和计算机实现（如LU分解）之间的区别．

● 可以从网站 www. laylinalgebra. com 上找到相关的技术支持．

2. [美] 利昂著，张文博等译：线性代数（原书第7版）[M]. 北京：机械工业出版社2007年版.

Steven J. Leon，1971年于密歇根州立大学数学系获得博士学位，现为马萨诸塞大学达特茅斯分校数学系首席教授，ILAS（国际线性代数协会）、MAA（美国数学学会）和SIAM（美国工业与应用数学协会）成员．他主要从事科学计算、线性代数和应用数学等领域的研究．

该书结合大量应用和实例详细介绍线性代数的基本概念、基本定理与知识点，主要内容包括：矩阵与方程组、行列式、向量空间、线性变换、正交性、特征值和数值线性代数等．为巩固所学的基本概念和基本定理，书中每一节后都配有练习题，并在每一章后提供了MATLAB练习题和测试题．

该书叙述简洁，通俗易懂，理论与应用相结合，适合作为高等院校本科生“线性代数”课程的教材，同时也可作为工程技术人员的参考书.

3. 上海市教育委员会：线性代数及其应用 [M]. 北京：上海交通大学出版社2005年版.

该书前六章的内容涵盖了线性代数课程基本要求规定的全部内容；后两章介绍了线性代数中常见的应用问题，介绍并运用MATLAB软件进行线性代数运算，为应用型本科院校的学生培养提供了新的尝试．希望通过这些内容的学习，提高学生对已学过的知识在应用中分析、解决实际问题的能力．

4. 汪国柄：大学文科数学 [M]. 北京：清华大学出版社2005年版.

该书是由编者为清华大学文科数学教学所写的试用讲义修改而成的，它凝聚了作者多年的教学经验．全书分为五部分：数学概观、一元微积分、多元微积分、线性代数初步和概率论初步．每个部分的内容都经过精细筛选，重点突出，层次分明，叙述清楚，深入浅出，简明易懂．

全书例题丰富，每节之后均配有适当数量的习题，每章之后附有复习题，书末附有习题答案与提示．便于教师教学，也便于学生自学．

该书适用于文学、历史学、哲学及其他文科类专业的本科生，也可作为一些工科类专业的教材和教学参考书．

5. 汪国柄：大学文科数学学习指导［M］．北京：清华大学出版社2005年版．

该书是《大学文科数学》（汪国柄编著，清华大学出版社2005年版）的配套辅导教材，共分6章，涵盖一元函数微积分、多元函数微积分、线性代数初步与概率论初步4个部分．每章分内容提要与基本要求、例题分析与方法综述、习题与复习题选解、自测题及其答案4个环节．该书例题丰富，分析深入，点评得当，方法综述全面，书中内容自成体系，便于自学．

该书适用于文科类各专业的本科生，也适用于非文科类专业的学生．

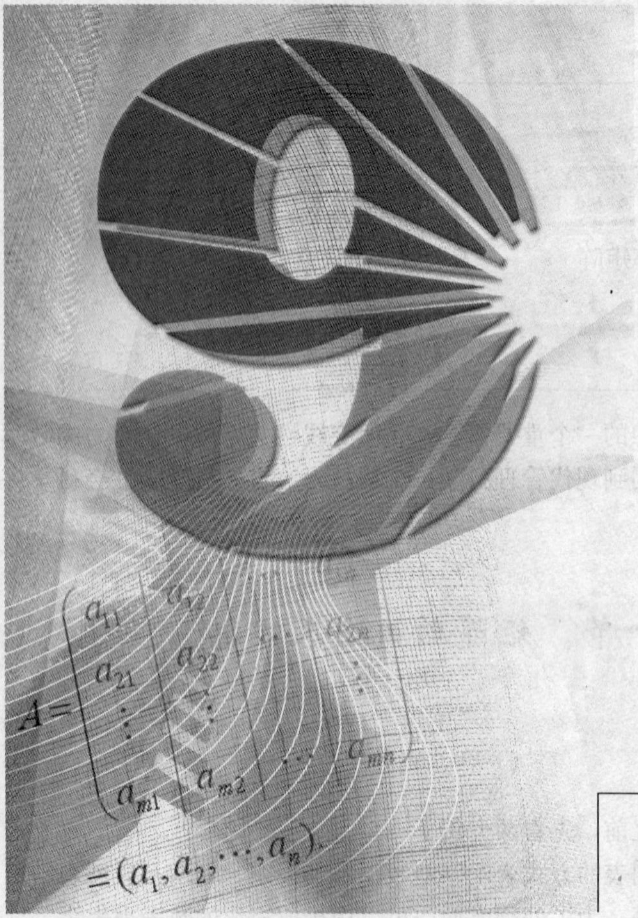
$A=\begin{pmatrix} a_{11} & a_{12} & \cdots & a_{1n} \\ a_{21} & a_{22} & \cdots & \vdots \\ \vdots & \vdots & & \\ a_{m1} & a_{m2} & \cdots & a_{mn} \end{pmatrix}$
$=(a_1, a_2, \cdots, a_n).$

第九章 矩阵

本章学习要点

- 矩阵的概念与运算
- 逆矩阵
- 初等变换与初等矩阵
- 矩阵的秩
- 线性方程组

矩阵是线性代数中的一个重要概念，是研究线性关系的一个有力的数学工具. 它被广泛地应用到现代管理科学、工程技术、自然科学、社会科学等各个领域.

第一节 矩阵的概念及运算

1. 矩阵的概念

在介绍矩阵概念之前，先看两个例子.

我们平时常见用列表的方式表示一些数据及其关系，如学习成绩表、工资表、物资调运表等等. 为了处理方便，可以用排成矩形的数表来表示.

例 1 某工厂用甲、乙、丙三种原料生产 A，B，C，D 四种产品，每种产品消耗原料定额见下表：

定额（吨） 产品 原料	A	B	C	D
甲	2	1	7	0
乙	3	4	1	6
丙	4	0	1	2

将其中的数字按原来的位置排成一个矩形的数表，用方或圆括号括起来

$$\begin{bmatrix} 2 & 1 & 7 & 0 \\ 3 & 4 & 1 & 6 \\ 4 & 0 & 1 & 2 \end{bmatrix}$$

其中第 2 行第 1 列的数 3 表示生产 A 产品消耗乙原料的吨数，其他数字的含义是类似的.

数学上把这种数表就叫矩阵.

例 2　设有线性方程组 $\begin{cases} 3x_1 + x_2 + 2x_3 - x_4 = -1, \\ x_1 - x_2 + x_3 + 3x_4 = 2, \\ x_1 + 2x_2 + 3x_3 \qquad = 5, \\ \qquad -5x_2 - 2x_3 + x_4 = -3. \end{cases}$

这个方程组未知量系数及常数项按方程组中的顺序组成一个 4 行 5 列的矩形数表如下：

$$\begin{bmatrix} 3 & 1 & 2 & -1 & -1 \\ 1 & -1 & 1 & 3 & 2 \\ 1 & 2 & 3 & 0 & 5 \\ 0 & -5 & -2 & 1 & -3 \end{bmatrix}.$$

这个矩形数表决定着给定方程组是否有解，如果有解，解是什么等问题. 因此，对这个矩形数表的研究显得很有必要.

定义 1　由 $m \times n$ 个数 $a_{ij}(i=1,2,\cdots,m;n=1,2,\cdots,n)$ 排列成的一个 m 行 n 列的矩形表，称为一个矩阵，记作

$$\begin{pmatrix} a_{11} & a_{12} & \cdots & a_{1n} \\ a_{21} & a_{22} & \cdots & a_{2n} \\ \vdots & \vdots & & \vdots \\ a_{m1} & a_{m2} & \cdots & a_{mn} \end{pmatrix} \text{或} \begin{bmatrix} a_{11} & a_{12} & \cdots & a_{1n} \\ a_{21} & a_{22} & \cdots & a_{2n} \\ \vdots & \vdots & & \vdots \\ a_{m1} & a_{m2} & \cdots & a_{mn} \end{bmatrix}.$$

其中 a_{ij} 称为矩阵第 i 行第 j 列的元素.

一般情形下，我们用大写黑体字母 $\boldsymbol{A}$，$\boldsymbol{B}$，$\boldsymbol{C}$，$\cdots$ 表示矩阵，为了标明矩阵的行数 m 和列数 n，可用 $\boldsymbol{A}_{m\times n}$ 表示或记作 $(a_{ij})_{m\times n}$，即

$$\boldsymbol{A}_{m\times n} = (a_{ij})_{m\times n} = \begin{bmatrix} a_{11} & a_{12} & \cdots & a_{1n} \\ a_{21} & a_{22} & \cdots & a_{2n} \\ \vdots & \vdots & & \vdots \\ a_{m1} & a_{m2} & \cdots & a_{mn} \end{bmatrix}.$$

所有元素为实数的矩阵称为实矩阵，本书中的矩阵均指实矩阵.

所有元素都为零的矩阵，称为零矩阵，记作 $\boldsymbol{O}$.

只有一行的矩阵 $\boldsymbol{A}_{1\times n}=(a_{11}\quad a_{12}\quad \cdots\quad a_{1n})$称为行矩阵或称为 n 维行向量. 为了避免元素间混淆，通常写作 $\boldsymbol{A}_{1\times n}=(a_{11},a_{12},\cdots,a_{1n})$；只有一列的矩阵 $\boldsymbol{A}_{m\times 1}=\begin{bmatrix}a_{11}\\a_{21}\\\vdots\\a_{m1}\end{bmatrix}$ 称为列矩阵或称为 m 维列向量.

一行或一列的矩阵有时也用小写黑体字母 $\boldsymbol{a}$，$\boldsymbol{b}$，$\boldsymbol{x}$，$\boldsymbol{y}$,… 表示. 例如：

$$\boldsymbol{a}=(a_1,a_2,\cdots,a_n);\qquad \boldsymbol{b}=\begin{bmatrix}a_1\\a_2\\\vdots\\a_m\end{bmatrix}.$$

如果矩阵 $\boldsymbol{A}=(a_{ij})$ 的行数和列数都等于 n，称 $\boldsymbol{A}$ 为 n 阶方阵，记作 $\boldsymbol{A}_n$，即

$$\boldsymbol{A}_n=\begin{bmatrix}a_{11}&a_{12}&\cdots&a_{1n}\\a_{21}&a_{22}&\cdots&a_{2n}\\\vdots&\vdots&&\vdots\\a_{n1}&a_{n2}&\cdots&a_{nn}\end{bmatrix}.$$

特别地，一阶方阵就是一个数，即 $\boldsymbol{A}=(a_{11})=a_{11}$.

n 阶方阵 $\boldsymbol{A}$ 的左上角与右下角联结的对角线叫做主对角线，主对角线上的元素可记作 $a_{ii}(i=1,2,\cdots,n)$.

在 n 阶方阵 $\boldsymbol{A}$ 中，若主对角线左下方元素全为零，则称 $\boldsymbol{A}$ 为上三角形矩阵；若主对角线右上方的元素全为零，则称 $\boldsymbol{A}$ 为下三角形矩阵；若主对角线以外的元素全为零，则称 $\boldsymbol{A}$ 为对角形矩阵. 例如，

$$\boldsymbol{A}=\begin{bmatrix}1&2&3\\0&-2&0\\0&0&4\end{bmatrix},\boldsymbol{B}=\begin{bmatrix}3&0&0\\-1&1&0\\2&0&4\end{bmatrix},\boldsymbol{C}=\begin{bmatrix}3&0&0\\0&2&0\\0&0&5\end{bmatrix}.$$

分别为上三角形矩阵，下三角形矩阵与对角形矩阵.

主对角线上元素全为 1 的 n 阶对角形矩阵称为 n 阶单位矩阵，记作 $\boldsymbol{I}_n$.

例如，$\boldsymbol{I}_2=\begin{bmatrix}1&0\\0&1\end{bmatrix}$，$\boldsymbol{I}_4=\begin{bmatrix}1&0&0&0\\0&1&0&0\\0&0&1&0\\0&0&0&1\end{bmatrix}$.

n 阶矩阵仅是由 n^2 个元素排成的一个正方形表，它与 n 阶行列式是不同的，一个由 n 阶矩阵 $\boldsymbol{A}$ 的元素按原来排列的形式构成的 n 阶行列式称为矩阵 $\boldsymbol{A}$ 的行列式，记作 $|\boldsymbol{A}|$ 或 $\det \boldsymbol{A}$.

方阵 $\boldsymbol{A}=\boldsymbol{O}$ 与矩阵 $\boldsymbol{A}$ 的行列式 $|\boldsymbol{A}|=0$ 是易于混淆的概念，前者表示矩阵 $\boldsymbol{A}$ 的所有元素都是 0，而由 $|\boldsymbol{A}|=0$ 并不能得出 $\boldsymbol{A}$ 的元素为 0．例如，

$\boldsymbol{A}=\begin{bmatrix}1 & 2\\ 2 & 4\end{bmatrix}$ 不是零矩阵，而 $|\boldsymbol{A}|=0$.

定义 2　如果矩阵 $\boldsymbol{A}$，$\boldsymbol{B}$ 都是 $m\times n$ 矩阵，即行数与列数分别相同，并且对应位置上的元素均相等，则称矩阵 $\boldsymbol{A}$ 与矩阵 $\boldsymbol{B}$ 相等，记作 $\boldsymbol{A}=\boldsymbol{B}$.

例如，

$$\boldsymbol{A}=\begin{bmatrix}1 & 2 & 3\\ 4 & 5 & 6\end{bmatrix} \text{与} \boldsymbol{B}=\begin{bmatrix}a & b & c\\ d & e & f\end{bmatrix}$$

都是 2×3 矩阵，当且仅当 $a=1, b=2, c=3, d=4, e=5, f=6$　时两个矩阵相等.

2. 矩阵的运算

在数学上，在实际应用中，矩阵都是一个很重要的概念，它的意义不仅在于将一些数据排成矩形数表，而且在于对它定义了一些有理论意义和实际意义的运算，从而使它成为进行理论研究或解决实际问题的有力工具.

（1）矩阵的加法

例 3　设某种物资两次由三个产地运往四个销地，其调运方案分别由矩阵 $\boldsymbol{A}$，$\boldsymbol{B}$ 表示：

$$\boldsymbol{A}=\begin{bmatrix}10 & 15 & 10 & 0\\ 3 & 7 & 6 & 20\\ 2 & 0 & 10 & 5\end{bmatrix}, \boldsymbol{B}=\begin{bmatrix}8 & 5 & 2 & 5\\ 7 & 11 & 0 & 10\\ 0 & 6 & 7 & 15\end{bmatrix},$$

那么这种物资两次调运总量为矩阵

$$\boldsymbol{C}=\begin{bmatrix}10+8 & 15+5 & 10+2 & 0+5\\ 3+7 & 7+11 & 6+0 & 20+10\\ 2+0 & 0+6 & 10+7 & 5+15\end{bmatrix}=\begin{bmatrix}18 & 20 & 12 & 5\\ 10 & 18 & 6 & 30\\ 2 & 6 & 17 & 20\end{bmatrix}.$$

这里称 $\boldsymbol{C}$ 矩阵为矩阵 $\boldsymbol{A}$ 和 $\boldsymbol{B}$ 的和.

定义 3　设 $\boldsymbol{A}=(a_{ij})$ 与 $\boldsymbol{B}=(b_{ij})$ 是两个 $m\times n$ 矩阵，由矩阵 $\boldsymbol{A}$ 与 $\boldsymbol{B}$ 的对应元素相加得到的 $m\times n$ 矩阵 $\boldsymbol{C}$，称为矩阵 $\boldsymbol{A}$ 与 $\boldsymbol{B}$ 的和，记作 $\boldsymbol{A}+\boldsymbol{B}$，即

$$A=\begin{bmatrix}a_{11}&a_{12}&\cdots&a_{1n}\\a_{21}&a_{22}&\cdots&a_{2n}\\\vdots&\vdots&&\vdots\\a_{m1}&a_{m2}&\cdots&a_{mn}\end{bmatrix},B=\begin{bmatrix}b_{11}&b_{12}&\cdots&b_{1n}\\b_{21}&b_{22}&\cdots&b_{2n}\\\vdots&\vdots&&\vdots\\b_{m1}&b_{m2}&\cdots&b_{mn}\end{bmatrix},$$

$$A+B=\begin{bmatrix}a_{11}+b_{11}&a_{12}+b_{12}&\cdots&a_{1n}+b_{1n}\\a_{21}+b_{21}&a_{22}+b_{22}&\cdots&a_{2n}+b_{2n}\\\vdots&\vdots&&\vdots\\a_{m1}+b_{m1}&a_{m2}+b_{m2}&\cdots&a_{mn}+b_{mn}\end{bmatrix}.$$

应当注意，只有当两个矩阵具有相同的行数和列数时，才能进行矩阵的加法运算.

例 3 中的运算可以写成

$$C=A+B=\begin{bmatrix}10&15&10&0\\3&7&6&20\\2&0&10&5\end{bmatrix}+\begin{bmatrix}8&5&2&5\\7&11&0&10\\0&6&7&15\end{bmatrix}$$

$$=\begin{bmatrix}10+8&15+5&10+2&0+5\\3+7&7+11&6+0&20+10\\2+0&0+6&10+7&5+15\end{bmatrix}=\begin{bmatrix}18&20&12&5\\10&18&6&30\\2&6&17&20\end{bmatrix}.$$

例 4 已知 $A=B+C$，求 B，C 中的未知数 x_1、x_2、x_3 及 y_1、y_2、y_3.

其中 $A=\begin{bmatrix}2&5&-1\\1&1&0\\1&-2&4\end{bmatrix}$，$B=\begin{bmatrix}2&x_1&x_2\\x_1&1&x_3\\x_2&x_3&4\end{bmatrix}$，$C=\begin{bmatrix}0&y_1&y_2\\-y_1&0&y_3\\-y_2&-y_3&0\end{bmatrix}$.

解 由 $A=B+C$，得

$$\begin{bmatrix}2&5&-1\\1&1&0\\1&-2&4\end{bmatrix}=\begin{bmatrix}2&x_1&x_2\\x_1&1&x_3\\x_2&x_3&4\end{bmatrix}+\begin{bmatrix}0&y_1&y_2\\-y_1&0&y_3\\-y_2&-y_3&0\end{bmatrix}$$

$$=\begin{bmatrix}2&x_1+y_1&x_2+y_2\\x_1-y_1&1&x_3+y_3\\x_2-y_2&x_3-y_3&4\end{bmatrix}.$$

由矩阵相等的意义得

$$\begin{cases}x_1+y_1=5,\\x_1-y_1=1,\end{cases}\begin{cases}x_2+y_2=-1,\\x_2-y_2=1,\end{cases}\begin{cases}x_3+y_3=0,\\x_3-y_3=-2.\end{cases}$$

解得　$\begin{cases}x_1=3,\\ y_1=2,\end{cases}\quad\begin{cases}x_2=0,\\ y_2=-1,\end{cases}\quad\begin{cases}x_3=-1,\\ y_3=1.\end{cases}$

故
$$\boldsymbol{B}=\begin{bmatrix}2 & 3 & 0\\ 3 & 1 & -1\\ 0 & -1 & 4\end{bmatrix},\boldsymbol{C}=\begin{bmatrix}0 & 2 & -1\\ -2 & 0 & 1\\ 1 & -1 & 0\end{bmatrix}.$$

把矩阵 $A=(a_{ij})_{m\times n}$ 中各元素都变号得到的矩阵称为$\boldsymbol{A}$ 的负矩阵，记作$-\boldsymbol{A}$. 即

$$-\boldsymbol{A}=(-a_{ij})_{m\times n}.$$

由矩阵加法的定义可以验证矩阵的加法具有以下运算律：

设$\boldsymbol{A}$，$\boldsymbol{B}$，$\boldsymbol{C}$，$\boldsymbol{O}$都为$m\times n$矩阵，则有

① $\boldsymbol{A}+\boldsymbol{B}=\boldsymbol{B}+\boldsymbol{A}$；

② $(\boldsymbol{A}+\boldsymbol{B})+\boldsymbol{C}=\boldsymbol{A}+(\boldsymbol{B}+\boldsymbol{C})$；

③$\boldsymbol{A}+\boldsymbol{O}=\boldsymbol{A}$；

④$\boldsymbol{A}+(-\boldsymbol{A})=\boldsymbol{O}$.

利用矩阵的加法及负矩阵，可以定义矩阵的减法：

如果$\boldsymbol{A}=(a_{ij})_{m\times n}$，$\boldsymbol{B}=(b_{ij})_{m\times n}$，则

$$\boldsymbol{A}-\boldsymbol{B}=\boldsymbol{A}+(-\boldsymbol{B})=(a_{ij})_{m\times n}+(-b_{ij})_{m\times n}=(a_{ij}-b_{ij})_{m\times n}.$$

例 5　设$\boldsymbol{A}=\begin{pmatrix}5 & 7\\ 6 & 8\end{pmatrix}$，$\boldsymbol{B}=\begin{pmatrix}2 & 3\\ 1 & 4\end{pmatrix}$，求满足$\boldsymbol{A}+\boldsymbol{X}=\boldsymbol{B}$的矩阵$\boldsymbol{X}$.

解　$\boldsymbol{X}=\boldsymbol{B}-\boldsymbol{A}=\begin{pmatrix}2 & 3\\ 1 & 4\end{pmatrix}-\begin{pmatrix}5 & 7\\ 6 & 8\end{pmatrix}=\begin{pmatrix}-3 & -4\\ -5 & -4\end{pmatrix}$.

（2）数与矩阵的乘法

定义 4　设$\boldsymbol{A}=(a_{ij})$为$m\times n$矩阵，k为任意常数，用数k乘矩阵$\boldsymbol{A}$的每一个元素所得到的矩阵(ka_{ij})叫做数k与矩阵$\boldsymbol{A}$的乘积，记作$k\boldsymbol{A}$，简称矩阵$\boldsymbol{A}$的数乘，即

$$k\boldsymbol{A}=\begin{bmatrix}ka_{11} & ka_{12} & \cdots & ka_{1n}\\ ka_{21} & ka_{22} & \cdots & ka_{2n}\\ \cdots & \cdots & \cdots & \cdots\\ ka_{m1} & ka_{m2} & \cdots & ka_{mn}\end{bmatrix}.$$

例如，$\boldsymbol{A}=\begin{pmatrix}2 & -3 & 1\\ 0 & 1 & -2\end{pmatrix}$，则$2\boldsymbol{A}=\begin{pmatrix}4 & -6 & 2\\ 0 & 2 & -4\end{pmatrix}$.

由定义，数k乘矩阵$\boldsymbol{A}$就是将$\boldsymbol{A}$的每一个元素都乘数k，作为数字乘法有结合律，对加法有分配律，因此数乘矩阵具有以下运算律：

设 $\boldsymbol{A},\boldsymbol{B}$ 都为 $m\times n$ 矩阵，k，l 为任意常数，则

① $(kl)\boldsymbol{A}=k(l\boldsymbol{A})=l(k\boldsymbol{A})$；

② $(k+l)\boldsymbol{A}=k\boldsymbol{A}+l\boldsymbol{A}$；

③ $k(\boldsymbol{A}+\boldsymbol{B})=k\boldsymbol{A}+k\boldsymbol{B}$；

④ $1\boldsymbol{A}=\boldsymbol{A}$，$0\boldsymbol{A}=\boldsymbol{O}$.

例 6 设 $\boldsymbol{A}=\begin{pmatrix}3&-1&0\\2&1&4\end{pmatrix}$，$\boldsymbol{B}=\begin{pmatrix}5&-1&2\\6&3&0\end{pmatrix}$，且 $\boldsymbol{A}+2\boldsymbol{X}=\boldsymbol{B}$，求 $\boldsymbol{X}$.

解

$$\boldsymbol{X}=\frac{1}{2}(\boldsymbol{B}-\boldsymbol{A})=\frac{1}{2}\begin{pmatrix}2&0&2\\4&2&-4\end{pmatrix}=\begin{pmatrix}1&0&1\\2&1&-2\end{pmatrix}.$$

例 7 设 $\boldsymbol{A}=\begin{pmatrix}1&2\\3&4\end{pmatrix}$，求 $|-3\boldsymbol{A}|$.

解 由矩阵乘法定义

$$-3\boldsymbol{A}=\begin{pmatrix}-3&-6\\-9&-12\end{pmatrix},$$

那么

$$|-3\boldsymbol{A}|=\begin{vmatrix}-3&-6\\-9&-12\end{vmatrix}=(-3)^2\begin{vmatrix}1&2\\3&4\end{vmatrix}$$

$$=(-3)^2|\boldsymbol{A}|=-18.$$

一般地，如果 $\boldsymbol{A}$ 是 n 阶方阵，则

$$|k\boldsymbol{A}|=k^n|\boldsymbol{A}|.$$

这是因为 $k\boldsymbol{A}$ 中每一行（或列）都有公因数 k，作为行列式 $|k\boldsymbol{A}|$ 每行（或列）可提出一个公因数 k，所以一共可提出 n 个 k.

作为矩阵，当所有的元素都有公因数 k 时才可把 k 提到矩阵符号之外，这又是矩阵与行列式容易混淆的一点.

（3）矩阵的乘法

例 8 某企业生产两种产品，三个车间的月生产量用矩阵 $\boldsymbol{A}$ 表示，产品的单位成本和单位售价用矩阵 $\boldsymbol{B}$ 表示，求该企业各车间的月生产产品的总成本和销售总额.

$$\boldsymbol{A}=\begin{matrix}\text{产品甲} & \text{产品乙} & \\ \begin{bmatrix}250 \\ 200 \\ 240\end{bmatrix.} & \begin{bmatrix.}280 \\ 260 \\ 150\end{bmatrix} & \begin{matrix}\text{一车间}\\ \text{二车间}\\ \text{三车间}\end{matrix}\end{matrix}\qquad \boldsymbol{B}=\begin{matrix}\text{单位成本} & \text{售价} & \\ \begin{pmatrix}4 \\ 3\end{pmatrix.} & \begin{pmatrix.}5 \\ 4\end{pmatrix} & \begin{matrix}\text{甲}\\ \text{乙}\end{matrix}\end{matrix}$$

解 一车间的总成本为

$$250\times4+280\times3=1840,$$

一车间的销售总额为

$$250\times5+280\times4=2370,$$

二车间的总成本为

$$200\times4+260\times3=1580,$$

二车间的销售总额为

$$200\times5+260\times4=2040,$$

三车间的总成本为

$$240\times4+150\times3=1410,$$

三车间的销售总额为

$$240\times5+150\times4=1800.$$

用矩阵 C 表示上述结果

$$C=\begin{bmatrix}250\times4+280\times3 & 250\times5+280\times4\\200\times4+260\times3 & 200\times5+260\times4\\240\times4+150\times3 & 240\times5+150\times4\end{bmatrix}$$

$$=\begin{bmatrix}1840 & 2370\\1580 & 2040\\1410 & 1800\end{bmatrix}\begin{matrix}\text{一车间}\\\text{二车间}\\\text{三车间}\end{matrix}$$

$$\begin{matrix}\text{总成本} & \text{销售总额}\end{matrix}$$

从上述的计算过程可以看出，矩阵 $\boldsymbol{C}$ 第 i 行第 j 列的元素是矩阵 $\boldsymbol{A}$ 第 i 行元素与矩阵 $\boldsymbol{B}$ 第 j 列元素对应相乘之和. 这样的矩阵 $\boldsymbol{C}$ 就称为 $\boldsymbol{A}$ 与 $\boldsymbol{B}$ 的乘积，记为 $\boldsymbol{AB}=\boldsymbol{C}$.

定义 5 设矩阵 $\boldsymbol{A}=(a_{ik})_{m\times s}$，$\boldsymbol{B}=(b_{kj})_{s\times n}$，那么矩阵 $\boldsymbol{C}=(c_{ij})_{m\times n}$ 称为 $\boldsymbol{A}$ 与 $\boldsymbol{B}$ 的乘积，记为 $\boldsymbol{C}=\boldsymbol{AB}$. 其中

$$c_{ij}=a_{i1}b_{1j}+a_{i2}b_{2j}+\cdots+a_{is}b_{sj}=\sum_{k=1}^{s}a_{ik}b_{kj}\,(i=1,2,\cdots,m,j=1,2,\cdots,n),$$

这个定义说明，如果矩阵 $\boldsymbol{A}$ 的列数等于矩阵 $\boldsymbol{B}$ 的行数，则 $\boldsymbol{A}$ 与 $\boldsymbol{B}$ 的乘积 $\boldsymbol{C}$ 中第 i 行第 j 列的元素等于矩阵 $\boldsymbol{A}$ 第 i 行元素与矩阵 $\boldsymbol{B}$ 第 j 列元素对应相乘之和，并且矩阵 $\boldsymbol{C}$ 的行数等于矩阵 $\boldsymbol{A}$ 的行数，矩阵 $\boldsymbol{C}$ 的列数等于矩阵 $\boldsymbol{B}$ 的列数.

例 9 已知矩阵

$$A=\begin{bmatrix}4 & 3 & 1\\ 2 & 0 & 3\\ 0 & -1 & 4\end{bmatrix},\ B=\begin{bmatrix}2 & 0\\ 1 & 3\\ 0 & 1\end{bmatrix}，求 AB 和 BA .$$

解

$$AB=\begin{bmatrix}4 & 3 & 1\\ 2 & 0 & 3\\ 0 & -1 & 4\end{bmatrix}\begin{bmatrix}2 & 0\\ 1 & 3\\ 0 & 1\end{bmatrix}$$

$$=\begin{bmatrix}4\times2+3\times1+1\times0 & 4\times0+3\times3+1\times1\\ 2\times2+0\times1+3\times0 & 2\times0+0\times3+3\times1\\ 0\times2+(-1)\times1+4\times0 & 0\times0+(-1)\times3+4\times1\end{bmatrix}$$

$$=\begin{bmatrix}11 & 10\\ 4 & 3\\ -1 & 1\end{bmatrix}.$$

由于 B 的列数与 A 的行数不相同，故 BA 无意义.

例 10 设 $A=\begin{pmatrix}1 & -2\\ -2 & 4\end{pmatrix}$，$B=\begin{pmatrix}2 & 4\\ 1 & 2\end{pmatrix}$，求 AB 和 BA .

解 $AB=\begin{pmatrix}1 & -2\\ -2 & 4\end{pmatrix}\begin{pmatrix}2 & 4\\ 1 & 2\end{pmatrix}=\begin{pmatrix}0 & 0\\ 0 & 0\end{pmatrix}=O$，

$$BA=\begin{pmatrix}2 & 4\\ 1 & 2\end{pmatrix}\begin{pmatrix}1 & -2\\ -2 & 4\end{pmatrix}=\begin{pmatrix}-6 & 12\\ -3 & 6\end{pmatrix}\neq O.$$

从上面的两个例题我们看到，矩阵的乘法一般不满足交换律，即 $AB\neq BA$，因此，对矩阵作乘法一定要注意先后次序，AB 称为用 B 右乘 A，BA 称为用 B 左乘 A .

对于某些矩阵 A 与 B，若 $AB=BA$，则称 A 与 B 是可交换的.

例如

若 $A=\begin{pmatrix}1 & 1\\ 0 & 1\end{pmatrix}$，$B=\begin{pmatrix}-1 & 2\\ 0 & -1\end{pmatrix}$，则有 $AB=BA=\begin{pmatrix}-1 & 1\\ 0 & -1\end{pmatrix}$，即矩阵 A 与 B 是可交换的. 但作为统一的运算法则，矩阵乘法交换律是不成立的.

从例 10 还看到，虽 $A\neq O$，$B\neq O$，但却有 $AB=O$. 因此，我们不能从 $AB=O$ 推出矩阵 $A=O$ 或 $B=O$.

例 11　若 $\boldsymbol{A}=\begin{pmatrix}-1 & 2\\ 0 & 3\end{pmatrix}$，$\boldsymbol{B}=\begin{pmatrix}-1 & 0\\ 0 & 5\end{pmatrix}$，$\boldsymbol{C}=\begin{pmatrix}1 & 1\\ 0 & 0\end{pmatrix}$，求 $\boldsymbol{AC}$ 和 $\boldsymbol{BC}$.

解　$\boldsymbol{AC}=\begin{pmatrix}-1 & 2\\ 0 & 3\end{pmatrix}\begin{pmatrix}1 & 1\\ 0 & 0\end{pmatrix}=\begin{pmatrix}-1 & -1\\ 0 & 0\end{pmatrix}$，

$\boldsymbol{BC}=\begin{pmatrix}-1 & 0\\ 0 & 5\end{pmatrix}\begin{pmatrix}1 & 1\\ 0 & 0\end{pmatrix}=\begin{pmatrix}-1 & -1\\ 0 & 0\end{pmatrix}$，

即 $\boldsymbol{AC}=\boldsymbol{BC}$，但 $\boldsymbol{A}\neq\boldsymbol{B}$.

可以看出矩阵乘法也不满足消去律.

矩阵的乘法虽然不满足交换律和消去律，但满足结合律和分配律：

①$(\boldsymbol{A}_{m\times s}\boldsymbol{B}_{s\times n})\boldsymbol{C}_{n\times l}=\boldsymbol{A}_{m\times s}(\boldsymbol{B}_{s\times n}\boldsymbol{C}_{n\times l})$；

②$k(\boldsymbol{A}_{m\times s}\boldsymbol{B}_{s\times n})=(k\boldsymbol{A})\boldsymbol{B}=\boldsymbol{A}(k\boldsymbol{B})$（$k$ 为任意常数）；

③$\boldsymbol{A}_{m\times s}(\boldsymbol{B}_{s\times n}+\boldsymbol{C}_{s\times n})=\boldsymbol{AB}+\boldsymbol{AC}$；

④$(\boldsymbol{A}_{m\times s}+\boldsymbol{B}_{m\times s})\boldsymbol{C}_{s\times n}=\boldsymbol{AC}+\boldsymbol{BC}$；

⑤$\boldsymbol{I}_m\boldsymbol{A}_{m\times n}=\boldsymbol{A}$，$\boldsymbol{A}_{m\times n}\boldsymbol{I}_n=\boldsymbol{A}$.

根据矩阵乘法运算的定义，可以把许多复杂问题化为简单的形式.

例如，对线性方程组

$$\begin{cases}a_{11}x_1+a_{12}x_2+\cdots+a_{1n}x_n=b_1,\\ a_{21}x_1+a_{22}x_2+\cdots+a_{2n}x_n=b_2,\\ \cdots\cdots\cdots\cdots\\ a_{m1}x_1+a_{m2}x_2+\cdots+a_{mn}x_n=b_m.\end{cases}$$

设其系数矩阵为 $\boldsymbol{A}$，常数项矩阵为 $\boldsymbol{b}$，未知数列矩阵为 $\boldsymbol{x}$，即

$$A=\begin{bmatrix}a_{11} & a_{12} & \cdots & a_{1n}\\ a_{21} & a_{22} & \cdots & a_{2n}\\ \vdots & \vdots & & \vdots\\ a_{m1} & a_{m2} & \cdots & a_{mn}\end{bmatrix},\ \boldsymbol{x}=\begin{bmatrix}x_1\\ x_2\\ \vdots\\ x_n\end{bmatrix},\ \boldsymbol{b}=\begin{bmatrix}b_1\\ b_2\\ \vdots\\ b_m\end{bmatrix}.$$

则线性方程组可表示成矩阵形式：$\boldsymbol{Ax}=\boldsymbol{b}$.

关于矩阵乘法还有一个重要性质：同阶方阵 $\boldsymbol{A}$ 与 $\boldsymbol{B}$ 的乘积的行列式，等于矩阵 $\boldsymbol{A}$ 的行列式与矩阵 $\boldsymbol{B}$ 的行列式的乘积. 即

$$|\boldsymbol{AB}|=|\boldsymbol{A}|\cdot|\boldsymbol{B}|.$$

我们略去证明，只用一个例子来验证这个公式.

设 $\boldsymbol{A}=\begin{pmatrix}-1 & 2\\ -5 & 3\end{pmatrix}$，$\boldsymbol{B}=\begin{pmatrix}4 & 2\\ 5 & 3\end{pmatrix}$.

由 $\boldsymbol{AB}=\begin{pmatrix}6 & 4\\-5 & -1\end{pmatrix}$，得 $|\boldsymbol{AB}|=\begin{vmatrix}6 & 4\\-5 & -1\end{vmatrix}=14$；

由 $|\boldsymbol{A}|=\begin{vmatrix}-1 & 2\\-5 & 3\end{vmatrix}=7$，$|\boldsymbol{B}|=\begin{vmatrix}4 & 2\\5 & 3\end{vmatrix}=2$，得 $|\boldsymbol{A}|\cdot|\boldsymbol{B}|=14$.

$$|\boldsymbol{AB}|=|\boldsymbol{A}|\cdot|\boldsymbol{B}|.$$

（4）方阵的幂

定义 6 设 $\boldsymbol{A}$ 是 n 阶方阵，k 是正整数，则 k 个 $\boldsymbol{A}$ 的连乘积称为方阵 $\boldsymbol{A}$ 的 k 次幂，记作

$$\boldsymbol{A}^k=\underbrace{\boldsymbol{A}\cdot\boldsymbol{A}\cdot\cdots\cdot\boldsymbol{A}}_{k个}.$$

方阵的幂具有下列性质：

设 $\boldsymbol{A}$ 是方阵，k，l 是正整数

① $\boldsymbol{A}^k\boldsymbol{A}^l=\boldsymbol{A}^{k+l}$；

② $(\boldsymbol{A}^k)^l=\boldsymbol{A}^{kl}$.

注意 由于矩阵的乘法不满足交换律，因而初等代数中许多乘幂公式对于方阵一般不能成立.

例如，当 $\boldsymbol{AB}\neq\boldsymbol{BA}$ 时，

$$\begin{aligned}(\boldsymbol{A}+\boldsymbol{B})^2&=(\boldsymbol{A}+\boldsymbol{B})(\boldsymbol{A}+\boldsymbol{B})=\boldsymbol{A}^2+\boldsymbol{AB}+\boldsymbol{BA}+\boldsymbol{B}^2\\&\neq\boldsymbol{A}^2+2\boldsymbol{AB}+\boldsymbol{B}^2.\end{aligned}$$

$$(\boldsymbol{AB})^k=\underbrace{\boldsymbol{AB}\cdot\boldsymbol{AB}\cdot\cdots\cdot\boldsymbol{AB}}_{k个}\neq\boldsymbol{A}^k\boldsymbol{B}^k.$$

（5）矩阵的转置

定义 7 将 $m\times n$ 矩阵 $\boldsymbol{A}$ 的行与列互换，得到的 $n\times m$ 矩阵，称为 $\boldsymbol{A}$ 的转置矩阵，记作 $\boldsymbol{A}^{\mathrm{T}}$ 或 $\boldsymbol{A}'$. 即如果

$$\boldsymbol{A}=\begin{bmatrix}a_{11} & a_{12} & \cdots & a_{1n}\\a_{21} & a_{22} & \cdots & a_{2n}\\\vdots & \vdots & & \vdots\\a_{m1} & a_{m2} & \cdots & a_{mn}\end{bmatrix}_{m\times n},$$

则

$$\boldsymbol{A}^{\mathrm{T}}=\begin{bmatrix}a_{11} & a_{21} & \cdots & a_{m1}\\a_{12} & a_{22} & \cdots & a_{m2}\\\vdots & \vdots & & \vdots\\a_{1n} & a_{2n} & \cdots & a_{mn}\end{bmatrix}_{n\times m}.$$

例如矩阵

$$A=\begin{pmatrix}1&-3&-2\\2&0&4\end{pmatrix}_{2\times3}\text{，则 }A^{\mathrm{T}}=\begin{pmatrix}1&2\\-3&0\\-2&4\end{pmatrix}_{3\times2}.$$

矩阵的转置具有下列性质：

① $(A^{\mathrm{T}})^{\mathrm{T}}=A$；

② $(A+B)^{\mathrm{T}}=A^{\mathrm{T}}+B^{\mathrm{T}}$；

③ $(kA)^{\mathrm{T}}=kA^{\mathrm{T}}$（$k$ 是常数）；

④ $(AB)^{\mathrm{T}}=B^{\mathrm{T}}A^{\mathrm{T}}$.

性质①，②，③显然成立，下面仅证明性质④.

证明 设 $A=(a_{ik})_{m\times s}$，$B=(b_{kj})_{s\times n}$.

因为 AB 是 $m\times n$ 矩阵，所以 $(AB)^{\mathrm{T}}$ 是 $n\times m$ 矩阵. 由于 B^{T} 是 $n\times s$ 矩阵，A^{T} 是 $s\times m$ 矩阵，所以 $B^{\mathrm{T}}A^{\mathrm{T}}$ 是 $n\times m$ 矩阵.

位于 $(AB)^{\mathrm{T}}$ 的第 j 行第 i 列的元素是 AB 第 i 行第 j 列的元素

$$a_{i1}b_{1j}+a_{i2}b_{2j}+\cdots+a_{is}b_{sj}=\sum_{k=1}^{s}a_{ik}b_{kj}.$$

位于矩阵 $B^{\mathrm{T}}A^{\mathrm{T}}$ 的第 j 行第 i 列的元素，应为 B^{T} 的第 j 行元素与 A^{T} 的第 i 列元素对应相乘的和

$$b_{1j}a_{i1}+b_{2j}a_{i2}+\cdots+b_{sj}a_{is}=\sum_{k=1}^{s}b_{kj}a_{ik}.$$

于是得到矩阵 $(AB)^{\mathrm{T}}$ 与矩阵 $B^{\mathrm{T}}A^{\mathrm{T}}$ 的对应元素均相等.

因此
$$(AB)^{\mathrm{T}}=B^{\mathrm{T}}A^{\mathrm{T}}.$$

例 12 设 $A=\begin{pmatrix}1&-3&-2\\2&0&4\end{pmatrix}$，$B=\begin{pmatrix}4&3\\1&1\\0&1\end{pmatrix}$，

求 $(AB)^{\mathrm{T}}$，$B^{\mathrm{T}}A^{\mathrm{T}}$.

解 由

$$AB=\begin{pmatrix}1&-3&-2\\2&0&4\end{pmatrix}\begin{pmatrix}4&3\\1&1\\0&1\end{pmatrix}=\begin{pmatrix}1&-2\\8&10\end{pmatrix},$$

有
$$(AB)^{\mathrm{T}}=\begin{pmatrix}1&8\\-2&10\end{pmatrix}.$$

$$\boldsymbol{B}^{\mathrm{T}}\boldsymbol{A}^{\mathrm{T}}=\begin{pmatrix}4&1&0\\3&1&1\end{pmatrix}\begin{pmatrix}1&2\\-3&0\\-2&4\end{pmatrix}=\begin{pmatrix}1&8\\-2&10\end{pmatrix}.$$

定义 8 如果 n 阶方阵 $\boldsymbol{A}=(a_{ij})$ 的元素满足条件

$$a_{ij}=a_{ji}\quad(i,j=1,2,\cdots,n),$$

也即有 $\boldsymbol{A}^{\mathrm{T}}=\boldsymbol{A}$ 时，则称 $\boldsymbol{A}$ 为对称矩阵.

例如

$$\begin{pmatrix}1&-2\\-2&3\end{pmatrix},\ \begin{bmatrix}2&3&0\\3&1&-1\\0&-1&4\end{bmatrix}$$

均为对称矩阵.

易证：若 $\boldsymbol{A}$，$\boldsymbol{B}$ 为 n 阶对称矩阵，则 $k\boldsymbol{A}$，$\boldsymbol{A}\pm\boldsymbol{B}$ 仍为对称矩阵，但 $\boldsymbol{AB}$ 未必对称.

例如

$$\begin{pmatrix}1&2\\2&1\end{pmatrix}\begin{pmatrix}1&-1\\-1&0\end{pmatrix}=\begin{pmatrix}-1&-1\\1&-2\end{pmatrix}$$

为非对称矩阵.

习题 9—1

1. 计算：

(1) $\begin{pmatrix}1&0\\2&1\end{pmatrix}+\begin{pmatrix}-1&2\\-3&4\end{pmatrix}$；

(2) $\begin{pmatrix}1&0&1\\0&-1&2\end{pmatrix}+\begin{pmatrix}1&3&2\\2&1&3\end{pmatrix}$；

(3) $\begin{bmatrix}5&-1\\3&-2\\2&4\end{bmatrix}-\begin{bmatrix}3&-2\\2&-3\\1&4\end{bmatrix}$.

2. 若 $\boldsymbol{A}=\begin{pmatrix}2&-2\\4&0\end{pmatrix}$，$\boldsymbol{B}=\begin{pmatrix}2&3\\-1&4\end{pmatrix}$，求：

(1) $\boldsymbol{A}+2\boldsymbol{B}$；(2) $2\boldsymbol{A}-\boldsymbol{B}$；(3) $\boldsymbol{B}-\boldsymbol{A}$；(4) $\boldsymbol{A}^{\mathrm{T}}+\boldsymbol{B}^{\mathrm{T}}$；(5) 由 $\boldsymbol{A}-2\boldsymbol{X}=2\boldsymbol{B}$，求 $\boldsymbol{X}$.

3. 计算：

(1) $\begin{bmatrix}2\\1\\3\end{bmatrix}(1\quad -2)$；　　(2) $(1\quad 0\quad 3)\begin{bmatrix}2\\-1\\0\end{bmatrix}$；

(3) $\begin{pmatrix}1 & 1\\-1 & -1\end{pmatrix}\begin{pmatrix}-1 & 1\\1 & -1\end{pmatrix}$；　　(4) $\begin{bmatrix}5 & -1\\-2 & 3\\3 & -4\end{bmatrix}\begin{pmatrix}1 & 2\\-7 & 4\end{pmatrix}$；

(5) $\begin{bmatrix}0 & 0 & 1\\0 & 1 & 0\\1 & 0 & 0\end{bmatrix}\begin{bmatrix}4 & -2 & 1\\3 & 2 & 5\\-1 & 3 & 0\end{bmatrix}$；　　(6) $(1\quad -1\quad 2)\begin{bmatrix}2 & 3\\1 & 0\\-2 & 1\end{bmatrix}\begin{pmatrix}-1\\1\end{pmatrix}$.

4. 计算（其中 n 为正整数）：

(1) $\begin{pmatrix}1 & -2\\3 & 4\end{pmatrix}^2$；　　(2) $\begin{bmatrix}1 & 0 & 0\\1 & 1 & 0\\1 & 1 & 1\end{bmatrix}^2$；

(3) $\begin{pmatrix}1 & 0\\1 & 1\end{pmatrix}^n$；　　(4) $\begin{pmatrix}1 & 1\\0 & 0\end{pmatrix}^n$；

(5) $\begin{bmatrix}\boldsymbol{a} & 0 & 0\\0 & \boldsymbol{b} & 0\\0 & 0 & \boldsymbol{c}\end{bmatrix}^n$；　　(6) $\begin{bmatrix}0 & 0 & 0\\1 & 0 & 0\\2 & 3 & 0\end{bmatrix}^4$.

5. 设 $\boldsymbol{A}=\begin{pmatrix}1 & 0\\0 & -1\end{pmatrix}$，$\boldsymbol{B}=\begin{pmatrix}0 & 1\\-1 & 0\end{pmatrix}$，求：

(1) $(\boldsymbol{AB})^2$；　　(2) $\boldsymbol{A}^2\boldsymbol{B}^2$.

6. 设 $\boldsymbol{A}=\begin{bmatrix}1 & 0 & 3\\0 & 2 & 1\\0 & 0 & 1\end{bmatrix}$，$\boldsymbol{B}=\begin{bmatrix}1 & 0 & 0\\0 & 2 & 1\\3 & 0 & 1\end{bmatrix}$，求：

(1) $(\boldsymbol{A}+\boldsymbol{B})(\boldsymbol{A}-\boldsymbol{B})$；　　(2) $\boldsymbol{A}^2-\boldsymbol{B}^2$.

7. 已知下列矩阵关系：

$$\begin{pmatrix}a & b\\c & d\end{pmatrix}=\begin{pmatrix}2 & 1\\b & -c\end{pmatrix}\begin{pmatrix}0 & 1\\1 & 0\end{pmatrix}.$$

求 a,b,c,d.

8. 设 $\boldsymbol{A}=\begin{pmatrix}1 & 2\\-7 & 4\end{pmatrix}$，$\boldsymbol{B}=\begin{bmatrix}5 & -1\\-2 & 3\\3 & -4\end{bmatrix}$，求：

(1) $\boldsymbol{AB}^{\mathrm{T}}$；　　(2) $\boldsymbol{BA}$；　　(3) $\boldsymbol{BA}^{\mathrm{T}}$.

9. 设 $\boldsymbol{A}$ 与 $\boldsymbol{B}$ 是两个 n 阶对称矩阵. 证明：当且仅当 $\boldsymbol{A}$ 与 $\boldsymbol{B}$ 可交换时，$\boldsymbol{AB}$ 是对称的。

10.4 个工厂均能生产甲、乙、丙 3 种产品，其单位成本见下表：

单位成本（元）/ 产品 / 工厂	甲	乙	丙
Ⅰ	3	5	6
Ⅱ	2	4	8
Ⅲ	4	5	5
Ⅳ	4	3	7

现要生产产品甲 600 件，产品乙 500 件，产品丙 200 件，问由哪个工厂生产成本最低.

第二节　逆矩阵

在数的运算中，对于给定的数 a，若存在数 b，使得 $ab=ba=1$，则称 a 存在倒数且 b 为 a 的倒数，记作 $b=\frac{1}{a}=a^{-1}$. 对于 n 阶方阵 $\boldsymbol{A}$，也可以引入与倒数类似的概念——逆矩阵. 逆矩阵在矩阵理论和应用中都起着重要的作用.

1. 逆矩阵的概念与性质

定义 1　对于 n 阶方阵 $\boldsymbol{A}$，如果存在 n 阶方阵 $\boldsymbol{B}$，使得

$$\boldsymbol{AB}=\boldsymbol{BA}=\boldsymbol{I},$$

则称方阵 $\boldsymbol{A}$ 为可逆矩阵，而称方阵 $\boldsymbol{B}$ 为 $\boldsymbol{A}$ 的逆矩阵.

性质 1　若方阵 $\boldsymbol{A}$ 为可逆矩阵，则其逆矩阵唯一.

证明　设 $\boldsymbol{B}$ 与 $\boldsymbol{C}$ 都是 $\boldsymbol{A}$ 的逆矩阵，则有

$$\boldsymbol{AB}=\boldsymbol{BA}=\boldsymbol{I},\ \boldsymbol{AC}=\boldsymbol{CA}=\boldsymbol{I},$$

$$\boldsymbol{B}=\boldsymbol{BI}=\boldsymbol{B}(\boldsymbol{AC})=(\boldsymbol{BA})\boldsymbol{C}=\boldsymbol{IC}=\boldsymbol{C}.$$

故 A 的逆矩阵是唯一的.

通常，我们把可逆矩阵 A 唯一的逆矩阵记作 A^{-1}.

依定义，有 $AA^{-1}=A^{-1}A=I$.

由上式可得下列性质：

性质 2 可逆矩阵 A 的逆矩阵 A^{-1} 也是可逆矩阵，且

$$(A^{-1})^{-1}=A,$$

即 A 与 A^{-1} 是互逆的.

性质 3 若 A 与 B 均为可逆矩阵，则其乘积 AB 也是可逆矩阵，且

$$(AB)^{-1}=B^{-1}A^{-1}.$$

证明 因为 $(AB)(B^{-1}A^{-1})=A(BB^{-1})A^{-1}=AIA^{-1}=AA^{-1}=I$,

$$(B^{-1}A^{-1})(AB)=B^{-1}(A^{-1}A)B=B^{-1}IB=B^{-1}B=I.$$

所以 AB 是可逆矩阵，且 $(AB)^{-1}=B^{-1}A^{-1}$.

性质 4 若 A 是可逆矩阵，则其转置矩阵 A^{T} 也是可逆矩阵，且

$$(A^{\mathrm{T}})^{-1}=(A^{-1})^{\mathrm{T}}.$$

证明 因为 $A^{\mathrm{T}}(A^{-1})^{\mathrm{T}}=(A^{-1}A)^{\mathrm{T}}=I^{\mathrm{T}}=I$,

$$(A^{-1})^{\mathrm{T}}A^{\mathrm{T}}=(AA^{-1})^{\mathrm{T}}=I^{\mathrm{T}}=I.$$

所以 A^{T} 也是可逆矩阵，且 $(A^{\mathrm{T}})^{-1}=(A^{-1})^{\mathrm{T}}$.

如何判定一个方阵 A 是否为可逆矩阵，若是可逆矩阵，又如何求出其逆矩阵 A^{-1}？下面我们来解决这些问题.

2. 可逆矩阵的判定及其逆矩阵的求法

定义 2 设 A 为 n 阶方阵，

$$A=\begin{bmatrix} a_{11} & a_{12} & \cdots & a_{1n} \\ a_{21} & a_{22} & \cdots & a_{2n} \\ \vdots & \vdots & & \vdots \\ a_{n1} & a_{n2} & \cdots & a_{nn} \end{bmatrix},$$

由 A 的行列式 $\det A$ 的元素 a_{ij} 的代数余子式 $A_{ij}\ (i,j=1,2,\cdots,n)$ 构成的 n 阶方阵 A^*，

$$A^*=\begin{bmatrix} A_{11} & A_{21} & \cdots & A_{n1} \\ A_{12} & A_{22} & \cdots & A_{n2} \\ \vdots & \vdots & & \vdots \\ A_{1n} & A_{2n} & \cdots & A_{nn} \end{bmatrix}$$

称为 A 的伴随矩阵.

注意 det $\boldsymbol{A}$ 中第 i 行各元素的代数余子式是依次排在伴随矩阵 $\boldsymbol{A}^*$ 的第 i 列的位置上 $(i=1,2,\cdots,n)$.

根据行列式的展开定理不难证明：

$$\boldsymbol{AA}^*=\boldsymbol{A}^*\boldsymbol{A}=\begin{bmatrix} \det \boldsymbol{A} & 0 & \cdots & 0 \\ 0 & \det \boldsymbol{A} & \cdots & 0 \\ \vdots & \vdots & & \vdots \\ 0 & 0 & \cdots & \det \boldsymbol{A} \end{bmatrix}=(\det \boldsymbol{A})\,\boldsymbol{I}.$$

定义 3 若 n 阶方阵 $\boldsymbol{A}$ 的行列式 $\det \boldsymbol{A}\neq 0$，则称 $\boldsymbol{A}$ 为非奇异矩阵.

定理 n 阶方阵 $\boldsymbol{A}$ 可逆的充分必要条件是 $\boldsymbol{A}$ 为非奇异矩阵，且有

$$\boldsymbol{A}^{-1}=\frac{1}{\det \boldsymbol{A}}\boldsymbol{A}^*.$$

其中 det $\boldsymbol{A}$ 为 $\boldsymbol{A}$ 的行列式，$\boldsymbol{A}^*$ 为 $\boldsymbol{A}$ 的伴随矩阵.

证明 必要性 设 $\boldsymbol{A}$ 为可逆矩阵，则存在逆矩阵 $\boldsymbol{A}^{-1}$.

由
$$\boldsymbol{AA}^{-1}=\boldsymbol{I},$$
得
$$\det(\boldsymbol{AA}^{-1})=\det \boldsymbol{A}\cdot\det \boldsymbol{A}^{-1}=\det \boldsymbol{I}=1.$$
所以
$$\det \boldsymbol{A}\neq 0.$$
即 $\boldsymbol{A}$ 为非奇异矩阵.

充分性 设 $\boldsymbol{A}$ 为非奇异矩阵，则 $\det \boldsymbol{A}\neq 0$.

由上面的计算可知：

$$\boldsymbol{AA}^*=\boldsymbol{A}^*\boldsymbol{A}=(\det \boldsymbol{A})\boldsymbol{I}.$$

因为 $\det \boldsymbol{A}\neq 0$，用 det $\boldsymbol{A}$ 除上式得到

$$\boldsymbol{A}\left(\frac{1}{\det \boldsymbol{A}}\boldsymbol{A}^*\right)=\left(\frac{1}{\det \boldsymbol{A}}\boldsymbol{A}^*\right)\boldsymbol{A}=\boldsymbol{I}.$$

所以 $\boldsymbol{A}$ 是可逆矩阵，且

$$\boldsymbol{A}^{-1}=\frac{1}{\det \boldsymbol{A}}\boldsymbol{A}^*.$$

这个定理不仅给出了 n 阶方阵 $\boldsymbol{A}$ 可逆的充分必要条件，而且在 $\boldsymbol{A}$ 可逆的情况下，给出了利用伴随矩阵求逆矩阵的方法.

由这个定理我们还看到，如果 n 阶方阵 $\boldsymbol{A}$，$\boldsymbol{B}$ 满足 $\boldsymbol{AB}=\boldsymbol{I}$，则

$$\det \boldsymbol{A}\cdot\det \boldsymbol{B}=\det \boldsymbol{I}=1,$$

即 $\det \boldsymbol{A}\neq 0$，于是 $\boldsymbol{A}$ 可逆. 故得

$$\boldsymbol{BA}=\boldsymbol{IBA}=(\boldsymbol{A}^{-1}\boldsymbol{A})\boldsymbol{BA}=\boldsymbol{A}^{-1}(\boldsymbol{AB})\boldsymbol{A}=\boldsymbol{A}^{-1}\boldsymbol{IA}=\boldsymbol{A}^{-1}\boldsymbol{A}=\boldsymbol{I}.$$

又因为逆矩阵是唯一的，所以 $\boldsymbol{A}^{-1}=\boldsymbol{B}$. 因此，今后若用定义来证明 $\boldsymbol{B}$ 是 $\boldsymbol{A}$ 的逆矩阵时，我们只须验证 $\boldsymbol{AB}=\boldsymbol{I}$ 或 $\boldsymbol{BA}=\boldsymbol{I}$ 之一成立就可以了.

例 1 已知 $A=\begin{pmatrix}2&4\\1&3\end{pmatrix}$，判断 A 是否可逆；若可逆，求其逆矩阵.

解 由于

$$\det A=\begin{vmatrix}2&4\\1&3\end{vmatrix}=2\neq 0,$$

所以 A 是可逆矩阵.

因为 $A_{11}=3, A_{12}=-1, A_{21}=-4, A_{22}=2$，故

$$A^{*}=\begin{pmatrix}3&-4\\-1&2\end{pmatrix}.$$

于是 $$A^{-1}=\frac{1}{2}\begin{pmatrix}3&-4\\-1&2\end{pmatrix}=\begin{pmatrix}\frac{3}{2}&-2\\-\frac{1}{2}&1\end{pmatrix}.$$

例 2 求矩阵

$$A=\begin{bmatrix}3&-1&0\\-2&1&1\\2&-1&4\end{bmatrix}$$

的逆矩阵.

解 因为

$$\det A=\begin{vmatrix}3&-1&0\\-2&1&1\\2&-1&4\end{vmatrix}=5\neq 0.$$

所以 A 是可逆矩阵.

再计算得

$$A_{11}=(-1)^{1+1}\begin{vmatrix}1&1\\-1&4\end{vmatrix}=5,\quad A_{12}=(-1)^{1+2}\begin{vmatrix}-2&1\\2&4\end{vmatrix}=10,$$

$$A_{13}=(-1)^{1+3}\begin{vmatrix}-2&1\\2&-1\end{vmatrix}=0,\quad A_{21}=(-1)^{2+1}\begin{vmatrix}-1&0\\-1&4\end{vmatrix}=4,$$

$$A_{22}=(-1)^{2+2}\begin{vmatrix}3&0\\2&4\end{vmatrix}=12,\quad A_{23}=(-1)^{2+3}\begin{vmatrix}3&-1\\2&-1\end{vmatrix}=1,$$

$$A_{31}=(-1)^{3+1}\begin{vmatrix}-1&0\\1&1\end{vmatrix}=-1,\quad A_{32}=(-1)^{3+2}\begin{vmatrix}3&0\\-2&1\end{vmatrix}=-3,$$

$$A_{33}=(-1)^{3+3}\begin{vmatrix}3&-1\\-2&1\end{vmatrix}=1.$$

所以

$$A^{*}=\begin{bmatrix}5&4&-1\\10&12&-3\\0&1&1\end{bmatrix}.$$

$$A^{-1}=\frac{1}{5}A^{*}=\frac{1}{5}\begin{bmatrix}5&4&-1\\10&12&-3\\0&1&1\end{bmatrix}=\begin{bmatrix}1&\frac{4}{5}&-\frac{1}{5}\\2&\frac{12}{5}&-\frac{3}{5}\\0&\frac{1}{5}&\frac{1}{5}\end{bmatrix}.$$

欲验证求出的 A^{-1} 是否正确，只要用 A^{-1} 与 A 相乘，看其结果是否为单位矩阵 I 即可. 这里

$$\begin{bmatrix}1&\frac{4}{5}&-\frac{1}{5}\\2&\frac{12}{5}&-\frac{3}{5}\\0&\frac{1}{5}&\frac{1}{5}\end{bmatrix}\begin{bmatrix}3&-1&0\\-2&1&1\\2&-1&4\end{bmatrix}=\begin{bmatrix}1&0&0\\0&1&0\\0&0&1\end{bmatrix},$$

可知所求出的 A^{-1} 是正确的.

例 3 设矩阵

$$A=\begin{pmatrix}3&0\\1&1\end{pmatrix},\qquad B=\begin{pmatrix}1&2\\-1&4\end{pmatrix}.$$

求满足矩阵方程 $XA=B$ 的矩阵 X.

解 由于 $|A|=\begin{vmatrix}3&0\\1&1\end{vmatrix}=3\neq 0$，故 A^{-1} 存在. 计算得

$$A_{11}=1,A_{12}=-1,$$
$$A_{21}=0,A_{22}=3.$$

所以 $$A^{-1}=\frac{1}{3}\begin{pmatrix}1&0\\-1&3\end{pmatrix}=\begin{pmatrix}\frac{1}{3}&0\\-\frac{1}{3}&1\end{pmatrix}.$$

再在 $XA=B$ 两边右乘 A^{-1}，得 $XAA^{-1}=BA^{-1}$，即 $XI=X=BA^{-1}$.
于是

$$X=BA^{-1}=\begin{pmatrix}1&2\\-1&4\end{pmatrix}\begin{pmatrix}\frac{1}{3}&0\\-\frac{1}{3}&1\end{pmatrix}=\begin{pmatrix}-\frac{1}{3}&2\\-\frac{5}{3}&4\end{pmatrix}.$$

例 4　设矩阵

$$A=\begin{bmatrix}3&-1&0\\-2&1&1\\2&-1&4\end{bmatrix},\qquad B=\begin{bmatrix}2&1\\2&0\\3&5\end{bmatrix}.$$

求满足矩阵方程 $AX=B$ 的矩阵 X.

解　由于 $|A|=5\neq 0$，故 A^{-1} 存在，并且计算得

$$A^{-1}=\frac{1}{5}\begin{bmatrix}5&4&-1\\10&12&-3\\0&1&1\end{bmatrix}=\begin{bmatrix}1&\frac{4}{5}&-\frac{1}{5}\\2&\frac{12}{5}&-\frac{3}{5}\\0&\frac{1}{5}&\frac{1}{5}\end{bmatrix}.$$

再在 $AX=B$ 两边左乘 A^{-1}，得 $A^{-1}AX=A^{-1}B$，即 $IX=X=A^{-1}B$.

所以

$$X=A^{-1}B=\begin{bmatrix}1&\frac{4}{5}&-\frac{1}{5}\\2&\frac{12}{5}&-\frac{3}{5}\\0&\frac{1}{5}&\frac{1}{5}\end{bmatrix}\begin{bmatrix}2&1\\2&0\\3&5\end{bmatrix}$$

$$=\begin{bmatrix}3&0\\7&-1\\1&1\end{bmatrix}.$$

例 5　利用逆矩阵解线性方程组

$$\begin{cases}2x_1+2x_2+3x_3=2,\\x_1-x_2=1,\\-x_1+2x_2+x_3=-1.\end{cases}$$

解　令

$$A=\begin{bmatrix}2&2&3\\1&-1&0\\-1&2&1\end{bmatrix},\ x=\begin{bmatrix}x_1\\x_2\\x_3\end{bmatrix},\ b=\begin{bmatrix}2\\1\\-1\end{bmatrix}.$$

则线性方程组可以表示为 $Ax=b$. 由于 $|A|=-1\neq 0$，故矩阵 A 是可逆的，再计算得

$$A^{-1}=\begin{bmatrix}2&2&3\\1&-1&0\\-1&2&1\end{bmatrix}^{-1}=\begin{bmatrix}1&-4&-3\\1&-5&-3\\-1&6&4\end{bmatrix}.$$

在矩阵方程 $\boldsymbol{Ax}=\boldsymbol{b}$ 两边同时左乘 $\boldsymbol{A}^{-1}$，得

$$\boldsymbol{x}=\boldsymbol{A}^{-1}\boldsymbol{b}=\begin{bmatrix}1&-4&-3\\1&-5&-3\\-1&6&4\end{bmatrix}\begin{bmatrix}2\\1\\-1\end{bmatrix}=\begin{bmatrix}1\\0\\0\end{bmatrix}.$$

所以，线性方程组的解为 $x_1=1, x_2=0, x_3=0$.

例 6 设 n 阶方阵 $\boldsymbol{A}$ 满足关系：$\boldsymbol{A}^2-3\boldsymbol{A}+2\boldsymbol{I}=\boldsymbol{O}$，证明 $\boldsymbol{A}$ 是可逆矩阵，并求出 $\boldsymbol{A}^{-1}$.

证明 因为 $$\boldsymbol{A}^2-3\boldsymbol{A}+2\boldsymbol{I}=\boldsymbol{O},$$

移项后有 $$\boldsymbol{A}(\boldsymbol{A}-3\boldsymbol{I})=-2\boldsymbol{I},$$

即有 $$\boldsymbol{A}\left[-\frac{1}{2}(\boldsymbol{A}-3\boldsymbol{I})\right]=\boldsymbol{I},$$

因此 $\boldsymbol{A}$ 是可逆矩阵，且 $\boldsymbol{A}^{-1}=-\frac{1}{2}(\boldsymbol{A}-3\boldsymbol{I})$.

习题 9—2

1. 判断下列矩阵是否可逆，如可逆，求出其逆矩阵.

(1) $\begin{bmatrix}6&5\\11&9\end{bmatrix}$；　(2) $\begin{bmatrix}a&b\\c&d\end{bmatrix}(ad-bc\neq 0)$；

(3) $\begin{bmatrix}1&0&0\\1&2&0\\1&2&3\end{bmatrix}$；　(4) $\begin{bmatrix}1&2&-3\\0&1&2\\0&0&1\end{bmatrix}$；

(5) $\begin{bmatrix}2&2&3\\1&-1&0\\-1&2&1\end{bmatrix}$；　(6) $\begin{bmatrix}3&-1&0\\-2&1&1\\2&-1&4\end{bmatrix}$.

2. 解下列矩阵方程.

(1) $\begin{pmatrix}1&-5\\-1&4\end{pmatrix}\boldsymbol{X}=\begin{pmatrix}3&2\\1&4\end{pmatrix}$；

(2) $\boldsymbol{X}\begin{bmatrix}1&-1&1\\1&1&0\\2&1&1\end{bmatrix}=\begin{bmatrix}-1&2&1\\4&5&-3\end{bmatrix}$.

3. 解下列线性方程组.

(1) $\begin{cases}x_1+2x_2+3x_3=-7,\\2x_1-x_2+2x_3=-8,\\x_1+3x_2=7;\end{cases}$

(2) $\begin{cases} -x_1+x_2+x_3=0, \\ x_1 \qquad +2x_3=-4, \\ x_1-2x_2 \qquad =0. \end{cases}$

4. 设 $\boldsymbol{A}$, $\boldsymbol{B}$ 为 n 阶方阵，且 $\boldsymbol{A}=\frac{1}{2}(\boldsymbol{B}+\boldsymbol{I})$.

证明：$\boldsymbol{A}^2=\boldsymbol{A}$ 的充分必要条件是 $\boldsymbol{B}^2=\boldsymbol{I}$.

* 第三节 分块矩阵

当矩阵的行数和列数较大时，运算相对比较烦琐，并且容易出错. 为了简化运算，有时把矩阵用一些横线和纵线分成若干个小矩阵，每一个小矩阵称为一个子块，以子块为元素的矩阵称为分块矩阵.

例如，$\boldsymbol{A}=\begin{bmatrix} 1 & 0 & 0 & 2 \\ 0 & 1 & 0 & -5 \\ 0 & 0 & 1 & 0 \\ 0 & 0 & 0 & 1 \end{bmatrix}$.

如果令 $\boldsymbol{I}_2=\begin{pmatrix} 1 & 0 \\ 0 & 1 \end{pmatrix}$, $\boldsymbol{A}_1=\begin{pmatrix} 0 & 2 \\ 0 & -5 \end{pmatrix}$, $\boldsymbol{O}=\begin{pmatrix} 0 & 0 \\ 0 & 0 \end{pmatrix}$，则

$$\boldsymbol{A}=\left[\begin{array}{cc:cc} 1 & 0 & 0 & 2 \\ 0 & 1 & 0 & -5 \\ \hdashline 0 & 0 & 1 & 0 \\ 0 & 0 & 0 & 1 \end{array}\right]=\begin{pmatrix} \boldsymbol{I}_2 & \boldsymbol{A}_1 \\ \boldsymbol{O} & \boldsymbol{I}_2 \end{pmatrix}.$$

这是 $\boldsymbol{A}$ 的一种分块. 矩阵的分块可以有各种不同的分法，如 $\boldsymbol{A}$ 也可以这样分块：

令 $\boldsymbol{I}_3=\begin{bmatrix} 1 & 0 & 0 \\ 0 & 1 & 0 \\ 0 & 0 & 1 \end{bmatrix}$, $\boldsymbol{A}_2=\begin{bmatrix} 2 \\ -5 \\ 0 \end{bmatrix}$, $\boldsymbol{O}=(0 \quad 0 \quad 0)$, $\boldsymbol{A}_3=(1)$，则

$$\boldsymbol{A}=\left[\begin{array}{ccc:c} 1 & 0 & 0 & 2 \\ 0 & 1 & 0 & -5 \\ 0 & 0 & 1 & 0 \\ \hdashline 0 & 0 & 0 & 1 \end{array}\right]=\begin{pmatrix} \boldsymbol{I}_3 & \boldsymbol{A}_2 \\ \boldsymbol{O} & \boldsymbol{A}_3 \end{pmatrix}.$$

令 $$\boldsymbol{\varepsilon}_1=\begin{bmatrix}1\\0\\0\\0\end{bmatrix},\boldsymbol{\varepsilon}_2=\begin{bmatrix}0\\1\\0\\0\end{bmatrix},\boldsymbol{\varepsilon}_3=\begin{bmatrix}0\\0\\1\\0\end{bmatrix},\boldsymbol{\alpha}=\begin{bmatrix}2\\-5\\0\\1\end{bmatrix},$$ 则

$$\boldsymbol{A}=\left[\begin{array}{c:c:c:c}1&0&0&2\\0&1&0&-5\\0&0&0&0\\0&0&1&1\end{array}\right]=(\boldsymbol{\varepsilon}_1\quad\boldsymbol{\varepsilon}_2\quad\boldsymbol{\varepsilon}_3\quad\boldsymbol{\alpha}).$$

分块矩阵的运算规则与普通矩阵的运算规则基本相同，下面分别加以讨论.

1. 加法

设 $\boldsymbol{A}$，$\boldsymbol{B}$ 都是 $m\times n$ 矩阵，用相同的方法将 $\boldsymbol{A}$，$\boldsymbol{B}$ 分成分块矩阵，设

$$\boldsymbol{A}=\begin{bmatrix}\boldsymbol{A}_{11}&\boldsymbol{A}_{12}&\cdots&\boldsymbol{A}_{1r}\\\boldsymbol{A}_{21}&\boldsymbol{A}_{22}&\cdots&\boldsymbol{A}_{2r}\\\vdots&\vdots&&\vdots\\\boldsymbol{A}_{s1}&\boldsymbol{A}_{s2}&\cdots&\boldsymbol{A}_{sr}\end{bmatrix},\quad\boldsymbol{B}=\begin{bmatrix}\boldsymbol{B}_{11}&\boldsymbol{B}_{12}&\cdots&\boldsymbol{B}_{1r}\\\boldsymbol{B}_{21}&\boldsymbol{B}_{22}&\cdots&\boldsymbol{B}_{2r}\\\vdots&\vdots&&\vdots\\\boldsymbol{B}_{s1}&\boldsymbol{B}_{s2}&\cdots&\boldsymbol{B}_{sr}\end{bmatrix},$$

则 $$\boldsymbol{A}+\boldsymbol{B}=\begin{bmatrix}\boldsymbol{A}_{11}+\boldsymbol{B}_{11}&\boldsymbol{A}_{12}+\boldsymbol{B}_{12}&\cdots&\boldsymbol{A}_{1r}+\boldsymbol{B}_{1r}\\\boldsymbol{A}_{21}+\boldsymbol{B}_{21}&\boldsymbol{A}_{22}+\boldsymbol{B}_{22}&\cdots&\boldsymbol{A}_{2r}+\boldsymbol{B}_{2r}\\\vdots&\vdots&&\vdots\\\boldsymbol{A}_{s1}+\boldsymbol{B}_{s1}&\boldsymbol{A}_{s2}+\boldsymbol{B}_{s2}&\cdots&\boldsymbol{A}_{sr}+\boldsymbol{B}_{sr}\end{bmatrix}.$$

2. 数乘

设 $\boldsymbol{A}=\begin{bmatrix}\boldsymbol{A}_{11}&\boldsymbol{A}_{12}&\cdots&\boldsymbol{A}_{1r}\\\boldsymbol{A}_{21}&\boldsymbol{A}_{22}&\cdots&\boldsymbol{A}_{2r}\\\vdots&\vdots&&\vdots\\\boldsymbol{A}_{s1}&\boldsymbol{A}_{s2}&\cdots&\boldsymbol{A}_{sr}\end{bmatrix}$，$\lambda$ 为数，则 $\lambda\boldsymbol{A}=\begin{bmatrix}\lambda\boldsymbol{A}_{11}&\lambda\boldsymbol{A}_{12}&\cdots&\lambda\boldsymbol{A}_{1r}\\\lambda\boldsymbol{A}_{21}&\lambda\boldsymbol{A}_{22}&\cdots&\lambda\boldsymbol{A}_{2r}\\\vdots&\vdots&&\vdots\\\lambda\boldsymbol{A}_{s1}&\lambda\boldsymbol{A}_{s2}&\cdots&\lambda\boldsymbol{A}_{sr}\end{bmatrix}$.

3. 乘法

设 $\boldsymbol{A}$ 为 $m\times l$ 矩阵，$\boldsymbol{B}$ 为 $l\times n$ 矩阵，分块成

$$A=\begin{bmatrix}A_{11} & A_{12} & \cdots & A_{1t}\\ A_{21} & A_{22} & \cdots & A_{2t}\\ \vdots & \vdots & & \vdots\\ A_{s1} & A_{s2} & \cdots & A_{st}\end{bmatrix},\ B=\begin{bmatrix}B_{11} & B_{12} & \cdots & B_{1r}\\ B_{21} & B_{22} & \cdots & B_{2r}\\ \vdots & \vdots & & \vdots\\ B_{t1} & B_{t2} & \cdots & B_{tr}\end{bmatrix},$$

其中 $A_{i1},A_{i2},\cdots,A_{it}$ 的列数分别等于 $B_{1j},B_{2j},\cdots,B_{tj}$ 的行数，即对 A 列的分法与对 B 行的分法相同. 则

$$AB=\begin{bmatrix}C_{11} & C_{12} & \cdots & C_{1r}\\ C_{21} & C_{22} & \cdots & C_{2r}\\ \vdots & \vdots & & \vdots\\ C_{s1} & C_{s2} & \cdots & C_{sr}\end{bmatrix},$$

其中 $C_{ij}=\sum\limits_{k=1}^{t}A_{ik}B_{kj}\quad(i=1,\cdots,s;j=1,\cdots,r)$.

例 1　设矩阵

$$A=\begin{bmatrix}1 & 0 & -1 & 2\\ 0 & 1 & 1 & 1\\ 0 & 0 & -1 & 0\\ 0 & 0 & 0 & -1\end{bmatrix},\ B=\begin{bmatrix}2 & 3 & 0 & 0\\ 1 & 1 & 0 & 0\\ 5 & -2 & 1 & 0\\ 3 & 0 & 0 & 1\end{bmatrix}.$$

用分块矩阵计算 $A+B$，AB.

解　将矩阵 A,B 分块为

$$A=\left[\begin{array}{cc:cc}1 & 0 & -1 & 2\\ 0 & 1 & 1 & 1\\ \hdashline 0 & 0 & -1 & 0\\ 0 & 0 & 0 & -1\end{array}\right]=\begin{pmatrix}I & C\\ O & -I\end{pmatrix},\ B=\left[\begin{array}{cc:cc}2 & 3 & 0 & 0\\ 1 & 1 & 0 & 0\\ \hdashline 5 & -2 & 1 & 0\\ 3 & 0 & 0 & 1\end{array}\right]=\begin{pmatrix}D & O\\ F & I\end{pmatrix}.$$

则
$$A+B=\begin{pmatrix}I & C\\ O & -I\end{pmatrix}+\begin{pmatrix}D & O\\ F & I\end{pmatrix}=\begin{pmatrix}I+D & C\\ F & O\end{pmatrix}$$

$$=\left[\begin{array}{cc:cc}3 & 3 & -1 & 2\\ 1 & 2 & 1 & 1\\ \hdashline 5 & -2 & 0 & 0\\ 3 & 0 & 0 & 0\end{array}\right].$$

$$AB=\begin{pmatrix}I & C\\ O & -I\end{pmatrix}\begin{pmatrix}D & O\\ F & I\end{pmatrix}=\begin{pmatrix}D+CF & C\\ -F & -I\end{pmatrix}.$$

因为

$$D+CF=\begin{pmatrix}2&3\\1&1\end{pmatrix}+\begin{pmatrix}-1&2\\1&1\end{pmatrix}\begin{pmatrix}5&-2\\3&0\end{pmatrix}=\begin{pmatrix}2&3\\1&1\end{pmatrix}+\begin{pmatrix}1&2\\8&-2\end{pmatrix}=\begin{pmatrix}3&5\\9&-1\end{pmatrix},$$

所以

$$AB=\left[\begin{array}{cc:cc}3&5&-1&2\\9&-1&1&1\\ \hdashline -5&2&-1&0\\-3&0&0&-1\end{array}\right].$$

容易验证这个结果与用不分块矩阵直接运算得到的结果相同.

例 2 如果将矩阵 $A_{m\times n}$，$\boldsymbol{I}_n$ 分块为

$$\boldsymbol{A}=\left[\begin{array}{c:c:c:c}a_{11}&a_{12}&\cdots&a_{1n}\\a_{21}&a_{22}&\cdots&a_{2n}\\\vdots&\vdots&&\vdots\\a_{m1}&a_{m2}&\cdots&a_{mn}\end{array}\right]=(\boldsymbol{A}_1\quad\boldsymbol{A}_2\quad\cdots\quad\boldsymbol{A}_n),$$

$$\boldsymbol{I}_n=\left[\begin{array}{c:c:c:c}1&0&\cdots&0\\0&1&\cdots&0\\\vdots&\vdots&&\vdots\\0&0&\cdots&1\end{array}\right]=(\boldsymbol{\varepsilon}_1\quad\boldsymbol{\varepsilon}_2\quad\cdots\quad\boldsymbol{\varepsilon}_n).$$

则
$$\begin{aligned}\boldsymbol{AI}_n&=\boldsymbol{A}(\boldsymbol{\varepsilon}_1\quad\boldsymbol{\varepsilon}_2\quad\cdots\quad\boldsymbol{\varepsilon}_n)=(\boldsymbol{A\varepsilon}_1\quad\boldsymbol{A\varepsilon}_2\quad\cdots\quad\boldsymbol{A\varepsilon}_n)\\&=(\boldsymbol{A}_1\quad\boldsymbol{A}_2\quad\cdots\quad\boldsymbol{A}_n),\end{aligned}$$

可知 $\boldsymbol{A\varepsilon}_j=\boldsymbol{A}_j\quad(j=1,2,\cdots,n).$

例 3 如果将矩阵 **A** 分为

$$\boldsymbol{A}=\begin{bmatrix}\boldsymbol{A}_{11}&\boldsymbol{A}_{12}&\cdots&\boldsymbol{A}_{1r}\\\boldsymbol{A}_{21}&\boldsymbol{A}_{22}&\cdots&\boldsymbol{A}_{2r}\\\vdots&\vdots&&\vdots\\\boldsymbol{A}_{s1}&\boldsymbol{A}_{s2}&\cdots&\boldsymbol{A}_{sr}\end{bmatrix},$$

则

$$\boldsymbol{A}^{\mathrm{T}}=\begin{bmatrix}\boldsymbol{A}_{11}^{\mathrm{T}}&\boldsymbol{A}_{21}^{\mathrm{T}}&\cdots&\boldsymbol{A}_{s1}^{\mathrm{T}}\\\boldsymbol{A}_{12}^{\mathrm{T}}&\boldsymbol{A}_{22}^{\mathrm{T}}&\cdots&\boldsymbol{A}_{s2}^{\mathrm{T}}\\\vdots&\vdots&&\vdots\\\boldsymbol{A}_{1r}^{\mathrm{T}}&\boldsymbol{A}_{2r}^{\mathrm{T}}&\cdots&\boldsymbol{A}_{sr}^{\mathrm{T}}\end{bmatrix}.$$

形如 $A=\begin{bmatrix}A_{11} & & & \\ & A_{22} & & \\ & & \ddots & \\ & & & A_{ss}\end{bmatrix}$ 的分块矩阵，其中 A_{ii}（$i=1, 2, \cdots, s$）都是方阵，称为对角分块矩阵.

对角分块矩阵 A 有如下性质：

性质 1　$|A|=|A_{11}||A_{22}|\cdots|A_{ss}|$.

性质 2　A 可逆的充分必要条件是 A_{ii}（$i=1, 2, \cdots, s$）都可逆，且

$$A^{-1}=\begin{bmatrix}A_{11}^{-1} & & & \\ & A_{22}^{-1} & & \\ & & \ddots & \\ & & & A_{ss}^{-1}\end{bmatrix}.$$

性质 3　设 $A=\begin{bmatrix}A_{11} & & & \\ & A_{22} & & \\ & & \ddots & \\ & & & A_{ss}\end{bmatrix}$，$B=\begin{bmatrix}B_{11} & & & \\ & B_{22} & & \\ & & \ddots & \\ & & & B_{ss}\end{bmatrix}$，$A_{ii}$ 与 B_{ii} 为同阶方阵（$i=1, 2, \cdots, s$），则

$$A+B=\begin{bmatrix}A_{11}+B_{11} & & & \\ & A_{22}+B_{22} & & \\ & & \ddots & \\ & & & A_{ss}+B_{ss}\end{bmatrix},$$

$$AB=\begin{bmatrix}A_{11}B_{11} & & & \\ & A_{22}B_{22} & & \\ & & \ddots & \\ & & & A_{ss}B_{ss}\end{bmatrix}.$$

例 4　设分块矩阵

$$A=\begin{pmatrix}B & C\\ O & D\end{pmatrix},$$

其中 B、D 分别为 r 阶与 s 阶可逆方阵，C 是 $r\times s$ 矩阵，O 是 $s\times r$ 零矩阵. 求 A^{-1}.

解　设 $A^{-1}=\begin{pmatrix}X & W\\ Z & Y\end{pmatrix}$，其中 X、Y 分别为 r 阶与 s 阶方阵，由分块矩

阵的乘法得

$$AA^{-1}=\begin{pmatrix}B & C\\ O & D\end{pmatrix}\begin{pmatrix}X & W\\ Z & Y\end{pmatrix}=\begin{pmatrix}BX+CZ & BW+CY\\ DZ & DY\end{pmatrix}=\begin{pmatrix}I_r & O\\ O & I_s\end{pmatrix}.$$

于是，得

$$BX+CZ=I_r, \quad ①$$

$$DZ=O, \quad ②$$

$$BW+CY=O, \quad ③$$

$$DY=I_s. \quad ④$$

因为 D 可逆，用 D^{-1} 左乘②式与④式两端，可得

$$Z=D^{-1}O=O,$$

$$Y=D^{-1}.$$

将 $Z=O$ 代入①得 $BX=I_r$，又因 B 可逆，所以 $X=B^{-1}$.

将 $Y=D^{-1}$ 代入③得 $BW+CD^{-1}=O$，即 $BW=-CD^{-1}$，所以

$$W=-B^{-1}CD^{-1}.$$

于是求出

$$A^{-1}=\begin{pmatrix}B^{-1} & -B^{-1}CD^{-1}\\ O & D^{-1}\end{pmatrix}.$$

习题 9—3

1. 按指定分块的方法，用分块矩阵的乘法求下列矩阵的乘积.

(1) $\left[\begin{array}{cc:c}1 & -2 & 0\\ 2 & -1 & 1\\ \hdashline 1 & 2 & 3\end{array}\right]\left[\begin{array}{c:c}0 & 1\\ -1 & 0\\ \hdashline 0 & -1\end{array}\right]$；

(2) $\left[\begin{array}{ccc}1 & -1 & 1\\ \hdashline 3 & 0 & 2\\ \hdashline 2 & 1 & -1\end{array}\right]\left[\begin{array}{c:c:c}1 & 1 & 0\\ 0 & 0 & -1\\ 2 & -1 & 1\end{array}\right]$；

(3) $\left[\begin{array}{cc:cc}a & 0 & 0 & 0\\ 0 & a & 0 & 0\\ \hdashline 1 & 0 & b & 0\\ 0 & 1 & 0 & b\end{array}\right]\left[\begin{array}{cc:cc}1 & 0 & c & 0\\ 0 & 1 & 0 & c\\ \hdashline 0 & 0 & d & 0\\ 0 & 0 & 0 & d\end{array}\right]$.

2. 利用分块矩阵求逆的方法，求下列矩阵的逆矩阵.

(1) $\begin{bmatrix}1 & 0 & 3 & 4\\ 2 & 1 & 2 & 1\\ 0 & 0 & -2 & -1\\ 0 & 0 & 1 & 1\end{bmatrix}$；　(2) $\begin{bmatrix}1 & 1 & 0 & 0 & 0\\ 1 & 2 & 0 & 0 & 0\\ 0 & 0 & 1 & 1 & 0\\ 0 & 0 & 0 & 1 & 1\\ 0 & 0 & 0 & 0 & 1\end{bmatrix}$.

第四节　矩阵的初等变换

虽然我们已能通过伴随矩阵来求一个可逆矩阵的逆矩阵，但是只要 n 稍大，计算量是很大的．因此，还要寻找简捷一些的方法，这就是矩阵的初等变换．

1. 矩阵的初等变换

定义 1　对矩阵实施以下三种变换，称为矩阵的初等变换．

（1）交换矩阵的两行（列）；

（2）用一个非零的数 k 乘矩阵的某行（列）；

（3）把矩阵的某一行（列）的 k 倍加到另一行（列）上．

矩阵 $\boldsymbol{A}$ 经过初等变换变为矩阵 $\boldsymbol{B}$，用

$$\boldsymbol{A} \to \boldsymbol{B}$$

表示．

对矩阵的行（列）进行的初等变换称为初等行（列）变换．

例如，设 $\boldsymbol{A}=\begin{bmatrix} a_1 & a_2 & a_3 \\ b_1 & b_2 & b_3 \\ c_1 & c_2 & c_3 \end{bmatrix}$，

对其进行初等变换举例如下：

（1）交换 $\boldsymbol{A}$ 的第 2 行和第 3 行：

$$\begin{bmatrix} a_1 & a_2 & a_3 \\ b_1 & b_2 & b_3 \\ c_1 & c_2 & c_3 \end{bmatrix} \xrightarrow{②\leftrightarrow③} \begin{bmatrix} a_1 & a_2 & a_3 \\ c_1 & c_2 & c_3 \\ b_1 & b_2 & b_3 \end{bmatrix};$$

（2）用一个非零的数 k 乘 $\boldsymbol{A}$ 的第 3 行：

$$\begin{bmatrix} a_1 & a_2 & a_3 \\ b_1 & b_2 & b_3 \\ c_1 & c_2 & c_3 \end{bmatrix} \xrightarrow{③\times k} \begin{bmatrix} a_1 & a_2 & a_3 \\ b_1 & b_2 & b_3 \\ kc_1 & kc_2 & kc_3 \end{bmatrix};$$

（3）用一个数 k 乘 $\boldsymbol{A}$ 的第 1 列加到第 2 列上：

$$\begin{bmatrix} a_1 & a_2 & a_3 \\ b_1 & b_2 & b_3 \\ c_1 & c_2 & c_3 \end{bmatrix} \xrightarrow[①\times k+②]{} \begin{bmatrix} a_1 & ka_1+a_2 & a_3 \\ b_1 & kb_1+b_2 & b_3 \\ c_1 & kc_1+c_2 & c_3 \end{bmatrix}.$$

定义 2 满足下面两个条件的矩阵称为阶梯形矩阵.

(1) 若有零行（元素全为零的行）在矩阵的下方；

(2) 非零行第一个非零的元素（即首非零元）的下方均为零.

例如，矩阵

$$\boldsymbol{A}=\begin{bmatrix}2&4&-1&5&7\\0&3&2&0&6\\0&0&4&-2&1\\0&0&0&1&0\end{bmatrix},\boldsymbol{B}=\begin{bmatrix}2&0&-1&3&7\\0&1&2&1&6\\0&0&0&-5&0\\0&0&0&0&0\end{bmatrix}$$

都是阶梯形矩阵.

定义 3 满足下面两个条件的阶梯形矩阵称为行简化阶梯形矩阵.

(1) 各非零行的首非零元都是 1；

(2) 各个首非零元所在列的其余元素都是零.

例如 矩阵

$$\boldsymbol{A}=\begin{bmatrix}1&0&0&0&4\\0&1&0&0&-6\\0&0&1&0&3\\0&0&0&1&0\end{bmatrix},\boldsymbol{B}=\begin{bmatrix}1&0&-3&0&4\\0&1&2&0&2\\0&0&0&1&-2\\0&0&0&0&0\end{bmatrix}$$

都是行简化阶梯形矩阵.

阶梯形矩阵和行简化阶梯形矩阵在后面讨论矩阵的秩和线性方程组的解时有重要作用.

任意一个矩阵可以经过若干次的初等变换化为阶梯形或行简化阶梯形矩阵.

例 1 利用初等行变换将矩阵 $\boldsymbol{A}$ 化为阶梯形矩阵.

$$\boldsymbol{A}=\begin{bmatrix}1&-1&2&1&3\\2&-2&4&2&6\\3&0&6&-1&1\\0&3&0&0&4\end{bmatrix}.$$

解

$$\boldsymbol{A}=\begin{bmatrix}1&-1&2&1&3\\2&-2&4&2&6\\3&0&6&-1&1\\0&3&0&0&4\end{bmatrix}\xrightarrow[③+①\times(-3)]{②+①\times(-2)}\begin{bmatrix}1&-1&2&1&3\\0&0&0&0&0\\0&3&0&-4&-8\\0&3&0&0&4\end{bmatrix}.$$

$$\xrightarrow{(②,④)}\begin{bmatrix}1&-1&2&1&3\\0&3&0&0&4\\0&3&0&-4&-8\\0&0&0&0&0\end{bmatrix}\xrightarrow{③+②\times(-1)}\begin{bmatrix}1&-1&2&1&3\\0&3&0&0&4\\0&0&0&-4&-12\\0&0&0&0&0\end{bmatrix}.$$

例 2 利用初等行变换将例 1 中的 $\boldsymbol{A}$ 进一步化为行简化阶梯形矩阵.

解 由例 1

$$\boldsymbol{A}\to\begin{bmatrix}1&-1&2&1&3\\0&3&0&0&4\\0&0&0&-4&-12\\0&0&0&0&0\end{bmatrix}$$

$$\xrightarrow[③\times\left(-\frac{1}{4}\right)]{②\times\frac{1}{3}}\begin{bmatrix}1&-1&2&1&3\\0&1&0&0&4/3\\0&0&0&1&3\\0&0&0&0&0\end{bmatrix}\xrightarrow{①+③\times(-1)}\begin{bmatrix}1&-1&2&0&0\\0&1&0&0&4/3\\0&0&0&1&3\\0&0&0&0&0\end{bmatrix}$$

$$\xrightarrow{①+②\times1}\begin{bmatrix}1&0&2&0&4/3\\0&1&0&0&4/3\\0&0&0&1&3\\0&0&0&0&0\end{bmatrix}.$$

由例 2 可以看出，当把阶梯形矩阵化为行简化阶梯形矩阵时，可以从最下面一个非零行开始，把这一行首非零元素所在列的其余元素全化为零，然后依次进行上一行的这种变换，直到变成行简化阶梯形矩阵.

如果对矩阵既作初等行变换也作初等列变换，则可以把矩阵化成更简单的形式.

例如，对矩阵

$$\boldsymbol{A}=\begin{bmatrix}1&-1&2&1&3\\2&-2&4&2&6\\3&0&6&-1&1\\0&3&0&0&4\end{bmatrix}\xrightarrow[③+①\times(-3)]{②+①\times(-2)}\begin{bmatrix}1&-1&2&1&3\\0&0&0&0&0\\0&3&0&-4&-8\\0&3&0&0&4\end{bmatrix}$$

$$\xrightarrow{(②,④)}\begin{bmatrix}1&-1&2&1&3\\0&3&0&0&4\\0&3&0&-4&-8\\0&0&0&0&0\end{bmatrix}\xrightarrow[\substack{②+①\\③+①\times(-2)\\④+①\times(-1)\\⑤+①\times(-3)}]{}\begin{bmatrix}1&0&0&0&0\\0&3&0&0&4\\0&3&0&-4&-8\\0&0&0&0&0\end{bmatrix}$$

$$\xrightarrow{③+②\times(-1)}\begin{bmatrix}1&0&0&0&0\\0&3&0&0&4\\0&0&0&-4&-12\\0&0&0&0&0\end{bmatrix}\xrightarrow[②\times\frac{1}{3}]{}\begin{bmatrix}1&0&0&0&0\\0&1&0&0&4\\0&0&0&1&-12\\0&0&0&0&0\end{bmatrix}$$

$$\xrightarrow[(③,④)]{}\begin{bmatrix}1&0&0&0&0\\0&1&0&0&4\\0&0&1&0&-12\\0&0&0&0&0\end{bmatrix}\xrightarrow[⑤+③\times 12]{⑤+②\times(-4)}\begin{bmatrix}1&0&0&0&0\\0&1&0&0&0\\0&0&1&0&0\\0&0&0&0&0\end{bmatrix}.$$

一般地，我们有下面的定理.

定理 1 任意一个非零的 $m\times n$ 矩阵 $\boldsymbol{A}=(a_{ij})_{m\times n}$ 经过若干次初等变换，可以化为下面形式的矩阵 $\boldsymbol{D}$

$$\boldsymbol{D}=\begin{bmatrix}1&0&\cdots&0&0&\cdots&0\\0&1&\cdots&0&0&\cdots&0\\\vdots&\vdots&&\vdots&\vdots&&\vdots\\0&0&\cdots&1&0&\cdots&0\\0&0&\cdots&0&0&\cdots&0\\\vdots&\vdots&&\vdots&\vdots&&\vdots\\0&0&\cdots&0&0&\cdots&0\end{bmatrix}r\text{ 行}$$

r 列

证明 如果 $a_{11}\neq 0$，我们可把第一行的 $-\dfrac{a_{i1}}{a_{11}}$ 倍加至第 i 行 $(i=2,3,\cdots,m)$，再把第一列的 $-\dfrac{a_{1j}}{a_{11}}$ 倍加至第 j 列 $(j=2,3,\cdots,n)$，然后用 $\dfrac{1}{a_{11}}$ 乘第一行，$\boldsymbol{A}$ 就变成

$$\begin{bmatrix}1&0&\cdots&0\\0&&&\\\vdots&&\boldsymbol{A}_1&\\0&&&\end{bmatrix},$$

其中 $\boldsymbol{A}_1$ 是 $(m-1)\times(n-1)$ 矩阵. 如果 $a_{11}=0$，由于 $\boldsymbol{A}$ 是非零的，不妨设 $a_{ij}\neq 0$，那么对 $\boldsymbol{A}$ 先把第一行与第 i 行对换，然后对换第一列与第 j 列，就可把 a_{ij} 调至 $\boldsymbol{A}$ 中 a_{11} 的位置上，再按前述方法进行变换.

若 $\boldsymbol{A}_1=\boldsymbol{O}$，则 $\boldsymbol{A}$ 已化为 $\boldsymbol{D}$ 的形式，若 $\boldsymbol{A}_1\neq\boldsymbol{O}$，则按上面的方法，继续下去，最后总可以化为 $\boldsymbol{D}$ 的形式.

2. 初等矩阵

定义 4　对单位矩阵 $\boldsymbol{I}$ 施以一次初等变换得到的矩阵称为初等矩阵.

三种初等变换对应着三种初等矩阵.

(1) 交换 $\boldsymbol{I}$ 的第 i 行（列）与第 j 行（列）得到的矩阵，记作 $\boldsymbol{I}(i,j)$，即

$$\boldsymbol{I}(i,j)=\begin{bmatrix}1&&&&&&&&\\&\ddots&&&&&&&\\&&1&&&&&&\\&&&0&&\cdots&&1&&\\&&&&1&&&&\\&&&\vdots&&\ddots&&\vdots&\\&&&&&&1&&\\&&&1&&\cdots&&0&\\&&&&&&&&1\\&&&&&&&&&\ddots\\&&&&&&&&&&1\end{bmatrix}\begin{matrix}\\\\\\ \text{第 } i \text{ 行}\\\\\\\\ \text{第 } j \text{ 行}\\\\\\\\\end{matrix}$$

$$\qquad\qquad\text{第 } i \text{ 列}\qquad\qquad\text{第 } j \text{ 列}$$

(2) 用非零数 k 乘 $\boldsymbol{I}$ 的第 i 行（列）得到的矩阵，记作 $\boldsymbol{I}(i(k))$，即

$$\boldsymbol{I}(i(k))=\begin{bmatrix}1&&&&&\\&\ddots&&&&\\&&1&&&\\&&&k&&\\&&&&1&\\&&&&&\ddots\\&&&&&&1\end{bmatrix}\text{第 } i \text{ 行}.$$

$$\text{第 } i \text{ 列}$$

(3) 用数 k 乘 $\boldsymbol{I}$ 的第 i 行（列）加到第 j 行（列）得到的矩阵，记作 $\boldsymbol{I}(j,i(k))$，即

$$\boldsymbol{I}(j,i(k))=\begin{bmatrix}1&&&&\\&\ddots&&&\\&&1&&\\&&\vdots&\ddots&\\&&k&\cdots&1\\&&&&&\ddots\\&&&&&&1\end{bmatrix}\begin{matrix}\\\\ \text{第 } i \text{ 行}\\\\ \text{第 } j \text{ 行}\\\\\\\end{matrix}.$$

$$\text{第 } i \text{ 列}\qquad\qquad\text{第 } j \text{ 列}$$

$\boldsymbol{I}(i,j)$，$\boldsymbol{I}(i(k))$，$\boldsymbol{I}(j,i(k))$ 均为初等矩阵.

下面我们通过例子来探究矩阵的初等变换与初等矩阵的关系.

设矩阵 $$\boldsymbol{A}=\begin{bmatrix} a_1 & a_2 & a_3 & a_4 \\ b_1 & b_2 & b_3 & b_4 \\ c_1 & c_2 & c_3 & c_4 \end{bmatrix},$$

若交换 $\boldsymbol{A}$ 的第一行与第二行，有

$$\boldsymbol{A}=\begin{bmatrix} a_1 & a_2 & a_3 & a_4 \\ b_1 & b_2 & b_3 & b_4 \\ c_1 & c_2 & c_3 & c_4 \end{bmatrix} \xrightarrow{(①,②)} \begin{bmatrix} b_1 & b_2 & b_3 & b_4 \\ a_1 & a_2 & a_3 & a_4 \\ c_1 & c_2 & c_3 & c_4 \end{bmatrix}=\boldsymbol{A}_1,$$

用 $\boldsymbol{I}_3(1,2)$ 左乘 $\boldsymbol{A}$，有

$$\boldsymbol{I}_3(1,2)\boldsymbol{A}=\begin{bmatrix} 0 & 1 & 0 \\ 1 & 0 & 0 \\ 0 & 0 & 1 \end{bmatrix}\begin{bmatrix} a_1 & a_2 & a_3 & a_4 \\ b_1 & b_2 & b_3 & b_4 \\ c_1 & c_2 & c_3 & c_4 \end{bmatrix}=\begin{bmatrix} b_1 & b_2 & b_3 & b_4 \\ a_1 & a_2 & a_3 & a_4 \\ c_1 & c_2 & c_3 & c_4 \end{bmatrix}=\boldsymbol{A}_1.$$

即对 $\boldsymbol{A}$ 施以某种初等行变换，等于用同种初等矩阵左乘 $\boldsymbol{A}$.

若将 $\boldsymbol{A}$ 的第二列乘 3 加到第四列上，有

$$\boldsymbol{A}=\begin{bmatrix} a_1 & a_2 & a_3 & a_4 \\ b_1 & b_2 & b_3 & b_4 \\ c_1 & c_2 & c_3 & c_4 \end{bmatrix} \xrightarrow[④+②\times 3]{} \begin{bmatrix} a_1 & a_2 & a_3 & a_4+3a_2 \\ b_1 & b_2 & b_3 & b_4+3b_2 \\ c_1 & c_2 & c_3 & c_4+3c_2 \end{bmatrix}=\boldsymbol{A}_2$$

用 $\boldsymbol{I}_4(4,2(3))$ 右乘 $\boldsymbol{A}$，有

$$\begin{aligned}\boldsymbol{A}\boldsymbol{I}_4(4,2(3))&=\begin{bmatrix} a_1 & a_2 & a_3 & a_4 \\ b_1 & b_2 & b_3 & b_4 \\ c_1 & c_2 & c_3 & c_4 \end{bmatrix}\begin{bmatrix} 1 & 0 & 0 & 0 \\ 0 & 1 & 0 & 3 \\ 0 & 0 & 1 & 0 \\ 0 & 0 & 0 & 1 \end{bmatrix} \\ &=\begin{bmatrix} a_1 & a_2 & a_3 & a_4+3a_2 \\ b_1 & b_2 & b_3 & b_4+3b_2 \\ c_1 & c_2 & c_3 & c_4+3c_2 \end{bmatrix}=\boldsymbol{A}_2\end{aligned}$$

即对 $\boldsymbol{A}$ 施以某种初等列变换，等于用同种初等矩阵右乘 $\boldsymbol{A}$.

综上所述，我们可以得到下面的定理.

定理 2 设 $\boldsymbol{A}$ 是任意的 $m\times n$ 矩阵.

(1) 对 $\boldsymbol{A}$ 实施一次某种初等行变换得到的矩阵，等于用同种的 m 阶初等矩阵左乘 $\boldsymbol{A}$.

(2) 对 $\boldsymbol{A}$ 实施一次某种初等列变换得到的矩阵，等于用同种的 n 阶初等矩阵右乘 $\boldsymbol{A}$.

定理 3　三种初等矩阵都是可逆矩阵，并且它们的逆矩阵仍是初等矩阵.

3. 用初等行变换法求逆矩阵

定理 4　n 阶可逆矩阵 $\boldsymbol{A}$ 经过若干次初等变换可化为 n 阶单位矩阵.

证明　根据定理 1，对 $\boldsymbol{A}$ 施以若干次初等变换可化为 $\boldsymbol{D}$. 对 $\boldsymbol{A}$ 施以初等变换等于用相应的初等矩阵左乘或右乘 $\boldsymbol{A}$，因 $\boldsymbol{A}$ 可逆，且初等矩阵可逆，则其乘积也可逆，所以 $\boldsymbol{D}$ 可逆，则 $|\boldsymbol{D}|\neq 0$，于是 $\boldsymbol{D}$ 不能有任一行（列）的元素全为零，故 $\boldsymbol{D}$ 等于 $\boldsymbol{I}_n$.

例 3　设

$$\boldsymbol{A}=\begin{bmatrix}3 & -1 & 0\\ -2 & 1 & 1\\ 2 & -1 & 4\end{bmatrix},$$

试利用初等变换将其化为单位矩阵.

解

$$\boldsymbol{A}=\begin{bmatrix}3 & -1 & 0\\ -2 & 1 & 1\\ 2 & -1 & 4\end{bmatrix}\xrightarrow{①+②\times 1}\begin{bmatrix}1 & 0 & 1\\ -2 & 1 & 1\\ 2 & -1 & 4\end{bmatrix}\xrightarrow[③+①\times(-2)]{②+①\times 2}\begin{bmatrix}1 & 0 & 1\\ 0 & 1 & 3\\ 0 & -1 & 2\end{bmatrix}$$

$$\xrightarrow{③+②\times 1}\begin{bmatrix}1 & 0 & 1\\ 0 & 1 & 3\\ 0 & 0 & 5\end{bmatrix}\xrightarrow{③\times\frac{1}{5}}\begin{bmatrix}1 & 0 & 1\\ 0 & 1 & 3\\ 0 & 0 & 1\end{bmatrix}\xrightarrow[①+③\times(-1)]{②+③\times(-3)}\begin{bmatrix}1 & 0 & 0\\ 0 & 1 & 0\\ 0 & 0 & 1\end{bmatrix}.$$

由第二节例 2 知矩阵 $\boldsymbol{A}$ 是可逆的.

定理 5　n 阶方阵 $\boldsymbol{A}$ 可逆的充分必要条件是它可以表示成一些初等矩阵的乘积.

证明　必要性

由定理 4 知，若 $\boldsymbol{A}$ 可逆，则 $\boldsymbol{A}$ 经过若干次的初等变换可化为单位矩阵 $\boldsymbol{I}_n$，再由定理 2 知，必存在初等矩阵 $\boldsymbol{P}_1,\boldsymbol{P}_2,\cdots,\boldsymbol{P}_s$ 和 $\boldsymbol{Q}_1,\boldsymbol{Q}_2,\cdots,\boldsymbol{Q}_t$，使得

$$\boldsymbol{P}_s\cdots\boldsymbol{P}_2\boldsymbol{P}_1\boldsymbol{A}\boldsymbol{Q}_1\boldsymbol{Q}_2\cdots\boldsymbol{Q}_t=\boldsymbol{I}.$$

又初等矩阵是可逆的，其逆矩阵仍是初等矩阵，所以

$$\begin{aligned}\boldsymbol{A}&=\boldsymbol{P}_1^{-1}\cdots\boldsymbol{P}_s^{-1}\boldsymbol{I}\boldsymbol{Q}_t^{-1}\cdots\boldsymbol{Q}_1^{-1}\\&=\boldsymbol{P}_1^{-1}\cdots\boldsymbol{P}_s^{-1}\boldsymbol{Q}_t^{-1}\cdots\boldsymbol{Q}_1^{-1},\end{aligned}$$

即 $\boldsymbol{A}$ 可以表示成一些初等矩阵的乘积.

充分性　若 $\boldsymbol{A}$ 可表成一些初等矩阵的乘积，因初等矩阵是可逆的，所

以其乘积也可逆，因此，$\boldsymbol{A}$ 可逆.

下面介绍一种求逆矩阵的方法.

如果 $\boldsymbol{A}$ 可逆，则 $\boldsymbol{A}^{-1}$ 也可逆，根据上面定理，存在初等矩阵 $\boldsymbol{P}_1,\boldsymbol{P}_2,\cdots,\boldsymbol{P}_k$，使

$$\boldsymbol{A}^{-1}=\boldsymbol{P}_1\boldsymbol{P}_2\cdots\boldsymbol{P}_k,$$

那么有

$$\boldsymbol{A}^{-1}\boldsymbol{A}=\boldsymbol{P}_1\boldsymbol{P}_2\cdots\boldsymbol{P}_k\boldsymbol{A}.$$

即

$$\boldsymbol{I}=\boldsymbol{P}_1\boldsymbol{P}_2\cdots\boldsymbol{P}_k\boldsymbol{A}, \quad ①$$

$$\boldsymbol{A}^{-1}=\boldsymbol{P}_1\boldsymbol{P}_2\cdots\boldsymbol{P}_k\boldsymbol{I}. \quad ②$$

①，②两式说明，如果经过若干次的初等行变换能够把可逆矩阵化成单位矩阵，那么经过同样的这些初等行变换就可以把单位矩阵化成 $\boldsymbol{A}^{-1}$.

具体的方法是：把 $\boldsymbol{A}$ 和 $\boldsymbol{I}$ 这两个 n 阶方阵放在一起组成一个 $n\times 2n$ 矩阵 $(\boldsymbol{AI})$，然后对 $(\boldsymbol{AI})$ 仅进行初等行变换，当把左半部分 $\boldsymbol{A}$ 化成单位矩阵 $\boldsymbol{I}$ 的同时，右半部分 $\boldsymbol{I}$ 就化成了 $\boldsymbol{A}^{-1}$，即

$$(\boldsymbol{AI})\xrightarrow{\text{若干次初等行变换}}(\boldsymbol{IA}^{-1}).$$

例 4 求矩阵 $\boldsymbol{A}=\begin{bmatrix}3&-1&0\\-2&1&1\\2&-1&4\end{bmatrix}$ 的逆矩阵.

解

$$(\boldsymbol{AI})=\left[\begin{array}{ccc:ccc}3&-1&0&1&0&0\\-2&1&1&0&1&0\\2&-1&4&0&0&1\end{array}\right]$$

$$\xrightarrow{①+②\times 1}\left[\begin{array}{ccc:ccc}1&0&1&1&1&0\\-2&1&1&0&1&0\\2&-1&4&0&0&1\end{array}\right]$$

$$\xrightarrow[③+①\times(-2)]{②+①\times 2}\left[\begin{array}{ccc:ccc}1&0&1&1&1&0\\0&1&3&2&3&0\\0&-1&2&-2&-2&1\end{array}\right]$$

$$\xrightarrow{③+②\times 1}\left[\begin{array}{ccc:ccc}1&0&1&1&1&0\\0&1&3&2&3&0\\0&0&5&0&1&1\end{array}\right]$$

$$\xrightarrow{③\times\frac{1}{5}}\left[\begin{array}{ccc:ccc}1&0&1&1&1&0\\0&1&3&2&3&0\\0&0&1&0&\frac{1}{5}&\frac{1}{5}\end{array}\right]$$

$$\xrightarrow[\text{①}+\text{③}\times(-1)]{\text{②}+\text{③}\times(-3)}\left[\begin{array}{ccc:ccc}1&0&0&1&\frac{4}{5}&-\frac{1}{5}\\0&1&0&2&\frac{12}{5}&-\frac{3}{5}\\0&0&1&0&\frac{1}{5}&\frac{1}{5}\end{array}\right].$$

于是得到

$$\boldsymbol{A}^{-1}=\begin{bmatrix}1&\frac{4}{5}&-\frac{1}{5}\\2&\frac{12}{5}&-\frac{3}{5}\\0&\frac{1}{5}&\frac{1}{5}\end{bmatrix}.$$

该结果与第二节例 2 的计算结果完全一致.

如果不知道矩阵 $\boldsymbol{A}$ 是否可逆，也可按上述方法去作，只要 $n\times 2n$ 矩阵左半 n 阶方阵有一行（列）的元素全为零，则 $\boldsymbol{A}$ 不可逆.

例 5　求矩阵 $\boldsymbol{A}=\begin{bmatrix}1&2&3\\4&5&6\\7&8&9\end{bmatrix}$ 的逆矩阵.

解

$$(\boldsymbol{AI})=\left[\begin{array}{ccc:ccc}1&2&3&1&0&0\\4&5&6&0&1&0\\7&8&9&0&0&1\end{array}\right]$$

$$\xrightarrow[\text{③}+\text{①}\times(-7)]{\text{②}+\text{①}\times(-4)}\left[\begin{array}{ccc:ccc}1&2&3&1&0&0\\0&-3&-6&-4&1&0\\0&-6&-12&-7&0&1\end{array}\right]$$

$$\xrightarrow{\text{③}+\text{②}\times(-2)}\left[\begin{array}{ccc:ccc}1&2&3&1&0&0\\0&-3&-6&-4&1&0\\0&0&0&1&-2&1\end{array}\right].$$

由于左半矩阵中出现一行元素全为零，所以矩阵 $\boldsymbol{A}$ 不可逆.

上面求逆矩阵的方法是初等行变换法，不得出现初等列变换.

同样道理，我们也可用初等列变换求逆矩阵. 此时作 $2n\times n$ 的矩阵 $\begin{bmatrix}\boldsymbol{A}\\\boldsymbol{I}\end{bmatrix}$，然后对此矩阵仅施以初等列变换，使上半部分矩阵化为 $\boldsymbol{I}$，则下半部分就化为 $\boldsymbol{A}^{-1}$ 了.

习题 9—4

1. 用初等变换将下列矩阵化成阶梯形矩阵和行简化阶梯形矩阵.

(1) $\begin{bmatrix} 1 & 0 & -1 \\ -2 & 1 & 3 \\ 3 & -1 & 2 \end{bmatrix}$；　(2) $\begin{bmatrix} 1 & 1 & 2 & 1 \\ 2 & -1 & 2 & 4 \\ 1 & -2 & 0 & 3 \\ 4 & 1 & 4 & 2 \end{bmatrix}$.

2. 用初等变换判断下列矩阵是否可逆，如可逆求出其逆矩阵.

(1) $\begin{pmatrix} 11 & 7 \\ 8 & 5 \end{pmatrix}$；　(2) $\begin{bmatrix} 1 & -2 & -1 \\ -3 & 4 & 5 \\ 2 & 0 & 3 \end{bmatrix}$；

(3) $\begin{bmatrix} 1 & 3 & -5 & 7 \\ 0 & 1 & 2 & 3 \\ 0 & 0 & 1 & 2 \\ 0 & 0 & 0 & 1 \end{bmatrix}$；　(4) $\begin{bmatrix} 1 & 3 & -9 & 7 \\ -3 & -1 & 8 & 1 \\ 1 & -1 & 5 & -1 \\ 1 & 1 & -2 & 3 \end{bmatrix}$.

3. 用初等变换解下列矩阵方程.

(1) $\boldsymbol{X}\begin{bmatrix} 2 & 3 \\ 5 & 8 \end{bmatrix} = \begin{bmatrix} 4 & 5 \\ 0 & 1 \\ -1 & 2 \end{bmatrix}$；

(2) $\begin{bmatrix} 1 & -3 & 2 \\ -3 & 0 & 1 \\ 1 & 1 & -1 \end{bmatrix}\boldsymbol{X} = \begin{bmatrix} -1 & 2 \\ 0 & 1 \\ 6 & 0 \end{bmatrix}$.

第五节　矩阵的秩

1. 矩阵的秩的概念

定义 1　设 $\mathbf{A}$ 是 $m\times n$ 矩阵，从 $\mathbf{A}$ 中任取 k 行 k 列（$1\leqslant k\leqslant \min(m,n)$），位于这些行和列的交叉处的元素按原来的相对位置构成的行列式，称为矩阵 $\mathbf{A}$ 的 k 阶子式.

一个 n 阶方阵 $\mathbf{A}$ 的 n 阶子式就是 $\mathbf{A}$ 的行列式 $\det \mathbf{A}$.

例如，矩阵

$$A=\begin{bmatrix}2&-3&1&4&0\\0&-5&3&1&2\\0&0&2&3&-1\\0&0&0&0&0\end{bmatrix},$$

若取矩阵A的第1，2，3行，第1，2，5列，则得到A的一个三阶子式

$$\begin{vmatrix}2&-3&0\\0&-5&2\\0&0&-1\end{vmatrix}=10,$$

若取矩阵A的第1，3，4行，第2，3，4列，得到A的另一个三阶子式

$$\begin{vmatrix}-3&1&4\\0&2&3\\0&0&0\end{vmatrix}=0,$$

若取矩阵A的第1，2，3，4行，第1，2，3，4列，得到A的一个四阶子式

$$\begin{vmatrix}2&-3&1&4\\0&-5&3&1\\0&0&2&3\\0&0&0&0\end{vmatrix}=0.$$

因为A只有四行，其中有一行元素全为零，所以A的任一个四阶子式皆为零，但存在三阶子式不为零，因此A中不为零的子式的最高阶数是3.

定义2 设A为$m\times n$矩阵，如果矩阵A中不等于零的子式的最高阶数为r，即存在r阶子式不为零，而任何$r+1$阶子式皆为零，则称r为矩阵A的秩，记作$r(A)$，即

$$r(A)=r.$$

根据定义2，上例中矩阵A的秩为3，即$r(A)=3$.

当$A=O$时，规定$r(A)=0$.

当A是$m\times n$矩阵时，$0\leqslant r(A)\leqslant\min(m,n)$，

当$r(A)=\min(m,n)$时，称矩阵A为满秩矩阵.

例如，$$A=\begin{bmatrix}3&-1\\0&1\\1&2\end{bmatrix},\ r(A)=2,$$

$$B=\begin{bmatrix}-1&0&2\\0&3&4\\0&0&5\end{bmatrix},\ r(B)=3,$$

$$C=\begin{bmatrix}1&-1&3&0\\0&2&-3&1\\0&0&4&-5\end{bmatrix},\ r(C)=3.$$

A, B, C 都是满秩矩阵.

如果 A 是 n 阶非奇异矩阵，由 $\det A\neq 0$，可知 $r(A)=n$，即 A 为满秩矩阵. 反之，若 n 阶矩阵 A 为满秩矩阵，由 $r(A)=n$，可知 A 的不为零的子式的最高阶数为 n，即 $\det A\neq 0$，故，A 是非奇异矩阵.

于是得，n 阶矩阵 A 为满秩矩阵的充分必要条件是 A 为非奇异矩阵.

2. 利用初等变换求矩阵的秩

当矩阵的行数、列数都比较大时，利用定义来计算矩阵的秩是需要计算很多的行列式，显然很麻烦，我们常利用矩阵的初等变换来求矩阵的秩.

利用矩阵的秩的定义及行列式的性质可以证明下面的定理.

定理 1 矩阵经过初等行（列）变换后，其秩不变.

例 1 求矩阵 A 的秩.

$$A=\begin{bmatrix}1&-1&1&2\\3&1&2&2\\2&3&3&1\end{bmatrix}.$$

解 对 A 进行初等变换

$$A\xrightarrow[③+①\times(-2)]{②+①\times(-3)}\begin{bmatrix}1&-1&1&2\\0&4&-1&-4\\0&5&1&-3\end{bmatrix}\xrightarrow{③+②\times(-1)}\begin{bmatrix}1&-1&1&2\\0&4&-1&-4\\0&1&2&1\end{bmatrix}$$

$$\xrightarrow{(②,③)}\begin{bmatrix}1&-1&1&2\\0&1&2&1\\0&4&-1&-4\end{bmatrix}\xrightarrow{③+②\times(-4)}\begin{bmatrix}1&-1&1&2\\0&1&2&1\\0&0&-9&-8\end{bmatrix}=B.$$

矩阵 B 有三阶子式

$$\begin{vmatrix}1&-1&1\\0&1&2\\0&0&-9\end{vmatrix}\neq 0.$$

所以，$r(B)=3$.

由上面的定理 1 可知：　$r(\boldsymbol{A}) = r(\boldsymbol{B}) = 3$.

矩阵 **A** 经过初等变换得到的矩阵 **B** 是一个阶梯形矩阵，其非零行的行数为 3，所以矩阵 **A** 的秩等于由它经初等变换所得的阶梯形矩阵的非零行的行数.

一般地，有下面的结论.

定理 2　矩阵 **A** 的秩等于由它经初等变换所得的阶梯形矩阵或行简化阶梯形矩阵非零行的行数.

例 2　求矩阵 **A** 的秩.

$$\boldsymbol{A} = \begin{bmatrix} 1 & 3 & -1 & -2 \\ 2 & -1 & 2 & 3 \\ 3 & -5 & 5 & 8 \\ 1 & -4 & 3 & 5 \end{bmatrix}.$$

解

$$\boldsymbol{A} = \begin{bmatrix} 1 & 3 & -1 & -2 \\ 2 & -1 & 2 & 3 \\ 3 & -5 & 5 & 8 \\ 1 & -4 & 3 & 5 \end{bmatrix} \xrightarrow[\text{④}+\text{①}\times(-1)]{\substack{\text{②}+\text{①}\times(-2) \\ \text{③}+\text{①}\times(-3)}} \begin{bmatrix} 1 & 3 & -1 & -2 \\ 0 & -7 & 4 & 7 \\ 0 & -14 & 8 & 14 \\ 0 & -7 & 4 & 7 \end{bmatrix}$$

$$\xrightarrow[\text{④}+\text{②}\times(-1)]{\text{③}+\text{②}\times(-2)} \begin{bmatrix} 1 & 3 & -1 & -2 \\ 0 & -7 & 4 & 7 \\ 0 & 0 & 0 & 0 \\ 0 & 0 & 0 & 0 \end{bmatrix}.$$

所得矩阵为阶梯形矩阵，其非零行的行数为 2，所以

$$r(\boldsymbol{A}) = 2.$$

习题 9—5

1. 求下列矩阵的秩.

(1) $\begin{bmatrix} 1 & -2 & -3 \\ 7 & 3 & 2 \\ 4 & 9 & 11 \end{bmatrix}$；　(2) $\begin{bmatrix} 1 & -2 & -1 & -2 \\ 2 & 5 & 4 & -1 \\ 4 & 1 & 2 & 1 \\ 1 & 1 & 1 & 1 \end{bmatrix}$；

(3) $\begin{bmatrix} 3 & 2 & -1 & -3 & -2 \\ 2 & -1 & 3 & 1 & -3 \\ 4 & 5 & -5 & -6 & 1 \end{bmatrix}$；　(4) $\begin{bmatrix} 1 & -1 & 1 & 2 & 1 \\ 2 & 3 & 3 & 2 & 2 \\ 1 & 1 & 2 & 1 & 3 \\ 4 & -4 & 4 & 8 & 4 \end{bmatrix}$.

2. 已知矩阵 $A=\begin{bmatrix}1 & 0 & -1 & 4\\ 2 & -1 & k & 8\\ 1 & 1 & -7 & k\end{bmatrix}$，若 $r(A)=2$，求 k 的值.

3. 已知 $A=\begin{bmatrix}1 & x & x & x\\ x & 1 & x & x\\ x & x & 1 & x\\ x & x & x & 1\end{bmatrix}$，求 A 的秩.

第六节　线性方程组

由前面我们可知，一般线性方程组

$$\begin{cases}a_{11}x_1+a_{12}x_2+\cdots+a_{1n}x_n=b_1,\\ a_{21}x_1+a_{22}x_2+\cdots+a_{2n}x_n=b_2,\\ \cdots\cdots\cdots\cdots\\ a_{m1}x_1+a_{m2}x_2+\cdots+a_{mn}x_n=b_m.\end{cases}\qquad (\ast)$$

可表示成矩阵形式：$Ax=b$.

其中 $A=\begin{bmatrix}a_{11} & a_{12} & \cdots & a_{1n}\\ a_{21} & a_{22} & \cdots & a_{2n}\\ \vdots & \vdots & & \vdots\\ a_{m1} & a_{m2} & \cdots & a_{mn}\end{bmatrix}$，$x=\begin{bmatrix}x_1\\ x_2\\ \vdots\\ x_n\end{bmatrix}$，$b=\begin{bmatrix}b_1\\ b_2\\ \vdots\\ b_m\end{bmatrix}$.

我们把方程组（$\ast$）的系数矩阵 A 与常数项矩阵 b 放在一起构成的矩阵

$$(Ab)=\left[\begin{array}{cccc:c}a_{11} & a_{12} & \cdots & a_{1n} & b_1\\ a_{21} & a_{22} & \cdots & a_{2n} & b_2\\ \vdots & \vdots & & \vdots & \vdots\\ a_{m1} & a_{m2} & \cdots & a_{mn} & b_m\end{array}\right]$$

称为线性方程组的增广矩阵.

在中学代数中，已经学过用消元法解简单的线性方程组，这一方法也适用于求解一般的线性方程组（$\ast$），并可用方程组的增广矩阵的初等变换表示其求解的过程.

例 1　解线性方程组

$$\begin{cases}2x_1-x_2+3x_3=1,\\4x_1+2x_2+5x_3=4,\\2x_1+2x_3=6.\end{cases}\tag{1}$$

解　把第一个方程的 -2，-1 倍分别加到第二、三个方程上，使得在第二、三个方程中消去未知量 x_1，得

$$\begin{cases}2x_1-x_2+3x_3=1,\\4x_2-x_3=2,\\x_2-x_3=5.\end{cases}\tag{2}$$

将方程组（2）第二个方程与第三个方程互换位置，得

$$\begin{cases}2x_1-x_2+3x_3=1,\\x_2-x_3=5,\\4x_2-x_3=2.\end{cases}\tag{3}$$

再将方程组（3）中第二个方程的 -4 倍加到第三个方程上，消去第三个方程中的 x_2，得

$$\begin{cases}2x_1-x_2+3x_3=1,\\x_2-x_3=5,\\3x_3=-18.\end{cases}\tag{4}$$

方程组（4）是一个阶梯形方程组，从方程组（4）的第三个方程可以得到 x_3 的值，然后再逐次代入前两个方程，求出 x_2，x_1 的值，则得到方程组的解. 其具体过程如下：

将方程组（4）的第三个方程的两端分别乘 $\frac{1}{3}$ 得

$$\begin{cases}2x_1-x_2+3x_3=1,\\x_2-x_3=5,\\x_3=-6.\end{cases}\tag{5}$$

将方程组（5）第三个方程的 1 倍及 -3 倍分别加到第二个、第一个方程上，得

$$\begin{cases}2x_1-x_2=19,\\x_2=-1,\\x_3=-6.\end{cases}\tag{6}$$

将方程组（6）第二个方程的 1 倍加到第一个方程上，得

$$\begin{cases}2x_1 & & = 18, \\ & x_2 & =-1, \\ & & x_3 =-6.\end{cases} \tag{7}$$

最后用 $\frac{1}{2}$ 乘方程组（7）第一个方程的两端，得

$$\begin{cases}x_1 = 9, \\ x_2 =-1, \\ x_3 =-6.\end{cases} \tag{8}$$

此时得到的方程组（8）为行简化阶梯形方程组．显然，方程组（1）至（8）都为同解方程组，从而（8）是方程组（1）的解．

这个解法就称为消元法．在解线性方程组（1）的过程中，可以看到：（1）至（4）是消元过程，即把已知方程组化为阶梯形方程组；（5）至（8）是回代过程，即把阶梯形方程组化为行简化阶梯形方程组．在整个过程中，我们对方程组反复实施了以下三种变换：

①用非零数乘某一个方程；

②互换两个方程的位置；

③将某一个方程的若干倍加到另一个方程上．

不难看出，对方程组（1）施行以上变换时，参与运算的只是方程组未知量的系数和常数项，而以上的三种变换与矩阵的初等行变换又极其相似，所以，自然会想到是否可以通过对方程组的系数及常数项构成的矩阵作初等行变换来求方程组的解．

下面用对增广矩阵作初等行变换表示例 1 方程组（1）的求解过程．

$$(\boldsymbol{Ab})=\left[\begin{array}{ccc:c}2 & -1 & 3 & 1 \\ 4 & 2 & 5 & 4 \\ 2 & 0 & 2 & 6\end{array}\right] \xrightarrow[③+①\times(-1)]{②+①\times(-2)} \left[\begin{array}{ccc:c}2 & -1 & 3 & 1 \\ 0 & 4 & -1 & 2 \\ 0 & 1 & -1 & 5\end{array}\right]$$

$$\xrightarrow{(②,③)} \left[\begin{array}{ccc:c}2 & -1 & 3 & 1 \\ 0 & 1 & -1 & 5 \\ 0 & 4 & -1 & 2\end{array}\right] \xrightarrow{③+②\times(-4)} \left[\begin{array}{ccc:c}2 & -1 & 3 & 1 \\ 0 & 1 & -1 & 5 \\ 0 & 0 & 3 & -18\end{array}\right]$$

$$\xrightarrow{③\times\frac{1}{3}} \left[\begin{array}{ccc:c}2 & -1 & 3 & 1 \\ 0 & 1 & -1 & 5 \\ 0 & 0 & 1 & -6\end{array}\right] \xrightarrow[①+③\times(-3)]{②+③\times 1} \left[\begin{array}{ccc:c}2 & -1 & 0 & 19 \\ 0 & 1 & 0 & -1 \\ 0 & 0 & 1 & -6\end{array}\right]$$

$$\xrightarrow{①+②\times 1} \left[\begin{array}{ccc:c}2 & 0 & 0 & 18 \\ 0 & 1 & 0 & -1 \\ 0 & 0 & 1 & -6\end{array}\right] \xrightarrow{①\times\frac{1}{2}} \left[\begin{array}{ccc:c}1 & 0 & 0 & 9 \\ 0 & 1 & 0 & -1 \\ 0 & 0 & 1 & -6\end{array}\right].$$

阶梯形矩阵对应方程组（4），行简化阶梯形矩阵对应方程组（8），它是方程组（1）的同解方程组. 所以，原方程组的解为

$$\begin{cases} x_1 = \quad 9, \\ x_2 = -1, \\ x_3 = -6. \end{cases}$$

由上面的例子可以看出，用消元法解线性方程组的过程，实质上就是对该方程组的增广矩阵施以初等行变换的过程.

对方程组的增广矩阵施以初等行变换，相当于把原方程组变换成一个新的方程组. 下面对一般的线性方程组（*）论证新方程组是原方程组的同解方程组.

对增广矩阵施以第（1）（2）两种初等行变换，分别相当于交换两个方程的次序及用非零数 k 乘某一方程的两边，显然不会改变方程组的解.

对增广矩阵施以第（3）种初等行变换，如将（$\boldsymbol{Ab}$）的第 i 行的 k 倍加到第 j 行上，这相当于将原方程组的第 i 个方程乘 k 加到第 j 个方程上，于是第 j 个方程

$$a_{j1}x_1 + a_{j2}x_2 + \cdots + a_{jn}x_n = b_j$$

变成 $(a_{j1} + ka_{i1})x_1 + (a_{j2} + ka_{i2})x_2 + \cdots + (a_{jn} + a_{in})x_n = b_j + kb_i$，

即 $a_{j1}x_1 + a_{j2}x_2 + \cdots + a_{jn}x_n + k(a_{i1}x_1 + a_{i2}x_2 + \cdots + a_{in}x_n) = b_j + kb_i$.

显然，满足原方程组的解必满足新方程组，反之，满足新方程组的解必满足原方程组.

于是，新方程组与原方程组是同解方程组.

解线性方程组时，为了书写简明，只写出方程组的增广矩阵的变换过程即可.

下面再通过一些简单的例题，我们来看在消元时矩阵都可能出现哪些形式？它们对方程组的解又有什么影响？

例 2 解线性方程组

$$\begin{cases} x_1 + 3x_2 - x_3 - 2x_4 = -2, \\ 2x_1 - x_2 + 2x_3 + 3x_4 = 3, \\ 3x_1 - 5x_2 + 5x_3 + 8x_4 = 8, \\ x_1 - 4x_2 + 3x_3 + 5x_4 = 5. \end{cases}$$

解 对增广矩阵（$\boldsymbol{Ab}$）施以初等行变换化为阶梯形矩阵

$$(\boldsymbol{Ab})=\left[\begin{array}{cccc:c}1 & 3 & -1 & -2 & -2\\ 2 & -1 & 2 & 3 & 3\\ 3 & -5 & 5 & 8 & 8\\ 1 & -4 & 3 & 5 & 5\end{array}\right]$$

$$\xrightarrow[\text{④}+\text{①}\times(-1)]{\substack{\text{②}+\text{①}\times(-2)\\ \text{③}+\text{①}\times(-3)}}\left[\begin{array}{cccc:c}1 & 3 & -1 & -2 & -2\\ 0 & -7 & 4 & 7 & 7\\ 0 & -14 & 8 & 14 & 14\\ 0 & -7 & 4 & 7 & 7\end{array}\right]$$

$$\xrightarrow{\substack{\text{③}+\text{②}\times(-2)\\ \text{④}+\text{②}\times(-1)}}\left[\begin{array}{cccc:c}1 & 3 & -1 & -2 & -2\\ 0 & -7 & 4 & 7 & 7\\ 0 & 0 & 0 & 0 & 0\\ 0 & 0 & 0 & 0 & 0\end{array}\right].$$

所化成的阶梯形矩阵的第三、四行元素均为零，这是两个多余的方程，去掉不影响方程组的解. 这时可知 $r(\boldsymbol{Ab})=r(\boldsymbol{A})=2<4$. 对阶梯形矩阵再施以初等行变换，化为行简化阶梯形矩阵，接上式有

$$\xrightarrow{\text{②}\times\left(-\frac{1}{7}\right)}\left[\begin{array}{cccc:c}1 & 3 & -1 & -2 & -2\\ 0 & 1 & -\frac{4}{7} & -1 & -1\\ 0 & 0 & 0 & 0 & 0\\ 0 & 0 & 0 & 0 & 0\end{array}\right]$$

$$\xrightarrow{\text{①}+\text{②}\times(-3)}\left[\begin{array}{cccc:c}1 & 0 & \frac{5}{7} & 1 & 1\\ 0 & 1 & -\frac{4}{7} & -1 & -1\\ 0 & 0 & 0 & 0 & 0\\ 0 & 0 & 0 & 0 & 0\end{array}\right].$$

行简化阶梯形矩阵对应的方程组是

$$\begin{cases}x_1 \qquad +\frac{5}{7}x_3+x_4=1,\\ \qquad x_2-\frac{4}{7}x_3-x_4=-1,\end{cases}$$

即

$$\begin{cases} x_1 = \quad 1-\dfrac{5}{7}x_3-x_4, \\ x_2 =-1+\dfrac{4}{7}x_3+x_4. \end{cases}$$

取 $x_3 = c_1, x_4 = c_2$ （其中 c_1, c_2 为任意常数），得

$$\begin{cases} x_1 = 1-\dfrac{5}{7}c_1-c_2, \\ x_2 =-1+\dfrac{4}{7}c_1+c_2, \\ x_3 = c_1, \\ x_4 = c_2. \end{cases}$$

称为原方程组的一般解．其中 x_3, x_4 称为自由未知量，它们的取值是任意的．因此，原方程组有无穷多个解．

例 3　解线性方程组

$$\begin{cases} x_1+\ x_2+2x_3+3x_4=1, \\ \qquad x_2+\ x_3-2x_4=1, \\ x_1+3x_2+4x_3-\ x_4=7, \\ 3x_1+4x_2+\ x_3+2x_4=-2. \end{cases}$$

解　对增广矩阵（$\boldsymbol{Ab}$）施以初等行变换化为阶梯形矩阵：

$$(\boldsymbol{Ab})=\left[\begin{array}{cccc:c} 1 & 1 & 2 & 3 & 1 \\ 0 & 1 & 1 & -2 & 1 \\ 1 & 3 & 4 & -1 & 7 \\ 3 & 4 & 1 & 2 & -2 \end{array}\right]$$

$$\xrightarrow[\text{④}+\text{②}\times(-3)]{\text{③}+\text{①}\times(-1)}\left[\begin{array}{cccc:c} 1 & 1 & 2 & 3 & 1 \\ 0 & 1 & 1 & -2 & 1 \\ 0 & 2 & 2 & -4 & 6 \\ 0 & 1 & -5 & -7 & -5 \end{array}\right]$$

$$\xrightarrow[\text{④}+\text{②}\times(-1)]{\text{③}+\text{②}\times(-2)}\left[\begin{array}{cccc:c} 1 & 1 & 2 & 3 & 1 \\ 0 & 1 & 1 & -2 & 1 \\ 0 & 0 & 0 & 0 & 4 \\ 0 & 0 & -6 & -5 & -6 \end{array}\right]$$

$$\xrightarrow{(③,④)}\left[\begin{array}{cccc:c}1 & 1 & 2 & 3 & 1\\0 & 1 & 1 & -2 & 1\\0 & 0 & -6 & -5 & -6\\0 & 0 & 0 & 0 & 4\end{array}\right].$$

由此可知 $r(\boldsymbol{Ab})=3$，$r(\boldsymbol{A})=4$，$r(\boldsymbol{Ab})\neq r(\boldsymbol{A})$. 最后一个矩阵对应的方程组为

$$\begin{cases}x_1+x_2+2x_3+3x_4=1,\\ \quad\ \ x_2+\ x_3-2x_4=1,\\ \qquad\quad -6x_3-5x_4=-6,\\ 0x_1+0x_2+0x_3+0x_4=4.\end{cases}$$

显然最后一个方程是无解的，因此，原方程组无解.

从例 1—例 3 可以看到，线性方程组的解可以有三种情况，即有唯一解，有无穷多组解或无解.

一般地，已知线性方程组（$*$）.

其增广矩阵为

$$(\boldsymbol{Ab})=\left[\begin{array}{cccc:c}a_{11} & a_{12} & \cdots & a_{1n} & b_1\\a_{21} & a_{22} & \cdots & a_{2n} & b_2\\\vdots & \vdots & & \vdots & \vdots\\a_{m1} & a_{m2} & \cdots & a_{mn} & b_m\end{array}\right].$$

对增广矩阵 $(\boldsymbol{Ab})$ 施以初等行变换可化为阶梯形矩阵，这时可分三种情况讨论：

(1) 如例 1，若其阶梯形矩阵为

$$(\boldsymbol{Ab})\rightarrow\cdots\rightarrow\left[\begin{array}{cccc:c}a'_{11} & a'_{12} & \cdots & a'_{1n} & b'_1\\0 & a'_{22} & \cdots & a'_{2n} & b'_2\\\vdots & \vdots & & \vdots & \vdots\\0 & 0 & \cdots & a'_{nn} & b'_n\\0 & 0 & \cdots & 0 & 0\\\vdots & \vdots & & \vdots & \vdots\\0 & 0 & \cdots & 0 & 0\end{array}\right].$$

其中 $a'_{ii}\neq 0\quad(i=1,2,\cdots,n)$，此时 $r(\boldsymbol{Ab})=r(\boldsymbol{A})=n$.

再用初等行变换将其化为行简化阶梯形矩阵，即

$$\rightarrow\cdots\rightarrow\left[\begin{array}{cccc:c}1&0&\cdots&0&b''_1\\0&1&\cdots&0&b''_2\\\vdots&\vdots&&\vdots&\vdots\\0&0&\cdots&1&b''_n\\0&0&\cdots&0&0\\\vdots&\vdots&&\vdots&\vdots\\0&0&\cdots&0&0\end{array}\right].$$

其对应的方程组为 $\begin{cases}x_1=b'',\\x_2=b''_2,\\\cdots\\x_n=b''_n.\end{cases}$

此即为原方程组的解. 从而可知当 $r(\boldsymbol{Ab})=r(\boldsymbol{A})=n$ 时，方程组有唯一的解；反之亦然.

（2）如例 2，若其阶梯形矩阵为

$$(\boldsymbol{Ab})\rightarrow\cdots\rightarrow\left[\begin{array}{ccccccc:c}a'_{11}&a'_{12}&\cdots&a'_{1r}&a'_{1(r+1)}&\cdots&a'_{1n}&b'_1\\0&a'_{22}&\cdots&a'_{2r}&a'_{2(r+1)}&\cdots&a'_{2n}&b'_2\\\vdots&\vdots&&\vdots&\vdots&&\vdots&\vdots\\0&0&\cdots&a'_{rr}&a'_{r(r+1)}&\cdots&a'_{rn}&b'_r\\0&0&\cdots&0&\cdots&\cdots&0&0\\\vdots&\vdots&&\vdots&\cdots&&\vdots&\vdots\\0&0&\cdots&0&\cdots&\cdots&0&0\end{array}\right]$$

其中 $a'_{ii}\neq 0\quad(i=1,2,\cdots,r;r<n)$，此时 $r(\boldsymbol{Ab})=r(\boldsymbol{A})=r<n$.

再用初等行变换将其化为行简化阶梯形矩阵，即

$$\rightarrow\cdots\rightarrow\left[\begin{array}{ccccccc:c}1&0&\cdots&0&a''_{1(r+1)}&\cdots&a''_{1n}&b''_1\\0&1&\cdots&0&a''_{2(r+1)}&\cdots&a''_{2n}&b''_2\\\vdots&\vdots&&\vdots&\vdots&&\vdots&\vdots\\0&0&\cdots&1&a''_{r(r+1)}&\cdots&a''_{rn}&b''_r\\0&0&\cdots&0&\cdots&\cdots&0&0\\\vdots&\vdots&&\vdots&\vdots&&\vdots&\vdots\\0&0&\cdots&0&\cdots&\cdots&0&0\end{array}\right].$$

其对应的方程组为
$$\begin{cases} x_1 \quad\quad + a''_{1(r+1)}x_{r+1} + \cdots + a''_{1n}x_n = b''_1, \\ \quad x_2 \quad + a''_{2(r+1)}x_{r+1} + \cdots + a''_{2n}x_n = b''_2, \\ \quad \cdots \quad\quad \cdots \quad\quad\quad \cdots \quad \cdots \\ \quad\quad x_r + a''_{r(r+1)}x_{r+1} + \cdots + a''_{rn}x_n = b''_r. \end{cases}$$

此即为原方程组的同解方程组.

将 $x_{r+1}, x_{r+2}, \cdots, x_n$ 移项，得
$$\begin{cases} x_1 = b''_1 - a''_{1(r+1)}x_{r+1} - \cdots - a''_{1n}x_n, \\ x_2 = b''_2 - a''_{2(r+1)}x_{r+1} - \cdots - a''_{2n}x_n, \\ \cdots \quad \cdots \quad\quad \cdots \quad\quad\quad \cdots \\ x_r = b''_r - a''_{r(r+1)}x_{r+1} - \cdots - a''_{rn}x_n. \end{cases}$$

其中 $x_{r+1}, x_{r+2}, \cdots, x_n$ 为自由未知量，共 $n-r$ 个，它们可取任意值. 如果令 $x_{r+1} = c_1, x_{r+2} = c_2, \cdots, x_n = c_{n-r}$（其中 $c_1, c_2, \cdots, c_{n-r}$ 为任意常数），则得到方程组的无穷多个解：
$$\begin{cases} x_1 = b''_1 - a''_{1(r+1)}c_1 - \cdots - a''_{1n}c_{n-r}, \\ x_2 = b''_2 - a''_{2(r+1)}c_1 - \cdots - a''_{2n}c_{n-r}, \\ \cdots \quad \cdots \quad\quad \cdots \quad\quad\quad \cdots \\ x_r = b''_r - a''_{r(r+1)}c_1 - \cdots - a''_{rn}c_{n-r}, \\ x_{r+1} = c_1, \\ \cdots \quad \cdots \quad\quad \cdots \quad\quad\quad \cdots \\ x_n = c_{n-r}. \end{cases}$$

（其中 $c_1, c_2, \cdots, c_{n-r}$ 为任意常数）. 从而可知当 $r(\boldsymbol{Ab}) = r(\mathbf{A}) = r < n$ 时，方程组有无穷多个解，反之亦然.

（3）如例 3，若其阶梯形矩阵为
$$(\boldsymbol{Ab}) \to \cdots \to \left[\begin{array}{cccccccc:c} a'_{11} & a'_{12} & \cdots & a'_{1r} & a'_{1(r+1)} & \cdots & a'_{1n} & b'_1 \\ 0 & a'_{22} & \cdots & a'_{2r} & a'_{2(r+1)} & \cdots & a'_{2n} & b'_2 \\ \vdots & \vdots & & \vdots & \vdots & & \vdots & \vdots \\ 0 & 0 & \cdots & a'_{rr} & a'_{r(r+1)} & \cdots & a'_{rn} & b'_r \\ 0 & 0 & \cdots & 0 & 0 & \cdots & 0 & b'_{r+1} \\ 0 & 0 & \cdots & 0 & \cdots & \cdots & 0 & 0 \\ \vdots & \vdots & & \vdots & \vdots & & \vdots & \vdots \\ 0 & 0 & \cdots & 0 & \cdots & \cdots & 0 & 0 \end{array}\right],$$

其中 $a'_{ii} \neq 0 \quad (i = 1, 2, \cdots, r)$，且 $b'_{r+1} \neq 0$，此时有

$$r(\boldsymbol{Ab}) = r+1, r(\boldsymbol{A}) = r, r(\boldsymbol{A}, b) \neq r(\boldsymbol{A}),$$

其对应的方程组为

$$\begin{cases} a'_{11}x_1 + a'_{12}x_2 + \cdots + a'_{1r}x_r + a'_{1(r+1)}x_{r+1} + \cdots + a'_{1n}x_n = b_1, \\ \qquad a'_{22}x_2 + \cdots + a'_{2r}x_r + a'_{2(r+1)}x_{r+1} + \cdots + a'_{2n}x_n = b'_2, \\ \qquad \cdots \ \cdots \ \cdots \ \cdots \\ \qquad\qquad a'_{rr}x_r + a'_{r(r+1)}x_{r+1} + \cdots + a'_{rn}x_n = b'_r, \\ \qquad\qquad\qquad 0 = b'_{r+1}. \end{cases}$$

此方程组出现了矛盾方程 $0 = b'_{r+1}$，故原方程组无解. 从而可知当 $r(\boldsymbol{Ab}) \neq r(\boldsymbol{A})$ 时，方程组无解，反之亦然.

综上所述，可得线性方程组解的判断定理.

定理 1 线性方程组（*）有解的充分必要条件是系数矩阵与增广矩阵的秩相等. 即

$$r(\boldsymbol{Ab}) = r(\boldsymbol{A}),$$

且当 $r(\boldsymbol{Ab}) = n$ 时有唯一解；当 $r(\boldsymbol{Ab}) < n$ 时有无穷多个解.

由定理 1 得消元法解线性方程组的一般步骤是：

Ⅰ 将线性方程组的增广矩阵用初等行变换化为阶梯形矩阵，判断方程组是否有解；

Ⅱ 若有解再将阶梯形矩阵用初等行变换化为行简化阶梯形矩阵，从而写出方程组的解.

例 4 解线性方程组

$$\begin{cases} x_1 + 2x_2 - 3x_3 = 13, \\ 2x_1 + 3x_2 + x_3 = 4, \\ 3x_1 - x_2 + 2x_3 = -1, \\ x_1 - x_2 + 3x_3 = -8. \end{cases}$$

解 对增广矩阵 $(\boldsymbol{Ab})$ 施以初等行变换化为阶梯形矩阵

$$(\boldsymbol{Ab}) = \left[\begin{array}{ccc:c} 1 & 2 & -3 & 13 \\ 2 & 3 & 1 & 4 \\ 3 & -1 & 2 & -1 \\ 1 & -1 & 3 & -8 \end{array}\right] \xrightarrow[④+①\times(-1)]{\substack{②+①\times(-2) \\ ③+①\times(-3)}} \left[\begin{array}{ccc:c} 1 & 2 & -3 & 13 \\ 0 & -1 & 7 & -22 \\ 0 & -7 & 11 & -40 \\ 0 & -3 & 6 & -21 \end{array}\right]$$

$$\xrightarrow[④+②\times(-3)]{③+②\times(-7)} \left[\begin{array}{ccc:c} 1 & 2 & -3 & 13 \\ 0 & -1 & 7 & -22 \\ 0 & 0 & -38 & 114 \\ 0 & 0 & -15 & 45 \end{array}\right] \xrightarrow[④\times\left(-\frac{1}{15}\right)]{③\times\left(-\frac{1}{38}\right)} \left[\begin{array}{ccc:c} 1 & 2 & -3 & 13 \\ 0 & -1 & 7 & -22 \\ 0 & 0 & 1 & -3 \\ 0 & 0 & 1 & -3 \end{array}\right]$$

$$\xrightarrow{④+③\times(-1)}\left[\begin{array}{ccc:c}1 & 2 & -3 & 13\\ 0 & -1 & 7 & -22\\ 0 & 0 & 1 & -3\\ 0 & 0 & 0 & 0\end{array}\right].$$

由此得 $r(\boldsymbol{Ab})=r(\boldsymbol{A})=3$，故原方程组有唯一解. 对阶梯形矩阵再施以初等行变换，化为行简化阶梯形矩阵，接上式有

$$(\boldsymbol{Ab})\longrightarrow\left[\begin{array}{ccc:c}1 & 2 & -3 & 13\\ 0 & -1 & 7 & -22\\ 0 & 0 & 1 & -3\\ 0 & 0 & 0 & 0\end{array}\right]\xrightarrow[①+③\times 3]{②+③\times(-7)}\left[\begin{array}{ccc:c}1 & 2 & 0 & 4\\ 0 & -1 & 0 & -1\\ 0 & 0 & 1 & -3\\ 0 & 0 & 0 & 0\end{array}\right]$$

$$\xrightarrow{①+②\times 2}\left[\begin{array}{ccc:c}1 & 0 & 0 & 2\\ 0 & -1 & 0 & -1\\ 0 & 0 & 1 & -3\\ 0 & 0 & 0 & 0\end{array}\right]\xrightarrow{②\times(-1)}\left[\begin{array}{ccc:c}1 & 0 & 0 & 2\\ 0 & 1 & 0 & 1\\ 0 & 0 & 1 & -3\\ 0 & 0 & 0 & 0\end{array}\right].$$

于是，原方程组的解为$\begin{cases}x_1=2,\\ x_2=1,\\ x_3=-3.\end{cases}$

例 5 a 取何值时，线性方程组

$$\begin{cases}x_1+x_2+x_3=a,\\ ax_1+x_2+x_3=1,\\ x_1+x_2+ax_3=1\end{cases}$$

有解，并求其解.

解 对增广矩阵 $(\boldsymbol{Ab})$ 施以初等行变换化为阶梯形矩阵：

$$(\boldsymbol{Ab})=\left[\begin{array}{ccc:c}1 & 1 & 1 & a\\ a & 1 & 1 & 1\\ 1 & 1 & a & 1\end{array}\right]\xrightarrow[③+①\times(-1)]{②+①\times(-a)}\left[\begin{array}{ccc:c}1 & 1 & 1 & a\\ 0 & 1-a & 1-a & 1-a^2\\ 0 & 0 & a-1 & 1-a\end{array}\right].$$

当 $a\neq1$ 时，$r(\boldsymbol{Ab})=r(\boldsymbol{A})=3$，方程组有唯一解. 用初等行变换将上面的阶梯形矩阵继续化为行简化阶梯形矩阵

$$(\boldsymbol{Ab})\longrightarrow\left[\begin{array}{ccc:c}1 & 1 & 1 & a\\ 0 & 1-a & 1-a & 1-a^2\\ 0 & 0 & a-1 & 1-a\end{array}\right]$$

$$\xrightarrow[\text{③}\times\frac{1}{a-1}]{\text{②}\times\frac{1}{1-a}}\left[\begin{array}{ccc:c}1&1&1&a\\0&1&1&1+a\\0&0&1&-1\end{array}\right]\xrightarrow[\text{①}+\text{③}\times(-1)]{\text{②}+\text{③}\times(-1)}\left[\begin{array}{ccc:c}1&1&0&a+1\\0&1&0&2+a\\0&0&1&-1\end{array}\right]$$

$$\xrightarrow{\text{①}+\text{②}\times(-1)}\left[\begin{array}{ccc:c}1&0&0&-1\\0&1&0&2+a\\0&0&1&-1\end{array}\right].$$

所以，原方程组的解为

$$\begin{cases}x_1=-1,\\x_2=2+a,\\x_3=-1.\end{cases}$$

当 $a=1$ 时，$r(\boldsymbol{Ab})=r(\boldsymbol{A})=1<3$，方程组有无穷多个解．增广矩阵 $(\boldsymbol{Ab})$ 化为

$$(\boldsymbol{Ab})\longrightarrow\left[\begin{array}{ccc:c}1&1&1&1\\0&0&0&0\\0&0&0&0\end{array}\right],$$

其对应的方程组为

$$x_1+x_2+x_3=1.$$

令 $x_2=c_1$，$x_3=c_2$（c_1,c_2 为任意常数），于是得到原方程组的一般解为

$$\begin{cases}x_1=1-c_1-c_2,\\x_2=c_1,\\x_3=c_2.\end{cases}$$

当线性方程组（$*$）中的常数项均为零时，即

$$\begin{cases}a_{11}x_1+a_{12}x_2+\cdots+a_{1n}x_n=0,\\a_{21}x_1+a_{22}x_2+\cdots+a_{2n}x_n=0,\\\cdots\cdots\cdots\cdots\\a_{m1}x_1+a_{m2}x_2+\cdots+a_{mn}x_n=0.\end{cases}\qquad(**)$$

称为齐次线性方程组．

由于 $r(\boldsymbol{AO})=r(\boldsymbol{A})$，因此，齐次线性方程组恒有解．显然，$x_1=x_2=\cdots=x_n=0$ 就是它的一组解，我们称之为零解．

由定理1可知，当 $r(\boldsymbol{A})=n$ 时，方程组（$**$）有唯一解，即仅有零解；当 $r(\boldsymbol{A})<n$ 时，方程组（$**$）有无穷多个解，即除零解外还有非零解．于是有以下定理．

定理 2 齐次线性方程组（**）有非零解的充分必要条件是 $r(\mathbf{A}) < n$.

推论 当 $m < n$ 时，齐次线性方程组（**）有非零解.

证明 因为 $r(\mathbf{A}) \leqslant \min(m,n) = m < n$，由定理 2 知（**）有非零解.

例 6 解齐次线性方程组

$$\begin{cases} x_1 + x_2 - 3x_3 - x_4 = 0, \\ 3x_1 - x_2 - 3x_3 + 4x_4 = 0, \\ x_1 + 5x_2 - 9x_3 - 8x_4 = 0. \end{cases}$$

解 因为 $m = 3 < n = 4$，由定理 2 的推论可知该方程组一定有非零解. 将系数矩阵 $\mathbf{A}$ 化为行简化阶梯形矩阵.

$$\mathbf{A} = \begin{bmatrix} 1 & 1 & -3 & -1 \\ 3 & -1 & -3 & 4 \\ 1 & 5 & -9 & -8 \end{bmatrix} \xrightarrow[③+①\times(-1)]{②+①\times(-3)} \begin{bmatrix} 1 & 1 & -3 & -1 \\ 0 & -4 & 6 & 7 \\ 0 & 4 & -6 & -7 \end{bmatrix}$$

$$\xrightarrow{③+②\times 1} \begin{bmatrix} 1 & 1 & -3 & -1 \\ 0 & -4 & 6 & 7 \\ 0 & 0 & 0 & 0 \end{bmatrix} \xrightarrow{②\times\left(-\frac{1}{4}\right)} \begin{bmatrix} 1 & 1 & -3 & -1 \\ 0 & 1 & -\frac{3}{2} & -\frac{7}{4} \\ 0 & 0 & 0 & 0 \end{bmatrix}$$

$$\xrightarrow{①+②\times(-1)} \begin{bmatrix} 1 & 0 & -\frac{3}{2} & \frac{3}{4} \\ 0 & 1 & -\frac{3}{2} & -\frac{7}{4} \\ 0 & 0 & 0 & 0 \end{bmatrix}.$$

所以，原方程组同解于

$$\begin{cases} x_1 \qquad - \frac{3}{2}x_3 + \frac{3}{4}x_4 = 0, \\ \qquad x_2 - \frac{3}{2}x_3 - \frac{7}{4}x_4 = 0. \end{cases}$$

令 $x_3 = c_1$，$x_4 = c_2$（其中 c_1, c_2 为任意常数）得原方程组的一般解为

$$\begin{cases} x_1 = \frac{3}{2}c_1 - \frac{3}{4}c_2, \\ x_2 = \frac{3}{2}c_1 + \frac{7}{4}c_2, \\ x_3 = c_1, \\ x_4 = c_2. \end{cases}$$

例 7　解齐次线性方程组

$$\begin{cases} x_1+3x_2-2x_3+2x_4=0, \\ x_3+2x_4=0, \\ 2x_1+6x_2-4x_3+5x_4=0, \\ x_1+3x_2-4x_3 \qquad =0. \end{cases}$$

解　将系数矩阵 $\boldsymbol{A}$ 化为行简化阶梯形矩阵.

$$\boldsymbol{A}=\begin{bmatrix} 1 & 3 & -2 & 2 \\ 0 & 0 & 1 & 2 \\ 2 & 6 & -4 & 5 \\ 1 & 3 & -4 & 0 \end{bmatrix} \xrightarrow[④+①\times(-1)]{③+①\times(-2)} \begin{bmatrix} 1 & 3 & -2 & 2 \\ 0 & 0 & 1 & 2 \\ 0 & 0 & 0 & 1 \\ 0 & 0 & -2 & -2 \end{bmatrix}$$

$$\xrightarrow{④+②\times 2} \begin{bmatrix} 1 & 3 & -2 & 2 \\ 0 & 0 & 1 & 2 \\ 0 & 0 & 0 & 1 \\ 0 & 0 & 0 & 2 \end{bmatrix} \xrightarrow{④+③\times(-2)} \begin{bmatrix} 1 & 3 & -2 & 2 \\ 0 & 0 & 1 & 2 \\ 0 & 0 & 0 & 1 \\ 0 & 0 & 0 & 0 \end{bmatrix}.$$

由此可知 $\boldsymbol{r}(\boldsymbol{A})=3<4$，故方程组有非零解. 对阶梯形矩阵继续施以初等行变换，化为行简化阶梯形矩阵，接上式有

$$\xrightarrow[①+③\times(-2)]{②+③\times(-2)} \begin{bmatrix} 1 & 3 & -2 & 0 \\ 0 & 0 & 1 & 0 \\ 0 & 0 & 0 & 1 \\ 0 & 0 & 0 & 0 \end{bmatrix} \xrightarrow{①+②\times 2} \begin{bmatrix} 1 & 3 & 0 & 0 \\ 0 & 0 & 1 & 0 \\ 0 & 0 & 0 & 1 \\ 0 & 0 & 0 & 0 \end{bmatrix}.$$

所以，原方程组同解于

$$\begin{cases} x_1=-3x_2, \\ x_3=0, \\ x_4=0. \end{cases}$$

令 $x_2=c$（其中 c 为任意常数），得原方程组的一般解为

$$\begin{cases} x_1=-3c, \\ x_2=c, \\ x_3=0, \\ x_4=0. \end{cases}$$

习题 9—6

1. 用消元法解下列线性方程组：

(1) $\begin{cases} x_1+3x_2-13x_3=-6, \\ 2x_1-x_2+3x_3=3, \\ 4x_1-x_2+x_3=3; \end{cases}$

(2) $\begin{cases} x_1-x_2-x_3+x_4=0, \\ x_1-x_2+x_3-x_4=1, \\ x_1-x_2-2x_3+2x_4=-\frac{1}{2}; \end{cases}$

(3) $\begin{cases} x_1-2x_2+x_3+x_4=1, \\ x_1-2x_2+x_3-5x_4=5, \\ x_1-2x_2+x_3-x_4=-1; \end{cases}$

(4) $\begin{cases} x_1+6x_2-3x_3-5x_4=1, \\ 3x_1-5x_2+2x_3+4x_4=2, \\ 5x_1+7x_2-4x_3-6x_4=3, \\ 7x_1-4x_2+x_3+3x_4=5; \end{cases}$

(5) $\begin{cases} x_1+3x_2-2x_3=0, \\ x_1+7x_2+2x_3=0, \\ 2x_1+14x_2+5x_3=0; \end{cases}$

(6) $\begin{cases} x_1+x_2-4x_3=0, \\ 4x_1+7x_2+5x_3=0, \\ 3x_1+5x_2+2x_3=0; \end{cases}$

(7) $\begin{cases} x_1+3x_2-x_3-2x_4=0, \\ 2x_1-x_2+2x_3+3x_4=0, \\ 3x_1-5x_2+5x_3+8x_4=0, \\ x_1-4x_2+3x_3+5x_4=0. \end{cases}$

2. 设线性方程组

$$\begin{cases} \lambda x_1+x_2+x_3=\lambda-3, \\ x_1+\lambda x_2+x_3=-2, \\ x_1+x_2+\lambda x_3=-2. \end{cases}$$

讨论 λ 取何值时，方程组无解？有唯一解？有无穷多个解？并在有解时求出其解.

【本章小结】

一、本章的基本要求

1. 理解矩阵的概念、熟练掌握矩阵加法、数乘、矩阵乘法的运算法则及其性质.

2. 了解几种特殊的矩阵，如行矩阵、列矩阵、零矩阵、三角形矩阵、对角形矩阵、单位矩阵等.

3. 理解矩阵可逆的概念和性质，掌握 n 阶方阵可逆的充要条件，会用伴随矩阵法求逆矩阵，会解简单的矩阵方程.

4. 理解矩阵的初等变换、初等矩阵的概念及初等变换与初等矩阵之间的关系，掌握初等矩阵的性质，熟练掌握用矩阵的初等变换求逆矩阵的方法.

5. 理解矩阵的子式和秩的概念，掌握秩的性质，会用矩阵的初等变换求矩阵的秩.

6. 熟练掌握用矩阵的初等变换将矩阵化为阶梯形矩阵和行简化阶梯形矩阵.

7. 熟练掌握用消元法解线性方程组，熟练掌握一般线性方程组解的判断定理.

二、学习中应注意的几个问题

1. 矩阵与行列式是两个不同的概念，矩阵是一个数表，行列式对应着一个数值或是一个代数式. 矩阵等于零的充要条件是矩阵的所有元素全部为零，行列式等于零，指的是行列式的值为零.

作为矩阵，当所有的元素都有公因数 k 时才可把 k 提到矩阵符号之外，这是矩阵与行列式容易混淆的又一点.

例如

$$\begin{pmatrix} 2 & 6 \\ 4 & 8 \end{pmatrix} = 2\begin{pmatrix} 1 & 3 \\ 2 & 4 \end{pmatrix} \neq 4\begin{pmatrix} 1 & 3 \\ 1 & 2 \end{pmatrix},$$

而

$$\begin{vmatrix} 2 & 6 \\ 4 & 8 \end{vmatrix} = 2\begin{vmatrix} 1 & 3 \\ 4 & 8 \end{vmatrix} = 8\begin{vmatrix} 1 & 3 \\ 1 & 2 \end{vmatrix}.$$

2. 矩阵的运算同数的运算有许多相同的性质，但更应区分不同之处，如矩阵的乘法不适合交换律和消去律.

3. 在用公式 $\boldsymbol{A}^{-1} = \frac{1}{|\boldsymbol{A}|}\boldsymbol{A}^*$ 求 $\boldsymbol{A}$ 的逆矩阵时，应注意：

(1) $\boldsymbol{A}^*=(\boldsymbol{A}_{ji})=(\boldsymbol{A}_{ij})^T$，其中$\boldsymbol{A}_{ij}$是元素$a_{ij}$的代数余子式，$a_{ij}$与$\boldsymbol{A}_{ij}$在$\boldsymbol{A}$与$\boldsymbol{A}^*$中的位置是不同的.

(2) $\boldsymbol{A}_{ij}=(-1)^{i+j}\boldsymbol{M}_{ij}$是代数余子式，符号$(-1)^{i+j}$不能忘记.

(3) $\boldsymbol{A}^{-1}=\dfrac{1}{|\boldsymbol{A}|}\boldsymbol{A}^*$，注意最后还要把$\boldsymbol{A}^*$乘$\dfrac{1}{|\boldsymbol{A}|}$.

特别地，当$\boldsymbol{A}=\begin{bmatrix} a & b \\ c & d \end{bmatrix}$时，$\boldsymbol{A}^*=\begin{bmatrix} d & -b \\ -c & a \end{bmatrix}$，相当于把$\boldsymbol{A}$的主对角线元素换位，次对角线元素变号，即可得到$\boldsymbol{A}^*$，从而

$$\boldsymbol{A}^{-1}=\begin{bmatrix} a & b \\ c & d \end{bmatrix}^{-1}=\frac{1}{ad-bc}\begin{bmatrix} d & -b \\ -c & a \end{bmatrix}.$$

4. 在用初等变换求矩阵$\boldsymbol{A}$的逆矩阵时，只能对$(\boldsymbol{AI})$进行初等行变换，不能进行列变换. 经过一系列的初等行变换，左边的矩阵$\boldsymbol{A}\rightarrow\boldsymbol{I}$时，右边的$\boldsymbol{I}\rightarrow\boldsymbol{A}^{-1}$.

5. 在解矩阵方程$\boldsymbol{AX}=\boldsymbol{B}$或$\boldsymbol{YA}=\boldsymbol{B}$时，若$\boldsymbol{A}$可逆，则它们有唯一解，且

$$\boldsymbol{X}=\boldsymbol{A}^{-1}\boldsymbol{B},\quad \boldsymbol{Y}=\boldsymbol{BA}^{-1}.$$

6. 矩阵的秩是一个重要的概念，初等变换不改变矩阵秩的大小，矩阵的秩等于它的阶梯形矩阵或行简化阶梯形矩阵非零行的行数.

应用矩阵的秩可以判断一个方阵是否可逆，只有满秩的方阵才存在逆矩阵，不满秩的方阵不可逆.

7. 在解线性方程组时应注意的问题是：

(1) 当方程个数等于未知数个数时，往往通过讨论其系数行列式$|\boldsymbol{A}|$来判断解的情况：

若$|\boldsymbol{A}|\neq 0$，则齐次方程组$\boldsymbol{AX}=\boldsymbol{0}$只有零解，非齐次方程组$\boldsymbol{AX}=\boldsymbol{b}$有唯一解；

若$|\boldsymbol{A}|=0$，则齐次方程组$\boldsymbol{AX}=\boldsymbol{0}$有非零解，非齐次方程组$\boldsymbol{AX}=\boldsymbol{b}$可能有无穷多个解也可能无解，这就要看$r(\boldsymbol{A})$是否等于$r(\boldsymbol{Ab})$而定.

(2) 在对增广矩阵$(\boldsymbol{Ab})$或矩阵$\boldsymbol{A}$进行初等变换时，只能进行初等行变换，不可进行初等列变换. 另外当用一个数乘某一行时，必须保证此数不为零，特别是当用一个含字母的式子乘或除以某一行时，此式必须不为零时才能进行.

综合检测题（九）

1. 填空题：

(1) 已知 $\boldsymbol{A}=\begin{bmatrix}a+b & 2c+d\\ c-b & c-d\end{bmatrix}$，$\boldsymbol{B}=\begin{bmatrix}3 & 5\\ 1 & 4\end{bmatrix}$，若 $\boldsymbol{A}=\boldsymbol{B}$，则 $a=$________，$b=$________，$c=$________，$d=$________；

(2) 已知 $\boldsymbol{A}$ 为 3 阶方阵，且 $|\boldsymbol{A}|=-2$，那么行列式 $|-2\boldsymbol{A}|=$______；

(3) $\boldsymbol{A}^2-\boldsymbol{B}^2=(\boldsymbol{A}+\boldsymbol{B})(\boldsymbol{A}-\boldsymbol{B})$ 的充分必要条件是______；

(4) 已知 $\boldsymbol{A}=\begin{bmatrix}1 & 2\\ 2 & 1\end{bmatrix}$，则 $\boldsymbol{A}^{-1}=$______；

(5) 已知 $\boldsymbol{A}^2=\boldsymbol{A}$，且 $\boldsymbol{A}$ 可逆，则 $\boldsymbol{A}=$______.

2. 选择题：

(1) 以下结论中正确的是（　　）.

A. 含有 0 元素的矩阵为零矩阵

B. 所有元素都为 0 的矩阵为零矩阵

C. 零矩阵一定为方阵

D. 若 $\boldsymbol{A}$、$\boldsymbol{B}$ 均为零矩阵，则 $\boldsymbol{A}=\boldsymbol{B}$

(2) 设有 $m\times n$ 矩阵 $\boldsymbol{A}$，$n\times m$ 矩阵 $\boldsymbol{B}$，则运算 $\boldsymbol{AB}$，$\boldsymbol{BA}$，$\boldsymbol{A}+\boldsymbol{B}$，$\boldsymbol{A}-\boldsymbol{B}^{\mathrm{T}}$，$\boldsymbol{A}^{-1}$ 中一定有意义的有（　　）.

A. 5 个　　B. 4 个　　C. 3 个　　D. 2 个

(3) 若 n 阶矩阵 $\boldsymbol{P}$、$\boldsymbol{Q}$ 满足 $\boldsymbol{PQ}=\boldsymbol{O}$，下列结论中一定正确的是（　　）.

A. $\boldsymbol{P}=\boldsymbol{O}$ 或 $\boldsymbol{Q}=\boldsymbol{O}$.　　B. $\boldsymbol{P}=\boldsymbol{O}$ 且 $\boldsymbol{Q}=\boldsymbol{O}$

C. $\boldsymbol{P}\neq\boldsymbol{O}$ 且 $\boldsymbol{Q}\neq\boldsymbol{O}$　　D. $|\boldsymbol{P}|=0$ 或 $|\boldsymbol{Q}|=0$

(4) 设 $\boldsymbol{A}$、$\boldsymbol{B}$、$\boldsymbol{C}$ 为 n 阶矩阵，下面不是运算律的是（　　）.

A. $(\boldsymbol{A}+\boldsymbol{B})+\boldsymbol{C}=(\boldsymbol{C}+\boldsymbol{B})+\boldsymbol{A}$　　B. $(\boldsymbol{A}+\boldsymbol{B})\boldsymbol{C}=\boldsymbol{CA}+\boldsymbol{CB}$

C. $(\boldsymbol{AB})\boldsymbol{C}=\boldsymbol{A}(\boldsymbol{BC})$　　D. $(k\boldsymbol{A})\boldsymbol{B}=\boldsymbol{A}(k\boldsymbol{B})$

(5) 若由 $\boldsymbol{AB}=\boldsymbol{AC}$，必能推出 $\boldsymbol{B}=\boldsymbol{C}$，其中 $\boldsymbol{B}$、$\boldsymbol{A}$、$\boldsymbol{C}$ 为同阶方阵，则 $\boldsymbol{A}$ 应该满足条件（　　）.

A. $\boldsymbol{A}\neq\boldsymbol{O}$　　B. $|\boldsymbol{A}|\neq 0$

C. $\boldsymbol{A}=\boldsymbol{O}$　　D. $|\boldsymbol{A}|=0$

(6) 设$\boldsymbol{A}=\begin{bmatrix}0&1&0\\0&0&1\\1&0&0\end{bmatrix}$，则与$\boldsymbol{A}$可交换的矩阵为（　　）.

A. $\begin{bmatrix}1&1&0\\0&1&1\\1&0&2\end{bmatrix}$　　B. $\begin{bmatrix}1&1&2\\1&1&2\\2&1&1\end{bmatrix}$

C. $\begin{bmatrix}1&0&1\\1&2&0\\0&1&1\end{bmatrix}$　　D. $\begin{bmatrix}1&2&3\\3&1&2\\2&3&1\end{bmatrix}$

(7) 设$\boldsymbol{A}$、$\boldsymbol{B}$、$\boldsymbol{C}$为n阶可逆矩阵，则下列结论或等式成立的是(　　).

A. $(\boldsymbol{A}+\boldsymbol{B})^{-1}=\boldsymbol{A}^{-1}+\boldsymbol{B}^{-1}$　　B. $(k\boldsymbol{A})^{-1}=k\boldsymbol{A}^{-1}(k\neq 0)$

C. $(\boldsymbol{AB})^{-1}=\boldsymbol{B}^{-1}\boldsymbol{A}^{-1}$　　D. $\boldsymbol{AB}=\boldsymbol{BA}$

(8) 设$\boldsymbol{A}$、$\boldsymbol{B}$均为n阶非零矩阵，且$\boldsymbol{AB}=\boldsymbol{O}$，则$\boldsymbol{A}$和$\boldsymbol{B}$的秩为(　　).

A. 必有一个等于0　　B. 都等于n

C. 一个等于n，一个小于n　　D. 都小于n

(9) $\boldsymbol{A}$、$\boldsymbol{B}$是n阶方阵，则(　　).

A. $\boldsymbol{A}$或$\boldsymbol{B}$可逆，必有$\boldsymbol{AB}$可逆

B. $\boldsymbol{A}$或$\boldsymbol{B}$不可逆，必有$\boldsymbol{AB}$不可逆

C. $\boldsymbol{A}$、$\boldsymbol{B}$都可逆，必有$\boldsymbol{A}+\boldsymbol{B}$可逆

D. $\boldsymbol{A}$、$\boldsymbol{B}$都不可逆，必有$\boldsymbol{A}+\boldsymbol{B}$不可逆

(10) 若矩阵$\boldsymbol{A}=\begin{bmatrix}1&1&1\\1&2&1\\2&3&\lambda+1\end{bmatrix}$的秩为2，则$\lambda=$(　　).

A. 0　　B. 2

C. -1　　D. 1

3. 计算：

(1) $\begin{pmatrix}1&2&3\\-2&1&2\end{pmatrix}\begin{bmatrix}1&2&0\\0&1&1\\3&0&-1\end{bmatrix}$；

(2) $\begin{pmatrix}3 & 1 & 2 & -1\\0 & 3 & 1 & 0\end{pmatrix}\begin{bmatrix}1 & 0 & 5\\0 & 2 & 0\\1 & 0 & 1\\0 & 3 & 0\end{bmatrix}\begin{bmatrix}-1 & 0\\1 & 5\\0 & 2\end{bmatrix}$；

(3) $\begin{bmatrix}1 & 1 & 1\\0 & 1 & 1\\0 & 0 & 1\end{bmatrix}^2$.

4. 用初等变换判断下列矩阵是否可逆？如果可逆，求出逆矩阵.

(1) $\begin{pmatrix}\cos\varphi & \sin\varphi\\-\sin\varphi & \cos\varphi\end{pmatrix}$；　(2) $\begin{bmatrix}2 & 2 & -1\\1 & -2 & 4\\5 & 8 & 2\end{bmatrix}$；

(3) $\begin{bmatrix}1 & -2 & -1 & -2\\4 & 1 & 2 & 1\\2 & 5 & 4 & -1\\1 & 1 & 1 & 1\end{bmatrix}$.

5. 求下列矩阵的秩.

(1) $\begin{bmatrix}1 & 2 & 3 & 4\\1 & -2 & 4 & 5\\1 & 10 & 1 & 2\end{bmatrix}$；　(2) $\begin{bmatrix}1 & -1 & 2 & 1 & 0\\2 & -2 & 4 & 2 & 0\\3 & 0 & 6 & -1 & 1\\0 & 3 & 0 & 0 & 1\end{bmatrix}$.

6. 解下列线性方程组.

(1) $\begin{cases}x_1-x_2+2x_3-x_4=5,\\2x_1+3x_2+x_3+2x_4=7,\\3x_1+2x_2+3x_3+x_4=10;\end{cases}$

(2) $\begin{cases}x_1+x_2-x_3=1,\\2x_1+3x_2+x_3=6,\\-x_1+2x_2-x_3=0,\\3x_1+7x_2-2x_3=8;\end{cases}$

(3) $\begin{cases}x_1+x_2+x_3+2x_4=6,\\x_1+2x_2+x_3+x_4=8,\\2x_1+2x_2+3x_3+6x_4=15;\end{cases}$

$$(4)\begin{cases} x_1-2x_2+4x_3-7x_4=0, \\ 2x_1+\ x_2-2x_3+\ x_4=0, \\ 3x_1-\ x_2+2x_3-4x_4=0. \end{cases}$$

7. 设线性方程组

$$\begin{cases} \lambda x_1+\ x_2+\ x_3=1, \\ x_1+\lambda x_2+\ x_3=\lambda, \\ x_1+\ x_2+\lambda x_3=\lambda^2, \end{cases}$$

讨论λ取何值时，方程组无解？有唯一解？有无穷多个解？并在有解时求出其解.

8. 设 $\boldsymbol{A}$ 为 $m\times n$ 矩阵，$\boldsymbol{B}$ 为 $n\times m$ 矩阵，且 $m>n$，试证：$|\boldsymbol{AB}|=0$.

拓展性阅读导航

1. [美] Steven J. Leon：线性代数（英文版第六版）[M]. 北京：机械工业出版社 2004 年版.

该书主要特点：

(1) 通过大量的实际应用说明了线性代数在各个领域中的广泛应用.

(2) 包含许多实例，便于读者理解相关的定义及原理.

(3) 每一节的后面给出大量的习题，各章后面还有测试题，并在本书的最后提供了部分习题的答案.

(4) 每章的后面都有基于 MATLAB 的上机练习，并在附录中提供了 MATLAB 的基础知识.

2. 张国楚等：大学文科数学 [M]. 北京：高等教育出版社 2002 年版.

该书一方面展现了数学发生发展的来龙去脉，一方面有选择地保持数学作为强有力的科学语言所特有的形式化本质特征；列举了一些有趣的实例，其中包括在中小学教育中有应用价值的范例，这样会激发学生的学习兴趣，增强学生的应用意识；通过穿插典型数学史料、数学家启示录及数学方法论简介等形式，渗透了数学的人文精神.

下编 概率统计

下编

第十章 事件与概率

自然界和社会上发生的现象是多种多样的．为了研究的方便，人们通常把所观察到的现象分为两类：确定性现象和随机现象．在一定条件下，某种结果必定发生或必定不发生的现象称为**确定性现象**．还有一类现象是事先不可预言的，即在相同条件下重复进行观察或试验时，有时出现这样的结果，有时出现那样的结果，称这类现象为**随机现象**．随机现象具有偶然性，即在每一次试验前，都不能准确预言发生哪种结果．然而，人们经过长期实践并深入研究之后，发现这类现象虽然在个别试验中其结果呈现出不确定性，但在大量重复试验或观察下，它的结果却呈现出某种规律性，即这类现象又表现出一定的必然性．例如，多次重复抛一枚硬币得到正面朝上大致有一半；同一门炮射击同一目标的弹着点按照一定规律分布．这种在大量重复试验或观察中所呈现出的固有规律性常称为**统计规律性**．**概率统计**就是研究和揭示随机现象统计规律性的一门学问．

本章学习要点

- 随机事件，样本空间，事件的关系与运算
- 概率及性质
- 条件概率，乘法公式，全概率公式，贝叶斯公式
- 事件的独立性
- 伯努利概型

第一节　随机事件

1. 随机试验与事件

为了研究随机现象的统计规律性，必须对这些现象进行大量的观测或试验（为了叙述方便起见，统称为试验）. 概率论里所研究的试验称为**随机试验**，通常用字母 E 表示．它具有以下特点：

(1) 在相同条件下试验可以重复进行；

(2) 每次试验的可能结果不止一个，并且事先能明确试验的所有可能结果；

(3) 进行一次试验之前不能确定哪个结果会出现.

例如，前面提到的抛掷一枚质量均匀的硬币，观察出现正面或反面就是一个随机试验．

下面再列举一些随机试验：

E_1：抛一枚硬币 3 次，观察正面出现的次数．试验的所有可能结果有 4 个："0 次正面"，"1 次正面"，"2 次正面"，"3 次正面".

E_2：观察总机每天 9：00—10：00 接到的电话次数．试验的所有可能结果是无穷可列个："接到 0 次"，"接到 1 次"，"接到 2 次"，……（当然，接到的电话次数不会是无限次，但是发生次数的上限不易确定，这时把上限定为无限，在数学上便于处理）.

E_3：用一只灯泡做试验，观察其使用寿命．用 t 表示灯泡的使用寿命，则 t 可取所有的非负实数：$t \geqslant 0$，对应了试验的所有可能结果．

在试验中，可能发生也可能不发生的结果称为**随机事件**，简称为**事件**，通常用大写字母 A，B，C 等表示．试验中不可再分的最简单的随机事件称为**基本事件**，常用 ω 来表示．例如，设试验 E 为掷一颗骰子，观察其出现的点数．在这个试验中，记事件 ω_n 为“出现点数 n”，$n=1$，2，3，4，5，6．显然事件 ω_1，ω_2，ω_3，ω_4，ω_5，ω_6 都是基本事件．若记 A 为“出现奇数点”，B 为“出现偶数点”，则 A，B 都是随机事件，其中事件 A 是由 ω_1，ω_3，ω_5 组成，事件 B 是由 ω_2，ω_4，ω_6 组成．

另外，还有两个特殊的事件：必然事件和不可能事件．在每次试验中，一定发生的事件称为**必然事件**，记作 Ω．例如，抛一颗骰子，“出现的点数不超过 6 点”；考察灯泡的寿命，“其使用寿命不小于 0”，都是必然事件．一定不发生的事件称为**不可能事件**，记作 $\varnothing$．例如，从 10 件（8 正 2 次）同类产品中任意抽取 3 件，事件“都是次品”就是不可能事件．

需要指出的是：必然事件与不可能事件是每次试验之前都可以准确预知的，因此它们不是随机事件，但是为了讨论问题方便，把它们都看成是特殊的随机事件，即作为随机现象的两个极端情况．

为了用点集的概念研究事件，下面引入样本空间和样本点的概念．

2. 样本空间

随机试验 E 的所有基本事件组成的集合称为 E 的**样本空间**，记作 Ω．试验 E 中的每个基本事件又称为**样本点**，记作 ω．由一些基本事件构成的随机事件用由这些基本事件对应的样本点所构成的集合表示，它是样本空间的一个子集．这样，样本空间作为一个事件是必然事件．每次试验时，试验的结果出现在该随机事件中，则称此**事件发生**．

下面分别写出上面试验 E_1，E_2 和 E_3 的样本空间 Ω_1，Ω_2 和 Ω_3．

Ω_1：用 ω_k 表示掷出的有 k 个正面，则 $\Omega_1=\{\omega_k \mid k=0，1，2，3\}$；

Ω_2：用 ω_k 表示在 9：00—10：00 接到了 k 次电话，则 $\Omega_2=\{\omega_k \mid k=1，2，\cdots，n，\cdots\}$；

Ω_3：用 t 表示灯泡的使用寿命，则 $\Omega_3=\{t \mid t\in[0,+\infty)\}$．

要注意的是：对于同一个随机试验，由于试验目的不同，其样本空间可能也不一样．例如，掷一枚骰子，若观察出现的点数，则样本空间有 6 个样本点：“出现 1 点”，“出现 2 点”，…，“出现 6 点”；但若观察掷出的是奇数点还是偶数点，则样本空间有 2 个样本点："出现奇数点"，"出现偶数点".

3. 事件的关系和运算

（1）事件的包含关系

在一次试验中，事件 A 发生必然导致事件 B 发生，即 A 中的每一个样本点都包含在 B 中，则称事件 B **包含**事件 A，或称事件 A 含于事件 B，记作 $A\subset B$ 或者 $B\supset A$（如图 10-1 所示）.

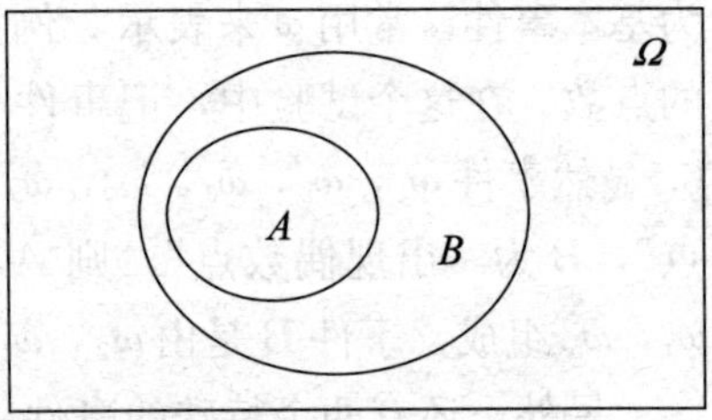

图 10-1

例如，在试验 E_1 中，若事件 $A=$｛恰好出现 3 次正面｝，$B=$｛至少出现 1 次正面｝，那么 $A\subset B$.

对任意事件 A，有 $\varnothing\subset A\subset\Omega$.

如果 $A\subset B$ 与 $B\supset A$ 同时成立，则称事件 A 与事件 B **相等**，记作 $A=B$.

（2）事件的和（事件的并）

两事件 A 与 B 至少有一个发生的事件称为事件 A 与 B 的**和**或**并**，记作 $A+B$ 或 $A\cup B$. 即 $A\cup B$ 是由至少属于 A 或 B 中一个的所有样本点构成的集合．图 10-2 中的阴影部分表示事件 $A\cup B$.

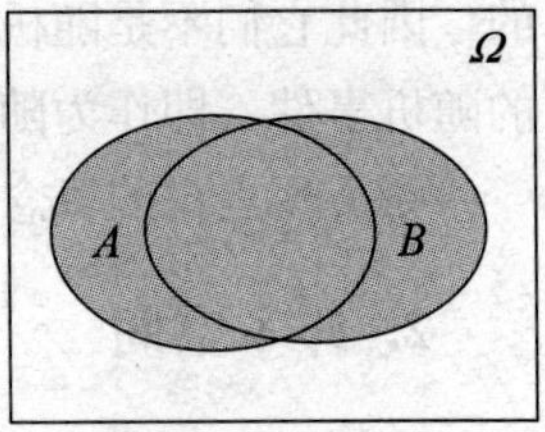

图 10-2

事件的和的概念可以进行如下推广：

由 A_1，A_2，A_3，…，A_n 这 n 个事件至少有一个发生所构成的事件称为这 n 个事件的和（并），记作：

$$\bigcup_{i=1}^{n}A_i=A_1\cup A_2\cup\cdots\cup A_n.$$

（3）事件的积（事件的交）

两事件 A 与 B 同时发生所构成的事件称为两个事件的**积**或**交**，记作 AB 或 $A\cap B$. 即 $A\cap B$ 是由同时属于 A 和 B 的所有样本点构成的集合．图形 10-3 中的阴影部分表示事件 $A\cap B$.

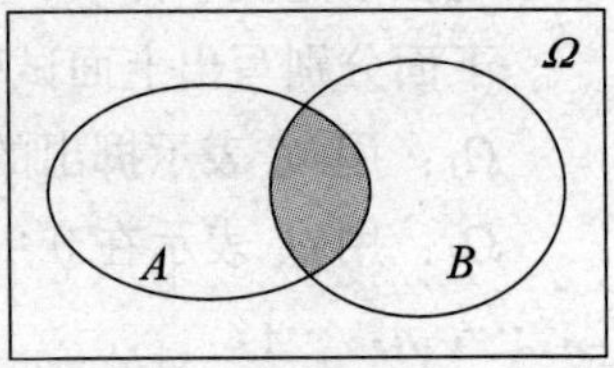

图 10-3

事件的积的概念也可以进行如下推广：

由 n 个事件 A_1，A_2，A_3，…，A_n 同时发生所构成的事件称为这 n 个事件的积，记作：

$$\bigcap_{i=1}^{n} A_i = A_1 \cap A_2 \cap \cdots \cap A_n$$

例如，在试验 E_1 中，若事件 A=\{至少出现 1 次正面\}，B=\{至多出现 2 次正面\}，那么，

$$A \cup B = \Omega,\ A \cap B = \{\omega_1,\ \omega_2\}.$$

（4）事件的互不相容（互斥）

如果两事件 A 与 B 不能同时发生，即 $AB=\varnothing$，则称事件 A 与 B 互不相容，或称**互斥**（如图 10-4 所示），否则称这两个事件**相容**.

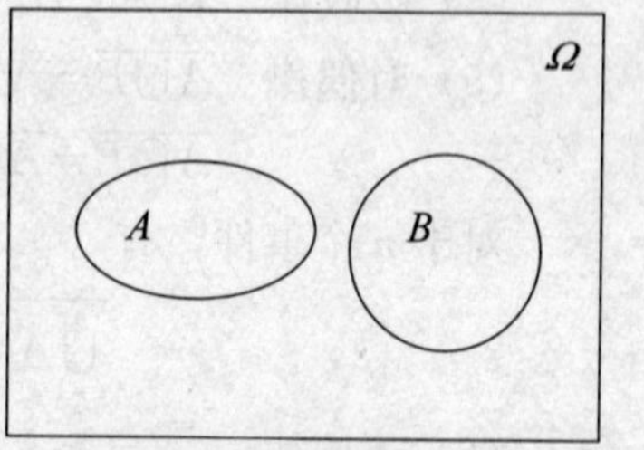

图 10-4

例如，在试验 E_1 中，如果 A=\{至少出现 1 次正面\}，B=\{三次都是反面\}，那么 A 与 B 互不相容.

如果 n 个事件 A_1，A_2，A_3，…，A_n 中的任意两个事件都是互不相容的，则称此 n 个事件**两两互不相容**.

（5）事件的差

由 A 发生而 B 不发生所构成的事件称为 A 与 B 的**差**，记作 $A-B$. 图 10-5 中的阴影部分表示事件 $A-B$.

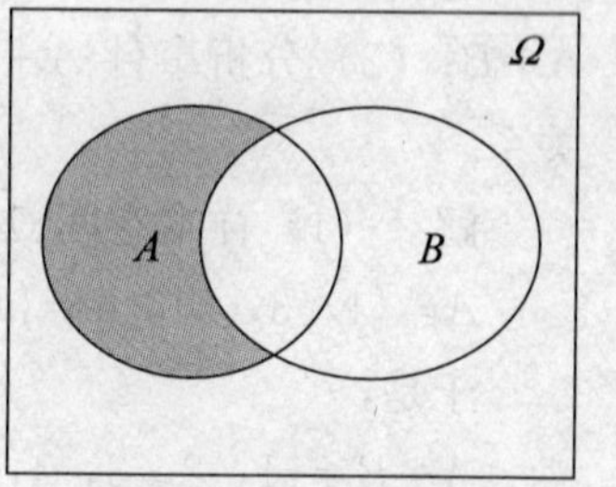

图 10-5

例如，在试验 E_3 中，如果事件 A=\{灯泡的寿命不超过 2000 小时\}，B=\{灯泡的寿命不超过 1 200 小时\}，那么 $A-B=\{t \mid 1\,200 < t \leqslant 2\,000\}$.

（6）对立事件（互逆事件）

若 $AB=\varnothing$，$A \cup B=\Omega$，即在一次试验中，事件 A 与事件 B 必须有一个发生而且只能有一个发生，则称 A 与 B 是**对立事件**或**互逆事件**. 此时称 B 为 A 的**逆事件**，记为 $B=\overline{A}$. 当然也可说 A 为 B 的逆事件，记为 $A=\overline{B}$（如图 10-6 所示）. 事件 $\overline{A}$ 发生当且仅当 A 不发生.

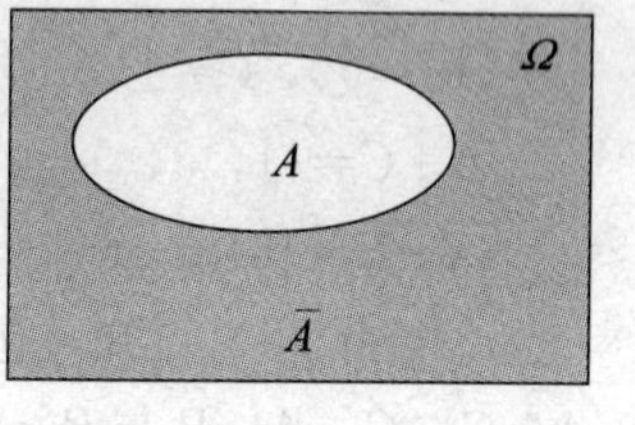

图 10-6

例如，在掷骰子试验中，设 A=\{掷出的是奇数点\}，B=\{掷出的是偶数点\}. 显然 $AB=\varnothing$，$A \cup B=\Omega$，因此事件 A 和 B 为对立事件.

由于事件、事件的关系及运算与集合、集合的关系及运算一样，根据集合的运算性质可推得事件的运算性质如下：

(1) 交换律　$A\cup B=B\cup A, A\cap B=B\cap A$；

(2) 结合律　$(A\cup B)\cup C=A\cup(B\cup C)$，$(A\cap B)\cap C=A\cap(B\cap C)$；

(3) 分配律　$(A\cup B)\cap C=(A\cap C)\cup(B\cap C)$，

$(A\cap B)\cup C=(A\cup C)\cap(B\cup C)$；

(4) 吸收律　若 $A\subset B$，则 $A\cup B=B$，$A\cap B=A$；

(5) 对偶律　$\overline{A\cup B}=\overline{A}\cap\overline{B}$，

$\overline{A\cap B}=\overline{A}\cup\overline{B}$，

对于 n 个事件，有

$$\overline{\bigcup_{i=1}^{n}A_i}=\bigcap_{i=1}^{n}\overline{A_i},\quad \overline{\bigcap_{i=1}^{n}A_i}=\bigcup_{i=1}^{n}\overline{A_i};$$

(6) 还原律　$\overline{\overline{A}}=A$；

(7) 差积律　$A-B=A\overline{B}=A-AB$.

例 1　掷一颗骰子的试验，观察出现的点数：事件 A 表示掷出的是奇数点；B 表示掷出的点数小于 5；C 表示掷出的点数是小于 5 的偶数点 .(1) 写出试验的样本空间 Ω 及事件 $A+B$，$A-B$，AB，AC，$A+\overline{C}$，$\overline{A+B}$；(2) 分析事件 $A+\overline{C}$，$A-B$，B，C 之间的包含，互不相容及对立关系.

解　(1) 样本空间 $\Omega=\{1, 2, 3, 4, 5, 6\}$，则

$A=\{1, 3, 5\}$，$B=\{1, 2, 3, 4\}$，$C=\{2, 4\}$.

于是，

$A+B=\{1, 2, 3, 4, 5\}$，

$A-B=\{5\}$，

$AB=\{1, 3\}$，

$AC=\varnothing$，$\overline{C}=\{1, 3, 5, 6\}$，

$A+\overline{C}=\{1, 3, 5, 6\}$，

$\overline{A+B}=\{6\}$.

(2) 由 (1) 可知，包含关系有 $B\supset C$，$A+\overline{C}\supset A-B$；互不相容的有 $A+\overline{C}$与 C，$A-B$ 与 B，$A-B$ 与 C；事件 $A+\overline{C}$与 C 为对立事件.

例 2　甲、乙二人分别对同一目标进行射击，若事件 A 表示甲击中目标，事件 B 表示乙击中目标，试用文字叙述下列事件：AB；$A\overline{B}$；$\overline{AB}$；$A\cup B$；$\overline{AB}$.

解　AB：甲、乙都击中目标；

$A\overline{B}$：甲击中目标而乙没击中目标；

$\overline{A}\overline{B}$：甲、乙都没击中目标；

$A\cup B$：甲、乙至少有一人击中目标；

$\overline{AB}$：甲、乙至少有一人没击中目标.

习题 10-1

1. 写出下列随机试验的样本空间 Ω.

(1) 掷一枚硬币两次，观察正、反面出现的情况；

(2) 同时掷两枚骰子，记录两枚骰子点数之和；

(3) 10 件产品中有 3 件是次品，每次从中取 1 件，取出后不再放回，直到 3 件次品全部取出为止，记录抽取的次数；

(4) 在单位圆内任意取一点，记录它的坐标.

2. 某袋中装有编号 1，2，3，4，5 的球各一只，从中先后取出两只球，试写出该试验的样本空间，并写出事件 $A=\{$ 取出的球中最大号码为 4$\}$ 所含的样本点.

3. 在产品质量的抽样检查中，每次抽取一个产品，记事件 $A_n=\{$第 n 次抽取正品$\}$ $(n=1,2,3)$，请用事件的运算和关系表示下列事件：

(1) 前两次都抽得正品，第三次抽得次品；

(2) 三次都未能抽得正品；

(3) 三次中只有一次抽得正品；

(4) 三次中至少有一次抽得正品；

(5) 三次中至多有一次抽得正品.

4. 指出下列命题中哪些成立，哪些不成立？

(1) $A\cup B=A\overline{B}\cup B$；　　(2) $\overline{A}B=A\cup B$；

(3) 若 $A\subset B$，则 $\overline{B}\subset\overline{A}$；　　(4) $(AB)(A\overline{B})=\varnothing$；

(5) 若 $A\subset B$，则 $A=AB$；　　(6) 若 $AB=\varnothing$ 且 $C\subset A$，则 $BC=\varnothing$.

5. 在计算机系学生中任选一名学生，设事件

$A=\{$选出的学生是男生$\}$，

$B=\{$选出的学生是三年级学生$\}$，

$C=\{$选出的学生是科普队的$\}$.

(1) 叙述事件 $AB\overline{C}$；

(2) 在什么条件下，$ABC=C$ 成立？

(3) 在什么条件下，$C\subset B$？

第二节　概率的计算

除了必然事件和不可能事件外，一般的随机事件在一次试验中可能发生，也可能不发生．虽然在一次试验中随机事件是否发生不能预先知道，但是如果独立地重复进行这一试验就会发现不同的事件发生的可能性是有大小之分的．例如，掷一枚骰子，如果骰子是均匀的，那么事件“出现偶数点”与“出现奇数点”的可能性是一样的；而“出现奇数点”这个事件要比事件出现1点的可能性更大．为此，有必要用一个数量指标来刻画事件发生的可能性，把用来刻画随机事件发生的可能性大小的数量指标称为事件的**概率**，事件 A 的概率记为 $P(A)$．为了更为直观地理解概率的意义，下面从频率出发给出概率的统计定义．

1. 事件的频率与概率

定义1　在相同条件下，进行了 n 次试验，在这 n 次试验中，事件 A 发生的次数 k 称为事件 A 发生的**频数**，比值 $\frac{k}{n}$ 称为事件 A 发生的**频率**，记为 $f_n(A)$．即

$$f_n(A)=\frac{k}{n}. \tag{1}$$

例如，考虑抛掷一枚质量均匀的硬币，令事件 $A=\{$出现正面$\}$，如果进行了50次试验出现了24次正面．这时，事件 A 的频率为 $\frac{24}{50}=0.48$．很显然，频率是一个变化的值．一方面，这一遍的 n 次重复试验中 A 发生的频率与另一遍的 n 次重复试验中 A 发生的频率一般不相同；另一方面，当重复试验的次数 n 发生变化时，A 发生的频率也会有所变化．尽管频率不是一个固定的常数，但大量实践表明，随着试验次数的增加，事件的频率会在某个常数附近摆动．这正是随机事件的一个极其重要的特性，即**频率的稳定性**．历史上，不少统计学家做了成千上万次抛掷硬币的试验（见下表），从中不难发现随机事件的这个特性．

试验者	试验次数 n	频数 k	频率 $f_n(A)$
德·摩根	2 048	1 061	0.518
浦丰	4 040	2 048	0.506 9
皮尔逊	12 000	6 019	0.501 6
皮尔逊	24 000	12 012	0.500 5
维尼	30 000	14 994	0.499 8

可以看出，随着试验次数的增加，事件 A 发生的频率的波动性越来越小，呈现出一种稳定状态，即频率在 0.5 这个定值附近摆动.

随机事件的频率稳定性为我们用统计方法求事件的概率提供了方便. 在实际中，当事件的概率未知时，人们常常取试验次数很大时事件的频率作为它的概率的近似值；当事件的概率已知时，可以利用频率的稳定性检验此概率的正确性. 下面给出概率的统计定义.

定义 2　在相同条件下，重复做 n 次试验，如果事件 A 发生的频率 $f_n(A)$ 在某个常数 p 附近摆动，而且一般来说，随着 n 的逐渐增大，这种摆动幅度越来越小，称常数 p 为事件 A 发生的**概率**，记作 $P(A)$，即

$$P(A)=p. \tag{2}$$

定义 2 称为概率的统计定义. 根据定义 2，在抛硬币的随机试验中，$P(\{\text{正面向上}\})=0.5$.

上面给出的统计定义虽然比较直观，但在理论上不够严密. 1933 年，苏联数学家柯尔莫戈洛夫用数学抽象的方法给出了概率的公理化定义，从而奠定了近代概率论的基础. 鉴于概率的公理化定义比较抽象，这里就不给出了.

现在要思考的是，在具体问题中，对于给定的事件，如何确定它的概率呢？这个问题不能一概而论，它取决于所研究的试验和事件的特殊性，这也是下面将要讨论的主要问题之一.

2. 古典概率

若随机试验满足下面两个特征：

(1) 试验的基本事件只有有限个，不妨设为 n 个，即 $\Omega=\{\omega_1, \omega_2, \cdots, \omega_n\}$；

(2) 各个基本事件发生的可能性相等，即 $P(\omega_1)=P(\omega_2)=\cdots=P(\omega_n)$，

则称这样的试验为**古典概型的试验**.

在古典概型的随机试验中，如果事件 A 是由样本空间 Ω 中的 m 个基本事件构成，则事件 A 的概率定义为

$$P(A)=\frac{m}{n}, \tag{3}$$

称此概率为**古典概率**.

例 1 同时掷两枚质量均匀的硬币，求下落后恰有一枚正面向上的概率.

解 设 $A=\{$恰有一枚正面向上$\}$.

抛掷两枚硬币，等可能的基本事件有 4 个，即（正，正）、（正，反）、（反，正）、（反，反），而事件 A 由其中的 2 个基本事件（正，反）、（反，正）组成，故 $P(A)=\frac{1}{2}$.

上例我们采用了列举基本事件的方法．这种方法直观、清楚，但在多数情况下，由于基本事件的总数很大，这种方法实际上是行不通的，此时需要利用排列组合的知识来解决这类问题.

例 2 一袋中有 10 个球，其中 7 个红球 3 个白球，从中任取 3 个球，求：(1) 这 3 个球全是红球的概率；(2) 3 个球中恰有两个白球的概率.

解 设事件 $A=\{3$ 个球全是红球$\}$，事件 $B=\{3$ 个球中恰有两个白球$\}$. 从 10 个球中取 3 个球，共有 C_{10}^3 种取法，即有 C_{10}^3 个等可能的基本事件.

(1) 3 个球全是红球的取法有 C_7^3 种，故

$$P(A)=\frac{C_7^3}{C_{10}^3}=\frac{35}{120}=\frac{7}{24}.$$

(2) 恰有两个白球的取法有 $C_3^2C_7^1$ 种，故

$$P(B)=\frac{C_3^2C_7^1}{C_{10}^3}=\frac{21}{120}=\frac{7}{40}.$$

例 3 有 n 个人，每个人都以同样的概率 $\frac{1}{N}(n\leqslant N)$ 被分配在 N 间房的任一间中，试求下列事件的概率：

(1) $A=\{$某指定的 n 间房中各有一人$\}$；

(2) $B=\{$恰有 n 间房中各有一人$\}$.

解 把 n 个人安排到 N 个房间中，每一种安排法就是一个基本事件．因为每个人都可以被安排到 N 个房间中的任一个房间．故共有 $N\times N\times\cdots\times N=N^n$ 种不同的安排法.

(1) 某指定的 n 间房中各有一个人共有 $n\times(n-1)\times\cdots\times2\times1=n!$ 种安排法，所以事件 A 的概率

$$P(A)=\frac{\mathrm{A}_n^n}{N^n}=\frac{n!}{N^n}.$$

(2) 事件 B 与事件 A 的区别在于事件 B 没有具体地指定哪 n 个房间安排人住进去，所以应该先选择 n 个房间，共有 C_N^n 选择方法，每一种选择方式又有 $n\times(n-1)\times\cdots\times2\times1=n!$ 种安排方法，所以事件 B 包含了 $\mathrm{C}_N^n n!$ 个基本事件，故事件 B 的概率为

$$P(B)=\frac{\mathrm{C}_N^n\mathrm{A}_n^n}{N^n}=\frac{\mathrm{A}_N^n}{N^n}=\frac{N(N-1)(N-2)\cdots(N-n+1)}{N^n}.$$

3. 概率的性质

概率具有以下基本性质：

性质 1　$0\leqslant P(A)\leqslant1$.

性质 2　$P(\Omega)=1$.

性质 3　$P(\varnothing)=0$.

性质 4　若事件 A 与事件 B 互不相容，则

$$P(A\cup B)=P(A)+P(B). \tag{4}$$

这一性质可以推广：设 A_1，A_2，…，A_n 为两两互不相容的 n 个事件，则

$$P\left(\bigcup_{i=1}^{n}A_i\right)=\sum_{i=1}^{n}P(A_i). \tag{5}$$

称上述性质为概率的**有限可加性**. 同样，设 A_1，A_2，…，A_n，…为两两互不相容的无穷可列个事件，则

$$P(A_1\cup A_2\cup\cdots\cup A_n\cup\cdots)=P(A_1)+P(A_2)+\cdots+P(A_n)+\cdots. \tag{6}$$

称上述性质为概率的**可列可加性**.

性质 5　对事件 A 及其对立事件 $\overline{A}$，有

$$P(A)=1-P(\overline{A}).$$

性质 6　设 A，B 为两个事件，则

$$P(A\cup B)=P(A)+P(B)-P(AB). \tag{7}$$

称上述性质为概率的**加法公式**. 这一性质可以推广到有限个事件的情况，例如对三个事件 A，B，C，有

$$P(A\cup B\cup C)=P(A)+P(B)+P(C)-P(AB)-P(AC)-P(BC)+P(ABC).$$

性质 7 设 A，B 为两个事件，若 $A\subset B$，则

$$P(B-A)=P(B)-P(A),$$

并有 $P(A)\leqslant P(B)$.

在一些问题中，使用概率的性质可以简化概率的计算.

例 4 在例 2 中，求任取的 3 个球中至少有一个白球的概率.

解 设 $A=\{$取出的 3 个球中至少有一个白球$\}$，$A_i=\{$取出的 3 个球中恰有 i 个白球$\}$，$i=0, 1, 2, 3$. 显然，$A_i\cap A_j=\varnothing(0\leqslant i<j\leqslant 3)$.

解法 1 因为 $A=A_1\cup A_2\cup A_3$，并且

$$P(A_i)=\frac{C_3^iC_7^{3-i}}{C_{10}^3}, \quad i=0, 1, 2, 3.$$

所以

$$P(A)=\sum_{i=1}^{3}P(A_i)=\sum_{i=1}^{3}\frac{C_3^iC_7^{3-i}}{C_{10}^3}.$$

显然，利用这个公式计算比较复杂，而用下面的方法求解则比较简单.

解法 2 因为 $\overline{A}=A_0$，所以由性质 5 可知

$$P(A)=1-P(\overline{A})=1-P(A_0)=1-\frac{C_7^3}{C_{10}^3}\approx 0.708\,3.$$

习题 10-2

1. 抛三枚质量均匀的硬币，求下列事件的概率：(1) 三个正面都向上；(2) 恰有 2 个正面向上.

2. 某产品 50 件，其中次品 5 件．现从中任取 3 件，求下列事件的概率：(1) 其中恰有 1 件次品；(2) 至少有 1 件次品.

3. 从一副扑克牌的 13 张梅花中，有放回地取 3 次，求三张都不同号的概率.

4. 10 个号码：1 号，2 号，…，10 号，装于一袋中，从袋中任取出 3 个号码，按从小到大的顺序排列，求中间的号码恰为 5 号的概率.

5. 设事件 A，B 互不相容，$P(A)=0.3$，$P(B)=0.4$，求下列事件的概率：(1) $P(A\cup B)$；(2) $P(A\cap B)$.

6. 已知 $P(A)=P(B)=P(C)=\frac{1}{4}$，$P(AB)=P(BC)=0$，且 $P(AC)=\frac{1}{8}$，求 A，B，C 中至少有一个事件发生的概率.

第三节　条件概率

1. 条件概率

在概率论中，我们不仅要研究某事件 A 发生的概率 $P(A)$，有时还需要考察在另一事件 B 发生的条件下，事件 A 发生的概率，为了与前者 $P(A)$ 相区别，称后者为在事件 B 发生的条件下事件 A 的**条件概率**，记为 $P(A|B)$，而称 $P(A)$ 为无条件概率.

例 1　一盒中混装着 100 只新、旧乒乓球，各有红、白两色，分类见下表.

	红	白
新	40	30
旧	20	10

从盒中随机取出一球，用 A 表示从盒中取的一只球为红球，B 表示从盒中取的一只球为新球．很显然，事件 A 的概率为 $P(A)=\frac{60}{100}=\frac{3}{5}$；事件 B 的概率 $P(B)=\frac{70}{100}=\frac{7}{10}$；事件 AB 的概率 $P(AB)=\frac{40}{100}=\frac{2}{5}$. 但是假如我们已经知道抽到的是新球，那么这个新球是红球的概率是多少呢？这实际上是求在事件 B 已发生的前提下，事件 A 的条件概率 $P(A|B)$. 根据条件概率的含义，由于新球共有 70 个，而红色的新球共有 40 个，故 $P(A|B)=\frac{40}{70}=\frac{4}{7}$. 经计算，我们发现 $P(A|B)=\frac{P(AB)}{P(B)}$. 在一般情况下，条件概率常常定义如下：

定义 1　设 A，B 是两个事件，并且 $P(B)>0$，则

$$P(A|B)=\frac{P(AB)}{P(B)} \tag{1}$$

称为事件 B 发生的条件下事件 A 发生的条件概率.

例 2　设袋中有 3 个白球，2 个红球，现从袋中任意抽取两次，每次取一个，取后不放回．求在第一次取到红球的条件下，第二次也取到红球的概率.

解 设事件 $A=\{$第一次取到红球$\}$，事件 $B=\{$第二次取到红球$\}$.

将两次取球作为一次试验，所构成的样本空间为 Ω. 由于第一次取球共有 5 种方法，第二次取球共有 4 种方法，故样本空间中共有 20 个样本点，事件 A 包含了其中的 8 个样本点，AB 包含了其中的 2 个样本点 . 于是 $P(A)=\frac{8}{20}=0.4$，$P(AB)=\frac{2}{20}=0.1$. 所以

$$P(B|A)=\frac{P(AB)}{P(A)}=\frac{0.1}{0.4}=\frac{1}{4}=0.25.$$

也可以直接按条件概率的含义来求 $P(B|A)$. 我们知道，当 A 发生后，袋中还有 4 个球，其中有 1 个红球，在这种情况下，抽到红球的概率为 $\frac{1}{4}$，即 $P(B|A)=\frac{1}{4}$.

2. 乘法公式

由条件概率的定义，立刻可以得到下面的乘法公式.

设 A，B 为两个随机事件，且 $P(A)>0$，则有

$$P(AB)=P(A)P(B|A). \tag{2}$$

称此式为概率的**乘法公式**.

概率的乘法公式还可推广到更一般的情形：

设 A_1，A_2，…，A_n 为 n 个事件，且 $P(A_1A_2\cdots A_{n-1})>0$，则

$$P(A_1A_2\cdots A_n)=P(A_1)P(A_2|A_1)P(A_3|A_1A_2)\cdots P(A_n|A_1A_2\cdots A_{n-1}). \tag{3}$$

例 3 设在 10 个同一型号的元件中有 7 个一等品，从这些元件中不放回地连续取三次，每次取一个元件，求：

(1) 三次都取得一等品的概率；

(2) 三次中至少有一次取得一等品的概率；

(3) 第三次才取得一等品的概率.

解 设 $A_i=\{$第 i 次取得一等品$\}(i=1, 2, 3)$，事件 $B=\{$三次都取得一等品$\}=A_1A_2A_3$，事件 $C=\{$三次中至少有一次取得一等品$\}=A_1\cup A_2\cup A_3$，事件 $D=\{$第三次才取得一等品$\}=\overline{A}_1\,\overline{A}_2A_3$.

(1) $P(B)=P(A_1A_2A_3)=P(A_1)P(A_2|A_1)P(A_3|A_1A_2)=\frac{7}{10}\times\frac{6}{9}\times\frac{5}{8}=\frac{7}{24}$.

(2) $P(C)=P(A_1\cup A_2\cup A_3)=1-P(\overline{A}_1\overline{A}_2\overline{A}_3)$

$$=1-P(\overline{A}_1)P(\overline{A}_2|\overline{A}_1)P(\overline{A}_3|\overline{A}_1\overline{A}_2)$$

$$=1-\frac{3}{10}\times\frac{2}{9}\times\frac{1}{8}=\frac{119}{120}.$$

(3) $P(D)=P(\overline{A}_1\overline{A}_2A_3)=P(\overline{A_1})P(\overline{A_2}|\overline{A_1})P(A_3|\overline{A}_1\overline{A}_2)$

$$=\frac{3}{10}\times\frac{2}{9}\times\frac{7}{8}=\frac{7}{120}.$$

例 4　某人对一目标连续射击 3 次，设第一次射击时击中目标的概率为 $\frac{2}{3}$；若第一次未击中目标，第二次射击时击中目标的概率为 $\frac{3}{5}$；若前两次均未击中目标，第三次射击时击中目标的概率为 $\frac{3}{10}$. 求此人 3 次均未击中目标的概率.

解　设 $A_i=\{$第 i 次击中目标$\}$ $(i=1，2，3)$，事件 $B=\{$三次都未击中目标$\}$，则 $B=\overline{A}_1\overline{A}_2\overline{A}_3$.

$$P(B)=P(\overline{A}_1\overline{A}_2\overline{A}_3)=P(\overline{A_1})P(\overline{A_2}|\overline{A_1})P(\overline{A_3}|\overline{A}_1\overline{A}_2)$$

$$=\frac{1}{3}\times\frac{2}{5}\times\frac{7}{10}=\frac{7}{75}.$$

3. 全概公式

在计算比较复杂事件的概率时，常常需要将这个复杂事件分解成若干个两两互不相容的简单事件之和，然后分别计算这些简单事件的概率，之后利用加法公式和乘法公式得到所求事件的概率．全概公式正是依此思路推导出来的结果，为了给出全概公式，我们先来介绍完备事件组的概念.

定义 2　设试验 E 的样本空间为 Ω，事件 A_1，A_2，…，A_n 两两互不相容，且 $P(A_i)>0$，若 $A_1\cup A_2\cup\cdots\cup A_n=\Omega$，则称 A_1，A_2，…，A_n 为样本空间 Ω 的一个**完备事件组**或称为 Ω 的一个**划分**.

例如，设试验 E 为掷一颗骰子观察其点数．它的样本空间为 $\Omega=\{1，2，3，4，5，6\}$. E 的一组事件 $A_1=\{1，2，3\}$，$A_2=\{4，5\}$，$A_3=\{6\}$ 是一个完备事件组．而事件组 $C_1=\{1，2，3\}$，$C_2=\{3，4\}$，$C_3=\{5，6\}$ 则不是一个完备事件组.

定理 1　设 A_1，A_2，…，A_n 为样本空间 Ω 的一个完备事件组，则对任意事件 $B\subset\Omega$，有

$$P(B)=\sum_{i=1}^{n}P(A_i)P(B|A_i),\tag{4}$$

称上式为全概率公式（如图 10-7 所示）.

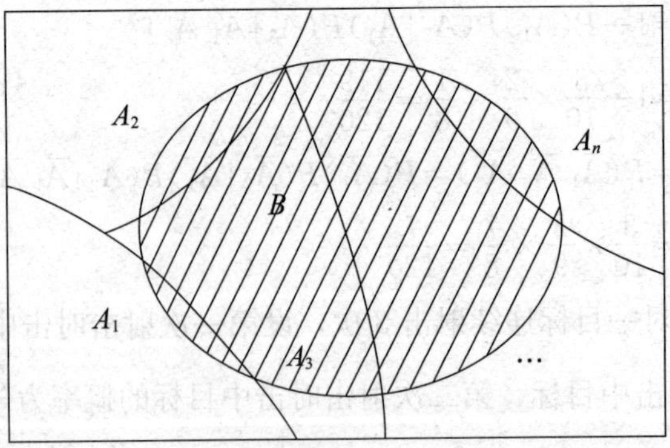

图 10-7

证 因为 $B=B\Omega=B(A_1\cup A_2\cdots\cup A_n)=BA_1\cup BA_2\cup\cdots\cup BA_n$，且 BA_1，BA_2，…，BA_n 两两互不相容．所以由概率的可加性及乘法公式，有

$$\begin{aligned}P(B)&=P(BA_1\cup BA_2\cup\cdots\cup BA_n)\\&=P(BA_1)+P(BA_2)+\cdots+P(BA_n)\\&=\sum_{i=1}^{n}P(A_i)P(B|A_i).\end{aligned}$$

例 5 三部自动的机器生产同样的汽车零件，其中机器 A 生产的数量占这种零件数量的 40%，机器 B 生产的占 25%，机器 C 生产的占 35%，平均说来，机器 A 生产的零件有 10%不合格，对于机器 B 和 C，相应的百分数分别是 5%和 1%，求顾客任意购买的一个这种零件是不合格品的概率.

解 设B={随机抽取的一件产品是不合格品}，

A_1={任取一件产品是由机器 A 生产的}，

A_2={任取一件产品是由机器 B 生产的}，

A_3={任取一件产品是由机器 C 生产的}.

显然 A_1，A_2，A_3 为一个完备事件组，依题意有

$P(A_1)=40\%$，$P(A_2)=25\%$，$P(A_3)=35\%$，

$P(B|A_1)=10\%$，$P(B|A_2)=5\%$，$P(B|A_3)=1\%$.

由全概公式，有

$$\begin{aligned}P(B)&=\sum_{i=1}^{3}P(A_i)P(B|A_i)\\&=40\%\times10\%+25\%\times5\%+35\%\times1\%\\&=0.056.\end{aligned}$$

例 6 老师在出考题时，平时练习过的题目占 60%. 学生答卷时，平时

练习过的题目在考试中答对的概率为 95%，平时没练习过的题目在考试时答对的概率为 30%. 求考生在考试中答对第一题的概率.

解　设 $B=\{$考生在考试中答对第一题$\}$，$A=\{$第一题是平时练习过的$\}$，于是 $\overline{A}=\{$第一题是平时没有练习过的$\}$. A 与 $\overline{A}$ 构成一个完备事件组.

由题意知

$P(A)=0.6$，　　$P(\overline{A})=0.4$，

$P(B|A)=0.95$，　　$P(B|\overline{A})=0.3$.

由全概公式，有

$$\begin{aligned}P(B)&=P(A)\times P(B|A)+P(\overline{A})\times P(B|\overline{A})\\&=0.6\times0.95+0.4\times0.3\\&=0.69.\end{aligned}$$

根据全概公式我们可以得到另一个重要公式，就是下面的贝叶斯公式，又称逆概公式.

4. 贝叶斯（Bayes 1702—1763）公式

设 A_1，A_2，…，A_n 为一完备事件组，对任意事件 B，若 $P(B)>0$，则有

$$P(A_i|B)=\frac{P(A_i)P(B|A_i)}{\sum\limits_{j=1}^{n}P(A_j)P(B|A_j)}，(i=1，2，\cdots，n). \tag{5}$$

称上式为贝叶斯公式.

证　由条件概率公式（1）和全概公式（4）可知：对于 $i=1，2，\cdots，n$ 有

$$P(A_i|B)=\frac{P(A_iB)}{P(B)}=\frac{P(A_i)P(B|A_i)}{\sum\limits_{j=1}^{n}P(A_j)P(B|A_j)}，(i=1，2，\cdots，n).$$

贝叶斯公式又称**逆概公式**，它来源于英国哲学家托马斯·贝叶斯，它在概率论与数理统计中有着多方面的应用. 设 A_1，A_2，…，A_n 是导致试验结果的各种“原因”，称 $P(A_i)$ 为**先验概率**，它反映了各种“原因”发生的可能性大小，一般是以往经验的总结，在这次试验前已经知道. 现在若试验发生了事件 B，这将有助于探讨事件发生的“原因”. 一般把条件概率 $P(A_i|B)$ 称为**后验概率**，它反映了试验之后对各种“原因”发生的可能性大小的新知识.

例 7　在例 5 中，如果从总产品中随机抽取一个零件，发现为不合格，试问：它是由机器 A 生产出来的概率是多少？

解　设$B=${随机抽取的一件产品是不合格品}，

$A_1=${任取一件产品是由机器 A 生产的}，

$A_2=${任取一件产品是由机器 B 生产的}，

$A_3=${任取一件产品是由机器 C 生产的}.

已知$P(A_1)=40\%$，$P(A_2)=25\%$，$P(A_3)=35\%$；

$P(B|A_1)=10\%$，$P(B|A_2)=5\%$，$P(B|A_3)=1\%$.

根据贝叶斯公式

$$P(A_1|B)=\frac{P(A_1)P(B|A_1)}{\sum_{i=1}^{3}P(A_i)P(B|A_i)}$$

$$=\frac{40\%\times10\%}{40\%\times10\%+25\%\times5\%+35\%\times1\%}$$

$$\approx 0.714.$$

例 8　用甲胎球蛋白普查肝癌，令 $C=${被检验者患肝癌}，$A=${甲胎球蛋白检验结果为阳性}，由过去的资料知

$$P(A|C)=0.95，P(\overline{A}|\overline{C})=0.90.$$

又已知某地居民的肝癌发病率为 0.000 4，现假若在普查中有一人被此检验法诊断为阳性反应，求此人真正患有肝癌的概率 $P(C|A)$.

解　由题意有

$P(C)=0.000\ 4$，$P(\overline{C})=0.999\ 6$，

$P(A|C)=0.95$，$P(A\mid\overline{C})=0.1$.

根据贝叶斯公式，有

$$P(C|A)=\frac{P(C)P(A|C)}{P(C)P(A|C)+P(\overline{C})P(A|\overline{C})}$$

$$=\frac{0.95\times0.000\ 4}{0.95\times0.004+0.999\ 6\times0.1}\approx0.003\ 79.$$

本题的结果表明，虽然 $P(A|C)=0.95$，$P(\overline{A}|\overline{C})=0.90$，这两个概率都比较高．但若将此试验用于普查，则有 $P(C|A)=0.003\ 79$，亦即其正确性只有 0.379%（平均 10 000 个人中大约只有 38 个人确患有肝癌）．如果不注意到这一点，将会经常得出错误的诊断，这也说明，若将 $P(A|C)$ 和 $P(C|A)$搞混了会造成不良的后果.

习题 10-3

1. 某动物能活到 20 岁的概率为 0.8，能活到 25 岁的概率为 0.4. 问现有 20 岁的这种动物能活到 25 岁的概率是多少？

2. 有一张电影票，3 个人依次抽签得票．求每个人抽到电影票的概率.

3. 甲、乙两市都位于长江下游，根据一百多年来的气象记录知道，一年中下雨的比例甲市占 20%，乙市占 14%，两地同时下雨占 12%，试求：

(1) 甲市下雨的条件下，乙市出现雨天的概率；

(2) 乙市出现雨天的条件下，甲市下雨的概率；

(3) 甲市或乙市下雨的概率.

4. 某射击小组共有 20 名射手，其中一级射手 4 人，二级射手 8 人，三级射手 8 人. 一、二、三级射手能通过选拔进入比赛的概率分别为 0.9，0.7，0.4. 求任选一名射手能通过选拔进入比赛的概率.

5. 在数字通信中，信号是由数字 0 和 1 的长序列组成的．由于随机干扰，发送的信号 0 或 1 各有可能错误接受为 1 或 0. 先假定发送信号为 0 或 1 的概率均为 0.5；又已知发送信号 0 时，接收为 0 和 1 的概率分别为 0.7 和 0.3；发送信号为 1 时，接收为 1 和 0 的概率分别为 0.90 和 0.1. 求已知收到信号 0 时，发出的信号是 0 的概率.

6. 盒中放有 12 个乒乓球，其中有 9 个是新的，第一次比赛时从中任取 3 个来用，比赛后仍放回盒中，第二次比赛时再从盒中任取 3 个.

(1) 求第二次取出的球都是新球的概率；

(2) 已知第二次取出的球都是新球，求第一次取到的都是新球的概率.

第四节　事件的独立性与伯努利概型

1. 事件的独立性

在一般情况下，事件 A 发生的概率随事件 B 是否发生而变化，即条件概率 $P(A|B)$ 与 $P(A)$ 不相等．但也有一些情况，事件 B 的发生与否对事件 A 的发生没有影响，这时称事件 A 对事件 B 是**独立**的.

例如，在相同条件下，把一枚硬币连抛两次，那么事件 A={第一次出现正面} 是否发生并不影响事件 B={第二次出现正面} 的发生，即 $P(B|A)=P(B)=0.5$. 同时，我们注意到，$P(AB)=P(A)P(B|A)$

$=P(A)P(B)$.

定义 1 若两个事件 A，B 满足

$$P(AB)=P(A)P(B), \tag{1}$$

则称这两个事件**相互独立**.

定理 1 设 A，B 是两个随机事件，且 $P(A)>0$. 若 A，B 相互独立，则 $P(B|A)=P(B)$. 反之亦然.

定理的正确性是显然的.

例 1 有两门高射炮同时向一敌机开炮，已知甲击中敌机的概率为 0.6，乙击中敌机的概率为 0.8，求敌机被击中的概率.

设事件 $A=\{$甲击中敌机$\}$，事件 $B=\{$乙击中敌机$\}$. 显然，这时应理解事件 A 与事件 B 是相互独立的．于是根据概率的加法公式和事件的独立性有

$$\begin{aligned}P(A\cup B)&=P(A)+P(B)-P(AB)\\&=0.6+0.8-0.6\times0.8\\&=0.92.\end{aligned}$$

定理 2 若事件 A 与 B 相互独立，则 A 与 $\overline{B}$，$\overline{A}$ 与 B，$\overline{A}$ 与 $\overline{B}$ 也是相互独立的.

证 设事件 A 与 B 相互独立，即 $P(AB)=P(A)P(B)$. 因为

$$\begin{aligned}P(\overline{A}B)&=P(B-A)=P(B-AB)=P(B)-P(AB)\\&=P(B)-P(A)P(B)=P(B)\,(1-P(A))=P(\overline{A})P(B).\end{aligned}$$

所以，事件 $\overline{A}$ 与 B 相互独立.

类似可证事件 $\overline{A}$ 与 B，事件 $\overline{A}$ 与 $\overline{B}$ 也是相互独立的.

要注意的是，一般情况下，两个事件的互不相容和相互独立不能共存．具体而言，对于两个非零概率事件，如果它们互不相容则一定不是相互独立；如果它们相互独立则一定不是互不相容.

定义 2 设 A_1，A_2，…，A_n 为 n 个事件，如果对任何正整数 $i(2\leqslant i\leqslant n)$ 以及 $1\leqslant i_1<i_2<\cdots<i_l\leqslant n$，都有

$$P(A_{i_1}A_{i_2}A_{i_3}\cdots A_{i_l})=P(A_{i_1})P(A_{i_2})\cdots P(A_{i_l}), \tag{2}$$

则称事件 A_1，A_2，…，A_n 相互独立.

特别地，$n=3$ 时，事件 A_1，A_2，A_3 当

(1) $P(A_1A_2A_3)=P(A_1)P(A_2)P(A_3)$；

(2) $P(A_1A_2)=P(A_1)P(A_2)$；

(3) $P(A_1A_3)=P(A_1)P(A_3)$；

(4) $P(A_2A_3)=P(A_2)P(A_3)$，

都成立时，称事件 A_1，A_2，A_3 相互独立.

注意的是，在解决实际问题时，一般是根据问题的实际意义判断事件的独立性，而不是用它的定义.

例 2　甲、乙、丙三部机床独立工作，在同一段时间内它们不需要工人照管的概率分别为 0.7，0.8 和 0.9，求在这段时间内，最多只有一台机床需人照管的概率.

解　设事件 A_1，A_2，A_3 分别表示在这段时间内甲、乙、丙机床需要工人照管，B_i 表示在这段时间内恰有 i 台机床需要工人照管，$i=0$，1. 显然，B_0 与 B_1 互不相容，A_1，A_2，A_3 相互独立，依题意有

$$P(A_1)=0.3,\ P(A_2)=0.2,\ P(A_3)=0.1.$$

$$P(B_0)=P(\overline{A}_1\ \overline{A}_2\ \overline{A}_3)=P(\overline{A_1})P(\overline{A_2})P(\overline{A_3})$$
$$=0.7\times0.8\times0.9=0.504.$$

$$P(B_1)=P(A_1\ \overline{A}_2\ \overline{A}_3)+P(\overline{A_1}A_2\ \overline{A_3})+P(\overline{A}_1\ \overline{A}_2A_3)$$
$$=0.3\times0.8\times0.9+0.7\times0.2\times0.9+0.7\times0.8\times0.1$$
$$=0.398.$$

所求概率为

$$P(B_0+B_1)=P(B_0)+P(B_1)=0.902.$$

2. 伯努利（Bernoulli 1654—1705）概型

在实际问题中，常常要做 n 次条件完全相同（即可以看成是一个试验的多次重复）并且相互独立（ 即每次试验中的随机事件的概率不依赖于其他各次试验的结果）的试验．我们称这种类型的试验为 ***n* 重独立试验**．例如，在相同条件下抛掷一枚硬币多次、有放回地抽取产品、相同条件下独立射击等都是重复独立试验．而在每次试验中，我们往往只是对某个事件 A 是否发生感兴趣．例如，在每次抛掷硬币时，我们关心的是掷出的是正面还是反面；每次射击时，我们关心的是命中目标还是脱靶．像这样，在 n 重独立试验中，每次试验只有两个可能的结果 A 和 $\overline{A}$，且在每次试验中相应的概率为 $P(A)=p$，$P(\overline{A})=1-p(0<p<1)$ 是不变的，称这样的 n 重独立试验为 n **重伯努利概型**，它是一种很重要的、具有广泛应用的概率模型.

对于 n 重伯努利概型，人们关心的问题之一是在 n 次试验中，事件 A 出现 k 次的概率是多少？

例 3　某射手向同一目标连续射击三次，已知他每次命中目标的概率都

是 p，试分析在三次射击中恰有 k 次（$k=0$，1，2，3）命中的概率.

解 这是一个 3 重伯努利试验. 设事件 A_i 表示第 i 次命中，$\overline{A_i}$表示第 i 次未命中，$i=1$，2，3，则 $P(A_i)=p$，$P(\overline{A_i})=1-p$. 这个试验的所有基本事件为

$\overline{A_1}\,\overline{A_2}\,\overline{A_3}$（表示命中 0 次，有 C_3^0 个），

$A_1\,\overline{A_2}\,\overline{A_3}$，$\overline{A_1}A_2\,\overline{A_3}$，$\overline{A_1}\,\overline{A_2}A_3$（表示命中 1 次，有 C_3^1 个），

$A_1A_2\,\overline{A_3}$，$A_1\,\overline{A_2}A_3$，$\overline{A_1}A_2A_3$（表示命中 2 次，有 C_3^2 个），

$A_1A_2A_3$（表示命中 3 次，有 C_3^3 个）.

根据试验的独立性，以上列举的每个基本事件的概率都可以计算出，其中

$$P(\overline{A_1}\,\overline{A_2}\,\overline{A_3})=P(\overline{A_1})P(\overline{A_2})P(\overline{A_3})=p^0(1-p)^3,$$

$$P(\overline{A_1}\,\overline{A_2}\,\overline{A_3})=P(\overline{A_1}A_2\,\overline{A_3})=P(\overline{A_1}\,\overline{A_2}A_3)=p\,(1-p)^2,$$

$$P(A_1A_2\,\overline{A_3})=P(A_1\,\overline{A_2}A_3)=P(\overline{A_1}A_2A_3)=p^2(1-p),$$

$$P(A_1A_2A_3)=p^3(1-p)^0.$$

若用 $P_3(k)$ 表示在三次射击中恰有 k 次命中目标的概率，则

$$P_3(0)=P(\overline{A_1}\,\overline{A_2}\,\overline{A_3})=C_3^0p^0\,(1-p)^3,$$

$$P_3(1)=P(A_1\,\overline{A_2}\,\overline{A_3})+P(\overline{A_1}A_2\,\overline{A_3})+P(\overline{A_1}\,\overline{A_2}A_3)=C_3^1p\,(1-p)^2,$$

$$P_3(2)=P(A_1A_2\,\overline{A_3})+P(\overline{A_1}A_2\,\overline{A_3})+P(\overline{A_1}\,\overline{A_2}A_3)=C_3^2p^2(1-p),$$

$$P_3(3)=C_3^3p^3\,(1-p)^0.$$

因此，在三次射击中恰有 k 次命中的概率可表示为

$$P_3(k)=C_3^kp^k\,(1-p)^{3-k}\ (k=0,\ 1,\ 2,\ 3).$$

将上例中 3 重伯努利试验的结论推广到 n 重伯努利试验的情形，便得如下定理.

定理 3 （**伯努利定理**）设在每次试验中事件 A 发生的概率均为 $P(A)=p(0<p<1)$，则在 n 重伯努利试验中，A 恰发生 k 次的概率为

$$P_n(k)=C_n^kp^k\,(1-p)^{n-k}=C_n^kp^kq^{n-k}, \tag{3}$$

其中 $q=1-p=P(\overline{A})$，$k=0$，1，2，…，n.

例 4 甲投篮命中率为 0.7，求他投篮 3 次命中 2 次的概率.

解 设事件 $A=\{$一次投篮命中$\}$，则 $P(A)=0.7$，该试验为 3 重伯努利试验. 于是，恰好命中 2 次的概率为

$$P_3(2)=C_3^2\times0.7^2\times(1-0.7)=0.441.$$

习题 10-4

1. 设事件 A 与 B 相互独立，$P(A)=0.3$，$P(B)=0.4$，求 $P(A\cup B)$，$P(AB)$.

2. 3 人独立地破译一密码，已知每人能破译的概率分别为 $\frac{1}{5}$，$\frac{1}{3}$，$\frac{1}{4}$，求 3 人中至少有一人能将密码破译的概率.

3. 甲、乙两人各投篮一次，设甲投中的概率为 0.7，乙投中的概率为 0.8，求：(1) 二人都投中的概率；(2) 至少有一人投中的概率；(3) 恰有一人投中的概率.

4. 掷一枚均匀的硬币 6 次，求出现 3 次正面向上的概率.

5. 一批产品废品率为 $\frac{1}{1\,000}$，每次抽出一个，观察后放回，独立地重复五次，求五次观察中恰有两次是废品的概率.

6. 某类灯泡使用 1 000 小时以上的概率为 0.2，求 3 个灯泡在使用 1 000 小时后出现下列情形的概率.

(1) 都没有坏；

(2) 坏了一个；

(3) 最多只有一个坏了.

【本章小结】

一、学习本章的基本要求

1. 了解样本空间、随机事件的概念.

2. 理解概率的统计定义.

3. 掌握概率的性质并能利用这些进行计算事件的概率.

4. 掌握古典概率的计算.

5. 理解条件概率的概念，掌握概率的乘法公式、全概率公式、贝叶斯公式，能利用它们计算复杂事件的概率.

6. 掌握用事件的独立性进行概率计算的方法.

7. 掌握伯努利概型.

8. 掌握伯努利定理并会应用该定理进行概率计算.

二、学习中应注意的问题

1. 在计算古典概率时，要注意基本事件的发生必须是等可能的.

2. 要注意区分条件概率和乘法公式.

综合检测题（十）

1. 填空题：

(1) 设 A，B 为两事件，且 $P(A)=p$，$P(AB)=P(\overline{A}\overline{B})$，则 $P(B)=$________；

(2) 从 10 件产品（其中 2 件次品，8 件正品）之中任取 3 件，至多有 1 件次品的概率为__________；

(3) 袋中有 9 个球（4 白 5 黑），现从中依次取两个（不放回，每次取 1 个），已知第一次为白球，则第二次也为白球的概率是________；

(4) 有两门高射炮同时向一敌机开炮，已知甲击中敌机的概率为 0.6，乙击中敌机的概率为 0.8，则敌机被击中的概率为_______；

(5) 设 A，B，C 是三个随机事件，且 $P(A)=P(B)=P(C)=\frac{1}{4}$，$P(AB)=P(BC)=0$，$P(AC)=\frac{1}{8}$，则 A，B，C 至少有一个发生的概率为________.

2. 选择题：

(1) 下列说法正确的是（　　）.

A. 若两个事件是互不相容，则两个事件一定为对立事件

B. 若两个事件是对立事件，则两个事件一定是互不相容的

C. 若两个事件是独立的，则两个事件一定是互不相容的

D. 若两个事件是互不相容，则两个事件一定不是独立的

(2) A，B 为两个随机事件，且 $B\subset A$，则下列式子正确的是(　　).

A. $P(A\cup B)=P(A)$　　B. $P(AB)=P(A)$

C. $P(B|A)=P(B)$　　D. $P(B-A)=P(B)-P(A)$

(3) 对于两个不相容事件 A 和 B，其中 $P(A)>0$，$P(B)>0$，则必有（　　）.

A. $\overline{A}$ 和 $\overline{B}$ 不相容　　B. $\overline{A}$ 和 $\overline{B}$ 相容

C. $P(A\overline{B})=P(\overline{B})$　　D. $P(A\cup\overline{B})=P(\overline{B})$

(4) 掷两枚均匀硬币，出现一反一正的概率是（　　）.

A. $\frac{1}{3}$　　B. $\frac{1}{2}$

C. $\frac{1}{4}$　　D. $\frac{3}{4}$

(5) 设 $P(A)=P_1$，$P(B)=P_2$，$P(A\cup B)=P_3$，则 $P(A\overline{B})$ 为（　　）.

A. P_1-P_2　　B. P_3-P_2

C. $P_1(1-P_2)$　　D. P_2-P_1

3. 计算题：

(1) 房间里有 4 个人，问至少有 2 个人生日在同一个月的概率.

(2) 掷两枚骰子，已知两骰子点数之和为 7，求其中有一颗为 1 点的概率.

(3) 有奖储蓄共发行了 n 张不同彩票，其中有 m 张中彩，试求购买 $r(0<r\leqslant n-m)$ 张彩票中至少有一张中奖的概率.

(4) 某人下午 5:00 下班. 他所积累的资料如下表所示

到家时间	5:35—5:39	5:40—5:44	5:45—5:49	5:50—5:54	迟于5:54
乘地铁到家概率	0.10	0.25	0.45	0.15	0.05
乘汽车到家概率	0.30	0.35	0.20	0.10	0.05

某日他抛一枚硬币决定乘地铁还是乘汽车，结果他是 5:47 到家的. 试求他是乘地铁回家的概率.

(5) 某仪器有三个独立工作的元件，它们损害的概率都是 0.1，当一个元件损坏时，仪器发生故障的概率为 0.25；当二个元件损坏时，仪器发生故障的概率为 0.6；当三个元件损坏时，仪器发生故障为 0.95. 求仪器发生故障的概率.

(6) 甲乙两人投篮，投中的概率分别为 0.6，0.7. 今各投 3 次，求两人投中次数相等的概率.

拓展性阅读导航

1. 张饴慈：概率论与数理统计［M］. 北京：科学出版社 2000 版.

该书由概率论与数理统计两部分组成，前一部分包括概率，随机变量及其分布，随机变量的数字特征等内容；后一部分包括参数估计，假设检验，回归分析等内容. 该书深入浅出，论证详细，特别选用了许多新的例题和习题. 尤为重要的是，该书对概念的处理，强调其背景及意义. 如在第一章就对概率的意义给予了更多的关注.

2. 汪志红等：概率论与数理统计学练考［M］. 北京：清华大学出版社 2004 年版.

全书共九章，每章分 5 个板块：本章知识结构图、疑难解惑、典型例题与考验题分析、重要习题精选精解、两极训练题. 该书从指导课程学习和考试的角度出发，通过对重点、难点及易混淆的知识点详细解释，对典型例题的解答与总结，帮助读者理解基本概念和理论，开拓解题思路，提高分析问题的能力，使读者对概率论与数理统计真正做到融会贯通.

第十一章

随机变量的概率分布及其数字特征

本章学习要点

- 随机变量，离散型随机变量，连续型随机变量
- 分布列，概率密度，分布函数，常用分布
- 数学期望和方差

第一节　随机变量的概念

从上一章我们看到，有些随机试验，其结果直接表现为数量．而有些试验，其结果不是直接表现为数量．事实上，无论是哪一种情况，我们都可用适当的方法将这些试验结果数量化.

例 1　抛一枚均匀的硬币，观察其正、反面出现情况．记 $\omega_0=\{$出现反面$\}$，$\omega_1=\{$出现正面$\}$，则样本空间 $\Omega=\{\omega_0,\ \omega_1\}$．引入变量 X，令

$$X=X(\omega)=\begin{cases}0, & \omega=\omega_0,\\ 1, & \omega=\omega_1.\end{cases}$$

显然，变量 X 为样本空间 $\Omega=\{\omega_0,\ \omega_1\}$ 上的实值函数．由于随机试验的结果是随机的，所以 X 的取值也是随机的，称其为随机变量.

例 2　观察一部电梯一年内出现故障的次数．记 $\omega_i=\{$电梯一年内发生 i 次故障$\}$，$i=0,\ 1,\ 2,\ \cdots$，则样本空间

$$\Omega=\{\omega_i \mid i=0,\ 1,\ 2,\ \cdots\}.$$

引入变量 X，令

$$X=X(\omega_i)=i,\ i=0,\ 1,\ \cdots.$$

显然，X 也为 $\Omega=\{\omega_i \mid i=0,\ 1,\ 2,\ \cdots\}$ 上的实值函数．因此，X 也是一个随机变量.

例 3　从一批灯泡中任取一只，测试其寿命．记“灯泡的寿命为 t”（$t\geqslant 0$）为基本事件，于是定义随机变量 X，令

$$X=X(\omega)=t,\ t\in\Omega=\{t \mid t\geqslant 0\}.$$

由此，我们引入如下概念：

定义 1　设随机试验 E，其样本空间为 Ω. 如果对于每个 $\omega\in\Omega$，都有一个实数 $X(\omega)$ 与它相对应，那么称 Ω 上的实值函数 $X(\omega)$ 为试验 E 的**随机变量**，简记为 $X=X(\omega)$.

通常用大写字母 X，Y，Z 等表示随机变量，但有时也用希腊字母 ξ，η，ζ 来表示．应当注意：随机变量作为 Ω 上的函数，它的值域是一个实数集，但它的定义域却未必是实数集，因为组成样本空间的元素不一定是实数.

引入随机变量后，随机试验中的各个事件都可以通过随机变量的取值来表示．在例 2 中，事件“电梯发生故障不小于 5 次”可简单地表示为 $\{X\geqslant 5\}$；事件“未发生故障”可表示为 $\{X=0\}$ 等等．这样，我们就可以把对事件的研究转化为对随机变量的研究.

随机变量一般可分为离散型随机变量和非离散型随机变量．非离散型又可分为连续型和混合型．由于在实际工作中我们经常遇到的是离散型和连续型的随机变量，因此本书将主要讨论这两种类型的随机变量.

习题 11-1

1. 某射手连续向一目标进行射击，则第一次命中时所需射击次数是随机变量，它可能的取值是哪些？

2. 设有 10 件产品，其中有 3 件次品，7 件正品．现无放回地从中任意取 4 件，用 X 表示取到的次品数，写出 X 的所有可能取值．若是有放回抽取 4 件，X 的可能取值有哪些呢？

3. 某射手的命中率为 0.8，现在连续射击 30 次．若击中目标的次数记为 X，问 X 可能取什么值？

4. 将一枚硬币连掷三次，随机变量 X 表示“正面出现的次数”. (1) 写出 X 的所有可能值；(2) 用 X 表示下列事件：{均出现正面}，{均出现反面}，{最少出现两次反面}，{不多于两次出现正面}.

5. 引入适当的随机变量描述下列事件：将 3 个球随机地放入三个格子中，事件 $A=\{$有 1 个空格$\}$，$B=\{$有 2 个空格$\}$，$C=\{$全有球$\}$.

第二节　离散型随机变量及其概率分布

对于一个随机变量 X 来说，如果它的所有可能取值是有限多个或无穷可列个，则称 X 为**离散型随机变量**．如上节的例 1，X 只能取 0 和 1 两个值；例 2 中的 X 取值为 0，1，2，…，可列个值，它们都是离散型随机变量．

为了全面地描述一个随机变量的统计规律性，只了解它的取值是远远不够的，更重要的是要知道它取每一个可能值的概率是多少．

1. 离散型随机变量的概率分布

若离散型随机变量 X 取值为 x_1，x_2，…，x_k，…，且取这些值的概率依次为 p_1，p_2，…，p_k，…，即

$$P(X=x_k)=p_k,\ k=1,\ 2,\ \cdots, \tag{1}$$

称（1）式为离散型随机变量 X 的**概率分布或分布律**．

随机变量的概率分布也可以用表格的形式来表示：

X	x_1	x_2	…	x_k	…
P	p_1	p_2	…	p_k	…

显然，概率分布有如下两个性质：

（1）$p_k\geqslant 0$，$k=1$，2，…；

（2）$\sum\limits_{k=1}^{\infty}p_k=1$．

凡满足上述条件的数列 $\{p_k\}$ 均可作为某离散型随机变量的分布律．

例 1 设袋中有 2 个白球，3 个黑球．现从中任取 3 个球（不放回），求抽得的白球数 X 的概率分布．

解 X 有 0，1，2 共 3 个可能值．事件 $\{X=0\}$ 表示没有取到白球，即抽了 3 个黑球，其概率 $P(X=0)=\dfrac{C_3^3}{C_5^3}=\dfrac{1}{10}=0.1$；而 $\{X=1\}$ 表示取到了 1 个白球，即抽到的 3 个球中有 1 个白球 2 个黑球，其概率 $P(X=1)=\dfrac{C_2^1C_3^2}{C_5^3}=\dfrac{6}{10}=0.6$；$\{X=2\}$ 表示抽到的 3 个球中有 2 个白球 1 个黑球，其概率 $P(X=2)=\dfrac{C_2^2C_3^1}{C_5^3}=\dfrac{3}{10}=0.3$. 其概率分布为

X	0	1	2
P	0.1	0.6	0.3

或写成

$$P(X=k)=\frac{C_2^kC_3^{3-k}}{C_5^3},\ (k=0,\ 1,\ 2).$$

下面介绍三种常见的离散型随机变量的概率分布（简称为分布）.

2. 常见的离散型随机变量的概率分布

(1) 两点分布

如果随机变量 X 的概率分布为

$$P(X=x_0)=1-p,\ P(X=x_1)=p\ (0<p<1),\tag{2}$$

或写为

X	x_0	x_1
P	$1-p$	p

则称 X 服从参数为 p 的**两点分布**.

两点分布是一种应用十分广泛的分布．凡是试验只有两个可能结果，都可以用两点分布来描述．产品的质量是否合格，明天是否下雨，系统是否正常，电力消耗是否超标等.

特殊地，当 $x_0=0$，$x_1=1$ 时，称随机变量 X 服从 **0-1 分布**．凡两点分布均可用 0-1 分布来描述.

(2) 二项分布

如果随机变量 X 的概率分布为

$$P(X=x_k)=C_n^kp^k(1-p)^{n-k},\ (k=0,\ 1,\ 2,\ \cdots),\tag{3}$$

其中 $0<p<1$，则称随机变量 X 服从参数为 n 和 p 的**二项分布**，记作 $X\sim B(n,\ p)$.

一般地，在 n 重伯努利试验中，事件 A 恰好发生 $k\ (0\leqslant k\leqslant n)$ 次的概率为

$$P_n(k)=C_n^kp^k\ (1-p)^{n-k},\ k=0,\ 1,\ 2,\ \cdots,\ n.$$

其中 $p>0$，p 为在一次试验中事件 A 发生的概率．很显然，若用 X 表示事件 A 发生的次数，则 $X\sim B(n,\ p)$.

容易看出，0-1 分布为 $n=1$ 时的二项分布，因此 0-1 分布可记作 $B(1,\ p)$.

例 2　某人投篮的命中率为 0.9，求在 10 次投篮中，(1) 恰有 4 次命中的概率；(2) 最多命中 8 次的概率.

解　设 X 表示在 10 次投篮中命中的次数，则

$$X \sim B\ (10,\ 0.9).$$

(1) 依题意，恰有 4 次命中的概率为

$$P(X=4)=C_{10}^{4}(0.9)^{4}(0.1)^{6}=0.000\ 138;$$

(2) 最多命中 8 次的概率为

$$\begin{aligned}P(0\leqslant X\leqslant 8)&=1-P(X>8)\\&=1-P(X=9)-P(X=10)\\&=1-C_{10}^{9}(0.9)^{9}(0.1)^{1}-C_{10}^{10}(0.9)^{10}(0.1)^{0}\\&=0.263\ 9.\end{aligned}$$

(3) 泊松（Poisson 1781—1840）分布

如果随机变量 X 的概率分布为

$$P(X=k)=\frac{\lambda^{k}}{k!}e^{-\lambda},\ (k=0,\ 1,\ 2,\ \cdots), \tag{4}$$

其中 $\lambda>0$，则称随机变量 X 服从参数为 λ 的**泊松分布**，记作 $X\sim P(\lambda)$.

在实际问题中，泊松分布应用很广泛．例如，大卖场的顾客数；市级医院急诊病人数；某地区拨错号的电话呼唤次数；某地区发生的交通事故的次数；放射性物质发出的粒子数；一匹布上的疵点个数；一个容器中的细菌数；一本书一页中的印刷错误数等，都服从泊松分布．在一定条件下，稀有事件出现的次数常常可用泊松分布来描述.

有关泊松分布的计算可以查书后的泊松分布表.

例 3 某电话总机每分钟接到的呼叫次数服从参数为 5 的泊松分布，求

(1) 每分钟接到的呼叫次数大于 4 的概率；

(2) 每分钟恰好接到 4 次呼叫的概率.

解 设每分钟总机接到的呼叫次数为 X，则 $X\sim P(5)$.

(1) P｛呼叫次数大于 4｝$=P(X>4)=1-P(X\leqslant 4)=1-\sum\limits_{k=0}^{4}\frac{5^{k}}{k!}e^{-5}$.

通过泊松分布表，查得$\sum\limits_{k=0}^{4}\frac{5^{k}}{k!}e^{-5}=0.440\ 49$. 于是

$$P(X>4)=1-0.440\ 49=0.559\ 51.$$

(2) 通过泊松分布表计算得

$$\begin{aligned}P\{\text{呼叫次数等于 4}\}&=P(X=4)\\&=P(X\leqslant 4)-P(X\leqslant 3)\\&=\sum_{k=0}^{4}\frac{5^{k}}{k!}e^{-5}-\sum_{k=0}^{3}\frac{5^{k}}{k!}e^{-5}\\&\approx 0.440\ 49-0.265\ 03=0.175\ 46.\end{aligned}$$

在二项分布中，当 n 非常大时，计算量非常麻烦．下面定理给出了二项分布的近似计算公式，这就是有名的二项分布的泊松逼近.

泊松定理　设随机变量 $X\sim B(n,\ p)$，当 n 很大，p 很小时，记 $\lambda=np$，则

$$C_n^k p^k(1-p)^{n-k}\approx\frac{\lambda^k}{k!}e^{-\lambda},\ k=0,\ 1,\ 2,\ \cdots \tag{5}$$

泊松定理表明，当 n 很大，p 很小时，二项分布可近似地用泊松分布来计算，即

$$P(X=k)\approx\frac{\lambda^k}{k!}e^{-\lambda},\ (\lambda=np).$$

从下面的表中可以直观地看出上式的近似程度.

k	按二项分布公式直接计算				按泊松公式计算
	$n=10$ $p=0.1$	$n=20$ $p=0.05$	$n=40$ $p=0.025$	$n=100$ $p=0.01$	$\lambda=np=1$
0	0.349	0.358	0.369	0.366	0.368
1	0.385	0.377	0.372	0.370	0.368
2	0.194	0.189	0.186	0.185	0.184
3	0.057	0.060	0.060	0.061	0.061
4	0.011	0.013	0.014	0.015	0.015
大于 4	0.004	0.003	0.005	0.003	0.004

在实际计算中，当 $n\geqslant 20$、$p\leqslant 0.05$ 时，近似程度就很好.

例 4　有一繁忙的汽车站，每天有大量汽车通过，设每辆汽车在一天的某段时间内出事故的概率为 0.000 1. 在某天的该段时间内有 1 000 辆汽车通过，问出事故的次数不小于 2 的概率是多少?

解　设一天的该段时间内出事故的次数为 X，则 $X\sim B(1\ 000,\ 0.000\ 1)$.

$$\begin{aligned}P(\{\text{出事故的次数不小于 2}\})&=P(X\geqslant 2)\\&=\sum_{k=2}^{1\,000}C_{1\,000}^k(0.000\,1)^k(0.999\,9)^{1\,000-k}.\end{aligned}$$

因 n 很大，p 很小，因此用参数为 $\lambda=np=0.1$ 的泊松分布近似替代二项分布，而有

$$\begin{aligned}P(X\geqslant 2)&\approx 1-\sum_{k=0}^{1}\frac{(0.1)^k}{k!}e^{-0.1}\\&\approx 1-0.995\,32=0.004\,68.\end{aligned}$$

习题 11-2

1. 判断下列各题给出的表是否可以作为离散型随机变量的分布律.

(1)

X	-1	0	1
P	1/4	1/2	1/4

(2)

X	0	1	2
P	$-1/4$	3/4	1/2

(3)

X	0	1	2
P	1/5	2/5	3/5

(4)

X	1	2	1
P	1/4	1/4	1/2

2. 设离散型随机变量 X 的概率分布为：

X	0	1	2	3
p_i	c	$2c$	$3c$	$4c$

求常数 c，并计算概率 $P(0<X\leqslant 2)$.

3. 设在 15 只同类型的零件中有 2 只是次品，在其中取 3 次，每次任取 1 只，作不放回抽样. 以 X 表示取出次品的只数，(1) 写出 X 的分布律；(2) 计算至少取到 1 只次品的概率.

4. 把一枚硬币连抛 5 次，X 表示硬币国徽向上出现的次数，写出 X 的概率分布.

5. 某商店出售某种商品，历史纪录分析，月销售量服从泊松分布，参数为 5. 问在月初进货时，要库存多少种商品，方能以 0.998 的概率满足顾客的需要.

6. 在保险公司里有 2 500 名同一年龄和同社会阶层的人参加了人寿保险，在一年中每个人死亡的概率为 0.002，每个参加保险的人在 1 月 1 日须交 12 元保险费，而在死亡时家属可从保险公司里领取 2 000 元赔偿金．求 (1) 保险公司亏本的概率；(2) 保险公司获利分别不少于 10 000 元，20 000 元的概率．

第三节　连续型随机变量及其概率密度

在实际问题中，除了离散型随机变量以外，常用的还有连续型随机变量，如某种产品的寿命，人的身高、体重等一般都为连续型随机变量．本节介绍连续型随机变量及概率密度．

1. 连续型随机变量及概率密度

定义 1　设 X 是随机变量，若存在一个非负可积函数 $f(x)(-\infty<x<+\infty)$，使得对任意实数 a，$b(a<b)$ 都有

$$P(a<X\leqslant b)=\int_a^b f(x)\mathrm{d}x\,, \tag{1}$$

则称 X 为**连续型随机变量**，称 $f(x)$ 为 X 的**概率密度函数或密度函数**．

根据定积分的几何意义，概率 $P(a<X\leqslant b)$ 等于区间 $(a,\ b]$ 上曲线 $y=f(x)$ 之下的曲边梯形的面积，如图 11-1 所示．

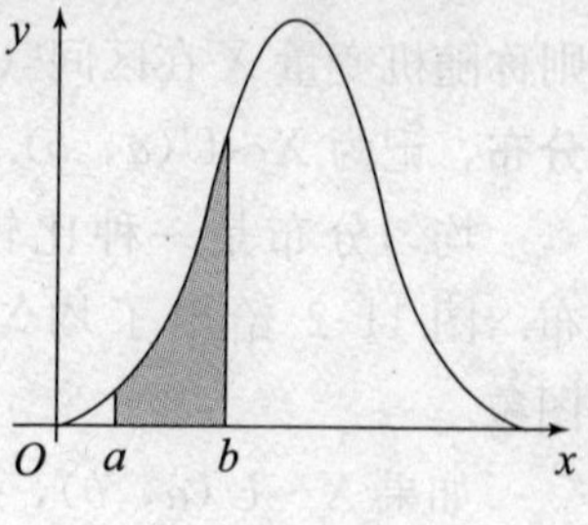

图 11-1

由定义知，X 的概率密度函数 $f(x)$ 具有下面两条性质：

(1) $f(x)\geqslant 0$，$x\in(-\infty,\ +\infty)$；

(2) $\int_{-\infty}^{+\infty} f(x)\mathrm{d}x=1$．

凡满足上述两条性质的函数都可以作某随机变量的概率密度函数．

值得注意的是，根据定义可以推出，连续型随机变量取某个值的概率为 0．即对任意实数 c，都有 $P(X=c)=0$．据此，在计算连续型随机变量落在某一区间的概率时，可以不必区分该区间是开区间或闭区间或半开半闭区间．即

$$P(a<X\leqslant b)=P(a\leqslant X\leqslant b)=P(a\leqslant X<b)=P(a<X<b).$$

必须指出，$\{X=c\}$ 并非不可能事件，但有 $P(X=c)=0$．这就是说，若 A 是不可能事件，则有 $P(A)=0$；反之，若 $P(A)=0$，并不意味着 A 是不可能事件．

例 1 设随机变量 X 的概率密度函数为

$$f(x)=\begin{cases}Ax+1, & 0\leqslant x<2;\\ 0, & 其他.\end{cases}$$

求 (1) A 值；(2) $P(1.5<X<2.5)$.

解 (1) 根据概率密度函数的性质有

$$\int_{-\infty}^{+\infty}f(x)\mathrm{d}x=\int_{0}^{2}(Ax+1)\mathrm{d}x=2A+2=1.$$

因此，$A=-\dfrac{1}{2}$.

(2) $$P(1.5<X<2.5)=\int_{1.5}^{2.5}f(x)\mathrm{d}x=\int_{1.5}^{2}\left(-\frac{1}{2}x+1\right)\mathrm{d}x=0.0625.$$

2. 几种常见的连续型分布

(1) **均匀分布** 如果随机变量 X 的概率密度函数为

$$f(x)=\begin{cases}\dfrac{1}{b-a}, & a<x<b,\\ 0, & 其他,\end{cases}\tag{2}$$

则称随机变量 X 在区间 (a, b) 上服从**均匀分布**，记为 $X\sim U(a, b)$.

均匀分布是一种比较简单且常见的分布. 图 11-2 给出了均匀分布的密度函数图象.

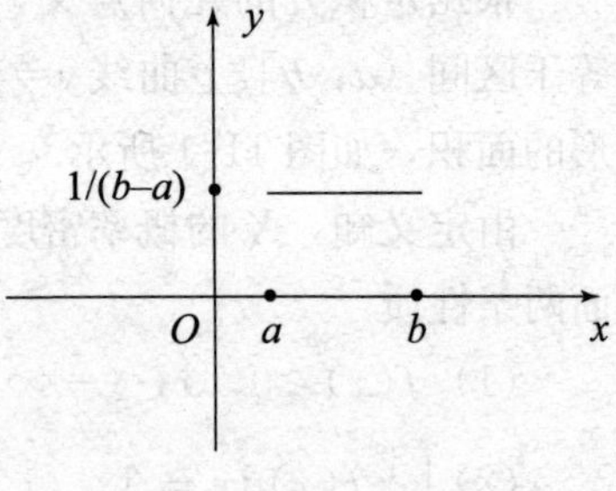

图 11-2

如果 $X\sim U(a, b)$，那么对于任意的 c，d $(a\leqslant c<d\leqslant b)$，则有

$$P(c<X<d)=\int_{c}^{d}\frac{1}{b-a}\mathrm{d}x=\frac{d-c}{b-a}.$$

上式表明，X 落在 (a, b) 中任一个子区间内的概率只依赖于子区间的长度而与子区间的位置无关，这正是均匀分布的概率意义.

(2) **指数分布**

设随机变量 X 的概率密度函数为

$$f(x)=\begin{cases}\lambda\mathrm{e}^{-\lambda x}, & x\geqslant 0,\\ 0, & x<0,\end{cases}\quad(\lambda>0),\tag{3}$$

则称 X 服从参数为 λ 的**指数分布**.

指数分布的密度函数图形如图 11-3 所示.

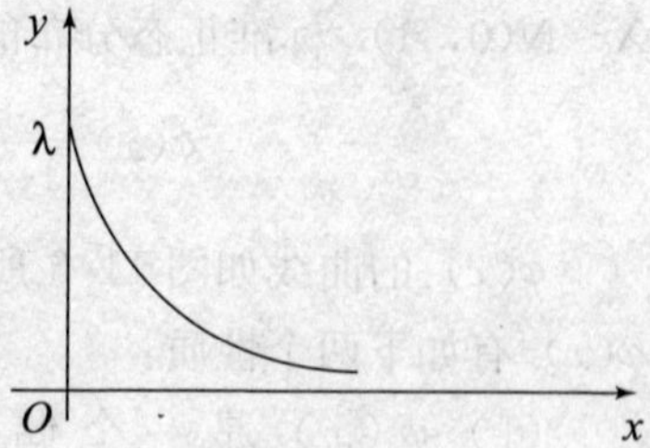

图 11-3

例 2　电子元件的寿命 X（年）服从参数为 3 的指数分布，求该电子元件寿命超过 2 年的概率.

解　根据指数分布的定义，随机变量 X 的概率密度函数为

$$f(x)=\begin{cases}3\mathrm{e}^{-3x}, & x\geqslant 0,\\ 0, & x<0.\end{cases}$$

从而有

$$P(X>2)=\int_{2}^{+\infty}3\mathrm{e}^{-3x}\,\mathrm{d}x=\mathrm{e}^{-6}.$$

（3）正态分布

如果随机变量 X 的概率密度函数为

$$f(x)=\frac{1}{\sqrt{2\pi}\sigma}\mathrm{e}^{-\frac{(x-\mu)^2}{2\sigma^2}},\ -\infty<x<+\infty. \tag{4}$$

其中 μ，σ 为常数且 $\sigma>0$，则称随机变量 X 服从参数为 μ，σ^2 的**正态分布**，记为 $X\sim N(\mu,\ \sigma^2)$．正态分布又称为**高斯（Gauss 1777—1855）分布**.

正态分布密度函数 $f(x)$ 的图形呈“钟形”（如图 11-4 所示），这种图形一般称为正态曲线．$f(x)$ 关于直线 $x=\mu$ 对称，并在 $x=\mu$ 处取得最大值 $\frac{1}{\sqrt{2\pi}\sigma}$，且当 $x\to\pm\infty$ 时，$f(x)$ 的曲线以直线 $y=0$ 为渐近线.

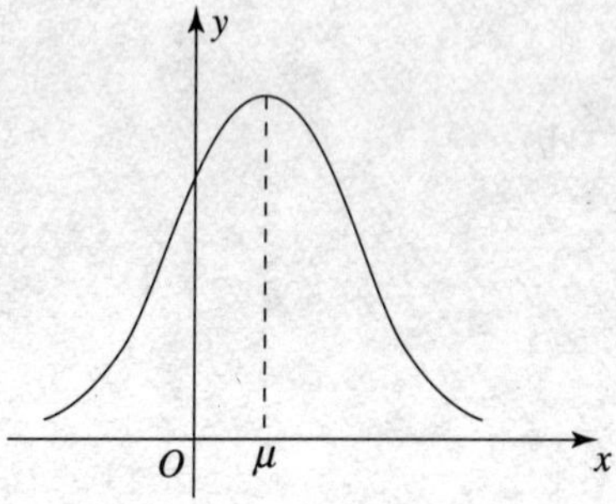

图 11-4

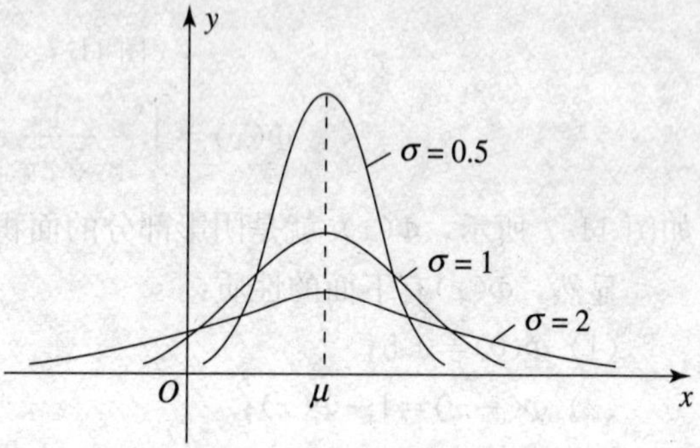

图 11-5

随着 μ 值的增加或减少，曲线向右或向左平移．当 σ 增大时，曲线平缓；当 σ 减小时，曲线陡峭（如图 11-5 所示）.

特别地，当 $\mu=0$，$\sigma=1$ 时的正态分布称为**标准正态分布**，记为

$X \sim N(0, 1)$. 标准正态分布的密度函数记为 $\varphi(x)$，即

$$\varphi(x)=\frac{1}{\sqrt{2\pi}}e^{-\frac{x^2}{2}},\ -\infty<x<+\infty.$$

$\varphi(x)$ 的曲线如图 11-6 所示，显然 $\varphi(x)$ 有如下两个性质：

(1) $\varphi(x)$ 是一个偶函数，即 $\varphi(x)=\varphi(-x)$；

(2) 当 $x=0$ 时，$\varphi(x)$ 取得最大值 $\frac{1}{\sqrt{2\pi}}$.

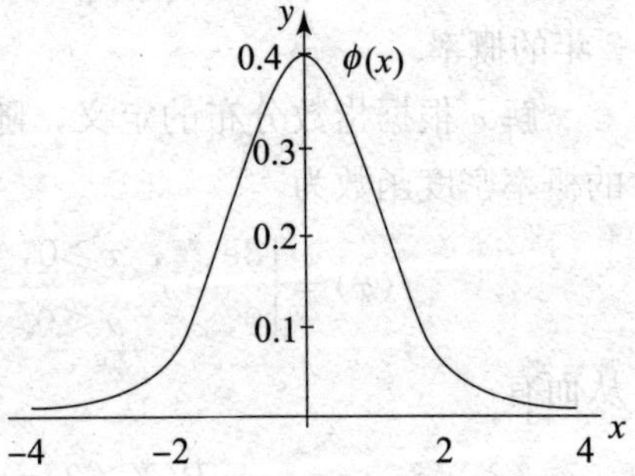

图 11-6

为了计算方便，人们给出了服从标准正态分布的随机变量落在区间 $(-\infty, x)$ 上的概率值（见书后附表），记为 $\Phi(x)$，即

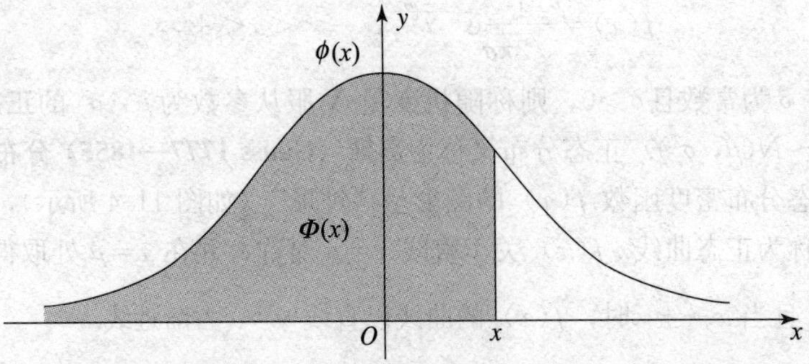

图 11-7

$$\Phi(x)=\int_{-\infty}^{x}\frac{1}{\sqrt{2\pi}}e^{-\frac{t^2}{2}}dt.$$

如图 11-7 所示，$\Phi(x)$ 就是阴影部分的面积.

显然，$\Phi(x)$有下面的性质：

(1) $\Phi(0)=0.5$；

(2) $\Phi(-x)=1-\Phi(x)$；

(3) 对任意实数 a，$b(a<b)$，都有 $P(a<x\leqslant b)=\Phi(b)-\Phi(a)$.

根据 $\Phi(x)$的性质，附表 2 中只列出 $x\geqslant 0$ 时 $\Phi(x)$的值即可.

例 3 设 $X\sim N(0, 1)$，求 $P(X\leqslant 1.96)$，$P(X\leqslant -1.96)$，$P(X\geqslant 1.96)$，$P(|X|\leqslant 1.96)$.

解　根据概率的性质，通过查表可得

$P(X\leqslant 1.96)=\Phi(1.96)=0.975$；

$P(X\leqslant -1.96)=\Phi(-1.96)=1-\Phi(1.96)=1-0.975=0.025$；

$P(X\geqslant 1.96)=1-P(X\leqslant 1.96)=1-0.975=0.025$；

$P(|X|\leqslant 1.96)=P(-1.96\leqslant X\leqslant 1.96)=\Phi(1.96)-\Phi(-1.96)$
$=0.950.$

接下来我们考虑如何计算服从非标准正态分布的随机变量落在任一区间上的概率．对于服从非标准正态分布 $N(\mu,\ \sigma^2)$ 的随机变量 X，通过积分变换，有

$$P(a<X\leqslant b)=\int_a^b \frac{1}{\sqrt{2\pi}\sigma}\mathrm{e}^{-\frac{(x-\mu)^2}{2\sigma^2}}\mathrm{d}x.$$

$$令\ t=\frac{x-u}{\sigma}，上式=\int_{\frac{a-\mu}{\sigma}}^{\frac{b-\mu}{\sigma}}\frac{1}{\sqrt{2\pi}}\mathrm{e}^{-\frac{t^2}{2}}\mathrm{d}t$$

$$=\Phi\left(\frac{b-\mu}{\sigma}\right)-\Phi\left(\frac{a-\mu}{\sigma}\right).$$

例 4　设 $X\sim N(1,\ 4)$，求 $P(X\leqslant 2)$，$P(X>-2)$，$P(-1<X<3)$.

解　这里 $\mu=1$，$\sigma=2$，有

$P(X\leqslant 2)=\Phi(\frac{2-1}{2})=\Phi(0.5)=0.691\ 5$；

$P(X>-2)=1-P(X\leqslant -2)=1-\Phi\left(\frac{-2-1}{2}\right)=1-\Phi(-1.5)=\Phi(1.5)$
$=0.933\ 19$；

$P(-1<X<3)=\Phi\left(\frac{3-1}{2}\right)-\Phi\left(\frac{-1-1}{2}\right)=\Phi(1)-\Phi(-1)=2\Phi(1)-1$
$=0.682\ 6.$

例 5　设 $X\sim N(\mu,\ \sigma^2)$，求 $P(\mu-3\sigma\leqslant X\leqslant \mu+3\sigma)$.

解　$P(\mu-3\sigma\leqslant X\leqslant \mu+3\sigma)=\Phi(3)-\Phi(-3)$
$=\Phi(3)-[1-\Phi(3)]=2\Phi(3)-1=0.997\ 4.$

本题结果表明一次试验中，X 落入区间（$\mu-3\sigma$，$\mu+3\sigma$）的概率为 0.997 4，而超出此区间可能性很小．这个结果称为 3σ 原则．在工程应用中，通常认为 $P(|X-M|\leqslant 3\sigma)\approx 1$，忽略 $|X-M|>3\sigma$ 的值．如在质量控制中，常用标准指标值 $\pm 3\sigma$ 作两条线，当生产过程的指标观察值落在两线之外时发出警报，表明生产出现异常.

例 6　设测量误差 $X\sim N(7.5,\ 100)$（单位：米），问测量一次误差的

绝对值不超过 10 米的概率是多少?

$$P(|X|\leqslant 10)=\Phi\left(\frac{10-7.5}{10}\right)-\Phi\left(\frac{-10-7.5}{10}\right)$$
$$=\Phi(0.25)-\Phi(-1.75)$$
$$=\Phi(0.25)-[1-\Phi(1.75)]$$
$$=0.5586.$$

在现实世界中，大量的随机变量都服从或近似地服从正态分布．例如各种测量的误差；人体的生理特征，如身高、体重等；工厂产品的尺寸；农作物的收获量；海洋波浪的高度；金属线抗拉强度；学生的考试成绩等等．理论研究表明，一个变量如果受到了大量的随机因素的影响，各个因素所起的作用又都很微小时，这样的变量一般都服从正态分布．正态分布是最常见最重要的分布，无论在理论研究或实际应用中都具有特别重要的作用.

习题 11-3

1. 已知某型号电子管的使用寿命 X 为连续型随机变量，其概率密度函数为

$$f(x)=\begin{cases}\frac{c}{x^2}, & x>1\,000,\\ 0, & \text{其他}.\end{cases}$$

求 (1) 常数 c；(2) $P(1\,500<X<2\,000)$.

2. 设随机变量 X 在 (0, 5) 上服从均匀分布，求方程 $y^2+2Xy+4X-3=0$ 有实根的概率.

3. 某仪器装有三只独立的同型号电子元件，其寿命（单位：小时）都服从参数为 $\frac{1}{600}$ 的指数分布，求在仪器使用的最初 200 小时内，没有一个电子元件损坏的概率.

4. 设随机变量 $X\sim N(1, 25)$，求 $P(X\leqslant -1)$，$P(X>2.5)$，$P(|X|<3)$.

5. 一地区农民年均收入服从 $\mu=500$ 元，$\sigma=20$ 的正态分布，求 (1) 该地区农民年均收入在 500～520 元间人数的百分比；(2) 如果要使农民的年均收入在 $(500-a, 500+a)$ 内的概率不小于 0.95，则 a 至少为多大?

第四节　随机变量的分布函数

由前面几节的内容，我们知道，离散型随机变量可以用概率分布全面地描述它，连续型随机变量可用概率密度函数来描述．离散型和连续型是实际中最重要的两类随机变量．但是除了这两类随机变量外，还存在既不是离散型也不是连续型的随机变量．为了能统一地对随机变量进行研究，本节对所有随机变量统一地定义了分布函数.

定义 1　设 X 是随机变量，对任意实数 x，事件$\{X\leqslant x\}$的概率 $P(X\leqslant x)$称为随机变量 X 的**分布函数**．记为 $F(x)$，即

$$F(x)=P\{X\leqslant x\}. \tag{1}$$

很显然，分布函数的定义域是全体实数，而它在 x 处的函数值就表示 X 落在区间$(-\infty, x]$上的概率．易知，对任意实数 a，$b(a<b)$，有

$$P(a<X\leqslant b)=P(X\leqslant b)-P(X\leqslant a)=F(b)-F(a). \tag{2}$$

不难发现，分布函数 $F(x)$具有以下基本性质：

(1) $F(x)$单调非减，即若 $x_1<x_2$，则有 $F(x_1)\leqslant F(x_2)$；

(2) $0\leqslant F(x)\leqslant 1$，且

$$F(-\infty)=\lim_{x\to-\infty}F(x)=0，F(+\infty)=\lim_{x\to+\infty}F(x)=1;$$

(c) $F(x)$右连续，即

$$\lim_{x\to a^+}F(x)=F(a)\ \ (-\infty<a<+\infty);$$

(d) $P(X=x)=F(x)-F(x-0)$.

1. 离散型随机变量的分布函数

若离散型随机变量 X 的分布律为

$$P(X=x_k)=p_k，k=1，2，\cdots,$$

则 X 的分布函数为

$$F(x)=P(X\leqslant x)=\sum_{x_k\leqslant x}p_k, \tag{3}$$

即 $F(x)$是 X 取小于或等于 x 的所有可能值的概率之和，当 X 的取值为$x_1<x_2<\cdots<x_k<\cdots$时，其分布函数可以写成分段函数的形式

$$F(x)=\begin{cases}0, & x<x_1, \\ p_1, & x_1\leqslant x<x_2, \\ p_1+p_2, & x_2\leqslant x<x_3, \\ \cdots & \end{cases} \tag{4}$$

例 1 设随机变量 X 的概率分布为

X	0	1	2
P	0.5	0.1	0.4

求(1) X 的分布函数 $F(x)$，并画出 $F(x)$的图形；(2) 计算 $P(X\leqslant 0)$，$P(0<X\leqslant 1.5)$，$P(1\leqslant X\leqslant 3)$.

解 (1) 因为随机变量 X 的三个取值点将 $F(x)$的定义域$(-\infty, +\infty)$分成了四个区间，所以必须逐段讨论.

当 $x<0$ 时，X 落在$(-\infty, x]$内没有可能值，故 X 落在$(-\infty, x]$内的概率为 0，即

$$F(x)=P(X\leqslant x)=0, \quad x<0;$$

当 $0\leqslant x<1$ 时，X 在$(-\infty, x]$内只有一个可能值 $X=0$，且 $P(X=0)=0.5$，故 X 落在$(-\infty, x]$内的概率为 0.5，即

$$F(x)=P(X\leqslant x)=P(X=0)=0.5, \quad 0\leqslant x<1;$$

当 $1\leqslant x<2$ 时，X 落在$(-\infty, x]$内有两个可能值，$X=0$ 及 $X=1$，且 $P(X=0)=0.5$，$P(X=1)=0.1$，故 X 落在$(-\infty, x]$内的概率为 $0.5+0.1=0.6$，即

$$\begin{aligned}F(x)&=P(X\leqslant x)=P(X=0)+P(X=1)\\&=0.5+0.1=0.6, \quad 1\leqslant x<2;\end{aligned}$$

当 $x\geqslant 2$ 时，X 在 $(-\infty, x]$ 内有三个可能值，$X=0$，$X=1$ 及 $X=2$，显然，X 落在 $(-\infty, x]$ 内的概率为 $0.5+0.1+0.4=1$，即

$$\begin{aligned}F(x)&=P(X\leqslant x)=P(X=0)+P(X=1)+P(X=2)\\&=0.5+0.1+0.4=1, \quad 1\leqslant x<2.\end{aligned}$$

综上所述，$F(x)$为下面分段函数

$$F(x)=\begin{cases}0, & x<0, \\ 0.5, & 0\leqslant x<1, \\ 0.6, & 1\leqslant x<2, \\ 1, & x\geqslant 2.\end{cases}$$

图 11-8 是 $F(x)$的图像.

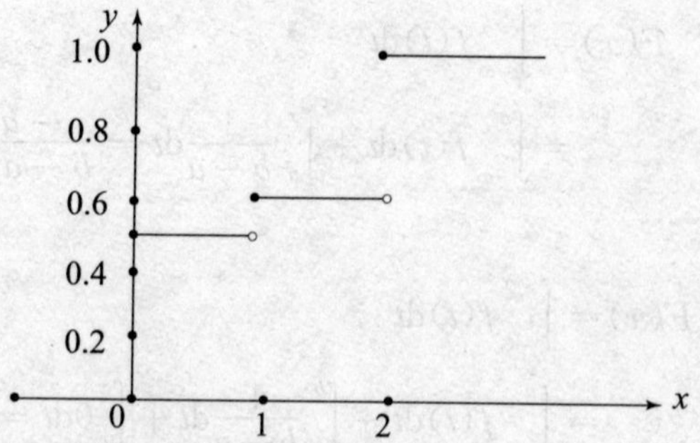

图 11-8

(2) $P(X\leqslant 0)=F(0)=0.5$;

$P(0<X\leqslant 1.5)=F(1.5)-F(0)=0.6-0.5=0.1$;

$P(1\leqslant X\leqslant 3)=P(X=1)+P(X=2)=0.1+0.4=0.5$.

$F(x)$在点 0，1，2 处有跳跃，其跳跃的高度分别为随机变量 X 取该值的概率 0.5，0.1，0.4.

2. 连续型随机变量的分布函数

设连续型随机变量 X 的概率密度函数为 $f(x)$，则 X 的分布函数为

$$F(x)=P(X\leqslant x)=\int_{-\infty}^{x} f(t)\mathrm{d}t. \tag{5}$$

由上式可看出，连续型随机变量的分布函数 $F(x)$在$(-\infty, +\infty)$上是连续的. 如果对上式两边求导，则在 $f(x)$的连续点 x 处有

$$f(x)=F'(x). \tag{6}$$

例 2　已知连续型随机变量 X 在 (a, b) 上服从均匀分布，求 X 的分布函数 $F(x)$.

解　由题意可知，X 的概率密度函数为

$$f(x)=\begin{cases}\dfrac{1}{b-a}, & a<x<b,\\ 0, & \text{其他}.\end{cases}$$

于是，当 $x<a$ 时，

$$F(x)=\int_{-\infty}^{x} f(t)\mathrm{d}t=\int_{-\infty}^{x} 0\mathrm{d}t=0;$$

当 $a\leqslant x<b$ 时，

$$F(x)=\int_{-\infty}^{x}f(t)\mathrm{d}t$$

$$=\int_{-\infty}^{a}f(t)\mathrm{d}t+\int_{a}^{x}\frac{1}{b-a}\mathrm{d}t=\frac{x-a}{b-a};$$

当 $x\geqslant b$ 时，

$$F(x)=\int_{-\infty}^{x}f(t)\mathrm{d}t$$

$$=\int_{-\infty}^{a}f(t)\mathrm{d}t+\int_{a}^{b}\frac{1}{b-a}\mathrm{d}t+\int_{b}^{x}0\mathrm{d}t=1.$$

因此

$$F(x)=\begin{cases}0, & x<a,\\ \dfrac{x-a}{b-a}, & a\leqslant x<b,\\ 1, & x\geqslant b.\end{cases}$$

图 11-9 为 $F(x)$ 的图形，它是一条连续的曲线.

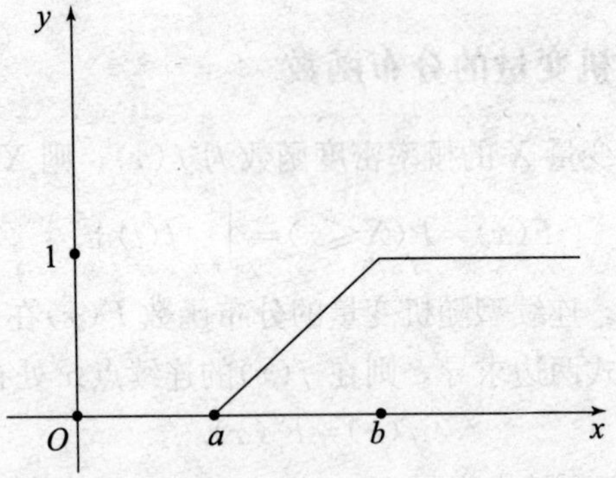

图 11-9

对于 $X\sim N(0,1)$，不难发现，X 的分布函数 $F(x)=\Phi(x)$.

例 3 设随机变量 X 的概率密度为

$$f(x)=\begin{cases}-\dfrac{1}{2}x+1, & 0\leqslant x<2;\\ 0, & \text{其他}.\end{cases}$$

求 X 的分布函数.

解 当 $x<0$ 时，

$$F(x)=\int_{-\infty}^{x}f(t)\mathrm{d}t=\int_{-\infty}^{x}0\mathrm{d}t=0;$$

当 $0\leqslant x<2$ 时，

$$F(x)=\int_{-\infty}^{x} f(t)\mathrm{d}t$$
$$=\int_{-\infty}^{0} 0\mathrm{d}t+\int_{0}^{x}\left(-\frac{1}{2}t+1\right)\mathrm{d}t$$
$$=-\frac{1}{4}x^2+x;$$

当 $x\geqslant 2$ 时，

$$F(x)=\int_{-\infty}^{x} f(t)\mathrm{d}t$$
$$=\int_{-\infty}^{0} 0\mathrm{d}t+\int_{0}^{2}\left(-\frac{1}{2}t+1\right)\mathrm{d}t+\int_{2}^{x} 0\mathrm{d}t$$
$$=1.$$

因此，

$$F(x)=\begin{cases}0, & x<0,\\ -\frac{1}{4}x^2+x, & 0\leqslant x<2,\\ 1, & x\geqslant 2.\end{cases}$$

习题 11—4

1. 设随机变量 X 的概率分布为 $P(X=1)=0.2$，$P(X=2)=0.3$，$P(X=3)=0.5$，写出 X 的分布函数 $F(x)$.

2. 设袋中有 5 个小球，其中 2 个白球 3 个黑球. 从中任取 3 个球，其中的白球数记为 X，求随机变量 X 的分布函数.

3. 随机变量 X 的概率密度为：

$$f(x)=\begin{cases}Cx, & 0\leqslant x\leqslant 1,\\ 0, & \text{其他}.\end{cases}$$

试求：(1) 系数 C；(2) X 的分布函数；(3) 随机变量 X 落在区间 $(0.3, 0.7)$ 内的概率.

4. 随机变量 X 的分布函数为：

$$F(x)=A+B\arctan x,\ (-\infty<x<+\infty).$$

试求：(1) 系数 A 及 B；

(2) X 落在区间 $(-1, 1)$ 内的概率；

(3) X 的密度函数.

5. 离散型随机变量 X 的分布函数为

$$F(x)=\begin{cases}0, & x<0,\\ \frac{7}{15}, & 0\leqslant x<1,\\ \frac{14}{15}, & 1\leqslant x<2,\\ 1, & x\geqslant 2.\end{cases}$$

求 X 的分布律.

第五节　随机变量函数的分布

在实际中，我们不仅关心随机变量的分布，而且对随机变量的某些函数以及这些函数的分布也十分感兴趣．例如，设 X 为圆盘的测量半径，我们十分关心圆盘的面积 $Y=\pi X^2$. 这里，Y 是 X 的函数．本节将讨论如何由已知随机变量的分布求它的函数的分布.

1. 离散型随机变量函数的分布

设 X 为离散型随机变量，$y=g(x)$ 是 x 的函数，则 $Y=g(X)$ 也是离散型随机变量.

如果 X 的概率分布为

$$P(X=x_k)=p_k,\ k=1,\ 2,\ \cdots,$$

那么当 $y_k=g(x_k)(k=1,\ 2,\ \cdots)$ 互不相同时，随机变量 Y 的概率分布为

$$P(Y=y_k)=p_k,\ k=1,\ 2,\ \cdots. \tag{1}$$

如果 $y_k=g(x_k)(k=1,\ 2,\ \cdots)$ 中有相同的值，那么就把这些相同的值合并为一个值，其概率为相应概率之和.

例 1　随机变量 X 的分布为

X	-3	-1	0	1	3
$P(X=x_k)$	0.1	0.4	0.2	0.1	0.2

求 $Y=X^2+1$ 的概率分布.

解　由函数关系 $y=x^2+1$，求出随机变量 $Y=X^2+1$ 的所有可能的取值 $y_k=x_k^2+1$，$k=1，2，3，4，5$，根据 X 的概率分布，得下面分布表

$X=x_k$	-3	-1	0	1	3
$Y=y_k$	10	2	1	2	10
$P(X=x_k)$	0.1	0.4	0.2	0.1	0.2

由此可见，随机变量 Y 的取值为 1，2，10，并且取这些值的概率分别为

$P(Y=1)=P(X=0)=0.2$；

$P(Y=2)=P(X=-1)+P(X=1)=0.5$；

$P(Y=10)=P(X=-3)+P(X=3)=0.1+0.2=0.3$.

于是，随机变量 $Y=X^2+1$ 的概率分布为

$Y=X^2+1$	1	2	10
$P(Y=y_k)$	0.2	0.5	0.3

2. 连续型随机变量函数的分布

设 X 是连续型随机变量，其概率密度函数为 $f(x)$. $y=g(x)$ 为一个连续函数，如何用 X 的密度函数求出随机变量 $Y=g(x)$ 的概率密度函数呢?

一种方法是由 X 的概率密度函数求出随机变量 Y 的分布函数 $F_Y(y)$，根据分布函数的定义有

$$\begin{aligned}F_Y(y)&=P(Y\leqslant y)=P(g(X)\leqslant y)\\&=P\{x|x\in D_y\}=\int_{D_y}f(x)\mathrm{d}x,\end{aligned}\tag{2}$$

其中 $D_y=\{x|g(x)\leqslant y\}$，即 D_y 是由满足 $g(x)\leqslant y$ 的所有 x 组成的集合，它可由 y 的值及 $g(x)$的函数形式给出．导出 Y 的分布函数后，可利用分析的方法得到它的密度函数 $f_Y(y)$.

例 2　设 $X\sim U(0,1)$，求 $Y=aX+b$ 的概率密度($a>0$).

解　因为 $X\sim U(0,1)$，所以 X 的概率密度函数为

$$f(x)=\begin{cases}1, & x\in(0,1),\\0, & \text{其他}.\end{cases}$$

设 Y 的分布函数为 $F_Y(y)$，则

$$F_Y(y)=P(aX+b\leqslant y)=P\left(X\leqslant\frac{y-b}{a}\right)=\int_{-\infty}^{\frac{y-b}{a}}f(x)\mathrm{d}x.$$

当 $\frac{y-b}{a}\leqslant 0$，即 $y\leqslant b$ 时，$F_Y(y)=\int_{-\infty}^{\frac{y-b}{a}}0\mathrm{d}x=0$；

当$0<\frac{y-b}{a}\leqslant 1$，即$b<y\leqslant a+b$时，

$$F_Y(y)=\int_{-\infty}^{\frac{y-b}{a}} f(x)\mathrm{d}x=\int_0^{\frac{y-b}{a}}\mathrm{d}x=\frac{y-b}{a};$$

当$\frac{y-b}{a}>1$，即$y>a+b$时，有$F_Y(y)=\int_{-\infty}^{\frac{y-b}{a}} f(x)\mathrm{d}x=\int_0^1\mathrm{d}x=1.$

综上，Y的分布函数为

$$F_Y(y)=\begin{cases}0, & y\leqslant b,\\ \frac{y-b}{a}, & b<y\leqslant a+b,\\ 1, & y>a+b.\end{cases}$$

因此，Y的概率密度函数为

$$f_Y(y)=F_Y'(y)=\begin{cases}\frac{1}{a}, & b<y\leqslant a+b,\\ 0, & \text{其他}.\end{cases}$$

利用上述方法可以推出，当函数$y=g(x)$为单调函数时，随机变量Y的概率密度函数可由下面的公式得到，

$$f_Y(y)=f[g^{-1}(y)][(g^{-1}(y))'],\ y\in(\alpha,\ \beta). \tag{3}$$

其中$g^{-1}(y)$为$g(x)$的反函数，$f_X(x)$为随机变量X的概率密度函数，$(\alpha,\ \beta)$为$g^{-1}(y)$的定义域.

如例2中，$g(x)=ax+b$为单调函数，$g(x)$的反函数及反函数的导数分别为

$$g^{-1}(y)=\frac{y-b}{a},\ [g^{-1}(y)]'=\frac{1}{a}.$$

从而有

$$f_Y(y)=f\ [g^{-1}(y)][(g^{-1}(y))']=f\left(\frac{y-b}{a}\right)\frac{1}{a}.$$

故

$$f_Y(y)=F_Y'(y)=\begin{cases}\frac{1}{a}, & b<y\leqslant a+b,\\ 0, & \text{其他}.\end{cases}$$

习题 11-5

1. 设随机变量X服从二项分布$B(4,\ 0.4)$，求随机变量函数$Y=X^2-2X$的概率分布.

2. 对一圆片直径进行测量，其值在(5，6)上均匀分布，求圆片面积的概率密度函数.

3. 设随机变量 $X \sim N(0,1)$，求 $Y=|X|$ 的概率密度函数.

4. 设随机变量 X 的概率密度为

$$f(x)=\begin{cases} Ax, & 0<x<1, \\ 0, & \text{其他}. \end{cases}$$

求 (1) 常数 A；(2) $P\left(\frac{1}{2}<X<2\right)$；(3) $Y=3X+1$ 的概率密度函数.

第六节　随机变量的数学期望

以上讨论了随机变量的分布，随机变量的分布能完整地描述随机变量的统计规律性. 但在实际问题中，有时不容易确定随机变量的分布；有时则并不需要完全知道随机变量的分布，而只需要知道它的某些特征就够了. 例如，考察某种大批量生产的产品的使用寿命，如果知道了产品的平均使用寿命，虽然不能对产品寿命状况提供一个完整的刻画，但却在一个重要方面刻画了产品寿命的状况，这往往也是人们最为关心的一个方面. 再比如，对一射手进行技术评定时，人们关心的是射击命中环数的平均值，以及命中点是分散还是比较集中.

随机变量的这些特征不仅在一定程度上可以简单地刻画出随机变量的基本性态，而且也可以用数理统计方法估计它们. 因此，研究随机变量的数字特征无论在理论上还是在实际问题中都有着重要的意义. 本节介绍随机变量数字特征中非常重要的一个，即数学期望.

对于随机变量 X，要确定一个常数作为 X 取值的平均水平，不能只看它的取值，还应考虑到它取不同值的概率大小.

例 1　一个年级有 100 名学生，年龄组成为：17 岁的 2 人；18 岁的 2 人；19 岁的 30 人；20 岁的 56 人；21 岁的 10 人. 求该年级学生的平均年龄.

解　$\frac{1}{100}\times(17\times2+18\times2+19\times30+20\times56+21\times10)$

$=17\times\frac{2}{100}+18\times\frac{2}{100}+19\times\frac{30}{100}+20\times\frac{56}{100}+21\times\frac{10}{100}$

$=19.7$

实际上，平均年龄是 5 个不同的数 17，18，19，20，21 依频率分别为 $\frac{2}{100}$，$\frac{2}{100}$，$\frac{30}{100}$，$\frac{56}{100}$，$\frac{10}{100}$的加权平均．类似地，也可定义依概率的加权平均，这就是数学期望的内涵.

1. 离散型随机变量的数学期望

定义 1 设离散型随机变量 X 的概率分布为：$P(X=x_k)=p_k$，$k=1$，2，…，如果级数$\sum\limits_k x_k p_k$绝对收敛，则称该级数为 X 的**数学期望或均值**，记作 $E(X)$，即

$$E(X)=\sum_k x_k p_k. \tag{1}$$

如果级数$\sum\limits_k x_k p_k$不绝对收敛，称 X 的数学期望不存在.

当 X 的可能取值 x_k 是有限个时，则

$$E(X)=\sum_{k=1}^{n} x_k p_k.$$

例 2 一批产品中有一、二、三等品、等外品及废品 5 种，相应的概率分别为 0.7、0.1、0.1、0.06 及 0.04，若其产值分别为 6 元、5.4 元、5 元、4 元及 0 元．求产品的平均产值.

解 产品产值 X 是一个随机变量，它的分布律如下表所示：

X	0	4	5	5.4	6
P	0.04	0.06	0.1	0.1	0.7

因此

$$\begin{aligned}E(X)&=6\times0.7+5.4\times0.1+5\times0.1+4\times0.06+0\times0.04\\&=5.48(\text{元}).\end{aligned}$$

下面介绍几种常见的离散型随机变量的数学期望.

(1) 两点分布 设 X 服从参数为 p 的两点分布，即

$P(X=0)=1-p$，$P(X=1)=p$ $(0<p<1)$，

$E(X)=0\times(1-p)+1\times p=p$.

(2) 二项分布 设 $X\sim B(n,\ p)$，其概率分布为

$$P(X=k)=\mathrm{C}_n^k p^k(1-p)^{n-k}\quad(k=0,1,2,\cdots,n,0<p<1),$$

$$E(X)=\sum_{k=1}^{n} k\frac{n!}{k!(n-k)!}p^k(1-p)^{n-k}$$

$$=\sum_{k=1}^{n}\frac{n!}{(k-1)!(n-k)!}p^{k}(1-p)^{n-k}$$

$$=np\sum_{k=1}^{n}\frac{(n-1)!}{(k-1)!(n-k)!}p^{k-1}(1-p)^{n-1-(k-1)}$$

$$\underline{\underline{令\ l=k-1}}\ np\sum_{l=0}^{n-1}C_{n-1}^{l}p^{l}(1-p)^{n-1-l}$$

$$=np.$$

(3) **泊松分布**　设 $X\sim P(\lambda)$，概率分布为

$$P(X=k)=\frac{\lambda^k}{k!}e^{-\lambda}\quad(k=0,\ 1,\ 2,\ \cdots,\ \lambda>0),$$

$$E(X)=\sum_{k=0}^{\infty}k\frac{\lambda^k}{k!}e^{-\lambda}=\lambda e^{-\lambda}\sum_{k=1}^{\infty}\frac{\lambda^{k-1}}{(k-1)!}=\lambda.$$

2. 连续型随机变量的数学期望

定义 2 设连续型随机变量 X 的概率密度为 $f(x)$，如果积分 $\int_{-\infty}^{+\infty}xf(x)\,dx$ 绝对收敛，则称该积分为 X 的数学期望，记作 $E(X)$，即

$$E(X)=\int_{-\infty}^{+\infty}xf(x)dx.\tag{2}$$

例 3　某种电子元件的使用寿命 X(小时) 是随机变量，其概率密度为

$$f(x)=\begin{cases}\frac{1}{1\,000}e^{-\frac{x}{1\,000}}, & x>0,\\ 0, & x\leqslant 0.\end{cases}$$

求该电子元件的平均寿命.

解　$E(X)=\frac{1}{1\,000}\int_0^{+\infty}xe^{-\frac{x}{1\,000}}dx=1\,000$(小时).

几种常见的连续型随机变量的数学期望：

(1) 均匀分布：设随机变量 $X\sim U(a,\ b)$，则随机变量 X 的数学期望为

$$E(X)=\int_{-\infty}^{+\infty}xf(x)dx=\int_a^b\frac{x\,dx}{b-a}=\frac{1}{2}(a+b).$$

均匀分布的数学期望恰为区间$(a,\ b)$的中点.

(2) 指数分布：设随机变量 X 服从参数为 λ 的指数分布，则随机变量 X 的数学期望为

$$E(X)=\int_{-\infty}^{+\infty}xf(x)dx=\int_0^{+\infty}x\lambda e^{-\lambda x}dx$$

$$=\frac{1}{\lambda}\int_0^{+\infty}(\lambda x)e^{-(\lambda x)}d\lambda x=\frac{1}{\lambda}.$$

(3) 正态分布：设随机变量 $X\sim N(\mu,\sigma^2)$，则随机变量 X 的数学期望为

$$E(X)=\int_{-\infty}^{+\infty}xf(x)\mathrm{d}x=\frac{1}{\sqrt{2\pi}\sigma}\int_{-\infty}^{+\infty}x\mathrm{e}^{-\frac{(x-\mu)^2}{2\sigma^2}}\mathrm{d}x.$$

令 $t=(x-\mu)/\sigma$，则 $x=\sigma t+\mu$，$\mathrm{d}x=\sigma\mathrm{d}t$，代入上式得

$$\begin{aligned}E(X)&=\frac{1}{\sqrt{2\pi}}\int_{-\infty}^{+\infty}(\sigma t+\mu)\mathrm{e}^{-\frac{1}{2}t^2}\,\mathrm{d}t\\&=\frac{\sigma}{\sqrt{2\pi}}\int_{-\infty}^{+\infty}t\mathrm{e}^{-\frac{1}{2}t^2}\,\mathrm{d}t+\mu\int_{-\infty}^{+\infty}\frac{1}{\sqrt{2\pi}}\mathrm{e}^{-\frac{1}{2}t^2}\,\mathrm{d}t\\&=\mu.\end{aligned}$$

正态分布的参数 μ 恰是它的数学期望．连续型随机变量的数学期望也完全由密度函数中的参数所确定．

3. 随机变量函数的数学期望

设随机变量 X 的函数 $Y=g(X)$，现计算 Y 的期望 $E(Y)$，为此，应该知道 Y 的分布．可以先由 X 的分布求出 Y 的分布，然后再计算 $E(Y)$．下面定理提供了另外一种计算 $E(Y)$ 的方法．

定理 1 设 $g(x)$ 是连续函数，Y 是随机变量 X 的函数：$Y=g(X)$．

(1) 设 X 是离散型随机变量，概率分布为 $P(X=x_i)=p_i\,(i=1,2,\cdots)$．若 $\sum\limits_i|g(x_i)|p_i$ 收敛，则有

$$E(Y)=E[g(X)]=\sum_i g(x_i)p_i. \tag{3}$$

(2) 设 X 是连续型随机变量，概率密度为 $f(x)$，若积分 $\int_{-\infty}^{+\infty}|g(x)|f(x)\mathrm{d}x$ 收敛，则有

$$E(Y)=E[g(X)]=\int_{-\infty}^{+\infty}g(x)f(x)\mathrm{d}x. \tag{4}$$

证明略．

该定理的重要性在于它提供了计算随机变量 X 的函数 $g(X)$ 的期望的一个简便方法，不需要先求 $g(X)$ 的分布，直接利用 X 的分布．因为有时候求 $g(X)$ 的分布并不容易．

例 4 设 X 服从 $(0,2\pi)$ 上的均匀分布，$Y=\sin X$，求 $E(Y)$．

解 X 的概率密度为

$$f(x)=\begin{cases}\dfrac{1}{2\pi}, & 0<x<2\pi,\\ 0, & 其他.\end{cases}$$

根据（4）式得到

$$E(Y)=\int_{-\infty}^{+\infty}\sin x f(x)\mathrm{d}x$$

$$=\int_{0}^{2\pi}\frac{1}{2\pi}\sin x\mathrm{d}x=0.$$

4. 数学期望的性质

数学期望具有以下四条重要性质（设所遇到的随机变量的期望都存在）：

性质 1　c 是一个常数，则 $E(c)=c$.

性质 2　设 k 是一个常数，则 $E(kX)=kE(X)$.

性质 3　$E(X+Y)=E(X)+E(Y)$.

推广为

$$E(X_1+X_2+\cdots+X_n)=E(X_1)+E(X_2)+\cdots+E(X_n).$$

性质 4　设 X 与 Y 相互独立，则

$$E(XY)=E(X)E(Y).$$

推广为：设 X_1，X_2，…，X_n 相互独立，则

$$E(X_1X_2\cdots X_n)=E(X_1)\ E(X_2)\ \cdots E(X_n).$$

证明略.

习题 11-6

1. 甲、乙射手在一次射击中得分（分别用 X、Y 表示）的分布律如下表所示：

X	1	2	3
P	0.4	0.1	0.5

Y	1	2	3
P	0.1	0.6	0.3

试比较甲、乙射手的技术.

2. 袋中有 5 个乒乓球，编号为 1，2，3，4，5，从中任取 3 个．以 X 表示取出的 3 个球中的最大编号，求 $E(X)$.

3. 已知 100 个产品中有 10 个次品，求任意取出的 5 个产品中次品数的期望值.

4. 某公共汽车站每隔 10 分钟有一辆车经过，某一乘客到达车站的时间

是任意的，该乘客的候车时间（单位：分钟）是一个随机变量 X，已知 X 的概率密度为

$$f(x)=\begin{cases}\dfrac{1}{10}, & 0<x<10,\\ 0, & \text{其他}.\end{cases}$$

求 X 的数学期望.

5. 随机变量 X 的分布律如下表，求 $Y=2X+3$ 的期望.

X	0	1	2	3
P	0.3	0.1	0.5	0.1

6. 某车间生产的圆盘直径在区间(1，2)上服从均匀分布，试求圆盘面积的数学期望.

第七节　随机变量的方差

1. 方差的定义

随机变量的数学期望反映了随机变量取值的平均水平，它是随机变量的一个重要数字特征．在很多实际问题中，仅靠期望值不能完善地说明随机变量的数字特征，还必须研究其取值相对期望值的分散程度．这就是下面要介绍的方差.

定义 1　设 X 是一个随机变量，期望 $E(X)$ 存在，并且 $E\{[X-E(X)]^2\}$ 也存在，称其为 X 的**方差**，记作 $D(X)$，即

$$D(X)=E\{[X-E(X)]^2\}. \tag{1}$$

称 $\sqrt{D(X)}$ 为 X 的**标准差**，记作 σ_X.

设 X 是离散型随机变量，其概率分布为

$$P(X=x_k)=p_k,\quad k=1,2,\cdots,$$

我们有

$$D(X)=\sum_k [x_k-E(X)]^2 p_k. \tag{2}$$

设 X 是连续型随机变量，其概率密度为 $f(x)$，我们有

$$D(X)=\int_{-\infty}^{+\infty}[x-E(X)]^2 f(x)\mathrm{d}x. \tag{3}$$

由方差的定义和期望的性质可得如下的计算公式

$$D(X)=E(X^2)-E^2(X). \qquad (4)$$

2. 几种常见的随机变量的方差

（1）**两点分布**　设随机变量 X 服从两点分布，因为 $E(X)=p$，且

$$E(X^2)=0^2\times(1-p)+1^2\times p=p,$$

由（4）得 X 的方差

$$D(X)=E(X^2)-E^2(X)=p-p^2=p(1-p).$$

（2）**二项分布**　设随机变量 $X\sim B(n,\ p)$，因为 $E(X)=np$，且

$$\begin{aligned}E(X^2)&=\sum_{k=1}^{n}k^2\frac{n!}{k!(n-k)!}p^k(1-p)^{n-k}\\&=\sum_{k=1}^{n}\frac{kn!}{(k-1)!(n-k)!}p^k(1-p)^{n-k}\\&=\sum_{k=1}^{n}\frac{(k-1+1)n!}{(k-1)!(n-k)!}p^k(1-p)^{n-k}\\&=\sum_{k=1}^{n}\frac{(k-1)n!}{(k-1)!(n-k)!}p^k(1-p)^{n-k}+\\&\quad\sum_{k=1}^{n}\frac{n!}{(k-1)!(n-k)!}p^k(1-p)^{n-k}\\&=\sum_{k=2}^{n}\frac{n!}{(k-2)!(n-k)!}p^k(1-p)^{n-k}+\\&\quad\sum_{k=1}^{n}\frac{n!}{(k-1)!(n-k)!}p^k(1-p)^{n-k}\end{aligned}$$

令 $l=k-2$，$j=k-1$ 则上式变为

$$\sum_{l=0}^{n-2}n(n-1)\mathrm{C}_{n-2}^{l}p^{l+2}(1-p)^{n-2-l}+\sum_{j=0}^{n-1}n\mathrm{C}_{n-1}^{j}p^{j+1}(1-p)^{n-1-j}$$

$$=n(n-1)p^2+np.$$

由（4）得 x 的方差

$$D(X)=n(n-1)p^2+np-n^2p^2=np(1-p).$$

（3）**泊松分布**　设随机变量 $X\sim P(\lambda)$，因为 $E(X)=\lambda$，且

$$\begin{aligned}E(X^2)&=\sum_{k=0}^{\infty}k^2\frac{\lambda^k}{k!}\mathrm{e}^{-\lambda}=\sum_{k=1}^{\infty}(k-1+1)\frac{\lambda^k\mathrm{e}^{-\lambda}}{(k-1)!}\\&=\sum_{k=2}^{\infty}\frac{\lambda^{k-2}}{(k-2)!}\lambda^2\mathrm{e}^{-\lambda}+\sum_{k=1}^{\infty}\frac{\lambda^k}{(k-1)!}\mathrm{e}^{-\lambda}\\&=\lambda^2+\lambda.\end{aligned}$$

由（4）得 x 的方差

$$D(x)=E(x^2)-E^2(x)=\lambda.$$

（4）**均匀分布** 设随机变量 $X\sim U(a,b)$，因为 $E(X)=\frac{1}{2}(a+b)$，且

$$E(X^2)=\int_a^b \frac{x^2}{b-a}\mathrm{d}x=\frac{1}{3}(a^2+ab+b^2).$$

所以，由（4）得 X 的方差

$$D(X)=E(X^2)-E^2(X)=\frac{1}{12}(b-a)^2.$$

（5）**指数分布** 设随机变量 X 服从参数为 λ 的指数分布，因为 $E(X)=\frac{1}{\lambda}$，且

$$\begin{aligned}E(X^2)&=\int_{-\infty}^{+\infty}x^2 f(x)\mathrm{d}x=\int_0^{+\infty}x^2\lambda \mathrm{e}^{-\lambda x}\mathrm{d}x\\&=\frac{1}{\lambda^2}\int_0^{+\infty}(\lambda x)^2\mathrm{e}^{-(\lambda x)}\mathrm{d}\lambda x=\frac{2}{\lambda^2}.\end{aligned}$$

由（4）式得 X 的方差

$$D(X)=E(X^2)-E^2(X)=\frac{2}{\lambda^2}-\frac{1}{\lambda^2}=\frac{1}{\lambda^2}.$$

（6）**正态分布** 设随机变量 $X\sim N(\mu,\sigma^2)$，因为 $E(X)=\mu$，利用方差的定义直接计算得

$$\begin{aligned}D(X)&=E\{[X-E(X)]^2\}=\int_{-\infty}^{+\infty}(x-\mu)^2 f(x)\mathrm{d}x\\&=\frac{1}{\sqrt{2\pi}\sigma}\int_{-\infty}^{+\infty}(x-\mu)^2\mathrm{e}^{-\frac{(x-\mu)^2}{2\sigma^2}}\mathrm{d}x.\end{aligned}$$

令 $t=(x-\mu)/\sigma$，则 $x=\sigma t+\mu$，$\mathrm{d}x=\sigma\mathrm{d}t$，代入上式得

$$\begin{aligned}D(X)&=\frac{\sigma^2}{\sqrt{2\pi}}\int_{-\infty}^{+\infty}t^2\mathrm{e}^{-\frac{1}{2}t^2}\mathrm{d}t\\&=\frac{\sigma^2}{\sqrt{2\pi}}\left(-t\mathrm{e}^{-\frac{t^2}{2}}\Big|_{-\infty}^{+\infty}+\int_{-\infty}^{+\infty}\mathrm{e}^{-\frac{1}{2}t^2}\mathrm{d}t\right)\\&=\sigma^2\int_{-\infty}^{+\infty}\frac{1}{\sqrt{2\pi}}\mathrm{e}^{-\frac{t^2}{2}}\mathrm{d}t=\sigma^2.\end{aligned}$$

3. 方差的性质

利用方差的定义可以证明下述性质对一切随机变量都成立.

性质 1 c 为任意常数，则

$$D(c)=0.$$

性质 2　c，b 为任意两个常数，X 为随机变量，则

$$D(cX+b)=c^2D(X).$$

性质 3　若 X，Y 相互独立，则 $D(X\pm Y)=D(X)+D(Y)$.

定义 2　设随机变量 X 的期望 $E(X)$ 及方差 $D(X)$ 都存在，则称 $X^*=\dfrac{X-E(X)}{\sqrt{D(X)}}$ 为 X 的**标准化随机变量**.

由数学期望和方差的性质可得：

$$E(X^*)=E\left[\frac{X-E(X)}{\sqrt{D(X)}}\right]=\frac{1}{\sqrt{D(X)}}[E(X)-E(E(X))]=0;$$

$$D(X^*)=D\left[\frac{X-E(X)}{\sqrt{D(X)}}\right]=\frac{1}{D(X)}D(X)=1.$$

由此可见，任意随机变量 X 的标准化随机变量 X^* 的期望为 0，方差为 1，因此将随机变量标准化，可以使所讨论的问题化简.

例 1　设离散型随机变量 X 的概率分布为

$$P(X=0)=0.2,\ P(X=1)=0.5,\ P(X=2)=0.3,$$

求 $D(X)$.

解　$E(X)=0\times0.2+1\times0.5+2\times0.3=1.1$，

$E(X^2)=0^2\times0.2+1^2\times0.5+2^2\times0.3=1.7$，

$D(X)=1.7-1.1^2=0.49$.

例 2　设随机变量 X 的概率密度为

$$f(x)=\begin{cases}-6x^2+6x, & 0<x<1,\\ 0, & \text{其他}.\end{cases}$$

求 $D(X)$.

解　由随机变量函数的数学期望，有

$$\begin{aligned}E(x)&=\int_{-\infty}^{+\infty}xf(x)\mathrm{d}x\\&=\int_0^1x(-6x^2+6x)\mathrm{d}x\\&=\frac{1}{2},\end{aligned}$$

$$E(X^2)=\int_0^1x^2(6x-6x^2)\mathrm{d}x=\frac{3}{10}.$$

根据方差计算公式，得

$$D(X)=E(X^2)-[E(X)]^2=\frac{3}{10}-\left(\frac{1}{2}\right)^2=\frac{1}{20}.$$

习题 11-7

1. 设随机变量 X 的分布律如下表所示，

X	1	2	3
P	0.3	0.5	0.2

求 X 的方差.

2. 设连续型随机变量 X 的概率密度为

$$f(x)=\begin{cases}2x, & 0\leqslant x\leqslant 1,\\ 0, & \text{其他}.\end{cases}$$

求 $D(X)$.

3. 甲、乙两位工人加工同样的机器零件，已知他们加工的零件可得 1，2，3，4，5 分的概率分别为

甲：0.1，0.3，0.2，0.2，0.2；

乙：0.2，0.1，0.3，0.2，0.2.

试评定他们技术的好坏.

4. 某射手每次射击的命中率均为 p，现连续向一目标射击，直到第一次击中目标为止，求射击次数 X 的期望与方差.

【本章小结】

一、本章的基本要求

1. 了解离散型随机变量和连续型随机变量的定义.

2. 理解离散型随机变量分布律的性质和连续型随机变量密度函数的性质.

3. 能应用相应的概率知识求离散型随机变量的概率分布.

4. 了解分布函数的定义，掌握分布函数的求法.

5. 掌握随机变量函数的概率分布.

6. 掌握常用的分布，即两点分布、二项分布、泊松分布、均匀分布、指数分布和正态分布.

7. 了解随机变量的数学期望和方差的定义.

8. 掌握随机变量期望和方差的性质.

9. 掌握随机变量的期望和方差的求法.

10. 掌握随机变量函数的期望和方差的求法.

二、学习中应注意的问题

1. 当连续型随机变量的密度函数为分段函数时，在求随机变量的分布函数时，一定要注意应该分段讨论.

2. 注意正态分布的分布函数具有性质 $\Phi(-x)=\Phi(x)$，而一般正态分布的分布函数一般并不具备这个性质，在计算事件的概率时尤其应该注意这一点.

3. 注意区分数学期望的性质和方差性质的不同.

综合检测题（十一）

1. 填空题：

(1) 已知随机变量 X 只能取 -1，0，1，2 四个数值，其相应的概率依次为 $0.1c$，$0.2c$，$0.3c$，$0.4c$，则 $c=$________.

(2) 随机变量 X 在区间 $[2,5]$ 上服从均匀分布，则 $P(X>3)=$__________.

(3) 若随机变量 X 的分布函数为 $F(x)=\begin{cases}0, & x<-1,\\ 0.3, & -1\leqslant x<0,\\ 0.4, & 0\leqslant x<2,\\ 1, & x\geqslant 2,\end{cases}$ 则 X 的概率分布列为__________.

(4) 某班学生某科成绩近似服从 $N(65, 100)$，若 85 分以上算优秀，则该科成绩为优秀的考生大致占总人数的__________.

(5) 某人进行 20 次独立射击，每次击中靶心的概率为 0.01，则 20 次射击击中靶心的平均值为__________.

2. 选择题：

(1) 离散型随机变量 X 的概率分布为 $P(X=k)=A\lambda^k(k=1, 2, \cdots)$的充要条件是（　　）.

A. $\lambda=(1+A)^{-1}$ 且 $A>0$　　B. $A=1-\lambda$ 且 $0<\lambda<1$

C. $A=\lambda^{-1}-1$ 且 $\lambda<1$　　D. $A>0$ 且 $0<\lambda<1$

(2) 离散型随机变量 X 的分布函数为 $F(x)$，则 $P(X=x_k)=$（　　）.

A. $P(x_{k-1}\leqslant X\leqslant x_k)$　　B. $F(x_{k+1})-F(x_{k-1})$

C. $P(x_{k-1}<X<x_{k+1})$　　D. $F(x_k)-F(x_{k-1})$

(3) $X\sim N(1, 1)$，概率密度为 $\varphi(x)$，则（　　）.

A. $P(X\geqslant 0)=P(X\leqslant 0)=0.5$

B. $\varphi(x)=\varphi(-x)$，$x\in(-\infty, +\infty)$

C. $P(X\geqslant 1)=P(X\leqslant 1)=0.5$

D. $F(x)=1-F(-x)$，$x\in(-\infty, +\infty)$

(4) 掷 6 颗骰子，X 为 6 颗骰子点数之和，则 $E(x)=$（　　）.

A. 42　　B. $\frac{21}{2}$　　C. $\frac{7}{2}$　　D. 21

(5) 随机变量 X 和 Y 相互独立，方差分别为 $D(X)=1$，$D(Y)=4$，则 $2X-5Y$ 的方差为（　　）.

A. -18　　B. 18　　C. 104　　D. 22

3. 计算题：

(1) 某批产品共 100 件，其中有 10 件次品．从中任意抽取 5 件（不放回），求其中次品件数 X 的概率分布，并计算 $P(0<X\leqslant 2)$.

(2) 随机变量 X 的概率密度为：

$$f(x)=\begin{cases}\dfrac{A}{\sqrt{1-x^2}}, & |x|<1\\ 0, & |x|\geqslant 1\end{cases}$$

试求：(*a*) 系数 A；(*b*) 随机变量 X 落在区间 $\left(-\frac{1}{2}, \frac{1}{2}\right)$ 内的概率；(*c*) X 的分布函数.

(3) 某一时期在纽约股票交易所登记的全部公司股东所持有的股票利润率服从正态分布 $N(10.2\%, 3.2\%^2)$，求这些公司股东所持有的股票利润率在 15%—17.5%之间的概率.

(4) 设随机变量 X 的概率密度为

$$f(x)=\begin{cases}1, & 0\leqslant x\leqslant 1,\\ 0, & \text{其他}.\end{cases}$$

求函数 $Y=3X+1$ 的概率密度.

(5) 一台电子设备内装有 5 个某种类型的电子管．已知这种电子管的寿命（单位：小时）服从参数为 0.001 指数分布．如果有一个电子管损坏，设备仍能正常工作的概率为 95%，两个电子管损坏，设备仍能正常工作的概率为 70%，若两个以上电子管损坏，则设备不能正常工作．求这台电子设备在正常工作 1 000 小时后仍能正常工作的概率（各电子管工作相互独立).

(6) 某电子设备的寿命（单位：1 000 小时）为一连续型随机变量 X，其概率密度为

$$f(x)=\begin{cases}e^{-x}, & x>0,\\ 0, & x\leqslant 0.\end{cases}$$

若制造这样的产品成本为 2 元，而厂家以 5 元的价格出售，但是如果 $X\leqslant 0.9$，则厂家承担全部退款，问对每件产品，厂家的期望利润是多少？

拓展性阅读导航

1. 吴坚：应用概率统计［M］. 北京：高等教育出版社 2002 年版.

该书突出了随机数学思想，注重概率论与数理统计的应用背景和方法，内容分为上、下两篇. 上篇包括随机事件与概率、条件概率与独立性、随机变量及其分布、多维随机变量及其分布、随机变量的数字特征和极限定理；下篇包括数理统计的一些基本概念、参数估计、假设检验、方差分析和回归分析.

2. 程依明：概率统计习题精解［M］. 北京：科学出版社 2002 年版.

该书主要是通过例题讲解概率论与数理统计课程解题的思想方法与技巧. 主要内容为事件与概率、随机变量及其分布、数字特征、极限定理、抽样分布、参数估计、假设检验以及方差分析和回归分析等. 该书内容精炼，编排合理，每一章包含内容解析、典型例题和习题三部分. 在内容解析部分概括了有关章节应该掌握的基本概念，在典型例题部分概括了有关章节例题的主要类型与典型的解法，在习题部分包括了一些基本题和提高题.

第十二章

统计初步

本章学习要点

- 抽样分布
- 点估计、区间估计及估计量评选标准
- 参数估计
- 假设检验

第一节　抽样分布

前面我们介绍了概率论的基本知识，本章介绍数理统计的基本知识．概率论与数理统计是两个有密切联系的学科，大体上可以说：概率论是数理统计的基础，而数理统计是概率论的重要应用．

数理统计使用概率论和数学的方法，研究通过试验或观察收集的带有随机误差的数据，并在设定的模型之下，对这种数据进行统计分析，以对所研究的对象的客观规律性作合理的估计和推断．运用数理统计的方法，可以研究大量的自然现象和社会现象的统计规律性．

1. 随机抽样法

在使用随机变量描述随机现象时，最好知道随机变量的分布函数，至少也要知道它的数字特征，例如期望和方差．怎样才能知道随机变量的分布函数或者数字特征，一种很重要的常用的方法就是**随机抽样法**．下面用一个例子简单说明随机抽样法的基本思想．

例 1　某灯泡厂每天生产 1 万只灯泡，由于各种因素的影响，每只灯泡的使用寿命不相同．如果规定，使用寿命不超过 1 000 小时的灯泡为次品，问如何确定该灯泡厂每天生产的灯泡的次品率？

显然，如果把灯泡的使用寿命看为一个随机变量 X，此问题可以归结为求 X 的分布函数 $F(x)$．如果已求得 $F(x)$，则次品率就是 $P\{X \leqslant 1\,000\} = F(1\,000)$．如何求 $F(x)$？如果能够把 X 的取值情况弄清楚，$F(x)$ 也就知道了．而这需要把每天生产的 1 万只灯泡逐只进行测试，测出每只灯泡的使用寿命．但这种做法行不通，不仅因为其工作量极大，而且测试是“破坏性”的，测试灯泡的使用寿命后，灯泡也就毁坏了．因此，只能从这 1 万只灯泡中抽取一小部分，比如 50 只灯泡，做这种测试，看看分布函数是什么，次品率是多少，并由此推断每天生产的 1 万只灯泡的次品率．这就是随机抽样法的基本思想，即从研究对象的全体中抽取一小部分进行研究，进而对全体进行推断．这就是一种**从局部推断全体**的方法．

使用随机抽样法也可以了解随机变量的数字特征．

在使用随机抽样法时，只能从研究对象的全体中抽取出一小部分进行研究，即对全体中的某个局部加以研究．这样得到的数据总是带有随机性的误差，当然，这种误差中也包括因试验设备和操作的原因所产生的误差．由于数据带有这样的随机性，通过分析这些数据而作出的结论，也就难保其不出错了．这就是说，局部是全体的一部分，所以局部所具有的特性在一定程度上能反映出全体所具有的特征，但局部的特性毕竟不能完全准确地反映全体的特性．当然，我们希望能够从局部的特性获得对全体特性的尽可能准确可靠的估计和推断，使可能产生的错误越小越好，发生错误的机会越小越好，这就需要使用概率论的工具．

2. 总体与样本

在数理统计中，常关心研究对象的某项数量指标，把研究对象的某项数量指标取值的全体称为**总体**，总体中的每个元素称为**个体**，每个个体是一个实数．例如，在例 1 中，某厂每天生产的 1 万只灯泡的寿命是一个总体，每一只灯泡的寿命是一个个体．

在例 1 中，对某厂每天生产的 1 万只灯泡寿命的总体，灯泡寿命落在各个时间区间内有一定的比例，例如，寿命在 1 000～1 200 小时的灯泡占灯泡总数的 80%，在 1 200～1 400 小时的灯泡占灯泡总数的 10%，等等，即灯泡的寿命的取值有一定的分布，可以用一个随机变量表示灯泡的寿命的值．一般地，对研究的总体，即研究对象的某项数量指标，它的取值在客观上有一定的分布，是个随机变量，用 X 表示．对总体的研究，就是对相应的随机变量 X 的分布的研究，因此可以用 X 表示总体．如果 X 的分布为 $F(x)$，则称总体 X 的分布函数为 $F(x)$．例如，当 X 服从正态分布时，则称总体的分布为正态分布，并简称为正态总体．两个总体，即使其所含个体的性质根本不同，只要有同一的分布，则就视为同类总体．例如，产品寿命和人的寿命若同样服从指数分布，即可视为同一类总体．

总体包含的个体总数有限时，称为**有限总体**，否则称为**无限总体**. 例如，例 1 中某厂每天生产的 1 万只灯泡的寿命这个总体即为有限总体. 在现实问题中，当所考察的个体是由一些看得见、摸得着的对象所构成时，总体总是有限的. 有限总体相应的分布只能是离散的，其具体形式与具体总数有关，并且缺乏一个简洁的数学形式，这会使有力的概率方法难于使用. 当有限总体所包含的个体极多时，可以近似地将它看作无限总体，这种近似所带来的误差，从应用的观点看已可以忽略不计.

在总体 X 中，随机抽取一个个体，就是对总体进行一次试验或观察，其结果是个随机变量，并且与总体 X 有相同的分布. 在相同的条件下，对总体 X 进行 n 次重复的、独立的试验或观察，即从总体中随机地抽取 n 个个体，将 n 次试验或观察的结果依次序记为 X_1，X_2，$\cdots X_n$，它们都是随机变量，并且由于各次试验或观察是在相同的条件下独立进行的，所以有理由认为 X_1，X_2，…，X_n 相互独立，并且都与总体 X 具有相同的分布. 这样的 X_1，X_2，…，X_n 称为总体 X 的简单随机样本.

如果总体中每个个体被抽到的机会均等，并且在抽取一个个体以后总体的成分不变，则只要从总体中重复独立地进行抽取，就能得到简单随机样本. 对无限总体，这种作法没有问题，这是在应用上最常见的情况. 对有限总体，则要采用有放回地抽样方法才能得到简单随机样本，但这很不便于在实际中应用. 如果采用不放回地抽样方法，则需把有限总体近似看成无限总体.

具体进行 n 次试验或观察以后，得到一组实数 x_1，x_2，…，x_n，分别是 X_1，X_2，…，X_n 的观察值，称为**样本观察值**，x_1，x_2，…，x_n 不再是随机变量，故用小写英文字母表示.

简单随机样本的观察值 x_1，x_2，…，x_n 具有较好的代表性，可以使用它们去估计或推断总体的特性.

综上所述，得到如下定义.

定义 1 设总体 X 具有分布函数 $F(x)$，如果随机变量 X_1，X_2，…，X_n 相互独立，并且每个 X_i 与 X 有相同的分布函数，则称 X_1，X_2，…，X_n 为来自总体 X 的**容量为 n 的简单随机样本**.

今后讨论的都是简单随机样本，简称为样本.

3. 统计量

得到样本以后，需要对样本进行加工整理，实际上是由样本算出一些量，希望这些量能够集中样本中含有的关于所研究对象的信息. 这些由样本算出的量称为统计量．因此，统计量是样本的函数．

定义 2 设 X_1，X_2，…，X_n 是来自总体 X 的一个样本，$g(X_1, X_2, \cdots, X_n)$ 是 X_1，X_2，…，X_n 的函数，并且 g 中不含有任何未知参数，则称 $g(X_1, X_2, \cdots, X_n)$ 为一个**统计量**．

显然，统计量仍是随机变量．

设 X_1，X_2，…，X_n 是总体 X 的容量为 n 的样本，记

$$\overline{X} = \frac{1}{n}\sum_{i=1}^{n} X_i = \frac{X_1 + X_2 + \cdots + X_n}{n}, \tag{1}$$

$$S^2 = \frac{1}{n-1}\sum_{i=1}^{n}(X_i - \overline{X})^2. \tag{2}$$

则 $\overline{X}$，S^2 都是统计量，分别称之为样本平均值和样本方差，并称 S^2 的正平方根 S 为样本标准差：

$$S = \sqrt{\frac{1}{n-1}\sum_{i=1}^{n}(X_i - \overline{X})^2}. \tag{3}$$

如果 X_1，X_2，…，X_n 的样本观察值记为 x_1，x_2，…，x_n，则 $g(x_1, x_2, \cdots, x_n)$ 是统计量 $g(X_1, X_2, \cdots, X_n)$ 的观察值，将 $\overline{X}$，S^2，S 的观察值分别记为

$$\overline{x} = \frac{1}{n}\sum_{i=1}^{n} x_i, \tag{4}$$

$$s^2 = \frac{1}{n-1}\sum_{i=1}^{n}(x_i - \overline{x})^2, \tag{5}$$

$$s = \sqrt{\frac{1}{n-1}\sum_{i=1}^{n}(x_i - \overline{x})^2}. \tag{6}$$

样本平均值和样本方差是两个十分重要的统计量，以后经常用到它们．

4. 抽样分布

统计量是个随机变量，如何求出它的分布呢？统计量是总体 X 的样本 X_1，X_2，…，X_n 这 n 个随机变量的函数．一般，如果总体 X 的分布已知，注意到 X_1，X_2，…，X_n 和 X 有相同的分布，则统计量的分布可以求得．

统计量的分布称为抽样分布．确定抽样分布是数理统计中的一个基本问题，但需要指出，确定抽样分布一般并不容易．然而，对一些重要的特殊情况，例如正态总体，已经有了许多关于抽样分布的结论．

关于正态总体 X 的样本 X_1，X_2，…，X_n 的统计量的分布称之为关于

正态总体的抽样分布．下面介绍 3 种关于正态总体的抽样分布：χ^2 分布，t 分布，F 分布，称之为统计学的三大分布．

χ^2 分布

设 X_1，X_2，…，X_n 是 n 个相互独立的随机变量，并且都服从标准正态分布：$X_i \sim N(0,\ 1)(i=1,\ 2,\ \cdots,\ n)$，可以证明它们的函数

$$\chi^2 = X_1^2 + X_2^2 + \cdots + X_n^2 \tag{7}$$

的概率密度为

$$f(x)=\begin{cases}\dfrac{1}{2^{\frac{n}{2}}\Gamma\left(\dfrac{n}{2}\right)}x^{\frac{n}{2}-1}\mathrm{e}^{-\frac{x}{2}}, & x>0, \\ 0, & x\leqslant 0.\end{cases} \tag{8}$$

这时称 χ^2 服从自由度为 n 的 **χ^2 分布**，记作 $\chi^2 \sim \chi^2(n)$．

在（8）式中，$\Gamma(\frac{n}{2})$ 是 Γ 函数在 $\frac{n}{2}$ 的函数值．Γ 函数不是初等函数，称为特殊函数，有着广泛的用途，它的定义是

$$\Gamma(x) = \int_0^{+\infty} \mathrm{e}^{-t} t^{x-1} \mathrm{d}t \quad (x>0). \tag{9}$$

Γ 函数的数值已制成表，可供使用时查阅．常用的有 $\Gamma(1)=1$；$\Gamma(n)=(n-1)!$（n 为正整数）；$\Gamma\left(\frac{1}{2}\right)=\sqrt{\pi}$．

自由度是指式（7）右端包含的独立随机变量的个数．

服从 χ^2 分布的随机变量 χ^2 的概率密度 $f(x)$ 的图形与自由度 n 的值有关，图 12-1 画出了 n 取不同值时 $f(x)$ 的图形．

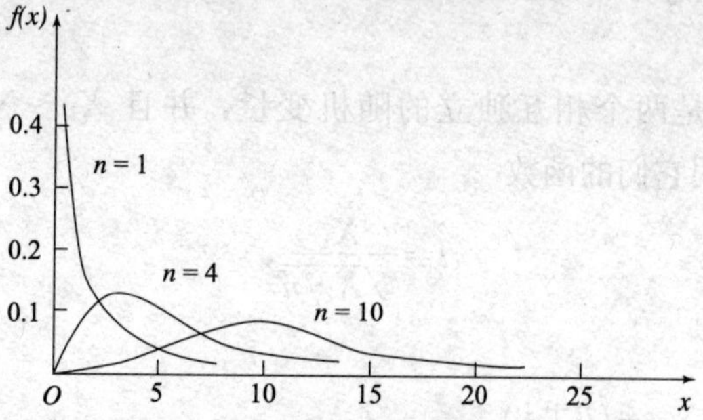

图 12-1　χ^2 分布概率密度的图形

与标准正态分布的上侧分位数 u_α 相类似，χ^2 分布也有上侧分位数．设 $\chi^2 \sim \chi^2(n)$，$f(x)$ 是概率密度，对于给定的数 α：$0<\alpha<1$，称满足条件

$$P\{\chi^2 > \chi^2_\alpha(n)\} = \int_{\chi^2_\alpha(n)}^{+\infty} f(x)\mathrm{d}x = \alpha \tag{10}$$

的数 $\chi^2_\alpha(n)$ 是自由度为 n 的 **χ^2 分布的上侧分位数**，其几何意义如图 12-2 所示.

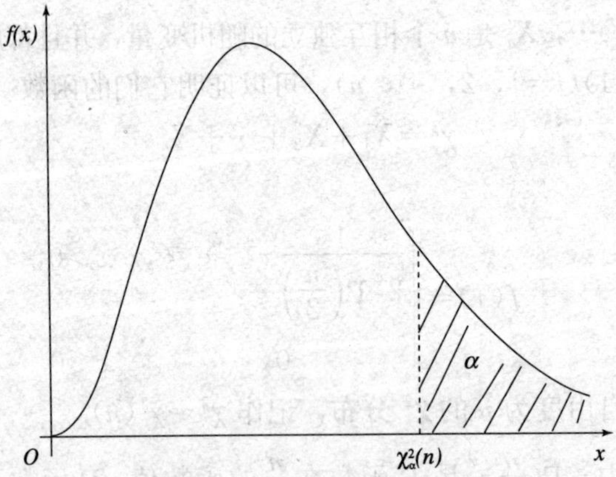

图 12-2　χ^2 分布的上侧分位数

上侧分位数 $\chi^2_\alpha(n)$ 不仅与 α 有关，也与自由度 n 有关，对于不同的 α 和 n，上侧分位数 $\chi^2_\alpha(n)$ 的值已制成表格，见附表 4. 例如，$\alpha=0.025$，$n=3$ 时，由见附表 4 查出 $\chi^2_{0.025}(3)=9.348$，即$\int_{9.348}^{+\infty} f(x)\mathrm{d}x = 0.025$，式中 $f(x)$ 是服从自由度为 3 的 χ^2 分布的随机变量的概率密度.

当 $n>45$ 时，

$$\chi^2_\alpha(n) \approx \frac{1}{2}(u_\alpha+\sqrt{2n-1})^2, \tag{11}$$

其中 u_α 是标准正态分布的上侧分位数.

***t* 分布**

设 X_1，X_2 是两个相互独立的随机变量，并且 $X_1 \sim N(0, 1)$，$X_2 \sim \chi^2(n)$，可以证明它们的函数

$$t=\frac{X_1}{\sqrt{X_2/n}}, \tag{12}$$

的概率密度为

$$f(x)=\frac{\Gamma\left(\frac{n+1}{2}\right)}{\sqrt{n\pi}\,\Gamma\left(\frac{n}{2}\right)}\left(1+\frac{x^2}{n}\right)^{-\frac{n+1}{2}} \quad (-\infty<x<+\infty), \tag{13}$$

这时称 t 服从自由度为 n 的 **t 分布**，记作 $t\sim t(n)$.

服从 t 分布的随机变量 t 的概率密度 $f(x)$ 的图形见图 12-3，图中画出了 n

取不同值时 $f(x)$ 的图形. 这些图形都是关于纵轴对称的，并且与标准正态分布的概率密度 $\varphi(x)$ 的图形相类似，随着 n 的增大，与 $\varphi(x)$ 的图形越接近.

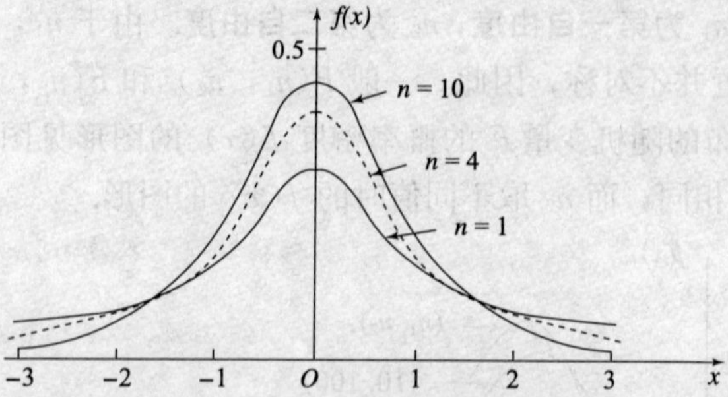

图 12-3　t 分布概率密度的图形

设 $t\sim t(n)$，$f(x)$ 是概率密度，对于给定的数 α：$0<\alpha<1$，称满足条件

$$P\{t>t_n(n)\}=\int_{t_\alpha(n)}^{+\infty}f(x)\mathrm{d}x=\alpha \tag{14}$$

的数 $t_\alpha(n)$ 是自由度为 n 的 **t 分布的上侧分位数**，其几何意义如图 12-4 所示.

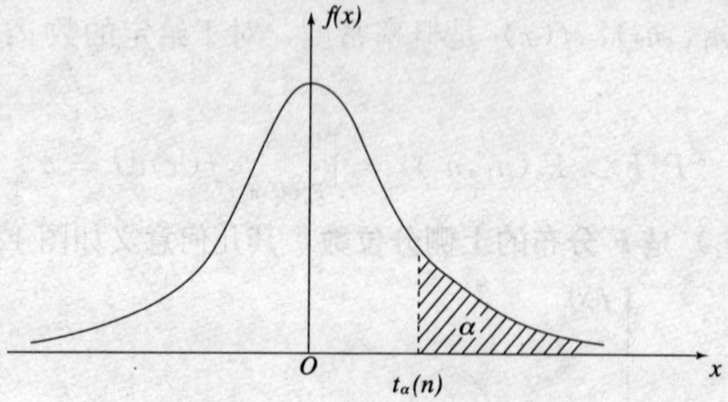

图 12-4　t 分布的上侧分位数

F 分布

设 $X_1\sim\chi^2(n_1)$，$X_2\sim\chi^2(n_2)$，并且 X_1 与 X_2 相互独立，可以证明它们的函数

$$F=\frac{X_1/n_1}{X_2/n_2} \tag{15}$$

的概率密度为

$$f(x)=\begin{cases}\dfrac{\Gamma\left(\dfrac{n_1+n_2}{2}\right)}{\Gamma\left(\dfrac{n_1}{2}\right)\Gamma\left(\dfrac{n_2}{2}\right)}\left(\dfrac{n_1}{n_2}\right)x^{\frac{n_1}{2}-1}\left(1+\dfrac{n_1}{n_2}x\right)^{-\frac{n_1+n_2}{2}}, & x>0,\\ 0, & x\leqslant 0.\end{cases} \tag{16}$$

这时称 F 服从自由度为 n_1，n_2 的 **F 分布**，记作 $F\sim F(n_1, n_2)$.

与 χ^2 分布和 t 分布不同的是，F 分布的概率密度 $f(x)$ 中有两个参数 n_1 和 n_2，通常称 n_1 为**第一自由度**，n_2 为**第二自由度**. 由于 n_1，n_2 在 $f(x)$ 的表达式中的位置并不对称，因此，一般 $F(n_1, n_2)$ 和 $F(n_2, n_1)$ 不相同.

服从 F 分布的随机变量 F 的概率密度 $f(x)$ 的图形见图 12-5，图中画出了当 n_1 取值相同，而 n_2 取不同值时的 $f(x)$ 的图形.

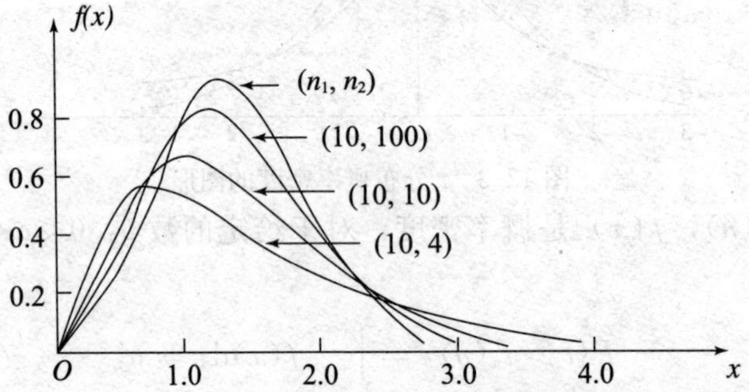

图 12-5　F 分布概率密度的图形

设 $F\sim F(n_1, n_2)$，$f(x)$ 是概率密度，对于给定的数 α：$0<\alpha<1$，称满足条件

$$P\{F > F_\alpha(n_1,n_2)\} = \int_{F_\alpha(n_1,n_2)}^{+\infty} f(x)\mathrm{d}x = \alpha \tag{17}$$

的数 $F_\alpha(n_1, n_2)$ 是 **F 分布的上侧分位数**，其几何意义如图 12-6 所示 .

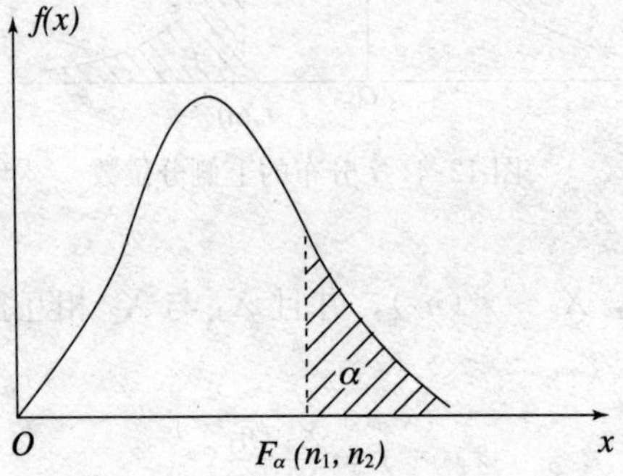

图 12-6　F 分布的上侧分位数

5. 关于正态总体的抽样分布

定理 1　设 X_1，X_2，…，X_n 是正态总体 $X\sim N(\mu, \sigma^2)$ 的样本，则样本平均值

$$\overline{X}=\frac{1}{n}\sum_{i=1}^{n}X_i\sim N(\mu,\frac{\sigma^2}{n}). \tag{18}$$

证明略.

定理 2　设 X_1，X_2，…，X_n 是正态总体的 $X\sim N(\mu,\ \sigma^2)$ 的样本，则样本平均值与样本方差 S^2 相互独立，并且

$$\frac{(n-1)S^2}{\sigma^2}\sim\chi^2(n-1). \tag{19}$$

证明略.

定理 3　设 X_1，X_2，…，X_n 是正态总体的 $X\sim N\left(\mu,\frac{\sigma^2}{n}\right)$的样本，则

$$\frac{\overline{X}-\mu}{\sqrt{S^2/n}}\sim t(n-1). \tag{20}$$

证明略.

定理 4　设 X_1，X_2，…，X_m 是正态总体 $X\sim N(\mu_1,\ \sigma^2)$ 的样本，Y_1，Y_2，…，Y_n 是正态总体 $Y\sim N(\mu_2,\ \sigma^2)$ 的样本，并且总体 X 与总体 Y 相互独立，则

$$\frac{(\overline{X}-\overline{Y})-(\mu_1-\mu_2)}{S_0\sqrt{\frac{1}{m}+\frac{1}{n}}}\sim t(m+n-2), \tag{21}$$

式中 $\overline{X}$，$\overline{Y}$ 分别是两个总体的样本平均值，

$$S_0^2=\frac{(m-1)S_1^2+(n-1)S_2^2}{m+n-2}, \tag{22}$$

其中 S_1^2,S_2^2 分别是两个总体的样本方差.

证明略.

定理 5　设 $X_1,X_2,\cdots,X_m$ 是正态总体 $X\sim N(\mu_1,\sigma_1^2)$的样本,$Y_1,Y_2,\cdots$,$Y_n$ 是正态总体 $Y\sim N(\mu_2,\sigma_2^2)$的样本,并且总体 X 与总体 Y 相互独立,则

$$\frac{S_1^2/\sigma_1^2}{S_2^2/\sigma_2^2}\sim F(m-1,n-1). \tag{23}$$

证明略.

例　在总体 $X\sim N(80,400)$中随机抽取容量为 100 的样本,求样本平均值与总体期望之差的绝对值大于 3 的概率.

解　由定理 1 知 $\overline{X}\sim N(80,4)$,所求概率

$$\begin{aligned}P\{|\overline{X}-80|>3\}&=P\{\overline{X}-80>3\}+P\{\overline{X}-80<-3\}\\&=P\{\overline{X}>83\}+P\{\overline{X}<77\}\end{aligned}$$

$$=1-\Phi\left(\frac{83-80}{2}\right)+\Phi\left(\frac{77-80}{2}\right)$$
$$=1-\Phi(1.5)+\Phi(-1.5)$$
$$=0.1336.$$

习题 12—1

1. 填空题:

(1) 设 X_1, X_2, …, X_n 是总体 X 的一个样本,并且 $E(X)=\mu$, $D(X)=\sigma^2$, 则 $E(\overline{X})=$______, $D(\overline{X})=$__________;

(2) 设总体 $X\sim N(\mu,\sigma^2)$, 样本容量为 n, 则 $\overline{X}\sim$________, $\frac{(n-1)S^2}{\sigma^2}\sim$__________;

(3) 设总体 $X\sim N(4,40)$, X_1, X_2, …, X_{10} 是 X 的一个容量为 10 的样本,则 $\overline{X}$ 的概率密度 $f(x)=$__________;

(4) 设总体 $X\sim N(\mu,\sigma^2)$, 样本容量为 n, 则 $\frac{\overline{X}-\mu}{\sqrt{\sigma^2/n}}\sim$__________, $\frac{\overline{X}-\mu}{\sqrt{S^2/n}}\sim$__________.

2. 选择题:

(1) 设总体 $X\sim N(\mu,\sigma^2)$, 其中 μ 已知, X_1, X_2, X_3, X_4 是 X 的样本,则不是统计量的是(　　).

A. X_1+5X_4　　B. $\sum_{i=1}^{4}X_i-\mu$　　C. $X_1-\sigma$　　D. $\sum_{i=1}^{4}X_i^2$

(2) 设 X_1, X_2, …, X_n 是总体 X 的样本,则有(　　).

A. $\overline{X}=E(X)$　　B. $\overline{X}\approx E(X)$

C. $\overline{X}=\frac{1}{n}E(X)$　　D. 以上都不对

(3) 设总体 $X\sim N(2,9)$, X_1, X_2, …, X_{10} 是 X 的样本,则(　　).

A. $\overline{X}\sim N(20,90)$　　B. $\overline{X}\sim N(2,0.9)$

C. $\overline{X}\sim N(2,9)$　　D. $\overline{X}\sim N(20,9)$

(4) 设总体 $X\sim N(1,9)$, X_1, X_2, …, X_9 是 X 的样本,则(　　).

A. $\frac{\overline{X}-1}{3}\sim N(0,1)$　　B. $\frac{\overline{X}-1}{1}\sim N(0,1)$

C. $\dfrac{\overline{X}-1}{9}\sim N(0,\ 1)$　　　　D. $\dfrac{\overline{X}-1}{\sqrt{3}}\sim N(0,\ 1)$

3. 设样本观察值是 33，36，34，36，36，35，31，35，33，27，计算 $\overline{x}$ 和 s^2.

4. 设总体 $X\sim P(\lambda)$，X_1，X_2，…，X_n 为其样本，求 $E(\overline{X})$ 和 $D(\overline{X})$.

5. 在总体 $X\sim N(52,\ 6.3^2)$ 中抽取一容量为 36 的样本，求样本平均值 $\overline{X}$ 落在 50.8～53.8 的概率.

第二节　参数估计

数理统计的基本问题之一就是根据样本所提供的信息，来把握总体或总体的某些特征，即根据样本对总体进行统计推断. 设总体 X 的分布形式已知，但分布中的参数却是未知的，这时，只要对参数作出推断即可确定总体的分布. 例如，泊松分布 $P(\lambda)$ 完全由参数 λ 确定，正态分布 $N(\mu,\ \sigma^2)$ 完全由参数 μ 和 σ^2 确定. 参数估计，就是通过总体的样本构造适当的统计量，对参数进行估计.

参数估计分为点估计和区间估计. 而点估计有很多种方法，本节只介绍常用的两种方法——矩估计法和极大似然估计法；区间估计问题我们只在正态总体中讨论.

1. 点估计

设总体 X 的分布函数 $F(x,\ \theta)$ 的形式已知，其中参数 θ 未知（可以是一个未知参数，也可以是多个未知参数，多个未知参数时，θ 为一向量)，X_1，X_2，…，X_n 是来自总体 X 的样本. 对一个未知参数 θ 进行点估计，就是构造一个适当的统计量 $\hat{\theta}(X_1,\ X_2,\ \cdots,\ X_n)$，用它的观察值 $\hat{\theta}(x_1,\ x_2,\ \cdots,x_n)$ 估计 θ. 称 $\hat{\theta}(X_1,\ X_2,\ \cdots,\ X_n)$ 为 θ 的估计量，$\hat{\theta}(x_1,\ x_2,\ \cdots,\ x_n)$ 为 θ 的估计值，并都简记为 $\hat{\theta}$.

矩估计法

矩估计法使用总体 X 的矩和样本矩建立参数的估计量满足的方程或方程组，下面介绍矩和样本矩的概念.

定义 1　对随机变量 X，若 $E(X^k)$ $(k=1,\ 2,\ \cdots)$ 存在，则称它为 X 的 k **阶原点矩**，简称为 k **阶矩**，记为 μ_k，即

$$\mu_k=E(X^k)\ (k=1,\ 2,\ \cdots).\tag{24}$$

定义 2 设 X 的样本为 X_1，X_2，…，X_n，记

$$A_k=\frac{1}{n}\sum_{i=1}^{n}X_i^k(k=1,2,\cdots),\tag{25}$$

称 A_k 为 k **阶样本原点矩，简称为** k **阶样本矩**.

显然，样本矩是统计量，并且 $A_1=\frac{1}{n}\sum_{i=1}^{n}X_i=\overline{X}$.

在矩估计法中，令 $\mu_k=A_k$，即

$$\mu_k=E(X^k)=\frac{1}{n}\sum_{i=1}^{n}X_i^k\quad(k=1,2,\cdots),\tag{26}$$

这里 k 的取值为 X 的分布中未知参数的个数.

(26) 式的左端与未知参数有关，因此 (26) 式是关于未知参数的方程或方程组，其解为未知参数的估计量，称之为**矩估计量**. 在矩估计量中，将样本换为样本观察值，即可得到**矩估计值**.

对常用的重要分布，未知参数的个数是一个或两个，因此 k 取值为 1 或 2.

例 1 设总体 X 服从参数为 p 的两点分布，求 p 的矩估计量.

解 $k=1$，$\mu_1=E(X)=p$，$A_1=\overline{X}$，(26) 式成为 $p=\overline{X}$，从而 p 的矩估计量

$$\hat{p}=\overline{X}.\tag{27}$$

例 2 设总体 $X\sim U(a,\ b)$，求 a，b 的矩估计量.

解 $k=2$，

$$\mu_1=E(X)=\frac{a+b}{2},$$

$$\mu_2=E(X^2)=D(X)+[E(X)^2]=\frac{(a-b)^2}{12}+\frac{(a+b)^2}{4},$$

$$A_1=\overline{X},\ A_2=\frac{1}{n}\sum_{i=1}^{n}X_i^2,$$

(26) 式成为

$$\begin{cases}\dfrac{a+b}{2}=\overline{X},\\[2ex]\dfrac{(a-b)^2}{12}+\dfrac{(a+b)^2}{4}=\dfrac{1}{n}\sum\limits_{i=1}^{n}X_i^2,\end{cases}$$

其解即为 a，b 的矩估计量

$$\hat{a}=\overline{X}-\sqrt{3\left(\frac{1}{n}\sum_{i=1}^{n}X_i^2-\overline{X}^2\right)},\tag{28}$$

$$\hat{b}=\overline{X}+\sqrt{3\left(\frac{1}{n}\sum_{i=1}^{n}X_i^2-\overline{X}^2\right)},\tag{29}$$

极大似然估计法

极大似然估计法使用总体 X 的概率分布或概率密度的表达式以及样本提供的信息，得到未知参数的估计量. 下面通过一个例子说明这种方法的基本思想.

例 3 在一个盒子中装有许多黑色球和白色球，但不知道是黑色球多还是白色球多，只知道这两种球的数量之比为 1∶3. 希望通过实验判断黑色球在全部球中的比例是$\frac{1}{4}$还是$\frac{3}{4}$.

解 设黑色球占的比例为 p，则从盒中任意抽取一个球是否为黑色球的试验可以用服从参数为 p 的两点分布的随机变量 X 描述：

$$X=\begin{cases}1, & \text{抽出的球是黑色球},\\ 0, & \text{抽出的球是白色球}.\end{cases}$$

设总体是 X，样本为 X_1，X_2，…，X_n，则样本中黑色球的个数

$$Y=X_1+X_2+\cdots+X_n\sim B(n,\ p),$$

即
$$P\{Y=k\}=\binom{n}{k}p^k(1-p)^{n-k}\quad(k=0,\ 1,\ 2,\ \cdots,\ n).$$

我们希望通过一次具体的试验（抽取 n 个球）来判断参数 p 是取$\frac{1}{4}$还是$\frac{3}{4}$. 下面以 $n=3$ 时的情况进行讨论，对 $p=\frac{1}{4}$和$\frac{3}{4}$分别计算，得到下表.

Y	0	1	2	3
$p=\frac{1}{4}$时，$p\{Y=k\}$ 的值	$\frac{27}{64}$	$\frac{27}{64}$	$\frac{9}{64}$	$\frac{1}{64}$
$p=\frac{3}{4}$时，$p\{Y=k\}$ 的值	$\frac{1}{64}$	$\frac{9}{64}$	$\frac{27}{64}$	$\frac{27}{64}$

由此可见，如果一次具体的试验的结果是抽取的 3 个球中没有黑色球 $(Y=0)$，对于 $p=\frac{1}{4}$的总体 X，发生的可能性是$\frac{27}{64}$，对于 $p=\frac{3}{4}$的总体 X，发生的可能性为$\frac{1}{64}$. 这时，自然应估计 $p=\frac{1}{4}$而不是 $p=\frac{3}{4}$.

相类似，如果 $Y=1$，应估计 $p=\frac{1}{4}$，如果 $Y=2$，应估计 $p=\frac{3}{4}$，如果

$Y=3$，应估计 $p=\frac{3}{4}$.

根据抽样的结果选择 p 值，使得试验结果发生的可能性最大，这即为极大似然法的基本思想.

一般，若总体 X 是离散型随机变量，其概率分布形式为

$$P\{X=x\}=p(x,\theta)\ (\theta\in\Theta),$$

其中 Θ 是 θ 取值的范围.

设 X 的样本为 X_1，X_2，…，X_n，则（X_1，X_2，…，X_n）的概率分布为

$$\begin{aligned} &P\{X_1=x_1,X_2=x_2,\cdots,X_n=x_n\}\\ &=P\{X_1=x_1\}P\{X_2=x_2\}\cdots P\{X_n=x_n\}\\ &=\prod_{i=1}^{n}P\{X_i=x_i\}=\prod_{i=1}^{n}p\{x_i,\theta\}. \end{aligned}$$

将 x_1，x_2，…，x_n 看为样本 X_1，X_2，…，X_n 的观察值，则上式是取到样本观察值的概率，即事件 $X_1=x_1$，$X_2=x_2$，…，$X_n=x_n$ 发生的概率，它与 θ 的取值有关，是 θ 的函数，记为 $L(\theta)$：

$$L(\theta)=\prod_{i=1}^{n}p\{x_i,\theta\}, \tag{30}$$

称 $L(\theta)$ 为样本的**似然函数**.

根据极大似然估计法的基本思想，θ 的选取应使抽样的具体结果（即取到样本观察值 x_1，x_2，…，x_n）发生的概率最大，即使 $L(\theta)$ 取最大值的 θ 记为 $\hat{\theta}$：

$$L(\hat{\theta})=\max_{\theta\in\Theta}L(\theta). \tag{31}$$

用 $\hat{\theta}$ 估计 θ.

显然 $\hat{\theta}$ 与 x_1，x_2，…，x_n 有关，记作 $\hat{\theta}(x_1, x_2, \cdots, x_n)$，相应的统计量为 $\hat{\theta}(X_1, X_2, \cdots, X_n)$，称 $\hat{\theta}(X_1, X_2, \cdots, X_n)$ 为 θ 的**极大似然估计量**，$\hat{\theta}(x_1, x_2, \cdots, x_n)$ 为 θ 的**极大似然估计值**.

若总体 X 是连续型随机变量，其概率密度形式为 $f(x,\theta)(\theta\in\Theta)$，$X$ 的样本为 X_1，X_2，…，X_n，则样本的似然函数为

$$L(\theta)=\prod_{i=1}^{n}f(x_i,\theta), \tag{32}$$

其他均和离散型情况相同.

为了得到 θ 的极大似然估计量，需求解（31）式. 如果 $L(\theta)$ 关于 θ 的

导数存在，则方程

$$\frac{\mathrm{d}L(\theta)}{\mathrm{d}\theta}=0 \tag{33}$$

的解可能是 $\hat{\theta}$. 上述方程称为**似然方程**.

因为 $L(\theta)$ 是 n 个函数的乘积，对 θ 求导数比较麻烦，取 $L(\theta)$ 的对数 $\ln L(\theta)$，$\ln L(\theta)$ 是 n 个函数之和，对 θ 求导数方便多了，并且 $\ln L(\theta)$ 与 $L(\theta)$ 在相同 θ 处取极值，即

$$\frac{\mathrm{d}\ln L(\theta)}{\mathrm{d}\theta}=0 \tag{34}$$

与方程（33）有相同的解.

例 4 设 X 服从参数为 p 的两点分布：

$$P\{X=1\}=p,\ P\{X=0\}=1-p \quad (0<p<1),$$

X_1，X_2，…，X_n 是 X 的一个样本，求参数 p 的极大似然估计量.

解 设 x_1，x_2，…，x_n 是样本 X_1，X_2，…，X_n 的观察值，X 的概率分布又可以写为

$$P\{X=x\}=p^x(1-p)^{1-x} \quad (x=0,\ 1),$$

则似然函数

$$L(p)=\prod_{i=1}^{n}p^{x_i}(1-p)^{1-x_i}=p^{\sum\limits_{i=1}^{n}x_i}(1-p)^{n-\sum\limits_{i=1}^{n}x_i},$$

取对数

$$\ln L(p)=(\sum_{i=1}^{n}x_i)\ln p+(n-\sum_{i=1}^{n}x_i)\ln(1-p).$$

令

$$\frac{\mathrm{d}\ln L(p)}{\mathrm{d}p}=\frac{\sum\limits_{i=1}^{n}x_i}{p}-\frac{n-\sum\limits_{i=1}^{n}x_i}{1-p}=0,$$

解得 p 的极大似然估计值

$$\hat{p}=\frac{1}{n}\sum_{i=1}^{n}x_i=\bar{x}.$$

p 的极大似然估计量

$$\hat{p}=\frac{1}{n}\sum_{i=1}^{n}X_i=\overline{X}, \tag{35}$$

正是样本的平均值.

对多个未知参数的情况，极大似然估计法也适用．常见的是两个未知参数 θ_1 和 θ_2 的情况，这时似然函数是 θ_1 和 θ_2 的函数 $L(\theta_1, \theta_2)$．与似然方程（33）对应的是似然方程组

$$\begin{cases}\dfrac{\partial L(\theta_1, \theta_2)}{\partial \theta_1}=0,\\[2ex]\dfrac{\partial L(\theta_1, \theta_2)}{\partial \theta_2}=0,\end{cases}$$

取 $L(\theta_1, \theta_2)$ 的对数 $\ln L(\theta_1, \theta_2)$，有方程组

$$\begin{cases}\dfrac{\partial \ln L(\theta_1, \theta_2)}{\partial \theta_1}=0,\\[2ex]\dfrac{\partial \ln L(\theta_1, \theta_2)}{\partial \theta_2}=0.\end{cases}$$

解上述方程组，即可得到 θ_1 和 θ_2 的极大似然估计 $\hat{\theta}_1$ 和 $\hat{\theta}_2$．

对多个未知参数的情况，可以类似处理．

2. 估计量的评选标准

对于同一个未知参数，使用不同的估计方法可能得到不同的估计量．例如对正态分布 $N(\mu, \sigma^2)$ 的参数 σ^2，使用极大似然估计法，得到的估计量为 $\hat{\sigma}^2=\dfrac{1}{n}\sum\limits_{i=1}^{n}(X_i-\overline{X})^2$．如果使用其他的估计方法，可以得到 σ^2 的估计量是样本方差 $S^2=\dfrac{1}{n-1}\sum\limits_{i=1}^{n}(X_i-\overline{X})^2$．两个估计量的区别是系数不相同．直观上看，采用 $\dfrac{1}{n}$ 做系数比采用 $\dfrac{1}{n-1}$ 做系数更为合理，因为样本的容量是 n．然而在实际应用中，却常使用 S^2 估计 σ^2，因为 S^2 要好一些．所以，这里有一个评选估计量好与差的标准的问题．常用的评选标准有无偏性、有效性和一致性．下面我们对无偏性和有效性作简单介绍．

无偏性

未知参数 θ 的估计量 $\hat{\theta}$ 是个随机变量，对于不同的样本观察值，$\hat{\theta}$ 取不同的估计值．衡量一个估计量的好与差不能用一次具体抽样的结果作出定论，而要从多次具体抽样所得到的估计值与真值 θ 的偏差大小评定 $\hat{\theta}$ 的好与差．因此，一个好的估计量 $\hat{\theta}$ 的取值应在 θ 的真值附近徘徊，$\hat{\theta}$ 的期望应为 θ 的真值．这就是估计量具有无偏性．

定义 3　设 $\hat{\theta}=\hat{\theta}(X_1, X_2, \cdots, X_n)$ 是未知参数 θ 的估计量，若 $E(\hat{\theta})$ 存在，并且对于任意 $\theta\in\Theta$，$E(\hat{\theta})=\theta$ 则称 $\hat{\theta}$ 是 θ 的**无偏估计量**.

下面不加证明地给出一个重要结论：

定理　设总体 X 的 $E(X)$ 和 $D(X)$ 存在，$X_1, X_2, \cdots, X_n$ 为 X 的样本，则

$$E(\overline{X})=E(X), \tag{36}$$

$$E(S^2)=D(X). \tag{37}$$

有效性

定义 4　设 $\hat{\theta}_1=\hat{\theta}_1(X_1, X_2, \cdots, X_n)$ 和 $\hat{\theta}_2=\hat{\theta}_2(X_1, X_2, \cdots, X_n)$ 是 θ 的两个无偏估计量，如果对 θ 的所有可能的取值，都有

$$D(\hat{\theta}_1)<D(\hat{\theta}_2),$$

称 $\hat{\boldsymbol{\theta}}_1$ **比** $\hat{\boldsymbol{\theta}}_2$ **有效.**

设 $\hat{\theta}_0$ 是 θ 的无偏估计，如果对 θ 的任何一个无偏估计 $\hat{\theta}$，都有

$$D(\hat{\theta}_0)<D(\hat{\theta}),$$

对 θ 的所有可能取值成立，则称 $\hat{\theta}_0$ 是 θ 的**最小方差无偏估计**. 在“方差愈小愈好”这个准则下，$\hat{\theta}_0$ 是最好的估计量.

例如，$\hat{\mu}_1=\frac{1}{3}X_1+\frac{2}{3}X_2$ 与 $\hat{\mu}_2=\frac{3}{5}X_1+\frac{2}{5}X_2$ 是总体期望 μ 的无偏估计，记总体方差 $\sigma^2>0$，$D(\hat{\mu}_1)=\frac{5}{9}\sigma^2>D(\hat{\mu}_2)=\frac{13}{25}\sigma^2$，因此，$\hat{\theta}_2$ 比 $\hat{\theta}_1$ 更有效.

对于正态总体 $N(\mu, \sigma^2)$，μ 和 σ^2 未知，可以证明，$\overline{X}$ 和 S^2 是 μ 和 σ^2 最小方差无偏估计.

通常要求出参数的最小方差无偏估计是很困难的，其方法也超出了本书的范围，就不作介绍了.

3. 区间估计

上面介绍的参数点估计是用样本观察值 $x_1, x_2, \cdots, x_n$ 计算总体参数 θ 的估计值 $\hat{\theta}=\hat{\theta}(X_1, X_2, \cdots, X_n)$，此外人们还希望对 θ 的取值估计出一个范围，希望知道这个范围包含参数 θ 的真值的可靠程度. 这样的范围通常用区间的形式给出，同时还给出此区间包含参数 θ 的真值的可信程度. 所以又称为参数的区间估计.

设 θ 是总体 X 的分布函数 $F(x, \theta)$ 中的未知参数. 对于给定的 $\alpha(0<\alpha<1)$，若由样本 $X_1, X_2, \cdots, X_n$ 确定两个统计量 $\hat{\theta}_1=\hat{\theta}_1(X_1, X_2, \cdots, X_n)$ 与 $\hat{\theta}_2=\hat{\theta}_2(X_1, X_2, \cdots, X_n)$ 满足

$$P\{\theta_1<\theta<\theta_2\}=1-\alpha, \tag{38}$$

则称随机区间 (θ_1, θ_2) 为参数 θ 的**置信度**为 $1-\alpha$ 的**双侧置信区间**. 简称为**置信区间**，分别称 $\hat{\theta}_1$，$\hat{\theta}_2$ 为**置信下限**和**置信上限**，称 $1-\alpha$ 为**置信度**.

当取置信度 $1-\alpha=0.95$ 时，参数 θ 的 0.95 置信区间的意思是：取 100 组容量为 n 的样本所确定的 100 个置信区间 (θ_1, θ_2) 中，约有 95 个区间包含参数 θ 的真值.

本节主要介绍正态总体期望和方差的区间估计，故以下假设总体 $X\sim N(\mu, \sigma^2)$.

(1) 期望 μ 的区间估计

①已知总体方差 σ^2，对期望 μ 进行区间估计.

用 $\overline{X}$ 作为 μ 的点估计，由于 $\overline{X}\sim N\left(\mu, \dfrac{\sigma^2}{n}\right)$，从而 $\dfrac{\overline{X}-\mu}{\sqrt{\sigma^2/n}}\sim N(0, 1)$，将该随机变量记为 U：

$$U=\frac{\overline{X}-\mu}{\sqrt{\sigma^2/n}}\sim N(0, 1).$$

按照标准正态分布的上侧分位数的定义，对于给定的 α：$0<\alpha<1$，

$$P\{|U|<u_{\frac{\alpha}{2}}\}=P\left\{\left|\frac{\overline{X}-\mu}{\sqrt{\sigma^2/n}}\right|<u_{\frac{\alpha}{2}}\right\}=1-\alpha, \tag{39}$$

参见图 12-7.

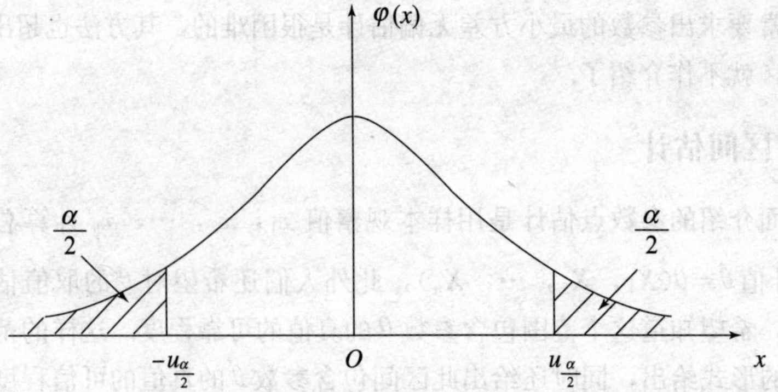

图 12-7 (39) 式的意义

由（39）式得到 $P\left\{-u_{\frac{\alpha}{2}}<\dfrac{\overline{X}-\mu}{\sqrt{\sigma^2/n}}<u_{\frac{\alpha}{2}}\right\}=1-\alpha$，

即

$$P\{\overline{X}-u_{\frac{\alpha}{2}}\sqrt{\sigma^2/n}<\mu<\overline{X}+u_{\frac{\alpha}{2}}\sqrt{\sigma^2/n}\}=1-\alpha. \tag{40}$$

于是，μ 的置信度为 $1-\alpha$ 的置信区间是

$$(\overline{X}-u_{\frac{\alpha}{2}}\sqrt{\sigma^2/n},\ \overline{X}+u_{\frac{\alpha}{2}}\sqrt{\sigma^2/n}). \tag{41}$$

这个区间的中点是 $\overline{X}$，长度为 $2u_{\frac{\alpha}{2}}\sqrt{\sigma^2/n}$.

例如，当 $\alpha=0.05$ 时，查附表 2 可得 $u_{\frac{\alpha}{2}}=u_{0.025}=1.96$，$\mu$ 的置信度为 0.95 的置信区间是

$$(\overline{X}-1.96\sqrt{\sigma^2/n},\ \overline{X}+1.96\sqrt{\sigma^2/n}). \tag{42}$$

例 5 已知总体 $X\sim N(\mu, 9)$，今测得一组样本值为 3.3，−0.3，−0.6，−0.9. 求 μ 的置信度为 0.95 的置信区间.

解 $\bar{x}=\dfrac{3.3-0.3-0.6-0.9}{4}=0.375$，由置信度 $1-\alpha=0.95$ 知 $\alpha=0.05$，由（42）式得到 μ 的置信度为 0.95 的置信区间为（−2.565，3.315）.

②未知方差 σ^2，对期望 μ 进行区间估计.

这时，在（39）式中，将 σ^2 用其点估计样本方差 S^2 代替，得到的随机变量记为 t，由定理 3 可知，t 服从自由度为 $n-1$ 的 t 分布.

$$t=\frac{\overline{X}-\mu}{\sqrt{S^2/n}}\sim t(n-1). \tag{43}$$

按照 t 分布上侧分位数的定义，对于给定的置信度 $1-\alpha$，查 t 分布表得 α：$0<\alpha<1$，

$$P\{|t|<t_{\frac{\alpha}{2}}(n-1)\}=P\left\{\left|\frac{\overline{X}-\mu}{\sqrt{S^2/n}}\right|<t_{\frac{\alpha}{2}}(n-1)\right\}=1-\alpha, \tag{44}$$

参见图 12-8.

由（44）式得到

$$P\left\{-t_{\frac{\alpha}{2}}(n-1)<\frac{\overline{X}-\mu}{\sqrt{S^2/n}}<t_{\frac{\alpha}{2}}(n-1)\right\}=1-\alpha,$$

即

$$P\{\overline{X}-t_{\frac{\alpha}{2}}(n-1)\sqrt{S^2/n}<\mu<\overline{X}+t_{\frac{\alpha}{2}}(n-1)\sqrt{S^2/n}\}=1-\alpha. \tag{45}$$

得到 μ 的置信度为 $1-\alpha$ 的置信区间是

$$(\overline{X}-t_{\frac{\alpha}{2}}(n-1)\sqrt{S^2/n},\overline{X}+t_{\frac{\alpha}{2}}(n-1)\sqrt{S^2/n}). \tag{46}$$

例 6 对飞机的飞行速度进行 15 次独立测试，测得飞机的最大飞行速

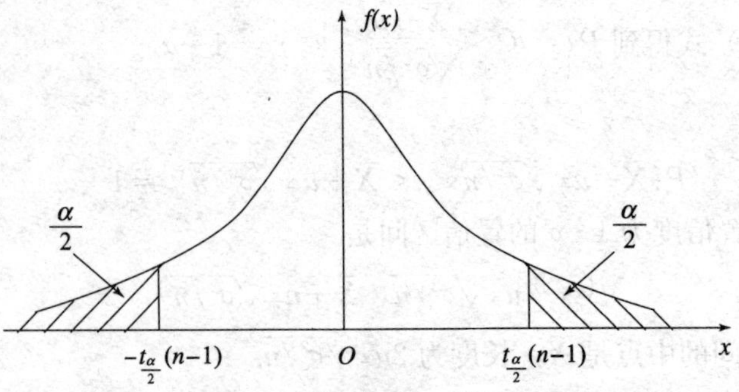

图 12-8 (44) 式的意义

度如下（单位：米/秒）：

422.2，418.7，425.6，420.3，425.8，423.1，431.5，

428.2，438.3，434.0，412.3，417.2，413.5，441.3，423.7，

根据长期经验，可以认为飞机的最大飞行速度服从正态分布，试对最大飞行速度的期望进行区间估计，置信度为 0.95.

解 用 X 表示飞机的最大飞行速度，则 $X\sim N(\mu, \sigma^2)$. 上面的 15 个数值可以看成容量为 15 的样本的观察值. 现 σ^2 未知，求 μ 的置信度为 0.95 的置信区间.

$\alpha=0.05$，$n=15$，计算得到

$$\bar{x}=425.047,\ S^2=71.881.$$

查附表 3 得到 $t_{\frac{\alpha}{2}}(n-1)=t_{0.025}(14)=2.1448$，由 (46) 式，所求的置信度为 0.95 的置信区间为 (420.351, 429.743).

(2) 方差的区间估计

这里同样有已知期望和未知期望两种情况，但后者常用，因此只讨论这种情况.

考虑随机变量 $\chi^2=\frac{(n-1)\ S^2}{\sigma^2}$，根据定理 2

$$\chi^2=\frac{(n-1)S^2}{\sigma^2}\sim\chi^2(n-1), \tag{47}$$

按照 χ^2 分布的上侧分位数的定义，对给定的 α：$0<\alpha<1$，

$$P\left\{\chi^2_{1-\frac{\alpha}{2}}(n-1)<\frac{(n-1)S^2}{\sigma^2}<\chi^2_{\frac{\alpha}{2}}(n-1)\right\}=1-\alpha, \tag{48}$$

参见图 12-9. 于是

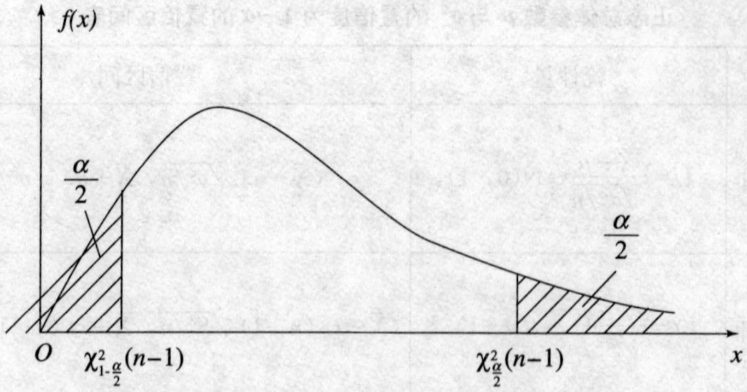

图 12-9　(48) 式的意义

$$P\{\frac{(n-1)S^2}{\chi^2_{\frac{\alpha}{2}}(n-1)}<\sigma^2<\frac{(n-1)S^2}{\chi^2_{1-\frac{\alpha}{2}}(n-1)}\}=1-\alpha,$$

得到 σ^2 的一个置信度为 $1-\alpha$ 的置信区间

$$\left(\frac{(n-1)\ S^2}{\chi^2_{\frac{\alpha}{2}}\ (n-1)},\ \frac{(n-1)\ S^2}{\chi^2_{1-\frac{\alpha}{2}}\ (n-1)}\right). \tag{49}$$

另外，$(n-1)S^2=\sum_{i=1}^{n}(X_i-\overline{X})^2$，所以(49) 式又可写为

$$\left(\frac{\sum_{i=1}^{n}(X_i-\overline{X})^2}{\chi^2_{\frac{\alpha}{2}}(n-1)},\frac{\sum_{i=1}^{n}(X_i-\overline{X})^2}{\chi^2_{1-\frac{\alpha}{2}}(n-1)}\right). \tag{50}$$

例 7　抽取某自动车床加工的零件 16 个，测量长度如下（单位：毫米）：

12.15，12.12，12.01，12.08，12.09，12.16，12.03，12.01，

12.06，12.13，12.07，12.11，12.08，12.01，12.03，12.06.

设零件长度服从正态分布，试对零件长度的方差进行区间估计，置信度为 0.95.

解　$\alpha=0.05$，$n=16$. 由附表 4 查到 $\chi^2_{\frac{\alpha}{2}}(n-1)=\chi^2_{0.025}(15)=27.488$，$\chi^2_{1-\frac{\alpha}{2}}(n-1)=\chi^2_{0.975}(15)=6.262$，计算得到，$\overline{x}=12.075$，$\sum_{i=1}^{16}(x_i-\overline{x})^2=0.0366$，由(50) 式得到 σ^2 的置信度为 0.95 的置信区间为（0.0013，0.0058）.

由上面的讨论可看出，正态总体的两个参数 μ 与 σ^2 的区间估计的方法大致相同，只是采用的统计量各不相同. 现将讨论结果列入下表中.

正态总体参数 μ 与 σ^2 的置信度为 $1-\alpha$ 的置信区间表

参数估计		统计量	置信区间
μ	σ^2 已知	$U=\dfrac{\overline{X}-\mu}{\sqrt{\sigma^2/n}}\sim N(0,\ 1)$	$(\overline{X}-u_{\frac{\alpha}{2}}\sqrt{\sigma^2/n},\ \overline{X}+u_{\frac{\alpha}{2}}\sqrt{\sigma^2/n})$
	σ^2 未知	$t=\dfrac{\overline{X}-\mu}{\sqrt{S^2/n}}\sim t(n-1)$	$(\overline{X}-t_{\frac{\alpha}{2}}(n-1)\sqrt{S^2/n},\ \overline{X}+t_{\frac{\alpha}{2}}(n-1)\sqrt{S^2/n})$
σ^2(μ 未知)		$\chi^2=\dfrac{(n-1)\ S^2}{\sigma^2}\sim\chi^2(n-1)$	$\left(\dfrac{(n-1)\ S^2}{\chi^2_{\frac{\alpha}{2}}\ (n-1)},\ \dfrac{(n-1)\ S^2}{\chi^2_{1-\frac{\alpha}{2}}\ (n-1)}\right)$

习题 12－2

1. 选择题：

(1) θ 为总体 X 的未知参数，θ 的估计量是 $\hat{\theta}$，则（　　）.

A. $\hat{\theta}$ 是一个数，近似等于 θ　　B. $\hat{\theta}$ 是一个随机变量

C. $E(\hat{\theta})=\theta$　　D. $D(\hat{\theta})=\theta$

(2) 设 X_1，X_2，…，X_n 是总体 X 的样本，并且 $D(\hat{\theta})=\sigma^2$，令 $Y=\dfrac{1}{n}\sum\limits_{i=1}^{n}(X_i-\overline{X})^2$ 则（　　）.

A. $E(Y)=\dfrac{1}{n}\sigma^2$　　B. $E(Y)=\dfrac{n-1}{n}\sigma^2$

C. $E(Y)=\sigma^2$　　D. $E(Y)=\dfrac{n}{n-1}\sigma^2$

(3) 设 X_1，X_2，X_3 是总体 X 的样本，则 $E(X)$ 的无偏估计量是（　　）.

A. $\hat{\mu}_1=\dfrac{1}{2}X_1-\dfrac{1}{4}X_2+\dfrac{1}{3}X_3$　　B. $\hat{\mu}_2=\dfrac{1}{6}X_1+\dfrac{11}{12}X_2-\dfrac{1}{4}X_3$

C. $\hat{\mu}_3=\dfrac{1}{3}X_1+\dfrac{1}{2}X_2+\dfrac{1}{6}X_3$　　D. $\hat{\mu}_4=\dfrac{2}{3}X_1+\dfrac{3}{2}X_2-\dfrac{5}{6}X_3$

(4) 若总体 $X\sim N(\mu,\ \sigma^2)$，其中 σ^2 已知，当样本容量 n 保持不变时，如果置信度 $1-\alpha$ 变小，则 μ 的置信区间（　　）.

A. 长度变大　　B. 长度变小　　C. 长度不变　　D. 长度不一定不变

(5) 若总体 $X \sim N(\mu, \sigma^2)$，其中 σ^2 已知，当置信度 $1-\alpha$ 保持不变时，如果样本容量 n 增大，则 μ 的置信区间（　　）.

A. 长度变大　　B. 长度变小　　C. 长度不变　　D. 长度不一定不变

2. 设 $X_1, X_2, \cdots, X_n$ 是来自参数为 λ 的泊松分布总体 X 的一个样本，求 λ 的矩估计量和极大似然估计量.

3. 设 $X_1, X_2, \cdots, X_n$ 是来自参数为 λ 的指数分布总体 X 的一个样本，求 λ 的极大似然估计量.

4. 设某种设备的使用寿命服从参数为 λ 的指数分布，今随机地抽取 20 台设备，测得使用寿命的数据如下：

20.25，39.52，52.69，105，136，150，280，300，330，

420，460，510，630，180，200，230，820，1150，

求 λ 的极大似然估计值.

5. 设总体 $X \sim N(0, \sigma^2)$，$X_1, X_2, \cdots, X_n$ 是样本，求未知参数 σ^2 的极大似然估计量.

6. 设总体 X 服从参数为 λ 的泊松分布，$X_1, X_2, \cdots, X_n$ 是 X 的样本. 证明：对任一值 α：$0 \leqslant \alpha \leqslant 1$，$\alpha\overline{X}+(1-\alpha)S^2$ 是 λ 的无偏估计量.

7. 设 X_1, X_2 是正态总体 $X \sim N(\mu, 1)$ 的一个容量为 2 的样本，证明以下 3 个估计量都是 μ 的无偏估计量：

$$\hat{\mu}_1=\frac{2}{3}X_1+\frac{1}{3}X_2；\ \hat{\mu}_2=\frac{1}{4}X_1+\frac{3}{4}X_2；\ \hat{\mu}_3=\frac{1}{2}X_1+\frac{3}{2}X_2,$$

并指出其中哪一个方差最小？

8. 随机地从一批钉子中抽取 16 个，测得钉子长度为（单位：厘米）：

2.14，2.10，2.13，2.15，2.13，2.12，2.13，2.10，

2.15，2.12，2.14，2.10，2.13，2.11，2.14，2.11.

设钉长服从正态分布，求总体期望 μ 的置信度为 0.90 的置信区间.

(1) 若已知 $\sigma=0.01$；(2) 若未知 σ.

9. 从正态总体 X 中抽取容量为 14 的样本，观察值为

11，13，12，12，13，16，11，11，15，12，12，13，11，11.

求 σ^2 的置信度为 0.90 的置信区间.

第三节　假设检验

1. 假设检验的例子

例 1　某车间用一台包装机包装白糖，每袋白糖的额定标准为净重 0.5 千克. 根据长期经验知该包装机包装的白糖重量服从正态分布，其标准差$\sigma=0.015$千克. 为检验包装机的工作是否正常，从每天它所包装的糖中随机地抽取 9 袋，称得每袋糖的重量为（单位：千克）：

0.497，0.506，0.518，0.524，0.488，0.511，0.510，0.515，0.512，

问这天包装机的工作是否正常？

包装机工作正常时，所包装的糖也不会恰好每袋重都是额定标准 0.5 千克，上下总有一些波动. 若设这天包装机所包装的每袋糖的重量为 X，则 X 是一随机变量，并且已知 $X\sim N(\mu, 0.015^2)$，如果这天包装机的工作正常，即使每袋糖重有波动，也应在额定标准 0.5 千克附近波动，即随机变量的 X 期望 $\mu=0.5$；否则，认为包装机的工作不正常. 这样，问题转化为判断是否 $\mu=0.5$.

例 2　在针织的漂白工艺过程中，要考虑温度对针织品断裂强力的影响. 为了比较70 ℃和 80 ℃的影响有无差别，在这两个温度下，分别重复做了 8 次试验，得到的数据如下（单位：千克）：

70 ℃时的断裂强力

20.5，18.8，19.8，20.9，21.5，19.5，21.0，21.2；

80 ℃时的断裂强力

17.7，20.3，20.0，18.8，19.0，20.1，20.2，19.1.

设断裂强力服从正态分布，且方差不变，问70 ℃时的断裂强力与 80 ℃时的断裂强力有没有显著差别？

如果设在70 ℃和 80 ℃时的断裂强力分别为 X 和 Y，则 $X\sim N(\mu_1, \sigma^2)$，$Y\sim N(\mu_2, \sigma^2)$. 要考察70 ℃时的断裂强力与 80 ℃时的断裂强力有没有显著差别，只要看看这两个温度下断裂强力的期望 μ_1 和 μ_2 是否相等即可，因此，问题转化为判断是否 $\mu_1=\mu_2$？

例 3　某灯泡厂每天生产灯泡 1 万只，如果灯泡的使用寿命不超过1 000 小时，该灯泡即为次品. 按规定，次品率不得超过 1%. 现从该厂某天生产

的灯泡中任意抽取 50 只进行测试，发现 1 只次品，问这天生产的灯泡是否合格？

设灯泡的使用寿命为 X，次品率为 p，则 $p=P\{X\leqslant 1000\}$，于是，此问题实际上是判断是否有 $p\leqslant 0.01$？

例 4　在某天公路上观察汽车通过的频繁情况. 取 15 秒为一个时间单位，记下过路汽车的辆数. 现连续观察 200 个时间单位（即共观察 50 分钟），得数据如下表所示. 问在单位时间通过公路的汽车辆数的分布是否可以看成泊松分布？

汽车的辆数	0	1	2	3	4	≥5
时间单位的个数	92	68	28	11	1	0

设 X 表示单位时间里通过公路的汽车辆数，则问题转化为判断是否有 $X\sim P(\lambda)$？

上述 4 个例子都是假设检验的问题，要通过样本观察值来判断某个假设是否对，其中，前 3 个问题是关于总体参数的假设检验问题，假设分别是 $\mu=0.5$，$\mu_1=\mu_2$ 和 $p\leqslant 0.01$；最后一个问题是关于总体分布的假设检验问题，假设为 $X\sim P(\lambda)$.

在假设检验问题中，如果涉及的随机变量只有一个，则称为一个总体的假设检验问题，如例 1，例 3 和例 4. 如果涉及的随机变量有两个，则称为两个总体的检验问题，如例 2. 当然，也有 3 个或更多个总体的检验问题.

2. 假设检验的基本方法

尽管具体的假设检验问题种类很多，但进行假设检验的基本方法却相同.

进行假设检验的基本方法类似于数学证明中的反证法，但是带有概率性质. 具体地说，为了检验一个假设是否成立，先假定这个假设成立，在此前提之下进行推导，看会得到什么结果. 如果导致了一个不合理现象的出现，则表明假定该假设成立不正确，即原假设不能成立，此时，拒绝这个假设；如果没有导致不合理现象的出现，则接受这个假设. 其中“不合理现象”的标准是根据人们在实践中广泛采用的一个原则给出的：人们认为小概率事件在一次试验中几乎是不可能发生的，如果发生了，则认为是不合理现象. 这时，对假定原假设成立产生怀疑.

这样，在进行假设检验时，如果在假定该假设成立的前提下，在一次试验中一个小概率事件发生，即不合理现象出现，则要拒绝原假设；否则，接受原假设.

当然，小概率事件在一次试验中只是几乎不可能发生，而不是绝对不可能发生. 因此，进行假设检验的基本方法与数学证明中的反证法有重大区别.

概率小到什么程度的事件才算作小概率事件，没有统一的标准，通常把概率不超过 0.05 的事件算作小概率事件. 当然，这是一般的标准. 具体确定时还要根据实际问题而定. 记小概率事件的概率为 α，α 是一个小正数.

综上所述，假设检验的基本方法是：现假定所要检验的假设（称为原假设）成立，在此前提下，根据给定的 α 值，使用样本构造概率等于（或小于）α 的事件. 然后，根据一次试验的结果，即样本观察值，看看上述小概率事件在此次试验中是否发生，如果发生，则拒绝原假设；否则，接受原假设.

下面结合例 1 把上述方法具体化. 在例 1 中，设包装机所包装的每袋白糖的重量 $X\sim N(\mu, 0.015^2)$，要检验的假设是 $\mu=0.5$. 按照假设检验的基本方法，现假定 $\mu=0.5$，在此前提下，根据给定的 α 值，使用样本 X_1，X_2，…，X_n 构造小概率事件. 由于假设涉及总体 X 的期望 μ，因此想到可否借助于样本平均值 $\overline{X}$ 这个统计量，因为 $\overline{X}$ 是 X 的无偏估计量，$\overline{X}$ 的观察值的大小在一定程度上反映 μ 的大小. 因此，当假设 $\mu=0.5$ 成立时，$|\overline{X}-0.5|$ 一般不应过大，过大应为小概率事件. 为了给出 $|\overline{X}-0.5|$ 大到什么程度才是小概率事件的界限，需要知道 $\overline{X}-0.5$ 的分布. 由于 $X\sim N(\mu, 0.015^2)$，根据定理 1，$\overline{X}\sim N\left(\mu, \dfrac{0.015^2}{n}\right)$. 此时，由于假定 $\mu=0.5$，样本容量 $n=9$，所以

$$\overline{X}\sim N\left(0.5, \frac{0.015^2}{9}\right), \tag{51}$$

于是

$$\frac{\overline{X}-0.5}{\sqrt{0.015^2/9}}\sim N(0, 1). \tag{52}$$

注意到，衡量 $|\overline{X}-0.5|$ 的大小可以归结为衡量 $\dfrac{|\overline{X}-0.5|}{\sqrt{0.015^2/9}}$ 的大小，因此，对给定的 α 值，根据

$$P\left\{\frac{|\overline{X}-0.5|}{\sqrt{0.015^2/9}}\geqslant k\right\}\leqslant\alpha \tag{53}$$

确定出正数 k 的值，得到事件“$\frac{|\overline{X}-0.5|}{\sqrt{0.015^2/9}}\geqslant k$”的概率不超过 α，从而为小概率事件．根据（52）式，使用$\frac{\overline{X}-0.5}{\sqrt{0.015^2/9}}$的分布，即可确定 k 的值．为了简化计算，可将（53）式中的“$\leqslant$”取为等号

$$P\left\{\frac{|\overline{X}-0.5|}{\sqrt{0.015^2/9}}\geqslant k\right\}=\alpha.$$

使用标准正态分布的上侧分位数，可得 $k=u_{\frac{\alpha}{2}}$．因此，由样本观察值 x_1，x_2，…，x_n 计算出 $\overline{x}$，当$\frac{|\overline{x}-0.5|}{\sqrt{0.015^2/9}}\geqslant u_{\frac{\alpha}{2}}$，拒绝假设 $\mu=0.5$；反之，则接受假设 $\mu=0.5$.

对例 1，根据样本观察值计算出的 $\overline{x}=0.509$．若取 $\alpha=0.05$，则 $u_{\frac{\alpha}{2}}=u_{0.025}=1.96$，这时$\frac{|\overline{x}-0.5|}{\sqrt{0.015^2/9}}=1.8<1.96$，因此，接受假设 $\mu=0.5$，即认为这天包装机的工作正常.

3. 基本概念

称 α 为**检验水平**或**显著性水平**．所提出的假设用 H_0 表示，称 H_0 为**原假设**或**零假设**，并把原假设的对立假设用 H_1 表示，称 H_1 为**备择假设**．这样，例 1 的假设检验问题可以说成：在显著性水平 α 下，检验假设

$$H_0: \mu=0.5,\ H_1: \mu\neq 0.5.$$

构造小概率事件时使用的统计量称之为检验统计量．当检验统计量取某个区域中的值时，拒绝原假设 H_0，则称此区域为 H_0 的拒绝域，拒绝域通常是区间，拒绝域的边界点称为临界点．例如，在例 1 中，检验统计量是$\frac{\overline{X}-0.5}{\sqrt{0.015^2/9}}$，拒绝域是$\frac{|\overline{X}-0.5|}{\sqrt{0.015^2/9}}\geqslant u_{\frac{\alpha}{2}}$，临界点是$\pm u_{\frac{\alpha}{2}}$.

当拒绝 H_0 时，表示接受 H_1；当接受 H_0 时，表示拒绝 H_1.

4. 关于参数的假设检验问题的处理步骤

（1）根据实际问题的要求，提出原假设 H_0 和备择假设 H_1；

（2）确定显著性水平 α 和样本容量 n；

（3）确定检验统计量（当 H_0 成立时，该统计量的分布为已知）和拒绝域的形式；

(4) 按 $P\{$拒绝 $H_0 \mid H_0$ 成立$\}=\alpha$ 求出拒绝域；

(5) 抽样，根据样本观察值确定接受还是拒绝 H_0.

5. 正态总体期望的假设检验

(1) 单个总体 $X\sim N(\mu, \sigma^2)$ 期望 μ 的检验

假设检验 $H_0: \mu=\mu_0$，$H_1: \mu\neq\mu_0$，μ_0 是已知数.

分为已知方差 σ^2 和未知方差 σ^2 两种情况讨论.

第一种情况 已知方差 σ^2.

例 1 就是这种情况，$\mu=0.5$，$\sigma^2=0.015^2$. 一般地，检验统计量为

$$U=\frac{\overline{X}-\mu_0}{\sqrt{\sigma^2/n}}. \tag{54}$$

当 H_0 成立时，$U\sim N(0, 1)$，拒绝域为

$$|U|=\frac{|\overline{X}-\mu_0|}{\sqrt{\sigma^2/n}}\geqslant u_{\frac{\alpha}{2}}. \tag{55}$$

由于使用的检验统计量 U 在 H_0 成立时服从标准正态分布，因此，这种检验方法称为 **U 检验法**.

第二种情况 未知方差 σ^2.

因为样本方差 S^2 是 σ^2 的无偏估计量，故在 (54) 式中用 S^2 代替 σ^2，得到检验统计量

$$t=\frac{\overline{X}-\mu_0}{\sqrt{S^2/n}}. \tag{56}$$

当 H_0 成立时，根据定理 3，$t\sim t(n-1)$.

由于使用的检验统计量 t 在 H_0 成立时服从 t 分布，因此，这种检验法称为 **t 检验法**.

例 5 5 个人彼此独立地测量同一块土地，分别测量其面积为（单位：平方千米）：

$$1.27，1.24，1.21，1.28，1.23$$

设测量值服从正态分布，试根据这些数据假设检验 H_0：这块土地的实际面积为 1.23 平方千米，取 $\alpha=0.05$.

解 设这块土地的测量面积为 X，$X\sim N(\mu, \sigma^2)$，本题是在显著性水平 $\alpha=0.05$ 下，检验假设

$$H_0: \mu=1.23, \quad H_1: \mu\neq1.23.$$

由于未知方差 σ^2，使用 t 检验法. 计算得到

$$\bar{x}=1.246,\ S^2=0.00083,\ \frac{\bar{x}-\mu_0}{\sqrt{S^2/n}}=\frac{1.246-1.23}{\sqrt{0.00083/5}}=1.241,$$

查附表 3 得到 $t_{\frac{\alpha}{2}}(n-1)=t_{0.025}(4)=2.7764$. 由于 $1.241<2.7764$，因此，接受假设 H_0，即可以认为这块土地的实际面积为 1.23 平方千米.

(2) 两个总体 $X\sim N(\mu_1,\ \sigma_1^2)$，$Y\sim N(\mu_2,\ \sigma_2^2)$ 期望差 $\mu_1-\mu_2$ 的检验

假设检验　　H_0：$\mu_1-\mu_2=0$，H_1：$\mu_1-\mu_2\neq 0$.

第一种情况　已知方差 σ_1^2 和 σ_2^2.

使用检验统计量

$$U=\frac{\overline{X}-\overline{Y}}{\sqrt{\frac{\sigma_1^2}{n_1}+\frac{\sigma_2^2}{n_2}}},$$

由于 $\frac{(\overline{X}-\overline{Y})-(\mu_1-\mu_2)}{\sqrt{\frac{\sigma_1^2}{n_1}+\frac{\sigma_2^2}{n_2}}}\sim N(0,\ 1)$，当 H_0 成立时，$U\sim N(0,\ 1)$.

与单个总体已知方差的情况类似，可得拒绝域为

$$\frac{|\overline{X}-\overline{Y}|}{\sqrt{\frac{\sigma_1^2}{n_1}+\frac{\sigma_2^2}{n_2}}}\geqslant u_{\frac{\alpha}{2}}. \tag{57}$$

这种检验方法也是 U 检验法.

例 6　在两种工艺条件下各纺得细纱，其强力分别服从 $\sigma_1=28$ 克和 $\sigma_2=28.5$ 克的正态分布. 现各抽取容量为 100 的样本，由样本观察值得到 $\bar{x}=280$ 克，$\bar{y}=286$ 克. 问这两种工艺条件下细纱的平均强力有无差异？取 $\alpha=0.05$.

解　设这两种工艺条件下细纱的强力分别为 X 和 Y，则

$$X\sim N(\mu_1,\ \sigma_1^2),\ Y\sim N(\mu_2,\ \sigma_2^2),\ \sigma_1^2=28^2,\ \sigma_2^2=28.5^2.$$

本题是在水平 $\alpha=0.05$ 下，假设检验

$$H_0:\ \mu_1-\mu_2=0,\ H_1:\ \mu_1-\mu_2\neq 0.$$

拒绝域如（57）式所示. 计算得到

$$\frac{\bar{x}-\bar{y}}{\sqrt{\frac{\sigma_1^2}{n_1}+\frac{\sigma_2^2}{n_2}}}=\frac{280-286}{\sqrt{\frac{28^2+28.5^2}{100}}}=-1.50,\ u_{\frac{\alpha}{2}}=u_{0.025}=1.96.$$

$|-1.50|<1.96$，因此，接受 H_0，即认为这两种工艺条件下细纱的强力没有差异.

第二种情况　未知方差 σ_1^2 和 σ_2^2，这时，要求 $\sigma_1^2=\sigma_2^2=\sigma^2$.

使用检验统计量

$$t=\frac{\overline{X}-\overline{Y}}{S_0\sqrt{\frac{1}{n_1}+\frac{1}{n_2}}},$$

式中 $S_0^2=\frac{(n_1-1)\ S_1^2+\ (n_2-1)\ S_2^2}{n_1+n_2-2}$.

根据定理 4，

$$\frac{(\overline{X}-\overline{Y})-(\mu_1-\mu_2)}{S_0\sqrt{\frac{1}{n_1}+\frac{1}{n_2}}}\sim t(n_1+n_2-2),$$

因此，当 H_0 成立时，$t\sim t(n_1+n_2-2)$.

与单个总体未知方差的情况类似，可得拒绝域为

$$\frac{|\overline{X}-\overline{Y}|}{S_0\sqrt{\frac{1}{n_1}+\frac{1}{n_2}}}\geqslant t_{\frac{\alpha}{2}}(n_1+n_2-2). \tag{58}$$

这种检验法也是 t 检验法.

例 7 对例 2 进行检验，取 $\alpha=0.05$.

解 用 X，Y 分别表示70 ℃和80 ℃时的断裂强力，则 $X\sim N(\mu_1,\ \sigma^2)$，$Y\sim N(\mu_2,\ \sigma^2)$. 本题是在水平 $\alpha=0.05$ 下，检验假设

$$H_0:\ \mu_1-\mu_2=0,\ H_1:\ \mu_1-\mu_2\neq 0.$$

拒绝域如（58）式所示. 计算得到 $\overline{x}=20.4$，$\overline{y}=19.4$，$S_0=0.926$，

$$\frac{\overline{x}-\overline{y}}{S_0\sqrt{\frac{1}{n_1}+\frac{1}{n_2}}}=\frac{20.4-19.4}{0.926\times\sqrt{\frac{1}{8}+\frac{1}{8}}}=2.160.$$

由附表 3 查出 $t_{\frac{\alpha}{2}}(n_1+n_2-2)=t_{0.025}(14)=2.1448$. 由于 $2.160>2.1448$，因此，拒绝 H_0，即70 ℃时的断裂强力和80 ℃时的断裂强力有区别.

6. 正态总体方差的假设检验

(1) 单个总体 $X\sim N(\mu,\ \sigma^2)$ 方差 σ^2 的检验

检验假设

$$H_0:\ \sigma^2=\sigma_0^2,\ H_1:\ \sigma^2\neq\sigma_0^2,$$

σ_0 是已知数. 同样，可以分为已知期望和未知期望两种情况，常用的是未知期望的情况，下面讨论它.

首先假定假设 H_0 成立. 由于涉及总体 X 的方差 σ^2，使用 σ^2 的无偏估

计量 S^2 构造检验统计量. 考虑比值$\frac{S^2}{\sigma_0^2}$，如果$\frac{S^2}{\sigma_0^2}$比 1 过大或过小，则表明 S^2 和 σ_0^2 相差甚多，但这在 H_0 成立的前提下，应是小概率事件. 为了数学上处理方便，使用检验统计量

$$\chi^2=\frac{(n-1)\ S^2}{\sigma_0^2}, \tag{59}$$

当 H_0 成立时，根据定理 2，$\chi^2\sim\chi^2(n-1)$.

如上所说，拒绝域的形式应为$\frac{(n-1)S^2}{\sigma_0^2}\leqslant k_1$ 或$\frac{(n-1)S^2}{\sigma_0^2}\geqslant k_2$，其中 k_1 和 k_2 的值由下式确定：

$P\{$拒绝 H_0 | H_0 成立$\}$

$$=P\left\{\frac{(n-1)S^2}{\sigma_0^2}\leqslant k_1\text{ 或}\frac{(n-1)S^2}{\sigma_0^2}\geqslant k_2\,|\,\sigma^2=\sigma_0^2\right\}=\alpha,$$

上式可以写为

$$P\left\{\frac{(n-1)S^2}{\sigma_0^2}\leqslant k_1\,|\,\sigma^2=\sigma_0^2\right\}+P\left\{\frac{(n-1)S^2}{\sigma_0^2}\geqslant k_2\,|\,\sigma^2=\sigma_0^2\right\}=\alpha,$$

为了计算方便，取 $P\left\{\frac{(n-1)S^2}{\sigma_0^2}\leqslant k_1\,|\,\sigma^2=\sigma_0^2\right\}=P\left\{\frac{(n-1)S^2}{\sigma_0^2}\geqslant k_2\,|\,\sigma^2=\sigma_0^2\right\}=\frac{\alpha}{2}$.

根据 χ^2 分布的上侧分位数的定义，可得 $k_1=\chi^2_{1-\frac{\alpha}{2}}(n-1)$，$k_2=\chi^2_{\frac{\alpha}{2}}(n-1)$，从而拒绝域为

$$\frac{(n-1)S^2}{\sigma_0^2}\leqslant\chi^2_{1-\frac{\alpha}{2}}(n-1)\text{或}\frac{(n-1)S^2}{\sigma_0^2}\geqslant\chi^2_{\frac{\alpha}{2}}(n-1). \tag{60}$$

由于使用的检验统计量 χ^2 在 H_0 成立时服从 χ^2 分布，因此，这种检验方法称为 **χ^2 检验法.**

例 8　某厂生产的某种型号的电池，其使用寿命长期以来服从方差 $\sigma^2=$ 5 000小时^2 的正态分布. 今有一批这种型号的电池，从生产情况看，使用寿命波动性较大. 为判断这种看法是否服从实际，从中随机抽取了 26 只电池，测出使用寿命的样本方差 $S^2=7\ 200$ 小时^2，问根据这个数字能否判定这批电池使用寿命的波动性较以往有显著变化？取 $\alpha=0.02$.

解　设电池的使用寿命为 X，$X\sim N(\mu,\ \sigma^2)$，本题在水平 $\alpha=0.02$ 下，检验假设

$$H_0:\ \sigma^2=5\ 000,\ H_1:\ \sigma^2\neq5\ 000.$$

拒绝域如 (60) 式所示，计算得到，$\frac{(n-1)S^2}{\sigma_0^2}=\frac{25\times7\ 200}{5\ 000}=36$，由附表 4 查出

$$\chi^2_{\frac{\alpha}{2}}(n-1)=\chi^2_{0.01}(25)=44.314,\ \chi^2_{1-\frac{\alpha}{2}}(n-1)=\chi^2_{0.99}(25)=11.524.$$

由于11.524<36<44.314，因此，接受 H_0，即可以认为这批电池使用寿命的波动性较以往没有显著变化.

(2) 两个总体 $X \sim N(\mu_1, \sigma_1^2)$，$Y \sim N(\mu_2, \sigma_2^2)$ 方差齐性（即方差相等）的检验

检验假设

$$H_0: \sigma_1^2 = \sigma_2^2, \ H_1: \sigma_1^2 \neq \sigma_2^2.$$

仍然只讨论未知期望的情况.

考虑 σ_1^2，σ_2^2 的无偏估计量 S_1^2，S_2^2. 当假设 H_0 成立时，S_1^2 和 S_2^2 的比值 $\frac{S_1^2}{S_2^2}$ 不应比1过大或过小. 如果 $\frac{S_1^2}{S_2^2}$ 比1过大或过小，表明 S_1^2 和 S_2^2 相差甚多，这在 H_0 成立的前提下，应是小概率事件. 使用检验统计量

$$F = \frac{S_1^2}{S_2^2}, \tag{61}$$

根据定理5，$\frac{S_1^2/\sigma_1^2}{S_2^2/\sigma_2^2} \sim F(n_1-1, n_2-1)$，当假设 H_0 成立时，$F \sim F(n_1-1, n_2-1)$.

如上所说，拒绝域的形式为 $\frac{S_1^2}{S_2^2} \leqslant k_1$ 或 $\frac{S_1^2}{S_2^2} \geqslant k_2$，其中 k_1 和 k_2 的值由下式确定

$$P\{\text{拒绝 } H_0 \mid H_0 \text{ 成立}\} = P\left\{\frac{S_1^2}{S_2^2} \leqslant k_1 \text{ 或 } \frac{S_1^2}{S_2^2} \geqslant k_2 \mid \sigma_1^2 = \sigma_2^2\right\} = \alpha.$$

上式可以写为 $P\left\{\frac{S_1^2}{S_2^2} \leqslant k_1 \mid \sigma_1^2 = \sigma_2^2\right\} + P\left\{\frac{S_1^2}{S_2^2} \geqslant k_2 \mid \sigma_1^2 = \sigma_2^2\right\} = \alpha.$

仍取 $P\left\{\frac{S_1^2}{S_2^2} \leqslant k_1 \mid \sigma_1^2 = \sigma_2^2\right\} = P\left\{\frac{S_1^2}{S_2^2} \geqslant k_2 \mid \sigma_1^2 = \sigma_2^2\right\} = \frac{\alpha}{2}$，

根据 F 分布的上侧分位数的定义，可得 $k_1 = F_{1-\frac{\alpha}{2}}(n_1-1, n_2-1)$，$k_2 = F_{\frac{\alpha}{2}}(n_1-1, n_2-1)$，从而拒绝域为

$$\frac{S_1^2}{S_2^2} \leqslant F_{1-\frac{\alpha}{2}}(n_1-1, n_2-1) \text{ 或 } \frac{S_1^2}{S_2^2} \geqslant F_{\frac{\alpha}{2}}(n_1-1, n_2-1). \tag{62}$$

由于使用的检验统计量 F 在 H_0 成立时服从 F 分布，因此，这种检验方法称为 **F 检验法**.

例 9 机床厂某天从两台机器所加工的同一种零件中，分别抽取若干个测量其尺寸，得数据如下（单位：厘米）：

第一台机器：6.2，5.7，6.5，6.0，6.3，5.8，5.7，6.0，6.0，5.8，6.0；

第二台机器：5.6，5.8，5.6，6.7，5.8，6.0，5.5，5.7，5.5.

设零件尺寸服从正态分布，问这两台机器所加工零件尺寸的方差有无显著差异？取 $\alpha=0.05$.

解　设两台机器所加工的零件尺寸分别为 X，Y，$X\sim N(\mu_1, \sigma_1^2)$，$Y\sim N(\mu_2, \sigma_2^2)$. 本题是在水平 $\alpha=0.05$ 下，检验假设

$$H_0: \sigma_1^2=\sigma_2^2, \ H_1: \sigma_1^2\neq\sigma_2^2.$$

拒绝域如（62）式所示. 计算得到，$S_1^2=0.064$，$S_2^2=0.140$，$\dfrac{S_1^2}{S_2^2}=0.4571$. 由附表 5 查出 $F_{\frac{\alpha}{2}}(n_1-1, n_2-1)=F_{0.025}(10, 8)=4.30$，$F_{1-\frac{\alpha}{2}}(n_1-1, n_2-1)=F_{0.975}(10, 8)=\dfrac{1}{F_{0.025}(8, 10)}=\dfrac{1}{3.85}=0.2597$. 由于 $0.2597<0.4571<4.30$，因此，接受 H_0，即认为两台机器所加工的零件尺寸的方差没有显著差异.

习题 12—3

1. 填空题：

(1) 林场造林若干亩，从中抽取 50 棵树，测得平均树高 9.2 米，样本方差 1.6 米²．设树高服从正态分布，问此林场的树高与 10 米的差异是否显著？取 $\alpha=0.05$. 对该问题提出假设 H_0：________，H_1：________，使用________检验法.

(2) 从甲、乙两个矿山的铁矿石分别抽得容量为 5，4 的样本，测得含铁量（%）如下：

甲矿：24.3，20.8，23.7，21.3，17.4；

乙矿：18.3，16.9，20.2，16.7.

设各矿山铁矿石的含铁量服从正态分布，并且方差相等，问甲、乙两矿山铁矿石的含铁量有无显著差异？取 $\alpha=0.05$. 对该问题提出假设 H_0：________，H_1：________，使用________检验法. 如果没有方差相等的条件，这时应该先检验假设 H_0：________，H_1：________，使用________检验法.

2. 由经验知某产品质量 $X\sim N$（15，0.05）. 现抽取 6 个样本，测得质量为（单位：克）：

14.7，15.1，14.8，15.0，15.2，14.6.

设方差不变，问平均质量是否仍为 15？取 $\alpha=0.05$.

3. 某机器在正常工作时，生产的产品平均每个应为 50 克重，从该机器

生产的一批产品中抽取 9 个，分别称得重量为（单位：克）：

52.1，50.5，51.2，49.7，49.5，50.5，58.7，50.5，48.3

设产品重量服从正态分布，问这批产品质量是否正常？取 $\alpha=0.05$.

4. 正常人的脉搏平均 72 次/分，某医生测得 10 例慢性中毒者的脉搏为（单位：次/分）：

54，67，68，78，70，66，67，70，65，69.

设中毒者的脉搏服从正态分布，问中毒者和正常人的脉搏有无显著性差异？取 $\alpha=0.05$.

5. 某苗圃用两种育苗方案作杨树的育苗试验. 在两组育苗试验中，已知苗高服从正态分布，标准差分别为 20 厘米和 18 厘米. 现各抽取 60 株苗作为样本，测得苗高的平均值为 $\overline{x}=59.34$ 厘米，$\overline{y}=49.16$ 厘米. 问这两种育苗方案对平均苗高的影响有无区别？取 $\alpha=0.05$.

6. 设总体 X 和 Y 相互独立，均服从正态分布：$X\sim N(\mu_1,\ \sigma_1^2)$，$Y\sim N(\mu_2,\ \sigma_2^2)$，并且 $\sigma_1^2=\sigma_2^2$. 其样本观察值为

X：86，68.5，123，88，95；

Y：102，123，137，117，104.5.

试检验这两个总体的期望 μ_1 和 μ_2 是否相等. 取 $\alpha=0.05$.

7. 从正态分布 $X\sim N(\mu,\ \sigma^2)$ 中随机抽取容量为 8 的样本，得 $\overline{x}=61$，$\sum\limits_{i=1}^{8}(x_i-\overline{x})^2=652.8$. 试检验假设

$$H_0:\ \sigma^2=32,\ H_1:\ \sigma^2\neq 32.$$

取 $\alpha=0.05$.

8. 从两个相互独立的正态总体 X 与 Y 中分别抽取容量为 9 和 11 的样本，算得

$$\sum_{i=1}^{9}(x_i-\overline{x})^2=146,\sum_{i=1}^{11}(y_i-\overline{y})^2=45,$$

试检验这两个总体的方差是否相等. 取 $\alpha=0.05$.

9. 测得两批电子器材样本的电阻分别为（单位：欧姆）：

第一批：0.140，0.138，0.143，0.142，0.144，0.137；

第二批：0.135，0.140，0.142，0.136，0.138，0.140.

设两批器材的电阻分别服从 $N(\mu_1,\ \sigma_1^2)$ 和 $N(\mu_2,\ \sigma_2^2)$.

(1) 检验假设 H_0：$\sigma_1^2=\sigma_2^2$，H_1：$\sigma_1^2\neq\sigma_2^2$；

(2) 检验假设 H'_0：$\mu_1=\mu_2$，H'_1：$\mu_1\neq\mu_2$.

【本章小结】

一、本章的基本要求

1. 理解样本和统计量的概念，了解统计学三大分布，会查三大分布的上侧分位数表，了解正态总体的抽样分布.

2. 掌握矩估计法和极大似然估计法，了解无偏性和有效性的概念，会求正态总体期望和方差的置信区间.

3. 了解假设检验的基本方法，了解总体分布的检验.

二、学习中应注意的几个问题

1. 统计学三大分布.

χ^2 分布，t 分布和 F 分布，其上侧分位数 $\chi^2_\alpha(n)$，$t_\alpha(n)$ 和 $F_\alpha(n_1, n_2)$ 可以查附表，这时常用下面公式：

$$t_{1-\alpha}(n)=-t_\alpha(n),\ F_{1-\alpha}(n_1,n_2)=\frac{1}{F_\alpha(n_1,n_2)}.$$

2. 矩估计法与极大似然估计法.

当总体 X 的分布中只有一个未知参数 θ 需要估计时，使用一阶矩，解如下方程：

$E(X)=\frac{1}{n}\sum_{i=1}^{n}X_i$，其中 $X_1,X_2,\cdots,X_n$ 是 X 的样本，$E(X)$ 与 θ 有关. 上述方程的解即为 θ 的矩估计量

$$\hat{\theta}=\hat{\theta}(X_1,\ X_2,\ \cdots,\ X_n).$$

当总体 X 的分布中有两个未知参数 θ_1，θ_2 需要估计时，使用一阶矩和二阶矩，解如下方程组：

$$\begin{cases} E(X)=\frac{1}{n}\sum_{i=1}^{n}X_i, \\ E(X^2)=\frac{1}{n}\sum_{i=1}^{n}X_i^2. \end{cases}$$

其中 $E(X)$ 和 $E(X^2)$ 与 θ_1,θ_2 有关. 上述方程组的解即为 θ_1,θ_2 的矩估计量

$$\hat{\theta}_1=\hat{\theta}_1(X_1,X_2,\cdots,X_n)$$

$$\hat{\theta}_2=\hat{\theta}_2(X_1,X_2,\cdots,X_n)$$

求出 $E(X)$ 和 $E(X^2)$ 与参数之间的关系是矩估计法的关键所在.

对离散型总体 X，设其概率分布为

$$P(X=x)=p(x,\theta)\ (\theta\in\Theta),$$

则似然函数

$$L(\theta)=\prod_{i=1}^{n}p(X=x_i)=\prod_{i=1}^{n}p(x_i,\theta).$$

当总体分布中只有一个未知参数 θ 需要估计时，解方程 $\frac{\mathrm{d}\ln L(\theta)}{\mathrm{d}\theta}=0$，即可得到 θ 的极大似然估计量 $\hat{\theta}=\hat{\theta}(X_1, X_2, \cdots, X_n)$.

当总体分布中有两个未知参数 θ_1，θ_2 需要估计时，解方程组

$$\begin{cases}\dfrac{\partial \ln L(\theta_1, \theta_2)}{\partial \theta_1}=0,\\ \dfrac{\partial \ln L(\theta_1, \theta_2)}{\partial \theta_2}=0,\end{cases}$$

即可得到 θ_1，θ_2 的极大似然估计量 $\hat{\theta}_1=\hat{\theta}_1(X_1, X_2, \cdots, X_n)$，$\hat{\theta}_2=\hat{\theta}_2(X_1, X_2, \cdots, X_n)$

这时，用到高等数学中有关导数和偏导数的知识.

3. 无偏性和有效性.

若未知参数 θ 的估计量 $\hat{\theta}=\hat{\theta}(X_1, X_2, \cdots, X_n)$ 满足 $E(\hat{\theta})=\theta(\theta\in\Theta)$，则称 θ 是 $\hat{\theta}$ 的无偏估计量. 设 $\hat{\theta}_1=\hat{\theta}_1(X_1, X_2, \cdots, X_n)$ 和 $\hat{\theta}_2=\hat{\theta}_2(X_1, X_2, \cdots, X_n)$ 是 θ 的无偏估计量，若 $D(\hat{\theta}_1)<D(\hat{\theta}_2)$，则称 $\hat{\theta}_1$ 比 $\hat{\theta}_2$ 有效.

无偏性和有效性是评价估计量的两个重要标准. 有关无偏性的问题本质上是关于期望的计算，有关有效性的问题本质上是关于方差的计算，这时要用到前面期望和方差的性质. 要注意，只有在无偏性的基础上，才可以讨论有效性.

当用样本平均值 $\overline{X}$ 估计总体 X 的期望 $E(X)$ 时，$\overline{X}$ 具有无偏性：$E(\overline{X})=E(X)$；当用样本方差 S^2 估计总体 X 的方差 $D(X)$ 时，S^2 具有无偏性：$E(S^2)=D(X)$. 不论总体 X 服从什么分布，上述结论均成立.

4. 正态总体期望的假设检验.

对单个总体 $X\sim N(\mu, \sigma^2)$，检验假设

H_0：$\mu=\mu_0$，H_1：$\mu\neq\mu_0$.

已知 σ^2 时，拒绝域为 $\frac{|\overline{X}-\mu_0|}{\sqrt{\sigma^2/n}}\geqslant u_{\frac{\alpha}{2}}$，未知 σ^2 时，拒绝域为 $\frac{|\overline{X}-\mu_0|}{\sqrt{S^2/n}}\geqslant t_{\frac{\alpha}{2}}(n-1)$.

5. 正态总体方差的假设检验.

对单个总体 $X\sim N(\mu, \sigma^2)$，检验假设

H_0：$\sigma^2=\sigma_0^2$，H_1：$\sigma^2\neq\sigma_0^2$. 未知 μ 时，拒绝域为 $\frac{(n-1)\ S^2}{\sigma_0^2}\leqslant\chi^2_{1-\frac{\alpha}{2}}$ 或 $\frac{(n-1)\ S^2}{\sigma_0^2}\geqslant\chi^2_{\frac{\alpha}{2}}\ (n-1)$.

综合检测题（十二）

1. 选择题：

(1) 设总体 X 服从正态分布 $N(\mu,\ \sigma^2)$，其中 μ 已知，σ^2 未知，X_1，X_2，X_3 是从总体中抽取的样本，则下列表达式中不是统计量的是(　　).

A. $X_1+X_2+X_3$　B. $\sum\limits_{i=1}^{3}\frac{X_i^2}{\sigma^2}$　C. $X_1^2+X_2^2+X_3^2$　D. $X_1+2\mu$

(2) 设总体 $X\sim N(2,\ 16)$，X_1，X_2，…，X_n 是 X 的样本，则下列结论正确的是（　　）.

A. $\frac{\overline{X}-2}{4}\sim N(0,\ 1)$　B. $\frac{\overline{X}-2}{16}\sim N(0,\ 1)$

C. $\frac{\overline{X}-2}{2}\sim N(0,\ 1)$　D. $\frac{\overline{X}-2}{4/\sqrt{n}}\sim N(0,\ 1)$

(3) 设总体 $X\sim N(0,\ 1)$，X_1，X_2，…，X_n 是 X 的样本，$\overline{X}=\frac{1}{n}\sum\limits_{i=1}^{n}X_i$，$S^2=\frac{1}{n-1}\sum\limits_{i=1}^{n}(X_i-\overline{X})^2$，则服从自由度为 $n-1$ 的 χ^2 分布的随机变量是（　　）.

A. $\sum\limits_{i=1}^{n}X_i^2$　B. S^2　C. $(n-1)\overline{X}^2$　D. $(n-1)S^2$

(4) 单个正态总体未知期望时，求总体方差的置信度为 $1-\alpha$ 的置信区间时，使用的随机变量服从（　　）.

A. 标准正态分布　B. χ^2 分布　C. t 分布　D. F 分布

2. 对下面的样本观察值，分别计算样本平均值和样本方差：

54，67，68，78，70，66，67，70，65，69.

3. 设总体 $X\sim N(61,\ 4.9)$，从 X 中抽取容量为 10 的一个样本，求样本平均值小于 60 的概率.

4. 对总体 X 的一个容量为 9 的样本，其观察值为

0.497，0.506，0.518，0.524，0.488，0.510，0.510，0.515，0.512，

分别使用 $\overline{x}$ 和 S^2 估计 $E(X)$ 和 $D(X)$.

5. 某工厂生产的零件长度 X 被认为服从正态分布 $N(\mu, 0.04)$，现从该厂产品中随机抽取 6 个零件，其长度的测量值如下（单位：mm）：

$$14.6, 15.1, 14.9, 14.8, 15.2, 15.1,$$

求 μ 的置信度为 0.95 的置信区间.

6. 某厂生产的电阻，根据以往的经验，可以认为电阻值服从正态分布 $N(\mu, \sigma^2)$. 现抽取该厂生产的电阻 10 个，测得它们的电阻值为（单位：Ω）：

$$9.9, 10.1, 10.2, 9.7, 9.9, 9.9, 10.0, 10.5, 10.1, 10.2.$$

问能否认为该厂生产的电阻的平均值为 10 欧姆？分布就 $\sigma=0.1$ 和 σ 未知两种情况加以讨论，取 $\alpha=0.05$.

7. 某厂生产的发动机部件的直径服从正态分布，现抽取 5 个部件，测得它们的直径为（单位：cm）：

$$1.32, 1.55, 1.36, 1.40, 1.44,$$

问能否认为发动机部件的直径的标准差为 0.048 厘米？取 $\alpha=0.05$.

拓展性阅读导航

1. [美] 德格鲁特等著，叶中行等译：概率统计（第 3 版） [M]. 北京：人民邮电出版社 2007 版.

Morris H. DeGroot（1931—1989）世界知名统计学家. 生前是国际统计学会、美国统计学会、数理统计学会、计量经济学会会士. 卡内基梅隆大学教授、1966 年创办该校统计系. DeGroot 在学术上非常活跃，著述颇丰. 为纪念他的著作对统计教学的贡献，国际贝叶斯分析学会特别设立了 DeGroot 奖表彰优秀统计学著作.

该书内容包括概论、数理统计两部分，涉及条件概率、随机变量及其分布、数学期望、特殊分布、估计、估计量的抽样分布、假设检验、分类数据与非参数和方法、线性统计模型、随机模拟等. 本书知识体系结构与国内主流的概率论与数理统计教材基本一致，但内容取材及例题的安排上都比较新颖，尤其是新增加了一些非常实用而且比较先进的模拟方法，书中最后提供了奇数号习题的解答以及索引.

2. [日] 郡山彬等著，刘京华译：轻松解读科学奥秘：概率统计超

入门 [M]. 北京：世界图书出版公司出版 2005 版.

概率统计与我们的生活息息相关，是一门能够即学即用的学问. 从骰子游戏的胜负到基本的统计处理，我们用图解说话，助你揭开“统计”迷雾，攻破“概率”难关.

该书是写给觉得“我知道概率统计这个词，就是和现实事物对不上，不理解”，或常常想“我要学习概率统计，可是从哪里开始学呢”的读者. 我们的目标是把概率的基本知识解释得通俗易懂，并且尽量具体说明. 其中所举事例也尽量争取从我们周围的事情和日常的生活中选取. 数学看起来复杂，归根究底，是一个“简单事实的积累”. 概率统计也是如此. 希望本书能够帮助读者理解概率统计，或者使各位读者燃起学习的兴趣.

3. 浙江大学：概率论与数理统计（第三版）[M]. 北京：高等教育出版社 2004 版.

该书是由 1989 年 8 月出版的《概率论与数理统计》第二版修订而成的，内容包括概率论、数理统计、随机过程三部分，每章附有习题. 可以作为高等院校工科、理科（非数学专业）各专业的教材使用，也可供工程技术人员参考.

4. 张天德：概率论与数理统计辅导及习题精解（与浙江大学第三版教材配套）[M]. 北京：中国社会文献出版社 2007 版.

全书内容编写系统、新颖、清晰、独到，充分体现了如下三大特点.

一、知识梳理清晰、简洁，直观、形象的图表总结，精炼、准确的考点提炼，权威、独到的题型归纳，将教材内容表述得简明扼要，梳理得一清二白，便于读者快速复习、商效掌握，形成稳固、扎实的知识结构，从而夯实基础，提高解题能力和数学思维水平.

二、能力提升迅速、到互动，所有重点、难点、考点，统统归纳为一个个在考试中可能出现的基本题型，然后针对每一个基本题型，举出丰富的精选例题、考研真题，举一反三、深入讲解，真正将知识掌握和解题能力高效结合、浑然一体，一举完成.

三、联系考研密切、实用，本书是一本教材同步辅导，也是一本考研复习用书，书中处处联系考研，例题中有考研试题，同步自测中也有考研试题，更不用说讲解中处处渗透考研经常考到的考点、重点等，为的就是让同学们同步完成考研备考，达到考研要求的能力.

习题答案

习题1—1

1. (1) $\{x \mid x>5, x\in\mathbf{R}\}$；(2) $\{(x, y) \mid x^2+y^2<25, x, y\in\mathbf{R}\}$；
   (3) $\{(x, y) \mid y=x^2$ 且 $x-y=0, x, y\in\mathbf{R}\}$.
2. (1) $\{3, 4\}$；(2) $\{(0, 0), (1, 1)\}$；(3) $\{-4, -3, -2, -1, 0, 1, 2, 3, 4, 5, 6\}$.
3. B，C，E.
4. (1) $A\cup B=\{x \mid x>3\}$；(2) $A\cap B=\{x \mid 4<x<5\}$；(3) $A\setminus B=\{x \mid 3<x\leqslant 4\}$.
5. (1) $[-3, 3]$；(2) $[1, 3]$；(3) $(a-\delta, a+\delta)$；(4) $(-\infty, -5]\cup[5, +\infty)$；
   (5) $(-\infty, -3)\cup(1, +\infty)$.
6. (1) $(-5, -1)$；(2) $(-1, 1)\cup(3, 5)$.
7. (1) 不是；(2) 不是；(3) 是；(4) 是；
8. (1) $\{x \mid x\neq-1\}$；(2) $\{x \mid x<-3$ 或 $x>3\}$；
   (3) $\{x \mid -1\leqslant x<1\}$；(4) $\{x \mid 2\leqslant x<3$ 或 $3<x<4\}$；
   (5) $\{x \mid x\geqslant 5\}$；(6) $\{x \mid -2<x<2\}$.
9. $f(0)=2$，$f(1)=\sqrt{5}$，$f(-1)=\sqrt{5}$，$f(\frac{1}{a})=\frac{1}{|a|}\sqrt{4a^2+1}$，
   $f(x_0)=\sqrt{4+x_0^2}$，$f(x_0+h)=\sqrt{4+(x_0+h)^2}$.
10. $f\left(\frac{\pi}{6}\right)=\frac{1}{2}$，$f\left(\frac{\pi}{4}\right)=\frac{\sqrt{2}}{2}$，$f(-\frac{\pi}{4})=\frac{\sqrt{2}}{2}$，$f(-2)=0$.
12. (1) 偶函数；(2) 奇函数；(3) 奇函数；(4) 非奇非偶函数；(5) 偶函数；(6) 非奇非偶函数.
13. (1) 减函数；(2) 减函数；(3) 增函数；(4) 增函数.
14. (1) 周期函数，$T=\frac{2\pi}{|\omega|}$；(2) 周期函数，周期为任意常数；
    (3) 非周期函数；(4) 周期函数，$T=\pi$.
15. (1) $y=\frac{x-b}{a}$；(2) $y=\frac{x^3-3}{5}$；(3) $y=\frac{1}{2}\arcsin\frac{x}{3}$；(4) $y=\frac{1}{2}(\mathrm{e}^x-5)$.
16. (1) $y=\cos v$，$v=4x$；(2) $y=v^{3/2}$，$v=x^2+1$；(3) $y=\mathrm{e}^v$，$v=\sin\omega$，$\omega=5x$；

(4) $y=\lg v$，$v=\sqrt{\omega}$，$\omega=1+x^2$.

习题 1—2

1. (1) 0；(2) 0；(3) 3；(4) 1；(5) 不存在；(6) 不存在.

2. (1) $\lim\limits_{n\to\infty}x_n=0$；

(2) $N=\left[\dfrac{1}{\varepsilon}\right]$；(3) $N=\left[\dfrac{1}{0.001}\right]+1=1001$.

习题 1—3

1. 0.0002.

2. 20.

4. 不存在.

习题 1—4

1. 不一定，例如，当 $x\to0$ 时，x^2 和 x^3 都是无穷小，但$\dfrac{x^2}{x^3}$不是无穷小.

3. $0<|x|<\dfrac{2}{9997}$.

4. (1) 0；(2) 0；(3) ∞；(4) 1.

习题 1—5

1. (1) 24；(2) 0；(3) $\dfrac{5}{3}$；(4) ∞；(5) $\dfrac{2}{3}$；(6) $\dfrac{1}{2}$；(7) $\dfrac{1}{2}$；(8) $3x^2$；

(9) n；(10) $\dfrac{1}{3}$；(11) 0；(12) 0；(13) $\left(\dfrac{3}{2}\right)^{20}$；(14) 1；(15) 1；

(16) $\dfrac{2\sqrt{2}}{3}$；(17) $\dfrac{1}{2}$；(18) 0；(19) 0；(20) 0.

2. (1) $a\in\mathbf{R}$，$b=6$；(2) $\begin{cases}a=1,\\b=-1.\end{cases}$

3. $\dfrac{1+\sqrt{13}}{2}$.

习题 1—6

1. (1) $\dfrac{1}{8}$；(2) $\dfrac{1}{2}$；(3) $\dfrac{3}{4}$；(4) 2；(5) x；(6) 1；(7) 2；(8) $\sqrt{2}$；

(9) $\cos a$；(10) $\frac{1}{2}$.

2. (1) e^{-1}；(2) e^2；(3) e；(4) e^2；(5) $e^{-\frac{1}{2}}$；(6) e^{-5}.

习题 1—7

1. x^2-x^3.

2. 与 $1-x^3$ 同阶，与 $\frac{1}{2}(1-x^2)$ 等价.

3. (1) 2；(2) 5；(3) $\frac{1}{2}$；(4) $\frac{1}{2}$；(5) $\frac{3}{2}$；(6) -2.

5. $a=\frac{1}{2}$，$b=3$.

习题 1—8

1. (1) 在 $(-\infty, 0)\cup(0, +\infty)$ 内连续，图略；(2) 在 $(-\infty, 1)\cup(1, +\infty)$ 内连续，图略.

2. (1) $x=1$ 是可去间断点，补充定义 $f(1)=-2$；$x=2$ 是第二类间断点.

   (2) $x=0$ 是可去间断点，补充定义 $f(0)=1$.

   (3) $x=0$ 是第二类间断点.

   (4) $x=a$ 是第一类间断点.

3. $a=1$，$b=3$.

习题 1—9

1. $(-\infty, 1)\cup(1, 2)\cup(2, +\infty)$；$x=1$ 为可去间断点（第一类间断点），$x=2$ 为第二类间断点.

2. (1) $-\frac{e^{-2}+1}{2}$；(2) 1；(3) 0；(4) 0；(5) $\frac{1}{2}$；

   (6) 2；(7) $\cos a$；(8) $\frac{2}{3}$；(9) e^2；(10) 1.

3. $a=1$.

综合检测题（一）

1. (1) $2\sqrt{2}$；(2) $(-1, 0)\cup(0, +\infty)$；(3) x^2+2；(4) $\frac{3}{2}$；(5) $\frac{1}{3}$；

   (6) $\frac{1}{2}$；(7) 0；(8) 0；(9) 0；(10) $\frac{3}{2}$；(11) e^5；(12) -3；

(13) 7；(14) 二.

2. (1) C；(2) B；(3) C；(4) C；(5) B；

(6) B；(7) D；(8) B；(9) B；(10) D.

3. (1) $f(x)=4x^2-x$.

(2) ①∞；②$\frac{1}{2}$；③e^3；④e^5；　⑤1；⑥0；⑦2；⑧5.

(3) $a=1$.

(4) $x=0$ 为第一类间断点.

习题 2—1

1. (1) ×；(2) ×.
2. (1) $f'(x_0)$；(2) $-f'(x_0)$；(3) $2f'(x_0)$；(4) $f'(0)$.
3. 切线方程为 $3x-y-5=0$；法线方程 $x+3y+5=0$.
4. 函数在 $x=1$ 处连续，在该点不可导.
5. $a=2$，$b=-1$.

习题 2—2

2. (1) $15x^{14}$；(2) $-3x^{-4}$；(3) $\frac{2}{3}x^{-\frac{1}{3}}$；

(4) $-\frac{1}{10}x^{-\frac{11}{10}}$；(5) $5^x\cdot\ln 5$；(6) $-2^{-x}\cdot\ln 2$.

3. (4，8).
4. 切线方程为 $x-ey=0$；法线方程为 $ex+y-e^2-1=0$.
5. 函数在 $x=0$ 处连续，在该点不可导.

习题 2—3

1. (1) $6x+4x^{-3}+3^x\ln 3$；(2) $\log_2 x+(\ln 2)^{-1}$；(3) $3x^2-12x+11$；

(4) $2x\cos x-x^2\sin x+\frac{5}{2}x^{\frac{3}{2}}$；(5) $-\frac{1}{\sqrt{x}(1+\sqrt{x})^2}$；(6) $\frac{-2e^x}{(1+e^x)^2}$.

2. (1) $\frac{1}{x^2}\csc^2\frac{1}{x}$；(2) $\frac{1+x}{x(x\ln x-1)}$；(3) $\frac{1}{x-1}$；

(4) $\frac{1}{\sqrt{1+x^2}}$；(5) $\frac{1}{2\sqrt{x+\sqrt{x+\sqrt{x}}}}\left(1+\frac{1+2\sqrt{x}}{4\sqrt{x}\cdot\sqrt{x+\sqrt{x}}}\right)$；

(6) $\frac{2x\cos 2x-2\sin 2x}{x^3}$；(7) $\frac{\arcsin x+\arccos x}{\sqrt{1-x^2}(\arccos x)^2}$；(8) $4\sec^2 x\cdot\tan x$.

3. $y'=\ln x+1-\frac{1}{2}x^{-\frac{3}{2}}$；$\frac{1}{2}$.　　4. 2.

5. (1) $(\sin x)^{\ln x}\left(\frac{\ln\sin x}{x}+\cot x\cdot\ln x\right)$；

(2) $\frac{\sqrt{x+1}\cdot\sin x}{(x^3+1)(x+2)}\left(\frac{1}{2(x+1)}+\cot x-\frac{3x^2}{x^3+1}-\frac{1}{x+2}\right)$.

6. (1) $-e^{-x}\cdot f'(e^{-x})$；(2) $\sin 2x[f'(\sin^2 x)-f'(\cos^2 x)]$.

7. 切线方程为 $x+y-\frac{\sqrt{2}}{2}a=0$；法线方程为 $x=y$.

习题 2—4

1. (1) $(\ln 10)^2\cdot 10^x$；(2) $-(2\sin x+x\cos x)$；

(3) $\frac{2}{\sqrt{(1-x^2)^3}}(\sqrt{1-x^2}+x\cdot\arcsin x)$；(4) $3x\cdot(1-x^2)^{-\frac{5}{2}}$；

(5) $2xe^{x^2}(2+3x^2)$；(6) $\frac{-2(1+x^2)}{(1-x^2)^2}$.

2. (1) $2f'(x^2)+4x^2f''(x^2)$；(2) $\frac{f''(x)\cdot f(x)-[f'(x)]^2}{[f(x)]^2}$.

3. (1) $(-1)^n e^{-x}$；(2) $\frac{(-1)^n(n-2)!}{x^{n-1}}$ $(n\geqslant 2)$；

(3) ne^x+xe^x.

习题 2—5

1. 0.110601；0.11.

2. (1) $\left(-\frac{1}{x^2}+\frac{\sqrt{x}}{x}\right)dx$；(2) $(\sin 2x+2x\cos 2x)dx$；

(3) $(1+x^2)^{-\frac{3}{2}}dx$；(4) $-\frac{2x}{1+x^4}dx$.

3. 30.301；30.

4. 1.0067.

综合检测题（二）

1. (1) $\frac{1}{2}f'(a)$；(2) $\left(\frac{\sqrt{3}}{2},\frac{3}{4}\right)$；(3) $v(1)=2$；(4) -1；(5) 0.03.

2. (1) B; (2) A; (3) D; (4) B; (5) B; (6) C; (7) D; (8) A.

3. (1) ①$2x\tan x\cdot\sec^2 x$; ② $-3^x\cdot\tan 3^x$;

③ $\dfrac{1}{x\ln x\cdot\ln\ln x\cdot(\ln\ln\ln x)^2}$; ④$2\cos x\cdot e^{\sin x}(e^{\sin x}-1)$;

⑤ $-\sec x$; ⑥$\left(\dfrac{x}{1-x}\right)^x\left(\ln\dfrac{x}{1-x}+\dfrac{1}{1-x}\right)$.

(2) ①$(1-x^2)^{-\frac{3}{2}}\mathrm{d}x$; ②$\arccos x\mathrm{d}x$.

(3) ①$2\arctan x+\dfrac{2x}{1+x^2}$; ②$\dfrac{e^{2y}(3-y)}{(2-y)^3}$.

4. 切线方程为 $x=y$;法线方程为 $x+y-2=0$.

5. $y^{(n)}=\dfrac{2\cdot n!}{(1-x)^{n+1}}$.

6. 函数在 $x=0$ 处连续,在该点不可导.

习题 3—1

1. $\xi=0$

2. 有三个实根,分别位于 (1, 2), (2, 3) 及 (3, 4) 内.

习题 3—2

1. (1) 2; (2) $-\dfrac{3}{5}$; (3) 1; (4) $-\dfrac{1}{8}$; (5) 0; (6) 1; (7) $-\dfrac{1}{2}$;

(8) $\dfrac{1}{2}$; (9) 1; (10) $e^{-\frac{2}{\pi}}$; (11) 1.

2. $f''(x_0)$.

习题 3—3

1. (1) 在区间 $(-\infty, -1]$ 与 $[1, +\infty)$ 上单调增加,在区间 $[-1, 1]$ 上单调减少;

(2) 在区间 $(-\infty, 0]$ 与 $\left[\dfrac{2}{5}, +\infty\right)$ 上单调增加,在区间 $\left[0, \dfrac{2}{5}\right]$ 上单调减少;

(3) 在区间 $(-\infty, -1]$ 与 $[1, +\infty)$ 上单调减少,在区间 $[-1, 1]$ 上单调增加;

(4) 在区间 $(0, e]$ 上单调增加,在区间 $[e, +\infty)$ 上单调减少.

习题 3—4

1. (1) 极大值是 $f(-1)=3$，极小值是 $f(1)=-1$；

   (2) 极小值是 $f(0)=0$，极大值是 $f(2)=4e^{-2}$；

   (3) 极小值是 $f(e)=0$；

   (4) 极小值是 $f(-1)=-\dfrac{1}{2}$，极大值是 $f(1)=\dfrac{1}{2}$.

2. (1) 最小值为 $f(-1)=2^{-1}=\dfrac{1}{2}$，最大值为 $f(5)=2^5$；

   (2) 最大值为 $f(4)=80$，最小值为 $f(-1)=-5$；

   (3) 最大值为 $f\left(\dfrac{3}{4}\right)=\dfrac{5}{4}$，最小值为 $f(-5)=-5+\sqrt{6}$.

3. 当腰为 $\dfrac{2}{3}l$ 时，等腰三角形的面积最大，最大值为 $\dfrac{l^2}{3\sqrt{3}}$.

4. 底半径 $x=\sqrt[3]{\dfrac{V}{2\pi}}$，相应高 $h=2\sqrt[3]{\dfrac{V}{2\pi}}$ 时，圆柱形油罐的表面积为最小，最小表面积为 $\sqrt[3]{54\pi V^2}$.

习题 3—5

1. (1) 在 $(-\infty, +\infty)$ 内是凸的；

   (2) $y=\ln x$ 在 $(0, +\infty)$ 内是凸的；

   (3) 在 $(0, +\infty)$ 内是凹的；

   (4) 在 $(-\infty, +\infty)$ 内是凹的.

2. (1) 在区间 $\left(-\infty, \dfrac{5}{3}\right]$ 上是凸的，在区间 $\left[\dfrac{5}{3}, +\infty\right)$ 上是凹的，点 $\left(\dfrac{5}{3}, \dfrac{20}{27}\right)$ 是该曲线的拐点；

   (2) 在区间 $(-\infty, 2]$ 上是凸的，在区间 $[2, +\infty)$ 上是凹的，点 $\left(2, \dfrac{2}{e^2}\right)$ 是该曲线的拐点；

   (3) 在区间 $(-\infty, -1)$ 和 $[0, 1)$ 上是凸的，在区间 $(-1, 0]$ 和 $(1, +\infty)$ 上是凹的，点 $(0, 0)$ 是该曲线的拐点；

   (4) 在区间 $(-\infty, -1]$ 和 $[1, +\infty)$ 上是凸的，在区间 $[-1, 1]$ 上是凹的，点 $(-1, \ln 2)$ 和点 $(1, \ln 2)$ 都是该曲线的拐点.

综合检测题（三）

1.（1）0；（2）$\frac{1}{3}$；（3）$-\frac{1}{\ln 2}$；（4）$(0, e)$，$(e, +\infty)$；（5）$(2, -5)$.

2.（1）D；（2）A；（3）A；（4）B；（5）D.

3.（1）$a=3$，$b=-9$，$c=8$　（2）1　（3）当底宽 x 为$\sqrt{\frac{40}{\pi+4}}$米时，截面的周长最小，因而所用材料最省.

4.（1）提示：将原不等式变形后为 $e^{2x}(1-x)<1+x$，可设 $F(x)=(1-x)e^{2x}-(1+x)$.　（2）提示：应用罗尔定理.

习题 4—1

1. 函数 $f(x)$ 的原函数与不定积分是部分与整体的关系，函数 $f(x)$ 的不定积分是其原函数的全体.

2.（1）x^3+C；（2）C；（3）$-\cos x+C$；（4）$\arctan x+C$.

习题 4—2

1. $-\frac{1}{4}x^{-4}+C$.

2. $\frac{3}{10}x^{\frac{10}{3}}+C$.

3. $2x-2\arctan x+C$.

4. $2\sqrt{x}+\frac{4}{3}x^{\frac{3}{2}}+\frac{2}{5}x^{\frac{5}{2}}+C$.

5. $\frac{1}{3}x^3-\frac{4}{3}x^{\frac{3}{2}}+\ln|x|+C$.

6. $\frac{1}{3}x^3+x^2+4x+C$.

7. e^x-x+C.

8. $\frac{1}{\ln 2}2^x+\frac{1}{\ln 3}3^x+C$.

9. $-\cot x-\tan x+C$.

10. $\tan x+x+C$.

习题 4—3

1.（1）$\frac{1}{18}(3x+1)^6+C$；（2）$-\frac{2}{3}\sqrt{1-3x}+C$；

（3）$-2\cos\frac{x}{2}+C$；（4）$\frac{1}{2}x-\frac{1}{4}\sin 2x+C$；

（5）$\frac{1}{2}x+\frac{1}{8}\sin 4x+C$；（6）$-\frac{1}{5}\cos^5 x+C$；

（7）$\frac{1}{3}\arctan\frac{x}{3}+C$；（8）$\arcsin\frac{x}{2}+C$；

(9) $\frac{1}{4}\ln\left|\frac{1+2x}{1-2x}\right|+C$； (10) $2\sqrt{1+\ln x}+C$.

2. (1) $2\arcsin\frac{x}{2}+\frac{1}{2}x\sqrt{4-x^2}+C$；

(2) $\ln|x+\sqrt{5+x^2}|+C$；

(3) $\ln|x+\sqrt{x^2-9}|+C$.

习题 4—4

1. $-x\cos x+\sin x+C$.

2. $\frac{1}{2}xe^{2x}-\frac{1}{4}e^{2x}+C$.

3. $\frac{x^4}{4}\ln x-\frac{1}{16}x^4+C$.

4. $x\arcsin x+\sqrt{1-x^2}+C$.

5. $\frac{1}{2}e^x(\sin x-\cos x)+C$.

6. $x\ln(1+x^2)-2x+2\arctan x+C$.

7. $2\sqrt{x}\sin\sqrt{x}+2\cos\sqrt{x}+C$.

8. $-\frac{1}{2}x^2\cos x^2+\frac{1}{2}\sin x^2+C$；

9. $\frac{1}{2}(\sec x\cdot\tan x+\ln|\sec x+\tan x|)+C$.

10. $\frac{1}{2}(1+x^2)\ln\sqrt{1+x^2}-\frac{1}{4}(1+x^2)+C$.

综合检测题（四）

1. (1) $\frac{1}{\alpha+1}x^{\alpha+1}$； (2) $F(\ln x)$； (3) $\arctan x+C$； (4) $\frac{\sin x}{x}$.

2. (1) C；(2) A；(3) A；(4) C.

3. (1) $\frac{4}{5}x^{\frac{5}{4}}-\frac{24}{17}x^{\frac{17}{12}}+\frac{4}{3}x^{\frac{3}{4}}+C$； (2) $\frac{1}{4}(1+x^3)\sqrt[3]{1+x^3}+C$；

(3) $\frac{1}{2\cos^2 x}+\ln|\tan x|+C$； (4) $\frac{2}{3}(1+u)^{\frac{3}{2}}-2\sqrt{1+u}+C$；

(5) $\frac{1}{4}\arctan\frac{e^{2x}}{2}+C$； (6) $\frac{1}{8}\ln\left|\frac{e^{2x}-2}{e^{2x}+2}\right|+C$；

(7) $-\frac{1}{2}(x^2+1)e^{-x^2}+C$； (8) $-\frac{1}{x}\ln x-\frac{1}{x}+C$；

(9) $\frac{1}{5}e^x(\sin^2 x-\sin 2x+2)+C$； (10) $x\ln^2 x-2x\ln x+2x+C$.

习题 5—1

1. (1) $k(b-a)$；(2) $\frac{1}{2}b^2$.

习题 5—2

1. (1) $\int_0^1 x^2\mathrm{d}x$ 较大；(2) $\int_0^{\frac{\pi}{2}}\cos x\mathrm{d}x$ 较大；(3) $\int_e^4 \ln^2 x\mathrm{d}x$ 较大；

(4) $\int_0^{\frac{\pi}{4}}\tan x\mathrm{d}x$ 较大.

2. (1) $4\leqslant\int_1^3(x^3+1)\mathrm{d}x\leqslant 56$； (2) $\frac{\pi}{4}\leqslant\int_0^{\pi}\frac{1}{3+\sin^3 x}\mathrm{d}x\leqslant\frac{\pi}{3}$；

(3) $(e^2-e)\leqslant\int_e^{e^2}\ln x\mathrm{d}x\leqslant 2(e^2-e)$； (4) $\frac{\pi}{2}\leqslant\int_0^{\frac{\pi}{2}}e^{\sin x}\mathrm{d}x\leqslant\frac{\pi}{2}e$.

3. $\frac{\pi}{4}$.

习题 5—3

1. (1) $\sin x$；(2) $-\ln(1+x^2)$；(3) $\frac{2x}{1+x^2}$；(4) $-3e^{x^3}x^2+2e^{x^2}x$.

2. (1) 1； (2) $\frac{1}{3}$.

3. (1) $\frac{21}{8}$； (2) $\frac{271}{6}$； (3) 2； (4) -1； (5) $1-\frac{2}{\ln 3}$；

(6) $1-\frac{\pi}{4}$； (7) $\frac{\pi}{2}$； (8) $\frac{\pi}{2}-1$； (9) 4； (10) $\frac{5}{2}$；

(11) $-\frac{1}{6}$.

4. (1) 不正确；(2) 不正确.

习题 5—4

1. (1) 1； (2) $\frac{3}{16}$； (3) $3e-3$； (4) $-\frac{1}{2}\ln 2$； (5) $\ln\frac{e+1}{2}$；

(6) $\frac{19}{3}$; (7) $\frac{1}{2}$; (8) $\frac{1}{3}$; (9) $\sin 2-\sin 1$; (10) $\frac{\pi}{8}-\frac{1}{4}$;

(11) $2\ln 3$; (12) $\frac{\pi}{16}$.

2. (1) 0; (2) 2; (3) 0; (4) $\frac{2}{3}$.

3. (1) 1; (2) π; (3) $\frac{1}{4}(e^2+1)$; (4) 1; (5) $\frac{1}{2}(e^{\frac{\pi}{2}}+1)$;

(6) $2-\frac{2}{e}$.

习题 5—5

1. $\frac{1}{2}$. 2. 发散. 3. $\frac{1}{2}$. 4. $\frac{3}{2}$. 5. 发散.

习题 5—6

1. (1) 2; (2) $\frac{1}{3}$; (3) $\frac{3}{2}-\ln 2$; (4) 1; (5) $\ln 2-\frac{1}{2}$.

2. (1) $\frac{\pi^2}{2}$; (2) $\frac{\pi}{2}(e^2-1)$; (3) $\pi(e-2)$; (4) $\frac{3}{10}\pi$; (5) $\frac{64}{5}\pi$.

3. $\frac{\pi R^2 h}{2}$.

4. $\frac{2}{3}(11\sqrt{11}-1)$m.

5. 0.5 焦耳.

综合检测题（五）

1. (1) $2x\sin x^4$; (2) $-\frac{1}{\pi}$; (3) e^x; (4) π; (5) 3;

(6) π; (7) 1; (8) 0; (9) $\frac{1}{2}$; (10) 2.

2. (1) A; (2) A; (3) B; (4) C; (5) A;

(6) D; (7) C; (8) B; (9) C; (10) B.

3. (1) $\frac{1}{4}$; (2) 12; (3) 2; (4) $2\sqrt{2}$; (5) $\frac{3}{2}\ln\frac{5}{2}$;

(6) $\sqrt{2}-\frac{2\sqrt{3}}{3}$; (7) $\frac{15}{2}\ln 5-2$; (8) 2.

4. $\ln 2-\frac{1}{2}$.

5. $160\pi^2$.

6. 2.5 J.

习题 6—1

1. (1) 三阶，(2) 二阶，(3) 三阶，(4) 一阶.

2. (1) 不是，(2) 是通解，(3) 是特解，(4) 不是.

3. $y=\frac{x^3}{3}-\frac{1}{3}$.

4. $m\frac{\mathrm{d}v}{\mathrm{d}t}=-kv-mg$，$v|_{t=0}=v_0$.

习题 6—2

1. (1) $y=Ce^{x^2}$；　(2) $(x^2+3)\sin y=C$；

(3) $y=e^{Cx}$；　(4) $\frac{1}{x}+\arctan x+\frac{1}{2}\ln(1+y^2)=C$.

2. (1) $2xy-y^2=C$；　(2) $y=C^{-\frac{1}{2}\left(\frac{x}{y}\right)^2}$；

(3) $y=Ce^{\frac{y}{x}}$；　(4) $y=xe^{Cx+1}$.

3. (1) $y=Ce^{-x}+\frac{1}{2}e^x$；　(2) $y=(1+x^2)(x+C)$；

(3) $y=(4x+C)e^{-x^2}$；　(4) $x=y^2(C-\ln y)$.

4. (1) $y^2=\ln(x^2-1)$；　(2) $x=(\frac{y^2}{2}+1)e^{-y^2}$.

习题 6—3

1. $y=e^x-x-1$.

2. 设在任意时刻 t 镭的现存量为 $m(t)$. 则由题意，$\frac{\mathrm{d}m}{\mathrm{d}t}=-km$，$m|_{t=0}=m_0$，$m|_{t=1600}=\frac{m_0}{2}$，解此方程得 $m=m_0e^{-0.000433t}$（t 的单位是年).

综合检测题（六）

1. (1) A；(2) D；(3) A；(4) C；(5) C；(6) B.

3. (1) $e^x+e^{-y}=C$；　(2) $y=e^{Cx}$；　(3) $y\sqrt{1+x^2}=C$；　(4) $\arcsin y+$

$\arcsin x=C$;

(5) $y=(1-4y)(4+x)C$; (6) $y=(x+C)\mathrm{e}^{-x}$; (7) $y=Cx^2-2x$;

(8) $\left(\frac{x^2}{2}+C\right)\mathrm{e}^{-x^2}$.

4. (1) $x^2+4y^2=32$; (2) $\cos x-\sqrt{2}\cos y=0$; (3) $y\cos x=x$; (4) $y=x^2(\mathrm{e}^x-\mathrm{e})$.

习题 7—1

1. $M_1(2, -3, -4)$　$M_2(-2, -3, 4)$　$M_3(2, 3, 4)$

2. (1) D_1 无界开区域　(2) D_2 无界闭区域　(3) D_3 有界闭区域

(4) D_4 有界开区域

3. $\left\{(x, y) \mid \sqrt{(x-1)^2+(y-1)^2}<\frac{1}{2}\right\}$

习题 7—2

1. $V=\frac{1}{3}\pi(l^2-h^2)h$

2. (1) $f\left(\frac{1}{2}, 2\right)=\frac{5}{4}$　$f(-1, 1)=-2$

(2) $f(0, 1)=-1$　$f(1, -1)=\frac{3}{4}$

(3) $f(tx, ty)=t^2x^2-t^2y^2-t^2xy\sin\frac{x}{y}$

(4) $f(y, x)=\frac{y^2-x^2}{yx}$　$f(-x, -y)=\frac{x^2-y^2}{xy}$

(5) $f(0, 0)=0$　$f(2, 4)=\frac{4}{5}$

$f\left(1, \frac{y}{x}\right)=\frac{2xy}{x^2+y^2}$

(6) $f(x, y)=\frac{1}{2}y(y+x)$

3. (1) $\{(x, y) \mid x+y>0\}$　(2) $\{(x, y) \mid x-y-1>0\}$

(3) $\{(x, y) \mid x^2>1, y^2<1\}$　(4) $\{(x, y) \mid x+y>0, x-y>0\}$

(5) $\{(x, y) \mid x^2+y^2\leqslant 1\}$　(6) $\{(x, y) \mid |y|\leqslant|x|, x\neq 0\}$

4. (1) 1　(2) 1　(3) 2　(4) $-\frac{1}{4}$

5. 极限不存在

习题 7—3

1. (1) $\frac{\partial z}{\partial x}=2x-3y$ $\frac{\partial z}{\partial y}=3y^2-3x$

(2) $\frac{\partial z}{\partial x}=2x^2y\cos(x^3y)$ $\frac{\partial z}{\partial y}=x^3\cos(x^3y)$

(3) $\frac{\partial z}{\partial x}=e^x\sin y$ $\frac{\partial z}{\partial y}=e^x\cos y$

(4) $\frac{\partial z}{\partial x}=\cot(x-2y)$ $\frac{\partial z}{\partial y}=-2\cot(x-2y)$

(5) $\frac{\partial z}{\partial x}=-\frac{y}{\sqrt{x^2+y^2}}$ $\frac{\partial z}{\partial y}=\frac{x}{\sqrt{x^2+y^2}}$

(6) $\frac{\partial z}{\partial x}=y^2(1+xy)^{y-1}$ $\frac{\partial z}{\partial y}=(1+xy)^y\left[\ln(1+xy)+\frac{xy}{1+xy}\right]$

(7) $\frac{\partial u}{\partial x}=y+z$ $\frac{\partial u}{\partial y}=x+z$ $\frac{\partial u}{\partial z}=y+x$

(8) $\frac{\partial u}{\partial x}=yz^{xy}\ln z$ $\frac{\partial u}{\partial y}=xz^{xy}\ln z$ $\frac{\partial u}{\partial z}=xyz$

2. (1) $f_x(3,4)=\frac{7}{5}$ $f_y(4,3)=\frac{16}{5}$

(2) $f_x(1,1)=-\frac{1}{2}$ $f_y(-1,-1)=-\frac{1}{2}$

(3) $f_x(0,1)=0$ $f_y(-1,0)=1$

(4) $f_x\left(0,\frac{1}{2}\right)=-\sin 1+\cos 1$ $f_y\left(0,\frac{1}{2}\right)=2\cos 1$

3. (1) $f_{xx}(x,y)=16x^3-6y^2$

$f_{xy}(x,y)=f_{yx}(x,y)=-12xy$

$f_{yy}(x,y)=-6x^2+24y^2$

(2) $f_{xx}(x,y)=2\cos(x+y)-x\sin(x+y)$

$f_{xy}(x,y)=f_{yx}(x,y)=\cos(x+y)-x\sin(x+y)$

$f_{yy}(x,y)=-x\sin(x+y)$

(3) $f_{xx}(x,y)=\frac{1}{x}$ $f_{xy}(x,y)=f_{yx}(x,y)=\frac{1}{y}$ $f_{yy}(x,y)=-\frac{x}{y^2}$

(4) $f_{xx}(x,y)=2ye^y$

$f_{xy}(x,y)=f_{yx}(x,y)=2xe^y+2xye^y$ $f_{yy}(x,y)=2x^2e^y+x^2ye^y$

4. 先求 $\dfrac{\partial z}{\partial x}$，$\dfrac{\partial z}{\partial y}$，再代入原式左边．

5. 先求 $\dfrac{\partial T}{\partial l}$，$\dfrac{\partial T}{\partial g}$ 再代入原式左边．

6. (1) $dz=(2x+y^2)dx+2xydy$

(2) $dz=2xy^2dx+2x^2ydy$

(3) $dz=2x\cos(x^2-y^2)dx-2y\cos(x^2-y^2)dy$

(4) $dz=-\dfrac{y}{x^2}e^{\frac{y}{x}}dx+\dfrac{1}{x}e^{\frac{y}{x}}dy$

(5) $du=\dfrac{2}{x^2+y^2+z^2}(xdx+ydy+zdz)$.

7. 0.04　8. 减少约 1.2 m^2　9. (1)　2.0033　(2) 2.039

习题 7—4

1. (1) $\dfrac{dz}{dx}=4x^3+3x^2+2x$　　(2) $\dfrac{dz}{dx}=\dfrac{e^x+xe^x}{1+x^2e^{2x}}$

(3) $\dfrac{dz}{dt}=(\cos t-4t)e^{\sin t-2t^2}$　　(4) $\dfrac{dz}{dt}=\dfrac{3-12t^2}{\sqrt{1-(3t-4t^3)^2}}$

2. (1) $\dfrac{\partial z}{\partial x}=\dfrac{2(x-2y)(x+3y)}{(2x+y)^2}$　$\dfrac{\partial z}{\partial y}=\dfrac{(2y-x)(9x+2y)}{(2x+y)^2}$

(2) $\dfrac{\partial z}{\partial x}=3x^2\sin y\cos y(\cos y-\sin y)$

$\dfrac{\partial z}{\partial y}=x^3(-2\sin^2 y\cos y+\sin^3 y+\cos^3 y-2\sin y\cos^3 y)$

(3) $\dfrac{\partial z}{\partial x}=\dfrac{2x}{y^2}\ln(3x-2y)+\dfrac{3x^2}{y^2(3x-2y)}$

$\dfrac{\partial z}{\partial y}=-\dfrac{2x^2}{y^3}\ln(3x-2y)-\dfrac{2x^2}{y^2(3x-2y)}$

(4) $\dfrac{\partial z}{\partial x}=ye^{xy}\left(\arctan\dfrac{y}{x}-\dfrac{1}{x^2+y^2}\right)$

$\dfrac{\partial z}{\partial y}=xe^{xy}\left(\arctan\dfrac{y}{x}+\dfrac{1}{x^2+y^2}\right)$

(5) $\dfrac{\partial z}{\partial x}=[\sin(x+y)]^{x^2+2y-1}[(x^2+2y)\cos(x+y)+2x\sin(x+y)\ln\sin(x+y)]$

$\dfrac{\partial z}{\partial y}=[\sin(x+y)]^{x^2+2y-1}[(x^2+2y)\cos(x+y)+2\sin(x+y)\ln\sin(x+y)]$

(6) $\dfrac{\partial z}{\partial x}=2xf_1+2ye^{xy}f_2$　$\dfrac{\partial z}{\partial y}=-2yf_1+xe^{xy}f_2$

3. (1) $\frac{dy}{dx}=-\frac{2x}{y}$ (2) $\frac{dy}{dx}=\frac{\cos y-ye^x}{x\sin y+e^x}$

(3) $\frac{\partial z}{\partial x}=\frac{x}{2-z}$ $\frac{\partial z}{\partial y}=\frac{y}{2-z}$

(4) $\frac{\partial z}{\partial x}=\frac{ye^{xy}}{2-e^z}$ $\frac{\partial z}{\partial y}=\frac{xe^{xy}}{2-e^z}$

(5) $\frac{dy}{dx}=\frac{x+y}{x-y}$ (6) $\frac{\partial z}{\partial x}=\frac{1}{3}$ $\frac{\partial z}{\partial y}=\frac{2}{3}$

4. 在原方程两边对 x，y 分别求偏导数$\frac{\partial z}{\partial x}$，$\frac{\partial z}{\partial y}$（用 F_1，F_2 表示），代入即得.

习题 7—5

1. (1) 极小值 $f(3,3)=-54$ (2) 极小值 $f\left(\frac{1}{2},-1\right)=-\frac{e}{2}$

(3) 极大值 $f(2,-2)=8$

2. 极大值 $z=f\left(\frac{1}{2},\frac{1}{2}\right)=\frac{1}{4}$ 3. $V_{\max}=f\left(\frac{1}{3},\frac{1}{3},\frac{1}{3}\right)=\frac{1}{27}$

4. 矩形长为$\frac{2p}{3}$，宽为$\frac{p}{3}$时，旋转圆柱体体积最大.

5. $R=\sqrt[3]{\frac{V}{\pi}}$，$H=\sqrt[3]{\frac{V}{\pi}}$时，所用材料最省.

习题 7—6

2. (1) 2 (2) $e+\frac{1}{e}-1$ (3) $(e-1)^2$ (4) 2

3. (1) -2 (2) $\frac{20}{3}$ (3) $\frac{6}{55}$ (4) $\frac{45}{8}$

4. (1) $\int_0^1 dx\int_x^1 f(x,y)dy$ (2) $\int_0^4 dx\int_{\frac{x}{2}}^{\sqrt{x}} f(x,y)dy$

(3) $\int_0^1 dy\int_{-e^x}^{e} f(x,y)dx$ (4) $\int_0^1 dy\int_{2-y}^{1+\sqrt{1-y^2}} f(x,y)dx$

5. (1) $\int_0^{2\pi} d\theta\int_a^b f(r\cos\theta,r\sin\theta)rdr$ (2) $\int_{-\frac{\pi}{2}}^{\frac{\pi}{2}} d\theta\int_0^{2\cos\theta} f(r\cos\theta,r\sin\theta)rdr$

6. (1) $\int_0^{\frac{\pi}{2}} d\theta\int_0^{2\cos\theta} r^3 dr$ $\frac{3}{4}\pi$ (2) $\int_0^{\frac{\pi}{4}} d\theta\int_0^{\tan\theta\sec\theta} dr$ $\sqrt{2}-1$

7. (1) $\pi(e^4-1)$　(2) π　(3) $\frac{\pi}{4}(2\ln 2-1)$　(4) 42π　8. $\frac{3}{2}\pi$

综合检测题（七）

1. (1) $(xy)^{x+y}+(x+y)^{xy}$；　(2) $\{(x,y)\mid y^2\leqslant 4x,\ 0<x^2+y^2<1\}$；

(3) 0；　(4) $\frac{3dx-2dy+dz}{3x-2y+z}$；　(5) 2.95；　(6) $\frac{9}{8}$.

2. (1) 1；(2) ln 2；(3) 2.

3. (1) $3x^2y^2\cos(x^3y^2)$，　$2x^3y\cos(x^3y^2)$；

(2) $z_x=\frac{1}{\sqrt{x^2+y^2}}$，$z_y=\frac{y}{x^2+y^2+x\sqrt{x^2+y^2}}$；

(3) $z_{xx}=-\frac{2}{y}\sin\frac{x^2}{y}-\frac{4x^2}{y^2}\cos\frac{x^2}{y}$，

$z_{xy}=\frac{2x}{y^2}\sin\frac{x^2}{y}+\frac{2x^3}{y^3}\cos\frac{x^2}{y}$，

$z_{yy}=-\frac{2x^2}{y^3}\sin\frac{x^2}{y}-\frac{x^4}{y^4}\cos\frac{x^2}{y}$；

(4) $z_{xy}=\frac{1}{x^2y^2}e^{-\left(\frac{1}{x}+\frac{1}{y}\right)}$，$z_{yy}=\left(\frac{1}{y^4}-\frac{2}{y^3}\right)e^{-\left(\frac{1}{x}+\frac{1}{y}\right)}$.

4. (1) $\frac{\partial z}{\partial x}=(x^2+y^2)^{xy}\left[\frac{2x^2y}{x^2+y^2}+y\ln(x^2+y^2)\right]$，

$\frac{\partial z}{\partial y}=(x^2+y^2)^{xy}\left[\frac{2xy^2}{x^2+y^2}+x\ln(x^2+y^2)\right]$；

(2) $\frac{\partial z}{\partial x}=\frac{\sqrt{xy}}{2x}f_1+f_2$，$\frac{\partial z}{\partial y}=\frac{\sqrt{xy}}{2y}f_1-2yf_2$；

(3) $\frac{\partial z}{\partial x}=\frac{z}{x+z}$，$\frac{\partial z}{\partial y}=\frac{z^2}{y(x+z)}$；

(4) $\frac{\partial^2 z}{\partial x^2}=\frac{2y^2ze^z-2xy^3z-y^2z^2e^x}{(e^x-xy)^3}$.

5. $f(3,2)=36$ 为极大值.

6. 当两边都是$\frac{\sqrt{2}l}{2}$时，可得最大的周长.

7. (1) $\frac{16}{315}$；(2) $\frac{\pi}{4}(1-e^{-R^2})$.

习题 8—1

1. (1) 9；(2) 6.　　2. (1) 3；(2) 9.　　3. (1) 5!；(2) 5!.

4. $x=-\frac{1}{6}$.　　5. $(-1)^{\frac{(n-1)(n-2)}{2}}\cdot ab^{n-1}$.　　6. (1) A；(2) B.

习题 8—2

1. (1) $-\frac{47}{4}$；(2) -52；(3) 0；(4) 0.

习题 8—3

1. (1) 155；(2) 5；(3) $\frac{99}{2}$；(4) 1835；(5) 423；(6) 154.

2. (1) $a^{n-2}(a^2-1)$；(2) $[2x_1x_2\cdots x_n-(x_1-1)(x_2-1)\cdots(x_n-1)]V_n$（注：$V_n$ 表示 n 阶范得蒙行列式）.

3. (1) $x^n+(-1)^{n+1}y^n$；(2) $(-2)(n-2)!$；(3) $x^n+a_1x^{n-1}+\cdots+a_{n-1}x+a_n$.

习题 8—4

1. (1) $x_1=2$，$x_2=-1$；　　(2) $x_1=3$，$x_2=1$，$x_3=1$；

 (3) $x_1=1$，$x_2=0$，$x_3=0$，$x_4=-1$；　　(4) $x=-a$，$y=b$，$z=c$.

2. $k\neq\frac{63}{5}$.

3. $\lambda=1$ 或 2.

4. (1) C；　(2) A.

综合检测题（八）

1. (1) 1 或 3；(2) 2；(3) ±1；(4) $n!$；(5) $(-1)^{\frac{n(n-1)}{2}}n!$；(6) $4d$.

2. (1) C；(2) D.

3. (1) 48；(2) -7.

4. $x=2$ 或 $x=3$ 或 $x=4$.

5. $a_1a_2\cdots a_n\left(a_0-\sum\limits_{i=1}^{n}\frac{1}{a_i}\right)$.

习题 9—1

1. (1) $\begin{bmatrix}0 & 2\\ -1 & 5\end{bmatrix}$；　(2) $\begin{bmatrix}2 & 3 & 3\\ 2 & 0 & 5\end{bmatrix}$；　(3) $\begin{bmatrix}2 & 1\\ 1 & 1\\ 1 & 0\end{bmatrix}$.

2. (1) $\begin{bmatrix}6 & 4\\2 & 8\end{bmatrix}$; (2) $\begin{bmatrix}2 & -7\\9 & -4\end{bmatrix}$; (3) $\begin{bmatrix}0 & 5\\-5 & 4\end{bmatrix}$;

(4) $\begin{bmatrix}4 & 3\\1 & 4\end{bmatrix}$; (5) $\begin{bmatrix}-1 & -4\\3 & -4\end{bmatrix}$.

3. (1) $\begin{bmatrix}2 & -4\\1 & -2\\3 & -6\end{bmatrix}$; (2) 2; (3) $\begin{bmatrix}0 & 0\\0 & 0\end{bmatrix}$;

(4) $\begin{bmatrix}12 & 6\\-23 & 8\\31 & -10\end{bmatrix}$; (5) $\begin{bmatrix}-1 & 3 & 0\\3 & 2 & 5\\4 & -2 & 1\end{bmatrix}$; (6) 8.

4. (1) $\begin{bmatrix}-5 & -10\\15 & 10\end{bmatrix}$; (2) $\begin{bmatrix}1 & 0 & 0\\2 & 1 & 0\\3 & 2 & 1\end{bmatrix}$; (3) $\begin{bmatrix}1 & 0\\n & 1\end{bmatrix}$;

(4) $\begin{bmatrix}1 & 1\\0 & 0\end{bmatrix}$; (5) $\begin{bmatrix}a^n & 0 & 0\\0 & b^n & 0\\0 & 2 & c^n\end{bmatrix}$; (6) $\begin{bmatrix}0 & 0 & 0\\0 & 0 & 0\\0 & 0 & 0\end{bmatrix}$.

5. (1) $\begin{bmatrix}1 & 0\\0 & 1\end{bmatrix}$; (2) $\begin{bmatrix}-1 & 0\\0 & -1\end{bmatrix}$.

6. (1) $\begin{bmatrix}-9 & 0 & 6\\-6 & 0 & 0\\-6 & 0 & 9\end{bmatrix}$; (2) $\begin{bmatrix}0 & 0 & 6\\-3 & 0 & 0\\-6 & 0 & 0\end{bmatrix}$.

7. $a=1$, $b=2$, $c=0$, $d=2$.

8. (1) $\begin{bmatrix}3 & 4 & -5\\-39 & 26 & -37\end{bmatrix}$; (2) $\begin{bmatrix}12 & 6\\-23 & 8\\31 & -10\end{bmatrix}$; (3) $\begin{bmatrix}3 & -39\\4 & 26\\-5 & -37\end{bmatrix}$.

10. 第Ⅱ工厂最低.

习题 9—2

1. (1) $\begin{bmatrix}-9 & 5\\11 & -6\end{bmatrix}$; (2) $\begin{bmatrix}\frac{d}{ad-bc} & \frac{-b}{ad-bc}\\\frac{-c}{ad-bc} & \frac{a}{ad-bc}\end{bmatrix}$; (3) $\begin{bmatrix}1 & 0 & 0\\-\frac{1}{2} & \frac{1}{2} & 0\\0 & -\frac{1}{3} & \frac{1}{3}\end{bmatrix}$;

(4) $\begin{bmatrix}1 & -2 & 7\\0 & 1 & -2\\0 & 0 & 1\end{bmatrix}$；(5) $\begin{bmatrix}1 & -4 & -3\\1 & -5 & -3\\-1 & 6 & 4\end{bmatrix}$；(6) $\begin{bmatrix}1 & \frac{4}{5} & -\frac{1}{5}\\2 & \frac{12}{5} & -\frac{3}{5}\\0 & \frac{1}{5} & \frac{1}{5}\end{bmatrix}$.

2. (1) $\begin{bmatrix}-17 & -28\\-4 & -6\end{bmatrix}$；(2) $\begin{bmatrix}-4 & -7 & 5\\2 & 12 & -5\end{bmatrix}$.

3. (1) $\begin{bmatrix}1\\2\\-4\end{bmatrix}$；(2) $\begin{bmatrix}-2\\-1\\-1\end{bmatrix}$.

习题 9—3

1. (1) $\left[\begin{array}{c:c}2 & 1\\1 & 1\\\hdashline -2 & -2\end{array}\right]$；　(2) $\left[\begin{array}{c:c:c}3 & 0 & 2\\\hdashline 7 & 1 & 2\\\hdashline 0 & 3 & -2\end{array}\right]$；(3) $\left[\begin{array}{cc:cc}a & 0 & ac & 0\\0 & a & 0 & ac\\\hdashline 1 & 0 & c+bd & 0\\0 & 1 & 0 & c+bd\end{array}\right]$.

2. (1) $\left[\begin{array}{cc:cc}1 & 0 & -1 & -5\\-2 & 1 & 3 & 10\\\hdashline 0 & 0 & -1 & -1\\0 & 0 & 1 & 2\end{array}\right]$；(2) $\left[\begin{array}{cc:ccc}2 & -1 & 0 & 0 & 0\\-1 & 1 & 0 & 0 & 0\\\hdashline 0 & 0 & 1 & -1 & 1\\0 & 0 & 0 & 1 & -1\\0 & 0 & 0 & 0 & 1\end{array}\right]$.

习题 9—4

1. (1) $\begin{bmatrix}1 & 0 & -1\\0 & 1 & 1\\0 & 0 & 6\end{bmatrix}$；$\begin{bmatrix}1 & 0 & 0\\0 & 1 & 0\\0 & 0 & 1\end{bmatrix}$

(2) $\begin{bmatrix}1 & 1 & 2 & 1\\0 & 3 & 2 & -2\\0 & 0 & -2 & -4\\0 & 0 & 0 & 0\end{bmatrix}$；$\begin{bmatrix}1 & 0 & 0 & -1\\0 & 1 & 0 & -2\\0 & 0 & 1 & 2\\0 & 0 & 0 & 0\end{bmatrix}$.

2. (1) $\begin{bmatrix}-5 & 7\\ 8 & -11\end{bmatrix}$; (2) $\begin{bmatrix}-\frac{2}{3} & -\frac{1}{3} & \frac{1}{3}\\ -\frac{19}{18} & -\frac{5}{18} & \frac{1}{9}\\ \frac{4}{9} & \frac{2}{9} & \frac{1}{9}\end{bmatrix}$; (3) $\begin{bmatrix}1 & -3 & 11 & -20\\ 0 & 1 & -2 & 1\\ 0 & 0 & 1 & -2\\ 0 & 0 & 0 & 1\end{bmatrix}$;

(4) 不可逆.

3. (1) $\begin{bmatrix}7 & -2\\ -5 & 2\\ -18 & 7\end{bmatrix}$; (2) $\begin{bmatrix}17 & 3\\ 40 & 7\\ 51 & 10\end{bmatrix}$.

习题 9—5

1. (1) 2; (2) 3; (3) 3; (4) 3.

2. $k=4$.

3. 当 $x=1$ 时，秩 $A=1$；当 $x=-\frac{1}{3}$ 时，秩 $A=3$；当 $x\neq 1$ 且 $x\neq -\frac{1}{3}$ 时，秩 $A=4$.

习题 9—6

1. (1) $\begin{cases}x_1=1,\\ x_2=2,\\ x_3=1;\end{cases}$ (2) $\begin{cases}x_1=\frac{1}{2}+c_1,\\ x_2=c_1,\\ x_3=c_2+\frac{1}{2},\\ x_4=c_2,\end{cases}$ (c_1、c_2 为任意常数); (3) 无解;

(4) 无解; (5) $\begin{cases}x_1=0,\\ x_2=0,\\ x_3=0;\end{cases}$ (6) $\begin{cases}x_1=11c,\\ x_2=-7c,\\ x_3=c,\end{cases}$ (c 为任意常数);

(7) $\begin{cases}x_1=-\frac{5}{7}c_1-c_2,\\ x_2=\frac{4}{7}c_1+c_2,\\ x_3=c_1,\\ x_4=c_2,\end{cases}$ (c_1、c_2 为任意常数).

2. 当 $\lambda=-2$ 时，方程组无解；

当 $\lambda=1$ 时，方程组有无穷多个解：$\begin{cases}x_1=-2-c_1-c_2,\\x_2=c_1,\\x_3=c_2,\end{cases}$ （c_1、c_2 为任意常数）；

当 $\lambda\neq1$ 且 $\lambda\neq-2$ 时，方程组有唯一解：$\begin{cases}x_1=\dfrac{\lambda-1}{\lambda+2},\\x_2=-\dfrac{3}{\lambda+2},\\x_3=-\dfrac{3}{\lambda+2}.\end{cases}$

综合检测题（九）

1. (1) 1，2，3，-1；(2) 16；(3) $AB=BA$；(4) $\begin{bmatrix}-\dfrac{1}{3} & \dfrac{2}{3}\\ \dfrac{2}{3} & -\dfrac{1}{3}\end{bmatrix}$；(5) I.

2. (1) B；(2) C；(3) D；(4) B；(5) B；(6) D；(7) C；(8) D；(9) B；(10) D.

3. (1) $\begin{bmatrix}10 & 4 & -1\\ 4 & -3 & -1\end{bmatrix}$；(2) $\begin{bmatrix}-6 & 29\\ 5 & 32\end{bmatrix}$；(3) $\begin{bmatrix}1 & 2 & 3\\ 0 & 1 & 2\\ 0 & 0 & 1\end{bmatrix}$.

4. (1) $\begin{pmatrix}\cos\varphi & -\sin\varphi\\ \sin\varphi & \cos\varphi\end{pmatrix}$；(2) $\begin{bmatrix}\dfrac{2}{3} & \dfrac{2}{9} & -\dfrac{1}{9}\\ -\dfrac{1}{3} & -\dfrac{1}{6} & \dfrac{1}{6}\\ -\dfrac{1}{3} & \dfrac{1}{9} & \dfrac{1}{9}\end{bmatrix}$；(3) 不可逆.

5. (1) 2；(2) 3.

6. (1) 无解；(2) $\begin{cases}x_1=1,\\x_2=1,\\x_3=1;\end{cases}$ (3) $\begin{cases}x_1=1-c,\\x_2=2+c,\\x_3=3-2c,\end{cases}$ （c 为任意常数）；

(4) $\begin{cases}x_1=0,\\x_2=2c,\\x_3=c,\\x_4=0,\end{cases}$ （c 为任意常数）.

7. 当 $\lambda=-2$ 时，方程组无解；

当 $\lambda=1$ 时，方程组有无穷多个解：$\begin{cases} x_1=1-c_1-c_2, \\ x_2=c_1, \\ x_3=c_2, \end{cases}$ （c_1、c_2 为任意常数）；

当 $\lambda\neq1$ 且 $\lambda\neq-2$ 时，方程组有唯一解：$\begin{cases} x_1=-\dfrac{\lambda+1}{\lambda+2}, \\ x_2=\dfrac{1}{\lambda+2}, \\ x_3=\dfrac{(\lambda+1)^2}{\lambda+2}. \end{cases}$

习题 10—1

1. (1) {（正，反），（正，正），（反，正），（反，反）}；
   (2) {2，3，4，5，6，7，8，9，10，11，12}；
   (3) {3，4，5，6，7，8，9，10}；
   (4) $\{(x,y)\mid x^2+y^2\leqslant1\}$.
2. {（1，2），（2，1），（1，3），（3，1），（1，4），（4，1），（1，5），（5，1），（2，3）
   （3，2），（2，4），（4，2），（2，5），（5，2），（3，4），（4，3），（3，5），（5，3），（4，5），（5，4）}；{（1，4），（4，1），（2，4），（4，2），（4，3），（3，4）}.
3. (1) $A_1A_2\overline{A_3}$； (2) $\overline{A_1}\,\overline{A_2}\,\overline{A_3}$；(3) $A_1\overline{A_2}\,\overline{A_3}\cup\overline{A_1}A_2\overline{A_3}\cup\overline{A_1}\,\overline{A_2}A_3$；
   (4) $A_1\cup A_2\cup A_3$； (5) $\overline{A_1}\,\overline{A_2}\,\overline{A_3}\cup A_1\overline{A_2}\,\overline{A_3}\cup\overline{A_1}A_2\overline{A_3}\cup\overline{A_1}\,\overline{A_2}A_3$.
4. (1) 成立；(2) 不成立；(3) 成立；(4) 成立；(5) 成立；(6) 成立.
5. (1) 三年级中非科普队的男生；
   (2) 科普队的学生都来自于三年级的男生；
   (3) 科普队的学生都来自于三年级的学生.

习题 10—2

1. $\dfrac{1}{8}$；$\dfrac{3}{8}$. 2. 0.2526；0.2760. 3. 0.7811. 4. $\dfrac{1}{6}$. 5. 0.7；0. 6. $\dfrac{5}{8}$.

习题 10—3

1. 0.5． 2. $\frac{1}{3}$. 3. (1) 0.6；(2) $\frac{6}{7}$；(3) 0.22. 4. 0.62.

5. $\frac{7}{8}$. 6. 0.145 8；0.238 1.

习题 10—4

1. 0.58；0.12. 2. 0.6. 3. (1) 0.56；(2) 0.94 (3) 0.38. 4. $\frac{5}{16}$.

5. 0.00001. 6. (1) 0.008；(2) 0.096； (3) 0.104.

综合检测题（十）

1. (1) $1-p$；(2) $\frac{8}{15}$； (3) $\frac{3}{8}$；(4) 0.92；(5) $\frac{5}{8}$.

2. (1) B；(2) A；(3) D；(4) B；(5) B.

3. (1) $\frac{41}{96}$；(2) $\frac{1}{3}$；(3) $1-\frac{C_{n-m}^r}{C_n^r}$；(4) $\frac{9}{13}$；(5) 0.078；(6) 0.321；

习题 11—1

1. 1，2，3，…，k，…． 2. 0，1，2，3；0，1，2，3，4. 3. 0，1，2，…，30.

4. (1) 0，1，2，3；(2) $\{X=3\}$，$\{X=0\}$，$\{X\leqslant 1\}$，$\{X\leqslant 2\}$.

5. 设 X 表示空格数，$A=\{X=1\}$，$B=\{X=2\}$，$C=\{X=0\}$.

习题 11—2

1. (1) 是；(2) 否；(3) 否；(4) 是． 2. 0.1；0.5.

3. (1) $P(X=k)=\frac{C_2^k C_{13}^{3-k}}{C_{15}^3}$，($k=0$，1，2)；(2) $\frac{13}{35}$.

4. $P(X=k)=C_5^k\left(\frac{1}{2}\right)^5$， ($k=0$，1，2，3，5).

5. 12. 6. (1) 0.000069； (2) 0.986305，0.615961.

习题 11—3

1. (1) 1000；(2) $\frac{1}{6}$. 2. 0.6. 3. $\frac{1}{e}$. 4. 0.3446，0.3821，0.4435.

5. (1) 0.3413；(2) 39.2

习题 11－4

1. $F(x)=\begin{cases}0, & x<1,\\ 0.2, & 1\leqslant x<2,\\ 0.5, & 2\leqslant x<3,\\ 1, & x\geqslant 3.\end{cases}$　　2. $F(x)=\begin{cases}0, & x<0,\\ 0.1, & 0\leqslant x<1,\\ 0.7, & 1\leqslant x<2,\\ 1, & x\geqslant 2.\end{cases}$

3. (1) $C=2$；　(2) $F(x)=\begin{cases}0, & x<0,\\ x^2, & 0\leqslant x<1,\\ 1, & x\geqslant 1;\end{cases}$　(3) 0.4.

4. (1)　$A=\dfrac{1}{2}$，$B=\dfrac{1}{\pi}$；(2) 0.5；

(3) $f(x)=F'(x)=\dfrac{1}{\pi(1+x^2)}$，　$-\infty<x<+\infty$.

5.

X	0	1	2
P_k	$\frac{7}{15}$	$\frac{7}{15}$	$\frac{1}{15}$

习题 11－5

1.

X	-1	0	3
p_i	0.432	0.504	0.064

2. $f_Y(y)=\begin{cases}\dfrac{1}{\sqrt{\pi y}}, & \dfrac{25\pi}{4}<y<9\pi,\\ 0, & \text{其他}.\end{cases}$　3. $f_Y(y)=\begin{cases}\dfrac{2}{\sqrt{2\pi}}e^{-\frac{y^2}{2}}, & y\geqslant 0,\\ 0, & y<0.\end{cases}$

4. (1) 2； (2) 0.75； (3) $f_Y(y)=\begin{cases}\dfrac{2(y-1)}{9}, & 1<y<4,\\ 0, & \text{其他}.\end{cases}$

习题 11－6

1. 乙射手较甲射手技术好． 2. 4.5． 3. 0.4998． 4. 5． 5. 5.8．
6. $\dfrac{7\pi}{12}$.

习题 11－7

1. 0.49． 2. $\dfrac{1}{18}$. 3. 甲好，乙差． 4. $\dfrac{1}{p}$；$\dfrac{1-p}{p^2}$.

综合检测题（十一）

1. (1) 1；(2) $\dfrac{2}{3}$；(3)

X	-1	0	2
P	0.3	0.1	0.6

(4) 0.02275； (5) 0.2.

2. (1) A；(2) D；(3) C；(4) D；(5) C.

3. (1) $P(X=k)=\dfrac{C_{10}^{k}C_{90}^{5-k}}{C_{100}^{5}}$；0.4096.

(2) $\dfrac{1}{\pi}$；$\dfrac{1}{3}$；$F(x)=\begin{cases}0, & x<-1,\\ \arcsin x+\dfrac{1}{2}, & x\geqslant 1,\\ 1, & \text{其他}.\end{cases}$

(3) 0.05561.

(4) $f(y)=\begin{cases}\dfrac{1}{3}, & 0\leqslant y\leqslant 4,\\ 0, & \text{其他}.\end{cases}$

(5) 0.201.

(6) 0.09.

习题 12—1

1. (1) μ；$\dfrac{\sigma^2}{n}$；(2) $N\left(\mu,\dfrac{\sigma^2}{n}\right)$，$\chi^2(n-1)$；(3) $f(x)=\dfrac{1}{\sqrt{8\pi}}e^{-\frac{(x-4)^2}{8}}$ $(-\infty<x<+\infty)$；(4) $N(0,1)$；$t(n-1)$.
2. (1) C；(2) D；(3) B；(4) B.
3. 33.6，8.04. 4. λ，$\dfrac{\lambda}{n}$. 5. 0.8293.

习题 12—2

1. (1) B; (2) B; (3) C; (4) B; (5) B.
2. $\hat{\lambda}=\dfrac{1}{n}\sum\limits_{i=1}^{n}X_i=\bar{X}$;矩估计量也是 $\bar{X}$.
3. $\hat{\lambda}=\dfrac{n}{\sum\limits_{i=1}^{n}X_i}=\dfrac{1}{\bar{X}}$.
4. $\hat{\lambda}=0.0033$.
5. $\hat{\sigma^2}=\dfrac{1}{n}\sum\limits_{i=1}^{n}X_i^2$
7. $\hat{\mu}_3$.
8. (1) (2.121，2.129)；(2) (2.118，2.132).
9. (1.396，5.298).

习题 12—3

1. (1) $\mu=10$；$\mu\neq10$；t.
   (2) $\mu_1-\mu_2=0$；$\mu_1-\mu_2\neq0$；t；$\sigma_1^2=\sigma_2^2$；$\sigma_1^2\neq\sigma_2^2$；F.
2. 可以认为平均重量仍为 15.
3. 可以认为这批产品质量正常.
4. 认为中毒者和正常人的脉搏有显著差异.
5. 认为两种育苗方案对平均苗高的影响不相同.
6. 可以认为两个总体的期望无显著差异.
7. 拒绝假设 H_0.
8. 不能认为两个总体的方差相等.
9. (1) 接受假设 H_0；(2) 接受假设 H'_0.

综合检测题（十二）

1. (1) B；(2) D；(3) D；(4) B.

2. 67.4，35.16.

3. 0.0764.

4. 0.5089，0.0001.

5. (14.79，15.11)

6. 可以.

7. 不能.

附 表

附表 1 泊松分布概率值表 $P\{X=m\}=\frac{\lambda^m}{m!}e^{-\lambda}$

k	$\lambda=.1$	.2	.3	.4	.5	.6	.7	.8	.9	1.0
0	.9048	.8187	.7408	.6703	.6065	.5488	.4966	.4493	.4066	.3679
1	.0905	.1637	.2222	.2681	.3033	.3293	.3476	.3595	.3659	.3679
2	.0045	.0164	.0333	.0536	.0758	.0988	.1217	.1438	.1647	.1839
3	.0002	.0011	.0033	.0072	.0126	.0198	.0284	.0383	.0494	.0613
4	.0000	.0001	.0003	.0007	.0016	.0030	.0050	.0077	.0111	.0153
5	.0000	.0000	.0000	.0001	.0002	.0004	.0007	.0012	.0020	.0031
6	.0000	.0000	.0000	.0000	.0000	.0000	.0001	.0002	.0003	.0005
7	.0000	.0000	.0000	.0000	.0000	.0000	.0000	.0000	.0000	.0001
8	.0000	.0000	.0000	.0000	.0000	.0000	.0000	.0000	.0000	.0000

k	$\lambda=1.5$	2	3	4	5	6	7	8	9	10
0	.2231	.1353	.0498	.0183	.0067	.0025	.0009	.0003	.0001	.0000
1	.3347	.2707	.1494	.0733	.0337	.0149	.0064	.0027	.0011	.0005
2	.2510	.2707	.2240	.1465	.0842	.0446	.0223	.0107	.0050	.0023
3	.1255	.1804	.2240	.1954	.1404	.0892	.0521	.0286	.0150	.0076
4	.0471	.0902	.1680	.1954	.1755	.1339	.0912	.0573	.0337	.0189
5	.0141	.0361	.1008	.1563	.1755	.1606	.1277	.0916	.0607	.0378
6	.0035	.0120	.0504	.1042	.1462	.1606	.1490	.1221	.0911	.0631
7	.0008	.0034	.0216	.0595	.1044	.1377	.1490	.1396	.1171	.0901
8	.0001	.0009	.0081	.0298	.0653	.1033	.1304	.1396	.1318	.1126
9	.0000	.0002	.0027	.0132	.0363	.0688	.1014	.1241	.1318	.1251
10	.0000	.0000	.0008	.0053	.0181	.0413	.0710	.0993	.1186	.1251
11	.0000	.0000	.0002	.0019	.0082	.0225	.0452	.0722	.0970	.1137
12	.0000	.0000	.0001	.0006	.0034	.0113	.0264	.0481	.0728	.0948
13	.0000	.0000	.0000	.0002	.0013	.0052	.0142	.0296	.0504	.0729
14	.0000	.0000	.0000	.0001	.0005	.0022	.0071	.0169	.0324	.0521
15	.0000	.0000	.0000	.0000	.0002	.0009	.0033	.0090	.0194	.0347
16	.0000	.0000	.0000	.0000	.0000	.0003	.0014	.0045	.0109	.0217
17	.0000	.0000	.0000	.0000	.0000	.0001	.0006	.0021	.0058	.0128
18	.0000	.0000	.0000	.0000	.0000	.0000	.0002	.0009	.0029	.0071
19	.0000	.0000	.0000	.0000	.0000	.0000	.0001	.0004	.0014	.0037
20	.0000	.0000	.0000	.0000	.0000	.0000	.0000	.0002	.0006	.0019
21	.0000	.0000	.0000	.0000	.0000	.0000	.0000	.0001	.0003	.0009
22	.0000	.0000	.0000	.0000	.0000	.0000	.0000	.0000	.0001	.0004
23	.0000	.0000	.0000	.0000	.0000	.0000	.0000	.0000	.0000	.0002
24	.0000	.0000	.0000	.0000	.0000	.0000	.0000	.0000	.0000	.0001
25	.0000	.0000	.0000	.0000	.0000	.0000	.0000	.0000	.0000	.0000

附表 2　标准正态分布表　$\Phi(x)=\frac{1}{\sqrt{2\pi}}\int_{-\infty}^{x}e^{-\frac{t^2}{2}}dt\quad(x\geqslant 0)$

x	0.00	0.01	0.02	0.03	0.04	0.05	0.06	0.07	0.08	0.09
0.0	0.5000	0.5040	0.5080	0.5120	0.5160	0.5199	0.5239	0.5279	0.5319	0.5359
0.1	0.5398	0.5438	0.5478	0.5517	0.5557	0.5596	0.5636	0.5675	0.5714	0.5753
0.2	0.5793	0.5832	0.5871	0.5910	0.5948	0.5987	0.6026	0.6064	0.6103	0.6141
0.3	0.6179	0.6217	0.6255	0.6293	0.6331	0.6368	0.6406	0.6443	0.6480	0.6517
0.4	0.6554	0.6591	0.6628	0.6664	0.6700	0.6736	0.6772	0.6808	0.6844	0.6879
0.5	0.6915	0.6950	0.6985	0.7019	0.7054	0.7088	0.7123	0.7157	0.7190	0.7224
0.6	0.7257	0.7291	0.7324	0.7357	0.7389	0.7422	0.7454	0.7486	0.7517	0.7549
0.7	0.7580	0.7611	0.7642	0.7673	0.7703	0.7734	0.7764	0.7794	0.7823	0.7852
0.8	0.7881	0.7910	0.7939	0.7967	0.7995	0.8023	0.8051	0.8078	0.8106	0.8133
0.9	0.8159	0.8186	0.8212	0.8238	0.8264	0.8289	0.8315	0.8340	0.8365	0.8389
1.0	0.8413	0.8438	0.8461	0.8485	0.8508	0.8531	0.8554	0.8577	0.8599	0.8621
1.1	0.8643	0.8665	0.8686	0.8708	0.8729	0.8749	0.8770	0.8790	0.8816	0.8830
1.2	0.8849	0.8869	0.8888	0.8907	0.8925	0.8944	0.8962	0.8980	0.8997	0.90147
1.3	0.98820	0.90490	0.90658	0.90824	0.90988	0.91140	0.91309	0.91466	0.91621	0.91774
1.4	0.91924	0.92073	0.92220	0.92364	0.92507	0.92647	0.92785	0.92922	0.96056	0.93189
1.5	0.93319	0.93448	0.93574	0.93699	0.93822	0.93943	0.94062	0.94179	0.94295	0.94408
1.6	0.94520	0.94630	0.94738	0.94845	0.94950	0.95053	0.95154	0.95254	0.95352	0.95449
1.7	0.95543	0.95637	0.95728	0.95818	0.95007	0.95994	0.96080	0.96164	0.96246	0.96327
1.8	0.96407	0.96485	0.96563	0.96638	0.96712	0.96784	0.96856	0.96926	0.96995	0.97062
1.9	0.97128	0.97193	0.97257	0.97320	0.97381	0.97441	0.97500	0.97558	0.97615	0.97670
2.0	0.97725	0.97778	0.97831	0.97882	0.97932	0.97982	0.98030	0.98077	0.98124	0.98169
2.1	0.98214	0.98257	0.98300	0.98341	0.98382	0.98422	0.98461	0.98500	0.93537	0.98574
2.2	0.98610	0.98645	0.98679	0.98713	0.98745	0.98778	0.98809	0.98840	0.98870	0.98899
2.3	0.98928	0.98596	0.98983	0.99010	0.99036	0.99061	0.99086	0.99111	0.99134	0.99158
2.4	0.99180	0.99202	0.99224	0.99245	0.99266	0.99286	0.99305	0.99324	0.99343	0.99361
2.5	0.99379	0.99396	0.99413	0.99430	0.99446	0.99461	0.99477	0.99492	0.99506	0.99520
2.6	0.99534	0.99547	0.99560	0.99573	0.99586	0.99598	0.99609	0.99621	0.99632	0.99643
2.7	0.99653	0.99664	0.99674	0.99683	0.99693	0.99702	0.99711	0.99720	0.99728	0.99737
2.8	0.99745	0.99752	0.99760	0.99767	0.99774	0.99781	0.99788	0.99792	0.99801	0.99807
2.9	0.99813	0.99819	0.99825	0.99831	0.99836	0.99841	0.99846	0.99851	0.99856	0.99861
3.0	0.99865	0.99869	0.99874	0.99878	0.99882	0.99886	0.99889	0.99893	0.99897	0.99900
3.1	0.99903	0.99906	0.99910	0.99913	0.99916	0.99918	0.99921	0.99924	0.99926	0.99929
3.2	0.99931	0.99934	0.99936	0.99938	0.99940	0.99942	0.99944	0.99946	0.99948	0.99950
3.3	0.99952	0.99953	0.99955	0.99957	0.99958	0.99960	0.99961	0.99962	0.99964	0.99965
3.4	0.99966	0.99968	0.99969	0.99970	0.99971	0.99972	0.99973	0.99974	0.99975	0.99976
3.5	0.99977	0.99978	0.99978	0.99979	0.99980	0.99981	0.99981	0.99982	0.99983	0.99983
3.6	0.99984	0.99985	0.99985	0.99986	0.99986	0.99987	0.99987	0.99988	0.99988	0.99989
3.7	0.99989	0.99990	0.99990	0.99990	0.99991	0.99991	0.99992	0.99992	0.99992	0.99992
3.8	0.99993	0.99993	0.99993	0.99994	0.99994	0.99994	0.99994	0.99995	0.99995	0.99995
3.9	0.99995	0.99995	0.99996	0.99996	0.99996	0.99996	0.99996	0.99996	0.99997	0.99997
4.0	0.99997	0.99997	0.99997	0.99997	0.99997	0.99997	0.99998	0.99998	0.99998	0.99998
4.1	0.99998	0.99998	0.99998	0.99998	0.99998	0.99998	0.99998	0.99998	0.99999	0.99999
4.2	0.99999	0.99999	0.99999	0.99999	0.99999	0.99999	0.99999	0.99999	0.99999	0.99999
4.3	0.99999	0.99999	0.99999	0.99999	0.99999	0.99999	0.99999	0.99999	0.99999	0.99999
4.4	0.99999	0.99999	1.00000	1.00000	1.00000	1.00000	1.00000	1.00000	1.00000	1.00000

附表 3 χ^2 分布上侧分位数表 $P\{\chi^2(n)>\chi_\alpha^2(n)\}=\alpha$

n \ α	0.995	0.99	0.975	0.95	0.90	0.75
1	—	—	0.001	0.004	0.016	0.102
2	0.010	0.020	0.051	0.103	0.211	0.575
3	0.072	0.115	0.216	0.532	0.584	1.213
4	0.207	0.297	0.484	0.711	1.064	1.923
5	0.412	0.554	0.831	1.145	1.610	2.675
6	0.676	0.872	1.237	1.635	2.204	3.455
7	0.989	1.293	1.690	2.167	2.833	4.225
8	1.344	1.646	2.180	2.733	3.490	5.071
9	1.753	2.088	2.700	3.325	4.168	5.899
10	2.156	2.558	3.247	3.940	4.865	6.737
11	2.603	3.053	3.816	4.575	5.578	7.584
12	3.074	3.571	4.404	5.226	6.304	8.438
13	3.565	4.107	5.009	5.892	7.042	9.299
14	4.075	4.660	5.629	6.571	7.790	10.165
15	4.601	5.229	6.262	7.261	8.547	11.037
16	5.142	5.812	6.908	7.962	9.312	11.912
17	5.697	6.408	7.564	8.672	10.085	12.792
18	6.265	7.015	8.231	9.390	10.865	13.675
19	6.844	7.633	8.907	10.117	11.651	14.562
20	7.434	8.260	9.591	10.851	12.443	15.452
21	8.034	8.897	10.283	11.591	13.240	16.344
22	8.643	9.542	10.982	12.338	14.042	17.240
23	9.260	10.196	11.689	13.091	14.848	18.437
24	9.886	10.856	12.401	13.848	15.659	19.037
25	10.520	11.524	13.120	14.611	16.473	19.939
26	11.160	12.198	13.844	15.379	17.292	20.843
27	11.808	12.879	14.573	16.151	18.114	21.749
28	12.461	13.565	15.308	16.928	18.939	22.657
29	13.121	14.257	16.047	17.708	19.768	23.567
30	13.787	14.954	16.791	18.493	20.599	24.478
31	14.458	15.655	17.539	19.281	21.434	25.390
32	15.134	16.362	18.291	20.072	22.271	26.304
33	15.815	17.074	19.047	20.867	23.110	27.219
34	16.501	17.789	19.806	21.664	23.952	28.136
35	17.192	18.509	20.569	22.465	24.797	29.054
36	17.887	19.233	21.336	23.269	25.643	29.973
37	18.586	19.960	22.106	24.075	26.492	30.893
38	19.289	20.691	22.878	24.884	27.343	31.815
39	19.996	21.426	23.654	25.695	28.196	32.737
40	20.707	22.164	24.433	26.509	29.051	33.660
41	21.421	22.906	25.512	27.326	29.907	34.585
42	22.138	23.650	25.999	28.144	30.765	35.510
43	22.859	24.398	26.785	28.965	31.625	36.436
44	23.584	25.148	27.575	29.787	32.487	37.363
45	24.311	25.901	28.366	30.612	33.350	38.291

续表

n \ α	0.25	0.10	0.05	0.025	0.01	0.005
1	1.323	2.706	3.841	5.024	6.635	7.879
2	2.773	4.605	5.991	7.387	9.210	10.597
3	4.108	6.251	7.815	9.348	11.345	12.838
4	5.385	7.779	9.488	11.143	13.277	14.860
5	6.626	9.236	11.071	12.833	15.686	16.750
6	7.841	10.645	12.592	14.449	16.812	18.548
7	9.037	12.017	14.067	16.013	18.475	20.278
8	10.219	13.362	15.507	17.535	20.090	21.955
9	11.389	14.684	16.919	19.023	21.666	23.589
10	12.549	15.987	18.307	20.483	23.209	25.188
11	13.701	17.275	19.675	21.920	24.725	26.757
12	14.845	18.549	21.026	23.337	26.217	28.299
13	15.984	19.812	22.362	24.736	27.688	29.819
14	17.117	21.064	23.685	26.119	29.141	31.319
15	18.245	22.307	24.996	27.488	30.578	32.801
16	19.369	23.542	26.296	28.845	32.000	34.267
17	20.489	24.769	27.587	30.191	33.409	35.718
18	21.605	25.989	28.869	31.526	34.805	37.156
19	22.718	27.204	30.144	32.852	36.191	38.582
20	23.828	28.412	31.410	34.170	37.566	39.997
21	24.935	29.615	32.671	35.479	38.932	41.401
22	26.039	30.813	33.924	36.781	40.289	42.796
23	27.141	32.007	35.172	38.076	41.638	44.181
24	28.241	33.196	36.415	39.364	42.980	45.559
25	29.339	34.382	37.652	40.646	44.314	46.928
26	30.435	35.563	38.885	41.923	45.642	48.290
27	31.528	36.741	40.113	43.194	46.963	49.645
28	32.620	37.916	41.337	44.461	48.278	50.993
29	33.711	39.087	42.557	45.722	49.588	52.336
30	34.800	40.256	43.773	46.979	50.892	53.672
31	35.887	41.422	44.985	48.232	52.191	55.003
32	36.973	42.585	46.194	49.480	53.486	56.328
33	38.058	43.745	47.400	50.725	54.776	57.648
34	39.141	44.903	48.602	51.966	56.061	58.964
35	40.223	46.059	49.802	53.203	57.342	60.275
36	41.304	47.212	50.998	54.437	58.619	61.581
37	42.383	48.363	52.192	55.668	59.892	62.883
38	43.462	49.513	53.384	56.896	61.162	64.181
39	44.539	50.660	54.572	58.120	62.428	65.476
40	45.616	51.805	55.758	59.342	63.691	66.766
41	46.692	52.949	56.942	60.561	64.950	68.053
42	47.766	54.090	58.124	61.177	66.206	69.336
43	48.840	55.230	59.304	62.990	67.459	70.616
44	49.913	56.369	60.481	64.201	68.710	70.893
45	50.985	57.505	61.656	65.410	69.957	73.166

附表 4　t 分布双侧分位数表　$P[|t(n)|>t_\alpha(n)]=\alpha$

n \ α	0.9	0.8	0.7	0.6	0.5	0.4
1	0.158	0.325	0.510	0.727	1.000	1.376
2	0.142	0.289	0.445	0.617	0.816	1.061
3	0.137	0.277	0.424	0.584	0.765	0.978
4	0.134	0.271	0.414	0.569	0.741	0.941
5	0.132	0.267	0.408	0.559	0.727	0.920
6	0.131	0.265	0.404	0.553	0.718	0.906
7	0.130	0.263	0.402	0.549	0.711	0.896
8	0.130	0.262	0.399	0.546	0.706	0.889
9	0.129	0.261	0.398	0.543	0.703	0.883
10	0.129	0.260	0.379	0.542	0.700	0.879
11	0.129	0.260	0.396	0.540	0.697	0.876
12	0.128	0.259	0.395	0.539	0.695	0.873
13	0.128	0.259	0.394	0.538	0.694	0.870
14	0.128	0.258	0.393	0.537	0.692	0.868
15	0.128	0.258	0.393	0.536	0.691	0.866
16	0.128	0.258	0.392	0.535	0.690	0.865
17	0.128	0.257	0.392	0.534	0.689	0.863
18	0.127	0.257	0.392	0.534	0.688	0.862
19	0.127	0.257	0.391	0.533	0.688	0.861
20	0.127	0.257	0.391	0.533	0.687	0.860
21	0.127	0.257	0.391	0.532	0.686	0.859
22	0.127	0.256	0.390	0.532	0.686	0.858
23	0.127	0.256	0.390	0.532	0.686	0.858
24	0.127	0.256	0.390	0.531	0.685	0.857
25	0.127	0.256	0.390	0.531	0.684	0.856
26	0.127	0.256	0.390	0.531	0.684	0.856
27	0.127	0.256	0.389	0.531	0.684	0.855
28	0.127	0.256	0.389	0.530	0.683	0.855
29	0.127	0.256	0.389	0.530	0.683	0.854
30	0.127	0.256	0.389	0.530	0.683	0.854
40	0.126	0.255	0.388	0.529	0.681	0.851
60	0.126	0.254	0.387	0.527	0.679	0.848
120	0.126	0.254	0.386	0.526	0.677	0.845
∞	0.126	0.253	0.358	0.524	0.674	0.842

续表

α / n	0.3	0.2	0.1	0.05	0.02	0.01	0.001
1	1.963	3.078	6.314	12.706	31.821	63.657	636.619
2	1.386	1.886	2.920	4.303	6.965	9.925	31.593
3	1.250	1.638	2.353	3.182	4.541	5.841	12.924
4	1.190	1.538	2.132	2.776	3.747	4.604	8.610
5	1.156	1.476	2.015	2.571	3.365	4.032	6.859
6	1.134	1.440	1.943	2.447	3.143	3.707	5.959
7	1.119	1.415	1.895	2.365	2.998	3.499	5.405
8	1.108	1.397	1.860	2.306	2.896	3.355	5.041
9	1.100	1.383	1.833	2.262	2.821	3.250	4.781
10	1.093	1.372	1.812	2.228	2.764	3.169	4.587
11	1.088	1.363	1.796	2.201	2.718	3.106	4.437
12	1.083	1.356	1.782	2.179	2.681	3.055	4.318
13	1.079	1.350	1.771	2.160	2.650	3.012	4.221
14	1.076	1.345	1.761	2.145	2.624	2.977	4.149
15	1.074	1.341	1.753	2.131	2.602	2.947	4.073
16	1.071	1.337	1.746	2.120	2.583	2.921	4.015
17	1.069	1.333	1.740	2.110	2.567	2.898	3.965
18	1.067	1.330	1.734	2.101	2.552	2.878	3.922
19	1.066	1.328	1.729	2.093	2.539	2.861	3.883
20	1.064	1.325	1.725	2.086	2.523	2.845	3.850
21	1.063	1.323	1.721	2.080	2.518	2.831	3.819
22	1.061	1.321	1.717	2.074	2.508	2.819	3.792
23	1.060	1.319	1.714	2.069	2.500	2.807	3.767
24	1.059	1.318	1.711	2.064	2.492	2.797	3.745
25	0.158	1.316	1.708	2.060	2.485	2.787	3.725
26	1.058	1.315	1.706	2.056	2.479	2.779	3.707
27	1.057	1.314	1.703	2.052	2.473	2.771	3.690
28	1.056	1.313	1.701	2.048	2.467	2.763	3.674
29	1.055	1.311	1.699	2.045	2.462	2.756	3.659
30	1.055	1.310	1.697	2.042	2.457	2.750	3.646
40	1.050	1.303	1.684	2.021	2.423	2.704	3.551
60	1.046	1.296	1.671	2.000	2.390	2.660	3.460
120	1.041	1.289	1.658	1.980	2.358	2.617	3.373
∞	1.036	1.282	1.645	1.960	2.326	2.576	3.291

附表 5 F 分布上侧分位数表 $P\{F(n_1, n_2)>F_{\alpha}(n_1, n_2)\}=\alpha$

$\alpha=0.10$

n_2 \ n_1	1	2	3	4	5	6	7	8	9
1	39.86	49.50	53.59	55.83	57.24	58.20	58.91	59.44	59.86
2	8.53	9.00	9.16	9.24	9.29	9.33	9.35	9.37	9.38
3	5.54	5.46	5.39	5.34	5.31	5.28	5.27	5.25	5.24
4	4.54	4.32	4.19	4.11	4.05	4.01	3.98	3.95	3.94
5	4.06	3.78	3.62	3.52	3.45	3.40	3.37	3.34	3.32
6	3.78	3.46	3.29	3.18	3.11	3.05	3.01	2.98	2.96
7	3.59	3.26	3.07	2.96	2.88	2.83	2.78	2.75	2.72
8	3.46	3.11	2.92	2.81	2.73	2.67	2.62	2.59	2.56
9	3.36	3.01	2.81	2.69	2.61	2.55	2.51	2.47	2.44
10	3.29	2.92	2.73	2.61	2.52	2.46	2.41	2.38	2.35
11	3.23	2.86	2.66	2.54	2.45	2.39	2.34	2.30	2.27
12	3.18	2.81	2.61	2.48	2.39	2.33	2.28	2.24	2.21
13	3.14	2.76	2.56	2.43	2.35	2.28	2.23	2.20	2.16
14	3.10	2.73	2.52	2.39	2.31	2.24	2.19	2.15	2.12
15	3.07	2.70	2.49	2.36	2.27	2.21	2.16	2.12	2.09
16	3.05	2.67	2.46	2.33	2.24	2.18	2.13	2.09	2.06
17	3.03	2.64	2.44	2.31	2.22	2.15	2.10	2.06	2.03
18	3.01	2.62	2.42	2.29	2.20	2.13	2.08	2.04	2.00
19	2.99	2.61	2.40	2.27	2.18	2.11	2.06	2.02	1.98
20	2.97	2.59	2.38	2.25	2.16	2.09	2.04	2.00	1.96
21	2.96	2.57	2.36	2.23	2.14	2.08	2.02	1.98	1.95
22	2.95	2.56	2.35	2.22	2.13	2.06	2.01	1.97	1.93
23	2.94	2.55	2.34	2.21	2.11	2.05	1.99	1.95	1.92
24	2.93	2.54	2.33	2.19	2.10	2.04	1.98	1.94	1.91
25	2.92	2.53	2.32	2.18	2.09	2.02	1.97	1.93	1.89
26	2.91	2.52	2.31	2.17	2.08	2.01	1.96	1.92	1.88
27	2.90	2.51	2.30	2.17	2.07	2.00	1.95	1.91	1.87
28	2.89	2.50	2.29	2.16	2.06	2.00	1.94	1.90	1.87
29	2.89	2.50	2.28	2.15	2.06	1.99	1.93	1.89	1.86
30	2.88	2.49	2.28	2.14	2.05	1.98	1.93	1.88	1.85
40	2.84	2.44	2.23	2.09	2.00	1.93	1.87	1.83	1.79
60	2.79	2.39	2.18	2.04	1.95	1.87	1.82	1.77	1.74
120	2.75	2.35	2.13	1.99	1.90	1.82	1.77	1.72	1.68
∞	2.71	2.30	2.08	1.94	1.85	1.77	1.72	1.67	1.63

续表

n_2 \ n_1	α=0.10									
	10	12	15	20	24	30	40	60	120	∞
1	60.19	60.71	61.22	61.74	62.00	62.26	62.53	62.79	63.06	63.33
2	9.39	9.41	9.42	9.44	9.45	9.46	9.47	9.47	9.48	9.49
3	5.23	5.22	5.20	5.18	5.18	5.17	5.16	5.15	5.14	5.13
4	3.92	3.90	3.87	3.84	3.83	3.82	3.80	3.70	3.78	3.76
5	3.30	3.27	3.24	3.21	3.19	3.17	3.16	3.14	3.12	3.10
6	2.94	2.90	2.87	2.84	2.82	2.80	2.78	2.76	2.74	2.72
7	2.70	2.67	2.63	2.59	2.58	2.56	2.54	2.51	2.49	2.47
8	2.54	2.50	2.46	2.42	2.40	2.38	2.36	2.34	2.32	2.29
9	2.42	2.38	2.34	2.30	2.28	2.25	2.23	2.21	2.18	2.16
10	2.32	2.28	2.24	2.20	2.18	2.16	2.13	2.11	2.08	2.06
11	2.25	2.21	2.17	2.12	2.10	2.08	2.05	2.03	2.00	1.97
12	2.19	2.15	2.10	2.06	2.04	2.01	1.99	1.96	1.93	1.90
13	2.14	2.10	2.05	2.01	1.98	1.96	1.93	1.90	1.88	1.85
14	2.10	2.05	2.01	1.96	1.94	1.91	1.89	1.86	1.83	1.80
15	2.06	2.02	1.97	1.92	1.90	1.87	1.85	1.82	1.79	1.76
16	2.03	1.99	1.94	1.89	1.87	1.84	1.81	1.78	1.75	1.72
17	2.00	1.96	1.91	1.86	1.84	1.81	1.78	1.75	1.72	1.69
18	1.98	1.93	1.89	1.84	1.81	1.78	1.75	1.72	1.69	1.66
19	1.96	1.91	1.86	1.81	1.79	1.76	1.73	1.70	1.67	1.63
20	1.94	1.89	1.84	1.79	1.77	1.74	1.71	1.68	1.64	1.61
21	1.92	1.87	1.83	1.76	1.75	1.72	1.69	1.66	1.62	1.59
22	1.90	1.86	1.81	1.76	1.73	1.70	1.67	1.64	1.60	1.57
23	1.89	1.84	1.80	1.74	1.72	1.69	1.66	1.62	1.59	1.55
24	1.88	1.83	1.78	1.73	1.70	1.67	1.64	1.61	1.57	1.53
25	1.87	1.82	1.77	1.72	1.69	1.66	1.63	1.59	1.56	1.52
26	1.86	1.81	1.76	1.71	1.68	1.65	1.61	1.58	1.54	1.50
27	1.85	1.80	1.75	1.70	1.67	1.64	1.60	1.57	1.53	1.49
28	1.84	1.79	1.74	1.69	1.66	1.63	1.59	1.56	1.52	1.48
29	1.83	1.78	1.73	1.68	1.65	1.62	1.58	1.55	1.51	1.47
30	1.82	1.77	1.72	1.67	1.64	1.61	1.57	1.54	1.50	1.46
40	1.76	1.71	1.66	1.61	1.57	1.54	1.51	1.47	1.42	1.38
60	1.71	1.66	1.60	1.54	1.51	1.48	1.44	1.40	1.35	1.29
120	1.65	1.60	1.55	1.48	1.45	1.41	1.37	1.32	1.26	1.19
∞	1.60	1.55	1.49	1.42	1.38	1.34	1.30	1.24	1.17	1.00

续表

$\alpha=0.05$

n_2 \ n_1	1	2	3	4	5	6	7	8	9
1	161.4	199.5	215.7	224.6	230.2	234.0	236.8	238.9	240.5
2	18.51	19.00	19.16	19.25	19.30	19.33	19.35	19.37	19.38
3	10.13	9.55	9.28	9.12	9.01	8.94	8.89	8.85	8.81
4	7.71	6.94	6.59	6.39	6.26	6.16	6.09	6.04	6.00
5	6.61	5.79	5.41	5.19	5.05	4.95	4.88	4.82	4.77
6	5.99	5.14	4.76	4.53	4.39	4.28	4.21	4.15	4.10
7	5.59	4.74	4.35	4.12	3.97	3.87	3.79	3.73	3.68
8	5.32	4.46	4.07	3.84	3.69	3.58	3.50	3.44	3.39
9	5.12	4.26	3.86	3.63	3.48	3.37	3.29	3.23	3.18
10	4.96	4.10	3.71	3.48	3.33	3.22	3.14	3.07	3.02
11	4.84	3.98	3.59	3.36	3.20	3.09	3.01	2.95	2.90
12	4.75	3.89	3.49	3.26	3.11	3.00	2.91	2.85	2.80
13	4.67	3.81	3.41	3.18	3.03	2.92	2.83	2.77	2.71
14	4.60	3.74	3.34	3.11	2.96	2.85	2.76	2.70	2.65
15	4.54	3.68	3.29	3.06	2.90	2.79	2.71	2.64	2.59
16	4.49	3.63	3.24	3.01	2.85	2.74	2.66	2.59	2.54
17	4.45	3.59	3.20	2.96	2.81	2.70	2.61	2.55	2.49
18	4.41	3.55	3.16	2.93	2.77	2.66	2.58	2.51	2.46
19	4.38	3.52	3.13	2.90	2.74	2.63	2.54	2.48	2.42
20	4.35	3.49	3.10	2.87	2.71	2.60	2.51	2.45	2.39
21	4.32	3.47	3.07	2.84	2.68	2.57	2.49	2.42	2.37
22	4.30	3.44	3.05	2.82	2.66	2.55	2.46	2.40	2.34
23	4.28	3.42	3.03	2.80	2.64	2.53	2.44	2.37	2.32
24	4.26	3.40	3.01	2.78	2.62	2.51	2.42	2.36	2.30
25	4.24	3.39	2.99	2.76	2.60	2.49	2.40	2.34	2.28
26	4.23	3.37	2.98	2.74	2.59	2.47	2.39	2.32	2.27
27	4.21	3.35	2.96	2.73	2.57	2.46	2.37	2.31	2.25
28	4.20	3.34	2.95	2.71	2.56	2.45	2.36	2.29	2.24
29	4.18	3.33	2.93	2.70	2.55	2.43	2.35	2.28	2.22
30	4.17	3.32	2.92	2.69	2.53	2.42	2.33	2.27	2.21
40	4.08	3.23	2.84	2.61	2.45	2.34	2.25	2.18	2.12
60	4.06	3.15	2.76	2.53	2.37	2.25	2.17	2.10	2.04
120	3.92	3.07	2.68	2.45	2.29	2.17	2.09	2.02	1.96
∞	3.84	3.00	2.60	2.37	2.21	2.10	2.01	1.94	1.88

续表

n_2 \ n_1	α=0.05 10	12	15	20	24	30	40	60	120	∞
1	241.9	243.9	245.9	248.0	249.1	250.1	251.1	252.2	253.3	254.3
2	19.40	19.41	19.43	19.45	19.45	19.46	19.47	19.48	19.49	19.50
3	8.79	8.74	8.70	8.66	8.64	8.62	8.59	8.57	8.55	8.53
4	5.96	5.91	5.86	5.80	5.77	5.75	5.72	5.69	5.66	5.63
5	4.74	4.68	4.62	4.56	4.53	4.50	4.46	4.43	4.40	4.36
6	4.06	4.00	3.94	3.87	3.84	3.81	3.77	3.74	3.70	3.67
7	3.64	3.57	3.51	3.44	3.41	3.38	3.34	3.30	3.27	3.23
8	3.35	3.28	3.22	3.15	3.12	3.08	3.04	3.01	2.97	2.93
9	3.14	3.07	3.01	2.94	2.90	2.86	2.83	2.79	2.75	2.71
10	2.98	2.91	2.85	2.77	2.74	2.70	2.66	2.62	2.58	2.54
11	2.85	2.79	2.72	2.65	2.61	2.57	2.53	2.49	2.45	2.40
12	2.75	2.69	2.62	2.54	2.51	2.47	2.43	2.38	2.34	2.30
13	2.67	2.60	2.53	2.46	2.42	2.38	2.34	2.30	2.25	2.21
14	2.60	2.53	2.46	2.39	2.35	2.31	2.27	2.22	2.18	2.13
15	2.54	2.48	2.40	2.33	2.29	2.25	2.20	2.16	2.11	2.07
16	2.49	2.42	2.35	2.28	2.24	2.19	2.15	2.11	2.06	2.01
17	2.45	2.38	2.31	2.23	2.19	2.15	2.10	2.06	2.01	1.96
18	2.41	2.34	2.27	2.19	2.15	2.11	2.06	2.02	1.97	1.92
19	2.38	2.31	2.23	2.16	2.11	2.07	2.03	1.98	1.93	1.88
20	2.35	2.28	2.20	2.12	2.08	2.04	1.99	1.95	1.90	1.84
21	2.32	2.25	2.18	2.10	2.05	2.01	1.96	1.92	1.87	1.81
22	2.30	2.23	2.15	2.07	2.03	1.98	1.94	1.89	1.84	1.78
23	2.27	2.20	2.13	2.05	2.01	1.96	1.91	1.86	1.81	1.76
24	2.25	2.18	2.11	2.03	1.98	1.94	1.89	1.84	1.79	1.73
25	2.24	2.16	2.09	2.01	1.96	1.92	1.87	1.82	1.77	1.71
26	2.22	2.15	2.07	1.99	1.95	1.90	1.85	1.80	1.75	1.69
27	2.20	2.13	2.06	1.97	1.93	1.88	1.84	1.79	1.73	1.67
28	2.19	2.12	2.04	1.96	1.91	1.87	1.82	1.77	1.71	1.65
29	2.18	2.10	2.03	1.94	1.90	1.85	1.81	1.75	1.70	1.64
30	2.16	2.09	2.01	1.93	1.89	1.84	1.79	1.74	1.68	1.62
40	2.08	2.00	1.92	1.84	1.79	1.74	1.69	1.64	1.58	1.51
60	1.99	1.92	1.84	1.75	1.70	1.65	1.59	1.53	1.47	1.39
120	1.91	1.83	1.75	1.66	1.61	1.55	1.50	1.43	1.35	1.25
∞	1.83	1.75	1.67	1.57	1.52	1.46	1.39	1.32	1.22	1.00

续表

$\alpha=0.025$

n_2 \ n_1	1	2	3	4	5	6	7	8	9
1	647.8	799.5	864.2	899.6	921.8	937.1	948.2	956.7	963.3
2	38.51	39.00	39.17	39.25	39.30	39.33	39.36	39.37	39.39
3	17.44	16.04	15.44	15.10	14.88	14.73	14.62	14.54	14.47
4	12.22	10.65	9.98	9.60	9.36	9.20	9.07	8.98	8.90
5	10.01	8.43	7.76	7.39	7.15	6.98	6.85	6.76	6.68
6	8.81	7.26	6.60	6.23	5.99	5.82	5.70	5.60	5.52
7	8.07	6.54	5.89	5.52	5.29	5.12	4.99	4.90	4.82
8	7.57	6.06	5.42	5.05	4.82	4.65	4.53	4.43	4.36
9	7.21	5.71	5.03	4.72	4.48	4.32	4.20	4.10	4.03
10	6.94	5.46	4.83	4.47	4.24	4.07	3.95	3.85	3.78
11	6.72	5.26	4.63	4.28	4.04	3.88	3.76	3.66	3.59
12	6.55	5.10	4.42	4.12	3.89	3.73	3.61	3.51	3.44
13	6.41	4.97	4.35	4.00	3.77	3.60	3.48	3.39	3.31
14	6.30	4.86	4.24	3.89	3.66	3.50	3.38	3.29	3.21
15	6.20	4.77	4.15	3.80	3.58	3.41	3.29	3.20	3.12
16	6.12	4.69	4.08	3.73	3.50	3.34	3.22	3.12	3.05
17	6.01	4.62	4.01	3.66	3.44	3.28	3.16	3.06	2.98
18	5.98	4.56	3.95	3.61	3.38	3.22	3.10	3.01	2.93
19	5.92	4.51	3.90	3.56	3.33	3.17	3.05	2.96	2.88
20	5.87	4.46	3.86	3.51	3.29	3.13	3.01	2.91	2.84
21	5.83	4.42	3.82	3.48	3.25	3.09	2.97	2.87	2.80
22	5.79	4.38	3.78	3.44	3.22	3.05	2.93	2.84	2.76
23	5.75	4.35	3.75	3.41	3.18	3.02	2.90	2.81	2.73
24	5.72	4.32	3.72	3.38	3.15	2.99	2.87	2.78	2.70
25	5.69	4.29	3.69	3.35	3.13	2.97	2.85	2.75	2.68
26	5.66	4.27	3.67	3.33	3.10	2.94	2.82	2.73	2.65
27	5.63	4.24	3.65	3.31	3.08	2.92	2.80	2.71	2.63
28	5.61	4.22	3.63	3.29	3.06	2.90	2.78	2.69	2.61
29	5.59	4.20	3.61	3.27	3.04	2.88	2.76	2.67	2.59
30	5.57	4.18	3.59	3.25	3.03	2.87	2.75	2.65	2.57
40	5.42	4.05	3.46	3.13	2.90	2.74	2.62	2.53	2.45
60	5.29	3.93	3.34	3.01	2.79	2.63	2.51	2.41	2.33
120	5.15	3.80	3.23	2.89	2.67	2.52	2.39	2.30	2.22
∞	5.02	3.69	3.12	2.79	2.57	2.41	2.29	2.19	2.11

续表

$\alpha=0.025$

n_2 \ n_1	10	12	15	20	24	30	40	60	120	∞
1	968.6	976.7	984.9	993.1	997.2	1001	1006	1010	1014	1018
2	39.40	39.41	39.43	39.45	39.46	39.46	39.47	39.48	39.49	39.50
3	14.42	14.34	14.25	14.17	14.12	14.08	14.04	13.99	13.95	13.90
4	8.84	8.75	8.66	8.56	8.51	8.46	8.41	8.36	8.31	8.26
5	6.62	6.52	6.43	6.33	6.28	6.23	6.18	6.12	6.07	6.02
6	5.46	5.37	5.27	5.17	5.12	5.07	5.01	4.96	4.90	4.85
7	4.76	4.67	4.57	4.47	4.42	4.36	4.31	4.25	4.20	4.14
8	4.30	4.20	4.10	4.00	3.95	3.89	3.84	3.78	3.73	3.67
9	3.96	3.87	3.77	3.67	3.61	3.56	3.51	3.45	3.39	3.33
10	3.72	3.62	3.52	3.42	3.37	3.31	3.26	3.20	3.14	3.08
11	3.53	3.43	3.33	3.23	3.17	3.12	3.06	3.00	2.94	2.88
12	3.37	3.28	3.18	3.07	3.02	2.96	2.91	2.85	2.79	2.72
13	3.25	3.15	3.05	2.95	2.89	2.84	2.78	2.72	2.66	2.60
14	3.15	3.05	2.95	2.84	2.79	2.73	2.67	2.61	2.55	2.49
15	3.06	2.96	2.86	2.76	2.70	2.64	2.59	2.52	2.46	2.40
16	2.99	2.89	2.79	2.68	2.63	2.57	2.51	2.45	2.38	2.32
17	2.92	2.82	2.72	2.62	2.56	2.50	2.44	2.38	2.32	2.25
18	2.87	2.77	2.67	2.56	2.50	2.44	2.38	2.32	2.26	2.10
19	2.82	2.72	2.62	2.51	2.45	2.39	2.33	2.27	2.10	2.13
20	2.77	2.68	2.57	2.46	2.41	2.35	2.29	2.22	2.16	2.09
21	2.73	2.64	2.53	2.42	2.37	2.31	2.25	2.18	2.11	2.04
22	2.70	2.60	2.50	2.39	2.33	2.27	2.21	2.14	2.08	2.00
23	2.67	2.57	2.47	2.36	2.30	2.24	2.18	2.11	2.04	1.97
24	2.64	2.54	2.44	2.33	2.27	2.21	2.15	2.08	2.01	1.94
25	2.61	2.51	2.41	2.30	2.24	2.18	2.12	2.05	1.98	1.91
26	2.59	2.49	2.39	2.28	2.22	2.16	2.09	2.03	1.95	1.88
27	2.57	2.47	2.36	2.25	2.19	2.13	2.07	2.00	1.93	1.85
28	2.55	2.45	2.34	2.23	2.17	2.11	2.05	1.98	1.91	1.83
29	2.53	2.43	2.32	2.21	2.15	2.09	2.03	1.96	1.89	1.81
30	2.51	2.41	2.31	2.20	2.14	2.07	2.01	1.94	1.87	1.79
40	2.39	2.29	2.18	2.07	2.01	1.94	1.88	1.80	1.72	1.64
60	2.27	2.17	2.06	1.94	1.88	1.82	1.74	1.67	1.58	1.48
120	2.16	2.05	1.94	1.82	1.76	1.69	1.61	1.53	1.43	1.31
∞	2.05	1.94	1.83	1.71	1.64	1.57	1.48	1.39	1.27	1.00

续表

$\alpha=0.01$

n_2 \ n_1	1	2	3	4	5	6	7	8	9
1	4652	4999.5	5403	5625	5764	5859	5928	5982	6022
2	98.50	90.00	99.17	99.25	99.30	99.33	99.36	99.37	99.39
3	34.12	30.82	29.46	28.71	28.24	27.91	27.67	27.49	27.35
4	21.20	18.00	16.69	15.93	15.53	15.21	14.98	14.80	14.66
5	16.26	13.27	12.06	11.39	10.97	10.67	10.46	10.29	10.16
6	13.75	10.92	9.78	9.15	8.75	8.47	8.26	8.10	7.98
7	12.25	9.55	8.45	7.85	7.45	7.19	6.99	6.84	6.72
8	11.26	8.65	7.59	7.01	6.63	6.37	6.18	6.03	5.91
9	10.56	8.02	6.99	6.42	6.06	5.80	5.61	5.47	5.35
10	10.04	7.56	6.55	5.99	5.64	5.39	5.20	5.06	4.94
11	9.65	7.21	6.22	5.67	5.32	5.07	4.89	4.74	4.63
12	6.33	6.93	5.95	5.41	5.06	4.82	4.64	4.50	4.39
13	9.07	6.70	5.74	5.21	4.86	4.62	4.44	4.30	4.19
14	8.86	6.51	5.56	5.04	4.69	4.46	4.28	4.14	4.03
15	8.68	6.36	5.42	4.89	4.56	4.32	4.14	4.00	3.89
16	8.53	6.23	5.29	4.77	4.44	4.20	4.03	3.89	3.78
17	8.40	6.11	5.18	4.67	4.34	4.10	3.93	3.79	3.68
18	8.29	6.01	5.09	4.58	4.25	4.01	3.84	3.71	3.60
19	8.18	5.93	5.01	4.50	4.17	3.94	3.77	3.63	3.52
20	8.10	5.85	4.94	4.43	4.10	3.87	3.70	3.56	3.46
21	8.02	5.78	4.87	4.37	4.04	3.81	3.64	3.51	3.40
22	7.95	5.72	4.83	4.31	3.99	3.76	3.59	3.45	3.35
23	7.88	5.66	4.76	4.26	3.94	3.71	3.54	3.41	3.30
24	7.82	5.61	4.72	4.22	3.90	3.67	3.50	3.30	3.26
25	7.77	5.57	4.68	4.18	3.85	3.63	3.46	3.32	3.22
26	7.72	5.52	4.64	4.14	3.82	3.59	3.42	3.29	3.18
27	7.68	5.49	4.60	4.11	3.78	3.56	3.39	3.26	3.15
28	7.64	5.45	4.57	4.07	3.75	3.53	3.36	3.23	3.12
29	7.60	5.42	4.54	4.04	3.73	3.50	3.33	3.20	3.09
30	7.56	5.39	4.51	4.02	3.70	3.47	3.30	3.17	3.07
40	7.31	5.18	4.31	3.83	3.51	3.29	3.12	2.99	2.89
60	7.08	4.98	4.13	3.65	3.34	3.12	2.95	2.82	2.72
120	6.85	4.79	3.95	3.48	3.17	2.96	2.79	2.66	2.56
∞	6.63	4.61	3.78	3.32	3.02	2.80	2.64	2.51	2.41

续表

$\alpha=0.01$

n_2 \ n_1	10	12	15	20	24	30	40	60	120	∞
1	6056	6106	6157	6200	6235	6261	6287	6313	6339	6336
2	99.40	99.42	99.43	99.45	99.46	99.47	99.47	99.48	99.49	99.50
3	27.23	27.05	26.87	26.69	26.60	26.50	26.41	26.32	26.22	26.13
4	14.55	14.37	14.20	14.02	13.93	13.84	13.75	13.65	13.56	13.46
5	10.05	9.89	9.72	9.55	9.47	9.38	9.29	9.20	9.11	9.02
6	7.87	7.72	7.56	7.40	7.31	7.23	7.14	7.06	6.97	6.88
7	6.62	6.47	6.31	6.16	6.07	5.99	5.91	5.82	5.74	5.65
8	5.81	5.67	5.52	5.36	5.28	5.20	5.12	5.03	4.95	4.86
9	5.26	5.11	4.96	4.81	4.73	4.65	4.57	4.48	4.40	4.31
10	4.85	4.71	4.56	4.41	4.33	4.25	4.17	4.08	4.00	3.91
11	4.54	4.40	4.25	4.10	4.02	3.94	3.86	3.78	3.69	3.60
12	4.30	4.16	4.01	3.86	3.78	3.70	3.62	3.54	3.45	3.36
13	4.10	3.96	3.82	3.66	3.59	3.51	3.43	3.34	3.25	3.17
14	3.94	3.80	3.66	3.51	3.43	3.35	3.27	3.18	3.09	3.00
15	3.80	3.67	3.52	3.37	3.29	3.21	3.13	3.05	2.96	2.87
16	3.69	3.55	3.41	3.26	3.18	3.10	3.02	2.93	2.84	2.75
17	3.59	3.46	3.31	3.16	3.08	3.00	2.92	2.83	2.75	2.65
18	3.51	3.37	3.23	3.08	3.00	2.92	2.84	2.75	2.66	2.57
19	3.43	3.30	3.15	3.00	2.92	2.84	2.76	2.67	2.58	2.49
20	3.37	3.23	3.09	2.94	2.86	2.78	2.69	2.61	2.52	2.42
21	3.31	3.17	3.03	2.88	2.80	2.72	2.64	2.55	2.46	2.36
22	3.26	3.12	2.98	2.83	2.75	2.67	2.53	2.50	2.40	2.31
23	3.21	3.07	2.93	2.78	2.70	2.62	2.54	2.45	2.35	2.26
24	3.17	3.03	2.89	2.74	2.66	2.58	2.49	2.40	2.31	2.21
25	3.13	2.99	2.85	2.70	2.62	2.54	2.45	2.36	2.27	2.17
26	3.09	2.96	2.81	2.66	2.58	2.50	2.43	2.33	2.23	2.13
27	3.06	2.93	2.78	2.63	2.55	2.47	2.38	2.29	2.20	2.10
28	3.03	2.90	2.75	2.60	2.52	2.44	2.35	2.26	2.17	2.06
29	3.00	2.87	2.73	2.57	2.49	2.41	2.33	2.23	2.14	2.03
30	2.98	2.84	2.70	2.55	2.47	2.39	2.30	2.21	2.11	2.01
40	2.80	2.66	2.52	2.37	2.29	2.20	2.11	2.02	1.92	1.80
60	2.63	2.50	2.35	2.20	2.12	2.03	1.94	1.84	1.73	1.60
120	2.47	2.34	2.19	2.03	1.95	1.86	1.76	1.66	1.53	1.38
∞	2.32	2.18	2.04	1.88	1.79	1.70	1.59	1.47	1.32	1.00

续表

$\alpha=0.005$

n_2 \ n_1	1	2	3	4	5	6	7	8	9
1	16211	20000	21615	22500	23056	23437	23715	23925	24091
2	198.5	199.0	199.2	199.2	199.3	199.3	199.4	199.4	199.4
3	55.55	49.80	47.47	46.19	45.39	44.84	44.43	44.13	43.88
4	31.33	26.28	24.26	23.15	22.46	21.97	21.62	21.35	21.14
5	22.78	18.31	16.53	15.56	14.94	14.51	14.20	13.96	13.77
6	18.63	14.54	12.92	12.03	11.46	11.07	10.79	10.57	10.39
7	16.24	12.40	10.88	10.05	9.52	9.16	8.89	8.63	8.51
8	14.69	11.04	9.60	8.81	8.30	7.95	7.69	7.50	7.34
9	13.61	10.11	8.72	7.96	7.47	7.13	6.88	6.69	6.54
10	12.83	9.43	8.03	7.34	6.87	6.54	6.30	6.12	5.97
11	12.23	8.91	7.60	6.88	6.42	6.10	5.86	5.68	5.54
12	11.75	8.51	7.23	6.52	6.07	5.76	5.52	5.53	5.20
13	11.37	8.19	6.93	6.23	5.79	5.48	5.25	5.08	4.94
14	11.06	7.92	6.68	3.00	5.56	5.26	5.03	4.86	4.72
15	10.80	7.70	6.48	5.80	5.37	5.07	4.85	4.67	4.54
16	10.58	7.51	6.30	5.64	5.21	4.91	4.69	4.52	4.38
17	10.38	7.35	6.16	5.50	5.07	4.78	4.56	4.39	4.25
18	10.22	7.21	6.03	5.37	4.96	4.66	4.44	4.28	4.14
19	10.07	7.09	5.92	5.27	4.85	4.56	4.34	4.18	4.04
20	9.94	6.99	5.82	5.17	4.76	4.47	4.26	4.09	3.96
21	9.83	6.89	5.73	5.09	4.68	4.39	4.18	4.01	3.86
22	9.73	6.81	5.65	5.02	4.61	4.32	4.11	3.94	3.81
23	9.63	6.73	5.58	4.95	4.54	4.26	4.05	3.88	3.75
24	9.55	6.66	5.52	4.89	4.49	4.20	3.99	3.83	3.69
25	9.48	6.60	5.46	4.84	4.43	4.15	3.94	3.78	3.64
26	9.41	6.54	5.41	4.79	4.38	4.10	3.89	3.73	3.60
27	9.34	6.49	5.36	4.74	4.34	4.06	3.85	3.60	3.56
28	9.28	6.44	5.32	4.70	4.30	4.02	3.81	3.65	3.52
29	9.23	6.40	5.28	4.66	4.26	3.98	3.77	3.61	3.48
30	9.18	6.35	5.24	4.62	3.23	3.95	3.74	3.58	3.45
40	8.83	6.07	4.98	4.37	3.99	3.71	3.51	3.35	3.22
60	8.49	5.79	4.73	4.14	3.76	3.49	3.29	3.13	3.01
120	8.18	5.54	4.50	3.92	3.55	3.28	3.09	2.93	2.81
∞	7.88	5.30	4.28	3.72	3.35	3.09	2.90	2.74	2.62

续表

$\alpha=0.005$

n_2 \ n_1	10	12	15	20	24	30	40	60	120	∞
1	24224	24426	24630	24836	24940	25044	25148	25253	25359	25465
2	199.4	199.4	199.4	199.4	199.5	199.5	199.5	199.5	199.5	199.5
3	43.69	43.39	43.08	42.78	42.62	42.47	42.31	42.15	41.99	41.83
4	20.97	20.70	20.44	20.17	20.03	19.89	19.75	19.61	19.47	19.32
5	13.62	13.38	13.15	12.90	12.78	12.66	12.53	12.40	12.27	12.14
6	10.25	10.03	9.81	9.59	9.47	9.36	9.24	9.12	9.00	8.88
7	8.38	8.18	7.97	7.75	7.65	7.53	7.42	7.31	7.19	7.08
8	7.21	7.01	6.81	6.61	6.50	6.40	6.29	6.18	6.06	5.95
9	6.42	6.23	6.03	5.83	5.73	5.62	5.52	5.41	5.30	5.19
10	5.85	5.66	5.47	5.27	5.17	5.67	4.97	4.86	4.75	4.64
11	5.42	5.24	5.05	4.86	4.76	4.65	4.55	4.44	4.34	4.23
12	5.09	4.91	4.72	4.53	4.43	4.33	4.23	4.12	4.01	3.90
13	4.82	4.64	4.46	4.27	4.17	4.07	3.97	3.87	3.76	3.65
14	4.60	4.43	4.25	4.06	3.96	3.86	3.76	3.66	3.55	3.44
15	4.42	4.25	4.07	3.88	3.79	3.69	3.58	3.48	3.37	3.26
16	4.27	4.10	3.92	3.73	3.64	3.54	3.44	3.33	3.22	3.11
17	4.14	3.97	3.79	3.61	3.51	3.41	3.31	3.21	3.10	2.98
18	4.03	3.86	3.68	3.50	3.40	3.30	3.20	3.10	2.99	2.87
19	3.93	3.76	3.59	3.40	3.31	3.21	3.11	3.00	2.89	2.78
20	3.85	3.68	3.50	3.32	3.22	3.12	3.02	2.92	2.81	2.69
21	3.77	3.60	3.43	3.24	3.15	3.05	2.95	2.84	2.73	2.61
22	3.70	3.54	3.36	3.18	3.08	2.98	2.88	2.77	2.66	2.55
23	3.64	3.47	3.30	3.12	3.02	2.92	2.82	2.71	2.60	2.48
24	3.59	3.42	3.25	3.06	2.97	2.87	2.77	2.66	2.55	2.43
25	3.54	3.37	3.20	3.01	2.92	2.82	2.72	2.61	2.50	2.38
26	3.49	3.33	3.15	2.97	2.87	2.77	2.67	2.56	2.45	2.33
27	3.45	3.28	3.11	2.93	2.83	2.73	2.63	2.52	2.41	2.29
28	3.41	3.25	3.07	2.89	2.79	2.69	2.59	2.48	2.37	2.25
29	3.38	3.21	3.04	2.86	2.76	2.66	2.56	2.45	2.33	2.21
30	3.34	3.18	3.01	2.82	2.73	2.63	2.52	2.42	2.30	2.18
40	3.12	2.95	2.78	2.60	2.50	2.40	2.30	2.18	2.06	1.93
60	2.90	2.74	2.57	2.39	2.29	2.19	2.08	1.96	1.83	1.69
120	2.71	2.54	2.37	2.19	2.09	1.98	1.87	1.75	1.61	1.43
∞	2.52	2.36	2.19	2.00	1.90	1.79	1.67	1.53	1.36	1.00